国家出版基金项目
NATIONAL PUBLICATION FOUNDATION

《中国灾害志》编纂委员会　编
断代卷主编　高建国　夏明方

中国灾害志·断代卷

清代卷

本卷主编 / 郝　平

中国社会出版社
国家一级出版社·全国百佳图书出版单位

《中国灾害志》编纂委员会

《中国灾害志·断代卷》编纂委员会

《中国灾害志·断代卷·清代卷》编纂委员会

前言

中国社会出版社本套丛书的责任编辑嘱我为此书写前言，我想采用问答方式来完成这一任务。

一是为什么要编纂出版灾害志?

不少学术论文回顾过去发生的自然灾害，往往以“新中国成立以来”或“建国以来”作开场白。我国有五千年历史，持续灾害记录有三千年。为什么不利用更早一些时间的自然灾害作研究呢？几千年的灾情弃之不用，实在可惜。

我国灾害文字记录最早在约公元前822年，离现在已有2840年。新中国成立至今已经69年，如果69年是1的话，2840年为41。不读史，不用史，只知道有1，不知道还有40。

2017年12月13日，习近平总书记在出席南京大屠杀死难者国家公祭仪式时强调：“要擦清历史的镜子，走好未来的路。”以历史为镜子，擦清了，才能看清。寻找灾害史的“根”，寻叶找枝，由枝到干，再从干到根。“根”在，灾害史这棵大树才立得住。

为什么会不利用灾害史呢？我认为，可能与灾害史的科普工作没有做好有关。2004年我创办中国灾害防御协会灾害史专业委员会，每年召开一次学术研讨会，参加的专家有全国各相关大学、研究所的灾害史教授、博士、硕士，整理中国灾害史资料，研究中国灾害史的规律，作出很好的成果。但是由于在科研考核上没有将科普作为必考成绩，因此对灾害史科普工作还不够重视。

自1949年起，我国采用现代科学标准的自然资料。但历史灾害记录大多用文言文，对于灾情的表达与当代不同，其中的地名也多与当代不一样，又缺乏灾情分布图，难以掌握灾情全貌。所用这些，对理科毕业的灾害研究者都是很大的障碍。因此，在话语系统上存在着不小差距。

近70年来，我国科学家对灾害史资料关注最多的是地震学、气象学、水利学，也取得了很好的成绩。《中国历史地震图集》反映历史上大地震分布情况；《中国近五百年旱涝分布图集》反映气象要素的历史变迁；《中国历史大洪水调查资料汇编》《中国大洪水》集中展现了历史时期各场次重大水灾的情景。这些专著在出版之初有着明显的服务于工农业生产的目的，出版后发现可以为当代灾害学研究服务，极大开拓了灾害研究的时空。

灾害志的编纂，是简要地、重点地、采用通俗语言来总结、反映中华民族的灾害史和防灾、抗灾、救灾史，目的在于利用历史资料，重演灾害发生场景，揭示中华民族与灾害斗争的智慧，促进人类更好地与自然相处。今日尤其要注意，历史上的诸多巨灾，在当代尚未出现，叙述这些巨灾，对于今天更有警示作用。

二是何为灾？

邓拓说："灾荒者，乃以人与人社会关系之失调为基调，而引起人对于自然条件控制之失败所招致之物质生活上之损害与破坏也。"（邓拓：《中国救荒史》，北京出版社，1988年，序言。）其实，灾的定义还有很多种说法。

我的理解是："灾害是人类没有认识的自然界对人类的危害。"此处特别强调"没有认识"，是因为不知道便无从应对。2003年举世瞩目的SARS（"非典"）传入中国，一时间到处空巷，大街上没有汽车行驶，行人也很少，上下班、上下学的人也都是行色匆匆。政府采取了两条措施，一是从南方出差回来的人，先自我"禁闭"一周或十天；二是车站、商店对每人强行测量体温，凡是超过38摄氏度者，都属于"危险人物"，需要"特别关照"。过了半年，风头过去了，据统计全中国因SARS死亡的也就300多人，不能算是特别严重的灾害。为什么对SARS如此恐惧？就是因为“没有认识”。此事件已过去15年了，若再发生SARS，就没有那么害怕了。日本每年发生数百次有感地震，每次地震来临时，没有见到慌张的场面，因为人们习以为常了。中国沿海地区每当热带气旋光临时，也是应对有序，对正常的生产生活造成的影响不太大。

三是灾害统计有数无量吗？

数和量是一体的，不可分开。但史书记载往往只有数，缺少量，如中国自古经常饱受天灾、旱灾、水灾、瘟疫袭扰。邓拓说过：“中国历史上水、旱、蝗、雹、风、疫、地震、霜、雪等灾害，自商汤十八年（前1766年）至纪元后年止，计3703年间，共达5258次，平均约每6个月强便有灾荒一次。”（邓拓：《中国救荒史》，北京出版社，1988年，38页。）陈达在《人口问题》中统计，自汉初到1936年的2142年间，水灾年份达1031年，旱灾年份达1060年。这些统计，继承了《史记》及其他正史《五行志》的传统。

这种方法简单、明确，但实用性不强。世上历来是“人以群分，物以类聚”，古代记录灾害也是有等级划分的，有“旱”，也有“大旱”；有“水”，也有“大水”；有“饥”，也有“大饥”；有“疫”，也有“大疫”；有“震”，也有“大震”。一个“大”字，已将灾害划分得清清楚楚。后人使用时，恰把这个“大”字忽略了，将“灾”“大灾”归于一类，作一起处理，只有“数”，没有“量”了。李约瑟作统计时，已注意到了这个“大”字。据其统计，在过去的2100多年间，中国共有1600多次大水灾和1300多次大旱灾。

不分高下强弱，没有顾及到灾害的千差万别。同样一场旱灾，可以推翻一个朝代，或后果仅是粮食减产；一次地震死亡万人，一次仅是地震而已，两者是无法等同处理的。按照实际效果前者一次，后者即使发生百次，综合的后果可能还不如前者。将这两个性质完全不同的灾害加在一次，计算发生次数，是没有意义的。

由此说明灾害统计并非有数无量，有数有量的才有用。正是量化了史料，中国科学家得到了三千年长的《中国地震目录》、五百年长的《中国近五百年旱涝分布图集》、上千年长的《中国历史大洪水调查资料汇编》《中国大洪水》等重量级专著，使得历史大灾、巨灾更好地得以展示。

四是历史上无时不灾吗？

中国历史上灾害之严重，常引用邓拓所言，即：“我国自有文献记载以来的四千余年间，几乎无年不灾，也几乎无年不荒”（邓拓：《中国救荒史》，北京出版社，1988 年，第 7 页），来说明。

既然中国自然环境连续四千年都这样的差，怎么理解历史上的盛世？汉朝的文景盛世（公元前 179 年—公元前 141 年）、汉武盛世（公元前 141 年—公元前 87 年），唐朝的贞观之治（627—649 年）、唐玄宗的开元盛世（713—741 年），北宋的仁宗盛治（1022—1063 年），明初的三大盛世时期分别是：朱元璋时期的洪武之治（1368—1398 年）、永乐帝时期的永乐盛世（1398—1424 年）、明仁宗和明宣宗时期的仁宣之治（1424—1435 年），此外还有清代的康乾盛世（1681—1796 年）等。对于文景盛世，司马迁在《史记·平准书》中记载说：“非遇水旱之灾，民则人给家足，都鄙廪庾皆满，而府库余货财。京师之钱累巨万，贯朽而不可校；太仓之粟，陈陈相因，充溢露积于外，至腐败不可食。”可见，文景时期政治清明、经济发展，人民生活安定，确实称得上是太平盛世，也可算为古代的“美丽中国”。

从微观上看，古代官吏做了好事，善良的百姓，为了永远记得他们，往往将官吏主持的工程以官吏姓氏相称。

唐会昌四年（844 年），刺史韦庸治理水患，凿河道 10 里，筑堤堰引水造湖灌田。民称其湖为会昌湖，堤为韦公堤（据温州博物馆）。北宋天圣二年（1024 年），范仲淹主持修建了从启东县吕四镇至阜宁市长达 290 公里的捍海堰，俗称范公堤。南宋淳祐元年（1241 年），县令家坤翁于落马桥筑堤，人称“家公堤”（诸暨县地方志编纂委员会. 诸暨县志·大事记. 杭州：浙江人民出版社. 1993. 5）。清康熙初年（约 1662 年），永宁府同知往北胜州，李成才率众疏通程海南部河口，民间颂为“李公河”（云南省永胜县志编纂委员会. 永胜县志·大事记. 昆明：云南人民出版社. 1989. 11）。清康熙二十八年（1689 年），北胜知州申奇猷捐银兴修程海闸（即今程海南岸河口街东部），民间颂曰“申公闸”（云南省永胜县志编纂委员会. 永胜县志・大事记. 昆明：云南人民出版社. 1989. 11）。清乾隆二十四年（1759 年），秦州知州费廷珍规划修成城南防河大堤，人称“费公堤”；光绪初年知州陶模重修，州人又名之为“陶公堤”（天水市地方志编纂委员会. 天水市志（上卷）・大事记. 北京：方志出版社，2004）。清嘉庆十年（1805 年），云南路南知州会礼倡修西河，疏通水道，城西北田地免除水患，后人感其惠，将西河改称“会公河”以示怀念（昆明市路南彝族自治县志编纂委员会. 路南彝族自治县志・大事记. 昆明：云南民族出版社. 1996. 14）。清咸丰五年（1855 年），云南路南知州冯祖绳倡修城东巴江河堤 300 丈（即东山河堤）防巴江水溢，后人称之为“冯公堤”（昆明市路南彝族自治县志编纂委员会. 路南彝族自治县志・大事记. 昆明：云南民族出版社. 1996. 14）。

在农业是“决定性的生产部门”的中国封建社会，仓储被视为“天下之大命”。粮食仓储关系国计民生，对治国安邦起到很大作用。由于粮食是一种特殊商品，保障人民生活，满足国民经济发展的需要，是重要的战略物资，历来受到政府的高度重视。通过广设仓窑储存粮食以“备岁不足”，提高了自然灾害防范与救助能力。我国自古就有重视仓储的传统。曾参所作《礼记》指出，“国无九年之蓄，曰不足；无六年之蓄，曰急；无三年之蓄，曰国非其国也。”史载，县官重视仓储，政声大起，皆称“清官”“善人”。宋康定元年（1040 年），包拯由扬州天长县调任为端州知州。任期三年，在县城建丰济仓（粮仓），开井利民，筑渠引水，功绩卓著（高要县地方志编纂委员会. 高要县志・大事记. 广州：广东人民出版社. 1996）。倪之字司城，清雍正七年（1729 年）贡生，调任赣州龙南知县，后补上杭知县。在任期间，建社仓，兴书院，济灾民，人称之“清官”。刘岩字春山，清乾隆间国子监生。他乐善好施，乾隆五十年（1785 年）大荒，他开仓出谷，救济饥民，人称“善人”（枞阳县地方志编纂委员会. 枞阳县志・十九人物・第二十六章 人物. 合肥：黄山书社. 1998）。中国人口众多，季风气候导致粮食减产，形成大灾、巨灾之际，皆中央政府“库储一空如洗”、省“库储万分竭蹶，又无闲款可筹”的同时，民间亦“仓谷亦无一粒之存”。此问题新中国成立后依然存在。1972 年 12 月 10 日，中共中央在转发国务院 11 月 24 日《关于粮食问题的报告》时，传达了毛泽东主席“深挖洞，广积粮，不称霸”的指示。

联合国救灾署规定，死亡 100 人以上的灾害为大灾。史料中死亡人数定量资料少，定性资料多，有的只写死亡“无算”。何为“无算”？死亡二三十人为有算，死亡四五十可辩清数十人，但死亡上百人，数不清了，记为“无算”。“无数”亦同理。案例：明嘉靖二十年（1541 年）夏六月夜，自东北降至东关草店，山水聚涌涨溢，民舍冲塌，溺死者不可胜计（嘉靖《归州志》卷四灾异）。这是定性资料。但也可找到同条定量资料：嘉靖二十年（1541 年）六月初十日，天宇明霁，至夜云气四塞，猛风拔木，雨雹如澍，须臾水集数丈，漂流民居一百余家，死者三百余人，一家无孑遗者有之（嘉靖《归州全志》卷上灾异）。这是“不可胜计”有几百人的佐证。

我经过 30 余年灾害史资料的收集整理，发现中国历史上灾害程度最为密集、灾情最严重的阶段，是自清光绪三年（1877 年），经过民国时期，到 1976 年止，刚好是一个世纪。称之为“世纪灾荒”时期。“世纪灾荒”期间，发生的大灾数量是近三千年的 40.4%，几乎是无年不灾，无年不荒，一阵接一阵，一波连一波，灾情密度之高，程度之频，巨灾之烈，死人之多，是中国历史上其他时间从没有发生过的，也是世界上极为罕见的时期。同样的严重程度，时间长度仅有邓拓先生统计的 1/40。

五是何为减灾？

现在称减灾，是减轻自然灾害危害的简称。其内容是灾前预防预测，灾时紧急救援，灾后恢复重建。这是近 42 年来的减灾内容。其实新中国的减灾史，要分前 28 年（1949—1976 年）和后 42 年（1977—2018 年），前 28 年的减灾史与后 42 年是不同的。

经过大数据统计，基于省（自治区、直辖市）单位在一年时间内死亡万人、十万人、百万人、千万人的等级进行划分，其中酷暑、寒冷造成死亡的一般在万人上下，风暴潮最多不超过十万人，地震、洪水最多不超过百万人，饥荒以及瘟疫最多不超过千万人。

这些灾种有两个特色：

第一，饥荒和瘟疫人文因素参与较多，更容易将其控制好。地震、洪水、台风、风暴潮、酷暑、寒冷自然因素参与较多，人为难以控制。

第二，从成灾角度看，造成这个结果是由灾种决定的。地震在 10^{-3} 日完成，地质灾害在 10^{-1} 日完成，风暴潮在 10^{-1} 日完成，洪涝在 10^{0} 日完成，严寒、酷暑在 10^{1} 日完成，瘟疫在 10^{2} 日完成，饥荒在 10^{3} 日完成，人们应对饥荒、瘟疫灾害，可以有充分时间进行干预。这就是要害所在。

新中国，人民政府和广大人民群众针对重大灾害采用了四大法宝：

法宝之一："一定要把淮河修好""一定要根治海河"。

法宝之二：以防为主，防抗救相结合。

法宝之三："不饿死一个人。"

法宝之四：早发现，早诊断，早隔离，早治疗。

经过了28年艰苦卓绝的奋斗，成千上万死亡的悲剧一去不复返了。1977年以后，中国进入了少死人时期（2008年为特例），为改革开放提供了最好的发展时机。

高建国

2018年12月14日

凡例

一、《中国灾害志·断代卷》包括《总论》暨《先秦卷》《秦汉魏晋南北朝卷》《隋唐五代卷》《宋元卷》《明代卷》《清代卷》《民国卷》以及《当代卷》8 个分卷，系以中华人民共和国当代疆域范围为参考，按历史顺序，依志书体例，分阶段叙述先秦以降（截至 2018 年）中国历代灾害状况以及相应的救灾、防灾技术、制度与实践等方面的演变历程，从整体上全面、系统地呈现五千年中华文明史上，中华民族与自然灾害进行长期不懈之艰苦斗争的伟大业绩。

二、除《总论》之外，《中国灾害志·断代卷》各分卷主体内容按“概述”“大事记”“灾情”“救灾”“防灾”等编依次排列，另置与救灾、防灾有关的“人物”和“文献”或“书目”，作为附录。其中：

1. 概述。列于各编之前，用简练的语言，对各分卷所涉历史时期自然灾害的总体面貌、主要特点、时空分布规律，以及历朝重大救灾、防灾的技术、制度、活动及其沿革、变动进行总结性述评，突出时代特色及其历史地位。

2. 大事记。着重记述对国计民生有较大影响的重大灾害，比较重要的救灾防灾事件、制度、组织机构、工程、著述以及具有创新意义的技术、理念等，一事一条，按时间排列，所叙内容和各编章内容交叉而不重复，要言不烦。同一事件跨年度发生，按同一条记入始发年。同一年代的不同事件，分别列条，条前加“△”符号。

3. 灾情编。主要记录历代发生的旱灾、水灾、蝗灾、疫灾、震灾、风灾、雹灾、雪灾等各类自然灾害，以及非人为原因导致的火灾，不涉及兵灾、“匪祸”和生产事故等，但出于人为因素却以自然灾害的形式造成危害的事件，如1938年黄河花园口决堤，则一并列入。各灾种依所在朝代，按时间顺序记述，主要涉及时间、地点、范围、程度、伤亡人数、经济损失、社会影响等。

4. 救灾编。分官赈、民赈二章（部分断代卷分卷因内容较多，将二者分立为编）。官赈主要记述包括中央政权、地方政权在内的官方救灾的程序、法规、制度、章程、组织、机构以及重要事例，突出各时代的特点、典型事例。民赈记述官方之外的，以士绅、宗族、宗教或其他民间力量为主体的救灾活动；国际性救灾，无论是对其他政权灾害的救援，还是接受其他政权援助，可根据实际情况记入官赈或民赈。

5. 防灾编。主要包括与防灾救灾直接相关的仓储、农事、水利以及区域规划或城市建设等内容，重点记述各防灾机构、制度、措施、技术、工程及其效用等，勾勒各时期的变化与发展。尤其是民国、中华人民共和国各卷，因时制宜，突出科技、教育的发展对防灾救灾所起的作用。

6. 人物。作为附录之一，选择历代对救灾、防灾和灾害研究有重要作用的代表性人物，除姓名（别名、字、号）、生卒时间、籍贯以及主要经历之外，重点介绍其与防灾救灾有关的事迹、思想、工程、技术及其影响。属少数民族者，注明民族；外国人则注明国籍、外文姓名，如李提摩太（Timothy Richard，英，1845—1919）。

7. 文献或书目。作为附录之二，着重介绍历代比较重要的有关灾情、救灾、防灾的代表性文献（如荒政书），以及对当时及后世有重大影响的救灾法规、章程等，概括其内容，说明其影响，按时间顺序排列。

三、作为一部全面、系统、完整、准确地反映中国历史时期自然灾害总体灾情及防灾救灾的综合性志书，《中国灾害志·断代卷》的撰写始终以尽可能广泛地占有现有史料作为基础工作，其文献采集范围，既包括《二十五史》《资治通鉴》等正史，也包括历代编纂的荒政书、水利文献以及相关的官书、文集等，同时注重发掘和使用自古迄今极为丰富的地方志资料，尤其是中华人民共和国成立以来各地新编的省志、市志、县志和水利志，并重视搜集笔记、书信、碑刻、墓志、通讯报道、口述资料、遗址遗物资料等民间资料。除文字材料之外，也注意搜集具有珍贵历史价值的图片资料，包括地图、示意图、照片，以及记述灾害和救灾的图画等。为保证历史记载的准确性，对所选资料努力核实考证，去伪存真，去粗取精，特别是涉及重大史实、重要数据、重要人物，均已认真鉴别，力求避免失误。凡有争议的文献，根据各类文献本身及国内外学术界的现有研究，采用具共识性的内容，并做注说明不同意见。所有采用的文献，在撰写阶段一律按规范注明出处；出版时则根据志书体例要求，作为参考文献，置于各分卷卷末。

四、《中国灾害志·断代卷》的行文，总体上按照《〈中国灾害志〉行文规范》（中国灾害志编纂委员会2012年5月）执行。

1. 使用规范的现代语体文，以第三人称角度记述。除少量特别重要的内容须引用原文外，一般把文言文译为白话文，并在不损害文献原意的基础上，用朴实、严谨、简洁、流畅的语言予以概述。同时改变原资料不符合志体的文字特点，注意与议论文、教科书、总结报告、文学作品、新闻报道等文体相区别。有关专门术语作出解释说明。对于文言文中的通假字，因摘自史书，直接引用时保留原貌，否则改之。

2. 时间记述。本志各断代卷在记述相关内容时，其先秦至清代各卷，先写历史纪年或王朝纪年，后加括号标注公元纪年，如康熙十八年（1679年）。所载事项涉及同一时期不同政权的不同历史纪年时，以事项所在地的历史纪年为主。各年事项所涉月日等具体时间，则以历史资料为准，一律不做更改。农历记述年月用汉字，如洪武二年三月，公历记述年月用数字，如1930年8月。《民国卷》《当代卷》一律用公历纪年、纪月、纪日。

3. 地点记述。各卷古地名，首次出现时，须括注今地名，如“晋阳（今山西太原）”。现代地名中，省字省略，县名为二字时省略县字，县字为一字时保留县字。如“山西平遥”“河北磁县”。

4. 表格使用。表随文出，内容准确，不与正文简单重复或自相矛盾。表格分为统计表、一览表，前者含有数据、运算，后者为文字表。其要素为：标题，表序号，表芯。标题包括时间、内容及性质，如："清代水灾伤亡人数统计表"。表序号分为两部分：如表2－7，第一个数据为编的序号，第二个数据为本编的表大排行的序号。表序号位于表格左上肩。一律不写为"附表"。表芯为三线表（顶线、分栏线、底线），为开敞式。统计表的数据均注明单位，使用文献记载所用原单位，如"亩""市斤"等单位。

目 录

第一编

概 述

清代是历史上灾荒发生最频最烈、荒政最为发达的时期，其受灾的程度都远远超过之前任何朝代。“明清宇宙期”（1500—1700 年）和“清末宇宙期”（19 世纪中叶以后）两个重大灾害群发期都发生在清代。灾害连年不断，多者年遭灾逾 400 州县，少者一般也 30 余州县。从清代灾害发生频次的趋势来看，以顺治、康熙、雍正三朝灾害较少，康熙十三年（1674 年）、乾隆九年（1744 年）、道光末年均出现灾害高峰期。总的来说，灾害发生呈上升趋势，大约七八十年出现一个高峰期。

中国的自然灾害向以多样化而著称，既有水旱风雹等各种气象灾害，又有地震、山崩、泥石流等地质地貌灾害，还有蝗灾、鼠灾、瘟疫等生物灾害，而这些灾害又往往接连不断，并具有连发性、并发性。清朝灾害相连、多灾并发的特征更加明显，其危害程度也更大。水灾是清代所有灾害类型中最主要的灾种，不论是水灾的发生频次还是破坏程度，清代均超过了历史上的其他任何朝代。有清一代，黄河、永定河、长江、淮河、辽河、海河和珠江等河流多次发生决溢，常常持续数月之久，对社会造成严重破坏，其中漫决次数最多，危害也最大的当数黄河。旱灾是仅次于水灾的严重自然灾害，夏秋两季是清代旱灾的高发季节。虫灾主要表现为蝗虫灾害，从总体上看，清代蝗灾的危害程度虽然没有水旱灾害严重，但仍是农业上的第三大灾害。

从受灾区域来看，全国大部分灾害都发生在直隶、山东、江苏、安徽、甘肃、湖北、河南、浙江、江西、陕西和山西等省。就灾害程度而言，前期与后期灾荒频度无较大区别，但灾荒的危害程度却明显加深，有若干次特大灾荒在中国灾荒史上都留下了深刻的印记。如康熙元年（1662 年）黄河流域大水灾，康熙七年（1668 年）山东郯城大地震，乾隆二十六年（1761 年）华北地区大水灾，乾隆五十三年（1788 年）长江大洪水，嘉庆六年（1801 年）海滦河大水灾，道光十三年（1833 年）珠江流域大水灾，道光二十三年（1843 年）黄河水灾，咸丰六年（1856 年）东南七省（苏、浙、皖、鄂、湘、豫、鲁）大旱灾，光绪初年的“丁戊奇荒”，宣统二年（1910 年）鼠疫等。

清代灾害的频发是自然因素与社会因素共同造成的。我国地域辽阔，南北跨度大，气候类型复杂多样，大陆性季风气候显著，降水集中在夏季，极易引发水灾。降水的季节分配不均，水旱灾时有发生，水旱灾害发生后又往往因为卫生医疗条件差而暴发瘟疫。有清一代两个“宇宙期”的存在，是清代自然灾害发生频次增高的主要原因，也是危害严重的特大自然灾害形成的主要原因。除自然因素外，不良的社会因素又促成甚至加重了灾害。人口激增引发生态环境的破坏，吏治腐败导致防灾救灾的不力，特别是晚清时期的政局动荡和外敌入侵，更是间接加重了灾害的严重性，使得统治者防灾救灾能力大大降低。

救灾与防灾是荒政中最主要的内容，中国古代荒政，发展至清代达到顶峰，堪称历代荒政之集大成。荒政是一个内容丰富的概念，除了灾荒救济过程中的法令、制度与措施，另外诸如救灾的基本程序，防灾、备灾的措施等，也属于荒政的内容。在总结前代经验的基础上，清代制定的备荒救灾程序、措施详尽周密，可称“集历代之大成，最为全面完备，凡古代赈济济贫之术，靡不毕举”。根据《大清会典》，清政府制定了十二项内容广泛的处理灾荒的措施：“凡荒政十有二：一曰备祲；二曰除孽；三曰救荒；四曰发赈；五曰减粜；六曰出贷；七曰蠲赋；八曰缓征；九曰通商；十曰劝输；十有一曰兴土筑；十有二曰集流亡。”

在清代已经形成一套完整、固定的救灾程序。随着国家职能的扩展，救灾工作日益被明确纳入国家管理的事务中来，成为国家政治生活当中一项非常重要的内容，并逐渐形成了户部筹划组织、地方督抚主持、知府协办、州县官具体执行的救灾组织体系，层层向上负责。清代救灾的基本程序非常明确，地方遇灾，须经报灾、勘灾、审户，最后才是蠲免与赈济。报灾是开展救灾工作的第一步，据嘉庆《大清会典》规定：“凡地方有灾者，必速以闻。”有清一代，基本上执行夏灾不出六月、秋灾不出九月的报灾时限。勘灾基本与报灾同时进行，由地方官吏查勘核实田亩受灾程度，确定成灾分数。清代规定，受灾五分至十分者为成灾，五分以下为不成灾。勘灾之后即进行审户，对灾民户口进行核实，依照田亩受灾轻重、屋舍及畜具损伤等情况划分受灾等级，一般分为极贫和次贫两个等级。发赈在审户的基础上进行，即按照赈票所列数目将赈米或赈银发放到灾民手中。清代统治者对救灾工作非常重视，赈济结束后常派朝廷要员赴灾区对办赈工作进行核查，查勘内容主要是审查被灾田亩呈报是否属实、被灾分数和审户等级划分是否合理、办赈官员有无侵蚀行为等，以防止地方官员奏报不实或侵吞赈济银粮。清代对办赈官员的舞弊行为特别是侵吞赈济银粮的官员处罚非常严厉，情节恶劣者往往给以处决或者革职的严惩。

清代的救荒措施集历代之大成，在制度化、法律化的救灾程序下，具体的措施更加精密和完备。原有的救荒措施为顺应新的社会需求，世代相承，至清代逐渐规范化、系统化和周密化，并出现了前所未有的新举措。其救荒措施主要有蠲免、赈济、调粟、借贷、除害、安辑和抚恤七个方面。遇灾蠲免钱粮，是清代救荒的重要措施。将全部额赋分为十分，受灾五分、六分免十之一，受灾七分免十之二，灾八分免十之四，灾九分免十之六，灾十分免十之七。对灾情异常严重者，全行蠲免。与蠲免相关的措施是缓征，即被灾分数不足五分按不成灾计，照例不予蠲免，但一般都予以缓征。赈济分正赈、大赈、展赈、摘赈、煮赈、工赈等，主要以赈秋灾为主。清政府通过粮食调拨来救济灾民，分移粟就民和移民就粟两种方式，具体方法有截漕、采买、拨运等。借贷在灾后各项施恩政策中，占有相当大的比例，是清代荒政的重要内容。借贷的种类有贷口粮、截漕、发库银等，对灾民恢复生产、促进自救具有较大作用。除害则主要指捕除蝗蝻，是救灾减灾的重要手段。清代的安辑，主要还是沿用明朝的措施，以收养灾民和资送回籍为主。属荒政内容的抚恤措施为“救灾”，是对突发性灾害如地震、海啸、飓风等造成的破坏施与救济，目的是安置灾民，使其尽快复业。

对于荒政之外的救荒形态，诸如在地方社会由绅商发起的义赈、宗族赈济以及民间互助等救济方式，在国家救济衰弱的清代后期于灾荒救济中发挥了相当大的作用。特别是晚清时期，在中国社会经济结构发生重大变化以后，义赈的出现表明“具有近代文明特征的救灾形式和救灾意识的产生并发生作用也就势所必然了”。清代有不少官督民办性质的社会慈善机构，如普济堂、养济院、育婴堂等，以道光朝为始，义赈已是地方赈灾事业的一项重要内容。光绪初年爆发的“丁戊奇荒”中，灾赈发展成为中国救荒史上首次民间自行举办的有组织、长时间、远距离、大规模的“义赈”活动。它开始渗入近代民族国家的因素，也大体奠定了义赈机制后来近30年的发展格局。

仓储建设、江河治理和农事改良是清代灾荒防备最主要的举措。所谓备荒仓储，主要指以积贮防荒为宗旨的常平仓、社仓和义仓等，是传统荒政的重要组成部分。清朝建立仓储体系的努力，始于顺治朝。顺治十一年（1654年）清廷第一次颁布有关建设仓储的具体政策，一道上谕称：“会典旧制，各府州县俱有豫（预）备四仓及义仓、社仓等法……今责成各地方该道专管，稽察旧积，料理新储，应行事宜，听呈督抚具奏，每年二次造册报部。该部察积谷多寡，分别议奏，以定该道功罪。”清代的地方粮仓体系包括三组独立而又互有关联的粮仓，分别是常平仓、义仓和社仓。这三大类型的粮仓，其区别在于它们设置的地点和管理模式，常平仓为官仓，设于各府、州县城市；社仓、义仓为民办性质的仓储，广布于市镇、乡村。清代仓储体系以常平仓为主，以社仓、义仓为辅，以平粜、借贷、赈济为救济手段，根据灾情轻重，灵活运用所贮粮石，解决因青黄不接、自然灾害等引起的粮食匮乏问题，官绅士民参与其中，共同构筑起预防和抵御灾荒的城乡仓储救助防线。

水利建设是改良自然条件，根治灾荒的治本之策。清代非常重视地方水利工程的兴修，从顺治朝到光绪朝，朝廷都曾专门谕令各省地方官员修建水利，中央和各级官府都制定了许多相关的制度和政策，并建立了一套比较完备的传统水利机构和职官系统，规定工部为中央专职最高行政机构，地方则由按察使、道员、州同、州判、同知、通判、县丞、主簿等各级官吏负责。清代在江河防洪（尤其是黄河和淮河）、京杭运河（尤其是中运河与清口枢纽）、海塘工程（尤其是杭州湾北岸）、区域性农田水利（尤其是湖广和珠江三角洲）管理方面都有所进步，其中规模较大的有导黄入海工程、大修归仁堤、重修高家堰和治理清河口等工程。大体来说，清代农田水利系统的管理运营主要存在着官修、官督民修和民修的形式，对黄河、运河等大型河工系统干预较强，采取官修制形式，设置了专门的组织机构以及维修资金等进行直接的管理；对各地方水利特别是广大山区的中小型水利则较少干预，基本上交由地方政府管理。而地方政府的关注重心又环绕府、县治等城镇的圩堤或者较大型陂塘等灌溉系统方面，且主要采取官督民修的方式；对众多小型水利设施则以民修为主，交与地方民众自行管理。

自古以来中国就是一个以农立国的国家，从防灾角度看，重农事是改良自然环境和提高应灾能力的主要举措。对于影响范围较大，关系国计民生甚巨的农事工作或水利维护，从地方到朝廷其实一直十分重视。因地制宜，注意农田灌溉，适时地增加土壤肥力，以维持农业的稳产与高产，是农事安排中的一个重要内容。除拓展耕地措施外，农业技术也有很大的改进，例如复种指数和精耕细作水平不断提高，玉米和番薯等高产耐旱作物和苜蓿、桑枣、柿等备荒代粮作物也得到推广种植。此外，救荒书的大量涌现使得清代减灾救荒思想能够集历代救荒思想之大成而自成系统，清代门户开放政策的推行和洋务运动的兴起又进一步促成了减灾救荒思想汲取更多现代科学成分而日臻成熟。

“清朝的国力，决定荒政；清代荒政，亦反映清朝国力”。在荒政运作中，政府行为对荒政实施的效果有很大的影响作用。清代尤其是清初的统治者十分重视荒政，除《大清会典》《户部则例》有明确规定外，还通过上谕“永著为例”，具有一定的法律法规效力，凡属救灾事务，皆有定例。大致以乾隆朝为界，清代荒政由盛转衰，吏治腐败，荒政弊端不断，救灾效果远不如前。特别是晚清时期，综合国力的衰弱和列强的入侵，致使清政府赈灾能力大幅减弱，大规模的流民运动如太平天国运动不断兴起，反过来又加速了清代的衰落。

清朝作为中国封建社会最后一个王朝，从顺治立国至宣统退位，历经十朝，共计268年。鉴于有清一代享国久远，因篇幅所限，本书实无可能也没必要对每年、每次灾情一一详述，本着“突出大灾重灾，不丢不漏，不要变成事无巨细的流水账”的编纂原则，现以十朝帝王统治期的顺序分为十个阶段，按时间先后，分段记述，着重记述波及面较广、成灾较重的灾情，遇特别重大灾情则重点交代。

第二编

大事记

顺治元年（1644 年）

△直隶（今河北、内蒙古及辽宁一部）、山西多地遭受瘟疫。

顺治二年（1645 年）

△直隶、山东、湖广（今湖北、湖南）、江西大水，致使田禾漂没；山西多地突遭冰雹，寸草不生。更由于战争影响，山东一地土地荒芜，十亩之中，只种一二亩。

顺治三年（1646 年）

△直隶、山西、陕西遭受蝗灾，禾稼多伤；浙江、湖广、江西全省大旱，田无禾，民死载道。

顺治四年（1647 年）

△直隶、山西、河南、陕西复遭蝗灾，飞蝗所过之处均成赤地；山东全省大水，城屋尽塌，禾麦俱淹；江西遭水、旱二灾，并受战争影响，民食草啖糠，死者无数；福建、广东、广西遭大水，田禾漂没。

顺治五年（1648 年）

△直隶、山东、河南大水；广东大旱；四川受大旱与战争影响，耕种失时，赤地千里，人相食。

顺治六年（1649 年）

△直隶、山东、河南、江南（今上海、江苏、安徽）大水。

顺治七年（1650 年）

△直隶、山东、河南、浙江水灾。

顺治八年（1651 年）

△山东、江南、浙江大水。

顺治九年（1652 年）

△北涝南旱，直隶、河南、山东、山西大水，江南、江西、湖广、浙江大旱。

顺治十年（1653 年）

△直隶、山西、山东、河南、江西大水，江南、浙江、湖广大旱。是年议定：被灾八、九、十分者免十分之三，五、六、七分者免十分之二，四分者免十分之一。

顺治十一年（1654 年）

△直隶、河南大水，江南、浙江大旱。

顺治十二年（1655 年）

△山西、山东、河南、浙江大旱，陕西四月大雪伤稼。

顺治十三年（1656 年）

△直隶大蝗。

顺治十四年（1657 年）

△直隶大水，陕西、湖广、广东、福建大旱。

顺治十五年（1658 年）

△江南、湖广大水。

顺治十六年（1659 年）

△山东、河南、江南、湖广大水，江西、贵州大旱。

顺治十八年（1661 年）

△河南、江南、浙江大旱，江西大水。

康熙元年（1662 年）

△山西、河南、陕西大水，江西大旱。

康熙二年（1663 年）

△江南、湖广、广西、云南大水，江西大旱。

康熙三年（1664 年）

△山东陨霜，江南、湖广大水，江西大旱。

康熙四年（1665 年）

△直隶、江南大水，山西、山东、江西大旱。

康熙五年（1666 年）

△江西大旱。

康熙六年（1667 年）

△河南、浙江、安徽旱蝗，江西大水。

康熙七年（1668 年）

△直隶、河南、江西大水，山东郯城地震。

康熙八年（1669 年）

△直隶、河南多大雨，江西大旱。

康熙九年（1670 年）

△直隶、山东大旱，江苏、安徽大水。

康熙十年（1671 年）

△直隶、山西、江苏、浙江、安徽、江西大旱。

康熙十一年（1672 年）

△直隶、山东、河南、江苏、浙江、安徽蝗灾，尤以山东为甚；江西大旱。

康熙十二年（1673 年）

△江苏大水。

康熙十三年（1674 年）

△山东、湖北大旱。

康熙十五年（1676 年）

△江苏、湖北大水。

康熙十七年（1678 年）

△山东、河南、江苏、浙江大旱。是年议定：歉收地方除五分以下不成灾外，六分者免十分之一，七、八分者免十分之二，九分、十分者免十分之三。

康熙十八年（1679 年）

△直隶、山东、河南、江苏、浙江、安徽、湖北、湖南、江西大旱，死人无数。

康熙十九年（1680 年）

△山西大旱，民多流亡；江苏大水。

康熙二十二年（1683 年）

△山西太原府地震，被灾甚重。

康熙二十三年（1684 年）

△直隶大旱，山西大雨，江苏、湖南大水。

康熙二十五年（1686 年）

△浙江大水。

康熙二十七年（1688 年）

△云南鹤庆、剑川等地大地震。

康熙二十九年（1690 年）

△直隶、河南、湖北大旱。

康熙三十年（1691 年）

△直隶、山西、陕西、山东、河南旱蝗。

康熙三十一年（1692 年）

△山西、陕西、河南大旱，并伴有大疫；云南弥勒、陆良、建水大震。

康熙三十二年（1693 年）

△直隶大水。

康熙三十四年（1695 年）

△山西平阳府大地震，损失惨重。晋抚噶尔图救灾不力，被革职。

康熙三十六年（1697 年）

△广东大旱。

康熙三十七年（1698 年）

△山东巡抚李炜未奏闻地方灾情，被革职。

康熙四十二年（1703 年）

△直隶、山东大水。

康熙四十四年（1705 年）

△康熙皇帝以河南府居数省之中，近山、陕，因此设漕仓，以备赈济山、陕之需，规定将康熙四十三年（1704 年）漕米，每米 1 石，易谷 2 石，共谷 465682 石中的 235682 石收贮于河南府，余下 230000 石收贮于近汴、近洛之祥符县、中牟县、汜水县、渑池县、偃师县、陕州、灵宝县、阌乡县，为此河南府造仓廒 293 间，八州县造 71 间，共 364 间。

康熙四十五年（1706 年）

△湖北大水。

康熙四十六年（1707 年）

△江苏大旱。

康熙四十八年（1709 年）

△河南、湖北大水。

康熙五十二年（1713 年）

△云南昆明、曲靖大震。

康熙五十九年（1720 年）

△山西、陕西全省大旱，无禾。

康熙六十年（1721 年）

△直隶、山东、河南、山西、陕西、浙江大旱。

康熙六十一年（1722 年）

△山东、江苏大旱。

雍正元年（1723 年）

△浙江大旱，河南旱涝并作。山西巡抚德音匿灾不报，被革职。

雍正二年（1724 年）

△江苏、浙江沿海地方发生潮灾，损失惨重。

雍正三年（1725 年）

△直隶大水，平地成河。

雍正五年（1727 年）

△湖广、广东等地歉收米贵，致迁移四川者不下数万人。

雍正六年（1728 年）

△议定：被灾十分者，着免七分；九分者，着免六分；八分者，着免四分；七分者，着免二分；六分者，着免一分。

雍正八年（1730 年）

△山东、江苏大水。同年，为使民力宽裕，藏富于民，于年谷顺成，不需减赋之省，亦减免赋税。

雍正十年（1732 年）

△江苏发生潮灾，民众伤亡惨重。

雍正十一年（1733 年）

△直隶大水伤禾；云南东川大震。

乾隆元年（1736 年）

△江苏、安徽大水，成灾。

乾隆二年（1737 年）

△直隶大水，成灾。

乾隆三年（1738 年）

△制定针对生员的专门救济政策；直隶大水，成灾；江苏、安徽大旱，多地河竭；宁夏大震，民人伤亡严重，大量建筑倒塌。

乾隆四年（1739 年）

△河南、山东大水。

乾隆七年（1742 年）

△江苏、安徽大水。

乾隆八年（1743 年）

△直隶大旱，人多暍死；江西淫雨害稼，岁饥；湖南、广西亦饥，民人多往四川，过贵州，死者甚众。

乾隆九年（1744 年）

△浙江大水，淹毙人口，浸没水稻，发生抢夺铺户食物并强赊商米事；四川大水。

乾隆十年（1745 年）

△江苏、安徽大水，成灾。

乾隆十一年（1746 年）

△直隶大旱，山东、江苏大水。

乾隆十二年（1747 年）

△山东大水，江苏潮灾，与雍正十年灾况相仿；是年，乾隆皇帝大规模推行义仓。

乾隆十三年（1748 年）

△山东大水，伴有蝗灾；全国粮价普涨，民众生活艰难，草根树皮皆尽。

乾隆十六年（1751 年）

△浙江、江西、湖南大旱，民饥；云南剑川大震。

乾隆十七年（1752 年）

△山西、陕西大旱，米价腾贵。

乾隆十八年（1753 年）

△江苏、安徽大水，秋禾浸伤，民房多坍损。

乾隆十九年（1754 年）

△云南楚雄大震。

乾隆二十年（1755 年）

△江苏大水，成灾。

乾隆二十一年（1756 年）

△江苏大水，后成大疫。

乾隆二十二年（1757 年）

△全国雨水较往年偏多，直隶、山东、山西、江苏、安徽均现水灾。

乾隆二十三年（1758 年）

△江苏、安徽大水，米贵。

乾隆二十四年（1759 年）

△直隶夏旱秋涝，米价腾踊；山西、甘肃大旱，粮贵民饥；江苏遇百年未有之蝗灾，并多地水灾。

乾隆二十六年（1761 年）

△直隶、山东大水，伤禾；河南大水，到处汪洋；云南澄江大震。

乾隆二十七年（1762 年）

△直隶大水，害稼；浙江大水，成灾。

乾隆二十八年（1763 年）

△云南通海大震，损失惨重。

乾隆二十九年（1764 年）

△江苏、湖南、湖北大水。

乾隆三十年（1765 年）

△山东、江西大水，岁歉；四川大旱；甘肃巩昌府（今甘肃定西）大震。

乾隆三十一年（1766 年）

△山东、江苏大水，成灾；浙江潮灾，民人损失惨重。

乾隆三十二年（1767 年）

△江苏、湖北大水，成灾。

乾隆三十三年（1768 年）

△直隶大水，成灾；南方多有旱情，江苏、安徽、湖北、浙江大旱，赤地无禾。

乾隆三十四年（1769 年）

△安徽大水，溃河堤无数；湖北大水，成灾。

乾隆三十五年（1770 年）

△直隶、山东大水，成灾。

乾隆三十六年（1771 年）

△直隶、山东大水，成灾；江苏大水，溃河堤无数。

乾隆三十八年（1773 年）

△广东大水，溃堤。

乾隆三十九年（1774 年）

△直隶大旱，成灾。

乾隆四十年（1775 年）

△直隶大水，成灾；江苏、安徽大旱，民乏食。

乾隆四十二年（1777 年）

△广西大旱，粮价腾踊。

乾隆四十三年（1778 年）

△全国多地大旱，包括直隶、山东、河南、江苏、江西、浙江、湖南、湖北、四川等地。

乾隆四十五年（1780 年）

△直隶大水，成灾。

乾隆四十六年（1781 年）

△山东、四川大水，成灾；江苏潮灾，损失惨重；王亶望①捏灾冒赈案发，涉及甘肃官员六十余人。

乾隆四十七年（1782 年）

△四川大水，成灾。

---

① 历任甘肃、宁夏知府，甘肃布政使，浙江巡抚。在任职甘肃期间，向朝廷谎报旱情，进行“指监冒赈”的贪污侵吞活动，甘肃一半官员参与其中。案发时任浙江巡抚，于乾隆四十六年（1781 年）被斩杀。

乾隆四十九年（1784 年）

△河南大旱，成灾。

乾隆五十年（1785 年）

△山东、河南、江苏、安徽、浙江、湖北大旱，田禾不获。

乾隆五十一年（1786 年）

△山东、河南、江苏、安徽春大饥，死人无算；广东大旱，民饥；四川大震。

乾隆五十二年（1787 年）

△直隶、山东、广东大旱，粮价腾踊。

乾隆五十三年（1788 年）

△山东大旱；安徽、江西、湖北大水。

乾隆五十四年（1789 年）

△直隶大水；云南通海大震。

乾隆五十六年（1791 年）

△福建漳州大震，民居多损坏。

乾隆五十七年（1792 年）

△直隶、山东、陕西大旱，民饥；台湾、四川打箭炉（今康定）大震，损失严重。

乾隆五十八年（1793 年）

△江西大水，冲溃田亩；四川打箭炉再震，压毙僧俗男妇二百余口。

乾隆五十九年（1794 年）

△直隶、山东先旱后涝，伤稼民饥；广东大水，民饥。

乾隆六十年（1795 年）

△福建沿海县份受潮灾，颗粒无收。

嘉庆元年（1796 年）

△江苏大水，成灾；浙江正月大雪奇寒，八月又遭飓风。

嘉庆五年（1800 年）

△安徽、江西、浙江大水，禾稼淹溺无算，大量民人淹毙。

嘉庆六年（1801 年）

△直隶大水，成灾；是年，嘉庆皇帝决定在无灾年份，常平仓粮

概不准出借。

嘉庆七年（1802 年）

△安徽大旱，成灾；湖北、江西、浙江多地大旱，民贫粮贵。

嘉庆九年（1804 年）

△山西南部大旱，秋麦无种。

嘉庆十年（1805 年）

△甘肃大旱，成灾；陕西因大量粮食贩往晋豫二省，导致面临旱灾时家鲜盖藏，粮价腾踊；山西南部旱情依旧，因无法从同遭旱灾的陕西购买足够粮食，灾情加重。

嘉庆十一年（1806 年）

△江苏大水，堤溃田淹。

嘉庆十二年（1807 年）

△湖南大旱，成灾。

嘉庆十三年（1808 年）

△江苏大水，水淹民田。

嘉庆十六年（1811 年）

△山东春旱秋水，大饥；浙江大旱，民饥。

嘉庆十七年（1812 年）

△山东春夏大旱，民饥；直隶大旱，成灾。

嘉庆十八年（1813 年）

△直隶、山东、河南旱涝相继，受灾最重之河南，民相食，多有奔赴江南、湖北以图糊口；陕西大旱，成灾。

嘉庆十九年（1814 年）

△安徽、江苏、浙江大旱，粮价高昂，民饥。

嘉庆二十二年（1817 年）

△直隶大旱，成灾。

嘉庆二十四年（1819 年）

△河南大水，成灾。

嘉庆二十五年（1820 年）

△浙江大旱，疾疫流行；江西大旱，成灾。

道光元年（1821 年）

△山东夏秋水、旱，复大疫，死者无算；直隶大疫，死者甚众。

道光二年（1822 年）

△山东大水，成灾；湖北大水，漂没秋禾；直隶大水决堤，秋禾被灾。

道光三年（1823 年）

△安徽、江苏、江西、直隶大水，成灾。

道光四年（1824 年）

△直隶蝗灾。

道光五年（1825 年）

△山东遭受旱、虫灾；直隶蝗灾。

道光六年（1826 年）

△安徽、江苏、湖北大水；山东先旱后涝。

道光八年（1828 年）

△山东大水，民饥；浙江先涝后旱，民饥。

道光十年（1830 年）

△湖北大水，成灾；广东、广西大旱，成灾；直隶磁州（今河北磁县）等地大震，损失惨重。

道光十一年（1831 年）

△南方多大水，包括安徽、江西、江苏、湖北、湖南；北方之直隶、山西冬天多大雪，果树多冻死。

道光十二年（1832 年）

△直隶被旱、被水、被雹、被霜成灾共 57 州县；江苏大水，成灾；湖北大水，决堤 50 余处，灾民 70 余万；将山东单县、范县等 34 县共 7166 个遭受水、旱，但勘不成灾的村庄，以及章邱、济阳、临邑合邑各庄在道光十三年（1833 年）应征上年新赋缓至秋后启征。

道光十三年（1833 年）

△江苏、江西、广东大水，成灾；安徽大水，民饥，出现官员匿灾事，加重灾情；广西蝗灾，损害禾稼。

道光十四年（1834年）

△湖南大水，溃口551处，民大饥；江西大水，岁荒民饥；直隶79厅州县报灾，查有26州县成灾；广西大蝗，成灾。

道光十五年（1835年）

△山东遭春旱、夏水、秋蝗、大风，伤稼，民人多往奉天（今沈阳）就食；湖北、湖南、江西、浙江大旱，成灾，民饥。

道光十六年（1836年）

△山东春大饥，后大疫，民人损失严重；河南蝗灾。

道光十八年（1838年）

△四川大旱，民饥。

道光十九年（1839年）

△安徽、湖北、湖南、江西大水。

道光二十年（1840年）

△安徽全省被旱、被水，虽不成灾，均缓征本年钱粮；江苏大水，伤禾；四川大水，岁大祲；甘肃大旱。

道光二十一年（1841年）

△河南、安徽大水，禾稼大伤；山东大雪，人畜冻死无算；浙江大雪，民居多损。

道光二十二年（1842年）

△河南先旱后涝，成灾；江苏、江西大水，成灾。

道光二十三年（1843年）

△河南中牟九堡漫口，加重安徽水灾。

道光二十四年（1844年）

△河南、江西、浙江大水，成灾。

道光二十六年（1846年）

△河南、江西、陕西大旱，成灾；山东大水，害稼；浙江先旱后涝，成灾。

道光二十七年（1847年）

△河南、山东大旱，秋无禾，民多有饿死；浙江先旱后涝，伤稼；直隶大旱，大饥，人相食。

道光二十八年（1848年）

△安徽水势异涨，圩堤漫决，成灾，为苏民力，规定勘不成灾地区随成灾地区，一律缓征漕粮；河南、江苏、山东、湖北、湖南、江西、浙江大水，致民大饥；直隶被水、被旱，成灾。

道光二十九年（1849年）

△安徽大水，圩田尽没；河南、江苏、湖北、湖南、浙江大水，岁大荒，民饥；江西大水，同时沿江各省受水灾影响，商贩船只往来稀少，致使九江关两季征银不符平时一季之数。

道光三十年（1850年）

△安徽大水，成灾。

咸丰元年（1851年）

△山东、江苏大水，成灾；直隶、山西、山东、安徽、江苏、浙江、江西、河南、湖北、广东等地均有地震。

咸丰二年（1852年）

△浙江大旱，成灾；湖北大水，成灾；甘肃中卫大震，损失惨重。

咸丰三年（1853年）

△山东多地因多年受灾，多有饥民，沿途乞食，朝不保暮；江苏堤溃，大水成灾；浙江、广东大水，成灾。

咸丰四年（1854年）

△江苏、江西、浙江大水，成灾；广西蝗灾，岁大荒；四川南川县大震，压毙人畜无算。

咸丰五年（1855年）

△直隶、山东、江苏、河南大水，成灾，其中山东一地灾情达十分的有1821个村庄；灾情九分者有1380个村庄；灾情八分者有2177个村庄；灾情七分者有1001个村庄；灾情六分者有774个村庄，共7153个，受灾人数逾700万人；浙江大旱，成灾；奉天金州厅（今辽宁大连金普新区）大震。

咸丰六年（1856年）

△直隶、山东、安徽大蝗；江苏、浙江、河南大旱，飞蝗蔽天，饿死者无算；四川黔江大震，损失惨重。

咸丰七年（1857年）

△直隶、山东、河南大蝗，伤稼，其中数万河南饥民前往湖北就食；浙江大水，成灾。

咸丰九年（1859年）

△山东、江苏大水。

咸丰十年（1860年）

△山东共57州县被水、被旱、被雹；湖北、湖南大水，成灾，民舍漂没殆尽。

咸丰十一年（1861年）

△河南先旱后涝，成灾。

同治元年（1862年）

△山西曲沃、绛县一带大震，房屋多塌，人畜有压死者；山东大水，后有大疫；河南先旱后涝，成灾；浙江受太平天国战争影响，人口损失严重，瘟疫流行；台湾嘉义大震，房屋倒坏数千，死者千余人；广东遭受飓风，损失惨重。

同治二年（1863年）

△受太平天国战争影响，江苏人口大量减少，百存一二，田地荒芜，生产水平大幅后退；浙江大旱，大疫流行，后又海水溢河；河南大蝗，成灾。

同治三年（1864年）

△受水旱灾与战争影响，江西农业全荒；浙江先涝后旱，加之战争影响，人少地多；河南先旱后涝，成灾；广东大水，成灾。

同治四年（1865年）

△江苏大水，成灾；浙江大水，为数十年所未有，加之战争影响，受灾更为严重。

同治五年（1866年）

△安徽北部大水，为历来所罕见；江苏、湖北大水，成灾。

同治六年（1867年）

△直隶先旱后涝，民饥，成灾；山东多处决堤，成灾；台湾淡水地震，损失严重。

同治七年（1868 年）

△直隶大水，为数十年所未有；河南黄河决口，大水。

同治八年（1869 年）

△安徽雨多，圩堤冲缺，民饥；江苏、江西、湖南、湖北大水，成灾。

同治九年（1870 年）

△湖北大水，田亩淹没，民人迁徙；四川南溪大震。

同治十年（1871 年）

△直隶大水，被认为是 70 年未有之灾；山东、河南大水，成灾；云南山水骤发，水灾较重；西藏错那宗（今错那）发生强震，损失惨重。

同治十一年（1872 年）

△直隶大水，成灾；是年，《申报》创办，对今后中国救灾产生深远影响。

同治十二年（1873 年）

△直隶、湖北、四川大水，成灾；江西先涝后旱，民饥；浙江、江苏大旱，民饥。

光绪二年（1876 年）

△直隶、山东、河南、江苏、山西大旱，粮价昂贵；江西、浙江大水，房塌民饥。

光绪三年（1877 年）

△山西、陕西、河南亢旱，民饥成灾，以李提摩太为代表的西方人成立专门的救灾委员会，派人前往受灾地区救灾，同时，近代义赈兴起；四川大旱，大饥；江苏、安徽大蝗，伤稼；湖北大旱，与河南接壤处更为严重，几颗粒无收；广东大水，民死无算。

光绪四年（1878 年）

△山西、陕西旱情持续，二麦失收；江西、福建、广东、湖北、湖南等地大水，成灾。

光绪五年（1879 年）

△山西受前灾影响，民饥，元气难以恢复；甘肃阶州（今武都）

大震，压毙民人甚多；直隶、河南大水，田禾淹没；江西大旱，成灾。

光绪六年（1880 年）

△直隶被水、被旱，成灾；江苏大旱，伤田禾。

光绪七年（1881 年）

△福建遭受飓风，民人损失严重。

光绪八年（1882 年）

△安徽、浙江猝遇水灾，情形甚重，光绪皇帝要求君臣重修省，以消沴戾而重民生；直隶、山东、河南、湖北大水，成灾。

光绪九年（1883 年）

△山东多地堤决，被灾甚重；直隶大水，成灾；河南 84 厅州县虽勘不成灾，但因连年水旱频仍，民人生活异常困苦；江苏、安徽、湖北大水，成灾；江西大旱，成灾。

光绪十年（1884 年）

△山东大水，秋禾被灾；江西大水，溺毙人口数万；甘肃秦州大震，房塌千余间。

光绪十一年（1885 年）

△广东大水，为数十年未有之奇灾；直隶、江苏、浙江、江西、安徽、广西大水，成灾。

光绪十二年（1886 年）

△直隶、山东、浙江、湖南大水，成灾。

光绪十三年（1887 年）

△直隶、山东、河南、江西、江苏、浙江、湖北、安徽大水，成灾；云南石屏、建水大震，房屋大量倒塌，民人伤亡惨重。

光绪十四年（1888 年）

△奉天、直隶、河南、安徽、广东、江苏大水，成灾；山东全省受旱与涝，成灾。

光绪十五年（1889 年）

△四川、湖北、直隶、山东、河南大水，成灾；江苏大水，民饥，有夺粮事；浙江大水，谓之三十年未有之奇灾；新疆伊犁大震，伤民。

光绪十六年（1890 年）

△直隶大水，成灾，受制于财政困难，赈济款严重不足；山东、河南、云南大水，成灾。

光绪十八年（1892 年）

△直隶、云南大水，成灾；河南大水，民房坍塌，灾民数十万；山西北部地区遭受旱灾，民人损失惨重；吉林遭受霜灾，收成歉薄；山东春夏亢旱，秋雨连旬，伤稼，民人多往东北求生；安徽先旱后水，成灾。

光绪十九年（1893 年）

△直隶、山东、云南大水，成灾；山西北部旱情持续。

光绪二十年（1894 年）

△直隶、山东、河南大水，成灾。

光绪二十一年（1895 年）

△直隶大水，加之奉天遏籴，灾情加重；山西大水，成灾。

光绪二十二年（1896 年）

△直隶多地漫决，大水成灾；山东、湖北大水，成灾；陕西先旱后涝，成灾；广东飓风成灾，伤稼。

光绪二十三年（1897 年）

△安徽先旱后涝，伤禾；山东、江苏、浙江、湖北大水，成灾。

光绪二十四年（1898 年）

△河南大水，成灾，地方政府存在匿灾不报与散赈不实的情况，朝廷要求随时严办，同时对教堂实行保护；山东大水，田禾漂没，沙填河道，舟楫不通，税厘来源顿塞；山西代州大震，造成严重生命损失；广东鼠疫大作，毙人无算。

光绪二十五年（1899 年）

△直隶、河南大旱，成灾；山东、江西大水，成灾。

光绪二十六年（1900 年）

△山西、陕西两省亢旱成灾，开办实官捐输；福建大水，成灾。

光绪二十七年（1901 年）

△江西、浙江大水，成灾。

光绪二十八年（1902 年）

△四川春旱，民饥；山东大水，成灾；广东鼠疫再作，民多毙亡。

光绪二十九年（1903 年）

△山东、陕西大水，成灾；安徽出现赋役以完作欠的情形，朝廷要求各地严加查处。

光绪三十年（1904 年）

△台湾、四川打剑炉大震。

光绪三十一年（1905 年）

△山东、云南大水，成灾；江苏潮灾，淹没田地，淹毙民人。

光绪三十二年（1906 年）

△直隶、江苏大水，成灾；山东受甘、豫二省水源奇旺的影响，大水成灾；台湾嘉义大震，民人多毙。

光绪三十三年（1907 年）

△山东大旱，成灾；河南先旱后涝；四川大雨大水，为近数十年所未见。

光绪三十四年（1908 年）

△湖北、湖南、广东多处堤工溃口，大水成灾；直隶大旱，成灾。

宣统元年（1909 年）

△安徽、江苏、云南大水，成灾；台湾台北大震，财产损失严重。

宣统二年（1910 年）

△东三省鼠疫流行，传染极烈；安徽、河南、山东、陕西、江苏大水，成灾。

宣统三年（1911 年）

△东三省鼠疫持续，并向关内蔓延；江苏、安徽、江西大雨，圩堤溃决，成灾。

第三编

灾　情

第一章 旱灾

有清一代，旱灾和水灾一样，同为清代危害最为严重的自然灾害。从全国范围来看，旱灾是仅次于水灾的严重自然灾害。就频次而言，不同学者因为各自所依托的史料及统计口径不同，统计结果存在很大差别。例如，邓云特先生统计有201次，陈高佣先生统计有1016次，闵宗殿先生所得次数为1140次，李向军先生以州县为单位，统计出清代前期（1840年前）遭受旱灾的州县数为9185地次，《中国灾害通史·清代卷》的作者依据《清史稿》，统计出的旱灾次数为625次。就破坏程度而言，清代发生的特大旱灾也并不稀见，譬如顺治三年（1646年）浙江、湖广、江西大旱，康熙十年（1671年）跨长江、淮河、黄河、海河四大流域共219州县大旱，乾隆五十年（1785年）华北各省和浙江、江苏、湖南、湖北共411州县大旱，光绪二年（1876年）到光绪四年（1878年）发生了中国历史上最大的旱灾之一，史称"丁戊奇荒"，均为各自区域史上罕见的奇灾。

一、顺治朝

顺治朝凡18年，社会经济凋敝、武装镇压不断、各类灾害频仍是王朝转换期间的鲜明特征。按照《中国灾害通史·清代卷》的统计，这18年总共发生旱灾42次，年平均2.3次。不过，若是以州县为计算单位的话，实际次数则远大于这一数字。比较来看，顺治元年（1644年）、顺治三年（1646年）、顺治五年（1648年）、顺治七年（1650年）、顺治八年（1651年）、顺治九年（1652年）、顺治十三年（1656年）、顺治十八年（1661年）等年份的旱灾波及面相对广大，灾情较重。

顺治元年（1644年）

△直隶（今河北、内蒙古自治区及辽宁一带）、河南、江南（今上

海、江苏、安徽)、浙江、湖广（今湖北、湖南）发生了大规模的旱灾。直隶灵寿、龙门、永年等9州县遭遇了大的旱灾。尤以龙门最为严重，大旱导致大饥荒，民多饿死，人相食。河南杞县、柘城、临颍等5州县由春至夏发生大的旱灾，导致粮价上涨。江南南汇（今上海南汇区）、川沙等13州县发生旱灾，多地水竭。浙江石门、余姚等5州县的旱灾自春至秋持续半年之久，庄稼枯槁，粮价上涨。湖广巴陵（今湖南岳阳）、永兴等6州县大旱，粮价上涨，民多食树皮草根，多有饿死者。

这年，江西瑞昌、新喻（今江西新余）旱。广东亢旱，庄稼歉收。广西苍梧旱。云南昆明、安宁夏旱。山西朔州夏旱。山东东昌、莘县春夏无雨。

顺治二年（1645年）

△直隶畿南、广平、大名府大旱导致民饥。山西解州（今运城）、安邑（今夏县）、垣曲旱。山东濮州荒旱，武城、莘县春夏无雨，至六月始雨，民大饥。河南原武（今河南原阳）、武陟、怀庆府和清丰旱。浙江钱塘旱。湖广浏阳大旱，自四月至八月不雨，导致粮价上涨。广西苍梧二月至八月，几无降水，庄稼枯槁，是年无收。

顺治三年（1646年）

△浙江、湖广、江西大旱。浙江、湖广和江西的大部分地区都遭遇巨大旱灾。江西各地几无降水，庄稼枯槁，哀鸿遍野，旱灾遍及全省；大旱导致粮食收成锐减，粮价飞涨，百姓不得已煮树皮草根为食，然仍有大量饿死者。湖广持续大半年的旱灾导致赤地千里，庄稼几无收成，更有兵荒为害，人民苦不堪言；在临湘、耒阳、常宁、邵阳等地，百姓以棕子、地菜、榆皮为食，饿死者过半。持杖乞讨而无所得，死者枕藉于道，白骨遍野。浙江各地均发生持续半年的旱灾，庄稼收成很差，粮价上涨，民以土皮、土粉为食；定海饥民饿死者皆枕藉于道；临海数月无雨，田禾尽枯，48镇田粮不济，天旱米贵，百姓惶惶。

这年，直隶青县旱。山东济阳、庆云等4州县春旱。河南开州（今濮阳）夏旱。江南望江、祁门、婺源等5县大旱。福建漳浦夏大旱。广东临高大旱。广西多地大旱，自二月至八月不雨。四川大旱，大疫，岁饥，丹棱有人相食之惨状。

顺治四年（1647 年）

△江南、江西、湖广、浙江发生大旱灾。江南省各属旱蝗相继，水旱交侵，粮价上涨，饥疫者众。浙江寿昌（今浙江建德）、兰溪等6州县大旱，粮价上涨，饥民以草根树皮充食。湖广巴陵、永兴等多县大旱，粮价上涨；宝庆府最为严重，斗米价格涨到一两，民饿死者不计其数。江西德安、上饶等10州县久晴无雨，干旱成灾，粮价飞涨，多地民众采山中石粉，和米做饼疗饥，以此为活的人很多，因此被人们称为“仙粉”。

直隶盐山旱蝗相继。山西沁水大旱。山东多地春旱。河南确山等地春无雨，大旱，田禾多枯槁，收成很差。福建上杭秋旱。四川綦江、叙永大旱，兼有瘟疫横行，死者甚众，无人掩葬。

顺治五年（1648 年）

△四川、广东、山东、湖广等地旱灾严重。山东高苑（今邹平高城镇）、新城大旱导致饥荒，出现人相食的惨状。湖广荆门、沅陵、泸溪、麻阳等州县大旱，粮价上涨，饿死者甚多。广东多地春大旱，谷贵。四川成都、重庆府等地流贼兵起，民间耕种失时，又亢旱严重，禾稻枯死，米价昂贵。

广西北流大旱致饥。山西北部大同府等地旱。河南郏县、汝州秋旱。江南水旱相侵，损禾。

顺治六年（1649 年）

△直隶曲周春至夏不雨，田禾多枯槁。山西太原偏旱。河南密县（今新密）、光山旱。江南泰兴、通州秋七月旱，靖江八月旱，禾苗枯死，含山、和州（今安徽和县）、沛县夏旱，石埭旱。浙江龙游、开化大旱，粮价上涨。湖广永定卫秋旱，迟稻尽槁。江西崇仁旱。福建光泽、宁化旱。广东揭阳大旱，粮价上涨。广西崇左、龙津（今龙州）、来宾大旱，造成饥荒。四川井研、犍为、蓬安大旱，赤地千里。陕西潼关旱。

顺治七年（1650 年）

△直隶、山西、山东、河南、广西大旱。直隶沧州、交河等县自春徂夏，旱魃为虐。山西除晋东南涝，余均旱，太原大旱，禾苗枯死。春夏之交山东武城、胶州等 8 州县旱涝相继，禾稼损伤很大，各地饥荒。河南多县春夏旱虐，秋雨伤禾，水旱相侵。广西邕宁、崇善等多地大旱，次年粮价飞涨。

江南扬州大旱，寸草不生，泰州、东台、萧县旱涝相继。江西新淦（今新干）大旱，民饥。福建霞浦夏大旱。陕西安定（今子长）夏四月至九月，不雨。

顺治八年（1651 年）

△河南、江南、浙江、湖广大旱。河南多县秋旱伤禾，原武春亢旱。江南各属先旱后涝，造成大饥荒。以临淮（今凤阳临淮关）为最，四月亢旱不雨，禾苗俱枯槁，继以瘟疫大作，四乡十室九灾。浙江桐庐、平湖诸县大旱，米价腾贵，饥民饿死者甚多。湖广江永大旱，斗米四千钱，饿死者五六百人；临清、石门大旱，慈利兵荒交困，饿死者十分之三。

直隶入夏以来，半年亢旱。山西北旱南涝，太原、大同大旱。江西萍乡、宜春、万载大旱，导致民饥。广东琼州府（今海南海口琼山区）、崖州（今海南三亚）旱灾从四月持续到第二年三月。广西太平府（今广西崇左）、柳州、来宾大旱，饥饿而死者甚多。

顺治九年（1652 年）

△江南、湖广、浙江大旱。江南大部分地区都发生旷日持久的大旱，大旱导致水道尽涸，禾苗尽槁，稻收歉薄，竟至颗粒无收，米价昂贵，饥民不得不以草根树皮等为食，饿殍遍野。浙江杭州、嘉兴、湖州、宁波、绍兴、金华 6 府属，仁和、钱塘等 27 州县亢旱，石门河流绝，井泉竭，运河见底，田苗尽槁。湖广武昌、汉阳等府旱虐为灾，历夏徂秋旱，江水枯涸，禾稼枯槁，又兵荒交困，致米价昂贵，灾民遍地，以树皮、野菜充饥，惨不忍睹。

直隶春旱，播种愆期。山西沁水大旱。山东复遭春旱。河南鹿邑、许昌、郾城春夏旱，多地六七月旱，久未得雨。江西自春迄秋，弥月不雨，奇旱异常，溪涸塘干，禾苗焦枯，饥民死亡相藉。四川彭县（今彭州）大旱。贵州黄平夏大旱。陕西阶州（今甘肃武都）、洮州（今甘肃临潭西南）、潼关等地旱。

顺治十年（1653年）

△京师三春不雨，入夏犹旱。直隶卢龙、乐亭、安州春旱。山西东南及西北部旱。山东东阿、宁津旱。河南息县、固始、光山旱。春夏之交江南各府都遭遇了旱灾，骄阳肆虐，滴雨不沾，持续亢旱导致潮水枯竭。六月，浙江多地发生旱灾，骄阳为虐，导致禾稼枯槁。湖广多数州县大旱，粮价大涨，民多流亡，甚至发生食人事件。江西54州县发生旱灾。广东南雄、始兴、新会大旱，粮价飞涨。广西钟山、富川大旱。贵州安顺府旱，斗米价一两五钱。

顺治十一年（1654年）

△直隶8府旱导致饥荒，有的地方甚至卖子卖妇。山西潞州（今长治市）、泽州等6州县大旱，粮价上涨导致饥荒。江南嘉定、兴化、宝应、无为、亳州等州县发生旱灾。浙江杭州、宁波、金华、衢州、台州5府、钱塘等21县亢旱为灾，导致河竭井涸、禾稻尽枯。福建龙溪、漳浦、清流等地旱。这年春广东曲江、翁源、潮州府、南海、顺德等县府大旱。四川营山大旱。陕西三水（今旬邑）半年没有下雨。

顺治十二年（1655年）

△直隶迁安、衡水、大名等地夏久旱不雨。山西安邑、平顺等10州县发生旱灾，太原尤旱，旱灾导致粮贵民饥。山东恩县（今平原）、惠民（今邹平）、齐东、栖霞等州县夏旱。夏秋河南获嘉、新乡、辉县等11州县大旱焦枯，田野尽荒。江南广德、吴县旱，谷秕歉收。浙江台州、金华、处州（今丽水）三地属亢旱伤禾。钱塘、临安等22州县大旱导致苗禾枯槁。湖广桂阳州、天门、松滋等州县旱灾。江西广信、饶州（今上饶）、古安（今吉安）三府属县等地旱灾，福建归化（今明溪）、建宁大旱。广东秋旱魃为虐，田野焦枯，枯禾杀稼，颗粒无收，民大饥乃至子饥父不能养，妻死夫不能顾，饥殍载道，白骨盈沟。陕西乾州（今乾县）、白水、宜君、凤翔、扶风等州县亢旸不雨，秋禾枯槁。

顺治十三年（1656 年）

△春夏之交直隶获鹿、井陉等 4 州县旱。山西潞城、壶关、高平等多地大旱，田禾枯槁，米价飞涨导致饥荒。山东济阳缺雨。河南祥符、淇县、林县等县旱或大旱，麦田焦枯，秋苗无措。江南无锡、东台、吴县等县大旱伤禾。浙江省嘉善、永康、常山等地旱。湖广汉川、浏阳大旱。江西崇仁、南城、新城、南丰等县旱。广东揭阳十月大旱，潭水枯竭，饿殍于道。四川綦江大旱，赤地千里。贵州遵义府、桐梓大旱。陕西镇安、扶风、静宁等 8 州县不雨，亢旱导致粮价飞涨，民饥。

顺治十四年（1657 年）

△夏四月京师、直隶旱。山西南部多地旱。山东诸城大旱，麦禾尽枯。河南祥符、通许、汲县等多处春旱。江南含山、太湖等地四月到六月不雨，湖井皆涸。湖广衡州、永州等属共 24 州县旱伤禾。江西龙泉、泰和、吉水、万安等县夏大旱。福建连江、清流大旱。广东保昌（今南雄）、曲江、乳源、仁化等县旱，致民大饥。陕西鄠县（今鄠邑区）、泾阳、盩厔（今周至）、潼关旱，粮价腾贵。

顺治十五年（1658 年）

△直隶交河、大名、邢台等县旱。山东昌乐、安丘、潍县（今潍坊）等县大旱。河南通许、汲县、辉县、原武、滑县春旱无雨。江南崇明旱涝并发，吴县（今吴中区）夏不雨。湖广泸溪荒旱。广东乐昌秋大旱，禾稼半收。广西龙州十一月旱，直到第二年四月才下雨。五月，陕西盩厔大旱。

顺治十六年（1659 年）

△直隶大名旱，六月始雨，秋禾收成不好。山东长山秋大旱。河南内黄、南阳、邓州等 7 州县大旱，粮价上涨，民采蕨根而食。江南睢宁、灵璧春旱。浙江镇海、上虞、丽水等地旱。湖广澧州、巴陵、武冈等州县大旱，水有断流，米贵民饥。江西宁州、上饶、丰城等 50 余州县夏大旱。福建南平正月至三月不雨，秋禾半收。广东潮阳等地夏大旱，钦州连年大旱民饥。广西来宾自四月至明年正月旱，田皆赤，岁大饥。四川川东大旱，自正月至六月不雨。贵州贵阳、安顺、都匀

等10余州县大旱。陕西扶风秋九月至次年春，大旱。

顺治十七年（1660年）

△京师夏亢旸日久。直隶宣化、卢龙、泰兴等11州县春夏亢旱导致饥荒。山西大同旱。山东宁津、昌乐、东明等县旱。河南磁州、安阳等10余州县旱，粮价上涨。江南宿州、盐城、萧县等州县旱。浙江镇海、天台、严州（今桐庐、淳安等地）旱。湖广当阳、安化等地大旱。福建福州府旱。广东从化、三水等地旱。广西来宾旱。贵州黄平、兴隆等6州县大旱，粮价上涨导致民饥。

顺治十八年（1661年）

△直隶怀安、满城旱。山西襄垣、芮城、永济等县旱，天气极热，有人渴死。山东金乡、定陶等县大旱，苗稼枯槁，民大饥。河南确山、遂平等14州县夏大旱，颗粒无收，人多饥饿而死。江南青浦等12县、江宁前卫等15卫大旱，赤土千里，寸粒无收，民不聊生。浙江钱塘等29县夏秋大旱，数千余里草木枯死，颗粒无收，民食草根、土木。湖广浠州、广济等10余州县旱魃为虐，民大饥。江西武宁、婺源、余干旱。广东文昌十二月旱，至次年七月方雨。贵州安龙、晴隆大旱民饥。陕西扶风五六月旱。

二、康熙朝

康熙朝凡61年，扭转了清初国家战乱不安、社会破败萧条的局面，巩固了统治基础，并开始进入繁荣盛世。康熙朝的旱灾发生年数和频次是清代的一个高发期。按照《中国灾害通史·清代卷》的统计，这61年总共发生旱灾201次，年平均3.3次。这一时期，旱灾区域遍布全国各地，其中尤以华北、华中、华东、华南、西南的部分地区突出；从旱灾情形来看，各灾区多以亢旱少雨、河水枯竭、粮食歉收为主，灾民流亡，饿殍蔽野，个别地区甚至出现人相食的现象。

康熙元年（1662年）

△浙江、湖广、江西大旱。浙江嘉善、海盐、桐乡等9州县大旱。湖广兴国（今武昌）、黄梅等17州县旱。江西南昌府等所属65州县亢

旱异常，田禾枯槁。京师春无雨。直隶昌黎、卢龙等地夏大旱。山西繁峙旱。河南原武春旱、南阳旱。江南东台五月旱，望江夏六月至七月无雨。云南弥勒、泸西大旱，粮价上涨。

康熙二年（1663 年）

△江南凤阳、淮安、扬州三府所属 25 州县旱，禾苗尽枯。浙江江山等 14 州县大旱。湖广衡阳、安仁、耒阳等县旱，田禾枯槁。江西玉山、义宁（今修水县）等州县旱。直隶夏五月至六月旱。山东潍县、莱阳、郓城等县春夏旱。河南项城、汲县、商水等地旱或大旱。广东东莞春夏不雨，至五月乃雨。陕西兴安州（今安康）水旱不时，米价腾贵。

康熙三年（1664 年）

△京师亢旱，祈雨，甘霖大沛。直隶保安（今河北涿鹿）、怀安、迁安等州县旱。山西太原府、大同府、潞州等地旱。山东武定（今滨州）、登州（今烟台）等 6 府旱灾，无稼大饥。河南尉氏、通许、扶沟大旱。江南淮安、凤阳、大名府属各州县旱。浙江定海、武义、东阳旱、大旱。湖广茶陵、零陵等州县旱。江西南昌、萍乡等数十州县大旱。福建邵武府等地旱，饥。广东龙门、归善（今惠阳东北）、新安等地旱、大旱，民饥。陕西关中大旱，人兽相食；凤翔秋旱，禾不登。

康熙四年（1665 年）

△山东、江南、湖广、江西、广东大旱。山东几乎全境大旱，尤以济南、兖州、东昌、青州四府为最，波及阳谷、菏泽、济宁等 71 州县，赤地千里，田禾枯槁，颗粒无收，粮价飞涨而导致民饥，滋阳甚至发生了人相食的事件，甚是惨烈。江南颍州、太和等 12 州县春夏亢旱。湖广益阳、零陵、长沙等 25 州县大旱，地赤土焦，田禾尽枯，有竹结实如麦，民争食之。江西南昌、萍乡、义宁等 42 州县大旱，数月无雨，地尽赤，饥民遍地觅食。广东广州府、惠州府、潮州府等地大旱，早禾尽枯，田荒民饥，民多流亡，饿殍蔽野。

直隶开州、沧州等 16 州县旱，多日不雨，粮价上涨。山西代州（今代县）、文水、寿阳等 6 州县发生旱灾，田禾枯槁。河南内黄、范县、阳武等州县旱。浙江仁和（今杭州）、台州、仙居等 8 州县旱。福建延平府、大田四月至八月不雨，晋江、安溪、南安等地大旱，从十月至次年三月不雨。广西临桂等州县旱。云南大理、蒙化（今巍山）等县旱。陕西商州、兰州等地旱。

康熙五年（1666 年）

△直隶开州、元城（今河北大名一带）等 11 州县旱。山东广饶、寿光等 4 州县大旱，麦枯。江南宝山、靖江等 4 州县大旱，民饥。浙江武义、仙居、宁海等 10 县大旱。湖广巴陵、江夏等州县旱。江西宁州、武宁等 35 州县旱。广东增城、龙门、番禺等 8 州县春三月旱，粮价上涨。福建安溪、南安春大旱。贵州玉屏夏大旱。陕西临洮府、渭源、通渭、庄浪等地亢旱持续一年多，岁值荒歉，谷价倍腾，民业迫窘。

康熙六年（1667 年）

△直隶开州、元城等 11 州县旱。山东德州、济阳、商河等 11 州县旱蝗，田禾尽损。河南商水等 5 县旱蝗，粮价上涨，有人相食的惨状发生。安徽霍丘、怀远、全椒等县旱蝗为灾。江苏靖江、淮阴等地春夏久旱，四野皆赤。浙江奉化、仁和、嘉善等 16 州县大旱民饥。湖北黄安、黄冈、罗田等 7 州县春夏大旱。湖南安仁、耒阳、衡阳等 8 州县大旱。江西万载夏六月至七月大旱。广东增城、番禺、归善等 10 州县春旱。陕西平凉、庆阳、临洮、巩昌四府夏旱，米价上涨，民饥。甘肃西宁、庆阳、庄浪等 10 州县旱，粮价上涨，民饥多有逃亡。

康熙七年（1668 年）

△京师大旱，禾苗枯槁。直隶静海、宣化等 8 州县自春徂夏，雨泽愆期；唐县大旱导致饥荒，饥民将榆皮、树叶食尽，仍有饿死流亡者。山西岢岚州夏不雨，田禾枯槁。山东淄川、益都（今青州）、海丰（今无棣）等地旱，收成很差。河南原武春大旱。浙江宁海等 7 县旱。安徽无为、太和旱。湖北黄冈、红安、罗田等 13 县旱灾。湖南浏阳等地旱。江西万载夏六月旱。广东潮阳、揭阳夏旱，收成减少。甘肃庄浪、伏羌（今甘谷）等县旱。

康熙八年（1669 年）

△京师亢旱。直隶平山春夏旱，民大饥。山西猗氏（今临猗）、文

水大旱，民饥。浙江金华、临海、仙居夏旱。湖北黄梅、蕲水（今浠水东）、汉阳、孝感等地旱。湖南平江、安仁等县旱。江西玉山、义宁、德化等12州县旱。福建惠安、晋江等4县秋大旱。广东阳春、阳江四月旱。陕西安塞大旱，民饥。

康熙九年（1670年）

△京师自闰二月以来，天气亢旸，雨泽稀少。直隶开州、元城等25州县旱，田禾枯槁，百姓流徙。山西黎城、永济由春到夏不雨，麦苗尽枯。山东阳信、齐东等20州县大旱。河南磁州、安阳等州县春夏大旱，禾麦不登。安徽潜山、来安大旱。江苏徐州、赣榆等地旱，逃亡者甚多。浙江松阳旱。湖北汉阳、应山等6州县大旱。湖南浏阳、安仁等11州县旱。江西萍乡、义宁等11州县夏秋旱，田禾尽槁，民饥。福建永春、光泽、晋江等8州县秋大旱。云南巍山等地旱。

康熙十年（1671年）

△本年旱灾跨长江、淮河、黄河、海河四大流域共219县，大量民众死亡。京师春夏旱，亢旸不雨，农事堪忧。直隶霸州、安肃等25州县春夏旱，夏麦多枯，粮价上涨导致民饥。山西泽州（今晋城）、高平等8州县夏旱，诸谷不播。山东沂水、宁海等地大旱，民饥。河南安阳、陕州等12州县旱，伤禾稼。安徽六安、合肥等41州县夏秋赤旱千里，泉流溪涌，河水皆涸，山田禾苗尽槁，粮价飞涨，民食树皮草根，有人饥热而死。江苏上海、青浦等34州县亢旱异常，田禾尽槁，赤地无收，又兼疫病，民多有死者。浙江杭州等府属43州县夏秋旱蝗交接，禾苗尽槁，蝗食殆尽，米贵民饥。湖北荆门、武昌数十州县岁大旱，炎赫如焚，田禾尽枯，前此谷甚贱，民不蓄积，一值大旱，粮价飞涨，水中菱芡、山中草木树皮都被食尽，流亡载道，民多殍死。湖南茶陵、浏阳、长沙等17州县大旱。江西浮梁、新建、南昌等43州县夏秋旱，草木皆枯，田地颗粒无收，米价翔踊，民以树皮草根为食。又有瘟痢流行，死徙逃亡，多地竟荒无人烟，广东开建春旱无雨。广西武鸣、崇左旱。

康熙十一年（1672年）

△直隶盐山、庆云等19州县大旱，田麦枯槁，井泽涸竭。山西文

水、汾西等5州县旱蝗相接。山东淄川、临邑等10州县旱蝗。河南汲县（今卫辉）、新乡、胙城（今延津）等7州县旱，民饥食草根树皮。江苏嘉定、宝山、淮安等地旱。浙江湖州府、临海、浦江旱。安徽休宁、来安、潜山等6州县旱。湖北公安、罗田等4州县旱。湖南增县（今汝城）、安福、石门等6州县春夏无雨，黍粟罔收。江西九江、广信（今上饶）、南康3府旱灾。福建晋江秋大旱。广东开平（今江门）、翁源、始兴、开建（今封开）久旱岁歉。陕西宝鸡旱。

康熙十二年（1673年）

△直隶盐山、庆云等9州县春夏旱，后淫雨，损禾稼无数。山西太原、芮城等4州县夏旱，禾麦枯槁。山东惠民、庆云、淄川等8州县春夏旱，麦不登。河南商城、罗山、通许旱。江苏泰兴、崇明旱。浙江桐乡、仙居、秀水旱，民大饥。湖北黄州、均州（今丹江口）旱。湖南临湘、华容等4州县地大旱。福建漳浦、连江旱。广东海阳、兴宁、惠阳等7州县旱，田禾无收。

康熙十三年（1674年）

△直隶灵寿、南皮等10州县春夏旱，禾麦枯槁。山西和顺、汾西、翼城旱。山东青城（今高青）、泰安、济阳等29县大旱民饥。河南考城（今兰考）、新郑、信阳等14州县大旱，禾苗枯槁，人心惶惶。江苏盐城、高邮、江阴等4州县夏旱。浙江东阳自六月至十二月不雨，滴水尽干。安徽灵璧、蒙城、望江等6州县旱。湖北武昌、汉阳等7府13州县旱灾，粮食歉收。湖南永兴、安仁、郴州等5州县旱。江西新建、德安、义宁（今修水）、进贤大旱。广东惠阳秋八月不雨，阳江三月至四月不雨。陕西盩厔、同官（今铜川）等4州县大旱，收成很差。

康熙十四年（1675年）

△京师天气炎亢，农事堪忧。直隶唐山、保安（今河北涿鹿）、灵寿旱。山东恩县（今分属平原、夏津、武城三县）春不雨。河南罗山、武陟、怀庆（今焦作、济源及新乡所辖原阳县一带）等4州县大旱，沁水枯竭。浙江嘉善、海宁六月旱。东阳旱灾持续到第二年。安徽滁州旱。湖北罗田、黄安（今红安）等数县旱。江西峡江夏旱。福建罗

源秋大旱。广东潮州府春大旱。

康熙十五年（1676 年）

△直隶任县、东光旱蝗为害，沧州春大旱。河南阳武，秋冬不雨，麦种未播；舞阳大旱，自春至秋 70 余日，禾皆枯死，井水枯涸。江西东乡旱。福建连城大旱。广东兴宁春旱，早稻全荒，冬有收。广西宾阳大旱。

康熙十六年（1677 年）

△京师天气亢旱。直隶阳原、怀来、宣化等 9 州县大旱。山西新绛、襄汾旱。河南内黄春旱，扶沟七月大旱。江苏南汇（今上海浦东）、松江、上海等数县夏大旱。浙江归安（今湖州）、乌程（今湖州）、桐乡等 6 州县旱，河尽涸。安徽桐城秋旱，宣城大旱。江西浮梁、安仁、万年等 13 州县大旱。云南泸西大旱。陕西紫阳秋旱。甘肃渭源春夏大旱，斗粟千钱，逃亡者动辄数百，流离载道。

康熙十七年（1678 年）

△河南、山东俱旱，赤地千里，京师尤甚，每日渴毙多人。直隶任县、迁安等 9 州县大旱。山西临汾、壶关旱。山东济南、兖州 2 府属 14 州县旱，田禾枯槁，有疫病生。河南西平、桐柏等 7 州县夏秋大旱，岁饥民多饿殍。安徽滁州、全椒等 16 州县大旱。江苏崇明、嘉定、青浦等 27 州县大旱，遍地禾苗枯萎，兼以蝗蝻踵至，民无食，多乞于道。浙江钱塘、嘉善、秀水等 9 州县大旱。湖北黄冈、大冶、松滋旱，荆门州大旱，疫病顿作。湖南永兴大旱，民饥，民食蕨根、野艾、蕉头、苦菜。江西宁州（今九江）、南昌等 15 州县夏秋亢旱，田禾枯槁，米价腾贵，导致民饥。广东德庆州八月旱。广西上林、宾阳大旱。陕西米脂旱。

康熙十八年（1679 年）

△京师入夏天气亢旱。直隶顺天（今北京）等府属 57 州县卫大旱民饥，民食树皮草根，逃死甚众。山西保德、临县、代州等地旱，麦田薄收，民多逃亡。山东淄川、长山（今邹平）、益都（今青州）等 12 州县旱蝗为害，民大饥；青城（今高青）终年不雨，人相食。河南河阴（今广武）、祥符、封丘等 23 州县大旱，颗粒无收，粮价大涨，

人多饿死。江苏青浦、奉贤、松江等82州县旱蝗相接，赤地千里，田禾无收，民大饥，草根树皮皆食尽，又湖水尽涸，运河几至绝。浙江余杭、临安、钱塘（今杭州）等11县大旱。安徽无为、合肥、巢县（今巢湖）等36州县旱蝗为害，禾稼全枯，民饥，其中天长大旱，湖水皆涸，民大饥，人相食。湖北江夏、蒲圻（今赤壁）、大冶等47州县皆大旱，米价腾贵，饿死者甚多。湖南岳阳府、长沙府等地大旱，谷贵民饥。江西南昌、萍乡、新建等59州县旱。广东电白大旱。四川彭水大旱。贵州天柱大旱。陕西盩厔、汉阴、兴安、米脂等10州县旱涝相继。

康熙十九年（1680年）

△京师春夏无雨，久旱伤麦。直隶唐县、通州等19州县旱荒民饥。山西大同、太原2府属11州县大旱，禾麦枯槁，民多外逃。山东惠民、乐陵、济阳等6县旱，人食草根木皮。河南汝阳、密县、新郑旱，民大饥，并有瘟疫流行。浙江东阳、嘉善、淳安等5县旱。安徽贵池、郎溪等4州县旱。湖北应山、松滋等4州县旱，麦禾尽槁。湖南安仁、邵阳、常宁旱。江西南昌、宁州等56州县旱。福建仙游、莆田、连江等6州县旱。广东南海、翁源、番禺等14州县夏秋亢旱，谷价腾升。广西柳城、来宾、贵县（今贵港）岁旱。云南马龙水旱交侵，岁荒。陕西绥德州、米脂旱。

康熙二十年（1681年）

△直隶井陉、真定（今河北正定）、保安等8州县春夏旱，民饥。山西榆社、大同、五台等地亢旱，民皆逃散。山东安丘、齐东、淄川旱。安徽凤阳、五河夏秋旱。江苏常熟、宿迁等地旱灾。浙江慈溪、象山、奉化等14州县旱灾，井泉枯涸。湖北广济旱，沔阳（今仙桃）夏大旱。湖南长沙府夏秋大旱，宝庆府大旱，谷价昂贵。江西永宁（今宁冈）、万载、余干旱，白天有虎伤人。福建光泽、上杭等6州县，夏秋亢旱，禾麦尽槁，米价日增。广东惠阳、番禺、增城等13州县旱，河洞井泉俱涸，五谷失收，米价腾贵，民食草根树皮。广西太平府（今崇左）、思明府（今宁明）等处大旱，民饥。四川马边大旱并有疫情。贵州晴隆旱。陕西米脂春夏旱。内蒙古苏尼特等旗旱。

康熙二十一年（1682 年）

△直隶广宗、元城等县旱，田禾失收。山西清源（今清徐）、平定等地旱。陕西盩厔旱。山东淄川、章丘等 6 州县春夏不雨。江苏沛县夏旱。浙江富阳等 11 州县旱。江西兴国、余干、宜春等地久旱岁荒。福建长泰、莆田、连江旱。河南济源春大旱。湖南平江旱。广东连平州大旱，田禾无收。广西博白、北流、崇善旱饥。贵州安南卫（今晴隆）大旱。云南曲靖府水旱相接，复饥。

康熙二十二年（1683 年）

△直隶承德府等地大旱，民饥。山西岳阳（今安泽）等地旱。陕西韩城旱。甘肃庆阳、安化县等处旱。山东兖州府夏不雨；济宁州春旱。河南新乡、荥阳等地旱。江苏沛县夏四月至六月不雨。浙江临海旱，作物歉收。湖南麻阳旱，澧州（今澧县）、石门等地不雨，田禾枯槁。江西分宜、余干、弋阳等地旱。广东潮州府等地自春至四月不雨，田园多荒。福建莆田、漳州等地大旱。四川隆昌旱，人食薇蕨。贵州大方旱。

康熙二十三年（1684 年）

△直隶枣强、井陉、获鹿等 6 州县大旱，秋禾不登，粮价腾贵，人食树皮草籽，多饿死。陕西兴安、绥德、盩厔等 6 州县大旱，禾稼尽枯，野无青草。山东德州至直隶真定雨水不足，田禾稍旱。河南密县（今新密）、通许等 8 州县大旱民饥。安徽来安秋七月大旱。江苏宜兴、宿迁旱。浙江湖州府夏旱。湖北孝感、汉阳旱。湖南华容、安仁等州县旱。广东连县（今连州）夏四月旱。广西全州春夏大旱，来宾县岁旱。江西弋阳县夏旱。四川丰都、永川等 14 州县地春夏大旱，深井尽涸，岁歉。贵州岑巩等 3 州县水旱相继，民饥。甘肃秦州、清水夏旱。云南罗平、广西府秋旱，田禾枯槁。

康熙二十四年（1685 年）

△直隶清苑、定州旱。山西旱。甘肃清水夏旱。山东临清等 4 州县旱。河南汲县、延津、正阳旱。浙江湖州府秋旱，歉收；瑞安春旱，至五月方雨。湖北黄冈、孝感等州县旱。湖南茶陵、湘乡、邵阳等 5 州县旱。江西上饶、宜春等 5 州县旱。福建霞浦、邵武、莆田等 7 州

县春夏旱。广东乐昌、曲江、番禺等12州县春夏旱，岁歉。

康熙二十五年（1686年）

△直隶晋县（今晋州）、临城、深州、饶阳大旱，有蝗。山西沁州（今沁县）、临县夏大旱。山东东昌府（今聊城市）旱，莘县夏旱。河南新乡、通许、荥阳等9州县大旱。安徽盱眙（今属江苏）、泗州等5州县旱。江苏徐州府、沛县旱。浙江丽水八月大旱。湖北麻城、黄安、孝感等6县旱。湖南常宁、华容等6州县旱，禾稻无收。广西恭城五月至八月不雨，大饥；四川綦江（今属重庆）秋旱。贵州安南旱。云南广西府、曲靖等6地旱。甘肃秦州春大旱，不雨；清水县夏旱二月余。

康熙二十六年（1687年）

△直隶正定五月旱、晋县亢旱。山东东明旱。河南新郑、通许、密县等7州县春夏大旱。安徽盱眙秋大旱，泗州夏秋大旱。江苏上海六月大旱，稻棉俱荒，仪征秋大旱，宝山夏旱。甘肃礼县亢旱。浙江遂昌、淳安、建德等7州县大旱，禾苗尽槁。湖南永州府、常宁州等地大旱，米价踊贵，人心惶恐。江西万载、武宁、修水等4县旱。广西来宾、隆安、横县岁旱，饥死者甚众。

康熙二十七年（1688年）

△直隶新河、南宫大旱。河南新乡、通许、荥阳等县春夏旱。江苏江宁府（今南京市）夏六月旱。浙江瑞安、武义、永康等6州县旱。江西武宁、修水、宜春等州县旱。湖北崇阳等7州县旱。湖南岳阳府大旱。广东德庆、潮阳等县秋冬旱。四川安岳、綦江旱。广西桂平旱。云南开化六月至九月旱。甘肃永登六月不雨，宁夏府各堡荒旱，民饥。陕西高陵、咸阳秋旱。内蒙古察哈尔（今乌兰察布市集宁区）、归化城土默特（今呼和浩特）、阿拉善厄鲁特、额济纳土尔扈特二旗旱，牲畜倒毙，人民困苦。

康熙二十八年（1689年）

△直隶万全、怀安等41州县地方亢旱，赤地无收，小民粒食艰难，十室九空。山西定襄、朔县（今朔州）等6州县大旱，粒谷未登，大饥。山东夏津、平原等4县旱。河南新郑、密县等州县春夏旱，麦枯民饥。安徽定远旱；来安秋七月大旱。江苏无锡、上海等地旱。浙

江象山、宣平等8州县大旱，井泉皆涸，田禾尽槁，民间食水艰难。湖北孝感等10州县亢旱异常。湖南岳阳府等6州县大旱，无麦禾。江西宁州等41州县大旱。云南富民、元江等地旱，收成很差。福建福安、莆田、漳浦旱。甘肃宁夏府各堡荒旱民饥。陕西大旱，民饥。奉天辽阳、兴京（今辽宁新宾）屯庄亢旱，收成很差。内蒙古旱。

康熙二十九年（1690年）

△直隶灵寿、武清等10州县大旱，麦苗尽枯，米价腾贵，民食草根树皮殆尽。山西闻喜、榆次等4县旱。山东东昌府、东明、阳谷旱。河南开封、怀庆等府属38州县旱，田禾尽枯。安徽庐江、巢县等6县旱。江苏常州府大旱，宿迁、宝应旱。浙江归安等县旱，河水尽涸。湖北江夏、汉阳等17州县大旱民饥。湖南华容、安仁、常宁州旱。江西鄱阳大旱伤禾。福建福安旱。甘肃凉州、靖远旱，米价昂贵。陕西高陵、咸阳等8州县旱，岁歉。

康熙三十年（1691年）

△直隶永清、霸州等53州县旱，民饥，多流亡。山西凤台、长治等15州县旱蝗，田禾多枯，岁大饥，民多流亡。陕西渭南、兴平等21州县大旱民饥，升米可易儿女，饥民死徙殆尽，十村九空，多地发生人相食的事件。山东沾化、宁津、临邑旱蝗。安徽休宁州、歙县、芜湖旱。江苏宿迁、睢宁等7州县大旱，无麦。浙江象山、上虞大旱，民饥。福建连江县、仙游县等8州县地自入春不雨，米价腾踊，溪井皆涸。四川西充、雅安大旱，深井尽涸。河南阳武、新乡等23州县旱蝗相接，沁水枯竭，禾稼破坏严重，民饥逃亡。广东从化、龙门等14州县亢旱严重，江水断流。广西武鸣、柳城等7州县大旱。云南寻甸、景东旱，米价腾贵。

康熙三十一年（1692年）

△直隶东光、顺义旱。山西平阳府、泽州、沁州等10州县旱蝗，民饥，且有疫病流行。陕西礼泉、三原等7州县大旱，麦苗尽枯，人取树皮、蓬子以食，又瘟疫盛行，饿殍盈野。河南阳武、荥阳等13州县春夏大旱，瘟疫大作，民多病死。安徽无为、巢县等4县大旱。江苏盐城、兴化等10州县旱。浙江湖州府等地夏旱。湖北孝感、英山等

县秋旱。湖南常宁、安仁等 4 州县旱。广东开平、廉江等 4 县旱，伤禾稼。四川西充、营山、名山大旱。甘肃两当、静宁州旱，疫病横行，死者无算。云南浪穹（今洱源）春夏不雨。

康熙三十二年（1693 年）

△直隶东光旱。山西右玉、保德等 3 县旱。河南邓州、正阳等地旱。江苏无锡、昆山等 35 州县夏大旱，河水枯涸，禾苗枯死。安徽青阳、建平（今郎溪）等 25 州县大旱民饥。浙江湖州、宁波等多地夏旱。湖北黄冈、蕲水等 5 州县旱。湖南湘阴、平江旱。江西宁州、上饶等 14 州县大旱。陕西淳化等地旱，菽麦俱枯。

康熙三十三年（1694 年）

△直隶沙河西乡旱荒。山西襄垣等地旱。河南封丘、新郑等 3 州县旱。安徽铜陵、池州旱。江苏宝山秋旱。浙江湖州府夏旱。湖北黄冈、蕲水等 9 州县旱。广东归善大旱，四月初旬方雨。甘肃漳县大旱。

康熙三十四年（1695 年）

△河南光州、西华、封丘旱。安徽来安、合肥大旱。江苏无锡秋旱。湖南汉寿旱。江西新淦（今新干）、建昌（今宜春）等 5 州县旱，河竭泉枯，禾尽槁。广东保昌（今南雄）、始兴等地旱。广西三江、郁林（今玉林）等处大旱民饥。云南曲靖府旱。福建光泽秋大旱，田谷不登。奉天亢旱，麦禾不登，米贵；开原县旱。

康熙三十五年（1696 年）

△山西保德、静乐等 6 州县大旱，田禾尽槁，民大饥，逃亡无数。河南新郑、正阳等 4 州县大旱。安徽盱眙、颍上等 3 州县春夏旱。江苏无锡等 4 州县春夏旱。浙江宁波府、衢州府等地大旱。湖南湘乡、衡山等 6 州县数月不雨。江西景德镇、宜春旱，民大饥。广东龙门、三水等 7 州县旱，农作物歉收，粮价腾涨。广西临桂、平乐等 5 州县秋大旱，岁饥。福建闽县等 14 州县数月不雨，水泉枯竭，粮价上涨。云南曲靖府夏旱民饥。内蒙古克鲁伦地旱甚，草枯如冬。

康熙三十六年（1697 年）

△直隶霸州、武清等 17 州县旱。山西汾阳、蒲县等 7 州县地旱，草皆枯槁，继以瘟疫，民饥相食，死者甚众。山东沾化、安丘、滕县

（今滕州）旱。安徽建平夏大旱，宿州春旱。江苏青浦夏旱。浙江昌化、桐庐等 10 州县大旱，田禾皆枯。湖南衡山、湘乡等 4 州县夏秋旱。江西瑞昌、星子（今庐山）、安义等县旱。广东南雄、始兴等 10 州县大旱，米价腾贵，民不聊生。广西临桂、平乐等 4 州县大旱，井泉皆涸。云南曲靖府等地旱，米价腾贵。福建顺昌、仙游等 6 州县旱，米贵民饥。甘肃庆阳、安化等州县旱。

康熙三十七年（1698 年）

△直隶丰润旱。山西静乐、保德等 8 州县夏大旱，民饥，又瘟疫盛行。山东济南府全属皆旱，饥。河南入夏大旱。江苏无锡旱疫；沛县夏旱。浙江归安等 4 县旱。湖北钟祥等 7 州县旱。广东惠来奇旱，斗粟百钱，民食树皮；茂名旱。广西武鸣旱，上林大旱。福建莆田旱。四川江津、达县（今达州）大旱，民饥，多盗。陕西西乡大旱，民饥。

康熙三十八年（1699 年）

△直隶晋县、卢龙等 4 州县旱蝗。山西阳高、静乐旱。江苏泰兴、通州、如皋、武进大旱有蝗。浙江海宁、桐乡、余姚夏旱。湖北通山、安陆、大冶等 8 州县大旱，岁荒。广东琼山（今属海南）、陵水（今属海南）大旱民饥。云南广西府夏旱，石屏大旱。

康熙三十九年（1700 年）

△直隶完县旱饥，沙河旱荒。山东东昌府大旱。陕西南郑等 5 县旱。河南固始荒旱。安徽盱眙、无锡旱。浙江江山、桐乡等 6 州县秋旱，大饥。湖北房县三月旱。广东临高（今属海南）旱，民多苦饥。福建铜山所（今东山）秋冬旱，将乐夏旱。

康熙四十年（1701 年）

△直隶满城夏弥月不雨。山西乐平（今昔阳）、平定、中阳县大旱；有蝗。山东东昌府、冠县旱。河南永城、通许等地旱。安徽含山、砀山旱。江苏徐州府夏旱。浙江象山大旱民饥。湖南宜章春旱。福建海澄、漳浦等 5 州县大旱，禾苗尽枯。甘肃陇西、伏羌（今甘谷）等 12 州县旱；会宁州、临洮县雨泽愆期，田禾多有未获，百姓逃亡大半，老弱死者无数。

康熙四十一年（1702 年）

△直隶雨泽稍愆，春雨未降。安徽合肥旱，铜陵秋旱。江苏上海、高邮夏旱。浙江缙云、遂昌、松阳等县旱。湖南嘉禾、湘乡等 7 州县大旱，居民食蕨根度日。江西永新、贵溪等 5 州县旱，米价陡贵，饥民载道。广东新兴、德庆等 4 县旱。广西横县旱。四川彭水五月至八月不雨。贵州盘县大旱。福建连江、闽侯等 7 州县旱，野无青草。甘肃河州（今临夏）亢旱，二麦枯槁。

康熙四十二年（1703 年）

△直隶无极旱。陕西汉阴大旱，民饥。山东莱阳、蓬莱等 7 州县春潦夏旱，田禾无收，复遭瘟疫，民死大半，饥民将榆皮、柳叶采取一空，食屋草，啖人肉。河南归德府（今商丘）大旱，民饥。安徽盱眙、铜陵大旱民饥。江苏无锡、宿迁旱。浙江龙游、建德等 9 州县大旱。湖南耒阳、嘉禾等县旱；攸县、安仁等 13 州县大旱成灾，民挖蕨根度日。江西修水、宜春等 8 州县春夏亢旱，田禾枯槁，泉枯江竭，道殣相望，有死者，塘水尽涸，莲藕挖食几尽，米价腾贵。广东连县（今连州）、万宁大旱，福建连江、莆田等 8 州县春夏不雨，田禾大歉。

康熙四十三年（1704 年）

△直隶保定、满城、沙河春夏旱。山西清徐、右玉等 5 县夏亢旱不雨，二麦俱槁。山东历城、广饶等 27 州县旱，谷贵钱贱，民饥；潍县发生了人相食事件。河南内乡二月至七月不雨。安徽铜陵、怀远旱。江苏青浦、无锡、淮安、沛县大旱，二麦俱槁，岁饥。浙江嘉善、江山、开化旱。湖北武昌府五月旱。湖南沅陵、辰溪、桂阳等 7 州县大旱。江西瑞昌、金溪、安福旱，米价踊贵。福建顺昌、光泽大旱，米贵。贵州隆昌大旱，米贵。甘肃静宁州九月不雨。

康熙四十四年（1705 年）

△直隶赞皇、完县、巨鹿旱魃为虐。山西交城旱，沁县夏大旱。山东历城、沾化、新城旱。河南内乡旱，方城大旱。安徽铜陵、宣城旱。江苏上海、南汇、青浦夏旱民饥。广东长乐（今五华）、阳春夏秋旱，禾苗枯死。广西容县春不雨。云南广西府夏旱。福建莆田、诏安等 4 州县旱，溪河井水尽干，民食草根木叶。

康熙四十五年（1706 年）

△直隶怀来、易县等地旱。山西乐平、平定等 5 州县旱。山东临朐春旱，沾化夏大旱。安徽天长、宁国大旱，岁饥。浙江临海、黄岩等 5 州县无雨，米价腾贵。湖北广济（今武穴）、崇阳、房县岁旱，瘟疫大行，居民采蕨而食。湖南岳州（今岳阳）、临湘、醴陵等 12 州县旱，米谷腾贵。江西德安、宜春、都昌旱。广东琼山春旱，早禾失植。福建台湾、凤山、诸罗（今嘉义）等县旱灾。四川彭水夏六月无雨。陕西清涧春无雨，夏禾绝，民多饥。

康熙四十六年（1707 年）

△山东历城、新城、寿光大旱。安徽盱眙、铜陵等 12 州县大旱民饥。江苏江宁、苏州等属 38 州县旱，浦东河道干枯，禾豆尽槁，粮价飞涨，饿死者甚多。浙江海宁、临海等 10 州县夏旱，田禾失收，米价腾贵。湖南岳阳府旱，湘阴春旱，民饥。湖北黄陂旱。江西新喻、瑞昌等 6 县大旱民饥。广东开平雨水不足。云南广西府夏旱。福建台湾、凤山、诸罗旱。

康熙四十七年（1708 年）

△直隶大城、定州等 12 州县大旱，田禾尽槁，米价腾贵。山西凤台、沁州、武乡旱，麦苗死者过半。山东济宁、邹平等 29 州县旱。河南荥阳、杞县、新郑等 19 州县亢旱成灾，田禾尽枯，民饥。安徽和县、望江等 5 州县大旱，田禾尽槁，民食草木或白土，又瘟疫盛行，死者甚多。江苏上元（今南京）旱。湖北蕲州、郧西等 5 州县旱。江西德化秋旱，谷价踊贵。福建龙岩、台湾等县旱。甘肃镇原旱，三冬无雪。

康熙四十八年（1709 年）

△直隶南和大旱。山东东平等州县春不雨，民多流亡。河南密县、阳武、确山旱。安徽巢县、和县、绩溪等多地旱，兼有大疫，死者无数。江苏溧水、武进、溧阳旱。浙江嘉兴府、湖州府等地旱，禾稼伤。湖北黄冈秋旱，蕲水旱蝗相继。湖南安乡微旱。云南广西府秋旱。

康熙四十九年（1710 年）

△直隶霸州、大城、天津等 6 州县旱，麦禾俱槁。山东临朐、济

宁等地旱。安徽盱眙、合肥等地旱。浙江慈溪、临海等地亢旱，疫疠间作，秋无收，民多逃亡。河南大旱，死者相枕藉；光州（今潢川）春无雨。湖北谷城大旱。江西瑞昌秋旱，彭泽夏旱。广东潮州、澄海、潮阳旱，米价腾贵。广西全州七月无雨。福建泉州、漳州等9州县旱，米贵民饥，多有饿死者。陕西蒲城旱荒相继。

康熙五十年（1711年）

△直隶井陉、固安、定州等10州县旱。山东临朐、莘县、高唐夏旱。河南杞县、长垣、西华等5州县旱蝗相接，民饥，道殣相望。安徽六安、寿州、庐江等10州县旱。江苏溧水、安东、沛县旱。浙江涟水、溧水旱。湖北应城大旱。江西湖口旱。广东潮阳六月旱。广西平乐夏旱。陕西大荔秋旱。

康熙五十一年（1712年）

△直隶井陉、赞皇雨泽愆期。山西吉州（今吉县）、蒲县、乡宁等地旱。山东金乡春旱。河南杞县六月大旱，固始大旱。安徽合肥、泾县秋旱，宿州春大旱。江苏泰州旱。浙江杭州、嘉兴、湖州3府所属等州县卫久未降雨，收成歉薄。湖北应城、罗田、枝江大旱。湖南湘阴、澧县、石门旱，田野皆赤。广东文昌、崖州旱，米贵民饥。陕西关中、泾阳等地大旱。

康熙五十二年（1713年）

△直隶吴桥大旱。山西太平大旱民饥。山东莘县春旱，收成减少。河南新郑、禹县大旱，麦种不入。安徽五河、怀远、凤阳旱。江苏南汇、兴化、泰州等6州县大旱，岁歉。浙江杭州、奉化、宁海等8州县大旱民饥。江西安仁夏旱。广东番禺春旱，粮价腾升。广西全州六月大旱，民饥。云南大理夏旱。陕西盩厔秋大旱，田禾枯槁。甘肃会宁、平凉、泾川等6州县旱饥，夏秋荒歉。

康熙五十三年（1714年）

△直隶赞皇、河间、大城等7州县大旱，民饥。山西长治、沁县、武乡大旱，麦苗枯槁，收成锐减。山东齐东、临朐、泰安等7州县春夏旱，麦歉收，米价腾贵，州境饥荒，人多逃散。河南郑州、祥符等26州县春夏旱，野无青草，麦禾尽槁。安徽合肥、铜陵、盱眙等20州

县旱蝗相接，收成不好。江苏镇江、仪征、扬州等48州县旱，岁饥。浙江钱塘、萧山、宣平（今龙游）等13州县处大旱，米贵。湖北嘉鱼、汉阳、汉川等8州县旱。湖南岳阳、临湘、永州、江华大旱。江西瑞昌、安仁、高安、南丰夏秋亢旱，伤损禾麦。广东新兴四月旱。福建台南府秋大旱。甘肃靖远、静宁等8州县旱，夏秋俱歉，民饥。

康熙五十四年（1715年）

△直隶井陉春旱。山西翼城春大旱无麦；运城旱，粮价腾升。安徽合肥、铜陵、石台、霍丘县旱，禾稼焦枯，歉收。江苏沛县旱。浙江杭州府、松阳旱。湖南澧县、石门等5州县五月旱，禾无收。江西瑞昌秋旱。广东香山、阳江、德庆旱。甘肃兰州、渭源等多地旱。

康熙五十五年（1716年）

△直隶怀柔、密云、涞水等6州县岁旱，二麦无收，粮价上涨。山西太平大旱，民饥。山东福山夏旱。河南固始旱。安徽盱眙、合肥、铜陵等27州县大旱，田禾失收，岁饥米贵。江苏江浦、六合、溧水等27州县旱，池河涸，禾苗萎，民大饥。浙江诸暨、永康、开化、常山大旱。江西彭泽、婺源、修水等5州县旱，田禾尽槁，民多饥殍。湖北稍旱。广东乐昌、澄海、潮阳等7州县大旱民饥。福建莆田、南平、仙游等地旱。四川富顺县旱。

康熙五十六年（1717年）

△山东福山旱。河南固始旱。安徽天长、旌德等地大旱，民饥。江苏丹阳、睢宁旱。浙江新城、诸暨、武义等7州县旱荒。湖南汉寿岁旱，米贵，民饥。四川乐至大旱，米贵。福建台湾、诸罗、凤山旱。甘肃甘谷旱，渭水枯。

康熙五十七年（1718年）

△京畿一带亢旱，麦苗渐黄。山东临朐、福山等4州县大旱，民饥。河南阳武春旱，固始旱。安徽宿州春旱，歙县、黄山六月旱。江苏睢宁春旱。湖北武昌、汉阳等12州县大旱。湖南沅江、华容等地旱，歉收。江西南昌大旱，峡江夏旱。广东乐昌六月不雨。广西横县旱，全州七月旱。云南阿迷夏大旱。福建台南府荒旱，米价高腾。甘肃凉州、古浪等地旱灾。内蒙古多地亢旱，米谷不收，牛羊倒毙。

康熙五十八年（1719 年）

△山东福山、莒县、日照等 8 州县旱。安徽无为六月以后旱。浙江杭州府、金华府等地旱，义乌溪涧绝流，禾稻豆棉皆枯槁。湖南岳阳、邵阳、新化等 5 州县岁旱，禾苗尽枯。江西南昌、瑞昌、修水、峡江夏久旱不雨，田禾尽槁。陕西泾阳、礼泉旱。甘肃靖远、静宁、崇信等 15 州县大旱，民饥。

康熙五十九年（1720 年）

△直隶东光、枣强等 5 州县旱，田禾皆槁。山西榆次、介休、交城等 26 州县岁旱，禾苗皆枯槁，民大饥，盗贼遍地，饿殍盈野。山东临邑、武城、高青（今曲阜）等 13 州县旱，米价腾升。河南辉县、内黄、长垣等 6 州县旱，民大饥，流亡载道。江苏川沙、奉贤、嘉定等 7 州县旱，饥。浙江钱塘、桐乡等 21 州县大旱，民饥，路死相枕藉。江西贵溪、广丰、新喻（今新余）、泸溪等县大旱，晚禾尽槁，米价腾贵。广东德庆五月旱。广西柳江、贺县等地旱，饥死者甚多。云南富民四月至七月无雨，蹚川水涸。福建仙游冬旱，建宁州秋旱。陕西宜川、清涧等 17 州县大旱，二麦枯槁，粮价腾升，民食软石、荞麦秸，死者甚多，又有瘟疫盛行，惨不忍睹。甘肃会宁、临洮等 17 州县旱饥。内蒙古多地亢旱歉收，人口乏食。

康熙六十年（1721 年）

△直隶怀柔、密云等 15 州县春夏少雨，米价腾贵。山西平阳、汾州、大同等 24 州县大旱，赤地数千里，禾麦尽枯，米价腾升，民食树皮草根，饿殍相望。山东济南、兖州、东昌、青州四府所属 41 州县雨泽愆期。河南郑州、祥符等 45 州县旱，二麦无收，米价腾升，民食水藻榆皮，流亡载道。安徽泾县、宁国、旌德等 9 州县旱。江苏沛县、溧水、太仓等 26 州县旱蝗相接。浙江钱塘、安吉、宁海等 23 州县大旱民饥。湖南宜章县夏旱。湖北黄冈秋旱，房县夏大旱，河水绝流，五谷苗槁。江西弋阳、浮梁（今属景德镇）等 26 州县夏秋旱，晚稻颗粒无收，岁饥，民多流亡。广西南宁、武鸣、上林等 14 州县岁旱无收，民多饥死。广东南雄、归善、兴宁等 6 州县旱。云南呈贡，五月不雨四十余日，秧苗半槁。福建光泽、沙县、将乐等地夏旱。陕西高

陵、泾阳等18州县旱，人削树皮木叶食。甘肃通渭、灵台、崇信等县旱。

康熙六十一年（1722年）

△直隶正定、获鹿、井陉等19州县大旱，民饥食树皮。山西榆次、平遥等10州县大旱，民食草根木皮，饿殍相望，并有疫病流行，百姓鬻妻卖子，死亡流离。山东齐东、青城等31州县大旱无麦，湖水尽涸，蝗蝻遍地，人多饿死。河南武陟、郁川、新郑等19州县大旱民饥，水泉枯竭。安徽休宁、寿州、合肥等14州县旱。江苏海州、桃源（今属苏州）、宿迁等30多州县旱，稻皆枯槁。浙江嘉善、海宁、桐乡等7州县地大旱，民饥，疫病流行。湖北钟祥、荆门、江陵等地旱。广东江陵、荆门、当阳旱。广西桂平大旱，饿死者甚多。江西瑞昌、进贤旱。福建邵武秋大旱。陕西镇安、洛南等4州县大旱，米贵，民饥。甘肃武威、凉州旱。

三、雍正朝

雍正朝凡13年，发生旱灾的地区以华北地区、东南沿海地区、两湖地区为主，旱灾波及省份较为广泛。引发蝗灾、瘟疫，导致粮价飞涨、饥荒四起。比较来看，雍正元年（1723年）、雍正二年（1724年）、雍正三年（1725年）、雍正六年（1728年）、雍正十年（1732年）、雍正十三年（1735年）旱灾发生范围广泛、灾情严重。

雍正元年（1723年）

△多地发生旱灾，直隶、山东、山西、河南连年雨水不调，田禾歉收；江苏、湖北、四川的部分州县发生旱情。直隶开州、永年等22州县旱，二麦枯槁，民大饥。山西平定州、寿阳、徐沟、祁县等地降水稀少，民间生计维艰。山东历城、淄川等95县连年荒旱，百姓艰食。河南安阳、林县、柘城等13州县大旱有蝗，且瘟疫大作。安徽巢县、无为等4州县大旱，有蝗。江苏江阴、昆山等52州县旱，河水尽涸，田禾枯槁，又有蝗虫为害，收成无几。浙江富阳等51州县大旱，颗粒无收，民食树皮草根，多流亡。湖北蒲沂、当阳、宜都等县旱，

盐价昂贵。四川灌县（今都江堰）、隆昌、邻水旱。内蒙古巴林等7旗大旱，田亩失收，百姓生活困顿。

雍正二年（1724年）

△发生旱灾的地区多集中于东部沿海地区及中部地区，北方包括山西、山东、河南、甘肃，南方包括江苏、江西、浙江、安徽、福建、湖南、广东、广西各省的部分州县。山西太平春旱。甘肃灵武荒旱，山堡人皆逃窜。山东临邑四月旱。江苏苏州、松江、常州、镇江、淮安、扬州所属15州县亢旱，多地旱蝗相继。浙江桐庐、嘉善、海盐等6州县夏旱，田禾无收。安徽旱蝗相接。江西余干、宁冈旱。福建崇安旱，米价腾贵。河南宜阳、洛宁等4州县大旱，赤地千里。湖南临湘、桂阳等地旱。广东归善、德庆旱。广西临桂、全州秋不雨，井泉多竭。

雍正三年（1725年）

△直隶、山西、山东、江苏、安徽、江西、福建、河南、湖北、湖南出现不同程度的旱情，春旱、夏旱、秋旱不断。直隶大城等9州县春夏旱，农作物歉收，粮价上涨。山西平阳（今临汾）三春少雨。山东德州、禹城等16州县春夏旱。江苏无锡、金坛、宜兴等县旱。安徽太平、盱眙、泗州等6州县旱。江西鄱阳、余干、万年秋旱。福建东山、龙岩、将乐旱。河南开封亢旱。湖北蒲沂秋旱，痢疾盛行，谷价贵；房县春大旱。湖南岳州、湘阴大旱。

雍正四年（1726年）

△山西、山东、江苏、安徽、福建、河南、湖北、广东多地出现旱灾，云南也出现旱情。山西榆次久旱不雨，秋禾歉收；太平、乡宁旱。山东寿光春旱，东阿夏大旱。江苏丹阳、溧阳大旱，圩田受灾严重。安徽无为春大旱。福建海澄（今龙海）、连城、将乐夏大旱，菜茹尽枯，民食海柯叶。河南阳武春旱，灵宝秋旱无禾。湖北英山旱，三月至五月不雨。广东从化、兴宁等6州县旱，谷贵，民饥。云南赵州夏旱，至秋乃雨。

雍正五年（1727年）

△直隶、甘肃、山东、浙江、江西、湖北、湖南、广东、广西出

现缺雨情况，大旱随即而至。直隶万全、宣化、怀来、保安等地夏秋亢旱，米价腾贵。奉天开原夏久旱。甘肃合水、正宁旱，斗米银三钱。山东临邑春旱，至六月始雨；沾化旱，无麦。浙江长兴、衢州府、常山旱。江西宜春、高安、上高等5州县旱，早晚稻薄收。湖北通城、武昌大旱，谷贵。湖南耒阳大旱，民饥。广东博罗、长乐（今五华）、万宁等地旱，民饥。广西容县春不雨。

雍正六年（1728年）

△旱灾较上年扩大，直隶、山西、陕西、甘肃、江苏、江西、浙江、安徽、福建、湖北、湖南、广东、广西、贵州多省大旱。直隶宣化府所属之宣化、怀来、保安3州县交界之处亢旱。山西榆次春夏旱。陕西洛川旱。甘肃平番（今永登）旱。江苏通州、如皋、昆山等6州县夏旱。浙江象山春夏大旱，早禾多枯。安徽霍邱旱。江西安仁、萍乡等8州县雨泽稍欠，早晚禾歉收。福建侯官（今福州）、长乐等9州县秋旱。湖北武昌旱，有瘟疫流行。湖南辰溪、沅陵、溆浦等7州县大旱。广东长乐夏六月旱。广西兴安、全州等地旱，竹木尽枯。贵州贵阳、惠水大旱。

雍正七年（1729年）

△直隶、陕西、江苏、河南、湖北、湖南、四川的部分地区出现苦旱，严重影响农作物收成。直隶正定、获鹿等8州县旱，二麦不收，米价上涨。陕西六七月间苦旱。江苏兴化、泰州等8州县夏旱有蝗。河南固始秋不雨。湖北崇阳大旱无收，谷价腾贵。湖南临湘、华容、安乡、石门等16州县大旱米贵。四川峨眉旱。

雍正八年（1730年）

△旱灾主要集中于直隶、山西、山东、安徽、江西、河南、湖北、广东各省。直隶顺天、永平、宣化等5州县夏秋缺雨，禾稼歉收。山西大同府属天镇、怀仁旱。山东宁津、曹县大旱。安徽寿州、合肥、庐州旱。江西龙南春夏旱，米价腾贵，民饥。河南汜水、济源、商邱等5州县旱。湖北荆门仲夏不雨。广东翁源夏旱。

雍正九年（1731年）

△直隶、山西、内蒙古、山东、浙江、河南、广东、云南出现不

同程度的季节性干旱。直隶仲夏以来，京师、武邑、大名等7州县雨泽愆期。山西六月降水很少，长治秋夏大旱。内蒙古各札萨克旗旱。山东春雨愆期。浙江嵊县大旱。河南辉县、长葛雨泽愆期。广东揭阳秋不雨。云南晋宁州、云南府等地旱。

雍正十年（1732年）

△直隶、山西、山东、河南、安徽、浙江、陕西、甘肃各省出现大面积旱灾，民众生活困苦。直隶井陉、武邑春夏以来雨少。山西沁县、武乡、吉县旱。山东泰安、滋阳等51州县春夏旱，贫民乏食。河南范县、西华等4州县大旱无麦。安徽萧县苦旱。浙江桐庐、分水夏旱。陕西咸阳、临潼、同官、武功等5州县大旱禾歉收，粮价上涨。甘肃兰州、靖远、平凉等地旱。

雍正十一年（1733年）

△直隶、山西、山东、安徽、江苏、浙江、湖南、广东、四川、陕西、内蒙古各地的部分州县出现严重旱灾。直隶春雨雪稀少。山西灵邱旱，瘟疫流行。山东高唐、邹平、青城等6州县旱。安徽无为旱。江苏通州、武进等8州县入夏以来，天时亢旸，民多饥死。浙江新城、分水等4州县夏大旱。湖南宜章春夏无雨。广东河源六月旱，九月又旱。四川大旱。陕西同官大旱。内蒙古种谷无多，又经亢旱无收。

雍正十二年（1734年）

△直隶、山东、河南、湖南、浙江、湖北、陕西、甘肃各省部分地区田禾受旱，收成减少。直隶获鹿、宣化、涿鹿等地旱，薄收。山东黄县夏大旱。河南沈邱八月旱。湖南临澧夏旱。浙江桐庐旱。湖北麻城四月雨水延期，五月不雨。陕西大荔、同官秋禾受旱，收成大减。甘肃阶州、靖远、环县数地大旱，收成不足，民食稍艰。

雍正十三年（1735年）

△全国多地受灾。旱灾面积较大。直隶、山西、河南、安徽、江苏、浙江、湖北、湖南、江西、广西、福建、四川、贵州、陕西、甘肃多省及内蒙古地区均出现不同程度、不同范围的旱灾。直隶获鹿立秋旱。山西猗氏（今临猗）夏大旱无禾。河南固始、光州旱。安徽铜陵、贵池、东流等地旱，湖水尽竭。江苏阜宁、盐城、兴化、海州旱，

有蝗。浙江遂安（今淳安）、宣平二县旱。湖北武昌等8州县大旱，民饥。湖南岳阳府等地六月大旱。江西瑞昌、彭泽、都昌旱。广西德保旱饥。福建莆田春不雨。四川兴文、永川等7州县大旱民饥。贵州大方、大定、毕节大旱。陕西白水大旱，民饥。甘肃入夏以来，有雨泽愆期之州县，或收成稍薄，纳课艰难。内蒙古亢旱。

四、乾隆朝

乾隆朝凡60年，旱灾分布范围较广，主要包括华北地区、东北地区、东南沿海地区、西南地区、淮河流域、两湖地区，还波及新疆；大旱灾同一省内的地域分布也较为广泛，涉及多个州县，旱灾影响严重，对收成打击很大。乾隆朝旱灾阶段性、持续性特征较为明显。比较来看，乾隆二年（1737年）、乾隆三年（1738年）、乾隆四年（1739年）、乾隆十六年（1751年）、乾隆三十年（1765年）大旱出现在全国诸多省；乾隆七年（1742年）、乾隆九年（1744年）至乾隆十三年（1748年）、乾隆二十二年（1757年）至乾隆二十四年（1759年）、乾隆三十四年（1769年）、乾隆三十五年（1770年）、乾隆三十九年（1774年）至乾隆四十三年（1778年）、乾隆五十年（1785年）至乾隆五十二年（1787年）、乾隆五十七年（1792年）至乾隆五十九年（1794年）旱灾波及多个州县，波及面广，灾情严重。

乾隆元年（1736年）

△旱情主要分布在我国南方地区，涉及江苏、浙江、江西、湖南、广东、云南、四川、贵州各省，奉天、河南、安徽、甘肃也出现大旱。奉天夏秋雨水愆期，收成歉薄。河南正阳、确山、沈邱大旱岁歉。安徽和县旱。江苏无锡、宜兴旱。浙江海宁、海盐等5州县大旱，河水枯竭。湖南兴宁，六月至十二月不雨。江西宁冈旱。广东潮阳、潮州春夏不雨，大旱。云南丽江、邱北、泸西、牟定夏间少雨，玉河水源涸。四川宜宾、南溪、高县、忠县大旱，谷价高昂。贵州安南、大定（今大方）等地大旱，民饥。甘肃静宁、西和、固原亢旱。

乾隆二年（1737 年）

△直隶、山西、山东、河南、安徽、江苏、湖南、江西、广东、广西、陕西、贵州、甘肃多个省份的州县出现旱情。直隶定兴、祁州等16 州县春夏雨泽愆期，多地无麦。山西万泉、临晋、荣河（今万荣）秋旱，田禾枯槁，米价腾升，民食维艰。山东德平、平原等39 州县春旱。河南灵宝大旱无禾。安徽寿州、霍邱等地旱，收成歉薄。江苏淮安、沛县秋旱。湖南湘潭大旱。江西德安夏秋旱。广东怀集秋旱。广西梧州秋旱。陕西西安等府，夏秋雨泽缺少。贵州绥阳大旱。甘肃平番（今永登）、会宁、环县、兰州旱。

乾隆三年（1738 年）

△旱灾范围广泛，主要集中在中部、东部地区，直隶、河南、山东、安徽、江苏、浙江、湖北、湖南、江西、广东、广西、福建、陕西、四川、甘肃等省份出现大面积旱情。直隶清苑、安国等多地春夏大旱，岁大饥。河南内黄、固始等5 州县大旱，民饥。山东临沂、日照等4 州县旱蝗相继。安徽合肥、庐江、无为等48 州县旱，弥月不雨。江苏东台、盐城等47 州县大旱，赤地数百里，河竭，民饥。浙江湖州府、金华府等所属7 州县亢旱。湖北黄陂、蒲圻、宜城等地旱。湖南临澧大旱。江西吉安府夏秋大旱，有螟。广东潮阳、三水等州县秋旱。广西上林旱。福建凤山、屏南等8 州县秋旱。四川重庆、夔州（今奉节）、忠州、南川县数地缺雨，晚稻受旱。陕西安定（今子长）、保安（今志丹）等地夏间，雨泽愆期。甘肃兰州等地旱。

乾隆四年（1739 年）

△旱情多见于直隶、山西、山东、河南、安徽、江苏、湖北、湖南、江西、福建、陕西、甘肃各省。直隶东光、隆尧等地春夏旱。山西榆次、徐沟（今清徐）、祁县旱。山东历城、威海、文登、荣成先旱后涝，秋收歉薄。河南阳武春旱，内黄夏旱。安徽合肥、庐江、无为等9 州县大旱，民饥。江苏凤阳、南通等数十地夏旱，瘟疫流行。湖北汉阳、黄冈等地旱，河水皆涸，农作物歉收。湖南安乡旱，五月至九月不雨。江西瑞昌秋旱，晚禾损。福建莆田五月至八月不雨。陕西葭州（今佳县）、大荔等4 州县大旱民饥。甘肃各属夏秋偏旱。

乾隆五年（1740 年）

△直隶、河南、安徽、广东、广西、云南、福建、陕西、贵州、甘肃各省出现缺雨、大旱、民饥现象。直隶自四月以来降水较少。河南固始秋不雨。安徽来安旱。广东万宁夏大旱，瘟疫流行，伤人无数。广西全州六月旱。云南大理府七月干旱。福建仙游、东山等 5 州县秋冬旱，米价骤贵。陕西盩厔大旱。贵州印江大旱。甘肃巩昌、秦州、庆阳等地大旱，民饥。

乾隆六年（1741 年）

△直隶、山东、河南、安徽、江苏、浙江、湖南、广东、福建、甘肃被灾。直隶平原夏旱。山东禹城、长清、历城等 8 州县旱，开仓赈饥。河南辉县旱，固始七月旱，粮价腾升，流民载道。安徽寿州、凤台等地夏旱。江苏丹阳、溧水旱。浙江嵊县夏秋之间亢旱，禾苗枯槁。湖南中晚二稻因雨泽缺少，间有受旱之地。广东崖州、感恩等 14 州县，雨水不足，米价腾贵。福建莆田、漳州、漳浦旱，粮价腾贵。甘肃会宁、靖远大旱，民饥。

乾隆七年（1742 年）

△直隶、山东、河南、安徽、浙江、湖南、江西、广东、福建、贵州等省出现大旱。直隶永年、广平等 11 州县雨泽稀少，伤麦，民饥。山东济南、泰安、东昌三府属数十地大旱，田禾枯槁。河南内黄旱。安徽颍上、祁门、黟县夏旱伤禾，米价踊贵。浙江武义、泰顺旱。湖南平江、攸县等 4 州县大旱，民饥。江西瑞昌、奉新等 5 州县夏旱。广东广州、惠州、潮州、嘉应等属 29 州县，春夏大旱，井泉枯涸，米价腾升。福建漳州、泉州等府属东山、龙海等 18 州县，正月至四月不雨，米价腾沸，大饥。贵州惠水旱。

乾隆八年（1743 年）

△直隶、山西、山东、河南、安徽、江苏、浙江、湖北、湖南、江西、广东、广西、福建、贵州、奉天多省出现不同面积的大旱。直隶任邱、武强等 34 州县大旱，禾苗尽槁，人多热死，粮价飞涨。山西平阳、蒲州（今永济）等地得雨颇迟，收成歉薄。山东济南、东昌等府所属 30 州县大旱，赤地千里，井多无水，路人多暍死。河南阳武、

荥阳等18州县大旱，麦禾尽枯，收成锐减，民大饥。安徽凤阳、五河等8州县旱，粮价上涨。江苏盐城、铜山等多地亢旱，二麦歉收。浙江象山夏五月旱，嘉善旱。湖北荆门初夏旱魃为虐。湖南宜章、安乡旱。江西南康、瑞州等地大旱，民饥，民多食土。广东英德、潮阳等4州县大旱，米价高昂。广西全州旱。福建宁德、连城等11州县大旱，民饥。贵州盘县大旱。奉天入伏亢旱。

乾隆九年（1744年）

△大旱多见于直隶、山西、山东、河南、安徽、江苏、浙江、湖南、湖北、江西、广东、广西、福建等省。直隶顺天府、天津府、保定府属35州县大旱，井水枯涸，饥民啃食榆树皮、蒺藜子。山西多地四月降水稀少。山东德州、海丰等16州县大旱，禾苗枯槁。河南杞县五月旱。安徽霍邱、阜阳大旱，有蝗。江苏通州、丹阳等13州县旱蝗相接。浙江金华、泰顺等地旱。湖南澧县、安乡等6州县春旱。湖北通城旱，有牛疫流行。江西上饶、武宁等7州县夏旱，粮价飞涨。广东万州、万宁大旱，禾稻无收。广西全州六月大旱，民饥。福建莆田秋旱。

乾隆十年（1745年）

△大旱范围较为广泛，出现于直隶、山西、山东、河南、安徽、江苏、浙江、湖北、湖南、江西、广东、广西、福建、贵州、甘肃等省，及内蒙古、黑龙江等地。直隶香河、三河等76州县大旱，二麦枯槁，造成大饥荒。山西太原、朔平等府所属23州县入夏以来雨泽愆期，河湖枯涸，大旱。山东武城春夏亢旱。河南武陟、光山等7州县春旱，赤地无禾。安徽宿县春大旱。江苏徐州、铜山等4州县春夏旱。浙江湖州、乌程夏旱。湖北竹山旱。湖南长沙、常德等10州县雨水稀少，秋禾被旱，池塘尽涸，溪涧断流。江西萍乡、修水、丰城大旱。广东电白、吴川等5州县大旱，哀鸿遍野。广西忻城、全州夏旱。福建福州、兴化等12州县雨泽愆期，米价高腾。贵州绥阳大旱，饥民食蕨。甘肃安定、会宁、靖远等地春夏旱，作物歉收。内蒙古归化城土默特秋旱。黑龙江齐齐哈尔旱。

乾隆十一年（1746年）

△直隶、山西、山东、江苏、浙江、湖南、江西、广东、广西、

福建、四川、陕西、甘肃多省出现大旱。直隶沧州、河间、东光等51州县旱，滹沱水枯涸。山西蒲州、平遥等6州县旱。山东乐陵、武城、清平等7州县大旱，民饥。江苏通州、如皋夏亢旱不雨。浙江台州、嘉善、临海大旱。湖南汝城、大庸（今张家界）、汉寿大旱，民饥。江西于都、赣州、会昌旱，五月至七月不雨，收成减少。广东曲江、翁源等6州县旱，粮价腾升。广西兴安夏旱。福建同安、连城等地春旱，田禾失收。四川开江旱。陕西醴泉（今礼泉）大旱。甘肃皋兰、靖远、安定等8州县降水较少，田禾枯槁。

乾隆十二年（1747年）

△直隶、山东、山西、河南、安徽、江苏、江西、福建、浙江、湖南、广东、广西、云南、贵州、陕西、甘肃、奉天多省遭受旱灾侵袭。直隶天津等地春不雨。山东德州、金乡等13州县大旱民饥，在汶上甚至发生人相食的惨剧。山西万泉（今万荣）、平定等7州县夏秋旱，田禾枯槁。河南禹县（今禹州）春不雨。安徽泾县、含山等4州县夏大旱。江苏丹阳旱。江西雩都、瑞昌等5州县旱，田禾无获。福建莆田、长乐等9州县旱，田禾尽枯。浙江青田、松阳、宣平等17州县大旱，泉脉尽枯竭，民食草木，道殣相望。湖南衡阳、安乡旱，收成减少。广东封川、三水、万宁旱。广西全州五月大旱。云南安宁、广通、楚雄等州县旱。贵州台拱（今台江）、天柱、古州等地旱，田禾枯槁。陕西醴泉、大荔等16州县旱，饥民以油渣为食。甘肃皋兰、靖远、安定等6州县旱，连岁歉收。奉天降水较少。

乾隆十三年（1748年）

△旱灾范围涉及多省，直隶、山西、山东、河南、安徽、江苏、浙江、湖南、江西、广东、广西、云南、福建、四川、陕西、贵州均有不同程度大旱。直隶阳原、赤城、怀来、怀安旱。山西岳阳（今安泽）、万泉等9州县大旱，麦米腾贵。山东即墨、文登、历城等8州县旱蝗相接，收成锐减，米贵民饥，多有逃亡。河南禹县、中牟春旱，民饥。安徽五河、舒城等6州县旱，粮价腾升。江苏江浦、安东大旱。浙江临安、嘉善、平湖等10州县大旱，米贵。湖南嘉禾、汝城等4州县旱，井泉皆涸，田多不能耕，又瘟疫流行，死者枕藉。江西萍乡、

南城等5州县大旱，民饥，河水皆涸。广东惠州、潮州等13州县春夏亢旱。广西龙州旱。云南楚雄旱。福建龙溪、连江等11州县亢旱，池井皆涸，粮价飞涨。四川合江、秀山大旱，民乏食，殍者甚众。陕西洛川、白水等22州县大旱，民饥。贵州清平旱。

乾隆十四年（1749年）

△旱灾发生范围较小，仅集中在湖南、江西、甘肃三省。湖南江永夏旱，禾苗枯槁。江西会昌、宁冈旱。甘肃武威、永昌、张掖、山丹、高台、平罗旱。

乾隆十五年（1750年）

△直隶、山西、山东、河南、安徽、江西、浙江、湖南、湖北、广东、广西、陕西、甘肃各省的一些地区出现大旱。直隶大名、献县、阳原大旱民饥。山西应州（今应县）、浑源、天镇等旱，田禾失收，民心惶惶。山东日照春旱。河南禹县、修武等4州县秋旱。安徽歙县夏大旱。江西安福、兴国、宁冈大旱。浙江武义、金乡等地旱，晚禾无收。湖南汝城连年大旱，米贵，民饥。湖北汉川、蕲水、仙桃夏旱。广东潮州、连州、惠来、万宁县大旱，米贵。广西来宾、全州夏五月旱，田禾枯槁。陕西盩厔、华阴等5州县大旱民饥。甘肃西宁、永登、正宁旱。

乾隆十六年（1751年）

△直隶、山东、河南、安徽、江苏、浙江、湖南、湖北、江西、广东、广西、福建、四川、陕西等省多地受旱灾困扰。直隶获鹿秋亢旱。山东登州夏旱。河南杞县、遂平夏旱，禾苗枯槁。安徽歙县、铜陵等18州县大旱，田禾尽槁，谷价上涨数倍，民大饥。江苏溧水、高淳、武进旱。浙江湖州、归安等65州县大旱，禾苗枯槁，米价腾贵，民食榆皮草根。湖南长沙、湘阴、湘潭等10州县雨泽愆期，早稻无收，米价腾踊，民多饿毙。湖北兴安、荆门等5州县大旱。江西兴安（今横峰）、玉山等12州县大旱，田禾无获，米贵，民饥，多有饿死者。广东增城、潮州等10州县旱，且有瘟疫流行。广西富川、昭平等6州县大旱，田禾歉收。福建仙游夏旱。四川屏山夏旱。陕西神木、清涧旱。

乾隆十七年（1752 年）

△直隶、山西、山东、河南、安徽、江苏、湖南、浙江、湖北、江西、广东、广西、四川、陕西的一些州县出现旱灾。直隶祁州、安国春大旱。山西解县、万泉等 11 州县旱，田禾歉收。山东莒县大旱，有蝗。河南杞县、密县等 6 州县夏旱，有牛疫流行。安徽寿州、凤阳等 9 州县旱蝗相接。江苏如皋、无锡等 4 州县大旱，粮价上涨。湖南耒阳大旱，米贵，民多菜色。浙江松阳、遂昌、东阳秋旱。湖北当阳、房县等 11 州县大旱无禾，人食榆树皮。江西雩都、瑞金等 7 州县旱魃为虐。广东增城、万宁春旱，米贵。广西富川秋旱。四川隆昌春旱，岳池夏久旱不雨。陕西西安府、潼关等 37 州县旱，田禾枯槁，民大饥。

乾隆十八年（1753 年）

△直隶、山西、山东、安徽、江苏、浙江、湖南、湖北、江西、广西、广东、福建等省多处大旱，民饥。直隶涿州、元氏等 7 州县大旱，粮价高昂。山西天镇夏旱，民大饥。山东四月久无雨泽。安徽灵璧、来安、绩溪大旱，民饥。江苏奉贤、昆山等 5 州县大旱，田禾枯槁，人有热死者。浙江乐清、平阳等 10 州县大旱，民饥，井泉多涸。湖南黔阳、辰溪等 7 州县大旱，谷价踊贵，民采薇蕨而食。湖北兴安五月至九月不雨。江西广丰、兴安等 7 州县五月至九月不雨，河井皆涸，早晚禾俱损。广西上林、宾阳大旱，民饥。广东潮阳夏五月旱，万宁春夏大旱。福建台南大旱。

乾隆十九年（1754 年）

△受大旱影响，被灾地区涉及直隶、山东、安徽、江苏、广东、福建、四川、甘肃等省。直隶深县夏旱。山东福山水旱相继，该年歉收。安徽亳州旱，民多流亡。江苏通州、如皋春旱。广东南海、潮阳等 6 州县春旱，米价高腾。福建仙游、嘉义大旱。四川罗江夏旱，歉收。甘肃会宁、靖远等 4 州县大旱，二麦枯槁。

乾隆二十年（1755 年）

△山东、河南、安徽、江苏、浙江、湖南、湖北、江西、广东、广西、陕西、贵州、甘肃多省出现大旱。山东龙口夏大旱。河南阳武、原阳秋旱，民大饥，人相食。安徽怀远大旱。江苏吴江、安东等 7 州

县大旱，米价腾踊。浙江嵊县、嘉兴等5州县夏旱，田禾皆枯死，河水枯竭。湖南嘉禾、宁乡大旱。湖北汉川春夏旱。江西南丰秋旱。广东怀集、新兴、合浦（今属广西）等6州县春旱。广西容县、梧州大旱，民饥。陕西榆林、怀远（今横山区）等7州县夏雨泽愆期，田禾歉收。贵州毕节夏旱。甘肃镇原大旱。

乾隆二十一年（1756年）

△直隶、安徽、江苏、浙江、湖北、广东、广西、四川、福建、云南、贵州等省大旱。直隶大城、献县旱。安徽舒城、当涂旱蝗相接。江苏沛县、句容、上元大旱有疫。浙江台州、临海等8州县大旱，粮价腾升，民杂食榆皮，又疫疠盛行。湖北天门大旱，六月至十二月不雨。广东惠来、五华旱。广西容县、宜山夏旱。四川忠州、綦江等9州县大旱，米价腾贵，人多饿死。福建仙游、沙县大旱。云南剑川夏大旱。贵州大方大旱，粟价腾贵。

乾隆二十二年（1757年）

△直隶、河南、安徽、江苏、浙江、湖南、广东、广西、福建、四川、陕西、甘肃等省多地被灾。直隶大城春旱。河南内黄夏旱。安徽阜阳岁旱，荞麦种价高。江苏江宁、镇江等20州县旱。浙江桐乡、石门夏旱，米贵。湖南宜章、沅陵、溆浦旱。广东和平、龙川、灵山（今属广西）等7州县大旱，米贵。广西藤县、崇左等4州县夏旱，民饥。福建龙溪、莆田等10州县大旱，谷价大踊，池塘尽干，民大饥。四川春三月全蜀大旱。陕西延安、榆林等7州县六月缺雨，秋禾受旱。甘肃正宁夏旱。

乾隆二十三年（1758年）

△直隶、山东、河南、安徽、湖南、广东、广西、福建、陕西、甘肃等省被灾。直隶广昌、涞源夏秋雨泽愆期，收成歉薄。山东日照、商河、肥城大旱，民饥。河南温县、禹县夏旱，有瘟疫流行。安徽霍邱旱。湖南辰州、溆浦旱。广东吴川、南海等12州县大旱，粮价高涨，民大饥。广西郁林、北流大旱，民饥。福建晋江、漳州等14州县大旱，河渠皆涸，田禾枯槁，米贵，民饥。陕西延安、榆林、绥德3府所属12州县雨泽愆期，秋禾歉收。甘肃凉州、兰州等地大旱，民

饥，民多流亡。

乾隆二十四年（1759 年）

△直隶、山西、山东、河南、江苏、江西、湖南、湖北、广东、福建、四川、陕西、甘肃、奉天等多处被灾。直隶定兴、容城等 24 州县春夏大旱无麦，米价腾贵。山西阳曲、祁县等 56 州县大旱，麦苗尽槁，是年大饥，多有饿死者。山东济南、平原旱蝗相接。河南禹县、济源春旱。江苏通州、如皋等 9 州县夏旱蝗相接。江西赣县夏秋雨水愆期，井皆涸，早晚禾俱损。湖南华容大旱。湖北荆门、石首、枣阳大旱。广东封川、惠来春旱。福建仙游数年亢旱，米价昂贵。四川江安闰六月大旱。陕西西安、同州（今渭南）等府属 30 州县雨泽愆期，大旱，民多逃亡，有甚者鬻妻卖子。甘肃所属皋兰等 40 州县五六月间雨泽愆期，大旱，米贵。奉天广平、义州等地旱。

乾隆二十五年（1760 年）

△直隶、山西、江苏、湖南、江西、广东、广西、贵州、甘肃等省出现大旱。直隶灵寿夏旱伤禾。山西石楼、应州等 7 州县旱。江苏吴县大旱。湖南常宁、耒阳等 20 州县大旱，禾多枯死。江西丰城、广丰等 6 州县大旱，数月不雨，颗粒未收。广东海阳、潮阳等 5 州县春夏旱。广西灌阳、兴安等 6 州县雨泽稍缺。贵州大方大旱，粟价腾贵。甘肃镇原大旱，民饥。

乾隆二十六年（1761 年）

△旱灾范围较小，主要集中在直隶、山东、江苏、安徽、浙江等省。直隶灵寿夏大旱伤禾。山东莘县、茌平、阳谷自夏徂秋不雨。江苏句容、兴化、南京旱。安徽黟县六月至秋，大旱 80 余日，豆蔬俱无。浙江台州、临海大旱，民饥。

乾隆二十七年（1762 年）

△受大旱影响，直隶、山西、河南、江苏、浙江、广西、陕西、甘肃等省出现灾情。直隶通县（今通州）大旱。山西万荣夏秋之交，雨泽愆期。河南兰考、密县夏大旱。江苏宝山五月大旱，吴县夏旱。浙江湖州、武义旱。广西德保、庆远府大旱，米价昂贵，民多饥死。陕西同官、富平、铜川大旱。甘肃会宁、武山夏旱魃为虐。

乾隆二十八年（1763 年）

△直隶、山东、山西、湖南、湖北、广东、福建、陕西、甘肃出现大旱，多地被灾。直隶永平府（今秦皇岛、唐山大部）麦田缺雨，灵寿六月大旱。山东临邑夏旱有蝗。山西和顺六月始雨。湖南武冈大旱，斗米五钱。湖北鄂州旱。广东惠阳三月旱。福建漳浦七月大旱，民饥。陕西西安府、榆林府、怀远等 11 州县夏旱。甘肃皋兰、张掖等 30 州县旱。

乾隆二十九年（1764 年）

△山西、山东、江苏、浙江、湖南、湖北、江西、广东、四川、贵州、陕西、甘肃多地被灾。山西潞城大旱，秋禾歉收。山东宁津夏旱，秋禾歉收。江苏句容小旱。浙江平阳大旱，人多饿死，连江五月至七月不雨。湖南新化旱。湖北安陆旱。江西宁冈旱。广东海阳、潮阳等 5 州县旱，田禾歉收。四川永川旱。贵州遵义春夏水旱相接，虫食麦莜。陕西商南秋旱，禾苗枯槁。甘肃皋兰、金县、渭源等 20 州县旱。

乾隆三十年（1765 年）

△受大旱影响，直隶、山西、山东、安徽、江苏、浙江、湖南、江西、福建、四川、陕西、甘肃等省多地被灾。直隶大城大旱。山西荣河（今万荣）夏天旱，无收。山东邹县、兖州大旱有蝗。安徽黟县夏旱，米贵。江苏吴江、奉贤、宝山旱，田禾歉收。浙江天台、新昌、宁海等 14 州县旱。湖南桂阳、万宁大旱，民饥。江西星子、余江、新喻旱。福建漳州夏旱。四川西充、永川等 11 州县大旱，饥民食观音土。陕西洛川等 12 州县夏旱，田禾歉收。甘肃红水、靖远、会宁等 26 州县夏旱。

乾隆三十一年（1766 年）

△直隶、山东、河南、浙江、湖北、广东、福建、甘肃、奉天多地受到大旱影响。直隶夏雨泽稍迟。山东文登、荣成、金乡大旱，米贵。河南杞县夏旱。浙江钱塘、海宁等 8 州县旱，井泉皆竭。湖北孝感、安陆等 5 州县旱。广东潮阳、潮州春旱，早禾不登。福建福州、兴化、漳州、泉州等地雨泽稀少。甘肃河东、河西各属旱。奉天盛京、

开原、广宁等 7 州县五六月间雨水愆期，颇觉亢旱。

乾隆三十二年（1767 年）

△大旱波及直隶、山东、江苏、浙江、湖南、广东、广西、福建等省。直隶畿辅地方四月雨泽稀少。山东东平大旱。江苏宜兴秋旱。浙江平湖六月旱。湖南邵阳大旱。广东封开旱。广西上林、宾阳旱，禾尽枯，田禾歉收。福建仙游夏秋大旱，民饥。

乾隆三十三年（1768 年）

△直隶、山东、山西、河南、安徽、江苏、浙江、湖南、湖北、江西、广东、四川、贵州、甘肃多地被灾。直隶大名、青县、邢台旱。山东日照、枣庄、莒县等 6 州县大旱，民饥。山西沁水旱。河南光州、固始、息县等 11 州县旱。安徽合肥、寿州、凤阳等 21 州县旱蝗相接，民大饥。江苏光山、商城等 22 州县夏秋雨泽稀少，河水枯竭。浙江湖州、桐乡、嘉善等 10 州县大旱。湖南邵阳、郴州大旱，米贵，饿殍相望。湖北孝感、安陆、云梦等 17 州县大旱，田禾歉收，民多饥死。江西武宁、鄱阳等地秋旱。广东龙门、潮州等 6 州县大旱，米贵，民饥，死者甚多。四川永川大旱。贵州绥阳大旱。甘肃皋兰、金县、渭源等 14 州县旱。

乾隆三十四年（1769 年）

△旱灾波及直隶、山西、河南、江苏、浙江、湖南、湖北、江西、广东、广西、四川、贵州、甘肃等省。直隶定兴、大名、清苑等 5 州县大旱。山西阳曲等 29 州县旱。河南杞县等 7 州县秋旱，麦不得种。江苏沛县夏大旱，民饥。浙江宁海、永嘉、乐清等地被旱。湖南永州、保靖大旱，米贵，民饥。湖北罗田秋旱。江西余干、宜丰夏秋间两月不雨。广东万宁大旱。广西玉林秋冬大旱。四川洪雅夏大旱。贵州遵义、绥阳、印江大旱，田禾歉收。甘肃皋兰、金县、渭源等 29 州县旱。

乾隆三十五年（1770 年）

△直隶、河南、江苏、浙江、湖南、江西、广东、云南、福建、四川、陕西、贵州、甘肃等省出现大旱。直隶近畿春夏雨泽稀少。河南彰德、卫辉、怀庆等 19 州县入春以来，雨泽稀少。江苏仪征夏旱，井泉枯涸。浙江常山旱。湖南新化旱。江西清江、新喻旱。广东万宁

秋旱。云南罗平、澄江大旱。福建雨少水涸。四川双流、珙县夏旱。陕西临潼、盩厔、长安夏旱，田禾歉收。贵州贵定大旱。甘肃兰州、榆中等34州县大旱，民饥，饿殍盈途。

乾隆三十六年（1771年）

△直隶、山西、山东、河南、安徽、江苏、浙江、湖北、江西、广东、四川、甘肃等省均出现大旱。直隶京城及近畿地方雨泽较稀，田禾歉收。山西定襄自春及夏不雨，榆次秋旱。山东即墨夏旱蝗相接。河南杞县、淮阳等7州县旱。安徽凤阳、五河等5州县旱。江苏高邮、宝应春夏以来降水稀少。浙江桐庐、瑞安大旱，溪流尽涸。湖北宜城、黄梅大旱，井多涸。江西德化、湖口等5州县秋冬大旱，塘堰俱干涸。广东海阳、潮阳、灵山等5州县旱。四川珙县春旱。甘肃平凉等8州县旱；西和雨泽稀少，田禾歉收，米贵，民饥。

乾隆三十七年（1772年）

△山西、山东、浙江、江西、广东、陕西、甘肃出现大旱。山西荣河春旱。山东寿张、文登、阳谷春旱。浙江嵊县、武义夏旱。江西万年久旱。广东高明、高要、郁南春大旱，秋又旱。陕西安塞大旱，民饥。甘肃皋兰、金县等25州县旱，田禾枯槁。

乾隆三十八年（1773年）

△直隶、山东、河南、浙江、广东、广西、四川、陕西、甘肃出现大旱。直隶大城、沧州等4州县大旱。山东宁津、寿光大旱。河南正阳秋旱，谷贵，民饥。浙江武义大旱。广东万宁春大旱。广西上林、宾阳等地自三月至五月不雨，土地干裂。四川郫县夏大旱。陕西洛川、安塞等4州县大旱，民饥。甘肃皋兰大旱，饥民多有逃亡。

乾隆三十九年（1774年）

△旱灾波及直隶、山西、山东、河南、安徽、江苏、浙江、湖北、广东、福建、四川、陕西、贵州、甘肃等省。直隶大名、青县、武强等20州县大旱，田禾尽枯。山西洪洞夏秋旱。山东齐河、宁津等7州县旱蝗相接，田禾尽槁，饥馑荐臻。河南信阳、罗山、光州等5州县大旱，米价腾贵。安徽合肥、凤阳、霍山等20州县夏秋缺雨，又有蝗为害。江苏东台、泰州、兴化等14州县旱蝗相接，田禾枯槁，岁饥，

民多饿殍。浙江象山、慈溪夏大旱。湖北应城、汉阳等15州县大旱，人食树皮殆尽。广东海阳、潮阳春旱。福建云霄九月旱，同安春旱。四川秀山夏旱。陕西长安春旱。贵州黄平大旱，民饥。甘肃皋兰、宁朔等7州县旱。

乾隆四十年（1775年）

△旱灾影响到直隶、山东、河南、安徽、江苏、浙江、湖北、江西、广西、云南、四川、陕西、甘肃等省。直隶广平、东光等25州县大旱，民饥。山东文登、荣成、临清等9州县旱蝗相接。河南安阳夏久旱不雨，民甚苦之。安徽定远等39州县夏秋大旱，民饥且馑。江苏夏秋雨泽愆期，句容等52州县旱蝗相接，山塘枯竭，秋收歉薄，民大饥。浙江杭州六月旱，九月不雨。湖北房县、通城、崇阳等19州县大旱，米贵。江西修水、武宁等地旱。广西陆川大旱民饥。云南易门夏旱。四川永川大旱，民饥愈甚，鬻妻弃子者甚众。陕西淳化夏旱。甘肃皋兰、河州等31州县大旱，民饥。

乾隆四十一年（1776年）

△直隶、山西、山东、浙江、安徽、湖南、湖北、江西、广东、广西、云南、福建、陕西、甘肃多地被灾。直隶获鹿、永年夏旱，民饥。山西昔阳、平定亢旱。山东博兴大旱，民饥。浙江上元、江宁等39州县大旱。安徽来安等4州县旱。湖南新化秋旱。湖北仙桃夏大旱。江西靖安六月不雨，岁饥。广东潮州春旱。广西武鸣、上林等4州县旱，田禾歉收。云南宣威旱。福建连江、沙县旱，溪涸泉竭。陕西兴平、醴泉大旱。甘肃皋兰等29州县旱，田禾尽槁。

乾隆四十二年（1777年）

△直隶、山东、河南、安徽、江苏、浙江、湖南、湖北、广东、广西、云南、四川、陕西、贵州、甘肃、新疆多地大旱。直隶大名、广平、永年大旱。山东济阳、新泰、潍坊秋旱无麦。河南杞县、禹县、汲县等8州县夏秋大旱，田禾尽槁，收成歉薄，民大饥。安徽潜山、宣城夏旱。江苏沭阳大旱，野无青草。浙江武义旱。湖南谷城大旱，米价腾贵。湖北襄阳、仙桃、秭归大旱。广东海阳、茂名、吴川等21州县大旱，有蝗，田禾歉收，粮价高腾，人多饿死。广西罗城、上林、

邕宁等16州县大旱，颗粒无收，米价腾贵，至五千余钱一斤，饿殍枕藉，鬻卖子女者以万计。云南易门秋旱。四川江安、长宁、井研、犍为夏大旱。陕西西安、咸宁等29州县雨泽缺少，秋禾歉收。贵州长顺、惠水大旱，米贵。甘肃皋兰、金县等32州县夏亢旱不雨。新疆镇西府宣禾州署之西固子、大敦子等地大旱歉收。

乾隆四十三年（1778年）

△被灾范围较大，直隶、山西、山东、河南、安徽、江苏、浙江、湖南、湖北、广东、广西、江西、福建、四川、陕西、贵州、甘肃多地旱荒。直隶获鹿、定兴等13州县大旱无麦。山西太原、凤台等5州县春夏大旱。山东历城、章邱等19州县雨泽稀少，秋收歉薄。河南杞县、正阳等22州县春夏大旱，田禾歉收。安徽寿州、凤台等34州县水旱相继，田禾歉收。江苏沛县、邳州等27州县旱，晚禾尽萎，米贵，民饥。浙江嘉善、嘉兴等4州县夏大旱。湖南湘阴、巴陵等36州县大旱，米贵，民采蕨为食，饿死者甚多。湖北利川、公安等48州县旱蝗相接，颗粒无收，民多流亡，饿死者甚多。广东惠州、阳江等5州县大旱，民饥，民多流亡。广西信都、贺县等12州县大旱，有蝗，民大饥，饿殍载道。江西德化、九江等11州县夏旱，田禾尽槁。福建建阳大旱。四川仪陇、营山等41州县大旱，赤地千里，颗粒无收，粮价飞涨，饥民卖儿卖女，饿死者甚多。陕西洛川、商南、长安大旱。贵州思南、黎平等4州县旱，泉井枯竭，树木枯死。甘肃皋兰、会宁等32州县夏亢旱无雨。

乾隆四十四年（1779年）

△旱灾波及直隶、山东、安徽、江苏、浙江、湖南、湖北、江西、广东、云南、四川、贵州、甘肃等省。直隶交河旱。山东安邱春旱。安徽潜山旱。江苏上元夏雨泽愆期。浙江湖州、归安等7州县六月亢旱。湖南凤凰、安乡等6州县大旱无麦，粮价腾升。湖北汉阳、安陆、荆州等7州县夏旱，田禾枯槁。江西崇仁、金溪、东乡夏秋大旱。广东潮阳、海阳春旱。云南楚雄旱，民大饥。四川江安、兴文等4州县大旱，民饥。贵州遵义、桐梓大旱。甘肃天水、清水、徽县大旱，民饥。

乾隆四十五年（1780 年）

△直隶、河南、江苏、湖南、湖北、江西、甘肃出现大旱。直隶延庆春旱，获鹿夏旱。河南杞县、修武、获嘉春旱。江苏高邮夏旱。湖南永州、湘乡等 5 州县九月至明年三月不雨，竹木皆枯。湖北竹溪大旱。江西安福、晋江等 6 州县大旱，米贵，民饥。甘肃皋兰、金县等 18 州县夏旱，民饥。

乾隆四十六年（1781 年）

△山西、河南、安徽、江苏、湖北、浙江、江西、广东、云南、福建、四川等省大旱。山西安泽、汾阳等 5 州县大旱。河南亢旱，赤地千里。安徽怀宁、祁门等 8 州县大旱民饥。江苏淮安、阜宁等 4 州县数月不雨，禾苗枯槁。湖北应城、云梦等 17 州县水旱相继。浙江余杭、新登等 9 州县夏旱。江西余干、万年等 19 州县大旱，禾稻棉花歉收。广东封川、兴宁、封开大旱，民饥。云南景东春夏大旱。福建同安、建阳等 5 州县旱，粮价腾升。四川什邡旱。

乾隆四十七年（1782 年）

△山东、河南、安徽、江苏、浙江、湖北、广东、云南、福建、陕西、贵州多地出现大旱。山东文登、平原等 5 州县旱蝗相接，田禾枯槁。河南杞县春旱。安徽无为、霍邱、怀远旱。江苏山阳、阜宁等 18 州县大旱，树木枯死，运河几涸，米贵民饥。浙江归安、湖州五月至七月不雨，溪港皆涸，田苗尽槁。湖北云梦、应城等 6 州县大旱。广东封川、清远等 4 州夏大旱。云南易门夏旱。福建连江旱。陕西延安府、榆林府、绥德州旱蝗相接。贵州铜仁旱。

乾隆四十八年（1783 年）

△直隶、山西、山东、河南、安徽、江苏、湖南、湖北、广东、贵州、陕西出现大旱。直隶大名旱。山西保德州一带，稍觉缺雨。山东文登、齐河等 15 州县夏秋大旱，米价踊贵。河南杞县、禹县等 6 州县大旱。安徽泗州旱。江苏沭阳旱。湖南新化秋旱。湖北房县、郧阳六、七月不雨，收成减半。广东南海、顺德春旱。贵州惠水六、七月旱。陕西神木、绥德、清涧旱。

乾隆四十九年（1784 年）

△直隶、山西、山东、河南、安徽、江苏、湖北、江西、广西、陕西出现旱灾。直隶大名雨泽愆期。山西榆次旱。山东枣庄、寿光等 13 州县大旱，继以蝗，岁大歉。河南卫辉、彰德、怀庆府属 38 州县大旱，二麦枯槁。安徽舒城、阜阳等 4 州县旱。江苏睢宁、句容等 8 州县大旱，民饥。湖北郧阳、应城等 6 州县大旱，粮价腾升，民饥死者大半。江西万载、新喻大旱，民饥。广西梧州大旱。陕西大荔春不雨，二麦萎黄，宁陕大旱，长安河涸。

乾隆五十年（1785 年）

△直隶、山西、山东、河南、安徽、江苏、浙江、湖南、湖北、江西、广东、云南、福建、四川、陕西、甘肃多省大旱。直隶大名、广平、顺德三府属各州县雨泽愆期，无麦禾，米价腾贵。山西平阳、蒲州等属 43 州县缺少雨泽，麦收歉薄。山东兖州、曹州（今菏泽）等 47 州县受旱较重，又有飞蝗为害，麦收歉薄，民大饥，人相食。河南 36 州县旱蝗相接，禾麦枯槁，粮价腾升，草根木皮皆为饥民食尽，野多饿殍。安徽亳州、太和、蒙城等 59 州县夏秋大旱，秋田歉收，米价腾升，饥民食草木，殍馑载道；霍邱发生了人相食事件。江苏淮安、徐州、海州等属 82 州县旱魃为虐，几至赤地千里，二麦歉收，湖涸见底，民食榆皮草根皆尽，流民载道，饿死者甚多。浙江杭州、嘉兴、湖州等府属嘉善、平湖等 24 州县旱蝗相接，溪港皆涸，田苗尽槁，米价腾贵。湖南巴陵、临湘等 47 州县大旱，田禾失收，米贵，民饥。湖北江夏等 47 州县夏秋亢旱不雨，溪流皆断，田禾无收，饥民采食草根木皮，各地流民屯集，饿殍相望。江西九江、武宁等 10 州县夏大旱，赤地无收，粮价飞涨，民食榆蕨，并有食土者，饿死者甚多。广东清远、潮阳等 5 州县春旱有蝗。云南禄劝八月旱。福建连江、晋江旱。四川广安、垫江等 6 州县大旱，赤地千里。陕西洛川春旱。甘肃皋兰大旱。

乾隆五十一年（1786 年）

△大旱波及山东、河南、安徽、江苏、浙江、湖北、湖南、江西、广东、广西、云南、福建、四川、甘肃等省。山东济南、临清、泰安等属 29 州县降水稀少，泉水枯涸，大旱民饥，又瘟疫流行，人死无

数。河南卫辉府属10州县亢旱不雨，粮价腾升，饥民采树皮草根为食，又有瘟疫为害，饿死者甚众，多地发生人相食事件。安徽全椒、无为等19州县大旱，饿殍相藉，民多远徙。江苏通州、句容等56州县春夏旱，二麦歉收，民大饥，又瘟疫流行，阜宁发生人相食的事件。浙江杭州、嘉兴、湖州三府17州县得雨较迟，收成歉薄。湖北荆州、松滋、麻城等21州县旱蝗相接。湖南巴陵等10州县得雨较迟，秋收歉薄，大旱民饥，饿殍载途。江西庐陵、泰和等20州县大旱，民饥。广东高明、海阳等41州县米贵，民饥，饿殍满野。广西上林、阳朔等8州县大旱，民饥。云南黄平旱。福建建阳、长汀、永定、清流大旱，岁饥。四川永川、营山旱。甘肃洮州（今临潭）大旱。

乾隆五十二年（1787年）

△直隶、山西、山东、江苏、湖南、江西、广东、福建、贵州、甘肃多地大旱。直隶阳原、怀安等29州县亢旱不雨，米价昂贵，民大饥，人相食。山西荣河、广灵等9州县夏秋旱，民大饥。山东济南、泰安等府属历城等70州县旱，湖水枯涸，麦收歉薄。江苏丹徒大旱民饥，饥民塞道。湖南郴州、江华、永明旱，米价腾贵，人剥木皮、掘蕨根充饥。江西宁都夏大旱，有疫。广东高明、惠州等27州县大旱，苗槁米贵，哀鸿载道，途有饿殍。福建同安、连江岁旱，大饥。贵州黎平、天柱岁旱，民饥。甘肃皋兰等8州县夏旱，田禾枯槁，民大饥。

乾隆五十三年（1788年）

△直隶、山西、山东、河南、江苏、江西、广东、福建、四川、陕西、甘肃等省出现不同程度的旱情。直隶大兴等7州县，春夏雨泽短缺，麦收歉薄。山西大同、长子等9州县亢旱，田禾歉收。山东济南、东昌各属，亢旱不雨。河南彰德、沁阳、禹县春旱。江苏句容旱。江西德兴夏大旱。广东增城、琼山等13州县亢旱，米贵，饥殍盈野，抛妻弃子者甚多。福建连江秋八月至次年春不雨，米贵民饥。四川纳溪秋旱，田禾歉收。陕西咸宁（今西安）、洵阳、长安大旱，民饥。甘肃皋兰、金县等6州县旱。

乾隆五十四年（1789年）

△直隶、安徽、江苏、浙江、湖南、湖北、江西、广东、福建、

四川大旱。直隶宣化府属保安、永年等7州县大旱，民饥。安徽绩溪夏旱。江苏南通、如皋等4州县大旱。浙江海宁、开化大旱，民饥。湖南安仁、临武等5州县春旱，田禾枯槁，饿殍载途。湖北通城、宜都大旱，岁大饥。江西丰城、泰和等6州县旱，有瘟疫流行。广东新会、兴宁等9州县春旱，斗米银三钱。福建漳浦、彰化等5州县旱荒，粮价腾升。四川富顺、金川夏旱，田禾枯槁。

乾隆五十五年（1790年）

△大旱波及直隶、山西、安徽、江苏、浙江、湖南、广东、甘肃等省。直隶任县夏旱。山西荣河春旱。安徽泗县大旱，道殣相望。江苏东台、清江等6州县夏旱。浙江武康、德清等4州县大旱，民饥。湖南邵阳、宝庆等4州县夏旱。广东增城秋旱。甘肃皋兰、金县、靖远六月雨水较少，收成减少。

乾隆五十六年（1791年）

△大旱波及直隶、山西、山东、河南、江苏、浙江、广东、福建等省。直隶顺德、广平等府属唐山、平乡等19州县夏秋大旱，有蝗，收成歉薄。山西长子三伏无雨。山东诸城、宁津等11州县旱，田禾歉收，儿女鬻卖殆尽。河南彰德、卫辉、怀庆等府属9州县旱，田禾歉收。江苏顺德、广平等府属州县秋旱，歉收。浙江瑞安七月旱。广东增城、海阳等4州县旱。福建晋江春夏之交，郡邑大旱。

乾隆五十七年（1792年）

△直隶、山西、山东、河南、安徽、浙江、湖北、江西、广东、四川、陕西多处大旱。直隶顺德、广平、大名三府共43州县春夏缺少雨泽，二麦歉收，米价腾贵，民以蒺藜、树皮为粮。山西大同、沁水等4州县旱，道殣相望，民卖子女而食。山东济南、兖州等府属23州县夏秋雨愆，秋收歉薄。河南彰德、卫辉、怀庆三府9州县得雨较迟，收成歉薄。安徽亳州、天长旱。浙江杭州、嘉兴、湖州所属17州县秋旱，田禾歉收。湖北当阳旱。江西武宁夏旱。广东增城八月旱。四川西充大旱。陕西西安、同州等16州县大旱，田禾枯槁。

乾隆五十八年（1793年）

△直隶、山西、山东、河南、江苏、广西、云南、四川、陕西出

现大旱。直隶东光、南皮等21州县大旱，民食草根树皮，死者甚多。山西稷山、沁县等5州县春夏大旱，道殣相望，树皮剥食殆尽，又瘟疫流行。山东平原、临清等10州县旱。河南安阳、汤阴等25州县旱。江苏丹徒大旱，饥民塞道。广西临桂大旱，米贵。云南易门夏旱。四川江安大旱，米贵。陕西洛川、黄陵夏旱。

乾隆五十九年（1794年）

△直隶、山东、河南、江苏、湖北、广东、广西、云南、福建、四川、陕西大旱。直隶武强、永平等12州县夏旱。山东济南、武定等51州县大旱，麦收歉薄。河南彰德、卫辉、怀庆府（今河南沁阳）所属22州县亢旱不雨。江苏江都三月至五月不雨。湖北云梦、安陆旱。广东增城、潮阳、顺德、新会、开平春旱，早禾不登。广西陆川、北流等6州县春旱，民饥。云南晋宁旱。福建福鼎旱，东山春夏大旱。四川资阳夏旱。陕西咸宁、长安夏大旱。

乾隆六十年（1795年）

△直隶、山西、山东、安徽、江苏、浙江、湖北、广东、云南、福建、陕西、甘肃、奉天等地大旱。直隶沧县、交河等8州县旱蝗相接，收成歉薄。山西蒲州府所属永济等6县夏间得雨稍迟，田禾歉收。山东日照、文登等14州县大旱民饥。安徽广德、太平（今黄山）夏旱，民饥。江苏海门八月大旱。浙江宁海、临安、松阳大旱，民饥。湖北麻城、谷城大旱，民多饥死。广东潮州府属增城、南海、顺德春旱。云南马龙、宜良、禄劝旱。福建龙溪、漳浦等6县大旱，米价腾贵，民多流殍。陕西咸宁等33州县夏秋稍缺雨，田禾歉收。甘肃平凉等9州县雨水稍缺，秋禾受旱。奉天金州、熊岳、锦州九月亢旱，收成减少。

五、嘉庆朝

嘉庆统治时期处于18世纪末至19世纪初，这一时期气候转冷，极端旱涝事件频发。嘉庆朝凡25年，每年均有旱灾发生，是有清一代旱灾多发、重发时期。比较而言，北方地区的直隶、山西、山东、陕西、甘肃是旱灾频发地区，不仅旱灾发生的范围广，且灾情较为严重；南方地区的安徽、江苏、浙江、湖北、湖南、广西、广东、福建、贵州、四川经常发生旱灾，其中长江流域为旱灾频发区域，灾情较为严重。就旱灾发生年份来看，嘉庆三年（1798 年）、嘉庆七年（1802 年）、嘉庆十年（1805 年）、嘉庆十一年（1806 年）、嘉庆十二年（1807 年）、嘉庆十五年（1810 年）、嘉庆十六年（1811 年）、嘉庆十七年（1812 年）、嘉庆十八年（1813 年）、嘉庆十九年（1814 年）、嘉庆二十五年（1820 年）等 11 个年份的灾情较为严重，嘉庆十五年（1810 年）至嘉庆十九年（1814 年）连年发生全国范围的旱灾，粮价飞涨，米贵民饥，饿殍遍野。

嘉庆元年（1796 年）

△旱灾区域较广，涉及直隶、山西、山东、陕西、江苏、浙江、湖北、广东、广西、福建、贵州、甘肃等省的众多州县，其中山东旱灾和蝗灾并发，江苏、甘肃受灾区域较大，波及十余州县。直隶正定、顺德亢旱不雨。山西偏关、榆社、荣河旱，五谷歉收，饿殍盈野。山东郯城、荣成大旱，有蝗。江苏江宁府属 12 州县缺雨滋培，收成稍薄。浙江慈溪、永康等 4 州县夏旱歉收。湖北汉阳旱。广东潮阳、吴川、灵山旱。广西龙州旱。福建崇安、漳浦夏大旱。陕西肤施（今延安）、安塞等 7 州县缺雨。贵州遵义、桐梓等 5 州县大旱，民饥。甘肃皋兰、会宁等 18 州县夏秋大旱。

嘉庆二年（1797 年）

△旱灾区域较广，山西、山东、安徽、湖北、广东、广西、云南、四川、陕西、贵州、甘肃均发生不同程度的旱灾。山西榆社、长子夏旱，五谷不登。山东文登夏旱。安徽巢县、来安、全椒亢旱。湖北江陵等 4 州县大旱歉收，民大饥。广东海阳、潮阳春旱。广西龙州大旱。云南楚雄旱，民大饥。四川内江、永川、垫江大旱，谷价腾踊，饿殍相望。陕西肤施、汉阴等州县秋旱成灾。贵州福泉大旱，民饥。甘肃凉州府得雨较少，田禾歉收。

嘉庆三年（1798 年）

△中国多地发生旱灾，夏旱、秋旱严重影响粮食收成，出现米贵

民饥的现象。直隶顺义缺雨。山东文登夏旱。河南密县夏旱。江苏富安、安丰等5州县旱。浙江嘉善、平湖等4州县夏旱，民饥。湖南耒阳旱。湖北红安旱。江西万载秋旱，晚禾歉收。广东增城、大埔等6州县春旱，米贵，民饥。广西上林旱。四川内江、安岳等4州县大旱。陕西大荔大旱。贵州惠水大旱，米贵。

嘉庆四年（1799年）

△旱灾区域与去年相比范围较小，山东、浙江、福建出现夏旱，山西、福建发生秋旱，安徽、四川发生旱灾，浙江、四川的灾害最为严重。山西荣河秋旱。山东德州六月旱。安徽巢湖旱。浙江江山夏大旱，无麦。福建建阳夏秋大旱。四川安岳、隆昌大旱，田禾收成减半，斗米千钱。

嘉庆五年（1800年）

△直隶、山西、湖南、湖北、江西、广西、福建、四川、陕西等省发生旱灾，其中山西、陕西、四川的灾情较为严重，粮价大涨，饥民饿殍众多。直隶昌黎、蓟县春旱，无麦。山西大同、万荣、永和等地大旱，民饥死者甚众。湖南醴陵、临武等6州县亢旱民饥。湖北枝江、郧西大旱，米贵民饥。江西崇仁、宁都夏旱。广西灌阳、桂平大旱，民饥。福建建阳秋旱。四川綦江、南溪等10州县大旱，粮价腾升，民大饥。陕西咸宁、富平等38州县秋旱。

嘉庆六年（1801年）

△山西、山东、河南、四川、陕西、甘肃旱，饥民众多。山西万荣夏旱。山东荣成、文登、章邱夏秋旱，禾稼尽槁，民大饥。河南获嘉旱。四川永川、大竹旱，斗米千余钱。陕西高陵、耀州等7州县旱，收成减少。甘肃皋兰、狄道州（今临洮）等6州县大旱，田禾歉收。

嘉庆七年（1802年）

△多地发生严重旱灾，部分地区旱灾蝗灾并举，旱灾波及面广且灾情较重。直隶顺义、成安等4州县旱蝗相接。山西高平七月旱。山东邹平、枣庄、潍坊夏旱有蝗，田苗尽槁。河南祥符、陈留等16州县夏旱有蝗。安徽宣城、南陵等18州县夏秋旱，米价腾贵，人多乏食。江苏溧水、句容等6州县大旱，河水枯竭。浙江富阳、新城等23州县

大旱，秋禾歉收。湖南长沙、临湘等13州县夏秋大旱，田禾失收。湖北武昌、汉阳等府所属18州县大旱，岁大歉。江西南昌等34州县雨泽愆期，大旱伤禾，饥民掘草根而食。广西全州七月至十月不雨。福建建阳、崇安夏秋旱。贵州贵阳、遵义、凯里夏旱，田禾枯槁。甘肃镇原夏旱，民大饥，多有逃亡。陕西岐山、西乡等5州县荒旱，人有饿死者。

嘉庆八年（1803年）

△旱灾波及的省份较多，但受灾面积和受灾程度有所减缓。山西高平旱。山东枣庄、邹平旱蝗相继。河南镇平、内乡大旱，岁饥，民食榆皮，多致病死。安徽凤阳、怀远等8州县大旱，民饥。江苏句容等18州县雨泽愆期，田禾歉收。浙江临海、武义旱。湖北麻城大旱。湖南安乡旱。江西高安旱。广东龙门九月旱。四川合川旱。陕西洛川夏旱。甘肃秦州大旱，民饥。

嘉庆九年（1804年）

△直隶、山西、山东、河南、安徽、江苏、浙江、江西、四川、陕西、甘肃等省发生旱灾，其中山西旱情最为严重。直隶获鹿、井陉、卢龙旱，田禾歉收。山西汾阳等23州县大旱，禾苗枯死，粮价飞涨，饿殍满路。山东临朐、栖霞春旱，有蝗。河南方城、密县旱，禾苗歉收。安徽凤阳、宣城等数州县大旱，有蝗。江苏泰州、东台春旱。浙江武义旱。江西横峰夏大旱，城内外几至井枯水竭。四川广汉、平武等4州县夏旱，禾苗枯死，贫民多食石面。陕西汉中、兴安等4州县大旱，二麦枯槁。甘肃固原、镇原大旱，米贵。

嘉庆十年（1805年）

△北方直隶、山西、山东、河南、陕西、甘肃及南方安徽、江苏、浙江、江西、四川的不少州县均遭受较为严重的旱灾打击，其中直隶获鹿、山西高平、安徽凤阳等地连年遭灾，山东部分地区夏秋旱蝗相接，灾情十分严重。直隶获鹿、沙河秋旱歉收。山西阳曲、高平等12州县，夏亢旱不雨，野无青草，岁大饥，人食蒲根榆皮。山东济南、武定、青州三府属5州夏秋旱蝗相接。河南新乡等21州县夏秋大旱。安徽凤阳等5州县缺雨受旱。江苏江宁、徐州等属20州县旱，田禾歉

收。浙江慈溪、武义大旱。江西万年旱。四川双流、崇庆（今崇州）等11州县夏旱魃为虐，民不聊生。陕西西安等府属51州县夏秋旱荒，米价高涨，饥民多流亡。甘肃兰州、巩昌等府属13州县雨泽稀少，民食维艰。

嘉庆十一年（1806年）

△北方直隶、山西、河南、陕西及南方安徽、江苏、浙江、湖南、江西、广西、四川、贵州等省发生旱灾。其中山西、江苏、江西、四川等省份的灾情较为严重，粮价飞涨，饥民无粮可食，以草根、树皮充饥。直隶永年大旱，民饥。山西襄陵（今襄汾）、太平等10州县旱，二麦枯槁，民大饥。河南沁阳秋大旱。安徽天长旱，禾苗不登。江苏睢宁、宿迁等21州县夏旱无麦，饥民食榆皮。浙江慈溪夏大旱。湖南龙阳夏大旱。江西余干、万年等6州县大旱有瘟疫流行。广西临桂、西延大旱。四川綦江、资阳等7州县春夏旱，斗米千钱。陕西盩厔、绥德秋旱，民饥。贵州威宁旱。

嘉庆十二年（1807年）

△我国南方和北方都发生了较为严重的旱灾，北方集中在直隶、山西、山东、河南、甘肃等省及东北地区，南方集中在安徽、江苏、浙江、湖南、湖北、江西、广西、福建、四川等省。直隶昌黎、卢龙等4州县春夏雨泽愆期，麦收歉薄，民食维艰。山西清徐、交城等4州县春夏大旱，米价昂贵。山东胶县、黄县春夏旱。河南密县、鄢陵春旱。安徽宿州、南平等17州县高田缺雨，收成歉薄。江苏桃源、宿迁等21州县雨泽稀少，河湖枯竭，田禾枯槁。浙江玉环、武义、乐清旱。湖南巴陵、临湘等33州县大旱，禾苗枯槁，米价腾升，饥民食树皮草根。湖北江夏、公安等7州县，入夏雨泽稀少，田禾歉收，饥民草根树皮食尽，饿死者甚多。江西上饶、波阳等10州县夏秋大旱。广西罗城、宜山等7州县大旱，田禾尽枯，米贵，民饥。福建建阳夏秋大旱。四川綦江、富顺等8州县大旱，米贵，民饥。甘肃皋兰、靖远大旱。东北宁远、锦州、盖平（今辽宁盖州）春夏旱；齐齐哈尔大旱，民众掘食草根。

嘉庆十三年（1808年）

△山西、山东、河南、安徽、江苏、湖南、湖北、广东、广西、

云南、福建、四川、甘肃等省发生旱灾，夏旱尤其严重。山西汾阳、孝义、古县大旱。山东峄县大旱，民饥。河南许州、郾城春不雨，夏大旱。安徽宿松、繁昌夏旱。江苏丁溪、草堰等5州县春夏旱荒，粮价飞涨。湖南浏阳、桂阳、常宁夏旱，米贵。湖北红安、蕲春旱，谷米腾贵。广东潮阳、四会等6州县春秋大旱，无禾。广西兴业旱蝗相继。云南昆明、晋宁大旱。福建东山春夏大旱，旱谷失收。四川铜梁岁旱。甘肃甘州、凉州、肃州等处，入夏雨泽愆期，田禾稍旱。

嘉庆十四年（1809年）

△山西、山东、陕西、甘肃、安徽、江苏、湖北、广东、广西发生旱灾，西北地区尤为严重，安徽凤阳旱蝗并举，灾情较重。山西沁州、沁源、芮城秋旱，岁歉收。山东新泰旱，田禾歉收。安徽安庆、凤阳等12州县大旱有蝗。江苏高邮、兴化等4州县天旱缺雨。湖北咸宁、崇阳旱。广东增城、兴宁等7州县春夏旱，米贵，民饥。广西上林、武鸣旱。陕西泾阳等13州县，入春以来，亢旱不雨。甘肃镇原等21州县雨泽愆期，田禾枯槁。

嘉庆十五年（1810年）

△旱灾分布较广，北方位于直隶、山西、山东、河南、陕西、甘肃等地，南方位于安徽、江苏、浙江、湖南、湖北、江西、广东、广西、福建、四川等地，江苏、甘肃的旱情尤为严重，出现禾苗歉收，米贵民饥之现象。直隶获鹿、东光大旱，民饥。山西阳城、沁源等5州县大旱，米贵。山东德县（今陵城西）、诸城等4州县春夏旱。河南密县春旱。安徽天长等5州县夏秋雨泽稀少，田禾歉收。江苏江宁、淮安等府属22州县，高田缺水被旱，禾苗歉收。浙江慈溪旱，田禾枯槁。湖南新化夏旱。湖北钟祥、汉口大旱，涸泽枯燥。江西万载、上高、峡江亢旱不雨。广东新会等4州县旱，谷价腾贵。广西上林旱。福建顺昌、连江旱。四川垫江、丰都等4州县旱，斗米千钱。陕西长安、大荔、华县、华阴秋旱，岁饥。甘肃皋兰等30厅州县，自春徂夏雨泽愆期，米贵，民饥。

嘉庆十六年（1811年）

△发生全国性的旱灾。直隶、山西、山东、河南、安徽、江苏、

浙江、湖南、湖北、江西、广东、福建、四川、陕西、甘肃及东北地区发生旱灾，不仅波及范围广，且旱情严重，旱蝗相继，田禾歉收，米贵民饥，进而导致瘟疫的发生，民不聊生。直隶广平、永年等25州县春夏旱，秋禾歉收。山西河曲、交城等4州县旱，颗粒无收，大饥。山东历城、齐河等50州县受旱严重，又有蝗为害，田禾无收，米贵，民饥。河南密县、范县等9州县春夏大旱，秋收歉薄。安徽怀宁、桐城等10州县秋旱，田禾歉收。江苏东台、铜山等9州县旱，收成歉薄。浙江台州、金华、严州、处州（今丽水）4府属22州县夏秋大旱，禾苗枯槁，这年歉收，饥民食麻蕨及白土。湖南临湘、衡阳等11州县大旱，岁歉。湖北通山、蒲圻等15州县大旱，谷贵。江西义宁等7州县夏秋亢旱，禾黍皆枯，谷价昂贵。广东潮阳、潮州春旱有蝗，米价腾贵。福建彰化四月旱。四川綦江、隆昌等10州县大旱，秋禾无收，民大饥。陕西府谷、神木大旱。甘肃靖远、固原大旱，又瘟疫流行，民多流亡。奉天绥中夏大旱。

嘉庆十七年（1812年）

△全国性的旱灾还在持续，直隶中部、东南部，山东东部，江苏中部是重灾区。直隶、山西、山东、河南、安徽、江苏、浙江、湖南、湖北、四川、广东、贵州及东北等地区连年大旱，饥民无以为食，死者无数，饿殍遍野。直隶博野、蠡县等38州县入夏大旱，无麦，民大饥，野多饿殍。山西河曲、代县、高平秋旱，无禾。山东历城、章邱等50州县夏秋亢旱不雨，又瘟疫盛行，死者无算。河南彰德、卫辉府属9州县夏秋雨迟，晚禾受旱。安徽潜山等5州县大旱，民饥。江苏铜山、睢宁等17州县旱，微山湖涸，饥民掘藕为食。浙江临海夏旱。湖南湘乡、衡山、常德旱。湖北应山、崇阳旱。四川綦江、丰都等5州县旱，斗米千五百钱，饥民有食土者。贵州遵义大旱。奉天金州秋旱，田禾歉收。广东开平旱。

嘉庆十八年（1813年）

△与上年相比，受灾区域有所扩大，直隶、山东、江苏、四川、陕西等省灾情较重，饥民以树皮充饥，百姓流离，盗匪猖獗。直隶广宗、宁晋等22州县旱魃为虐，河水枯涸，岁大饥，人食树皮充饥。山

西河曲、平定等4州县大旱岁饥。河南开封、祥符等31州县大旱，田禾无收，岁大饥，人民至鬻子女，死亡甚众，多地发生人相食事件。山东德平、平原等19州县旱，田苗尽槁，米价腾踊，民艰于食。安徽安庆等13府州所属各州县雨泽较少，田禾歉收。江苏淮安府、扬州等14州县春夏旱，河水枯竭，岁大饥，次年人多流亡。江西万年、大余旱。湖北钟祥、襄阳等9州县夏大旱，斗米千钱，民采木皮以食，道殣相望。广东潮阳、兴宁等4州县春秋大旱，谷价踊贵。四川綦江、云阳等8州县大旱，民有食树皮、掘草根者。陕西大荔、岐山等8州县旱，田禾无收，粟米昂贵，蕨根榆皮采食殆尽，百姓流离，道殣相望，盗贼蜂起，人心惶惶。贵州天柱大旱，米贵。东北宁古塔等地夏旱，收成歉薄。

嘉庆十九年（1814年）

△全国各地普遍出现旱象，黄河流域和长江流域的旱灾十分严重，导致粮食稀缺，饥民众多，救济不到位，出现人吃人的现象。直隶邢台等48州县春夏旱，收成歉薄，民以蒺藜、树皮为食，饿死者甚多。山西保德、河曲、临县、襄汾大旱民饥，民食树皮、草根。山东章邱、邹平等26州县旱，收成歉薄。河南睢州、宁陵等4州县旱，田禾歉收。安徽太平、凤阳等40州县大旱，岗田尽成赤土，青草俱无，粮价高昂，霍邱发生人相食的事件。江苏江浦、六合等44州县大旱，赤地千里，河湖尽涸，米价极昂，民食青草。浙江湖州、嘉善等17州县旱，米价腾贵，饥民大掠，食树皮、草根。湖北武昌、汉阳等18州县夏秋雨泽愆期，河港俱涸，米贵，民饥。广东兴宁冬旱，德庆春大旱。广西武鸣、上林等5州县旱。四川垫江、奉节等4州县大旱，斗米千钱。陕西定边等6州县大旱，麦禾皆伤，岁大饥。江西瑞昌等4州县大旱，米贵。贵州安龙旱。甘肃镇原等6州县旱。东北宁古塔等多地春旱，田禾歉收。

嘉庆二十年（1815年）

△与前几年相比，旱灾波及范围有所减少。直隶乐亭、卢龙等40州县雨泽愆期，二麦被旱。山东淄博旱，谷不熟。安徽灵璧大旱。江苏江宁大旱，有瘟疫流行，田禾歉收。浙江海昌、黄岩、浦江大旱。

湖南安仁旱。广东万宁冬旱，树木枯死过半。福建顺昌、晋江夏旱。甘肃灵州、碾伯、大通旱，田禾歉收。新疆镇西府（今巴里坤哈萨克自治县等地）旱。

嘉庆二十一年（1816 年）

△本年旱情主要集中于南方和西北地区。安徽安庆等 13 府州所属各州县八月降水稀少。浙江建德、武义等 5 州县大旱成灾。湖南醴陵、耒阳等 4 州县夏秋旱，湖水枯涸，秋收甚歉，多地颗粒无收。江西丰城、崇仁、兴国夏旱。广东兴宁等 3 州县塘水尽涸，禾苗无收，米价腾贵。云南墨江、楚雄等 4 州县亢旱日久，民大饥。甘肃镇原七月旱。新疆镇西府旱，田禾歉收。

嘉庆二十二年（1817 年）

△直隶、山西、山东、安徽、湖南、广东、广西、云南、陕西、甘肃、东北地区发生旱灾，直隶、山东尤为严重。直隶顺天、保定、河间等 15 府属共 111 州县自夏至秋，雨泽稀少，秋禾受旱。山西清徐、广灵等 7 州县夏秋亢旱，秋成稍歉。山东齐河、平原等 35 州县大旱。安徽天长、巢县旱。湖南衡阳旱。广东龙川、郁南、琼海大旱，民饥，塘水枯涸。广西藤县、郁林州大旱有蝗。云南楚雄、禄劝、洱源旱，大饥，民多饿死。陕西佳县七、八月大旱。甘肃镇原等多地夏秋旱，田禾枯槁。东北盛京、复州等 4 州县亢旱。

嘉庆二十三年（1818 年）

△直隶、山东、河南、安徽、江苏、浙江、湖南、广西、甘肃等省发生大旱。直隶正定、新乐等 4 州县亢旱，秋收歉薄。山东德县、阳谷旱蝗相继。河南灵宝七月大旱。安徽安庆、太平等府属 12 州县夏秋雨泽愆期，田禾枯槁。江苏江宁府属上元等 8 州县秋旱，木棉歉收。浙江桐庐小旱。湖南黔阳（今怀化）大旱。广西临桂夏大旱，田禾尽槁。甘肃镇原六月大旱。

嘉庆二十四年（1819 年）

△旱灾集中在山西、河南、安徽、江苏、浙江、湖南、湖北、云南、四川、贵州等省及东北一带。山西万荣秋旱。河南鹿邑、洛宁大旱，民饥。安徽宿州、新安等 8 州县旱。江苏江宁、淮安等 12 州县夏

秋雨泽稀少，山禾尽槁，收成减半。浙江嘉善、平湖等 9 州县夏秋大旱，田禾枯槁，民大饥。湖南临湘、耒阳等 8 州县大旱，田禾歉收。湖北黄陂、应山、麻城大旱。云南陆良五月大旱。四川垫江旱。贵州贵阳、遵义等 5 州县春夏大旱，米贵，民饥。东北盛京等地自春徂夏，雨泽稀少，田亩较旱。

嘉庆二十五年（1820 年）

△南方地区普遍出现旱象，江苏、浙江、湖南、湖北、江西、广东、广西、福建、四川、贵州是重灾区，灾瘟相继，米贵民饥，饿殍遍野，民不聊生。北方的部分省份也发生了旱灾。山西晋城、阳城、沁水夏旱。安徽凤阳、颍州等 9 州县夏亢旱不雨，米贵，民饥。江苏松江、金山等 25 州县夏旱，田禾枯槁，民大饥。浙江海宁等 37 州县大旱，禾苗焦枯，民多剥树皮、掘观音土做饼饵食，流离他徙，饿殍无算。湖南长沙、临湘等 17 州县大旱，颗粒无收，又瘟疫流行。湖北黄梅、咸宁等 8 州县夏秋大旱，田禾多槁，旅人竟有渴死者。江西吉水、安福等 35 州县旱，田禾失收，米贵，民饥。广东乐昌、清远等 8 州县大旱，又瘟疫流行，民死伤无数。广西上林、兴安等 6 州县旱魃为虐，五谷无收，米贵如珠，人民饿殍，死相枕藉。福建建阳、连江等 10 州县旱，水泉枯竭，人多暍死。四川名山大旱。贵州铜仁、黎平等 5 州县大旱，民饥。甘肃秦州、秦安等 6 州县旱，收成歉薄。奉天锦州旱，田禾歉收。

六、道光朝

道光朝历 30 年，是中国近代史的开端，中国社会发生了前所未有的重大变化。不仅遭受着列强入侵，还面临着极端气候的考验，自然灾害频发，可谓“内忧外患”。比较而言，黄河流域、长江流域是旱灾频发的重点区域。北方的直隶、山西、山东、陕西、河南、甘肃等省份连年发生旱灾，且灾情较为严重；南方的安徽、江苏、浙江、湖北、湖南、广西、广东等省份常年发生旱灾。从旱灾发生的时间来看，道光三年（1823 年）、道光五年（1825 年）、道光六年（1826 年）、道光七年（1827 年）、道光九年（1829 年）、道光十二年（1832 年）、道光十五年（1835 年）、道光十六年（1836 年）、道光十七年（1837 年）、道光二十六年（1846 年）、道光二十七年（1847 年）、道光三十年（1850 年）全国普遍呈现旱象，灾情较为严重，道光朝可谓“年年有小旱，三年一大旱”。

道光元年（1821 年）

△河南、安徽、江苏、浙江、湖南、江西、广东、广西、云南、福建、四川、贵州等省发生旱灾。河南范县等 7 州县秋旱，又瘟疫流行，死者甚众。安徽当涂、无为等 9 州县秋后连旬亢旱，田禾歉收。江苏句容、高邮等 37 州县大旱有疫。浙江天台、松阳等 4 州县旱，田禾歉收，饿殍甚众。湖南湘乡、临澧、麻阳旱。江西高安秋旱。广东佛冈、潮州、香山旱，田禾枯槁。广西环江旱魃为虐，五谷无收，米贵如珠，人民饿殍，死相枕藉。云南易门夏旱。福建建阳、连江等 6 州县大旱，民饥。四川仁寿大旱。贵州铜仁、天柱等 6 州县旱，禾稼多损，米贵，民饥。

道光二年（1822 年）

△直隶、山西、山东、河南、安徽、江苏、浙江、湖北、广东、云南、福建等省发生旱灾。直隶井陉大旱。山西临晋五月旱。山东博兴、日照大旱，民饥。河南滑县春旱。安徽凤阳等 7 州县夏秋雨泽愆期，田禾歉收。江苏上元、江宁等 25 州县旱，粮价激增。浙江海盐、长兴等 5 州县夏旱，田禾歉收，雨泽稀少。湖北宜都大旱。广东海阳、潮阳秋旱。云南昆明、曲靖、易门、宜良春夏旱。福建金门大旱，有疫。

道光三年（1823 年）

△直隶、山西、山东、河南、安徽、江苏、浙江、广东、四川、贵州、甘肃、东北、新疆、江西发生旱灾，其中直隶、河南、甘肃、安徽旱灾影响范围较大。直隶青县、静海等 39 州县旱，禾苗枯萎，河水枯竭。山西临县秋旱。山东寿光、临朐等 4 州县夏秋大旱，禾苗枯死。河南辉县旱。安徽宿州等 24 州县旱，田禾歉收。江苏铜山、沛县等处自春徂夏，雨泽稀少。浙江镇海县夏旱，田禾歉收。广东中山、吴川、万宁春夏旱，米价高昂。四川隆昌大旱，米贵。贵州荔波旱。

甘肃泾州（今泾川）、静宁等 11 州县旱。东北齐齐哈尔、墨尔根夏秋旱。新疆镇西府属宜禾（今甘肃安西）春夏雨泽愆期，禾苗歉收。江西余江夏旱，田禾颗粒无收。

道光四年（1824 年）

△直隶、山西、山东、安徽、江苏、湖南、湖北、广东、广西、四川、甘肃、新疆等地发生旱灾。直隶霸县、滦县、望都大旱，禾稼尽枯。山西万荣春旱。山东宁津、荣成等 7 州县夏秋大旱有蝗。安徽巢湖、宿县旱。江苏高邮、泰县、如皋夏旱，田禾歉收。湖南长沙、湘阴旱。湖北麻城、蕲春、武昌夏秋亢旱，斗米钱五百，流民四起。广东恩平、高州等 11 州县春夏大旱，谷价腾贵。广西来宾夏大旱。四川仁寿、垫江旱。甘肃天水、固原大旱，民饥。新疆镇西府属宜禾旱，田禾歉收。

道光五年（1825 年）

△全国多地发生旱灾，部分地区旱蝗并发，禾枯民饥，粮价飞涨。直隶广平、大名等 9 州县大旱，有蝗，禾枯民饥。山西阳城夏旱。山东菏泽、城武等 48 州县夏秋雨泽愆期，田禾枯槁，又有蝗为害，民大饥。河南清丰、永城等 15 州县缺雨，秋禾受旱。安徽凤阳等属 20 州县水旱相继。江苏安东等 20 州县旱，是年歉收。浙江临海旱。湖北云梦、应山（今广水）秋大旱。广东仁化大旱，谷价腾贵。福建建阳、顺昌等 4 州县旱，晚禾失收。四川广汉、中江等 7 州县旱，米价腾踊。奉天绥中旱，田禾失收。

道光六年（1826 年）

△全国大部分地区普遍偏旱，直隶、山西、山东、河南、浙江、湖南、湖北、江西、广东、福建、四川、甘肃等省发生旱灾，湖北旱情较为严重。直隶广平、昌乐等 7 州县旱，秋禾歉收。山西榆次、万荣久旱不雨，秋禾歉收。山东昌乐等地雨泽愆期，二麦歉收。河南临漳、内黄等 6 州县春旱无麦。浙江义乌、诸暨夏旱，田禾歉收。湖南长沙等 5 州县等地大旱。湖北谷城大旱。江西宜春、黎川等 10 州县旱，田禾歉收，民大饥。广东兴宁、潮阳旱，米价腾贵。福建建阳、顺昌等 4 州县大旱，民饥。四川璧山、垫江等 4 州县夏秋大旱，田禾

尽枯，米价昂贵。甘肃宁夏、宁朔等5州县旱。

道光七年（1827年）

△直隶、山西、山东、江苏、湖南、江西、广东、广西、四川、福建、贵州等省发生旱灾，直隶、山东的旱情较为严重，饥民流离失所。直隶迁安、容城等10州县大旱有蝗，田禾失收。山西长治、阳城、沁水夏旱，秋收歉薄。山东青州、寿光等11州县久旱无雨，饥民流离失所。江苏松江六月旱。湖南新化大旱。江西余干旱。广东兴宁、潮州、中山旱。广西全州大旱，收获全无。四川巫山、綦江夏秋大旱。福建顺昌旱。贵州湄潭、瓮安、福泉大旱，民饥。

道光八年（1828年）

△山西、陕西、东北、安徽、江苏、浙江、湖南、江西、广西、四川、贵州等多地发生旱灾。山西沁县旱。安徽东至、繁昌旱。江苏江宁等府属19州县旱，田禾歉收。浙江桐庐等4州县秋冬旱。湖南长沙、浏阳等9州县夏秋大旱，田禾尽槁，民多菜色。江西万载夏旱。广西苍梧、藤县大旱，荒歉。四川遂宁、潼南、井研春旱。陕西永寿等5州县夏秋旱。贵州湄潭、瓮安、福泉大旱，民饥。东北齐齐哈尔夏旱，收成歉薄。

道光九年（1829年）

△全国多地发生旱灾，山西、山东、河南、安徽、江苏、浙江、湖南、广东、广西、福建、陕西、甘肃、东北、西藏等地发生旱灾，山东、江苏、浙江、甘肃受灾面积较大。山西沁县、万荣春旱。山东平原、莘县等8州县旱。河南鹿邑、延津、封邱夏旱。安徽太湖旱。江苏丹徒、丹阳等9州县夏秋缺雨，田禾歉收。浙江乌程、归安等9州县旱，田禾歉收。湖南平江、湘潭等4州县旱，田禾枯槁。广东广州、兴宁、香山（今中山）旱，泉水枯竭。广西藤县连岁大旱，田禾歉收。福建建阳、顺昌、莆田夏大旱。陕西西安、乾州二府州大旱。甘肃皋兰等13州县旱，二麦歉收。东北辽阳、珲春亢旱成灾。西藏白朗水旱交加。

道光十年（1830年）

△直隶、山东、河南、安徽、江苏、浙江、湖南、湖北、江西、

广东、广西、福建、陕西、甘肃等省多地发生旱灾，江苏夏秋水旱相继，灾情较为严重。直隶沙河、武强等6州县旱，秋禾歉收。山东齐河、掖县（今莱州）旱。河南禹县春旱。安徽宿州、定远等11州县旱，秋收歉薄。江苏高邮等22州县夏秋水旱相继。浙江仙居、丽水等7州县亢旱，田禾歉收。湖南麻阳、保靖旱，米价腾贵。湖北江夏、孝感、钟祥大旱，田禾歉收，米贵民饥。江西宜春、修水、万载秋旱有蝗。广东兴宁、信宜等12州县大旱，谷价腾贵。广西北流、藤县等5州县大旱。福建建阳、顺昌等4州县旱，早晚稻大歉。陕西华县（今华州）秋大旱。甘肃皋兰等14州县旱。

道光十一年（1831年）

△直隶、山东、安徽、江苏、浙江、湖南、广东、广西、福建、陕西、甘肃、东北等地发生旱灾。直隶永年、成安等11州县旱，秋禾歉收，米粟昂贵，民大饥。山东夏津、临清等处14州县旱。安徽和州、繁昌旱。江苏江阴秋旱。浙江温州、泰顺大旱，民饥。湖南临湘、衡山、善化夏秋旱，田禾枯槁。广东兴宁等4州县大旱有蝗。广西南宁等5州县旱蝗相接，饥饿而死者甚多。福建彰化、澎湖夏旱。陕西千阳、榆林旱，米价腾升。甘肃会宁旱。黑龙江齐齐哈尔、墨尔根等7州县旱，田禾歉收。

道光十二年（1832年）

△南方和北方都发生了较为严重的旱灾，受灾区域极广。直隶通州、武清等34州县旱，永定河干涸，田禾歉收，米粟腾贵。山西怀仁、浑源等10州县大旱，有蝗，米价腾贵，民多流亡。山东博兴、高苑等10州县大旱，田禾枯槁，民多流亡。安徽宿松、定远等35州县水旱相继，岁大饥。江苏宝山等21州县旱，田禾歉收。浙江富阳、余杭等14州县夏秋大旱，田禾歉收，米价腾贵，饿死者甚多。湖北应城旱，又瘟疫大作，死者相藉。江西南昌、武宁等7州县大旱，谷价甚贵，饥民食蕨根、树皮，路多殍亡。广东番禺、南海等5州县夏秋旱，米价昂贵异常，民情汹涌，几至人相食。广西荔浦、武鸣等4州县大旱，民饥。福建建阳七月旱。四川隆昌大旱，米贵。甘肃镇原秋大旱。吉林所属宁古塔、伯都讷（今扶余北）等6州县亢旱，岁饥。

道光十三年（1833年）

△全国性旱灾仍在持续。直隶武清等5州县旱，民乏食。山西榆次旱。山东平原、荣成、莒县旱，田禾歉收。河南鹿邑、正阳大旱，民饥。安徽定远大旱，有蝗。贵州夏大旱，米价昂贵。安徽盱眙大旱，民饥。湖南长沙旱，田禾歉收。湖北京山、郧县、郧西大旱，民饥。甚至发生人相食的事件。浙江玉环、龙泉等5州县旱，田禾歉收。广东化州夏旱，吴川春大旱，四月始雨。广西玉林大旱有蝗。四川泸州、大宁旱，颗粒无收。陕西汧阳（今千阳）、神木夏旱，米贵。贵州贵定夏旱，米价昂贵。甘肃临洮、皋兰等4州县夏秋旱，谷价腾升。

道光十四年（1834年）

△多省发生旱灾，甘肃兰州受灾州县最多，浙江灾害与瘟疫相接，湖南旱蝗并发，灾情较为严重。山西繁峙、榆次、平定亢旱，米贵。山东阳信、惠民、临邑、博兴夏旱，田禾枯槁。安徽巢湖大旱，有蝗。江苏昆山、太仓夏秋之交久旱不雨，河水干涸。浙江富阳、定海等9州县大旱，民饥，时疫流行，饿殍载道。湖南岳阳等4州县大旱，民饥。湖北孝感、云梦等5州县旱蝗相接，人民饿死离散无数。江西余干等6州县旱，田禾歉收，米盐俱贵。广东潮州春旱。云南元江夏旱。福建福安夏旱。四川南川大旱五十余日。陕西榆林、柞水旱。甘肃皋兰等29州县旱，秋收歉薄。新疆宜禾旱，田禾歉收。

道光十五年（1835年）

△发生全国范围的大旱。直隶元氏、定兴、永年春旱。山西河曲、昔阳等17州县春夏旱，田禾无收，米价腾升。山东历城等37州县春大旱有蝗，禾麦皆槁。河南辉县旱。安徽庐江等10州县夏秋大旱，饥民食观音粉。江苏南汇等15州县大旱，有蝗，河港几涸，田禾歉收。浙江长兴、义乌等28州县夏旱歉收，田禾尽槁，民苦饥馑，饿死者甚多。湖南临湘等16州县大旱，有蝗，米贵民饥。湖北恩施、长阳等33州县旱蝗相接，禾枯井涸，道殣相望，山民掘食蕨根，野有饿殍。江西德安、瑞昌等34州县旱，赤地百里，颗粒无收，民采草根树皮几尽，多有流亡。广东龙门等8州县春夏旱蝗相接，粮价大涨。广西全州、玉林、北流大旱米贵。福建建阳、崇安等6州县夏旱，禾苗多槁，

米价腾贵。陕西绥德等5州县旱。贵州桐梓、遵义、天柱大旱。甘肃皋兰等23州县旱。东北金州旱。

道光十六年（1836年）

△上年的大旱灾仍在持续。直隶获鹿、怀安（今石家庄鹿泉区）等10州县大旱，永定河干涸。山西左云、怀仁县等12州县旱。山东淄博等12州县春夏受旱，田禾歉收，民大饥，道殣相望。河南郾城七月旱。安徽庐江大旱，有蝗。江苏阜宁旱。浙江温岭、武义旱。湖南浏阳、醴陵等4州县大旱。湖北应城等3州县夏旱民饥。江西武宁、高安等38州县旱，田禾歉收。广东韶关、乐昌、兴宁秋旱，泉涸地裂，晚稻不登。广西武鸣、龙州、来宾夏大旱。福建建阳、浦城等7州县旱，岁大饥，多有饿死者。四川乐山、仁寿夏旱。陕西绥德、柞水、榆林旱。甘肃临洮等22州县旱，田禾歉收。东北三姓（今黑龙江依兰）旱。

道光十七年（1837年）

△直隶、山西、山东、河南、安徽、江苏、浙江、湖南、湖北、广西、云南、四川、陕西、甘肃、东北等地发生旱灾。直隶获鹿、灵寿等13州县大旱无禾。山西原平、河曲、阳城旱蝗相接。山东临清、乐陵等13州县旱，民大饥，道殣相望，多有流亡。河南灵宝县夏旱有蝗。安徽定远等6州县雨泽愆期，高田受旱。江苏长洲、元和等25州县亢旱。浙江湖州、宁波、慈溪夏旱。湖南绥宁夏旱。湖北郧县秋旱。广西上林、龙州旱，饿死者无数。云南洱源夏旱。四川仁寿、秀山、忠县旱。陕西神木等6州县旱魃为虐，米价倍增，哀鸿遍野。甘肃临洮等26州县夏秋大旱。东北黑龙江墨尔根旱。

道光十八年（1838年）

△直隶、山东、安徽、江苏、浙江、湖北、江西、广东、云南、四川、甘肃、东北等地发生旱灾，直隶、江苏、湖北等省受灾区域较大，灾情较为严重。直隶正定、井陉等11州县大旱，岁歉，民大饥，饿死者道殣相望。山东惠民等9州县夏旱，河湖枯竭，二麦歉收。安徽灵璧雨泽愆期，高田受旱。江苏东台、兴化等25州县夏雨愆期，收成歉薄。浙江衢县、常山夏大旱。湖北应山等13州县缺雨受旱。江西

崇义秋旱。广东兴宁、廉江秋旱。云南元谋旱。四川盐亭等5州县亢旱，赤地千里，民不聊生。甘肃靖远大旱。东北宁古塔夏旱。

道光十九年（1839年）

△直隶、山西、山东、河南、安徽、江苏、浙江、湖南、湖北、四川、陕西、贵州、甘肃、东北等地发生旱灾，直隶受灾区域大，且旱蝗相接，江苏省大部分地区连年发生旱灾，灾情较为严重。直隶青县、静海等13州县大旱，有蝗。山西广灵等4州县亢旱不雨，人多暍死。山东昌乐、陵县、莘县夏间缺雨，田禾受旱。河南扶沟、淮阳春旱。安徽亳州、黟县大旱。江苏青浦等34州县旱，收成歉薄。浙江桐庐、黄岩旱。湖南湘乡秋旱。湖北郧西旱。四川长宁等6州县大旱，民饥。陕西榆林、神木、府谷旱，田禾歉收。贵州务川夏旱魃为虐。甘肃永登大旱。东北黑龙江墨尔根、齐齐哈尔亢旱。

道光二十年（1840年）

△直隶、山西、山东、河南、安徽、江苏、湖南、湖北、广西、四川、甘肃等地发生旱灾，安徽、甘肃受灾州县较多。直隶霸县等3州县夏大旱。山西浮山旱，田禾不登。山东临邑等4州县春旱。河南内乡秋旱。安徽凤阳、灵璧等13州县旱。江苏宿迁夏大旱，豆禾尽枯。湖南宜章旱。湖北方城、大冶大旱。广西浔州（今武宣）六月大旱。四川三台、忠县大旱，民饥。甘肃皋兰等19州县旱，田禾枯槁。

道光二十一年（1841年）

△直隶、山东、河南、安徽、江苏、湖北、江西、广东、四川、陕西等省发生旱灾。直隶邯郸夏旱，沙河秋旱。山东济南、宁阳夏秋雨少，田禾枯槁。河南内黄春旱，田禾薄收。安徽望江、五河等24州县夏秋大旱。江苏宿迁夏大旱。湖北钟祥旱。江西都昌大旱。广东兴宁秋旱。四川云阳大旱。陕西石泉等5州县旱涝不时，田禾歉收。

道光二十二年（1842年）

△直隶、山西、山东、河南、安徽、江苏、浙江、湖南、广东、广西、四川等省份发生旱灾。直隶大名等4州县大旱。山西屯留、夏县旱。山东阳信等6州县旱。河南商邱、涉县等4州县旱，田禾失收。安徽亳州先旱后涝。江苏淮安、徐州等5地旱。浙江嘉兴、慈溪、仙

居亢旱，田禾歉收。湖南湘乡秋旱。广东吴川秋大旱，山田尽歉收。广西上林冬旱。四川仁寿、云阳大旱。

道光二十三年（1843 年）

△山西、山东、安徽、江苏、浙江、湖北、广西、四川、陕西、贵州、甘肃等省发生旱灾，安徽、甘肃等省的受灾州县较多，浙江灾区旱蝗相继。山西隰县夏大旱，民饥。山东德州、陵县旱。安徽当涂、合肥等 18 州县旱。江苏泰兴、南通、如皋夏旱。浙江湖州等 4 州县大旱有蝗。湖北应城、公安、郧县、郧西秋雨愆期。广西罗城大旱。四川江北、彭水夏大旱。陕西同官、绥德旱。贵州湄潭秋旱。甘肃西和等 29 州县旱。

道光二十四年（1844 年）

△北方灾情比南方严重。直隶邯郸七月旱。山西永和、安邑大旱，死人无数。山东临邑、诸城、费县等 23 州县大旱，田禾歉收。江苏江宁、淮安旱。浙江富阳、余姚旱。湖北郧西、老河口州县田地被水受旱。江西余干春夏旱。广东香山春大旱；灵山大旱。四川资阳、奉节、巫山夏旱，禾稼不登。陕西葭州等 9 州县旱。甘肃泾州、河州等 11 州县旱。

道光二十五年（1845 年）

△直隶、山西、山东、河南、安徽、江苏、浙江、湖南、甘肃等省份发生旱灾，直隶受灾州县较多。直隶昌平、卢龙等 13 州县春夏大旱，民饥。山西高平旱。山东陵县、临邑、平度夏旱，田禾枯槁。河南范县、濮阳大旱，禾稼枯槁。安徽合肥、霍山、五河大旱，有蝗。江苏宝山夏秋旱。浙江丽水、遂昌大旱。湖南靖县大旱。甘肃镇原夏大旱。

道光二十六年（1846 年）

△全国多地发生旱灾，其中直隶、河南、安徽、浙江、江西等省灾情尤为严重。直隶永年、肥乡旱。山西高平等 14 州县大旱，田禾歉收。山东昌乐、临清、诸城旱。河南安阳、临漳等 11 州县大旱，田禾歉收，米价日腾，饥民剥木皮，捣石为面为食，道殣相望。安徽安庆等 20 州县旱魃为灾。江苏高邮等 5 州县夏旱，田禾歉收。浙江嘉兴、

秀水等17州县亢旱不雨。湖南湘乡等6州县大旱，民饥。湖北汉阳等8州县亢旱不雨。江西南昌、新建等19州县大旱，秋收歉薄。广西全州夏大旱。云南巧家冬旱。四川南部夏大旱。陕西西安、同州等府属8州县夏旱，秋禾歉薄。甘肃镇原夏旱。

道光二十七年（1847年）

△旱灾集中在黄河流域的陕西、山东、河南和长江流域的浙江、江西的受灾州县较多。直隶大名等8州县大旱，民饥，人相食。山西阳城等4州县夏旱，无麦，岁大饥，民多逃亡。山东临邑、阳信等11州县大旱有蝗，民多饥死。河南开封、兰考等28州县旱魃横行，赤地千里，流民甚多，人相食，饿殍载道。安徽凤阳、颍州等6州县旱，田禾枯槁。江苏高邮、涟水县夏旱有蝗。浙江杭州、嘉兴、湖州三府属仁和等17州县旱，田禾歉收。湖南平江、浏阳等6州县春秋大旱，有蝗。湖北应城等4州县雨泽愆期。江西余干等13州县旱，山田歉收。广西平乐大旱。云南嵩明旱。陕西乾州（今乾县）等23州县大旱，谷价腾升。贵州遵义旱。

道光二十八年（1848年）

△直隶、山西、山东、陕西、甘肃、江西、广东、广西、云南等省份发生旱灾，重灾区集中在黄河流域，甘肃受灾州县较多。直隶昌平、邯郸等5州县大旱，民饥，野有饿殍。山西高平旱。山东蓬莱、鱼台等4州县大旱有蝗。江西乐平夏旱。广东定安春旱；灵山秋旱。广西上林、桂平旱。云南洱源夏旱。陕西商南秋大旱，民饥。甘肃河州、岷州等20州县旱。

道光二十九年（1849年）

△直隶、山东、河南、安徽、浙江、湖南、湖北、江西、广东、广西、云南、福建、四川、甘肃等省发生旱灾。直隶万全等35州县旱，田禾歉收。山东诸城五月大旱。河南内乡等16州县旱。安徽太湖、太平（今黄山）夏秋之交缺雨，田禾歉收。浙江绍兴旱荒。湖南平江、东安夏旱。湖北江陵水旱相继，民大饥。江西南昌、宜春旱。广东廉江、定安亢旱；灵山秋旱，民饥。云南姚安旱。福建金门大旱，民饥。四川仁寿大旱。甘肃永登大旱。

道光三十年（1850 年）

△多省发生旱灾，重灾区集中在黄河流域的山东、河南和长江流域的浙江、湖北和江西等地。直隶永年、邯郸旱，秋禾缺收。山东陵县等 33 州县旱，田禾无收。河南正阳等 33 州县旱。安徽桐城春旱，民饥。浙江临安、奉化等 50 州县水旱相继，田禾歉收。湖南永顺夏旱，野有饿殍。湖北江夏、嘉鱼等 41 州县水旱相继。江西会昌等 19 州县旱，秋收歉薄。广东兴宁等 4 州县大旱，饥民食竹实。广西北流等 4 州县亢旱，泉水枯竭，米价腾贵。云南建水、禄丰旱。福建建宁大旱，五月至八月不雨。四川安岳旱。陕西长安、醴泉等 4 州县大旱。甘肃皋兰、临泽夏旱歉收。

七、咸丰朝

咸丰朝共 11 年，据《中国灾害通史・清代卷》统计，发生旱灾 26 次，年均约 2.4 次，在有清一代属于旱灾频率较高的一个朝代，仅次于康熙朝的 3.3 次与乾隆朝的 2.5 次。这一时期，旱灾区域主要集中在华北、华中、华东、华南、西南的部分地区；就受灾程度而言，各灾区多以亢旱少雨，河水枯竭，粮食歉收为主，个别地区出现人民饥死的现象。

咸丰元年（1851 年）

△旱灾区域较小。山东长清大旱，秋无禾。浙江仁和、海宁等 28 州县旱，田禾歉收。广东兴宁、顺德、化州等 5 州县大旱。广西郁林州（今玉林）、陆川春大旱，有蝗。四川大竹夏大旱。甘肃皋兰等 9 州县旱。

咸丰二年（1852 年）

△旱灾区域有所扩大，主要分布在山东、安徽、江苏、浙江、江西、湖北、湖南、广西、四川等省。山东齐河、平原夏旱，田禾枯槁。安徽凤阳、灵璧等 38 州县田地被旱。江苏高邮、江宁等 55 州县亢旱，诸河皆涸。浙江象山、镇海等 49 州县大旱，二麦歉收。湖南邵阳旱。湖北汉阳、天门等 37 州县雨泽稀少，田禾枯槁。江西饶州大旱。广西上林、隆安旱魃为虐，斤米百钱。四川乐山夏大旱，饥民食蓬草。

咸丰三年（1853 年）

△旱灾主要分布在山东、安徽、江苏、浙江、湖北、江西、四川、甘肃等省。山东章邱、邹平等 60 州县水旱相继，民多流亡。安徽凤阳、灵璧、宿县、五河旱。江苏扬州、徐州等 6 州县夏秋雨泽愆期，高田受旱。浙江临海、杭州等 7 州县旱，河水枯竭，二麦歉收。湖北郧西八月旱蝗相接。江西庐陵、吉水、莲花等 3 厅县四、五月雨泽稀少。四川安岳、彭县亢旱。甘肃各属多地夏秋旱，田禾无收。

咸丰四年（1854 年）

△旱灾主要分布在直隶、山东、河南、江苏、浙江、湖北、广东、广西、福建、四川、甘肃等省。直隶霸县、东光等 47 州县旱。山东沾化等 20 州县大旱。河南汲县、浚县等 46 州县旱。江苏宝应、沛县、丰县等 66 厅州县水旱相继。浙江金华等 11 州县亢旱无雨。湖北保康、咸宁大旱。广东吴川八月大旱。广西崇善旱蝗相接，人民饥死过半。福建连江秋旱，自九月不雨。四川荣昌大旱。甘肃镇原等 8 州县旱。

咸丰五年（1855 年）

△华东、华中、华南、西南地区都有旱灾出现。直隶青县亢旱。山东昌乐秋旱，有蝗。河南武陟等 40 州县大旱。安徽寿州夏大旱，有蝗。江苏睢宁等 63 州县大旱，民饥。浙江海宁、高阳等 68 州县亢旱日久，田禾枯槁。湖南武陵、龙阳等 8 州县水旱相继。湖北武昌、东湖、咸宁夏秋旱，有蝗为害。广东各属自春及夏雨泽稀少，收成不足。广西周正夏大旱。福建连江春旱。四川璧山、隆昌等 5 州县旱，禾苗枯槁。

咸丰六年（1856 年）

△全国大部分地区均发生旱灾。直隶广宗、大名等 5 州县大旱，民饥。山西翼城、阳城春旱，无麦。山东济南、兖州等 71 州县夏秋雨泽愆期，大旱，有蝗。河南禹县、杞县等 65 州县旱蝗相继，寸草不生，谷价腾踊。安徽庐州（今合肥）等 12 州县大旱，米贵民饥，人相食，野有饿殍。江苏阳湖（今武进）等 53 州县大旱，有蝗，运河水竭。浙江湖州、归安等 7 州县天气亢旱，河湖皆涸，山田无收。湖南武陵、龙阳等 6 州县旱。湖北当阳、郧西等 30 州县大旱，禾麦

尽槁，斗米千钱，人多菜色，野有饿殍。广东罗定秋大旱。云南禄劝、宜良大旱。四川南康、简阳、乐山自春徂夏雨泽稀少，民大饥。甘肃平罗旱。奉天旱蝗相继。新疆惠远（今伊犁霍城）等属旱，渠口干涸。

咸丰七年（1857 年）

△多地出现旱灾，主要集中在直隶、山东、河南、江苏、浙江、湖南、湖北、广东、广西、福建、陕西、甘肃等省的部分地区。直隶涞水、巨鹿等 18 州县旱蝗相接。山东曲阜、日照等 13 州县春雨稀少，二麦多旱，五谷不登，人将相食。河南内黄、新蔡、祥符等 55 州县大旱。江苏高邮、吴县等 53 州县得雨较迟。浙江杭州等府属 68 州县亢旱，河水干涸。湖南兴宁六月大旱，有蝗，民大饥。湖北武昌五月旱，有蝗为害。广东海丰、嘉应州、南海大旱，田禾枯槁，米价腾升，民多饥死。广西昭平秋大旱。福建西宁秋旱。陕西神木、府谷等处入夏雨泽愆期，秋禾被旱。甘肃皋兰、靖远等 33 州县旱。

咸丰八年（1858 年）

△旱灾区域较小，直隶、奉天、山东、河南、安徽、江苏、浙江、江西、广东、四川、陕西、新疆等地局部地区有灾情出现。直隶井陉等地雨泽稀少，大旱年荒。山东章邱、齐东等州县入夏雨泽愆期，亢旱歉收。河南固始等州县旱。安徽颍州、亳州、寿县等 5 州县雨泽愆期，秋禾被旱。江苏泰州、高邮、阜宁大旱，有蝗。浙江富阳、余杭等 51 州县大旱。江西湖口秋间雨泽稀少。广东顺德、吴川旱，早稻歉收，民大饥。四川眉山、隆昌旱，河水枯涸。陕西镇安、神木、府谷等 5 州县旱。奉天盖平大旱，有蝗。新疆伊犁惠远城旱。

咸丰九年（1859 年）

△直隶、山东、河南、安徽、江苏、浙江、湖北、广东、陕西、甘肃、奉天、新疆等地部分地区发生旱灾，粮食大多歉收。直隶巨鹿等 5 州县大旱，无禾。山东即墨、滨州、莱芜春旱。河南正阳大旱，田禾尽枯。安徽宿松等 14 州县大旱，收成歉薄。江苏徐州府属之邳州自春徂夏亢旱。浙江东阳、金华等 11 州县旱，田禾歉收。湖北东湖等 11 州县大旱。广东海丰春夏大旱。陕西长安等 47 厅州县秋旱，田禾无

收。甘肃皋兰、河州等20州县夏秋旱，田禾枯槁。奉天开原旱。新疆伊犁城春夏雨泽稀少，田亩歉收。

咸丰十年（1860年）

△直隶、山西、山东、河南、江苏、浙江、江西、广东、广西、甘肃等省出现旱情。直隶青县、井陉大旱，民饥，多有流亡。山西临汾、洪洞旱。山东齐河、高密旱。河南祥符、杞县等47州县水旱相继。江苏抚宁春旱，晚禾歉收。浙江慈溪夏旱。江西庐陵、吉水、永丰亢旱不雨，田禾枯槁。广东高州府春夏旱，谷贵，民饥。广西上林、武鸣大旱，民饥。甘肃皋兰旱。

咸丰十一年（1861年）

△旱灾主要分布于直隶、山东、江苏、河南、江西等省。直隶文安、盐山等26州县大旱。山东齐东、泗水等73州县自春徂夏雨泽愆期。江苏淮扬夏秋旱，田禾枯槁，收成歉薄。河南祥符、陈留等48州县自夏徂秋，先旱后涝。江西临江、秋清大旱。

八、同治朝

同治朝凡13年，是清朝末期难得的一个中兴时期。全国大部分地区都有旱灾出现，其中尤以直隶、山东、山西、河南、浙江的部分州县旱灾频次较高。比较来看，同治元年（1862年）、同治二年（1863年）、同治三年（1864年）、同治四年（1865年）、同治九年（1870年）与同治十年（1871年）受灾区域较广，且程度较重。

同治元年（1862年）

△旱灾主要集中在山西、陕西、山东、江西、云南等省。直隶青县亢旱，六、七月大疫。河南河北各地亢旱，蝗蝻滋生。山西芮城、临汾等6州县大旱，有蝗，岁歉无收。山东济南等属聊城等7州县雨泽愆期，收成歉薄。江苏盐城、高邮、丹徒旱，米价腾贵。河南祥符夏秋亢旱。安徽合肥旱。湖北江夏、咸宁大旱。江西莲花、安福等厅县夏秋亢旱，禾枯歉收。云南楚雄夏秋无雨，民大饥。福建连江夏旱。陕西平民、孝义厅（今柞水）夏旱，禾稼树木皆枯。甘肃华亭、和政

旱荒，米价腾升，饿死者甚多。

同治二年（1863 年）

△华北、华中、华东、西南部分地区出现旱灾，粮食多歉收。直隶大名旱，禾麦歉收。山东临清等 39 州县水旱相继，田禾歉收。河南祥符水旱相继，秋收歉薄。江苏淮安、扬州等属山阳等 24 州县入伏后亢旱缺雨，田禾歉收。浙江嵊县等 4 州县旱，水泉干涸，禾苗枯槁，又瘟疫流行，饿殍满途，死亡枕藉。湖南芷江等 15 州县大旱，收成歉薄。湖北荆门、汉阳等 20 州县亢旱，青黄不接。江西九江府、德化夏大旱，米贵。广东嘉应州冬旱。四川巴中大旱，民饥。

同治三年（1864 年）

△旱灾区域较广，波及直隶、山东、河南、安徽、江苏、浙江、湖南、湖北、江西、广东、四川、贵州等省的部分地区。直隶文安等 36 州县旱，泉水枯涸，收成歉薄。山东临清、历城等 80 州县水旱蝗相接，民不聊生。河南阳武、洛阳等 56 州县夏间雨泽愆期，井泉多涸，秋禾枯槁。安徽无为、太湖大旱。江苏淮安、扬州等地旱，田禾枯槁。浙江镇海、常山等 18 州县旱，田禾歉收。湖南兴宁秋冬无雨，井江并涸。湖北安福等 18 州县旱，田禾歉收。江西南昌、余干等 19 州县旱。广东乐昌旱，田禾歉收。四川绵竹、富顺等 9 州县大旱，禾苗尽枯，米贵，民饥。贵州荔波大旱。

同治四年（1865 年）

△旱灾分布在直隶、山西、山东、河南、安徽、江苏、浙江、湖南、湖北、江西、广东、广西、四川、陕西等省的局部地区。直隶永平、乐亭等 36 州县大旱无禾，收成歉薄。山西宁远厅（今内蒙古凉城）旱。山东济南等府属 76 州县旱，秋禾歉收。河南宜阳等 9 州县旱，秋禾枯槁。安徽太湖等 27 州县大旱歉收。江苏山阳、江都等 28 州县春夏亢旱，收成歉薄。浙江丽水、缙云等 45 州县雨泽愆期，田禾枯槁。湖南东安等 5 州县大旱。湖北麻城等 9 州县旱，收成歉薄，米贵，民饥。江西莲花、永新等 6 州县晴霁日久，田禾枯槁。广东感恩（今海南东方）荒旱歉收，民多流亡。广西上林、来宾旱，溪水皆涸。四川安岳、彭山大旱。陕西平民、定远旱。

同治五年（1866 年）

△旱灾集中在直隶、江苏、湖南、湖北、陕西、贵州、奉天、山东、河南、安徽、浙江、江西、福建、四川等省及东北的部分地区。直隶良乡等 22 州县雨泽稀少，二麦被旱。山东齐河、昌乐自春徂夏，雨泽愆期。河南新乡、浚县等 35 州县先旱后涝。安徽五和等 26 州县亢旱。江苏长洲、元和等 29 州县久晴缺雨，田禾歉收。浙江江山、常山旱，麦禾歉收。湖南道州、汝城旱。湖北江夏等 24 州县夏亢旱。江西余干、瑞昌等 29 州县旱，禾苗枯槁。福建苗栗（今台湾苗栗）、淡水厅（今台湾彰化）五月大旱，民饥。四川夹江、丹棱亢旱，米价腾贵。陕西咸宁等 32 州县旱。贵州湄潭夏大旱。奉天辽阳春旱。吉林三姓（今依兰）春亢旱，田禾歉收。

同治六年（1867 年）

△旱灾分布于直隶、山西、山东、河南、江苏、安徽、浙江、湖南、湖北、江西、广东、四川、陕西、奉天等省。直隶盐山等 11 州县春夏雨泽稀少，田禾歉收，米贵，民饥。山西解县、绛县、襄垣亢旱，禾苗尽槁。山东无棣旱。河南巩县旱，草木枯死。安徽和州等 29 州县旱。江苏阜宁、句容、兴化、高邮春夏旱，河水枯涸。浙江象山等 4 州县旱，田禾歉收。湖南兴宁、汝城旱。湖北武昌、黄陂等 22 州县大旱。江西余干、建昌等 23 州县立秋后雨泽愆期，田禾歉收。广东电白大旱。四川大竹旱。陕西咸宁、长安等 4 州县大旱无麦。奉天热河（今河北、辽宁、内蒙古交界）、喀拉林等 6 州县旱，田禾歉收。

同治七年（1868 年）

△旱灾分布于山东、安徽、江苏、浙江、湖南、湖北、江西、广东、甘肃、黑龙江等省。山东高密、即墨等 43 州县旱。安徽南陵、贵池等 48 州县旱，田禾歉收。江苏泰州、海州、沭阳、句容入春亢旱。浙江宣平等 62 州县水旱相继。湖南兴宁夏旱。湖北江夏、嘉鱼等 22 州县旱。江西义宁、南昌等 24 州县七月后亢旸日久，晚禾多有枯槁。广东仁化旱。甘肃华亭、灵台旱，饿殍载道。黑龙江齐齐哈尔、墨尔根旱。

同治八年（1869 年）

△旱灾分布于直隶、山西、山东、河南、安徽、江苏、浙江、江

西、广东、广西、四川、陕西、吉林等地。直隶永平、清河等8州县雨泽稀少，亢旱，民饥。山西曲沃、定襄、阳城夏秋旱。山东临清、齐河等10州县大旱，有蝗。河南祥符、陈留等62州县旱。安徽省城以北偏旱，田禾歉收。江苏泰州、兴化旱，田禾歉收。浙江黄岩、天台、宁海旱。江西吉安、德化雨泽稀少，田禾失收。广东曲江夏秋旱，晚稻不登。广西林州春旱。四川黔江春旱。陕西蒲城旱。吉林三姓雨泽愆期，秋收歉薄。

同治九年（1870年）

△旱灾区域较广，波及东北、华北、西北、华中、华东、华南、西南等地区，尤以直隶、福建最为严重。直隶灵寿、卢龙等12州县春夏大旱，有渴死者。山西太原等5州县夏旱歉收，闾阎困苦。山东濮州等19州县旱，大饥。河南祥符、密县夏秋旱，田禾歉收。安徽五河、巢县旱，收成歉薄。江苏泰州、兴化秋旱，田禾不实。江西萍乡、吉安夏秋大旱。广东仁化、信宜、海丰亢旱，田禾失收。广西宁县大旱，民饥。云南兴化、泉州等府被旱。福建金门、政和大旱，田禾枯槁，饥民掘草根煮干叶以食，饿殍载道。四川渠县、彭山等4州县旱。陕西吴堡等4州县旱，收成歉薄。吉林宁古塔、三姓、珲春雨泽愆期，秋收歉薄。

同治十年（1871年）

△直隶、山东、安徽、江苏、浙江、湖南、江西、广东、福建、四川、陕西等省局部地区出现旱灾，粮食歉收。直隶涞水、清苑春大旱，无麦。山东汶上、历城等多地旱，秋禾歉收。安徽泗州、五河旱，秋禾歉收。江苏上元、兴化、江阴亢旱，田禾歉收。浙江衢县、镇海等4州县夏旱，有蝗。湖南嘉禾旱。江西德化、余干、广丰旱，秋稼歉收。广东仁化等5州县旱，田禾歉收。福建建宁夏大旱。四川安岳、屏山等9州县夏旱，赤地千里，道殣相望。陕西盩厔三伏旱。

同治十一年（1872年）

△旱灾分布于直隶、山西、山东、河南、安徽、江苏、浙江、江西、广东、广西、福建、陕西、甘肃等省。直隶大元、滦州旱。山西太原、临汾等4州县先旱后水。山东济宁、历城等46州县春不雨。河

南祥符、陈留等73州县久旱缺雨。安徽入夏各属田禾受旱。江苏江淮等属春夏旱，收成歉薄。浙江象山、慈溪、镇海大旱，河水枯竭，民大饥。江西南昌旱。广东化州、高州旱，米价腾贵。广西陆川、林州大旱，民饥。福建数月不雨，旱魃为虐。陕西盩厔三伏无雨。甘肃华亭春夏大旱，米贵。

同治十二年（1873年）

△旱灾主要集中于山西、山东、河南、安徽、江苏、浙江、湖北、江西、广东、广西等省。山西阳城秋无雨。山东高密秋大旱。河南祥符、陈留等76州县旱，田禾歉收。安徽天长、五河等45州县旱，田禾枯槁。江苏扬州、通州等10州县春夏亢晴日久，河水干涸，禾苗枯萎，米贵，民饥。浙江嘉善、归安等14州县夏秋亢旱，河水尽涸，田禾歉收。湖北公安夏秋雨旸不时，禾麦枯槁。江西新建、丰城等27州县入秋后，晴霁日久，田禾受旱，收成减少。广东揭阳数月不雨。广西武宣、宣化等28州县旱。

同治十三年（1874年）

△直隶、山东、河南、安徽、江苏、浙江、湖南、湖北、山西、广东等省有旱灾发生，粮食歉收。直隶雄县等45州县水旱雹频仍，秋禾歉收。山西虞乡春夏旱。山东沾化、寿张春夏旱。河南项城夏旱，田禾枯槁。安徽和州、天长旱。江苏沭阳、江宁、兴化入春雨泽稀少，田禾受伤，收成歉薄。浙江杭州、余姚、龙游大旱，收成歉薄。湖南湘潭、零陵等5州县大旱。湖北嘉鱼、公安旱，田禾歉收。广东化州春三月不雨。

九、光绪朝

光绪朝共34年，是清朝末叶统治时间最长的一个朝代。《中国灾害通史·清代卷》统计光绪朝34年中，共计发生旱灾35次，年均发生1.02次，在有清一代属于旱灾频次较低的时期。应该说，这一数据是明显偏低的。光绪时期，每年都有旱灾发生，受灾州县遍布全国各地。某些年份的旱灾波及面广，灾情严重，旱魃肆虐，粮食颗粒无收，河水干涸，百姓流离失所，饿殍遍野，给百姓的生命财产、地方社会的经济以及全国的统治都造成了不可估量的消极影响。其中，光绪二年（1876 年）至光绪四年（1878 年）爆发的特大旱灾“丁戊奇荒”最为严重。

光绪元年（1875 年）

△东北、华中、华东的部分地区发生旱灾，粮食歉收，民不聊生。直隶青县、武清等 16 州县夏秋旱。山东济南等府州 36 州县大旱，民饥。河南祥符等 4 州县夏秋亢旱，田禾歉收。安徽入夏以来水旱相继，收成歉薄。江苏上元等 40 州县水旱相继，秋收歉薄。浙江杭州等 6 州县自夏徂秋，先水后旱，秋成歉薄。湖北武昌等 25 州县亢旱不雨。江西南昌等府属 24 州县旱涝相接，田禾无收。广东海丰、始兴亢旱。广西武鸣、上林旱。陕西西乡亢旱。奉天义州、盛京春旱，民大饥。黑龙江齐齐哈尔、墨尔根、黑龙江城春夏大旱。

光绪二年（1876 年）

△光绪二年（1876 年）到光绪四年（1878 年）发生了中国历史上最大的旱灾之一，史称“丁戊奇荒”。此次旱灾波及范围之广、持续时间之长、破坏程度之重，都是自古以来极其罕见的。这场灾害席卷了山西、直隶、陕西、河南、山东等省，对晚清历史产生了深远影响。据不完全统计，从 1876 年到 1878 年，仅山东、山西、直隶、河南、陕西等北方五省每年遭受旱灾的州县数分别是 222 个、402 个和 331 个，共 955 个。而整个灾区受到旱灾及饥荒严重影响的居民人数，估计在 1.6 亿到 2 亿左右，约占当时全国人口的一半。直接死于饥荒和瘟疫的人数在 1000 万人左右，从重灾区逃亡在外的灾民不少于 2000 万人。光绪二年（1876 年）主要以直隶、山东、河南为主要灾区，北至辽宁、西至陕甘、南达苏皖，形成了一片前所未有的广袤旱区。京师及直隶地区，因旱情加重，全省收成减半。旱灾引发蝗灾，天津从北至南各地，蝗虫遮天蔽日，把枯萎的残存庄稼吞食精光。到夏秋之间，又因阴雨连绵，大清河、滹沱河、潴龙河、南运河、漳河、卫河同时泛滥，致使遭受了旱、蝗之灾的土地又被水淹。这一年，直隶省遭受水、旱、风、雹的地区达 63 个州县。

河南省的灾情和直隶相近，从春到夏，旱情日重。尤其是黄河以北的彰德、怀庆、卫辉3府，旱情更为严峻。入夏以后，旱情稍有缓解，但彰德、卫辉和光州等地又遭水灾，田地被淹。但全省仍以旱为主，全省农业歉收，减产一半左右。仅开封一地，靠赈灾粥厂就食的灾民即达7万余人。山东全年皆旱，除章邱等小部分地区有一段时间略遭水灾外，绝大部分地区均遭旱灾，全省收成不到三分；各地灾民纷纷逃荒、闹荒或祈雨；饥黎鬻妻卖子，流离死亡者甚多，苦不堪言。旱魃向南为虐，祸及苏北和皖北。苏北各地开春到年底，亢旱不雨，海州棉田、农田减产。旱灾引发了蝗灾，禾苗被吞噬一空。旱蝗交迫之下，灾民逃亡饿死者不计其数，一些饥民甚至掠人为食。饥民纷纷渡江南下，由苏南的地方官员和士绅在苏州、松江、太仓以及江阴、镇江、扬州等地收容的流民达9万余人。皖北入夏持续亢旱，许多地方连禾苗也不能栽插，庄稼枯死，收成减半，有的地方颗粒无收，民多逃亡。

这年，北方的陕西、山西、辽宁等省也遭受到旱灾的威胁。陕西全年干旱，夏秋歉收，冬春多数地方无法下种。山西因旱灾严重，秋禾收成歉薄，介休、平遥等县几乎颗粒无收。奉天义州大旱无雨，饥户多达10万。

光绪三年（1877年）

△旱灾肆虐着甘肃东部、四川北部、华北大部分地区及河南、陕西的部分地区，尤以山西受灾最为严重。甘肃东部、四川北部，也发生了百年不遇的大旱。《南江县志》对川北的旱灾有翔实的记载："丁丑岁，川之北亦旱，而巴中、南江、通江尤甚，赤地数百里，禾苗焚槁，颗粒乏登，米价腾踊，日甚一日，而贫民遂有乏食之惨矣：蔬糠既竭，继以草木，面麻根、蕨根、棕梧、枇杷诸树皮掘剥殆尽，登高四望，比户萧条，炊烟断缕，鸡犬绝声。服鸩投环、堕岩赴涧轻视其身者日闻于野。父弃其子，兄弃其弟，夫弃其妻，号哭于路。是冬及次年春，或举家悄毙，成人相残食，殣殍不下数万。"以直隶县为例，仅河间一府就有200余万灾民。灾荒之年，社会动荡，许多灾民为死里求生铤而走险。武强县有灾民组成的砍刀会，霸州、通州等地方也多有灾民组织武装进行抢粮斗争。经过近两年的大旱之后，华北大部分地区的灾情在这年达到

了前所未有的状态，尤其是山西旱荒空前，山西巡抚曾国荃在奏议中说，灾区“赤地千有余里，饥民至五六百万之众，大奇灾，古所未见”。毁灭性的旱灾，导致山西农村长时间大面积的减产与绝收。连续两年的饥荒，使农户蓄藏一空，将越来越多的灾民推向死亡的边缘。饥饿难当的灾民为了苟延一息之残喘，或取小石子磨粉，和面为食，或掘观音白泥以充饥，结果不数日间，泥性发胀，腹破肠摧，同归于尽。冬天到处都有人食人现象。吃人肉、卖人肉者，比比皆是，有活人吃死人肉的，还有将老人或孩子活杀吃的。河南的灾情，与山西相似。经过连续两年的大旱，富饶的中州平原，已化为千里赤地。据统计，河南全省歉收者 50 余州县，全荒者 28 州县。旱灾还笼罩着陕西全省，大荔、朝邑、郃阳（今合阳）、澄城、韩城、白水及附近各县，灾情极重极惨，走投无路的饥民铤而走险，聚众抢粮。

这年，包括京师在内的直隶和鲁西北地区以及江苏、安徽的部分地区，依然有较严重的旱灾。直隶旱灾甚重，大荒者约 20 州县。山东临清、齐东等地大旱。江苏淮安、扬州等属旱。浙江嘉善等县五月不雨，夏大热。江西、南昌等厅州县夏旱。安徽亳州、当涂等州县旱。湖北咸宁等州县夏秋雨泽愆期。湖南安乡等地大旱成灾。广东清远旱。广西靖西大旱。四川安岳、大竹等 10 余州县大旱，民饥。云南昆明、罗平等州县旱饥。甘肃庆阳等府亢旱成灾。黑龙江墨尔根等地旱。

光绪四年（1878 年）

△北方大部分地区旱情虽趋于缓解，但旱灾带来的各种灾祸并未减少，反而更加严重。山西省自春至夏，旱情未得缓解，六月有过短暂的雨水期，之后又连续亢旱，一直延续到次年七月，越来越多的村庄和家庭毁灭于旱灾之中。河南侥幸活下来的饥民大多奄奄一息，一些气息犹存的灾民，倒地之后即为饿犬残食。直隶河间府，一些壮年饥民竟在领受赈济的过程中倒在地上。春夏之交，一场大面积瘟疫向灾区袭来。河南省几乎十人九病，陕西省灾后继以疫疠，道殣相望。山西省百姓因疫而死的达十之二三。此外，直隶、山东、安徽、江苏、浙江、江西、湖北、广东、四川、云南等省部分地区旱灾仍在延续。

光绪五年（1879 年）

旱情较上年有所减缓。直隶京师等地春雨愆期，麦收歉薄。山西曲沃、襄垣等州县旱情尤重，晋南之芮城、平陆等县灾后人死十分之八。山东冠县、阳谷等州县旱。河南光山等县缺雨，收成歉薄。江苏宝山、青浦等县夏大旱。浙江诸暨、镇海、宁波等县夏大旱。江西星子、安福、乐平等州县六、七月间干旱，田禾受伤。安徽凤阳、颍州等 9 州府属晴多雨少，田禾受旱黄萎。湖北咸宁、嘉鱼等州县受旱，禾苗枯萎。四川綦江、南川大旱。陕西长安等县春旱。甘肃盐山水旱频仍。吉林宁古塔、三姓等地旱。

光绪六年（1880 年）

△华北、华中、华东及华南的部分地区发生旱灾，粮食歉收。直隶正定、肃宁等 60 州县旱，田禾歉收。山西大同、沁水、襄陵旱，田禾减收。山东临沂、蒙阴等 21 州县大旱，无麦。河南开封、鄢陵雨泽愆期，田禾失收。安徽凤阳、颍州等 8 州县先旱后涝，米贵民饥。江苏徐州、淮安等 5 州县亢晴日久，田禾受旱，多地颗粒无收。湖北武昌等 17 州县大旱歉收。江西南昌、新建等 31 州县旱，田禾歉收。广东高州府、吴川旱，山田歉收。陕西甘泉秋旱。甘肃海原旱。吉林宁古塔、三姓春耕时旱，收成歉薄。

光绪七年（1881 年）

△旱灾区域较小，主要集中在直隶、山西、山东、陕西、河南、湖南、湖北、江苏、安徽、广东、江西、四川、吉林、黑龙江的局部地区。直隶遵化等 39 州县旱。山西榆社、阳曲旱。山东鱼台等 78 州县水旱相继。河南宜阳、祥符等 87 州县旱，田禾薄收。湖南安乡六月久晴不雨。湖北武昌旱，田禾歉收。江苏上元、江宁等 36 州县旱，秋收歉薄。安徽安庆、池州等 9 府州晴雨不匀，高冈田亩缺雨滋培，间受旱伤。江西南昌六月雨泽稀少，高田歉收。广东电白夏旱。四川蓬溪、盐亭等 4 州县大旱，禾菽焦枯，民食草根树皮，饿死者甚多。陕西盩厔、高陵夏亢旱，秋禾枯死。吉林宁古塔（今属黑龙江）春亢旱不雨。黑龙江墨尔根春旱。

光绪八年（1882 年）

△旱灾区域较大，由北至南波及数省。直隶、蓟县等 47 州县大

旱，民饥，民多乞讨。山西左云等13州县夏雨泽愆期。山东邱县（今属河北）、蒙阴、陵县等85州县水旱相继，田禾失收。河南祥符水旱歉收。安徽潜山、英山等49州县旱，田禾歉收。浙江汤溪七月旱。湖北云梦、鹤峰均旱荒，粮价腾升。广东东莞、仁化等13州县夏秋大旱，晚稻歉收，米价日昂。广西平乐等府属贺县等5州县入秋雨泽愆期，田禾歉收。四川井研、雷波旱，湖水枯竭。黑龙江齐齐哈尔、墨尔根、黑龙江城夏间亢旱，收成减少。

光绪九年（1883年）

△旱灾区域进一步扩大，东北、华北、华东、华南、西南的部分地区有旱灾出现。直隶50州县入夏亢旱，赤地千里。山西临汾以西偏旱。山东邱县、陵县、德州旱。安徽盱眙、五河等32州县夏秋雨泽愆期，田亩被旱。江苏如皋、东台等3州县入春雨泽愆期，田禾歉收。浙江嘉善夏旱，松阳秋旱。江西南昌、吉安六、七月雨泽稀少。广东文昌大旱，土裂井枯，赤地千里。广西柳州、昭平旱。云南进贤旱。福建建阳大旱。四川蓬溪、井研等4州县旱荒民饥，食树皮草根殆尽。黑龙江齐齐哈尔、墨尔根城春夏旱。内蒙古包头旱。

光绪十年（1884年）

△旱灾区域有所减少，但直隶、山西、陕西、山东、河南、安徽、江苏、湖北、江西、广西、云南、四川、贵州、甘肃、黑龙江的局部地区仍有旱灾发生。直隶蓟县、宁河、宝坻雨泽稀少。山西榆次夏大旱。山东济南、博山等7州县大旱，民饥。河南祥符旱潦不均，早晚禾歉薄。安徽淮乡、定远等36州县入夏雨泽愆期，田禾歉收。江苏江淮等属36州县夏亢旱，田禾歉收。湖北江夏、咸宁等24州县旱。江西莲花厅等31州县旱。广西全州大旱，田禾无收，草尽枯。云南祥云等3州县大旱，井水俱涸。四川井研、广安等15州县大旱，百谷无收，人多食草根树皮，死者甚多，饿殍载途。陕西靖边、安塞亢旱，民饥。贵州多处雨泽愆期，田禾歉收。甘肃和政等7州县夏旱。黑龙江齐齐哈尔城春夏旱。

光绪十一年（1885年）

△旱灾主要分布在东北、华中、华东、西南的部分地区。直隶热河、朝阳、武清、滦县春夏旱。山西永济、荣河秋旱。山东掖县等4

州县大旱，有蝗。河南归德、怀庆等85州县偏旱，收成歉薄。安徽灵璧等41州县旱，田禾歉收。江苏阜宁旱潦并灾。湖北武昌、汉阳等7州县秋后雨泽愆期，田禾歉收。江西南昌、新建等28州县旱，贫户掘观音土和少量米粉为饼充饥。广东高要等4州县旱荒。广西钟山、富川大旱。云南姚安等4州县夏间亢旱歉收。四川井研、南溪等10州县春夏旱，饥民食树皮及芭蕉根。奉天义州等5州县旱，禾苗枯槁。吉林宁古塔夏旱。黑龙江齐齐哈尔、墨尔根、黑龙江城春夏亢旱。新疆奇台春夏雨泽稀少。

光绪十二年（1886年）

△直隶、山西、山东、河南、安徽、江苏、浙江、湖北、江西、广东、广西、云南、四川、陕西、奉天、吉林、黑龙江等地干旱少雨，粮食歉收，米贵民饥。直隶蓟县、南宫等6州县旱。山西永济、沁源、长治夏大旱，麦苗半枯。山东泗水、高密等7州县旱，田禾不实，岁收减少。河南陕州等79州县偏涝偏旱。安徽安庆、池州等9府州属旱，田禾枯槁。江苏沛县等40州县水旱相继，收成歉薄。浙江丽水、缙云等37州县先旱后水。湖北武昌等府州属高阜雨泽愆期，受旱歉收。江西南昌等府属30州县水旱相继，田禾歉收。广东乐昌、怀集等15州县秋大旱，井潭皆涸，田禾歉收，米贵民饥。广西兴安、灌阳等24州县大旱，水源俱竭，谷价腾贵。云南昆明、宜良、丽江三月至六月不雨，玉河源竭。四川丹棱、彭山等7州县大旱，米贵民饥。陕西立秋后稍旱，田禾歉收。奉天怀仁（今辽宁桓仁）、义县旱。吉林宁古塔春夏亢旱。黑龙江齐齐哈尔、墨尔根春夏亢旱。

光绪十三年（1887年）

△旱灾主要分布于直隶、山西、山东、河南、安徽、江苏、湖北、浙江、江西、广东、广西、四川、云南、甘肃、吉林、黑龙江等地。直隶滦县、东光春夏旱。山西临汾、长治偏旱。山东济南、阳谷、莘县、临沂雨泽愆期，大旱无麦。河南郑州等4州县大旱，无禾。安徽凤阳、颍州等13府属州县亢旱不雨，田禾枯槁。江苏江宁、淮安等属夏秋旱，田禾歉收。浙江松阳、上虞等67州县水旱相继，收成歉薄。湖北江夏、阳新大旱，泽涸川竭，田禾歉收。江西庐陵、吉水等11州县水旱相继，

田禾歉收。广东清远、电白旱。广西临桂、北流、钦州秋冬旱，田禾枯槁，谷米昂贵。四川松潘六月旱。云南禄劝五、六月大旱。甘肃青铜峡旱。吉林三姓亢旱，田禾歉收。黑龙江齐齐哈尔、墨尔根春夏旱。

光绪十四年（1888 年）

△直隶、山西、山东、河南、安徽、江苏、湖南、湖北、江西、广东、广西、四川、云南的部分州县及福建、贵州、奉天、黑龙江、新疆等地有旱灾出现。直隶抚宁、赵县等 5 州县入夏亢旱。山西泽州等 4 州县偏旱，稼禾枯槁，收成歉薄。山东冠县、阳谷等 20 州县大旱无禾，民大饥。河南滑县、浚县等 67 州县夏秋间先旱后涝，秋禾歉收。安徽凤阳、颍州等 13 府属旱，田禾歉收。江苏丹徒等 37 州县亢旱成灾，禾稼枯槁，收成歉薄。湖南武陵旱。湖北钟祥、大冶大旱，民饥。江西南昌等府属 21 州县入夏雨泽愆期。广东临高七、八月大旱，民饥。广西贵县秋旱。四川遂宁大旱。云南禄劝等 7 州县雨泽稀少，春夏大旱，米价昂贵，民心惶恐。福建台湾各属夏秋亢旱。贵州平远（今织金）春秋旱。奉天义州入夏两月未雨，禾苗日见枯槁。黑龙江齐齐哈尔、墨尔根等 27 州县春亢旱。新疆镇西、绥来旱。

光绪十五年（1889 年）

△旱灾主要分布在奉天、黑龙江、直隶、山西、山东、河南、安徽、江苏、浙江、江西、广东、云南、四川等地。直隶天津、玉田、青县入夏亢旱，秋禾歉收。山西大同、阳曲旱。山东临沂等 14 州县大旱民饥。河南阳武等 79 州县水旱相继，田禾歉收。安徽盱眙、合肥等 34 州县水旱相侵，田禾歉收。江苏江宁、淮安等 32 州县夏旱。浙江龙游、平阳、南田（今三门）旱荒。江西南昌、新建等 16 州县夏秋不雨，高阜受旱。广东海阳（今潮安）、梅菉大旱。云南新平等 6 州县夏秋亢旱，田地荒芜。四川万源、奉节夏旱无禾，饿殍甚众。奉天辽阳春旱。黑龙江墨尔根等 27 州县春夏亢旱少雨，田苗多枯槁。

光绪十六年（1890 年）

△旱灾分布于直隶、山西、山东、河南、安徽、江苏、浙江、湖北、江西、广东、广西、云南、四川、甘肃等省。直隶京师、抚宁、赵县雨泽稀少。山西吉州旱。山东高密秋旱。河南开封、彰德等 51 州

县水旱相继，田禾歉收。安徽凤阳、安庆等13府属亢旱，田禾歉收。江苏上元、江宁等33州县旱，收成减少。浙江诸暨等19州县旱。湖北阳新等22州县雨泽愆期，田禾枯槁。江西南昌、安义缺雨，收成歉薄。广东恩平等5州县夏秋旱，民多流亡，道殣相望。广西宁明、昭平秋旱，赤地千里，田禾枯槁。云南楚雄、新平、石屏亢旱无收，民大饥。四川北川、峨眉等4州县夏旱，民饥。甘肃皋兰春夏亢旱。

光绪十七年（1891年）

△旱灾分布于直隶、山西、山东、河南、安徽、江苏、浙江、湖北、江西、广东、云南、四川、陕西、甘肃、奉天等地的部分州县。直隶赵州等4州县大旱，河水枯竭，田禾歉收。山西太原、阳曲、大同、马邑（今朔州西北）大旱。山东临朐、蒙阴春旱。河南祥符、永城等52州县先旱后涝，早晚禾收成歉薄。安徽六安、天长等25州县自春徂夏，雨泽愆期，田禾歉收。江苏长洲、元和等12州县旱，河水枯竭。浙江湖州、绍兴、金华等6府属旱。湖北枣阳、汉川大旱，路无饮水。江西德化等18州县入夏后晴多雨少，高田歉收。广东番禺等5州县大旱。云南石屏、龙陵亢旱不雨，米价高昂。四川中江、乐山等8州县春夏旱，谷米腾贵。陕西榆林等府属8州县夏秋雨泽愆期，田禾歉收。甘肃庆阳等4州县旱，秋禾歉收。奉天开原、海城旱。

光绪十八年（1892年）

△旱灾波及全国大多地区，灾情加重。直隶顺直、涞水自春徂夏雨泽稀少，收成减少。山西岳阳、临晋等13州县先旱后涝，田禾失收，归绥道7厅赤地千里，死者枕藉。山东邱县、莱阳等6州县旱。河南祥符秋旱有蝗。安徽来安、庐江等22州县自春徂夏雨泽愆期，田禾歉收。江苏镇江等府属25州县旱晴日久，又有蝗为害，田禾荒歉。浙江金华、绍兴等府属12州县亢晴日久，田禾歉收。湖北公安、武昌等20州县旱，收成歉薄。江西建昌等16州县旱，田禾歉收。广西富川、贺县等6州县秋旱，晚稻歉收。云南昭通、东川两府旱。福建建阳夏亢旱不雨。四川中江、井研、黔江夏旱。陕西耀县、泾阳等14州县旱，田禾歉收。甘肃安化等7州县旱，饥民道殣相望。黑龙江齐齐哈尔、茂兴等20州县春旱，田禾不登。吉林五常雨泽愆期。新疆吐鲁番等7厅州县旱，收成歉薄。

光绪十九年（1893 年）

△旱灾区域虽有所减少，但山西、湖南等省部分地区受灾依然较重。直隶抚宁、临漳旱。山西临汾等 18 州县旱，又瘟疫盛行，人相食，牛羊多死。山东文登春夏大旱，秋禾歉收。河南祥符等 54 州县夏雨泽愆期，田禾歉收。安徽凤阳、颍州等 13 府属自春徂夏，雨泽愆期。江苏江宁、淮安等 39 州县夏亢旱不雨。浙江龙游、太平、嘉善旱。湖北公安雨泽愆期。湖南醴陵、茶陵州大旱，饥民无以糊口，掘取草根树皮煮食，扶老携幼，流离道路。江西莲花、吉安等 9 州县旱。广东梅菉、琼山、合浦旱荒。广西雒容旱。云南牟定等 4 州县春夏大旱。四川峨眉旱，民大饥，哀鸿遍野。陕西泾阳、三原等 17 州县夏旱歉收。新疆奇台旱，田禾枯槁；库车入夏雨泽稀少。黑龙江茂兴、墨尔根、布特哈旱，田禾歉收。

光绪二十年（1894 年）

△旱灾主要集中在直隶、山西、山东、河南、安徽、江苏、湖北、浙江、江西、广东、广西、四川、云南、陕西、甘肃、黑龙江等地的部分州县。直隶沧州等 4 州县旱。山西阳曲、太原等 13 州县夏秋亢旱，颗粒无收。山东临清、邱县等 44 州县旱，田禾歉薄。河南方城大旱，二麦无收。安徽无为、当涂等 33 州县亢旱，田禾歉收。江苏江宁、淮安夏旱，禾苗枯槁。浙江嘉善等 7 州县旱。湖北咸宁等 25 州县雨泽愆期。江西瑞金等 9 州县旱。广东丰顺、海阳、合浦春旱。广西崇左旱。四川万源夏秋旱。云南易门大旱，滴水如金，秧苗枯槁；禄劝五月大旱。陕西醴泉、咸宁等 60 州县旱，田禾歉收。甘肃皋兰、金县等 9 州县旱。黑龙江茂兴等 27 州县夏旱。

光绪二十一年（1895 年）

△旱灾集中在直隶、山东、安徽、浙江、江苏、湖南、湖北、江西、广东、广西、云南、四川、新疆、贵州、奉天等地部分州县。直隶宁河春旱。山东蒙阴、寿光夏秋旱。安徽合肥、庐江等 38 州县春夏雨泽稀少，塘堰干涸。江苏江宁、苏州等属 35 州县夏秋雨泽愆期。浙江太平、松阳夏秋亢旱。湖南长沙等 8 州县旱。湖北武昌等 27 州县旱，田禾枯槁。江西南昌、新建等 26 州县雨泽稍稀。广东恩平、梅菉

大旱。广西思恩等府属21州县晴多雨少，亢旱民饥，饿死者甚多。云南宜良等7州县旱，滴水如金，秧苗枯槁，米价高昂。四川三台等7州县春夏旱。新疆镇西旱。贵州贵阳、遵义等府属旱。奉天北票大旱。

光绪二十二年（1896年）

△旱灾区域较上年有所扩大。山西岳阳旱。山东邱县春夏雨泽愆期，收成减少；济南、高唐、蒙阴旱。河南太康等7州县旱，田禾歉收。安徽徽泗、灵璧等40州县旱，塘堰干涸。浙江仁和、钱塘等71州县水旱相继，禾棉减产。江苏东台、兴化、盐城、溧阳、阜宁水旱相侵。浙江夏秋以来，先旱后水。湖南桑植、石门大旱无收，粮价尤极腾踊，饥民采蕨和草煮食。湖北江陵、咸宁等28州县旱潦叠乘，颗粒无收。江西丰城、清江等10州县缺水滋培，秋收歉薄。广东清远春旱，农人甚苦。甘肃皋兰夏旱。四川绵阳等4州县夏旱。广西崇左等6州县夏大旱，人民饿死和卖子女的很多，甚至组织起来抢劫官府。云南昆明、巧家旱。陕西安康等4州县夏秋先旱后涝，田禾歉收。

光绪二十三年（1897年）

△山西、直隶、山东、河南、安徽、江苏、浙江、湖北、江西、广东、广西、云南、四川、贵州等省部分州县有旱灾。直隶4州县春夏雨泽愆期。山西浮山、应县等10州县旱，秋禾歉收。山东济南府旱。河南信阳、渑池等4州县旱荒。安徽凤阳、颍州、泗州等府州水旱相继，田禾歉收。江苏苏州等6州县入夏亢晴。浙江杭州等6州县夏旱。湖北滨江各属旱，田禾枯槁。江西南康、萍乡夏大旱，至冬十月方雨，江水断流，晚稻尽枯，赤地百余里，颗粒无收。广东博罗、梅菉、澄迈大旱，米贵，民大饥。广西柳州等5州县旱，粮价腾升。云南易门、姚安等8州县春夏亢旱，秋收无望。四川彭山等4州县旱。贵州春季略有旱象。

光绪二十四年（1898年）

△旱灾集中于直隶、山西、山东、安徽、江苏、浙江、湖南、湖北、江西、广东、云南、广西、甘肃、奉天、黑龙江等地部分州县。直隶赤峰、沧州等11州县旱，禾枯歉收。山西阳曲等4厅州水旱相侵。山东蒙阴四月旱。安徽安庆等13州县大旱，田禾歉收。江苏苏州

等9州县夏亢晴日久，缺雨歉收，米贵，民饥。浙江杭州等府属14州县夏亢旱不雨。湖南巴陵、临湘等5州县旱，田禾歉收。湖北枣阳等30州县亢旱，江河断流，棉花枯槁。江西新建、进贤等29州县旱，田禾歉收。广东清远等16州县大旱，谷价腾踊，又瘟疫流行，死者甚多。云南姚安等4州县大旱。广西柳州、陆川大旱，民饥。甘肃阶州、文县等26州县自春徂夏，雨泽愆期。奉天平泉等5州县旱，禾稼枯槁。黑龙江墨尔根旱，田禾无收。

光绪二十五年（1899年）

△旱灾波及区域较上年广。直隶武清等38州县水旱相继，收成歉薄，民食维艰。山西雁北、临汾、运城旱，米价腾贵。山东莱阳等10州县大旱有蝗，二麦歉收，饿殍枕藉。河南郑县、密县等58州县大旱，有蝗，田禾无收，米贵，民饥，多有流亡。安徽凤阳等43州县旱，收成歉薄。江苏江宁、淮安等府属37州县夏大旱，民饥，湖荡水涸。浙江遂安旱。湖南巴陵等16州县旱。湖北武昌、咸宁等33州县旱，塘堰干涸，田禾枯槁。江西南昌等府新建等17州县缺雨，田禾歉收。广东海阳等6州县大旱，民饥。广西北流、贺县大旱，河水枯竭，田禾枯槁。四川万源、巴中等11州县旱，田禾歉收。陕西神木、府谷等45州县亢旱，田禾失收。奉天宁远州春夏旱，二麦歉收。内蒙古昭乌达盟河川全干，草木皆枯，人畜毙死甚多。

光绪二十六年（1900年）

△旱灾主要集中于直隶、河南、山西、山东、安徽、江苏、浙江、湖南、湖北、江西、广东、广西、云南、甘肃、四川、陕西等省部分州县。直隶邯郸等15州县旱，河水枯竭，田禾枯槁，二麦歉收。河南陕州、汝州等17州县春夏久旱，田禾歉收。山西汾阳等35州县大旱，民饥。山东济南等9州县春夏大旱，二麦歉收。安徽望江等4州县秋后连旬亢晴，禾苗多枯，受旱歉收。江苏阜宁、金坛大旱，有蝗。浙江衢州等4州县夏秋旱。湖南湘乡、醴陵等17州县夏旱，粮价飞涨，民食维艰。湖北枣阳、阳新大旱。江西入夏亢旱。广东阳山大旱。广西武鸣等7州县夏秋大旱。云南昆明等5州县亢旱，民饥。甘肃和政等7州县旱，田禾失收。四川剑阁、遂宁等10州县旱荒成灾，井水枯

竭，民大饥。陕西西安等府高陵、三原等19州县旱魃为虐，赤地千里，饥民草根树皮掘食已尽，多有流亡。

光绪二十七年（1901年）

△旱灾集中于直隶、山西、河南、安徽、江苏、湖南、湖北、广东、广西、云南、四川、陕西、黑龙江等地的部分州县。直隶京师入春以来雨泽稀少。山西闻喜等19州县旱，田禾歉收。河南宜阳等30州县入春缺雨，田枯，米贵。安徽高阜处所又复受旱，收成歉薄。江苏江宁自春徂夏雨泽愆期。湖南巴陵等3州县雨泽愆期，高阜田禾被旱。湖北江夏、武昌等29州县雨泽稀少，湖水尽涸，大旱，民饥。广东南海、清远等15州县秋冬旱，溪水枯涸。广西隆安、环江大旱，禾苗枯槁，饿死者甚多。云南昆明、姚安、宾川春夏旱。四川彭县等9州县旱。陕西扶风等64州县旱，田禾失收。黑龙江齐齐哈尔等17州县春夏亢旱，无收。

光绪二十八年（1902年）

△旱灾区域较大，主要集中在东北、华北、华东、华中、华南以及西南的局部地区。直隶广宗、巨鹿等7州县雨泽稀少，人多渴死。山西太原等9厅州县夏秋旱。山东平原、临清等12州县大旱。河南开封春旱，田禾歉薄。江苏江宁、苏州、兴化入夏以来亢晴日久，收成歉薄。浙江昌化、分水、萧山夏大旱。湖南永州等处自春徂夏晴雨不时。湖北入秋后亢旸过久，雨泽愆期，收成失望。江西南康等18州县春夏旱，秋收歉收。广东番禺、清远等18州县岁旱，米贵，民多饥死。广西陆川、柳城等24州县旱，田禾无收，岁大饥。云南牟定岁旱，秋禾歉收。福建汀州夏秋亢旱。四川南充、遂宁等37州县春夏大旱，深井尽涸，人食糟糠草木，饥民流徙如线，多道殣，人相食。吉林三姓天气亢旱。奉天义县、锦州等6州县夏秋亢旱。黑龙江齐齐哈尔旱，田禾歉收。

光绪二十九年（1903年）

△旱灾分布于直隶、山东、河南、安徽、江苏、浙江、江西、广东、广西、云南、四川、吉林等地部分地区。直隶静海、武清、沧州等17州县雨泽愆期。山东蒙阴闰五月大旱。河南祥符先旱后潦，秋禾歉收。安徽东流、繁昌、巢县等36州县亢旱，田禾歉收。江苏江宁等

6 州县水旱相继。浙江松阳、鹤山、儋州旱荒。江西泰和等 18 州县旱。广东怀集等处旱。广西隆安等 4 州县大旱，赤地千里，早晚稻失收，民多饿死。云南景东、安宁、石屏等 6 州县旱，秋收歉薄。四川三台、北川等 6 州县旱，收成歉薄。吉林三姓大旱，无麦。

光绪三十年（1904 年）

△旱灾分布于直隶、山西、山东、河南、安徽、江苏、浙江、江西、湖北、广东、云南、四川、黑龙江、吉林等地部分州县。直隶武清、保定等 44 州县旱。山西昔阳旱。山东临清、济宁、胶州夏旱。河南宜阳等 42 州县春夏雨泽稀少，收成歉薄。安徽定远、颍上等 27 州县入夏连旬亢晴，田禾枯槁。江苏阜宁、宝应夏旱。浙江临海旱。湖北江夏等 33 州县旱。江西义宁、南昌等 12 州县六月内雨泽稍稀。广东乐昌大旱，岁歉。云南晋宁等 6 州县水旱相继。四川南充等 8 州县连月大旱，田畴荒涸，米价腾踊。黑龙江全省大旱。吉林三姓自春徂夏亢旱不雨。

光绪三十一年（1905 年）

△旱灾分布于直隶、山西、山东、河南、安徽、江苏、浙江、湖北、江西、广东、广西、云南、四川、贵州等省部分州县。直隶察哈尔亢旱日久。山西昔阳等 23 州县旱。山东蒙阴旱。河南祥符夏秋旱，田禾歉收。安徽凤台、凤阳等 28 州县旱，收成歉薄。江苏上元、江宁等 25 州县入夏以来亢旱日久，田禾歉收。浙江仁和、钱塘等 77 州县旱，田禾歉收。湖北公安、枝江等 25 州县旱。江西新建、进贤等 26 州县旱。广东乐昌、乐会旱魃为虐，地几不毛，米价腾贵，民多菜食。广西南丹旱。云南陆良等 8 州县夏秋水旱相继，米贵，民饥。四川南充、苍溪、广安旱。贵州各属入夏以来，雨泽略少。

光绪三十二年（1906 年）

△直隶、山西、山东、河南、安徽、浙江、湖南、湖北、江西、广东、广西、云南、陕西、吉林、内蒙古等地部分州县有旱情。直隶沧州、遵化等 33 州县大旱，有蝗，收成歉薄。山西临汾县等 11 州县春雨愆期，夏秋后始旱继潦。山东淄川、博山、蒙阴旱。河南武陟春旱，田禾歉收。安徽宿州旱，田禾歉收。浙江分水、象山夏旱。湖南

巴陵旱，田禾枯槁。湖北江夏、咸宁等28州县旱。江西新建、进贤等26州县缺水滋培，田禾歉收。广东南海等4州县大旱，田禾失收。广西龙州等6州县大旱，禾苗尽槁，米贵，民饥。云南嵩明、宜良等34州县旱，米价腾贵，民饥馑，饿死者甚多。陕西米脂夏亢旱不雨。吉林宁古塔亢旱，田禾歉收。内蒙古喀喇沁中旗春夏旱，秋收歉薄。

光绪三十三年（1907年）

△旱灾波及直隶、山西、山东、河南、安徽、江西、江苏、浙江、湖南、广西、云南、四川、陕西、甘肃、奉天、吉林等省部分州县。直隶蓟县、抚宁、临漳、涉县五月雨泽愆期，秋禾受旱。山西临晋等5州县旱。山东冠县、莘县等5州县大旱，谷多枯死。河南密县、宜阳夏大旱。安徽26州县旱，田禾歉收。江西武宁、清江等12州县亢旱，田禾歉收。江苏苏州等30州县自春徂夏雨泽愆期，湖田尽涸，田土干燥。浙江杭州等5州县旱。湖南新田、宁远五、六月间雨泽愆期，田禾枯槁。广西隆安、宾阳旱。云南昆明、石屏等20州县旱，民大饥。四川广安久晴不雨，禾枯米贵。陕西延安、镇巴等9州县旱。甘肃皋兰大旱，麦槁。奉天彰武、昌图春夏亢旱。吉林安广（今大安）、海龙大旱，秋成无获，民多流亡。

光绪三十四年（1908年）

△直隶、山西、山东、河南、安徽、浙江、江苏、湖北、湖南、江西、广东、云南、陕西、甘肃、内蒙古等地有旱情。直隶武清等42州县自春徂夏雨泽稀少，二麦歉收。山西太原、榆次等14州县春雨愆期，夏秋旱涝相继。山东淄川等22州县春夏大旱，田禾歉收。河南开封等7州县旱，田禾歉收。安徽各州县被水旱被，田亩歉收。浙江杭州、新城夏旱。江苏苏州等28州县亢旱，田禾歉收。湖北多地秋后雨泽愆期，受旱歉收。湖南湘潭入夏雨泽愆期，田禾干槁。江西南昌等15州县夏秋旱，田禾歉收。广东和平、阳春、广州春旱。云南陆良旱。陕西西乡旱。甘肃兰州、静宁、和政大旱，民饥。内蒙古浩齐特等八旗亢旱。

十、宣统朝

宣统朝时值清廷统治的最后三年，旱灾的区域较小，灾情也较轻。

宣统元年（1909 年）

△直隶、山西、山东、河南、安徽、浙江、江苏、江西、广东、云南、四川、陕西、甘肃、黑龙江等省部分州县有旱情。直隶临漳、涉县等 8 州县夏亢旱，秋禾歉收。山西大同、泽州偏旱。山东济阳、淄川等 8 州县春夏旱，民大饥。河南开封等 7 州县春夏以来雨泽稀少，田禾歉收。安徽多地旱，收成歉薄。江苏宿迁夏旱，有蝗。浙江杭州、嘉兴、湖州、绍兴、严州五府水旱相继，田禾无收。江西新建、进贤等 21 州县旱，早晚禾歉收。广东合浦四月旱。云南宾川、陆良、双柏入夏以来，雨泽愆期。四川崇庆、合川大旱。陕西米脂夏亢旱。甘肃河州等 25 州县亢旱，二麦无收，饥民剥取草根、树皮为食。黑龙江嫩江府全境夏旱秋涝，田禾歉收。

宣统二年（1910 年）

△旱灾分布于直隶、山西、山东、安徽、浙江、江苏、湖南、江西、广东、福建、云南、四川、陕西、贵州、甘肃等省部分州县。直隶顺直入夏以来雨泽愆期，田禾播种较晚。山西北部旱，自春徂夏，雨泽愆期，田禾歉收。山东济宁秋旱。安徽安庆等 13 府州属，晴雨未匀，高岗田亩连旬亢旱。江苏丹阳秋旱，岁歉。浙江杭州亢旱，河水干涸，田禾歉收。湖南茶陵等 13 州县旱，田禾歉收。江西莲花、永新等 14 州县秋后亢旱不雨，收成歉薄。广东清远、大埔等 8 州县亢旱。福建厦门旱，井水枯竭。云南凉州等 5 州县旱。四川绵州等 14 州县久晴不雨，栽插失时。陕西佳县、神木旱，秋禾歉收。贵州黔中旱。甘肃皋兰、河州旱，田禾歉收。

宣统三年（1911 年）

△旱灾分布于直隶、湖北、广东、四川、内蒙古等地。直隶萨拉齐厅六成官地被旱成灾。湖北汉川、黄州大旱。广东高要、乐会等 4 州县旱，田禾枯槁。四川南充、苍溪等 7 州县旱，赤地千里，岁大饥，道殣相望，死者无数。内蒙古准格尔旗亢旱。

第二章 水灾

我国自古就是一个自然灾害频发的国度，清代也概莫能外。在清代所有灾害类型中，水灾是最主要的灾种。不论是水灾的发生频次还是破坏程度，清代均超过了历史上的其他任何朝代。就频次而言，不同学者因为各自所依托的史料及统计口径不同，统计结果存在很大差别。例如，邓云特先生统计有 192 次；陈高佣先生统计有 936 次；闵宗殿先生所得次数为 2573 次；李向军先生以州县为单位，统计出清代前期（1840 年前）遭受水灾的州县数为 16384 地次；《中国灾害通史·清代卷》的作者依据《清史稿》，统计出的水灾次数为 1581 次。各家统计的结果虽然相差悬殊，但实际次数不会少于 1500 次还是比较肯定的。就破坏程度而言，清代发生的特大水灾也并不稀见，譬如康熙元年（1662 年）黄河流域大水灾、乾隆二十六年（1761 年）华北地区大水灾、乾隆五十三年（1788 年）长江大洪水、嘉庆六年（1801 年）海滦河大水灾、道光十三年（1833 年）珠江流域大水灾等，均为各自区域史上罕见的奇灾。

一、顺治朝

顺治朝凡 18 年，按照《中国灾害通史·清代卷》的统计，这 18 年中共发生水灾 182 次，若以州县为计算单位的话，次数则要大大超过这一数据。比较来看，顺治三年（1646 年）、顺治四年（1647 年）、顺治五年（1648 年）、顺治六年（1649 年）、顺治七年（1650 年）、顺治九年（1652 年）、顺治十年（1653 年）、顺治十一年（1654 年）、顺治十五年（1658 年）、顺治十六年（1659 年）10 个年份的水灾，或者波及面相对广大，或者虽然水灾区域不大，但灾情较重，有必要一一记述。

顺治三年（1646 年）

△山东南部、河南东南部等地有较大水灾出现，如山东兖州府滋阳县（今兖州），夏天发生大水，麦禾漂没，庐舍一空；沂州（今临沂）也因为大水而致麦禾漂没。河南东南部的息县、罗山、商城等县均在夏秋之时出现大水灾。

顺治四年（1647 年）

△水灾区域较广，山东大部、直隶南部、河南中东部、陕南以及湖南、湖北、江西的部分地区都出现了较严重的水灾。如山东省中部的孝妇河因强降雨而大涨，大水从永济桥上穿过，桥栏尽毁，颜神镇（今淄博市博山区）南部峨岭上的山水浸灌镇城西门外的数百家居民；武定州（今惠民）从七月开始连续降雨 40 天，淹没农田，庐舍倾倒；阳信县则因大雨导致灶底生蛙，室庐尽坏。湖南、江西等地的降水则从三月就开始，阴雨连绵至夏天方才结束，很多地方受灾。如湖南长沙府境："春三月，大风雷雨，发屋拔木，淫雨三月不止，大水"；江西抚州府境："春，郡大水，大饥，斗米银八钱，饿殍载道，流亡数万人"，可见水灾之惨。

顺治五年（1648 年）

△水灾区域更大，华北大部、陕西秦岭南北、广西北部、江西北部等地都有灾情发生。如直隶武邑县大水，滹沱河决入漳河，民舍农田圮没，平地行舟；临漳县五、六两月大雨连绵，漳河洪水大发，城墙倒塌八百余丈；南和县的洪水浸灌城关，城外水深丈余，居民庐舍漂没倾圮无算。

顺治六年（1649 年）

△水灾区域较小，分布在今安徽大部和苏北一带，但成灾很重，集中发生在五、六、七三个月。连日的大雨导致淮河泛涨，对沿岸地区造成巨大破坏。如寿州（今安徽寿县）境内大水汪洋澎湃，一望无际，洪涛直达寿州城的垛口，城墙倾塌千余丈；淮河大水对凤阳城也造成巨大破坏，东北城墙仅露出垛口，南西两隅宛如水中小洲，官廨、学舍、民居尽被漂没；宝应县七月时大河决堤，一片汪洋，不分湖海。

顺治七年（1650年）

△今山东胶东及鲁西南、豫东北、陕西汉中、浙闽赣交界地区有较严重的水灾出现。譬如山东胶州夏秋大水，将州城南门外的大石桥冲塌，平地水深数尺；福建汀州府清流县在四月二十四这天忽然洪水大涨，县衙前水深七尺，乡间被洪水冲去田塘屋宇无算。这一年鲁西南、豫东北地区的水灾是由九月黄河在荆隆口决口导致的，很多州县受灾。滔滔黄水在鲁豫交界一带肆意横流，村落漂没，人民死徙，“九月，黄河荆隆口决，自南关金堤外至曹州皆为巨浸”，例如直隶长垣县境内“大水涨溢直至城下，城郭田庐尽皆漂没，水数年不退，自古黄河未有甚于此者”，可见灾情之重。

顺治九年（1652年）

△夏，在华北大部发生了较严重的水灾，例如直隶文安县淫雨40天，平地水深数尺；衡水县因为滹沱河与漳河洪水暴发，民田被淹十之八九，米价陡涨。山西寿阳县阴雨40余天，民居倾毁殆尽；祁县也是淫雨40余日而致洪水大发，漂没田庐，荡徙林木；晋南的绛州（今新绛）在六月十三这天，汾水涨溢，洪水冲开州城南门进入城内，水深丈许，民众乘船来往，房舍大半倾塌，乡间更甚。山东的博兴县大雨47昼夜，桑田成沧海；丘县境内因为漳水冲决，洪水直奔县城之下，城墙岌岌可危，漳河沿岸诸乡均被洪水殃及，房屋倾塌，民众架木以居，损失惨重；沾化县大雨50日，河水涨发，村落淹没，田禾绝收。连日大雨导致黄河在荆隆口再次决口，鲁西南、豫东、冀南多地陆地行舟，惨况不忍一睹。

顺治十年（1653年）

△水灾区域主要集中在今河北、河南大部及陕西的中南部，很多州县大水围城、屋垣倒塌、民田被淹。如直隶望都县滱水泛溢，城池被淹，乡间稻田淹没无算；景州（今河北景县）境内水势不泄，城池四面皆水，关厢地带的房屋倒塌殆尽。陕西关中一带的水灾主要是五月二十一日的罕见暴雨导致的，很多志书均有对这次瞬时强降雨灾害的记录，例如，康熙《咸宁县志》记载今西安市的灾情说：“五月二十一日，飏风驱黑云从西北涌上，大雨如注，须臾冰雹，形如鸡卵，屋

无全瓦，树无完枝，宽二三十里，入南山。”

顺治十一年（1654 年）

△今河北大部和豫北一带发生较大水灾。六月直隶境内的降雨导致很多河流发生漫溢，滹沱河就是如此。真定城（今河北正定）几乎被滹沱洪水冲溃，大水三日始退；唐县城内洪水横流，平地涌泉，北街、东街积水 40 日不退。河南省不少河流也出现决堤，如新乡县因为沁河决堤，平地水深数尺，东门楼倾圮；延津县大水，城内民众驾舟以行。

顺治十五年（1658 年）

△水灾集中在淮河流域、汉水流域、长江中游及福建一带。如五、六月河南陈州府境（今周口市一带）就是浊浪滔天的世界，淮宁县（今淮阳）五月大雨淹麦，民舍倒塌，项城县有全村尽被大水冲没者，太康县从六月开始阴雨百余日，一片汪洋，秋田绝收，沈丘县平地水深丈许，秋禾颗粒无收，庐舍漂没殆尽，人畜多溺死。湖北境内汉江及长江干流出现较大水灾，很多州县受灾，如襄阳县五月大雨，平地水深丈余，汉水河堤倾塌 200 余丈，宜城县汉水漂流禾稼房屋无算，江陵县（今荆州）大水漂荡民居，人畜溺死无算。

顺治十六年（1659 年）

△今河南中北部、山东南部成为水患重灾区。这一年河南中北部的不少州县阴雨 40 余日，淇县、商丘、夏邑、睢州（今睢县）、虞城、永城、宁陵、扶沟、临颍等地水灾严重，如商丘县自五月初五开始降雨，40 余日始停，平地水深数尺，田禾房屋尽被淹没；又如睢州，洪水冲入城内，刚刚修复的数千间民房被洪水淹没，乡间农田被淹，民众无从得食，饿殍遍地。山东南部的沂州（今临沂）、郯城、费县、莒州（今莒县）、蒙阴、日照、宁阳、曲阜、城武（今成武）、曹县等地也出现严重水患，如费县自五月降雨，至八月方歇，庐舍尽倒，田禾绝收，米贵如珠；郯城县亦从五月初开始降雨，五月十六日沂沭两河暴涨，导致夏麦未收者漂没一空，已收者发霉腐烂，损失严重。

二、康熙朝

康熙朝共61年，在这60余年中，发生了成百上千次的水患事件，学界因统计口径不同而出入很大。不过康熙时期在有清一代属水患多发重发期，这在整个学界是毫无疑问的。因为水患，很多州县城垣被严重冲毁，城市发展进程因而大受影响；因为水患，乡间田禾、庐舍被漂荡一空，百姓生计无着，嗷嗷待哺，地方社会经济遭受重创。比较而言，康熙元年（1662年）、康熙二年（1663年）、康熙七年（1668年）、康熙十八年（1679年）、康熙十九年（1680年）、康熙二十一年（1682年）、康熙二十四年（1685年）、康熙三十五年（1696年）、康熙三十八年（1699年）、康熙四十一年（1702年）、康熙四十二年（1703年）、康熙四十四年（1705年）、康熙四十八年（1709年）、康熙五十二年（1713年）、康熙五十五年（1716年）、康熙五十八年（1719年）16个年份的水灾波及面较广、灾情较重，有必要重点加以记述。

康熙元年（1662年）

△黄河流域特大洪水灾情

这年，黄河流域发生了史上极为罕见的大洪水，灾情极重。夏秋之际，今甘肃、四川、陕西、山西、河南、山东、安徽等地普遍多雨，其中，在夏秋60天大雨的后期，从八月初九开始，至二十五日为止，发生了一场持续17天的大面积特大暴雨，黄河北干流和许多支流如渭河、泾河、汾河、沁河、涑水河等都发生了史上罕见的大洪水。雨区主要分布在黄河中游一带，具体包括甘肃天水、陕西关中、山西汾河、沁河流域等地。这次大洪水对黄河流域的很多州县造成巨大破坏，房屋被冲、农田淹没、城垣倾圮、民众死伤，损失极其惨重。

当时的方志对这次水灾有大量记载，“大雨”“大雨六十日”“大雨如注”等是最为常见的字眼，足见降水量之大。譬如甘肃秦州（今天水）：“夏五月，秦州诸属大雨，至冬十月方止，夏秋禾皆伤。”陕西省不少地方从六月开始大雨滂沱之期：“六月，大雨六十日，合省皆然，泾渭洛涨，诸谷皆溢，淹山走陆，平地水涌，漂没人家无算，行旅皆绝，泾、渭绝渡者十日。”陕西淳化县：“六月，大雨至七月，凡六十日，全省皆然，泾渭涨溢，绝渡十日，淹没甚众。”通常情形下，我国黄土高原地带的河流在降雨期多呈现为暴涨暴落的水情特征，康熙元年的这轮降雨能够导致泾、渭两河绝渡十日，足见此次持续性大规模降雨的罕见性。陕西三原县大雨60日，清河水涨，诸谷皆溢，平地水涌，行旅尽绝。陕西武功县霖雨40余日，平地水深数尺，八月，渭水泛涨，水从平地涌出，井泉皆溢，民田多没于水。秋七月，山西吉州（今吉县）大雨滂沱，连绵数月，民房城垛多被冲毁。山西荣河（今属万荣）的降雨从七月开始，至九月初方止，“城中井溢，平地泉涌，城垣庐舍塌毁甚多。”这里的“平地泉涌”四字很值得重视，说明在持续性降雨的影响下，由于城内外的地势高差造成城内地下水被挤压上涌，导致了荣河城内的严重内涝。秋八月，山西解州（今运城市盐湖区）大雨如注者半月，城垣庐舍十倾六七。洪水冲入盐池，严重影响盐产。山西蒲州（今永济）八、九月间大雨如注，连绵不停，城垣倾塌，桥梁尽圮，庐舍十坏六七，大量民众溺死。八月，河南陈留县（今开封市域）霖雨连旬，汴水漫溢，城垣被洪水淹浸数尺，乡间靠小船互相往来，房舍倾圮无数。由于黄河上中游的持续降雨，还导致了黄河在河南黄练集、时和驿、山东石香炉等多个地点决口，对周边区域造成重大破坏，譬如中牟县，因为河决黄练集，淹没田庐无算，城西南北三面皆水，城垣崩颓。杞县、尉氏县、通许县等均因黄河在黄练集决口而受到洪水的巨大冲击，如康熙《通许县志》载：“大河决，弥漫漂沉，实数百年所仅见。”山东曹县则因五月初一河决石香炉，县境东南部的田禾尽没，民众颗粒无收。

康熙元年的大水有着十分特殊的气候背景。从大背景来看，此年正处在明代后期由温暖阶段向寒冷阶段的转化期，气候特征有着明显的不稳定性。具体来讲，有三方面原因：其一是台风的活动，登陆的台风切入季风雨带，带来丰沛降水；其二是此年西南季风特别强盛，带来大量降水；其三是高空东亚大槽的活动和槽的位置出现异常，导致沿雨带东进的气旋在黄河中游一带行进缓慢。

康熙二年（1663 年）

△今山西晋中、陕西汉中、四川大部、贵州大部及湖北、湖南、江西的部分地区发生严重水灾。如山西交城县在七月十六日这天，大雨滂沱，磁窑河、瓦窑河二水大涨，洪水冲入城内，水深三尺，北城门圮裂。七、八两月，湖北、湖南、江西多地水灾严重。如湖北蕲州（今蕲春）大水，城内外皆被淹没；武昌县（今鄂州）、兴国州（今阳新）、咸宁县、天门县等地均大水入城；公安县因松滋堤决，大水漫及城腰，民间漂溺无算；大冶县大雨 20 余日，积水经冬不退，民舍倾圮，舟行于市。湖南茶陵州（今茶陵）大水漂没民居，禾稼尽毁；沅江县大水，市巷行舟；汉寿县大水，怒涛汹涌，围堤决口，溺死堤内民众甚众。江西瑞昌县八月时大水入城，彭泽县大水，民众深受潦涝之苦，湖口县大水，小舟可直达城内县衙。

康熙七年（1668 年）

△海河流域特大洪水灾害

是年七月，海河流域发生由长时间暴雨形成的罕见特大洪水灾害。此次降水雨区范围很广，几乎覆盖整个海河流域；历时很长，具体从七月初八开始，至七月十四方才结束；强度很大，相关史料中有不少“大雨如注，经七昼夜”“大雨倾盆、昼夜不止”之类的记载，足见降水强度之大。据《中国大洪水：灾害性洪水述要》一书研究，这场强降雨有两个暴雨中心，一个位于燕山迎风山区的潮白蓟运河流域，另一个中心位于太行山南端的滏阳河流域。

这场特大降雨最终导致海河流域内五大水系——潮白河、永定河、大清河、子牙河、漳卫河，同时发生大洪水，其中尤以潮白、子牙二河为甚，这与两个暴雨中心基本一致。潮白、永定、滹沱等河均发生漫决事件，共计约有 140 余州县受灾。

相关史料对于这些受灾州县的灾情描述非常丰富。都城北京的水灾就十分严重，京师的大雨三昼夜不止，平地水深数尺，七月初九尤甚，晚间永定河洪水大发，冲倒卢沟桥，桥上水高数尺，西城坍毁数丈，交通断绝，甚至影响到官方公文的正常递送。此次降水将很多州县城垣及相关建筑淋塌，城内积水严重，造成了罕见的城市水患。这年的九月初一，直隶、山东、河南总督白秉真就奏请朝廷修复坍塌城垣，“今年雨水甚大，各处城垣多有倾圮，与寻常修理不同。”束鹿县（今河北辛集）城垣之上的魁星楼被大雨淋塌，滹沱河、滋河的大水将藁城县的恒镇门冲毁，赵州本州（今河北赵县）在七月初八这天被大水围城，洪水最终从东城门涌入，东街几乎全被淹没，东城楼倾塌。元氏县连雨七昼夜，城外槐河洪峰高达数丈。平山县城受灾更是异常严重，滹沱河流经该城北部，持续降雨导致太行山千沟万壑之水汇入滹沱河干流，形成超强洪峰，洪水出太行山之后，以建瓴之势直冲平山县城而来，城墙四角门楼尽被冲毁，城垛墙垣倒塌严重，城墙仅剩土埂，可骑马逾越，整个城池几乎变为废墟。冀州城同样是命悬一线，河堤尽决，平地水深丈余，冀州城外一片汪洋，林木仅见树梢，时人感叹说，如果没有护城堤防护，就会全城覆没！广平府治永年城在七月初八这天因为强降雨，河堤决口，水至城下，原陆为泽，洪涛浸城月余，城墙多处出现倾塌。

相较于城市，这次海河洪水对直隶一带乡村民众生命财产的破坏同样十分严重。行唐县因为这次大水，禾稼尽伤；深泽县民舍倒塌殆尽；文安县因为河流决溢，民众逃亡殆尽；顺德府治邢台县的大水将护城堤冲没，民间房舍、农田、人畜漂没无算；宁晋县在这次大水中同样遭受灭顶之灾，遍地行舟，野无寸草，漂没村庄人民牲畜无算；顺德府的内丘县在七月初六至初八的三天之内，暴雨不止，洪水势如建瓴，乡间被冲庐舍、牛羊无算。相比之下，大水所造成的人口死亡更是让令人惊骇。京师东南方向不远处的香河县，洪水造成大量民众死亡，尸体几乎将河面遮蔽；新城县（今属高碑店）内的浑河大涨，冲溃民房千余，溺死者达 300 人。新城邻近的雄县民众死伤也很惨重。

康熙十八年（1679 年）

△全国的水灾区域集中在今河北南部、山西南部、陕西大部。此年直隶大部区域出现大旱，但南部的大名、永年、邢台、巨鹿、任县、平乡、南和等县却发生了较为严重的水患。山西南部的许多州县也出现重大灾情，壶关、曲沃、大宁、太平（今属襄汾）、解州（今运城市盐湖区）、绛州（今新绛）、夏县、临晋（今属临猗）等地皆有严重水

灾发生。例如壶关县从八月中旬开始普降大雨，至九月中旬方止，官舍民房倾塌无数，城垣倾颓殆尽；又如曲沃县霖雨25天，坏城垣庐舍无数。陕西的水灾区域广及关中、汉中，鄠县（今西安市鄠邑区）、盩厔（今周至）、醴泉（今礼泉）、渭南、大荔、朝邑（今属大荔）、城固、洋县、宁羌州（今宁强县）、安远厅（今镇巴）、安康、汉阴、洵阳（今旬阳）、白河、紫阳等州县都有水灾发生，有些地方十分严重，如城固、宁羌州、安远厅、安康县等地均淫雨40日，如倾盆者一日夜，大水漂没民居无数；又如盩厔县从八月十五至九月初十，阴雨连绵，导致山水大发，农田被洪水冲崩110余顷，城垣村堡坍塌殆尽，官民房舍十损六七。

康熙十九年（1680年）

△全国水涝区域并不广阔，大部分州县旱象萌生，但是个别地区由于短时强降雨而导致的严重水患却很值得一提，陕西的潼关城就是典型案例。史料记载这次水患事件说："康熙十九年五月二十九日，潼河大水，漂溺城内居民，死者二千三百八十五人，庐舍漂没数百余间，北城水关尽为崩冲，河徙东岸。"在潼关城的狭小区域内造成2000余人的死亡，不免让我们震惊不已。之所以造成如此大的死亡人数，与当日恰逢城内集市之期、远近百姓正会聚城内贸易有直接关联。必须提及的是，这次水患与当日降雨的突发性亦密切相关。文献记载这次降雨的形成过程说："康熙十九年五月二十九日午时，南门外偶有黑云一片，滃然而作，俄而大雨如注，水积浪高，遂陵城而入。"可见这次降雨属冷暖锋在潼关一带交汇而成的短历时特大暴雨。加之北水洞附近的潼河河道被砖木乱石壅塞，严重影响洪水外泄出城，最终造成了这次史上罕见的严重水灾。

康熙二十一年（1682年）

△江西、安徽、浙江的交界地区是水灾波及的重点区域，具体发生在五月，江西的南昌、德安、都昌、弋阳、鄱阳、余干、德兴、安仁（今属余江）、万年、宜春、万载、丰城、进贤，安徽的怀宁（今安庆）、宿松、太湖、潜山，浙江的临安、富阳、建德、寿昌（今属建德）、淳安、遂安（今属淳安）、桐庐、萧山、山阴（今绍兴市越城

区、柯桥区一带）、诸暨、金华、东阳、义乌等地都有水患发生。如江西鄱阳县，五月大水，“八十岁老人云：此目所未曾见者”；万年县五月霖雨20余天，城墙四面崩圮数十丈。再如浙江严州府境内富春江流域在五月十七日发生大水，漂没田禾庐舍，富春江洪峰逾越府城城墙，直达知府衙门谯楼前，二十一日方退；遂安县（今属淳安）从五月初六就开始阴雨连绵之期，至十七日山水骤涨，县衙前水深五尺，集镇村落可通舟楫，禾稻及滨河庐舍漂没殆尽，旧志称这次灾害说“奇灾异变，真数百年所未有事闻”；富春江干流旁侧的桐庐县同样是灾情奇重，五月十七日夜，城区一带平地水涨二丈许，浸及县治后衙，庐舍漂没，浮尸坏屋遮蔽了江面，沿江而下，经五昼夜方才平息，惨状令人不寒而栗。

康熙二十四年（1685年）

△水灾重点区域在北方、南方均有布局。北方位于今河北大部、山东西部、河南东北部。据旧志记载，直隶的真定（今河北正定）、灵寿、晋州、无极、迁安、乐亭、固安、定州、清苑、祁州（今安国）、望都、河间、饶阳、安平、武强、曲周、临城等州县，山东的峄县（今枣庄市峄城区）、莒州（今莒县）、蒙阴、鱼台、单县、城武（今成武）、郓城、定陶，河南的杞县、尉氏、洧川（今属尉氏）、兰阳（今属兰考）、考城（今属兰考）、通许、商丘、夏邑、柘城、睢州（今睢县）、虞城、永城、宁陵、鹿邑等州县均有水患发生。如直隶曲周县滏阳河决堤，大水浸城；临城县在七月初二这天，洪水冲塌泜河河堤，大水直冲西门而入。再如山东省的鱼台县，春天阴雨连绵，至五月二十六日方止，平地水深三尺有余，禾稼尽没；城武县秋水更甚，乡间十室九空。又如河南省的睢州连续降雨60余日，平地水波汹涌，对州城造成极大威胁，满城悲号；洧川县淫雨连旬，平地水深四五尺，秋禾淹没殆尽，瘟疫盛行。相较于北方，本年南方水患区域较小，集中于湖北省的江汉平原一带。依据嘉庆《湖北通志》的记载，这一年江夏（今武汉）、通城、黄冈、蕲水（今浠水）、麻城、黄陂、黄梅、广济（今属武穴）、罗田、钟祥、沔阳（今属仙桃）、荆门、江陵、监利、孝感、蒲圻（今赤壁）等地都发生了水灾，有些地方水灾较重。

康熙三十五年（1696 年）

△中国多地又发生严重水患，主要是环渤海地区、江苏省大部、安徽省局部，以及湖北江汉平原一带。环渤海一带水灾发生于八月，山东省成山卫（今荣成）、文登、即墨、昌邑、安丘、益都（今青州）、乐安（今广饶）、滨州、邹平、商河，直隶静海、迁安、大城、文安、定州、藁城、晋州、定兴、新安（今安新）、任丘、饶阳、献县、景州（今景县）、深州、武强等州县受灾严重。如山东昌邑县淫雨伤稼，即墨县阴雨60日，相较之下，直隶的受灾情况更重。如文安县八月的大水，平地水深丈余，城垣倒坏，民众逃亡殆尽；新安县的大水导致田禾大面积绝收；任丘县的大水淹城三版；饶阳县大雨七昼夜，晋州则从八月初一至初十大雨昼夜不息，居民庐舍墙垣倾塌甚多，柴米匮乏。江苏的大面积水灾集中在七月，几乎全省皆灾，对于不少城市而言，这次大水可谓灭顶之灾。以高邮州为例，州城乃是运河所经之地，西邻高邮湖，城区本就十分洼下，七月下旬的强降雨导致大水暴涨，全城在巨浪中，南水关报决，城内居民从城头以绳索逃出城外，北城外的街市被洪水冲断，上下河相连。再如江宁府（今南京市一带）的句容县，七月二十一这天，洪水骤发，水头高达丈余，漂没民居，民众死者无算。又如苏州府的吴江县，七月二十三这天的午后，北风骤起，大雨如悬瀑般倾泻而下，平地积水骤涨数尺，至夜半时分，风向忽转为南风，其势甚猛，人家屋瓦交飞，庐舍倒塌者十有八九。最典型的莫过于桃源县（今属江苏泗阳）。其县城受到黄河龙窝口决口的冲击，几乎全城覆没，旧志资料记载："（桃源县城）数被非常水患，而尤莫甚于（康熙）三十五年龙窝一决。县治土垣坍塌，濠沟淤浅，致浮沙壅起，反高于城，水尽向内灌注，故堂署廊舍悉为汚渚，文案卷宗多遭没溺，间有存者，亦皆浥渍朽烂，断缺无复完牍，首尾隔绝，莫能查对。黄河骤涨，巨浪滔天，冲击龙窝口，奇水漫溢城垣仓库，官舍民居尽遭荡洗，两廊文卷悉付波臣。"真可谓旷世奇灾了。安徽的泗州（今泗县）、五河、怀远、天长、歙县、休宁、绩溪、祁门、黟县、石埭（今石台）等州县也发生了较严重的水灾，时间在五、六两月。本年湖北江汉平原的所有州县几乎全部受灾，时间则在七、八两

月，这年七月大雨经久不停，导致长江荆江段多处决堤，故而造成很多州县的严重水灾。如江陵县，黄潭江堤溃决，民众被冲溺亡者千余人；再如枝江县在七月初十这天，大水冲入城内，至十五日方退，堤防溃决，居民漂荡，庐舍倾塌；崇阳县的水灾同样发生在七月初十，大水持续三天，四面城墙均被淹没。

康熙三十八年（1699 年）

△浙江、福建、广东等省发生严重水灾，江西省的水灾也较重。这年的六月，浙江省建德县发生大水，洪水逾越城墙直达城内，成灾甚重；闰七月，杭州大雨，山洪骤发，西湖之水高达丈余，淹没堤外大量田地和民居；临海县八月的水灾显得更为严重，滔滔洪水漂没田园庐舍，公廨民房倒塌甚多，山涧及灵江沿岸的居民溺死者众多。本年福建省的水患集中发生是在八月十七日，很多沿海州县受灾严重。例如福安县在这一天洪水暴涨，浸没县城东西南三乡，连江县受灾也很重。本年的五、六两月，江西南昌、德安、瑞昌、宁州（今修水）、弋阳、安仁（今属余江）、贵溪、宜春、靖安等县均发生了较重的水患。譬如五月宜春县洪水大发，北城外积水深达丈余，居民纷纷避水而逃；五月瑞昌县的大水则将鄱阳湖边的田禾淹没殆尽。

康熙四十一年（1702 年）

△山东大部发生了多次严重水灾，最为集中的一次出现于六月十八至二十日，有史料记载说："六月廿日，怪雨三日夜不止，山东通省告灾，山东百州邑告凶同日至。饥人磨榆皮为面，屑柳皮为粥，食屋草，啖积尸。"真是一派令人恐惧的灾后景象！很多灾民被迫流徙他乡，乾隆《任邱县志》就记载说，康熙四十一年（1702 年）"山左大饥，逃窜任邑者甚众"。六月的这场大雨导致很多河流发生超常洪水，其中以沂河最为典型。六月十八这天，沂河泛涨，大水漂没沿岸数千家，溺死男女 2000 余人。大量人畜的浮尸、房屋、树木沿沂河顺流而下，直达郯城县，满眼恐怖凄惨之象。汶河也发生超常洪水，在六月十九这天，汶河河堤多处决口，田禾淹没绝收。

康熙四十二年（1703 年）

△水患重灾区仍然集中在山东大部，同时今河北中东部、河南中

东部也是水患较严重的区域。这一年的山东省，除胶东地区的少数州县发生夏旱之外，其他区域大多经历了长时间的降雨，从而造成严重的水涝。“昼夜连绵三十余天”“霪雨三旬不止”“霪雨六十日”“霪雨弥月”“大雨七十余日”等文字常见于旧志中。如齐河县，降雨连绵30余天，县内不分高下，皆是一片汪洋；沾化县淫雨连日，田禾尽没，居民死徙无算，“沾境几墟”；高苑县（今属高青）淫雨60日，农田全被淹没；高密县淫雨弥月，禾稼尽没；宁阳县自五月二十日至六月十九日，暴雨屡降，汶河多处决口，地形不分高下俱付滚滚洪涛之中，秋禾绝收；邹县（今邹城）夏秋大雨70余日，山水泛滥，夏麦秋禾全部淹没无存；定陶县的大水导致民众卖儿鬻女，流亡载道；高唐州雨水连绵，四野汪洋，田舍皆被淹没，民众死亡甚多，有些地方，如莘县甚至发生人相食的惨剧。河北中东部的大城、河间、沧州、吴桥、献县、景州（今景县）等地从五月二十二日开始，连雨不止，受灾颇重。例如河间县在五月二十二日这天，大雨如注，平地成江河，日后降雨连绵不绝，河流溃决，陆地行舟。本年河南省的水灾区域也很广，如商水县大雨十昼夜，平地水深一丈，淹塌民居不可胜数，遍地行舟，田禾绝收。项城、西华、沈丘等县也是如此。再如洧川县（今属尉氏）四月二十这天，大雨如注，平地水深二尺；兰阳县（今属兰考）自六月至八月淫雨不止，秋禾被淹。

康熙四十四年（1705年）

△淮河流域和长江中下游地区的水患较为严重。江苏有记载的水灾州县数量达到20余个，六合县的大水将乡间大量圩田淹没，城内民众驾舟以行；盐城县从五月下旬到八月初旬淫雨不止，平地水深数尺，邵伯堤决口，民间庐舍大量被淹。安徽的霍丘、寿州（今寿县）、五河、怀远等地水患严重。如霍丘县夏秋大水，禾苗半被淹没；盱眙县大雨50余日，街市水深丈余；五河县因为持续降雨导致淮河大涨，漂溺禾稼；怀远县六月大雨，洪水入城，驾舟可直达县衙，乡间庙宇民居俱被漂溺，民众扶老携幼登山以避，半年之后方才下山。江西省被灾区域同样较广，有些地方受灾严重，如宜春县的洪水将北城墙冲塌10余丈；瑞金县五月山水陡发，平地水高四五丈，城郭桥梁民居官廨

被冲倒者达到半数，男女漂溺无算。湖北省的江夏（今武汉）、嘉鱼、蒲圻（今赤壁）、汉川、通城、当阳、随州、潜江、天门、沔阳（今属仙桃）、监利等州县发生水灾，如随州的涢水大涨，溢入城内，对居民庐舍造成很大破坏。湖南省的巴陵（今岳阳）、临湘、华容、沅陵、麻阳、安乡、益阳、沅江等地也发生大水，均导致不同程度的灾害，如辰州府治沅陵县的大雨致使沅江大涨，府城的两个南门皆被冲陷，女墙崩塌。

康熙四十八年（1709 年）

△淮河流域连雨不止，流域之内大部分州县发生程度不等的水灾。山东的沂州（今临沂）、郯城等地，春，大雨三月不止，麦禾尽淹；邹县（今邹城）秋天淫雨连绵，县境西南一带尽成泽国；济宁自四月开始降雨，至六月初十暴雨大作，城中洪涛滚滚，街巷成河，庐舍被冲坏者达十之六七，民众争相逃避，六月二十日的洪水更加严重，百姓撑舟往来；汶上县六月时大雨三昼夜，遍地皆水，田禾淹没。苏北一带的灾情同样严重，徐州一带降雨时间长达 5 个月，夏麦绝收，百姓流徙；睢宁县的降雨从四月一直持续到七月，潦涝异常，农田绝收，至冬春之际民众大量饿死；高邮的连日降雨导致湖水漫涨，田地大量被淹。皖北淮河流域也出现严重水患。阜阳县从三月初开始降雨，至五月初二始止，大水为灾；颍上县淫雨为灾，沙河洪水涌入东城门，直到城内文庙；宿州四月时大雨如注，农田不论高下尽皆淹没，乡间因为发生严重饥荒，草根树皮也被百姓采食净尽；怀远县的降水同样贯穿春夏，二麦歉收，大水冲入城市，乘舟可抵县衙，路途旁侧出现饿殍之民。河南省受灾区域也十分广大，据统计，受灾州县至少有 30 余个。如巩县（今巩义）六月时淫雨大作，半月不止，至二十一日，山水泛涨，洛河沿岸田地尽被淹没，东门外水高丈余，倒灌入城，城内房舍倾塌者达百余家；商水县四月大雨兼旬，平地水深数尺，二麦淹没无存；扶沟县四月十三、十四两日，大雨昼夜不停，平地水深数尺，双洎河、贾鲁河堤防溃决，五月时大雨再至，境内多条大河尽决，洪水直抵县城东北二门；洧川县（今属尉氏）四月十二日，大雨彻夜，二麦绝收，至次年春，粮价腾贵，民众饿死者甚多。

康熙五十二年（1713 年）

△我国北方地区普遍出现旱象，而南方很多地方却是洪水肆虐的景象，水灾区域集中在福建大部、江西大部及湖南东南部。就福建而言，本年夏天，福州、同安、漳州、海澄（今龙海）、漳浦、南靖、龙岩、上杭、沙县、永安等地均发生大水。福州水涨数日，城内外浮舟以行；南靖县四月二十七日大水横行，田庐淹损甚多；同样在四月二十七日，龙岩也发生大水，景云桥及南城门皆被冲圮，城外田园庐舍伤坏无数，到五月十七日这天，水复大涨，西、南、北三城门均被洪水冲塌；上杭县水灾发生的时间、程度与龙岩县相当。就江西来说，本年四、五两月，南昌、瑞昌、清江、丰城、南城、新城（今黎川）、吉安、泰和、吉水、峡江、安远、会昌、雩都（今于都）、兴国、信丰、石城、南康等地皆出现较重水患。丰城县紧邻赣江，五月的洪水将江堤冲毁千余丈，城内水深五六尺，居住在低洼处居户的房屋完全被洪水吞没。泰和县城坐落于蜀水汇入赣江的附近，四月的大水使江水涌入城内，县衙仪门附近水深五尺。位于恩江与赣江汇合处的吉水县，灾情更加严重，这年五月，赣江水溢，县城内公私建筑多被淹没，县衙卷宗、儒学书籍及各祠神主均漂失无存。五月十二日石城县境内琴水大涨，汹涌的洪涛离县城墙垛口仅有一尺，大水灌入城中，坏庐舍墙垣无数，乡间田亩被冲，人畜溺死颇多。以湖南而论，大水也发生于五月，以省境东南部湘江流域受灾最重，湘潭、攸县、酃县（今炎陵）、永兴、衡阳、衡山、祁阳、零陵（今永州）等地均有水灾发生。以永兴县为例，五月时，境内耒水大涨，洪涛逾城墙而入，城内很多街市水深数尺，居民以舟代步凡三日。再如衡州府城（即衡阳县城），该城坐落于烝水与湘江的交汇处，五月两江洪水大发，灌入城内，府衙一带水深五尺，城区附近居民房屋被淹 657 户，乡间被淹 1960 户，灾情可谓极重。

康熙五十五年（1716 年）

△水灾区域主要集中在北方的河北南部、山东中西部和南方的长江中下游地区。就北方来说，尤以山东中西部为重。武城、长山（今属邹平）、博兴、乐安（今广饶）、新城（今桓台）、蒙阴、新泰、宁

阳、滋阳（今兖州）、济宁州（今济宁）、汶上、东平州（今东平）、鱼台、莘县、阳谷、寿张（今属阳谷）等地均发生了较严重的水灾。如长山县五、六两月多雨，五月二十二与六月十三两天，孝妇河之水两次溢出河道，虽然很快退去，但低洼之地受灾较重；六月鲁西一带大雨滂沱，汶河发生洪水，诸堤并决，宁阳、滋阳、济宁、汶上等县均受其害；东平州因为大雨愆时，平地水深二三尺，安山湖低洼地带水深五六尺，麦多腐朽，秋禾尽没，民间庐舍被冲坏者无算；莘县的水灾更为严重，五月时大雨不停，六月十四、十五两天再次大雨如注，至二十一、二十二两日，县境西北方向的马颊河洪水灌注城西，东南巨野、郓城、寿张、阳谷之水从黑龙潭冲击城垣，平地水深数尺，县内饥民达至万余口之多。直隶的永年、曲周、南和等县也发生了较重水患，以永年县而论，滂沱的大雨将关厢地区的道路悉数淹没，民众不得不乘船至北堤，然后才能行上大道；南和县也发生了大水围城、城垣倾颓的情形。就南方来说，长江中下游的不少省份发生水患。先看浙江，该省的中北部州县有较重水灾发生。如杭州，长时段的降雨导致江水暴涨，沿江石塘被冲坏数百余丈；五月桐庐县大雨，平地水高丈许；五月二十九湖州普降暴雨，乌青镇一带积水深至五六尺，田苗尽烂。长江中游的江西、湖南、湖北的大批州县因大雨普降，江河泛涨，也发生严重水灾。江西南昌洪水浩瀚，自西关以南至东关城尽被大水冲圮；瑞昌县从正月至五月阴雨不停，大水汪洋，城尽倒塌，田遭淹没；宁州（今修水）四月二十七、二十八两日，连降大雨，洪水高出城垛数尺，民居及公廨文卷册籍漂没殆尽，城内之城隍庙、儒学、粮仓等建筑毁坏严重，城中泥沙堆积，乡间田地崩废无算；鄱阳县五月发生大水，洪水涌入府城，城垣多处倾圮，民众乘船往来。湖南的善化（今长沙）、巴陵（今岳阳）、临湘、平江、湘阴、华容、龙阳（今汉寿）、澧州（今澧县）、安乡、石门等地有程度不同的水灾发生。如善化县连日的大雨致使湘江涨发，大水泛滥；再如平江县境内的降雨从正月一直持续到五月，城中水高三丈，冲圮大量庐舍民田。湖北省的江夏（今武汉）、嘉鱼、汉阳、汉川、黄陂、黄梅、蒲圻（今赤壁）、广济（今属武穴）、潜江、天门、沔阳、江陵（今属仙桃）、监利等州县也发生了严重水灾。如蒲圻县大水，城市行舟，低洼农田悉数被淹。

康熙五十八年（1719年）

△山东中东部、江苏大部、安徽大部成为水患的严重区域，其中以山东最重。这一年的七月，山东的高苑（今属高青）、益都（今青州）、寿光、昌乐、诸城、昌邑、潍县（今潍坊）、胶州、高密、平度、掖县（今莱州）、即墨、福山（今烟台市福山区）、莱阳、文登、成山卫（今荣成）、大嵩卫（今海阳）等地均发生了严重的洪涝灾害。如高苑县的大雨导致田禾淹没；昌邑县的大雨致使境内的潍河发生改道；胶州境内平地水深丈余，漂没庐舍无算，城垣崩塌；高密县的大雨严重破坏了民田，乡间庐舍大量倒塌。胶东沿海一带的灾况更为严重，如福山县的洪水泛滥至城下，男女惊骇狂奔，死者甚众；文登县的大雨漂溺房屋，禾稼尽毁，迎仙都一带最为严重，知县不得不煮粥赈济。江苏的溧水、高淳、江阴、高邮、兴化、宝应、泰州、山阳（今淮安）、清河（今淮安市清河区）、安东（今涟水）、盐城、东台等地也有较重的水患灾害。如高淳县的大水将乡间圩田尽数淹没；清河、安东等地大水使大面积麦田绝收。安徽的合肥、含山、无为、庐江、霍丘、颍上、怀远、当涂等地同样发生了严重水灾，时间集中在本年的五月。五月十一日这天，滔滔洪水灌入合肥城，一昼夜之后方才退去，城内屋宇倒塌无数；庐江县的大水冲坏大量民居，城中民众乘舟来往；当涂县的水患也十分严重，五月十九日夜，雷电交作，大雨如注，横望山洪水倾泻而下，田禾民屋桥梁淹没倾圮不计其数。五月的这场大水还波及河南东南部的汝阳（今汝南）、固始、光州（今潢川）等地，如固始县平地水深丈余，坏集市庐舍，城内文庙之后的积水十分严重；光州境内因为淮水泛涨，不少民众被水冲走，于波涛之中号哭呼救，其状甚惨，大水冲入城内，坏庐舍500余间，南关一带的民居倒塌殆尽。

三、雍正朝

雍正朝凡13年，《中国灾害通史·清代卷》统计的水灾次数为110

次，实际有水灾记录的州县要数倍于这个数据，仅在雍正八年（1730年）以山东省为中心区域的水灾事件中，受灾州县就达100余处。通过历时性的比较，可以发现，雍正三年（1725年）、雍正四年（1726年）、雍正八年（1730年）、雍正十一年（1733年）4个年份的灾区范围较广，灾情也相对严重，现分别叙述如下。

雍正三年（1725年）

△水灾区域分布在华北大部和两广、福建一带。就华北地区而言，今河北、天津、山西、山东、江苏等省市都有不少州县发生大水，其中以河北省受灾最重。这年的八月十八雍正帝在谕令中说："今年夏秋直隶地方水过多，恐秋禾歉收，穷民乏食，已降谕旨令该地方官详查赈济。"光绪《重修曲阳县志》也载："曲阳等七十二州县水灾"，可见直隶地区的水灾分布十分之广。从丰富的史料记载来看，滦河、海河两河流域均发生大水，大量州县受灾。如乐亭县六月滦河溢，损禾稼，坏田庐；卢龙县六月大水，洪水从下水关冲入城内，城中陆地行舟；新安县（今安新）霖雨月余，河水泛溢，东西南北四堤冲决如平地；沧州从六月开始，连续降雨40余天，平地水深三尺；衡水县因滹沱河漫溢，田禾尽没；深州也深受滹沱河决溢的影响，突然而来的洪水将沿岸南北20余里内的禾苗尽数淹没，房屋倒塌严重；馆陶县七月大雨连绵，卫河泛溢，伤田禾无数，庐舍倾塌严重。今天津市一带的水灾也很严重，如武清县六月大水，河西务堤溃决，平地水深数尺，浸东门城砖十数层。山西的太原、定襄、孝义、闻喜、稷山等地也有水患发生，如孝义县六月霖雨10余日，山水涨发，大量田舍遭淹。山东的水灾区域主要集中在省境西北部的10余州县，如德州、临邑、齐河、济阳、平原、武城、夏津、宁津、庆云、青城（今属高青）等。江苏北部的宝应、宿迁、铜山（今徐州）、睢宁等地同样发生了较重的水患，铜山县当时广为流布的民谣说："去岁水来二尺许，家人两月居水牢。今春诉官谋筑堰，督者不力心空劳。正愁六月水又至，果然夜半来滔滔。水较去岁高二尺，比屋妇子咸呼号。"水灾所造成的严重后果跃然纸上。就两广地区来说，广东的水患区分布很广，主要有广州、大埔、长乐（今属五华）、海阳（今潮州）、澄海、惠来、潮阳、海

丰、普宁、揭阳、三水、阳江、高要、罗定、西宁（今郁南）、德庆等州县。譬如，大埔县五月时就出现大水，到八月十五中秋夜时，县内的白堠、湖寮两地再次暴发山洪，平地行舟，到第二天中午时分洪水才退去；澄海县六月二十九日发生大水，境内多处堤防溃决，田园被沙压者达千余亩；罗定州在九月降下暴雨，山洪滚滚而下，城垣东门月城被冲倒八丈五尺，城垣倾颓40丈，小东门、西门、北门门楼及城上窝铺皆倒塌无存。广西的武缘（今武鸣）、苍梧（今梧州）、岑溪、容县等地有较重的水患。如苍梧县七月时大水漂没民居，靠近西江的农田尽数被淹，颗粒无收，九月时再次发生水灾；容县在九月降下大雨，这时秋禾刚要成熟，连日的大雨导致容江洪水大涨，水位比平时高数丈，沿江田庐皆被漂没。福建的灾区集中在连江、泉州、惠安、安溪、平和、长泰等地。如连江县从六月下旬直至七月十一日，连雨不止，七月初十、十一两日，山溪洪水大发，平地水深丈余，城垣受害严重；长泰县在六月二十七这天发生严重洪涝，洪水没过城墙东南两面的女墙，船能够从城垛驶入城内，水位之高令人咋舌，乡间沿江庐舍尽塌，人畜死亡无数。

雍正四年（1726年）

△又是一个水灾严重的年份，北方、南方均有较为广阔的水灾区域。北方主要是河北大部、山东西部、河南北部等地。本年直隶所属74州县被水歉收，譬如祁州（今安国）的水灾就很严重，五月正当麦将熟时，唐河夜间洪水陡发，麦之未收者淤倒，已收者也被淹没一空，真是罕见之灾；武强县在秋天时发生大水，田禾淹没殆尽。山东西部的济南、兖州、东昌三府所属的大部分州县也是水患重灾区，例如德平（今属临邑）、齐河、禹城、济宁、金乡、曹州（今菏泽）、聊城、冠县、临清、莘县、阳谷等州县均大水成灾。河南北部的获嘉、济源、原武（今属原阳）、阳武（今原阳）、内黄等地也成为大水肆虐之地。南方的灾区集中在长江中下游。湖北的大冶、黄陂、汉川、应城、黄冈、蕲州（今蕲春）、黄梅、通城、崇阳、蒲圻（今赤壁）、江陵、监利、天门、沔阳（今属仙桃）等州县有大水发生，如蕲州境内江水泛滥，较常年高出丈余；崇阳县洪水突发，灌入城市；天门县六月份大

雨连绵，河流漫溢，遍地行舟。湖南的巴陵（今岳阳）、临湘、平江、华容、邵阳、新化、保靖、武陵（今常德）、龙阳（今汉寿）、安乡、益阳、沅江等地也发生了不同程度的水灾。如保靖县的大水发生在五月二十七日夜间，当时大水突然从宣慰司署之后的半山腰上倾泻而下，黄流滚滚，冲入大街，有一泻千里之势，冲坏街道数丈，街上民房损坏甚多。江西的20余州县发生水灾。江苏的高淳、吴县（今苏州）、昆山、太仓、常熟、震泽、溧阳、武进、宜兴等地有较重水患发生。如震泽县，八月连日大雨，至九月时水高四五尺，城市行舟；昆山县八月大雨10余日，水涨一二丈，田禾不论地处高乡还是低乡者皆被淹没。安徽的受灾州县也达到20余个，如无为州先是发生春旱，进入五月，降雨却弥月不止，大量圩田被淹，八月再次淫雨不停，江坝塌坏，圩田尽没，庐舍漂荡；宣城县的水灾也很严重，大雨自夏徂秋，乡间圩田被淹，谷价顿涨。

雍正八年（1730年）

△沂河、沭河、泗河流域的严重水灾

是年六月，山东省大部由于强降雨而发生特大洪水，并波及江苏北部、河南东部及东南部等地。这场降雨持续多日，大暴雨区在以沂蒙山区为中心的今黄河与废黄河之间的三角地带，长时间强降雨造成山东半岛诸河及沂河、沭河、泗河等淮河支流水量猛涨，尤以沂河、沭河流量最大。根据调查推算，当时沂河在今临沂站的洪峰流量达30000—33000m^3/s，沭河在今大官庄站的流量为14000—17900m^3/s，均为两河史上最大洪水。

此次洪水对大约100余州县造成了严重灾害，以沂、沭、泗河流域灾情最重。如郯城县因为这场大水，近郭百姓奔避高阜，数昼夜无法生火；蒙阴县城垣被水倾圮；沂水县大水浸淹田禾庐舍无算。相较之下，莒州（今莒县）的灾患最为严重。此州先是五月初开始阴雨连绵40余日，从六月十九日开始，大雨如注，此后七昼夜无片刻停息，到二十四日，洪水横流，接连40余里，平地成湖。大灾难终于在二十五日发生，"二十五日，冲毁城垣城门，北关止存房屋七间，淹死五六千人"，从死亡人数上来看，这实在是这一地区亘古未有的最大水灾了。苏北一带的众多州县因处于沂、沭、泗等河下游，受灾也十分严重。例如桃源县（今泗阳），因山东省境持续强降雨，洪水汇聚至骆马湖，最终漫入黄河，浮堤越岸，泛溢冲激，房舍倾塌，田禾被淹，损失不可胜计。铜山、丰县、沛县、邳州、赣榆、海州（今连云港）等地也是大水汪洋，无麦无秋，大水灌城，漂没民舍，损失惨重。此外，山东省内济南、东昌、青州等府的很多州县也遭受重创。例如，齐河县在六月二十三、二十四、二十五等日，风雨连绵，满地汪洋，田禾损失惨重；章邱县大水浸城，民居倾圮；益都县（今青州）内的孝妇河大涨，淄水泛滥，淹没田庐人畜无算；潍县（今潍坊）境内的白浪河在六月二十四日夜发生超常洪水，大水淹至河道西岸的潍县县城城腰，城墙被冲倒1400余尺；昌邑县的潍河在六月二十五日夜发生决口，洪水直冲县城而来，浸没城基，二十八日洪水愈盛，东门被毁，城内百姓惶恐万状，夜奔十字街以避水。

雍正十一年（1733年）

△直隶、江西很多州县发生了严重水灾。直隶境内六月的大雨历时较久，强度较大，很多河流发生漫溢、决堤险情。如六月滦河漫溢，其流经的昌黎、卢龙、乐亭、滦州（今滦县）等地受灾严重；东安县（今属廊坊）境内浑河漫溢，田禾不登；吴桥县在六月二十四这天，大雨如注一昼夜，乡间庐舍多有倒塌，平地舟行可达百里，灾情可谓奇重；景州（今景县）的灾情也很重，这年的六月二十二日，南运河决于安陵，田禾被涝，陆地行舟；沙河县也有大水发生，六月十三至二十三日，大雨连绵十昼夜，山水骤发，多处村落田禾均被冲没一空。这一年江西省的南昌、瑞昌、上饶、高安、清江（今樟树）、奉新、临川、崇仁、东乡、进贤、庐陵（今吉安）、吉水、永丰、峡江、大庾（今大余）、南康等州县是水患严重的所在。如崇仁县早在二月十一就发生大水，黄洲桥桥墩尽圮，“没人命无数”；三月南安府附郭大庾县发生洪水，大水入城，水位极高，南门洞几乎全被淹没，“只露光如初月”，城内的府衙与县衙浸入水中丈余，其他衙署倾圮者甚多；南康县在四月十八发生洪水，大水逆流入城，深尺许，城东民居倾颓严重；进贤县五月发生大水，漂没庐舍人畜无算；五月吉水县境内恩江洪水

大发，丁村、渔梁等村落皆被冲没，洪水势如建瓴，伤人畜甚众。

四、乾隆朝

乾隆朝共60年，有学者统计发生水灾327次，年均5.5次，认为灾害频率均低于顺治、康熙、雍正三个时期，不过通过细致、审慎的文献梳理，就能发现，在乾隆朝的一甲子之中，每年均有水灾发生，受灾州县遍布大江南北，某些年份的水灾情形相当严重，波及面也较广。具体而言，乾隆三年（1738年）、乾隆四年（1739年）、乾隆七年（1742年）、乾隆九年（1744年）、乾隆十五年（1750年）、乾隆十六年（1751年）、乾隆二十二年（1757年）、乾隆二十六年（1761年）、乾隆二十九年（1764年）、乾隆四十七年（1782年）、乾隆五十三年（1788年）、乾隆五十九年（1794年）12个年份的灾情有必要加以记述。

乾隆三年（1738年）

△水灾区域主要集中在四川省一带。遂宁、潼南、资阳、简州（今简阳）、合江、洪雅、峨眉（今峨眉山）、雅安、天全等州县是灾情严重之地。如洪雅县五月时大雨三日，漂没民居无算；峨眉县的灾情更为严重，五月初，大雨滂沱，山水大发，境内冠峨场、九里场、乾坝等处淹死男女72人，冲去瓦草房若干，田地沙淤坍塌严重。

乾隆四年（1739年）

△河南大部、山东西部、安徽北部发生了严重水灾。这年的夏秋之际，大雨兼旬，河南省内60余州县漫为巨浸，平地水深数尺。如省会开封城中积水数日不退，造成严重的城市灾害；尉氏县大雨40余日，平地水深六尺有余，境内房屋冲塌十之七八；中牟县七月大雨七昼夜，田禾尽没，城垣倾圮，庐舍被冲塌无数；辉县的大雨使得境内遍地生泉，积水长期不退，平陆生鱼；许州（今许昌）淫雨连绵，洪水肆虐，城垣被严重冲塌；新郑县六月时大雨三昼夜，洧河的洪水冲入县城西门，自南门入城，城内积涝严重。山东西部受灾的州县也很多，有些州县是因为黄河在周家口决堤导致的，如东平州（今东平）

就因为这次决口，导致境内大片田禾被淹；东阿县也遭受同样的厄运；再如金乡县，决口的黄河水奔抵县境，护城堤半被淹没。安徽北部约有15个州县受灾。六月阜阳城发生大水，洪水自东、西、南三座城门冲入城内，秋天时阜阳县境内再次遭受严重水患；六月时黄河洪水冲击太和县，淹没民居，溺死者甚众，七月沙河漫溢，大水围城，东西城角均被冲圮，田禾尽淹。

乾隆七年（1742年）

△河南中南部、安徽大部、湖北大部、湖南的部分地区普遍发生了较严重的水灾。河南中南部的大部分州县均遭受水患之苦，商水县淫雨数月，夏秋作物大面积绝收；鹿邑县夏秋淫雨不停，河流漫溢，平地行舟，坏民庐舍，田禾严重受损；陈州府附郭淮宁县（今淮阳）六月大雨普降，贾鲁河决堤，冲坏大量民田；沈邱县的大雨导致颍水溢出河槽；正阳县境内的汝水七次漫溢，民间大饥。安徽省受灾州县更多，灾情更为严重，道光《安徽通志》载："覆准安徽所属之凤阳、临淮、怀远、定远、宿州、虹县、灵璧、凤台、寿州、阜阳、颍上、霍邱、亳州、蒙城、太和、泗州、盱眙、天长、五河十九州县被夏灾，饥民于七月抚恤。"蒙城县的大水导致境内饥民载道，出现人相食的惨剧；宿州从五月十九日起，淫雨弥月，田禾大面积绝收；灵璧县夏秋大水，麦禾减产严重。湖北的大部分地区灾情同样值得一述。省城秋天发生大水，江水泛涨入城，自朝宗门至汉阳府衙门路段，水深五寸至一尺不等，乡间也多被水患；武昌县（今鄂州）、大冶县一带大水汪洋，江湖连为一体，浩渺无边；荆门州（今荆门市）六月十四这天，新城下郑家潭堤决口，田庐漂没，江陵、监利、潜江、沔阳（今属仙桃）等州县俱付波臣。湖南的中北部也在本年普遍受灾，嘉庆《湖南通志》载："长沙、衡州、岳州、常德、澧州等府州所属之州县，夏月被水之处淹没田庐禾稼，人民困苦。"譬如长沙府所属之醴陵县的灾情就极其严重，六月十四日三更时分，雨量渐大，至十五日凌晨四时左右，狂风猛雨，滂沱不息。境内南部被水冲倒瓦房1540余间，茅草房1762间，死亡3人，淹坏田禾11顷67亩有余；攸县的灾情与醴陵属于同一次降雨导致的，六月十五这天，大水忽至，民众只能凭借小舟

入市，环城内外庐舍被漂没无数，乡间田地宅舍倾圮尤甚；辰州府附郭沅陵县五月大水入城，民间黎民百姓深受饥饿之苦。

乾隆九年（1744 年）

△灾区主要在四川省大部、浙江西部和北部一带。四川省的灾害发生在六月中旬，可称史上罕见。有旧志资料记载："汉、简、崇庆、绵、眉、邛州、成都、华阳、金堂、新都、郫、崇宁、温州、新繁、彭、什邡、罗江、彭山、青神、乐山、仁寿、资阳、射洪县溺死居民六百六十四人，冲没田庐甚多。"可见这次灾害的波及面很广，灾情也很重。如成都六月十八日大雨滂沱，城内东部多地水深在三尺以上，安顺桥被冲圮；什邡县六月十八、十九两日，大雨如注，洪水突发，沿河一带平地汹涌，漂去田庐人口甚多；资阳县夏雨经旬，降水暴涨，城内外庐舍均被淹没，居民数千人逃奔地势高亢的寺院中以避难；新津县六月的大水导致城内积水深达二三尺，三日方才退去。浙江省的受灾州县也较多，发生于七月初，集中在西部与北部。昌化县（今属临安）七月大水，平地成巨浸，漂没田亩庐舍无数；建德县大水骤至，漂没田庐、牲畜、棺柩、木植不可胜计；桐庐县七月初三这天大雨倾盆，富春江水骤涨，灌入城市，居民躲避于屋顶，五昼夜之后方才退去。相较之下，淳安县受灾最重，该县的降雨从六月二十九持续到七月初五，导致江涛怒涨，城市漂没，城内唯独县衙、儒学及城隍庙未受损坏，男女老幼号哭呼救之声相闻，全县共毁坏民居万余间，总计淹死有姓名可考之人 368 人，余则不可计数，真乃罕见重灾！

乾隆十五年（1750 年）

△在福建大部和广东的部分州县发生了严重水患。史料明确记载福建省的水患州县有：建安（今建瓯）、建阳、崇安、南平、顺昌、邵武、霞浦、宁德、福安、连江、古田、长汀、连城、清流、宁化、将乐、建宁等。如崇安县七月十八日的水灾就很罕见，洪水将石雄、广福、永宁三桥摧崩，然后涌入东峰街数尺，沿河居民多被溺死；南平县的灾难则发生在七月初九，此时的洪水高过城垛五丈，城内大街水深丈余，毁坏民居 400 余间，石垅坑一带发生山体滑坡，压坏民房 32 间，压毙男女 14 人；霞浦县八月初九夜间，狂风夹带大雨而至，将东

门城楼摧折，大水高度离城垛仅剩三尺，冲坏大量民居，溺死多人；清流县在五月发生水灾，大水浸入城内，淹没乡间田园房屋不可胜计。广东的一些地方也有严重的水患发生，如龙川县在本年的四月和七月两次发生大水，农田多被淹没，河堤多有崩塌；嘉应州（今梅州）、大埔、平远、长乐（今属五华）等地在三月二十八、二十九两日发生大水，如平远县的大雨连续两昼夜，大涨的洪水冲坏田屋，漂没民众牲畜无算；饶平、澄海、潮阳、惠来、揭阳、普宁、海丰等地在八月下旬发生大水灾，与八月二十二日来自海上的飓风存在直接关联，如普宁县，八月二十二日戌时，飓风来袭，暴雨倾盆，山水泛涨，境内果陇乡的民田全部被淹，城楼、营房、炮台、衙署等多有倾圮，八月二十四日未时，水溢，淹毙男女16人，浸倒民房116间，晚禾绝收。

乾隆十六年（1751年）

△河南的部分州县与山东大部有较严重的水患发生。《清史稿》载："（八月）己未，赈河南商邱等十四县水灾；癸酉，赈山东邹平等五十三州县水灾。"由此可知水灾地域的基本情形。具体来讲，河南省的祥符（今开封）、中牟、新乡、汲县（今卫辉）、封邱、温县、辉县、阳武（今原阳）、武陟、孟县（今孟州）、河内（今沁阳）、修武、滑县等州县是水灾的所在地。譬如，六月时黄河在阳武县十三堡大堤决口，波及封邱、长垣、滑县等很多地方；卫辉府附郭汲县在五、六两月大雨不停，卫河涨漫三次，每次常数日不下，护城堤遂溃，城池受到很大损坏，城内仓库、民居深受淹浸之患；温县在六月二十五日大雨倾盆，平地水深数尺，大河漫溢，漂圮田庐无数；修武县在六月二十八日大雨如注，山水暴涨，沁河溃决，决溢之水汇入小丹河，导致此河在县城南门外决口，城内外深受其害，房屋田禾多被淹没。山东境内的水灾很大程度上是由于本年六月黄河在河南阳武县十三堡大堤决口导致的，一时间黄河大溜竟然脱离了夺淮入海的故道，而横穿运河，由大清河入渤海，从六月至八月皆然，由此导致鲁西、鲁北一带的大部分州县受灾。如范县（今属河南）"六月，河决阳武十三堡，范被灾"；平阴县黄河水溢，溃入大清河，沿河民居尽被淹没，县境西北一带禾稼尽伤，居民栖于高树之上，不火食者二十余日，

景象极惨”；肥城县也因为黄河决口，沿岸田庐尽坏；蒲台县（今属滨州市滨城区）同样深受黄河决口之害：“六月，河南阳武黄河决口，至八月由运河入大清河，弥漫四溢，沿河田庐尽没”；惠民、沾化等县也是大水汪洋。

乾隆二十二年（1757 年）

△水患重灾区分布在今河北中南部、河南大部。河北中南部很多州县的水灾显得颇为严重。五月二十九日漳水决入魏县城，庐舍颓圮，城市沦为沼泽；六月卫河决入大名县城，毁坏庐舍；八月东光县山水大发，平地水深尺余；其他如沧州、衡水、景州（今景县）、枣强、故城、永年、南宫、新河、清河等州县也均有水患发生。关于本年度河南省的受灾情形，民国《密县志》的记载比较清晰，其言：“夏四月，大雨，五月，逐次雨，越六月上旬，雨盛，遂大水。于是大河南北被淹州县凡六十有三，开、归、陈三属尤甚。”可以看出本年河南省的受灾面积遍及黄河南北的大半个省，尤以开封府、归德府、陈州府为甚。如开封府洧川县（今属尉氏）平地水深数尺，庐舍多倾塌，人死过半；仪封（今属兰考）的大水淹没县内田禾 1300 余顷；鄢陵县平地水深丈余，麦禾俱坏。再如归德府柘城县阴雨连月，水漫堤流，陆地行舟。陈州府附郭淮宁县（今淮阳县）六月大雨八昼夜，水与城平，漂没庐舍田稼，导致粮价大涨，人多饿死；商水县地势十分低下，邻近州县之水汇入该县，田园悉成湖荡；扶沟县内平地水深丈余，麦禾俱坏。黄河以北的卫辉府也是重灾区，汲县大雨三昼夜，沁河决堤，城内水深数尺，田庐淹没，封邱县大雨毁城，滑县城几乎也被大水冲坏。

乾隆二十六年（1761 年）

△华北地区大水灾

是年七月中旬华北大部地区发生了一场大暴雨过程，导致区域内发生史上罕见的大洪水。从史料记载来看，暴雨区北起汾河中下游，南至淮河上游的汝河，东北方向至海河流域的漳卫河一带，其中尤以三门峡至花园口区间的降水量最大。这次降雨所引发的洪水给黄河中下游造成严重灾害。

先看黄河中游。洛河支流涧河侧畔的渑池县从七月十五日开始，大雨四昼夜，河水大溢，冲圮城垣，漂没人畜屋舍无算。河南伊洛河下游夹滩地带平地水深一丈有余，其间的偃师县因洛水暴涨，冲城坏署，所存房屋不过十之一二。伊洛河洪水灌入巩县（今巩义）城内，汹汹有声，民皆走避。沁河与黄河交汇处的怀庆府境内也深受水患之苦，附郭河内县（今沁阳）境沁河、丹河二水交涨，决堤灌城，城内水深四五尺，四日乃退，漂没房舍十五六万间，溺死民众4000人，牲畜无算。修武县内平地水深丈余，灌入城内，乡间260处村庄房屋、庐舍、秋禾尽没，时人以为未见之奇灾。武陟县境内的洪水也冲入城内，一片汪洋，民谣曰“南山到北山，并无一里干”。济源县境内诸水并溢，人畜屋舍淹没无算。

黄河下游的灾情同样严重，河干南北两岸共计漫口26处，河南东部、山东西南部、安徽部分地区受到严重波及。河南柘城县因黄河水溢，阳桥城西水深丈余，村舍淹没，城池几不能保；太康县平地水深四五尺，漂没田庐；项城县境内黄河决灌入沙河，南岸崩，由颍歧口直入濄河，澎湃而南，人心大惧。山东西南部的济宁城在七月二十二这天遭遇了一场罕见的洪水恐慌，史载：“廿二日夕，云：水且大至。城外居民扶老携幼入城者络绎不绝，未几，又有走而呼者，四门尽屯矣。无何，大声起于西南，怒号砰湃，万窍俱鸣，盖已溃堤，抵城而没其半，当是时城外漂荡，城内惊扰。”城武县（今成武）因为七月时黄河在曹县决口，漫入县境，水势甚盛，最终溃堤入城，城内水深丈余，数日方退；金乡县在六月就发生过大水，七月时河决曹县，滚滚黄涛经城武县抵达金乡，逾越城南护堤而灌入城内，城几不守。此外，鱼台、宁阳、汶上、寿张（今属阳谷）等县也深受黄河水害，大水汪洋、田禾遭殃。安徽省内的亳州、寿州（今寿县）、凤台、颍上、五河等州县同样受到黄河洪水的巨大影响，受灾严重。

乾隆二十九年（1764 年）

△安徽南部、江西全省及湖北、湖南、福建、广东的部分地区普遍发生严重水灾。安徽省的灾区分布在长江干流沿岸，均是由于上游降雨导致江潮上涨所引发的灾情。无为州（今无为县）五月时倾盆大雨连绵不绝，江潮大涨，江水横流，圩田堤岸尽被大水淹没，漂荡庐

舍无算；安庆府附郭怀宁县（今安庆）六月的大水冲入南门，城内为灾；望江县境内江潮泛滥，大水进城，东西门内尤深；和州（今和县）六月时也是江潮大涨，浸没大量沿江庐舍；池州府附郭贵池县大水汪洋，市可行舟；长江大水同样冲入了建德（今东至）城内，市场内水深三尺，一月方退。江西省有明确记载发生水灾的州县达30余处，遍及省境南北，有些州县的灾情很令人关注。如浮梁县（今属景德镇）从正月就开始降雨，直至六月初三方止，境内的灾况是可以想见的；九江府境的大水历所未有，如下辖湖口县的大水，舟船可达县衙，彭泽县五月时大雨七昼夜，江水泛涨，漂坏民居甚多，县城水至儒学前，船可入市；饶州府附郭鄱阳县的大水，导致街衢为行船遮蔽；南昌府的进贤县四月大水封城，行船可至县衙，至十月始退；吉安府永新县四月大水深达数丈，冲决田庐无数；赣州府信丰县的大水涨入城市，深达两丈，江圩田庐多被淹没；南安府上犹县四月大水，平地丈余，城内外民居坍塌过半。本年湖北省有明确记载的水患州县大部分集中在长江干流两岸，具体有江夏（今武汉）、汉川、黄冈、黄安（今红安）、蕲水（今浠水）、蕲州（今属蕲春）、广济（今属武穴）、黄梅、武昌（今鄂州）、蒲圻（今赤壁）、监利、石首、沔阳（今属仙桃）、枝江等州县，均出现了不同程度的灾情。关于本年湖南省的水灾情形，嘉庆《湖南通志》载："湖南湘阴、益阳、巴陵、华容、武陵、龙阳、沅江、澧州、安乡、岳州卫等处，因湖水漫溢，居民庐舍田亩各有被淹。"这些州县全部位于洞庭湖周边，可见洞庭湖漫溢造成了这一地带程度不等的水患。除此之外，其他地域亦间有水灾发生，如衡州府的衡山县因降雨导致溪水陡涨，沿溪民房有被冲淹者；再如永州府宁远县因境内溪水大涨，近山民居漂荡如在江潮之中；又如武冈州（今武冈县）境内的高沙市在四月二十八发生大水，分防于此的州同衙门被水冲圮，漂溺居民300余人、庐舍500余间。福建省有明确记载的水灾州县有10余处，个别地方十分严重，如延平府附郭南平县四月时降雨不停，东西二溪猛涨，冲塌城垣78丈；与南平县相邻的沙县情形更为严重，四月的这场降雨导致沙溪大涨，洪水冲圮城垣62丈，冲倒民房1773间，淹毙男女14人；邵武府附郭邵武县城垣被大水冲塌20余丈，汀州府连城县洪水骤发，近城房屋人民漂荡甚多。史料记载的广东省受灾州县也达到了10余处，即广州、花县、曲江（今韶关）、始兴、英德、南雄、清远、阳山、连州、潮阳、顺德、开建（今封开）等州县，其中南雄州、清远两地的灾情很是严重。五月时南雄州大雨数日，河涨，水高数丈，县衙水深五尺，庐舍倒塌无算，男女被压死者千余人，田禾绝收；清远县五月大雨滂沱，水高数丈，房屋大量倒塌，男女多被压死。

乾隆四十七年（1782年）

△六月，四川省嘉陵江干流及其支流涪江流域发生严重水灾。先看涪江流域。这年六月，大雨连绵，山泉水发，十六、十七两日涪江暴涨，顷刻间水即高达丈余，潼川知府督率民众紧闭城池四门，以防大水涌入，但却归于失败，洪水冲入城内，奔注城隍庙中，城中男女皆奔避城垣之上，人心汹汹，环城之水将及女墙，不没者仅三版而已。整个潼川府境内的三台、中江、盐亭、射洪、蓬溪、遂宁六县均受灾，其中盐亭县水溢入城，衙署仓狱均被淹浸，官民逃至北门外的赐紫山，整个城市成为泽国；射洪境内的沿江庐舍、民田被淹甚众，遂宁县城北涪江洪涛冲啮。嘉陵江侧畔的苍溪、南部、合州（今重庆合川）、铜梁的灾情也很重。苍溪境内的嘉陵江堤防被冲决，位于东城门外一里的先农坛被水淹没；南部县城也因嘉陵江水溢，几乎全城覆没；合州城也被洪涛突破，坏城垣庐舍无数；铜梁城内同样是一片汪洋，大水由引凤门冲入，涨至文昌宫，街衢可通舟楫。

乾隆五十三年（1788年）

△长江大水

是年，长江发生全流域性的洪水。六月，川西发生大暴雨，与此同时，三峡区间和长江中下游也普降大雨，导致流域数省的大量州县被淹，灾情十分严重。四川的平武、绵阳、安县、内江、资州（今资中）、资阳、南溪、纳溪、合江、合州、丰都、万县（今重庆市万州区）、云阳、忠州（今忠县）等地都是大水汪洋，洪涛灌入城池、冲圮城垣、漂没民居禾黍，损失惨重。

相较之下，湖北省在整个长江流域数省中灾情最重，史料明确记载的受灾州县达36个。如武昌府城（今武汉）的大水两月不退，整个城市沦为沧海，学宫水深二丈，贡院不能乡试，百货只能由地势较高的忠孝门入城，史称“本朝未有之水”；汉川县内的田地堤垸无论高下一派汪洋，舟浮市上，淹死人民、倒塌房屋难以计数；武昌县（今鄂州）也被大水灌入城内，长江与梁子湖汇而为一；石首县内民居被疯涨的江潮漂没无算；枝江县在六月十九这天，大水入城，深丈余，民居倒塌无数，各洲堤垸俱溃。上述州县灾情虽重，但与荆州府城（即江陵县城）相比，又有天壤之别，史料记载该城的受灾情形说：“六月二十日，堤自万城至玉路决口二十二处，水冲荆州西门、水津门，两路入城，官廨民房倾圮殆尽，仓库积贮漂流一空，水积丈余，两月方退，兵民淹毙万余。号泣之声晓夜不辍，登城全活者露处多日，艰苦万状。下乡一带田庐尽被淹没，诚千古奇灾也。”一万余人在这场洪灾中丧命，绝对称得上是古今罕有之奇灾了。

位于长江中游南岸的湖南省洞庭湖周边州县，如巴陵（今岳阳）、临湘、平江、湘阴、华容、澧州（今澧县）、安乡、慈利、益阳、沅江等，也受到洪水的冲击，但受灾程度明显轻于湖北。以华容县为例，六月十九至二十二日，连日阴雨，上游湖北荆州一带的江水喷涌而下，复又因洞庭湖水漫溢，一时宣泄不及，以致境内堤垸被淹，田禾浸损。江西的受灾地域主要集中在赣北的南昌、饶州、南康、九江四府。如九江府瑞昌县的大水给安泰等乡以巨大打击，德安县也是大水成灾，湖口县大水汪洋，米价腾贵。南康府附郭星子县六月大雨如注者三昼夜，平地水深丈余，山洪暴发，多处出现山体滑坡灾害；都昌县大水入城。南昌府南昌县境内洪水肆虐，数月方退，田禾大面积绝收；武宁县的大水使得舟可入城，南门城楼倒塌。饶州府附郭鄱阳县的连日降雨，致使祁门山水大发，浮尸漂至饶河甚多；德兴县境内也出现人畜多溺死的严重灾情，据统计，淹毙男女大口178名，小口34名。安徽省的灾区也主要集中在长江沿岸州县，灾情相对较轻。需要提及的是，祁门县在五月发生过一次突发性洪灾，其虽不属于六月长江特大洪灾的范畴，但因灾情严重，特附述于此。这场洪灾具体发生在五月初七清晨的大雨停歇之时，此时县内东北诸乡山洪突发，致使城中洪水陡起三丈余，县衙前水深二丈五尺有余，学宫水深二丈八尺，冲圮谯楼、仓廒、民田、庐舍、雉堞数处，乡间梁坝皆被冲坏，百姓溺死者高达6000余人，史料记载此次洪灾说“祁邑屡遭大水，是岁尤剧”，这是很中肯的评价。江苏省长江沿线受灾较轻，应属一般性洪水。

乾隆五十九年（1794年）

△海河滦河流域大水灾

是年，海河滦河流域发生史上罕见的大洪水，灾情奇重。六月十七日，暴雨首先在海河北系的潮白河、永定河的燕山山区降下，六月十九日之后，暴雨区移至滹沱河流域及其以南的太行山迎风区，二十二至二十四日降雨强度加大，雨区也进一步扩大至滹沱河上游的山西五台、繁峙、代州（今代县）等州县，至二十六日降雨结束。其中滹沱河是降雨强度最大的所在，据测算，滹沱河出山口的洪峰流量为20000—27500m^3/s，为200年一遇特大洪水。

这场大暴雨波及的受灾州县达到100余个，重灾州县30余个，实乃史上罕见。如京师自六月十七、十八至二十五、二十六等日，连日俱有大雨，势甚倾注，道路俱经水漫。正定县滹沱河漫溢，逼近城池，漂没房屋，损伤禾稼，小孙村被大水吞噬，死者500余家。平山县滹沱河大涨，损毁民居，近河地亩尽被水冲沙压。井陉县的民居桥梁多被冲坏，西关西阁被大水冲走。定州境内唐河泛溢，村舍倾圮，男女流离失所，号泣之声震天。景州（今景县）大水，平地行舟。广平府附郭永年县境内洺水与滏阳河均决堤漫溢，水盈郭内，四关楼屋俱坏，浸城三分之二，坏城垣七十余丈。邯郸县的护城堤被大水冲决，洪水直入城濠，城濠不能容受，终致灌入城内，北门被淹淤，丛台行宫水深数尺，城内几成泽国。涉县在六月二十四这天，漳水泛溢，冲入南关，毁塌民居，城几不保。磁州（今磁县）境内漳河、滏阳河并溢，城不没者三版。除海河流域之外，直隶北部的滦河流域也受到波及，滦河大溢，州县受灾严重，禾稼尽淹，漂没田庐无算。

五、嘉庆朝

嘉庆朝凡25年，在这四分之一个世纪中，华北一带的潮河、滦河流域，北方黄河流域，南方长江、珠江流域均有严重水患发生，百姓房舍被毁，甚至身家性命付于波臣，官家衙署被冲，案卷全无，水灾对不少地方的影响是重大而深远的。比较来看，嘉庆五年（1800 年）、嘉庆六年（1801 年）、嘉庆二十四年（1819 年）3 个年份的水灾情形有必要重点记述。

嘉庆五年（1800 年）

△浙江、江西、福建、广东等地的不少州县发生水灾。浙江省部分地区在六月二十三日前后发生了一场严重水灾，导致重大的生命财产损失。如昌化县（今属临安）在六月下旬山水骤发，田禾被淹；建德县大水入城，早稻尽淹；武义县六月二十三日的大水致使沿河村居尽被淹没；永康县大水漂没田庐，近水居民溺死者无数；义乌县自六月二十一日开始，大雨三昼夜，山水暴发，平地水高数丈，山体滑坡 10 余处，田塌庐漂者不可胜计，城不没者三版；丽水县在六月二十三日，大水灌城，两天后方退，城内积尸无算；松阳县城中大水汪洋，舟可入城，漂没庐舍庙宇无数；遂昌县六月二十三日的大水，平地水深数尺，倒坏墙垣田地无数。

江西的灾区集中在省境中南部，时间则发生于七月中旬。如建昌府附郭南城县七月十五大水，涨漫至府衙前；南丰县的大水将城池东门外的惠政桥冲圮，乡间有全村无一椽存者，可见灾情之重；赣州府七月十六大水灌入府城，高达丈许；雩都县（今于都）七月的大水将城垣东西南三部分冲圮数十丈，城内民居被漂没者十之四五；会昌县七月十六大水灌城，城内低洼处，水与房檐齐平，民房倾塌无数，大水三日方退，烟火俱无，哭声盈路；宁都州（今宁都县）的灾情最为严重，七月十五日开始，大雨连降三日，州治西乡山水骤发，州城倾圮，境内共倒塌瓦房 18930 间、草房 1245 间，淹死民众 4392 人，无疑是古今奇灾了。

福建省的部分州县也发生了严重灾情，毗邻浙江省的浦城县就是一例，六月二十五日夜间，大雨倾盆，山水陡发，河流暴涨，二十六日清晨，南浦溪水高达二丈有余，县城被冲塌 280 余丈，乡间淹毙人口数以千计。福建省内其他州县的灾情多发生在七月十七日前后，以长汀、宁化、清流、沙县等县较为严重。如长汀县七月十七日大水，行舟可从城上入，县衙六房案卷冲没一空，漂坏官民田庐无算；宁化县城内水深丈余，桥梁皆圮，女墙塌陷，淹溺人畜田庐无算；清流县自七月十五日晚降雨，至十六、十七日夜不休，十七日夜间大水骤发，城内被漂去家户甚多，县衙大堂水深一丈二尺，十九日下午水始出城，清溪一带乡村淹没人家无数，死亡20余人；沙县七月十七日夜间大水入城，街衢水满，深丈余，县衙卷宗漂没殆尽，仓谷糜烂。

与福建接壤的广东潮州府境也在七月中旬时发生严重水灾，如潮州府附郭海阳县（今潮州）境内的大水致使晚谷不登，潮阳、澄海等县均是汪洋一片，禾稼受损；大埔县情形最惨，七月十六日韩江之水涨至城内学宫之前，两昼夜不退，至十八日，进一步涨至起凤门，城遂漂没，沿江居民皆露处屋脊，屋内所有财产尽遭漂没，流离失所，哭声不止，后来大水虽退，但惨状逾月不解。

嘉庆六年（1801年）

△海河滦河流域特大洪水灾害

是年，海河与滦河流域发生历史上罕见的特大洪水灾害。这场大洪水是由长时间强降雨导致的，降雨始于六月，连续40余日，其间有过3次集中的大暴雨，导致海河五大水系及滦河流域均暴发了大洪水，尤其以永定河、大清河为最。据调查，永定河卢沟桥段的洪峰流量达到9600m^3/s，为500余年来最大洪水；大清河北支拒马河在紫荆关段的洪峰流量达9400m^3/s，为200余年来最大洪水。

这场大洪水对流域内造成的灾害是空前的，超过乾隆五十九年（1794年）的破坏程度。当时海滦河流域有州县210个，被灾州县达170个之多，占全部州县的81%。受灾州县主要在东部平原地带，尤以北部平原为重。永定河洪水一出山口，即在石景山发生漫溢，漫口90余丈，卢沟桥水涨至二丈余，桥上栏杆石狮子被冲毁。京师地区受灾严重，圆明园宫门内外积水严重，永定门、右安门一带水势也极为浩大，房屋大片倒塌；南苑一带因处永定河故道，整片区域几成泽国，漂没田庐数百里，秋禾尽伤。承德府自六月初大雨五昼夜，宫门外水深数尺，屋宇倾圮者不可以数计。怀来县街巷水溢，壅塞不流，妫河大涨，冲断通济桥，田禾绝收，民无全屋；迁安县因滦河大溢，洪水淹没庐舍无数，卢龙、乐亭、滦州（今滦县）、抚宁等县亦概莫能外。定兴县因拒马河漫溢，城不没者三版。唐县井水多溢，城内水深数尺，日久生鱼；新城县（今属高碑店）在六月初二这天，山水暴发，熊虎多随流而下，百姓以木渡河避难，被盘于其上的大蛇毒死。正定县大雨40余日，滹沱河溢，漂屋害稼；藁城县也因滹沱泛涨，南境田亩尽被沙压；深泽县六月大雨，资河水溢，恰逢滹沱河也漫溢，折而北，两河相汇，田禾庐舍淹没无算。霸州、文安、大城等州县地势低洼，上游洪水来汇，灾情更重，如霸州境内人皆巢居，文安县因子牙河、大清河在境内肆意漫溢，水深竟达二丈有余，城不没者三版，百姓搬运货物以城头为渡口，乡间凡360余村沉沦水中，大城县平地水深亦达五尺，沿河地带房屋皆没。直隶南部的枣强县六月大雨连旬，河流骤涨，被水村庄颇多，县东水灾尤重，平地可以行舟；深州的大水致使官司庐舍多圮，田禾淹没，州衙因受大水浸泡，卷册漂失，往年事迹多致无考。位于海河尾闾的天津城受灾更是十分严重，城内汪洋一片，城郊也是水势滔天，水淹城砖二十六级，乃是明永乐二年（1404年）天津筑城以来的最高水位。

嘉庆二十四年（1819年）

△华北大部地区偏涝，灾区颇为广阔。六月时，直隶北部的潮河、滦河等地发生较大洪水，相关州县灾情严重，如密云、滦平二县雨后山水涨发，潮河上涨丈余，淹毙人口，冲塌房屋，据统计，两县被冲兵民瓦草房1738间，漂没221人；滦河发生漫溢，为害迁安、卢龙、乐亭等县。山西省的灾情发生在七、八两月。晋北的大同、怀仁、灵邱、河曲等县七月时大雨七昼夜，成灾严重；晋南的岳阳（今古县、安泽二县地）、太平（今属襄汾）、安邑（今属运城市盐湖区）、夏县、临晋（今属临猗）等地则在八月时秋雨连绵，冲塌河堤、损伤民田、冲坏庐舍，为害不轻。陕西省的灾情也在八月发生，长安县（今西安）、汧阳（今千阳）、安康、略阳、大荔、华州（今华县）、澄城、葭州（今佳县）等地均是水灾分布地，如长安县八月时淫雨41日，渭河大溢，冲没民田；华县秋雨41日，渭水冲崩大涨村200余户；汧阳

县的大雨导致城外河水暴涨，冲毁民宅，人有漂没者。河南省境的水灾是由黄河决口导致的，本年秋，黄河在考城、兰阳、仪封一带决口数十处，全河经涡水入淮河，旋又决于武陟县马营坝，沿线州县受灾严重。兰阳县城尽陷，哀鸿遍野；阳武县（今原阳）城被大水围困，几乎毁陷，城南北平地水深数尺；郑州、延津等县也是大水围城，滔滔黄水还冲入了开封的护城堤内，造成大水围城之灾；尉氏县因为黄河水溢，禾稼尽淹；扶沟县内各河堤埝被黄流冲决无算，太康县内之涡河系漫溢黄河经由之道，境内东北一带多被淹没；黄水进一步泛及鹿邑县境，平地水深数尺，坏庐舍无算。

六、道光朝

道光朝共30年，是我国古代时期的结束之时，也是近代时期的开端。在这30年中，中国社会发生了前所未有的重大变化，在导致社会变化的众多驱动力中，外国势力的入侵、本国小农经济的落后、统治阶级的闭关锁国政策与腐败无能，均是不容忽视的重要因素。同时必须要指出的是，灾害的多发也在道光时期中国社会转变之中扮演了重要角色，水灾就是这些灾害中最为常见的灾种，14个年份的水灾情势有必要缕述一番。

道光三年（1823年）

△北方的直隶、南方的长江中下游地区发生较严重水灾。对直隶地区来说，这年夏天，淫雨为灾，海河、滦河流域发生大规模洪水，百余州县皆成巨浸。如获鹿县（今石家庄市鹿泉区）六月的大水，冲毁民房无数。深泽县境内的滹沱、资河并溢，灾情严重。文安县洪水将遥堤冲毁，平地水深丈余。景州（今景县）境内的西河决堤，大水汪洋，城垣被淹及第十七层墙砖。新河县大雨三旬，河水骤至，浊浪高于城垣。清河县境内河流决口，平地水深丈余。滦河流域的水患也很严重，迁安县大水入城，卢龙县六月前后，淫雨40余日，滦河大溢，下游乐亭县境内的滦河也发生水溢事件，为害深重。

长江中游的湖北省部分州县发生水灾，黄梅县境内夏天大水，堤防尽溃，灾民聚于城内等候赈济，死者枕藉；江陵县境内江水泛溢，堤防溃决，鹤穴镇以下数十里平地成茫茫巨浸；沔阳州（今属仙桃）一带因郝穴决口，境内庐舍坟墓也尽被大水冲决。湖南省内的长沙、临湘、华容、蓝山、武冈、益阳等州县也发生水灾。江西省的水患波及范围和严重程度要超过两湖地区，有记载的水患州县有 18 个，如志书资料记载鄱阳县的水灾言："自五月初八日雨，至二十六日止，大水至府治仪门阶上，街市行船，圩乡夏秋无收。"可见灾情是十分严重的；余干县同样如此，经旬的大雨将各乡圩堤冲坏，西北二乡禾稼淹没殆尽。安徽省境内的水灾州县更是多达 30 余个，个别地带灾情奇重，如巢县（今巢湖）七月发生大水，圩堤溃决，庐舍尽被淹浸，城不没者三版，居民溺死无算；和州（今和县）同样如此，室庐倾颓，民众溺死无算；桐城大水，市内行舟，东乡一带漂没民居无数，水有至屋顶者；旌德县自四月中旬至五月二十日，大雨如注，日夜不绝，桥梁、道路、房屋被毁者不可计数。江苏省境内的灾情较之安徽可谓有过之而无不及，受灾州县亦达 30 余个，很多州县多见一年数灾的情况，灾情实乃史上罕见。如嘉定县的低乡地带水深及腰，村落浮于水面，宛若岛屿，史料记载县内"吴塘顾浦迤西，无田不水，无村不水，且无室不水，蛇寝于床，鱼游于釜，舟经户外，橹架堂中"。再如昆山县，在四、五月时水即大涨，至六月方渐趋消退，七月之时再降大雨，水势较四、五月更大，漂没田庐尸棺无数，实"百年来未有之灾"。吴江县灾情与昆山不相上下，县内低区积水数月不退，"询之故老，乾隆三十四年、嘉庆九年皆被水患，旋即退减，未有积水至五十日、久如今日者"，实乃罕见奇灾。

道光六年（1826 年）

△全国大部分地域普遍偏旱，但江西、湖南的部分州县在六月二十六、二十七两日却有十分严重的水患发生。江西省的灾情集中于袁州府、吉安府两府，如袁州府萍乡县六月二十六日夜大雨，江水大涨，东西两河坏田宅无数，死者以万计，城垣被冲倒者达百余丈；宜春县境内的袁江在二十七日时大涨四丈，城内水深四五尺，北门外大小店屋及学宫、学署、魁星阁等处俱被冲圮，淹毙者无算，乡间田庐人畜

伤损亦极多；与宜春相邻的分宜县灾情也十分惨重，二十七日这天，大水奔腾泛滥，大量田庐淹没倾圮，溺死者700余人，县城之中水深六七尺至丈余不等。吉安府安福县泸水大涨，沿江树木被连根拔起，田庐漂荡，大小桥梁皆圮，唯有凤林桥尚存；永新县沿河居民被漂没数千人，淹没田庐无数。

湖南省境内的水灾分布在东部与江西省毗邻的部分州县，如与江西萍乡相邻的醴陵县灾情就极其严重。六月二十六日中午时分，大雨如注，至夜间子刻江水大涨，平地水深陡增至丈余，城内衙署、仓库、科房、监狱坍塌无遗，知县也被冲入水中，爬至衙署之后的高树侥幸不死，沿河田庐漂塌不可胜计，淹毙民众914人。攸县也是一片汪洋，衙署仓监倒塌，文卷漂失不全，民房坍塌十之七八，淹毙民众501人。茶陵州城大水涌入，衙署仓监坍塌严重，四乡田庐皆被水淹，死亡民众458名。安仁县同样是田宅被毁，淹毙男妇无数。

道光十一年（1831年）

△长江流域及附近地区发生大水，灾情严重。贵州中北部的水患就很酷烈，省城贵阳在五月十五日夜，大雨倾盆，南明河溢，上及甲秀楼之半，濒河庐舍多倾。遵义府的桐梓县五月间昼夜大雨，城乡居民被灾者7916人，城沉于水。思南府附郭安化县（今思南）在五月十七日发生大水，漂没城外民舍数百户。

湖南省内的善化（今长沙）、临湘、湘阴、华容、湘潭、浏阳、邵阳、新化、沅陵、武陵（今常德）、龙阳（今汉寿）、澧州（今澧县）、安乡、桃源、益阳、安化等10余州县有水患发生。如华容县的大水将境内垸堤尽行冲溃，倒塌房舍、淹毙人畜无算，道殣相望。再如沅陵县在五月初就曾降下大雨，城内低洼处水深五尺有余，五月十五日时，河水再次大涨，城不没者二版，舟行市中。又如益阳县的灾情同样严重，由于境内山水暴涨，导致29人毙命。

与湖南一江之隔的湖北省的灾情也是让人揪心，灾区几乎覆盖整个江汉平原。湖北省城夏天遭受罕见水灾，城区舟行以通往来，平地水深丈许，城内半为洿池，时人称这是自乾隆五十三年（1788年）以来的最大水灾。孝感县的大水将治城以南的大片地域塑造为泽国水区。

黄陂县因为大水泛城，致使乡间饥殍遍野。汉川县五月二十四日大雨连绵，至二十九日洪水大发，人民尽徙于高阜之地，饿死者枕藉于道。黄安县（今红安）五月的大水灌入城内，城隍庙被损严重，城外大片民房被淹倒塌。石首县境内江堤大溃，饿死者大半。以上数例已足见湖北境内水灾的惨况。

江西省的灾区分布同样十分广泛，光绪《江西通志》卷首《训典》载此年南昌、新建、丰城等20州县被水成灾，实际上远不止此数，灾区实际覆盖整个江西省的绝大部分。现仅举数例如下：瑞昌县夏秋大水，城内水深二尺有余；彭泽县的大水也灌入城内，直达文庙之前；武宁县五月八日就曾发生大水，五月十三日更甚，近水田舍尽被淹没，自城南行舟可直达十字街；鄱阳县五月的大水将境内圩堤全数冲坏，至八月后始稍退；万载县五月之时大水倒灌入城，高过城垛丈余，漂毙人畜、冲倒房屋无数，田禾尽被水淹，六月二十九日县内六区再次发生大水，数十人殒命。

安徽省受灾州县也广及20余州县。无为州（今无为县）的大水将堤坝冲溃，民众奔避入城，城堞之间席篷相望。庐江县大水，圩田尽没。怀宁县夏秋多雨，江潮异涨，水位较之道光三年（1823年）深四尺许，宿松县与此相仿。天长县大水，圩尽淹，流民道殣相望。祁门县六月大水，舟行市上，溺死多人。

江苏省的水灾州县达30余处，遍及全省。譬如江阴县，夏季大雨盈尺，江潮暴涨，水高于田。扬州五月大雨，江潮涌涨，漂流人畜无数，六月十八日运河于马棚湾决口，次日张家沟复溢，高邮、兴化、宝应之田多被淹没，被水之处一片汪洋，灾民移徙，凄惨景况不堪设想。仪征县四月下旬大雨二昼夜，江潮涌涨，街市成河。

道光十二年（1832年）

△河南、安徽、湖北等省大水。河南开封自六月至八月，大雨不止，大水成灾；巩县（今巩义）八月洛水灌城，城内水深四五尺，街衢行舟，衙署仓廒庐舍皆圮坏，人民多有逃亡；封邱县七月大雨，房屋田禾多被淹没；阌乡县（今属灵宝）六月淫雨20余日，秋禾无收；宜阳县八月大雨倾盆者三日夜不绝，灾情严重。安徽境内大水成灾之

州县所在多有，如霍邱县的大水致使人民被漂没者无算；寿州（今寿县）、灵璧等县霖雨成灾，平地水深二尺有余，秋禾被淹；颍上县河溢，庐舍被漂没者过半。湖北省此年的灾情主要表现为水灾和疫灾，水灾州县达20余处，成为本年全国的主要水灾省份。譬如，麻城县大水横行，灾后乡民乏食，抢夺事件多发；钟祥县大水溃堤，堤外漫为巨浸；竹溪、郧县七月大雨七昼夜，田地无收；均州（今丹江口）八月，汉水溢入城池，水深七尺许，民宅坍塌无算；襄阳县汉水也溢入城内，船可入樊城；宜城县因为汉水漫溢，决护城堤10余处，冲溃城垣240余丈，乡间庐舍人畜禾稼被冲者无算。

道光十三年（1833年）

△珠江流域大水灾

是年，珠江流域发生全流域性大洪水，这年五月和七月，西江两次发生大洪水，东江和北江也发大水，造成流域性水灾，贵州、广西、广东等省均遭受洪水灾害。贵州省古州厅（今榕江）五月三河水涨，州城内外公署、民房及庙宇、鼓楼漂没无数，城外商民登屋呼救，啼哭之声不绝，共淹毙男女100余名。广西梧州府城（今梧州市区）坐落于西江之畔，五月的大水将府城之南薰门淹没，秋七月再发大水，灾情如前；同样濒临西江的藤县五月、七月两发大水，平地水深二尺，淹没民舍田禾无数；浔州府附郭桂平县五月之时南北两江水涨入城，县境之田园庐舍淹没无数；平南县之西城墙被龚江洪水冲圮。

相较贵州、广西两省，广东省的灾情最为惨重，西、北、东江下游及珠江三角洲有20个州县受灾。如广州府附郭南海、番禺县境（今广州）在五月之时大雨倾盆，田禾被淹，围基溃决几尽，至七月时再降大雨，城中低洼之处水深丈余，高亢之地的水深也有四五尺，坏屋溺人无数。顺德县在五月十七这天发生大水，桑园围崩决，乡中一夜大水数尺，至六月十四日乃退，十六日起连日大风、霖雨，二十日西流复涨，至八月初旬乃退，倾塌房屋600余家。龙门县五月大水，坏田庐无数。英德县自三月至七月，水涨15次，禾稼绝收。大埔县五月二十七日，大水为灾，水浸入城，八夜不退，境内百侯乡顷刻成巨浸，淹塌大土楼三座、铺户100余间，大小房屋无数，淹毙男女 200 余人。肇庆府附郭高要县在五月时，大水溃堤 21 处，坏民庐万间，淹田 30 余万亩，至七月十一日大雨倾盆，复涨如前，堤决殆尽，坏庐舍无数。阳春县七月大水，淹没田禾庐舍无算，境内水患以此年为最。

道光十四年（1834 年）

△直隶境内的不少州县，南方的江西、福建、浙江等省的部分地区发生较严重水患。直隶正定县六月时发生水灾，大水高二丈许；永年县六月时大雨倾盆，洺水溢岸，决西堤数十丈，大水停蓄于城郊，浸城三分之二，坏庐舍无算；平乡县七月大水，城东河决，城西堤决，二水相汇，冲塌北关护城堤。江西省在本年有 24 州县被水成灾。譬如南昌县五月时大水异常，乡间各圩尽坏，水势之盛，父老皆言自清立国以来所未有；赣江之滨的丰城县夏天的大水将河堤冲决殆尽，漂没庐舍无算；临江府附郭清江县（今樟树）四月时久雨不停，江水陡涨，堤多冲塌，坏民庐舍；新淦县（今新干）大水将城垣冲坏；吉安府附郭庐陵县（今吉安）夏天大水，漂没人畜无算；万安县的大水将濒临赣江的城垣冲塌；南安府上犹县五月时阴雨连旬，江水大发，澎湃汹涌如若滔天，城池被淹。浙江省的部分州县也发生了严重水灾，如杭州府的仁和（今属杭州）、钱塘（今属杭州）、海宁、富阳、余杭等地均是灾区；严州府的建德、分水（今属桐庐）在五月时淫雨连旬，田庐漂没无算；湖州府归安县（今湖州）境内五月时的水灾也十分严重，如南浔镇、双林镇等地因为连日大雨，田圩被淹，陆地行舟，禾稻大半被淹，长兴县也是如此；台州府太平县（今温岭）在七月十四这天大雨滂沱，平地水深数尺，县衙大堂竟被冲圮。福建省很多州县的灾情同样严重，民国《福建通志》载本年“闽中大水，不没者二版，人畜多没死”，这指的是福州城的大水灾，可见其严重之状了；崇安、浦城、邵武等地四、五月间淫雨不止，河水暴涨为灾；建宁县六月十九日发生大水，冲坏溪桥、田庐无算；沙县在五月十二日大水入城，十三日大水又入城，城内顿成泽国。

道光十九年（1839 年）

△湖北、湖南、江西等长江中游地区和两广地区均有不少州县遭

受严重水灾。湖北省的大冶、汉川、云梦、黄冈、黄梅、兴国（今阳新）、武昌（今鄂州）、钟祥、京山、监利、潜江、沔阳（今属仙桃）、公安、松滋、枝江、郧西等地均有水灾发生。湖南省的长沙、平江、武陵、兴宁（今资兴）、永兴、巴陵（今岳阳）、郴县、安仁、耒阳、衡阳、永定（今大庸）、安乡等州县均是水灾发生地，有些地方灾情奇重，如安仁县，七月中旬时，连日大雨，洪水冲塌田地300余亩，坏市宅民房50余栋，沿江人畜漂没者不知其数；郴县在六月十八这天，洪水高达九丈，屋宇被冲，禾苗尽无。江西境内有20余个州县被水成灾，如鄱阳县大水汪洋，圩堤尽淹，低乡民众多有卖儿鬻女者；余干县夏秋大水，县境北部田禾绝收；定南厅四月时发生大水，溪河泛滥，漂没民庐数百区。

广东省的曲江（今韶关）、乐昌、英德等北江沿岸县份在六月十八这天发生严重洪灾，曲江城（即今韶关市区）南门被大水浸淹；乐昌城内水甚深，泷船避入城内，两日始退；英德也是洪水肆虐，汪洋一片。广西省的武缘（今武鸣）、上林、宾州（今宾阳）、迁江（今属来宾）、永宁州（今属永福）、归顺州（今靖西）等地在四月时发生了严重水灾。譬如武缘县的大雨导致东江暴涨，水浸城南，郭外弥漫汪洋，百姓攀树以避之；上林县自四月二十一日至二十四日，连日大雨，水涨山崩，冲坏大量民房；宾州四月二十日起，淫雨连日，大水汹涌，州境淹没田禾、漂流房屋、冲坏桥梁无数，个别村落甚至少有人存，造成百姓严重伤亡；迁江县的大水冲塌城池，并将城内学署及民房200余间冲坏，乡间田禾被淹；永宁州大水入城，明伦堂、学署尽圮，乡间田亩民房多被冲塌；北流县四月初三大雨滂沱，扶来发生山崩，白马墟沿河民居被淹，男女被溺死者甚多；归顺州四月时的大水导致河水暴涨，泛滥洋溢，民房倒塌殆尽。

道光二十年（1840年）

△四川大部发生罕见大水灾，同时，山东西部、长江三角洲一带也是水灾严重之地。这年八月，四川境内发生了一场持续多日的大面积暴雨，嘉陵江北碚洪峰流量达到52100m^3/s，长江干流宜昌洪峰流量超过71000m^3/s，给30余州县造成重大灾情，主要分布在嘉陵江流域

及附近地区。汉州（今广汉）七月二十九、三十暨八月初一日，连日大雨，洪水淹及汉州城腰，漂没房屋、涝损田地、淹毙居民无数；中江县大雨绵延40余日，损失极重，秋潦大涨，淹没城身，护城堤存者十不一二；内江县八月初三大水入城，桂湖平街水高尺余；资阳县八月初二下午，雁江水暴涨，东、西、南三城门皆被淹没，至次日早上，城内仅有县衙尚存，舟船往来城垛之上，居民争走高阜以避水；铜梁县八月初三的大水将城池淹没，会龙街可通舟楫。以上数例已足见灾情之严重。这一年的六月，山东峄县（今枣庄市峄城区）、陵县（今德州市陵城区）、临邑、德平（今属临邑）、东平、滋阳（今兖州）、滕州、济宁等地均有较重水患发生，譬如峄县大雨30余日，平地水深丈余，大量房屋被淹没。江苏的水灾主要集中在苏南长江三角洲一带的近20个州县，如丹徒县五月时淫雨不止，山水泛滥，为害甚重；金坛县五月时大雨五昼夜，水势暴涨，建昌圩堤决，村落被害严重；太仓县的双凤里六月时大雨成灾，高乡多淹；无锡县六月时大雨兼旬，圩田溃围；宜兴县六月的大雨导致洪水大发，圩乡多没。

道光二十一年（1841年）

△黄河在祥符县（今开封市一带）决口，经涡河入淮河，淹没河南、安徽23州县，浩渺弥漫，民众流离，悲惨景象不可名状。譬如河南开封城被滔滔黄水灌入，为害惨重；通许县因为黄河决口，县内平地水深数尺，房屋倒塌，秋禾淹没，县民苦不堪言；睢州（今睢县）、鹿邑、淮宁（今淮阳）等地均遭到黄河决口的巨大影响，禾稼大伤，民多逃亡；安徽的亳州、蒙城、颍上、太和、凤阳均受到黄河决溢的影响，洪水泛滥无归，为害深重。安徽境内的某些州县因大雨导致严重的洪涝灾害，如潜山县夏天发生大水，城垣几被冲没，水不浸者三版，堤坝多溃；舒城县山水暴涨横流，漫入城市，道路断绝。此年湖北江汉平原的大部分州县也发生大水，民众流亡者达30余万人。如英山县五月十一日洪水暴发，平地水深数丈，县衙房舍倒塌，沿河庐墓市镇多被冲压，溺毙居民数十人。江西省南昌、新建、进贤、鄱阳、余干、万年、星子、都昌、建昌、德化（今九江）、德安、瑞昌、湖口、彭泽14州县被水成灾。如瑞昌县秋季水灾严重，邑人程氏作诗

言："君不见去年水过今年水，茫茫巨浸深无底，瀼溪东北百万家，田庐没入洪波里，春夏苦雨无麦禾，八口之家将奈何。"可见受创之惨；再如余干县四月大水，圩堤溃决，低乡农田绝收，民众将家当售卖殆尽，更有卖妻以苟活者。

道光二十二年（1842 年）

△江西、福建、广东交界地带特大水灾

是年，江西、福建、广东三省的交界地带发生了一次十分严重的水灾，时间集中在七月初七、初八两日。江西雩都县（今于都）七月初八大水灌城，县境漂没田庐人畜无数；会昌县在七月初七这天大雨滂沱，至黄昏时分强度更大，湘、绵二水暴涨，城中水深数尺，乡间田庐多被其害；瑞金县七月初七骤雨倾泻，夜半时分洪水泛涨，城内深数尺，漂去田庐甚多。福建省长汀县七月初八大水骤发，漂没民房，溺死民众甚多；龙岩州七月初八山洪暴发，州城西郊几成泽国，城垣多有倾塌，田庐人畜被淹没者众，"为从来稀有之水灾"；永定县七月阴雨连绵，数日不止，导致山洪暴涨，居民庐舍、墙垣、商店多有倒塌，沿河地带被灾尤甚。相较之下，上杭县的灾情更加让人惊心动魄，同治《上杭县志》载称："道光二十二年壬寅，水灾之为祸，烈也。七月初七戌刻，雨倾注不止。初八日午后，河水涨甚，人家杂物漂流无数，有原架房屋从上河直冲而下。西南角地稍低，未刻水已入城，庶未几而平地水深尺余，未几而民居尽为水溢，城内沟水倒喷而出，如烟云散漫，倾刻而满。迄三鼓，水或七八尺，或满丈余不等，城中墙垣倒塌之声彻夜不绝耳。及天明，水仅退二尺，至申未退五尺余。十一日始退尽。"另有资料记载在此时水灾中，仅上杭城内就死亡数百人，乡间更甚，旧县张姓 80 余口全被淹没，"为从来未有之奇灾"。广东省嘉应州（今梅州）七月时大雨倾泻，洪水为灾；大埔县七月初七晚间，大水涌起，城内汪洋，稍退之后，初八大水再至，及至十二日方才退去；长乐县（今属五华）七月铁场河大水，大洋田一带田庐多坏；兴宁县七月初八大水突至，冲坏城西北墙垣丈许，城内倒塌祠宇房庐甚多。

道光二十三年（1843 年）

△黄河中游特大水灾

是年，黄河中游发生大规模洪水。六、七月间，陕西、山西境内长时间降雨，导致黄河水位猛涨。主要的暴雨区集中在黄河中游河口镇至龙门区间的两侧支流，陕县（今三门峡）出现了洪水流量 36000m^3/s，黄河干流潼关至小浪底（今河南孟津县境）河段出现了千年来的最高洪水位，有民谣形容这次大洪水说："道光二十三，黄河涨上天，冲了太阳渡，捎走万锦滩。"至六月二十六日黄河于中牟县决口，约 40 余州县遭受严重波及。史料记载六月二十六日决口之后，中牟县东北一带地尽成沙，死人无算，数百村庄覆没；陈留县城被洪涛冲没，县衙案卷被毁；黄河决溢之水淹没了睢州（今睢县）、扶沟、鹿邑、淮宁（今淮阳）、西华、项城、商水、鄢陵、郾城、临颍、叶县、太和、颍上、蒙城、亳州等大批州县，在淮阳境内，漂没民庐无算，在西华县境内淹没 600 余村庄，在安徽太和县内，黄河之水冲没民舍，县城被洪水围困。在中牟县决口处以上河段的一些州县因为高强度的降雨，也是重灾区，如河南灵宝县七月十四日中午，黄河暴涨，城西门外水深丈余，漂流房舍树木无算；嵩县境内伊河支流高都河水溢，高数丈，逼近城堞，坏东北关居民田墓庐舍无数；山西平陆县在七月十四这天，河水暴涨，溢出河道五里余，境内受灾；垣曲县七月时黄河溢至县城南城垣砖垛，次日始退，淹没无算。

道光二十八年（1848 年）

△湖北、湖南、江西、安徽、江苏等地发生大范围水涝灾害。本年湖北省有水灾记录的州县达 30 余个，宜城、光化（今属老河口）两县大雨，平地水深数尺，溺死居民无算；江夏城内（今武汉）水深丈许，舟泊小东门；黄陂县城也被大水冲圮，东西北三面城垣尤甚；云梦县六月初四山水暴发，县境河堤尽溃；黄州府城（今黄冈）大水汪洋，淹至清源门；黄梅县大雨连旬，堤防尽溃，县城东西南三门可驾舟出入；广济县（今属武穴）龙武堤溃，溺死居民无数；通山县夏天大水，漂荡庐舍禾苗无算；武昌县（今鄂州）大水，江湖汇而为一，多人溺死；大冶县四月至六月，多大雨，大水横流，民庐被淹，恰遇

风起，房舍倾倒之声不绝，严重程度超过道光十一年（1831年）；江陵县受到汉水溢岸的影响，东南境被淹严重；监利县五月时昼夜大雨，长江之水与大堤相平，十八工堤溃，民物荡然；松滋县五月十六日车老湾堤溃；枝江县大水入城，洲堤尽溃。

湖南省的受灾州县有20余个。很多地方因为霖雨不止，田谷生芽，收成大减，如长沙县境内七月大雨，至八月初六始停，田禾大片倒伏，谷生芽；浏阳县五月时大水三至，坏田庐甚众；临武县六月之时大雨两昼夜不止，溪水暴涨，沿河桥梁街店多被冲决；沅陵县四月时发生大水，洪涛淹至县城文庙墙外。

江西省的受灾州县也达到20余个。不少州县灾情奇重，省城南昌就是如此，六月时积雨不停，中旬赣江之水泛涨，鄱阳湖水逆流而上，泛滥南昌县境，至七月时水势益盛，十七、十八两日恰遇大风，县内东北境民居庐舍尽坏，民众随屋漂泛，淹毙者难以计数，“前此甲午年之水，老辈已云国初所未有，此番自八月下旬水渐退，后以各处水痕计之，较甲午年为更高三尺”，可见已是清朝立国以来最严重的一次了；进贤县境北部庐舍漂没，民无居所，城内大街泛舟以通往来，县衙之内的头门至二门之间水深三尺，监狱积水严重，不得不迁移犯人以避水，“数十年来未有大于斯者”；九江府城（今九江）夏日积雨，江水陡涨，府城西门可驾舟出入，积水迟至秋末方才回落，在七月十七至十九日期间，狂风大作，民房尽被拆毁，淹毙无数；瑞昌县夏秋大水，城内水深四尺有余；义宁州（今修水）七月十一日夜，风雨大作，河水暴涨，平地水深数丈，漂没田庐无算；鄱阳县的大水比道光二十四年（1844年）更甚，低乡地带农田颗粒无收；余干县在五月就遭到水灾打击，七月的灾情更加严重，十七、十八两日同样受到大风冲击，进一步加重灾情，西北两乡漂没民居无数。

安徽的灾区也很广阔，怀宁（今安庆）、桐城、宿松、望江、东流、建德（今东至）、宣城、南陵、贵池、铜陵、当涂、芜湖、繁昌、无为、庐江、含山、和州（今和县）、五河皆发生大水，淹没田庐人畜，灌入城市之内，积水有深达丈余者。譬如庐江县大水汪洋，水淹城市，民居倾圮，经冬不落；建德县境内江水涨入城市，深七八尺，乡间泛舟，矮屋皆没。

江苏省的灾区几乎遍及全省，重灾州县所在多有。如高淳县的大水使得境内圩堤尽没，村落沉沦，船达于市，民众溺死者甚多；江都县（今扬州）的大水一年三至，江湖并溢；长江岸畔的仪征县也是年内遭受数次水灾打击，大水由南门灌入城内，乡间田庐漂没，居民浸于水中百余日，十病八九；靖江县六月二十日江潮泛涨，漂没庐舍，淹毙民众无数；阜宁、盐城、山阳（今淮安）、清河（今淮阴）等地因为运河水涨，为保护运河，遂将东岸五坝开启，诸县境内遂成汪洋之区，田庐淹没，民众流离。

道光二十九年（1849年）

△长江中下游地区大水灾

是年，湖北、湖南、江西、安徽、江苏等长江中下游地区再次发生严重水灾，浙江省灾情也十分严重。湖北省的受灾州县足有40余个，遍及全省，很多州县的受灾程度可以说是空前的。譬如，湖北省城夏季淫雨不停，城内水深丈余，洪水与长江连成一片，所有城门皆关闭，舟船可停泊于小东门，“从来所未有也”；大冶县自正月至六月期间的百余天中淫雨不止，大水泛滥，城内低处水深足有丈余，船只遍行于市，“此盖从所未有之灾也”；汉川县上半年亦淫雨连月，五月时长江、汉水并皆大溢，庐墓漂荡，全境俱没；云梦县在正月十三至五月下旬，淫雨相续，田禾无收，五月以后，雨势更大，河水横溢，平原行舟，东南境庐舍漂没、田地沙淤者十之五六；黄梅县正月十八至三月初六，小雨48日，麦苗多萎，四月十三至六月初九，大雨55日，街市行舟月余，阖城漂荡，城垛之间可停船垂钓，“为数百年所未见”；咸宁县灾情同样空前，坏民庐舍无算，北城之上水深五六尺，可越城垣泛舟而入，实乃千古奇灾；兴国州（今阳新）大水入城，八座城门皆被水浸，坏庐舍无算；武昌县（今鄂州）一片汪洋，江湖汇为一体，舟行城上；蒲圻县（今赤壁）城市舟行以通往来，漂没田舍无数；公安县春夏淫雨连绵，米价奇贵，乡间出现人相食的惨剧，尸骸枕藉。

湖南省的灾情较之湖北稍轻，但很多地方淫雨数月，沅、澧、湘、资等流域均发生大水，受灾州县达20余个。三月至六月，沅水、澧水流域降雨连绵数月，上游的永顺、保靖两地大水入城，永定县雨潦成灾，斗米千钱，民众无所得食，被迫以泥土、鞋底、鼓皮为食，城根寺内饿死者每日常数十人；下游的武陵（今常德）、安乡水位暴涨，堤垸皆溃，漂没民居无数，安福、石门等县境内也是大水成灾，禾稼无收，饥民塞途、饿殍载道；湘江流域的巴陵（今岳阳）、湘阴、长沙、湘潭等地也发生大水，湘阴县内城乡可通舟楫，湘潭县流民载道，饥疫并行；资江流域益阳县大水，米价陡涨，民食草根度日，草根罄尽，继食白泥，美其名曰“神仙粉”，乡间饿殍相望于途。

江西省有20余州县受灾，不少地方的灾情超过道光二十八年（1848年），譬如南昌城六月大水，水位比去年高四尺余，被灾奇重；彭泽县城不没于水者三版，比道光二十八年（1848年）高三尺余，民多饿死，史称“奇水”；鄱阳县境内的低洼之乡，大水可漫过屋檐，甚至有整座房宇被水吞没的情况，水位比去年大三尺余；余干县也是如此，“大水较旧岁更甚三尺，舟行树杪，西北乡早、晚绝粒”。另有一些州县同样灾情奇重，如九江府附郭德化县（今九江）积雨成灾，水浸街道，高与屋檐相齐，城内府衙、县衙之前可泛舟往来，居民逃亡淹毙者无数；瑞昌县因为春夏淫雨，平地水深丈余，居民庐舍多被倾圮；湖口县大水冲入城内，县衙大堂水深数尺；赣州府信丰县四月初二日河水暴涨，城不没者三版，民庐倾圮，三天后大水始退。

安徽省的受灾州县也达到20余处，大水冲没田庐人畜，灌入城市，有入市深丈余者。比较来看，有些州县的灾情超过道光二十八年（1848年），实乃史上罕见，譬如长江右岸的和州（今和县），大水灌入城内，淹倒公廨民庐无算，一月以后始退出城，乡间圩田尽没，“数百年来水患莫此为甚”；太湖县境内江潮泛滥，滨湖农田房舍淹没无算，“为前所未有”；潜山县五月时大水滔天，素来不曾被水淹浸之农田也未能幸免，皆被淹没，“数百年来无此水也”；当涂县全境圩堤破决，城内水深丈余，“为空前巨灾”；庐江县境内江潮倒灌，水没城垣，泛舟可行于城堞之上，经冬不落；桐城县自正月初八至六月三十，阴雨不绝，水位较道光二十八年（1848年）还高五尺，实乃“奇灾”；

宿松县洪水较道光二十八年（1848 年）高三尺七八寸，淹没田舍无算，可乘舟入市；芜湖县平地水深丈余，民众可由南门城头上船，米价腾贵，民多饿死。

江苏省有 30 余州县遭受大水冲击。南京城大水，平地水深丈余，民房仅露屋脊，城中街区瓜皮小艇来往穿行；高淳县五月初八、初九两天，大雨倾盆，平地水深丈余，超过去年六七尺，一片汪洋；昆山、太仓、吴江等县的灾情皆超过了道光三年（1823 年）；无锡县五月十三日起，连绵淫雨，顿致大水成灾，五里街积水盈尺，一片汪洋。

浙江省的受灾州县有 20 余个。譬如嘉兴府海盐县五月大雨连旬，平地水深数尺，田禾尽淹，史载："平地舟行河中，今日船摇宅上，农室倾坍，市店闭歇，尸浮累累，哀鸿嗷嗷"，可见灾情之重；平湖县五月时淫雨积旬，东湖三水自东门灌入，持久不退，乡间田禾被淹惨重；石门县（今属桐乡）四月间阴雨连绵，至闰四月十四日大雨如注，如此者 10 天，河水溢岸，平地涌水数尺，一望如湖面；湖州府附郭乌程县（今湖州）境内也是长时间阴雨，田禾尽没，百姓剥榆皮为食，有杂以沙糖者，食之辄死；长兴县的灾情比道光三年（1823 年）时更大，平地水深四五尺，田禾尽没；安吉县大水入城，冲倒城墙数十丈；余姚县在芒种之后，大雨积旬，川泽皆满，平地水高三尺，百姓泛舟乞食，往来如织。

道光三十年（1850 年）

△八月中旬，浙江中北部发生史上罕见的大水灾。杭州一带八月十四日大风雨，昼夜不绝，天竺山洪水大发，大树被连根拔起，山谷摧陷；萧山县八月十四日午后，西江塘坍塌，洪潮灌入，田禾尽淹；平湖县在八月十三、十四两日，大风雨不止，湖水骤涨，水位较去年还要高出一尺；海盐县八月十三日的大水致使"人民淹没者无虑数万"；奉化县八月十三日大风雨，终日不止，山水暴发，平地水涨数尺，损坏田庐无算；上虞县八月十四日大水，江塘圮坏，沙湖塘决，无量闸圮，平地水高数丈，城中水深六七尺；嵊县（今嵊州）八月十四日大雨，次日平地水深数丈，舟行于城堞之上，庐舍人畜漂没无算。

七、咸丰朝

咸丰朝共11年，在有清一代属于灾害频率较低的时期，水灾也相对较少。但是具体分析起来，在有些年份、某些区域，水患情势却是十分严重的，可大讲特讲之处不乏其例。具体来说，咸丰三年（1853年）、咸丰六年（1856年）、咸丰十年（1860年）3个年份有一些地方的水患情势就需要详细缕述。

咸丰三年（1853年）

△北方直隶以及南方湖南、湖北、江西、福建、浙江、广东的不少州县均遭受较为严重的水患灾害。直隶一带的水灾多发生于六月和七月，受灾州县达50余个。如正定县六月时大雨数昼夜，滹沱河暴涨，威逼城垣，最终于二十五日由东南门水倒灌而入，城内遂成巨浸，滹沱河沿岸村庄受灾甚重；获鹿县（今石家庄市鹿泉区）五月初十、六月二十四、七月二十五，皆大雨，山水陡发，损坏民舍无数；井陉县的大水同样发生在六月二十四日，大雨之后，洪水冲去村庄地亩无算；栾城自七月初六日雨，至二十三日方止，塌毁民舍无算，禾穗生芽；霸州大水，浸城数月，城垣坍塌三十九段；完县（今顺平）大水，饥民遍野，出现人相食的惨剧；宁晋、隆平（今属隆尧）、南宫、巨鹿等县七月中旬大雨七昼夜，房屋倒塌无算，平地水深数尺，倒塌民房无数；北部滦河流域也发生严重洪涝，卢龙、抚宁、滦州（今滦县）等地五月时大雨连旬，平地水深数尺，麦田绝收。

本年度湖南省的受灾州县约有10余个，茶陵州城就遭受大水冲击，民间田地被淹；酃县（今炎陵）的灾情也十分严重，六月十九日时，大雨如注，平地水深数丈，冲塌民庐，百姓被淹毙无数，沿河粮田漂荡一空；永兴县的大水比道光十九年（1839年）时还要高出五六尺，为害倍之；湖南最南部江华县的灾情也是很严重，七月初一这天，境内东西二河大涨，淹及县城南门，仅较嘉庆二十三年（1818年）时略减一二尺。

湖北有记录的受灾州县也是10余个，宜昌府长乐县（今五峰）六月二十五日至二十八日，大雨倾盆，昼夜不绝，山体崩塌，压坏大量民居；湖北西北角的房县、保康、郧西等县因为六月时连续七昼夜降雨，致使河流暴涨，成灾严重，房县被大水冲坏田庐无算，县城西城墙被冲倒100余丈，学署东斋房冲塌殆尽，民房倒塌数十家，城内水井多满，保康县东沟大水灌城，南关街道冲淤，居民庐舍漂没。

大水给江西省的30多个州县造成不同程度损失，灾区范围是很广阔的。星子县六月时大雨7日，田禾匍匐于地，颗粒竟至生根发芽；广信府弋阳县东南部自五月起，连续降雨达90余日，造成已收之谷物霉烂，未收者在农田中生芽；鄱阳县秋日发生大水，城垣被冲圮；宜黄县三月时降下暴雨，百姓穷檐茅舍避漏无所，有藏于床榻案桌之下以避者；庐陵（今吉安）、泰和等县六月时积雨连旬，大水汹涌，田禾稻谷生芽变质；赣州府的雩都县（今于都）六月时淫雨不停，三十日洪水大发，七月初一，大水灌城，官民遭殃；安远县三月二十三日夜间，大雨如注，山水骤发，平地之水陡涨数丈，冲倒城外民房店铺无数，“数十年来水灾，惟是岁为甚”。

福建省的水灾州县达20余个，不少州县灾情严重，且集中于六月。譬如霞浦县在六月时洪水经旬不休，山崩地陷，田园悉成沙砾，庐舍漂圮，饿殍遍野，“为数百年未见巨灾”；长乐县六月十九日大风雨，禾稼严重受损，县城南城墙损坏者十之八九；莆田县也是大水汪洋，城乡受创；上杭县六月时淫雨17日，大水浩瀚，城西一带水深与百姓屋檐相齐；永定县六月洪水为灾，各村庄稻田被废甚多，东关之水涨至荡盘街数尺，楼店尽倒，舟船可泊于东城口，沿河军民受灾甚惨。此外，连江县在四月时大雨10余日，山水倾泻，冲塌庐舍田园无算，灾情也十分严重；福安县七月时东西二溪之水溢入城内，大量民居漂没。

浙江省同样有20余个州县遭受洪水之灾，大部分水灾也发生于六月。譬如诸暨县六月十七日，大雨七昼夜，大水为灾；临海县六月时江潮怒涨，平地水深一丈五六尺，居民露处屋脊之上，人畜尸体、五谷腐烂，臭不可闻；黄岩县六月十八日大雨猛降，山水暴涨，禾稼淹没，平地水深丈余，弥月不退，民多溺死者；太平县（今温岭）六月大雨倾盆，城外白浪如潮，水位高至丈余；永嘉县在六月十七至二十六日期间，大雨十昼夜，水溢满街，坏庐舍无数；青田县六月时大雨十昼夜，山崩水涌，漂没田庐无算，人多溺死；景宁县六月时同样大雨十昼夜，县内五都竹埠村后山发生山体滑坡，压毙 73 人，令人唏嘘不已。

广东省也有 20 余个州县受灾，基本发生于六月，少数在七月。韶州府附郭曲江县（今韶关）六月二十日夜，大水浸城，南门一带深一丈余，西门深五六尺，东北门深三四尺，城内只有府署、县学、宫高街等处未被大水浸入，北江两岸田庐被淹无算；大埔县六月二十日大水涨发，浸入城内文庙，二十七日始退；兴宁县六月大水，矮车坝及泥陂浸塌房屋甚多，“从前未有也”；乐昌县的水灾发生于七月，因为秋雨淋漓，武水涨发，涌入城中，深一丈有余，三日始退，城垣崩塌数处。

咸丰六年（1856 年）

△吉林中部发生大规模洪水。据调查，今第二松花江的洪峰流量达 15300m^3/s，为百年一遇级别，此外，拉林河、辽河也都发生了大洪水。因为吉林省当时地处边陲，历史文献记载较少，民国《永吉县志》载：“六、七两月间，霪雨，松花江水溢，温德亨河决口，水浸省城，北极、致和、德胜三门外尽成泽国，淹没田庐无算。”民国《梨树县志》载：“大雨水，昭苏河溢，东北一带水深三尺。”《开原县志》载：“咸丰六年夏，大雨，河水泛涨，水深丈余。”从这些记载中，已能揭示出这次洪水灾害的大致情况。

咸丰十年（1860 年）

△长江中上游重大洪水灾情

是年，长江中上游发生大规模洪水，灾情严重。五月下旬，金沙江、三峡区间、乌江、清江和沮漳河及荆江一带都普降大雨，据气象学者推估，本年湖北宜昌段洪峰流量达 92500m^3/s，超过百年一遇级，强降雨形成的洪水冲开了荆江南岸的藕池口，形成藕池河，大量泥沙随洪水进入洞庭湖，对江湖关系的变化产生了深远影响。

四川、湖北两省的不少州县遭受严重水患。四川省的綦江、屏山、酆都（今丰都）、酉阳、奉节、万县（今重庆市万州区）、巫山等州县的灾情就十分严重，如酆都县长江之水溢入城内，冲塌城墙200余丈；巫山县大水入城，顺城街市多半倾圮；綦江县五月二十六日大水，六月初三、初四日连涨，城堤被冲坏数丈；屏山县五月二十七日江水涨入城内，至次日，淹至县衙门口石狮子脚下，城厢内外浸淫渐没，仅存圣庙街，二十八、二十九两日，水势更大，淹至禹庙亭楼头檐，三十日，水势进一步上涨，至午后才渐渐消退，“此千百年未闻奇涨也”。

湖北省的监利、石首、江陵、潜江、公安、松滋、东湖（今宜昌）、宜都、枝江、长阳、归州（今秭归）、巴东等沿江州县均遭到超强洪水的冲击。如公安县的大水高过城垣二尺许，百姓栖息于屋脊之上达数昼夜；松滋县五月二十六日高石碑溃，此时大浪滔天，百里长堤岌岌不可终日；宜昌府附郭东湖县大雨如注，日夜不绝，江水骤涨，突涌入城，平地深者六七尺，城内仅府衙、考院未被水浸而已；枝江县在五月二十五日夜，西门城决，大水灌入城内，自西而东横扫一过，从东门涌出，民舍漂没殆尽，沿江炊烟断绝，灾民嗷嗷，“邑数百年未有之患也”。

八、同治朝

在清代后期诸朝中，同治朝是水患多发重发的时期。长江流域多次发生大范围的严重水灾，华北北部不少向来降水稀少的州县也在同治时期发生了严重水患。《中国灾害通史·清代卷》统计同治朝13年间共发生水患71次，每年平均发生5.5次，这一数据是明显偏低的。在同治时期，有些水灾的波及面很大，给地方社会经济发展造成了不可估量的影响。同治元年（1862年）、同治三年（1864年）、同治六年（1867年）、同治八年（1869年）、同治九年（1870年）、同治十年（1871年）、同治十一年（1872年）、同治十二年（1873年）的水灾状况有必要一一展开记述。

同治元年（1862年）

△六月二十三日左右，湖南澧水流域发生一次十分严重的洪涝灾

害过程，澧州（今澧县）、安福（今临澧）、安乡、慈利、石门等地的灾情均异常惨重。澧州六月二十三日的大水，冲入城内，冲坏民庐无数，被溺死者达千余人；安福县的大水将城垣冲圮，桥梁冲塌，庐舍多损；慈利县境内二十三日雨势甚大，江水暴涨，地形低洼之处尽成泽国，漂没居庐牲畜器具无算，百姓逃至屋顶号哭呼救，凄惨异常；石门县境内的澧水暴涨二丈，大量房屋被冲漂一空。

同治三年（1864 年）

△七月，广东省不少州县遭受史上罕见的严重水患打击。如惠州府附郭归善县（今惠州）境内七月十日大雨一昼夜，江水暴涨二丈有余，县城雉堞尽没，江对岸的府城西门不没者尺许而已，“论者谓是年水灾更惨于乾隆癸巳云”；东莞县七月十四日大雨，水暴涨，城垣坍塌数段；嘉应州（今梅州）七月水灾之甚，“自乾隆乙未至此再见云”；潮州府附郭海阳县（今潮州）水灾发生于七月初六，这一天云赤如日，顷刻大雨滂沱，韩江水涨，高与城齐，堤防溃坍甚多；饶平县自七月初七至七月十五大雨不停，各处民房楼舍倒塌甚多，山体滑坡者所在多有；沿海的潮阳县七月初六大水，城外水深三四尺，奔涌入城，直至大成殿，“水灾莫此为甚”；揭阳县七月初八水潦大至，平地水深尺余，初九渐退，十二日又大雨，十三日夜间复涨，城内外一片汪洋，至十七、十八两日水势才逐渐回落，“为百年来所罕见”。

同治六年（1867 年）

△汉江流域特大水灾

八月，汉江流域发生罕见洪水，暴雨中心主要有两处，一处位于沔县（今勉县）、汉中一带，另一处在大巴山的岚河、任河及堵河流域，是一场全江性的特大洪水，据测算，安康河段洪峰流量达30000m^3/s，为百年一遇级。

沿江很多州县遭到严重水灾。如陕西洋县八月开始霖雨 40 日不止，河流泛滥，位于县城以西的苏村全被淹没；定远厅（今镇巴）八月十六日大水滔滔，石虎坝尤甚；洵阳县（今旬阳）的大水漂没蜀河沿岸市廛甚众；兴安府附郭安康县大水更加严重，洪涛冲决护城东堤，灌入城内，民房、官舍冲没殆尽。再如湖北省郧阳府附郭郧县八月十六至十八日大雨不停，汉水骤涨七丈有奇，灌入府城，坏公私庐舍，三日方退，城内一片狼藉；均州（今属丹江口）城也被汉水灌入，城内水深数尺，三日乃退；谷城县在八月十九日时大水，汉水沿岸庐舍被漂流殆尽；汉水溢至襄阳府城的东南门外，漂庐舍、害稼穑；安陆府附郭钟祥县八月大水暴涨，二十一日丑、辰两刻，孔家庙狮子口外圩垸被冲溃，巳刻，法华庵、刘家店等堤防也出现溃口，漂流房屋、淹毙人畜无算。

同治八年（1869 年）

△安徽、江西、湖南的很多州县发生水患。安徽省近 20 个州县发生大水，灾情严重。如和州（今和县）的大水溢至城郭，坏民舍，溃圩堤；太湖县夏天时阴雨连绵，濠水涨溢，永绥门城圮数十丈；潜山县夏秋大水，冲没田庐无算；南陵县五月大雨，此后连绵数月不止，各圩禾苗沉没，颗粒无收；建德县（今属东至）大水肆虐，城内市口泛舟以通往来，数月方退。江西省的受灾州县达到 40 余处，不过程度有轻重，有些州县的灾情值得关注。譬如德化县（今九江）自夏徂冬，水涨 200 余日，长江北岸堤防溃决；彭泽县境内江水漫溢，船可入城市，县民饿死者众；修水岸畔的义宁州（今修水）五月十九日晨，大雨如注，崇乡五十三、四、五都顷刻水高八九丈，波涛汹涌，石裂山崩，庐墓田园漂没无算；鄱阳县的大水与道光二十九年（1849 年）时相埒，圩堤尽没；高安县四月大水，舟行于市，濒河民房多被冲倒；宜黄县四月初八夜，大雨突降，山水暴涨，陂堰皆决，淹溺 30 余人；雩都县（今于都）与瑞金县四月初的大水均灌入城内，乡间田禾庐舍被冲没无数。湖南省有 20 余处州县受到不同程度的洪水冲击。如省城长沙一带四月时连日大雨如注，城中水深数尺，墙屋倾圮无算，灾情之重与道光二十九年（1849 年）无异；平江县四月时的大水坏民田庐，二十六日县南白水一带山洪暴发，山体崩塌 200 余处，水从崩处涌出，平地数丈，溺毙居民 16 口；醴陵县四月二十五日河水暴涨，平地水深五六尺至丈余不等，坍塌屋宇、冲坏田禾无算；溆浦县四月二十五日时大雨如注，溪水陡涨，庐舍、桥梁漂荡倾倒者无数。

同治九年（1870 年）

△长江中上游罕见特大水灾

六月间，长江中上游发生罕见的特大洪水，据文献记载和调查资料分析，洪水主要来自嘉陵江和重庆至宜昌段三峡区间，暴雨区表现为自西而东缓慢移动的特征，致使干支流洪水发生遭遇。据推算，长江宜昌段洪峰流量高达 105000m^3/s，这一流量是南宋绍兴二十三年（1153 年）以来最大的一次。这场特大洪水给四川省 20 余州县、湖北省 30 余州县、湖南省 20 余州县造成严重灾害。

就四川省而言，很多州县的水灾记录可谓是破纪录式的，譬如民国《江北县志稿》载："长江大水以同治九年庚午为最重，庐舍人畜损失当比道光年间大水尤甚。"夔州府（今奉节）城垣民舍被淹没大半，仅存城北一隅，人畜死者甚众。合州（今合川）大水入城，深四丈余，城不没者仅北郭一隅，登高四望，竟成泽国，各街房屋倾圮几半，城垣倒塌数处，大水涌入州衙之内，直达二堂，阶梯为满，"洵国朝二百余年来未有之奇灾也"。涪州（今涪陵）城垣被长江之水浸灌，不没者一版，城外民房被淹几尽，漂流 200 余间。酆都县（今丰都）全城淹没无存。同治《万县志采访事实》对长江之水一步步吞噬万县城垣的过程有着详细记载："六月十五日，江水泛，十六日，没河岸，十七日，啮城根，十八日，及县署照墙，十九夜子时，大雨彻宵骤涨，平明县地陆沉，道路断绝，舟船阻碍不进，民舍、庙宇、木树、禾苗、人畜、什物杂踏蔽江下，妇孺老羸负载奔走。"今日读来依旧让人惊心动魄。巫山县城垣民舍淹没大半，仅存城北一隅，百姓奔逃溃乱。云阳县江水大泛，浸灌城池，沿江被灾奇重，"近古所罕"。

就湖北省来说，一些地方的灾情也十分严重。譬如归州（今秭归）的大水致使民居毁坏无算；东湖县（今宜昌）境内因为大水为灾，饥民达到 2 万余人；枝江县城堞尽坏；松滋县境内江堤溃决，洪水泛滥，漂流屋宇人民田禾无算，城墙溃五丈有余，磨市全被水淹，百里之遥，几无人烟，"诚数十年未见之巨灾也"；江陵境内大江陡涨，日高数尺，城郭之外四里皆成泽国水界，堤不没者仅三版，人心惶惧；公安县则因松滋、江陵两地江堤俱决，县内山峦高冈宛在水中，水漫城垣数尺，压衙署、庙宇、民房倒塌殆尽，“数百年未有之奇灾”。

湖南省灾情相对轻于四川、湖北两省，但也有严重之地，湘阴县的大水就是如此，境内围堤无一存者，“历年以此为最”；华容县诸垸皆溃，舟行城中。

同治十年（1871 年）

△直隶大部、山西中北部发生严重水患灾害；云南省的 10 余个州县也有严重水患发生。直隶、山西的水灾发生于六月至八月间，尤其集中于七月下旬至八月上旬。直隶一带的受灾州县多达 60 余处，灾区之广，这在以往是很少见的，境内永定河、滹沱河、拒马河、清河、运河、澧河等河流或决或徙，生灵涂炭。如平谷县山水暴发，农田冲损，人被冲溺者甚多；天津自六月始即雨多晴少，城中水深五尺许，民屋倾圮，地面塌陷多处，深不见底，乡间百姓逃至天津城内，小人从赈济之中趁机肥己，难民因之病死者十之三四；静海县境内各河涨发，平地水深一丈及数尺不等，陆地行舟，禾稼淹没，房墙倒塌者过半；正定县六月至八月大雨百日，滹沱河漫溢三次，城门皆倒，村庄禾稼被灾甚重；获鹿县（今石家庄市鹿泉区）七月二十七日始，大雨七昼夜，坏民房无数；怀安县七月底大雨，连阴七八日，庐舍尽颓，压死人无数；霸州七月二十七日至八月初四，淫雨八昼夜，大水汪洋；新城县（今属高碑店）七月底八月初淫雨七昼夜，坏民房屋无算；景州（今景县）七月下旬大雨七昼夜，房屋尽漏，人无住处；处于低洼地带的文安县灾情更重，自七月二十八日始，大雨七日，河堤尽废，村落成墟，平地水深丈余，民户减去十之八九。

山西省境内的天镇、灵邱、怀仁、广灵、浑源、马邑乡（今属朔州市朔城区）、左云、崞县（今原平）、河曲、神池、平遥、寿阳、乐平乡（今昔阳县）、文水、汾阳、孝义、阳城、陵川、屯留、解州（今属运城市盐湖区）、芮城、永济等州县均有水灾发生，尤以晋北为最，时间集中于七月下旬至八月上旬。譬如灵邱县七月大雨七昼夜，民舍塌毁无数；怀仁县大雨昼夜不止，平地水流成河，居民房屋浸倒无数；左云县七月二十八日起，大雨昼夜不止，至八月初十始晴，城堡有坍塌者，民房皆倒；马邑乡自七月二十四日始，大雨十日不止，房屋倒塌者十之八九；崞县七八月间淫雨月余，滹沱、阳武等河皆溢，沿河禾稼尽淹；神池县七月大雨七日方止，民屋半坏。

云南省部分州县在五、六月间发生严重水患灾害。六月时昆明发生大水灾，河流陡涨，东南城不没者数版，浸坏东城小鼓楼，圮民房无数，出入城门皆以舟济，越六日方才退去；安宁州五月开始，大雨40余日，河水涨泛，城中乘船，两月方退，沿河民居倾圮，田禾尽没；东川府附郭会泽县夏天淫雨连旬，大水漂禾，平地水深数尺，淹至城门之外，经月始退；嵩明州大雨连绵，洪水暴涨，举目泽国；大姚县五月河水暴涨，署中房屋被水淹没。

同治十一年（1872年）

△直隶中北部再次发生较为严重的水患，受灾州县达到30余个，有些地方灾情严重。密云县七月时潮白河泛涨，浸城邑，白河石坝被冲塌30余丈；静海县夏秋之间，雨注如绳，大清河溢岸，怒涛骇浪，县堤受到威胁，乡间秋禾被淹；六月二十八、二十九日正定县大雨不停，滹沱河涨溢，平地水深三丈，浸灌城垣，被灾者80余村，城外西南关一带因为紧邻河道，受灾尤重；晋县（今晋州）六月二十九日大水汪洋，平地深七八尺，漂没庐舍十之七八；祁州（今安国）夏秋之交大雨数昼夜，滹沱河涨溢，滋河堤埝溃决，田庐淹没；望都县七月大水涨发，禾稼淹没，是岁大饥；文安县大水汪洋，谷价腾贵，乡间百姓十室九空。六月时，北部的滦河流域也发生大水，滦河溢，卢龙县境内平地水深二三丈，滦州（今滦县）平地水深达丈余，受灾深重。

同治十二年（1873年）

△六月中下旬，四川省嘉陵江流域、中江等地的一些州县发生了严重水患。譬如射洪县六月十九日江水泛涨，沿河两岸禾棉稻谷被冲刷成灾；遂宁县沿河两岸冲坏田地房屋无算，人民淹毙甚多；六月十九日中江县的大水冲入县城北门，城内汪洋，绵州（今绵阳）、罗江、安县等地皆出现大水入城的灾情；资州（今资中）六月二十日发生大水，州城南北门、小东门均被大水浸灌，东西两门水深数尺，城内街道低处可以行舟，沿江一带禾稼无收，房屋俱坏；铜梁县六月十九日

时遂宁河水涨发，二十日关溅河水涨发，两河洪水相遇，加之连日大雨，波涛汹涌，水声如雷，至二十一日天明时分，灌入城内，街道衙署立成汪洋一片，淹毙人畜、冲倒房屋、损坏禾苗无算。

九、光绪朝

清王朝及至光绪时期，已是黄昏日落时分。这30余年之中，外忧内患联翩而至，自然灾害也是如此，光绪初年的“丁戊奇荒”就是众人皆知的史上罕见的特大旱灾。就水灾而言，频率相对旱灾虽然为低，但可称严重者仍然俯拾皆是。光绪元年（1875年）、光绪四年（1878年）、光绪八年（1882年）、光绪十一年（1885年）、光绪十二年（1886年）、光绪十四年（1888年）、光绪十五年（1889年）、光绪十六年（1890年）、光绪二十一年（1895年）、光绪二十六年（1900年）、光绪三十年（1904年）、光绪三十一年（1905年）皆有可资一述的严重水患发生。

光绪元年（1875年）

△六月十五日，在黄河河口镇至红门区间东侧的蔚汾河、湫水河、三川河等支流，发生了一次局地性的特大暴雨洪水，据气象学者调查，临县湫水河林家坪段流量为7700m^3/s，今柳林县三川河后大成段的流量为5600m^3/s，均属近百余年来的最大洪水。根据少量方志记载，当时造成的灾情是十分严重的。光绪《永宁州志》载：“六月十五日卯刻，东北二川同时暴涨，水高三丈，漂没村舍地亩无数”；民国《临县志》记载：“夏六月十五日迟明，大雨如注达旦，湫河暴涨，漫灭无涯，冲没河堤河神祠，水不及女墙者数尺，城内二道街房屋均被水伤。”

光绪四年（1878年）

△五月下旬，浙江、江西、安徽三省的部分州县发生了一次严重洪涝灾害。建德县的大水持续了两天，对城垣造成了很大威胁，桥梁道路多被冲塌，沿河田禾被毁者不少；诸暨县的大水致使湖泊埂决，禾稼尽淹；新昌县五月二十二日时，大水从青阳门冲入城内，潘家桥

至北庙一带一片汪洋，冲坏围墙民居无算，积蓄三日始退；兰溪县城也被大水冲入，水高三四尺，百姓多登屋脊以避之；开化县城在五月二十五日被大水灌入，不得不关闭城门以御之，乡间堤防多毁坏；常山县在二十五日这天，大水入东城门，百姓升屋以避，东乡沿河田庐皆被淹没。安徽婺源县（今属江西）五月二十五日洪水暴涨，城内文庙前水深五尺有余，南门月城倾圮，漂庐舍，淹田禾，坟墓之中的尸棺被漂流者无算。江西德兴、弋阳的灾情也很重，德兴县在五月二十五这天，洪水陡发，高五丈有余，田地被砂石积压，房屋被冲毁，溺死人畜无算。

光绪八年（1882年）

△五月，安徽、浙江等地发生了两次高强度暴雨，第一场暴雨发生于五月初一至初五期间，暴雨区位于大别山和皖南山区；五月二十三日皖南山区和浙江杭嘉湖地区再次出现大面积暴雨。暴雨区内的很多河流，如大别山区的巴河、浠水、皖水和皖南山区的青弋江、水阳江以及钱塘江上游，均暴发了近百年来仅见的特大洪水，给两省的很多州县造成严重灾情。民国《怀宁县志》载：“五月，蛟水起英（山）、霍（山），由潜山漫溢入太湖、宿松、望江、怀宁五邑，冲没田庐冢墓，淹毙人畜无算。”宿松县大水坏城，潜山县境内水头高数丈，城墙崩溃数处，城门被漂入长江，各处堤坝无一完整者，淹死人民无算，霍山县境内人畜同样淹毙无数，禾稼尽淹；宣城县平地水深丈余，坏庐舍，人畜溺死；婺源、宁国、歙县、南陵、贵池等地的灾情均属异常严重。浙江兰溪县五月初五，大水涌入城市，水头较之光绪四年（1878年）还要高二尺；浙江衢州五月初四大水自西门入府城，水深三尺，同时给乡间田庐禾稼以及人畜造成很大危害；五月二十三这天，杭州一带洪水暴发，双溪镇人有溺死者，田庐淹没；于潜县（今属临安）五月二十三日大雨滂沱，洪水陡发，平地水深丈余，大量田亩淤废；嘉兴、嘉善等县在这天风雨大起，水深盈尺。

光绪十一年（1885年）

△珠江流域大水灾

五月和七月，珠江发生波及整个流域的大洪水，给广东、广西等省的大量州县造成严重灾害。广东省西、北、东江下游及珠江三角洲近20个州县受灾，有些地方灾情极其严重。广州城就曾两度被淹，五月之时，广州城旁侧的西江大涨，城西水深一尺有余，附郭南海县境内（今广州）基围十决其九，七月大水导致的灾情更重，倒塌房屋及溺死者无数，许多百姓避居于观音山及城垣之上。东江流域的英德、清远、阳山等县灾情也很重，譬如英德县五月初五端午节这天，大水猛涨三丈余，浸入县衙仪门之内；西江流域及珠江三角洲一带的西宁（今属郁南）、高要（今肇庆）、四会、鹤山、高明、顺德等县同样灾情严重，譬如高要县五月初八这天西江大涨，至十二日水溢堤面，决堤21处；高明县五月大水泛滥，水势汹涌，各围尽决；四会县五月初四、初五两日大雨，江水骤涨，围基漫决，坏民房、淹牲畜无算，百姓也有淹毙者。

广西省西江流域的大部分州县均受到不同程度的打击。如桂林府全州四月底五月初之时，连日大雨，大水入城，水深数尺或丈余不等，小南门外公私庐舍均被水淹，乡间禾稼受创严重；灵川县五月的大水，城不没者仅一版，淹坏人畜、庐舍、田地不计其数，“父老谓二百余年所未有”；桂林城在五月初二时被大水浸灌入城，城不没者数版。平乐府境内的贺县（今贺州）、昭平等地灾情也很重，贺县江河大涨，山体滑坡，田禾屋宇被毁坏无数；昭平县多处山崩，大水苍茫，田宅淹塌，有人被屋压死。西江干流上的来宾县江水盛涨，城池被淹；浔州府境内的桂平、武宣、平南等县因濒临西江，受灾也很重，平南县部分地段田禾漂荡殆尽，坏民舍数千家。

光绪十二年（1886年）

△七月，北方的滦河流域和南方的浙江、福建等地均发生了较为严重的水灾。滦河流域的灾情发生在七月二十一日左右，其间流域内经历了两次历时短但强度很大的暴雨天气，滦河暴涨，据测算，今滦县段的洪峰流量达到35000m^3/s，为百年一遇特大洪水。对滦河中下游造成了十分严重的灾害，根据文献统计，迁安、卢龙、滦州（今滦县）、昌黎、乐亭5州县受灾村庄达1072个，受灾人口16万余人。卢龙、滦州两城均被大水灌入，尤以滦州城的灾情最为严重，史料记载

称："七月二十一日，滦河横溢，较九年更甚，奔涛入城，曲巷皆通舟楫，御滦门不没者半珪。东西瓮城外墙颓数十尺，关乡号呼之声达于城内，人情汹汹，莫知所措。"

浙江、福建的灾情发生于七月十三至十八日之间，浙江省是主要灾区，受灾州县有10余处。如寿昌县（今属建德）境内禾稼尽漂；兰溪县自七月十五日即大风狂雨不止，至十八、十九两日，大水入城，沿河一带禾苗尽漂；衢州府附郭西安县（今衢州）七月十三至十五日大雨倾盆，十六日大水入城，溺死人畜无数；遂昌县大水肆虐，坏田亩数以千计。福建省的建宁府城（今建瓯）七月十八日被大水灌入，乡间庐舍田园漂流无算；建阳县七月十八日大水入城，城内一片汪洋，东南门一带水与屋檐相齐，东北乡民房墙垣倾圮无数；崇安县城也被大水灌入，东北门附近居民漂荡，乡间田庐、桥梁、农作物多有损坏。延平府北部七月十五日大雨倾盆，十八日大水涨入府城，城外东溪沿岸漂流房屋无算。邵武府境内的灾情也较重，邵武县的灾情在七月十九日发生，桥陂田舍多有圮毁；光泽县境内北溪大涨，决田庐，淹人畜，城堞四隅各被冲圮数十丈。

光绪十四年（1888年）

△辽宁东部罕见特大水灾

七月，辽宁东部发生历史上罕见的特大洪水，这次洪水起因于农历六月末至七月十二日的3次暴雨过程，暴雨中心在鸭绿江下游一带，其他河流如大洋河、浑河、太子河、辉发河等流域也有强降雨发生，据测算，大洋河沙里寨洪峰流量为15600m^3/s，鸭绿江荒沟段流量达44800m^3/s，均为百年一遇特大洪水。

这场洪水致灾范围大，灾情重，受灾区域计30余州县，很多城池被大水冲入，百姓生命被殒，房屋田禾被冲，为害深重。民国《奉天通志》记载这次灾情说："秋七月，奉天城及各属水。本年六月间即传闻朝鲜义州大水，鸭绿江盛涨，加以本境秋雨连绵，两事相值，江河并涨，岩壑奔流，水势异常汹涌。浑水又与兴京苏子河接近，下与辽河之水同时泛滥，遂至安东、通化、兴京、凤凰城、承德、辽阳、海城、盖平、岫岩等厅州县俱罹巨浸。计自东边迤逦至西南营口、牛庄等处，绵亘千里，都成泽国。询之耆老，佥云此次水灾实为百数十年来所未有。”由此可知这次水灾的波及范围之广与为害程度之烈。举例来说，譬如岫岩厅一带，自七月初一起，大雨七昼夜，河水涨发，南境沿海一带被淹尤剧；辽阳州平地水深丈余，高丽门外城砖被没十三层，大量农田被淹；盖平县（今盖州）大水冲坏田庐，人畜漂没甚多；兴京厅（今属新宾）在此次大水之后，境内苏子河以南全沦为水区，区域发展进程大大受挫。

光绪十五年（1889 年）

△浙江省大部分州县遭受较严重水灾，尤以浙北杭嘉湖绍宁五府之地为重。在时间上可以分为两个阶段，第一阶段是七月二十六、二十七两日的强降雨导致的水灾，第二阶段是八月至十月长达 40 余天的连续降水导致的水灾。如杭州府昌化县（今属临安）自秋八月起，淫雨 49 日，稻芽长至尺余，农家大受损失；富阳县在七月二十八这天，富春江洪水自桐庐县滚滚而来，县南一带堤堰尽圮，九月间又淫雨 40 余日，秋禾悉坏。嘉兴府嘉兴县八月至十月淫雨 40 昼夜，田禾淹没，西南境尽成泽国，嘉善县也是如此，田禾尽淹，腐烂绝收；平湖县的长时间降雨，致使境内水溢丈余，收成大减。绍兴府萧山县八月至十月，淫雨 47 日，田禾霉烂；余姚县七月二十七日洪水暴发，冲决堤塘，坏庐舍无算，八月至十月又降雨不止，田禾歉收，饥民四起，诸暨、上虞、新昌等县尽皆如此。台州府境内的临海、太平（今温岭）、仙居等地的灾情也同样严重，仙居县平地水深丈余，灾后发生大疫；太平县七月二十六日大雨如注，城垣崩塌 140 余丈，淹死百姓七八十人。

光绪十六年（1890 年）

△海滦河流域大水灾

五、六月间，海滦河流域经历了多次暴雨天气过程，发生流域性洪水，尤以海河北系为重。据调查，永定河卢沟桥洪峰流量达 $6000m^3/s$，滦河、潮河、大清河、子牙河等河流也都发生大洪水和较大洪水。约有 100 余个州县受灾，其中通州等 55 州县为重灾区。李鸿章在本年十月十四日的奏章中说：“查顺直各属，本年夏间霪雨兼旬，连宵达旦。

边外及邻省诸水奔腾汇注，汹涌异常。永定河、南北运河、大清、潴龙河及任邱千里堤，先后漫溢多口。上下数百里一片汪洋，有平地水深二丈余者。庐舍民田尽成泽国，小民荡析离居，凄惨万状，灾象之重，为数十年所未有。”其中京城灾情极为严重，可谓是百余年来最严重的一次水灾，档案资料载称：“京师此次大雨为近年所未见。……闻被水以后，该民人等或栖身无所，或觅食艰难，实有朝不谋夕之苦。……彰义门（即广安门）、南西门（即右安门）外一带，平地水深丈余，洪流淹浸之处，室庐十不存一。……查嘉庆六年永定河水陡发，大兴、宛平地面多被水患。永定门、右安门等处灾民多至二万余人。……今京城被水情形与嘉庆六年大略相似。”天津城的灾情也十分严重，《闻见录》载：“津门自五月晦日霪雨连绵，至六月初三四日大雨倾盆，夜以继昼，几如倒泻银河，津城内外倒塌房屋多于恒河沙数。津之四属尽成泽国，河北大街至钞关水深三四尺不等，闸口以上直至虹桥子并洋货街水深一二尺不等，马家口海大道至南围子一望无际。总督行台衙前水深三尺，海运公所门前并高丽、浙江会馆前皆水深二尺余，大街小巷一片汪洋。”其他州县如滦河流域的迁安县，城池被滦河灌入，西城垣南段坍塌数十处；霸州全境皆水，乡间百姓纷纷逃入城内避难；固安县境内因为永定河决溢，水灾奇重；文安县境内水深一丈八九尺，全境田禾尽没；曲阳县河水骤然涨发，冲刷田亩、坟墓甚多。

光绪二十一年（1895 年）

△六月，山西南部出现长时段、高强度降雨天气，众多州县发生严重灾情。平阳府附郭临汾县大雨连朝，山水暴涨，汹涌的波涛将桥梁冲毁，行人苦之；岳阳县（今安泽、古县地）阴雨连旬，房屋倒塌无数；浮山县连日大雨，城内出现大面积地面塌陷；襄陵县（今属襄汾）境内汾河泛涨，汾河以东的不少村庄田庐被淹甚多；绛州（今新绛）在六月十八这天，境内汾河、浍河暴涨，房屋倒塌无数，发生严重的城市内涝，府君巷被大水冲淹；临晋县（今属临猗）六月大雨，坡水暴发，冲毁官民庐舍数百间。

光绪二十六年（1900 年）

△五月底六月初，闽江流域大水浩荡，灾情十分严重。譬如福建浦城县五月末大雨滂沱不止，至六月初二，溪流暴涨二丈有余，境内木桥悉数被毁，人口也淹毙不少，县城墙垣被洪涛冲决数丈；建宁府（今建瓯）六月初一时大水冲击府城，百姓可泛舟越城墙而入，城内东南一带尽成泽国，漂没民舍三千余家，溺死数十人；南平县先是五月末时大雨连日，至六月初三夜间大水泛涨入城，高丈余，境内房舍被漂没无算；建阳、政和、古田、永泰等地的灾情也较为严重。

光绪三十年（1904 年）

△六月，黄河上游及川西北发生严重洪灾。六月初一至初六，甘肃兰州一带连日大雨，黄河暴发洪水，有些地方水深四丈有余，十八家滩、什川、条城、靖远等处房屋庐舍皆被冲没，近郊田园屋宇冲塌无数，登城遥望，几为泽国，灾民多至万余。洮河也发生水溢，洮州民舍被损严重，农田大量被冲。渭河也暴发洪水，武山县城垣被渭河洪涛冲去 40 余丈。四川西北部的一些州县在六月时也有严重水灾发生。如崇庆州（今崇州）境内江水盛涨，堰堤多被冲决；叙永厅六月十五日发生大水，墩子场庐舍被漂没殆尽，200 余民众被淹死；乐山县铜河一带大水横流，上下数十沙洲尽遭淹没，人民逃于高处，架木为巢，凄惨无比。

光绪三十一年（1905 年）

△长江上游的不少州县发生严重洪灾，四川长寿、南溪、江安、泸州、合江、江津等地的灾情均很严重。如南溪县七月时大水淹城几尽一半，居民逃往高处，田禾庐舍漂没者无算；泸州大水入城，直至三牌坊街，为“清代之最大者”；合江县七月初九时江水陡涨，县城被淹，乡间民房禾稼被损无数；江津县七月十一日大水肆虐，冲入城内，板桥街民众架木往来，民房多倾圮。

十、宣统朝

宣统皇帝统治中国的三年中，大范围的严重水灾相对较少，但在局部地区也有值得一述的水患事件。宣统元年（1909 年）的五月，四川广安、渠县等地就有严重水患发生。广安县大雨连旬，渠江水涨 15 丈，冲去人畜、仓屋、船只无算，大水灌入城内，桥梁尽毁。渠县的大水也冲入城内，内涝严重。宣统二年（1910 年）五月上旬，湖南常德府各属的水灾十分严重。这场水灾起因于持续多日的强降雨，导致山洪暴发，大水将常德府城的堤障冲毁，大量房屋倒塌，淹死人口 300 余人，乡间尽成泽国，漂没人畜庐墓无算。龙阳（今汉寿）、沅江等县的灾情也很严重，多有淹毙人口、冲毁房屋的事件发生。宣统三年（1911 年），江苏、浙江的不少州县发生严重水灾。江苏昆山县七月初四至初六，暴雨大作，河水猛涨，高乡、低乡田禾尽没；常熟、无锡等县也是如此，无锡县七月初连天倾盆大雨，河水陡涨，北塘等处一片汪洋，屋舍淹没。浙江奉化、临海、黄岩、瑞安、平阳、丽水等地同样在七月初发生大水。七月初三，临海县暴雨狂作，山水骤发，大水与屋檐相齐，人民、牲畜溺毙者所在多有；黄岩县的大水弥月不退，田禾尽皆腐烂，晚稻颗粒无收。

第三章 蝗灾

虫灾是历史上发生比较频繁的一种农业自然灾害，主要表现为蝗虫灾害。从整体上看，清代蝗灾的危害没有水旱灾害严重，但仍是农业上的第三大灾害。就频次而言，不同学者因为各自所依托的史料及统计口径不同，统计结果存在很大差别。例如，邓云特先生统计有93次；闵宗殿先生所得次数为269次；《中国灾害通史·清代卷》的作者依据《清史稿》，统计出的虫灾次数为257次。就破坏程度而言，蝗灾发生之时，食叶嚼穗，罄尽为止，秸秆枯立，颗粒俱无。民众无以为食，因饥饿而死者不计其数。总体来看，清代前期虫灾发生频次高，中后期相对较低。就蝗灾分布来看，覆盖范围非常广，其中山东、河北是北方虫灾的高发省区；湖北、江苏、安徽、浙江等长江中下游地区也是虫灾的高发区。

一、顺治朝

顺治朝凡18年，几乎年年有蝗灾。若以地域来看，北方主要集中在山东、山西、河北、河南、陕西一带，南方则主要集中在湖广（今湖北、湖南）、江南（今上海、江苏、安徽）、浙江等省份。比较严重的年份有顺治二年（1645年）到顺治八年（1651年）、顺治十三年（1656年），有必要就此着重阐述。

顺治元年（1644年）

△六月，直隶大名突发蝗灾，城乡田野秋禾被啃食一空。同年六月，山西介休天降大雨和冰雹，并有蝗虫啃食庄稼。

顺治二年（1645年）

△山西、山东、广东、陕西有蝗。三月，山西岳阳（今古县）、安泽等地方飞蝗啃食禾苗，蚜蚄食更菜、豆菜，造成大面积饥荒。六月十七日，从西南方而来的蝗虫席卷了应州（今应县），禾苗被吞噬殆

尽；入秋，蝗虫入地二寸，第二年从土中钻出，又一次啃食了新苗，这样持续三年方止。同年秋，山东冠县蝗蝻啃食麦苗。八月，广东茂名发生蝗灾。同年秋，陕西咸阳有蝗虫；府谷也遭遇蝗虫，禾苗被吞噬殆尽，此后三五年仍有遗祸。

顺治三年（1646 年）

△直隶（今北京、天津二市及河北大部，河南、山东一部）、山西、山东、河南、湖广、陕西发生蝗灾。

是年秋，直隶昌平、真定、束鹿（今河北辛集）等 8 个州县发生大规模蝗灾，蝗虫遮天蔽日，禾苗被侵食一空，损失惨重。七月，山东冠县飞蝗过境，肆虐三昼夜，没有形成大的祸害。山西祁县、洪洞等 7 县在秋天发生了大规模蝗灾，洪洞的蝗灾最为严重，肆虐达半月之久，庄稼遭到毁灭性打击。六月，河南沁阳和灵宝发生蝗灾，沁阳有秃鸶追食飞蝗，没有造成大的灾害。四月，湖广宜城飞蝗涌起，庄稼受损严重，当地大饥。同年陕西靖边、榆林、绥德等 13 州县遭遇不同程度的蝗灾。

顺治四年（1647 年）

△直隶、山西、山东、河南、江南、湖广、陕西等地有蝗为害。

直隶获鹿、武邑、真定等 23 个州县蝗虫遍野，啃食毁坏田禾。山西代州、岢岚等 4 州，定襄、五台等 10 县，宁化、宁武、偏头等所，神池、永兴、老营等堡遭遇蝗灾；交城、徐沟、长治、潞城遭遇蝗灾，但蝗虫没有啃食庄稼。同年，山东益都、昌邑发生蝗灾。河南磁、陕、汝 3 州，武安、新安等 10 个县有飞蝗为灾。江南亳州、睢宁等 4 地蝗蝻大量啃食谷黍。湖广宜城，蝗蝻为害，多人饿死，尸横于野，饥民分而食之。陕西蓝田、盩厔等 6 州县飞蝗遍野，很多地方禾苗被啃食殆尽，灾民多有死伤。

顺治五年（1648 年）

△直隶、山西、山东、河南、陕西有蝗。

直隶平山、衡水等 9 州县遭受蝗灾。山西盂县、大同、朔州等 9 州县发生蝗灾，禾苗被吞食殆尽，造成大饥荒。山东陵县秋雨连绵，蝗灾和雹灾频仍，百姓苦不堪言。河南原武、禹州等 7 州县蝗蝻丛生，飞蝗入境，多地麦禾被毁。陕西同官、绥德等处也发生蝗灾。

顺治六年（1649年）

△直隶、山西、江南、浙江、陕西有蝗为害。

直隶束鹿、晋州等9州县有蝗蝻。八月，晋州发生自北向南的黑蝗灾，东西约数里，蝗群似流水一般，至津沧南岸从水面漂浮而过，到南门下，没有入城。山西大同、应州、灵石等5州县田禾被蝗虫食伤甚苦，其中，阳和府（今大同市）之蝗灾，顺治七年（1650年）以后才慢慢消灭。江南萧县在经历了狂风暴雨和冰雹之后，于夏秋之交发生黄蛸之灾，这种昆虫长须利口，蚕食庄稼比蝗虫更甚。七月，浙江海宁发生蝗灾。陕西甘州（今甘肃张掖）、榆林等5州县有蝗为害。

顺治七年（1650年）

△直隶、山西、山东、河南、江南、陕西有蝗虫为害。

直隶通州、唐县等5州县有蝗。山西和顺、武乡、介休等9州县有蝗，多地发生饥荒。在武乡，六月先是天降冰雹，对庄稼损害严重，后又发生蝗灾，加重灾情。七月，山东莱芜由冰雹引发蝗灾，将秋苗啃光。河南清丰、夏邑、虞城等处发生蝗灾。江南沛县、萧县等处有夏蝗。陕西韩城、米脂发生蝗灾。

顺治八年（1651年）

△直隶、山西、江南、广东、广西有蝗为害。

七月，直隶阳原发生蝗灾，飞蝗遮天蔽日，田间庄稼损害极大。山西武乡五月发生蝗灾。江南凤阳，有高二尺、形如秃鹫之鸟捕食蝗虫，庄稼有所收成。冬，广东茂名、吴川发生蝗灾。广西博白，春夏之际蝗虫将田间禾苗啃食殆尽。

顺治九年（1652年）

△山东费县发生蝗灾，将田间禾苗啃食一空。江南如皋，七月没有下雨，导致蝗灾。江西宁南、建昌等4州县旱蝗为灾，田间没有收成。广东增城、新宁等4州县秋天蝗虫啃食禾苗，造成大饥荒。

顺治十年（1653 年）

△直隶文安发生蝗灾。江南宝应、怀远等处因旱灾引发蝗灾。江西武宁发生蝗灾。陕西紫阳、府谷等处蝗、涝频仍，秋禾无收。

顺治十一年（1654 年）

△山东茌平飞蝗遍野，蜂啮蝗死。湖广石门发生蝗灾。

顺治十二年（1655 年）

△直隶衡水等 5 州县发生蝗灾，多地食禾殆尽。山西阳高、曲沃等处发生蝗灾。山东滨州、城武、长清、丘县等 18 个州县发生蝗灾。江南宜兴，六月干旱，引起蝗灾。陕西武功发生蝗灾，禾苗无收。

顺治十三年（1656 年）

△直隶、山西、山东、河南、盛京（今辽宁）有蝗。

直隶新乐、通州等 15 州县蝗蝻成灾。山西和顺蝗灾十分严重；徐沟、盂县有蝗，但不成灾。山东禹城、冠县等 6 州县蝗蝻为灾，多地禾苗被啃尽，发生饥荒。河南彰德（今河南安阳）、卫辉二府有蝗，麦禾残毁。盛京绥中发生蝗灾。

顺治十四年（1657 年）

△秋，直隶东安发生蝗灾，飞蝗蔽天，啃食庄稼。河南淇县发生蝗灾。江南如皋因干旱引起蝗灾。陕西鄠县（今西安市鄠邑区）发生蝗灾，引起饥荒。

顺治十五年（1658 年）

△直隶邢台、清河有蝗虫啃食庄稼。

顺治十六年（1659 年）

△直隶遵化、交河等处有蝗伤稼，民饥。山东莱芜夏天发生蝗灾，秋天有螟虫为害，豆禾不熟。云南牟定有蝻虫啃食禾苗。

顺治十七年（1660 年）

△山东淄川等地有蝗灾。三月，湖广蕲州、益阳等 5 州县发生蝗灾。夏，浙江寿昌有蝗灾，损害庄稼。

顺治十八年（1661 年）

△三月，山东昌邑有蝗蝻为害。河南汝阳，夏秋大旱，有蝗。江南徐州、萧县等 5 州县有蝗灾。湖广浠州、广济、浏阳等处有蝗灾。

二、康熙朝

康熙朝共61年，在有清一代属蝗灾多发期。此时期的蝗灾主要是由旷日持久的旱灾引起，蝗灾来临之时，食叶嚼穗，罄尽为止，秸秆枯立，颗粒俱无。民众无以为食，因饥饿而死者不计其数，百姓生计无着，啼饥号寒，地方社会经济遭受重创。相较而言，康熙六年（1667年）、康熙十年（1671年）、康熙十一年（1672年）、康熙十八年（1679年）、康熙二十六年（1687年）、康熙三十年（1691年）、康熙四十四年（1705年）、康熙五十一年（1712年）的蝗灾波及省份较多，影响较大。

康熙元年（1662年）

△江南安东秋有蝗灾；八月，颍州有蝗虫。

康熙二年（1663年）

△直隶广平有蝗。河南密县蝗蝻蔽野；七月沈丘因旱生蝗。

康熙三年（1664年）

△京师漷邑（今属北京市通州区）有蝗。直隶盐山春旱，秋蝗遍野。河南尉氏、扶沟等4县蝗蝻为害。江南含山，秋蝗入境，未啮禾。湖广石首、黄梅、广济、江永4县发生蝗灾。

康熙四年（1665年）

△直隶任县有蝗。陕西大荔秋有大蝗，自县东北方向而来，其后连年为害。山东沂州（今山东临沂）、福山等5州县发生蝗灾，造成饥荒。河南武陟、汝阳等5州县发生蝗灾。江南赣榆因旱生蝗。湖广醴陵因旱生秋蝗。九月，广东开平因旱生蝗。

康熙五年（1666年）

△五月，直隶保定发生蝗灾，蝗虫遮天蔽日，伤害禾苗。山东齐东、新泰秋蝗过境。七月，河南长葛发生蝗灾。江南桃源、颍州、萧县等10州县发生蝗灾。浙江宁海、仙居因旱生蝗。

康熙六年（1667年）

△直隶、山西、山东、河南、江苏、安徽、浙江、湖北、湖南、

广东多地有蝗为害，食禾殆尽，粮价上涨，民计维艰。

直隶束鹿、灵寿等11州县有蝗为害。六月，山西垣曲有飞蝗自县东而来，未造成较大危害。山东博兴、冠县、阳谷等12州县有蝗灾。河南考城（今兰考）、新乡、汲县（今卫辉）等19州县有蝗，多地食禾殆尽。江苏江浦、六合等11州县有蝗。安徽临淮、怀远等15州县发生蝗灾。浙江仁和、萧山等地有蝗。六月，湖北英山有蝗入境。湖南常宁有蝗，颗粒无收；陵县秋有蝗。广东海丰七、八月有蝗，禾苗受损严重。

康熙七年（1668年）

△直隶、河南、江苏、安徽、甘肃有蝗为害。

七月，直隶广平发生蝗灾。同月河南巩县、宜阳、洛宁飞蝗为害，损禾过半。江苏徐州、铜山等4州县，河溢、淫雨、蝗蝻相继为灾。安徽无为、桐城等4州县有蝗为害。甘肃中卫（今属宁夏）有蝗，但未形成大灾。

康熙八年（1669年）

△秋，甘肃阶州（今甘肃陇南）淫雨霏霏，形成水患，水患又致蝗灾。

康熙九年（1670年）

△山东济阳、齐东夏旱无麦，秋蝗害稼。六月，江苏大旱生蝗。江西义宁春旱无雨，夏秋土地干裂，并有飞蝗为害，庄稼颗粒无收，百姓哀声遍野。

康熙十年（1671年）

△山西、直隶、山东、河南有蝗为害。江苏、浙江、安徽等地发生较大蝗灾，禾苗殆尽，粮价上涨，多地发生饥荒。湖南、江西有蝗。

七月，直隶大名遍地生蝗，秋苗食毁殆尽；馆陶、元城（今河北大名）有蝗为灾。七月，山西芮城有蝗。山东济南、蒙阴有蝗。河南鲁山、汝州有蝗。江苏上元、丹阳、赣榆等34州县发生蝗灾，多地引发饥荒。浙江建德、海盐、宁海等10州县因旱生蝗。安徽六安、合肥、滁州、凤阳等15州县旱蝗交接，民饥。湖南常宁夏大旱，秋又发生蝗灾，致田禾绝收。江西萍乡、广丰、资溪等州县有蝗为害。

康熙十一年（1672 年）

△直隶、山西、山东、河南、安徽、江苏、浙江、湖北、江西等地上百州县飞蝗为害，食禾殆尽，收成锐减，民计维艰。

直隶行唐、晋州、清河等 21 州县有蝗蝻为害。山西长治、芮城、平陆等 9 州县有飞蝗入境。山东历城、章丘、莘县等 36 州县有蝗为害。河南杞县、洛阳、灵宝等 19 州县飞蝗为害，食禾殆尽。安徽合肥、和县等 16 州县发生蝗灾。江苏川沙、崇明、无锡等 8 州县有蝗。浙江杭州、嘉兴、嘉善、海盐、海宁等州县飞蝗入境，啃食庄稼导致饥荒。湖北罗田因干旱致蝗蝻遍生；春季英山、宜城蝗蝻遍生，遮天蔽日。江西泸溪旱蝗灾疫。

康熙十二年（1673 年）

△四月，山西屯留生蝻，啃食禾麦；八月，平陆飞蝗入境，食禾殆尽。山东青州有蝗虫啃食庄稼；六月，潍县有蝗。河南灵宝飞蝗蔽天，造成饥荒。

康熙十三年（1674 年）

△山东广饶发生蝗灾；六月，菏泽有蝗自东南方来，群飞蔽天，七月，蝗生遍地，秋禾大损。河南洛阳因旱生蝗，食禾殆尽。七月，江苏盐城干旱，有蝗啃食庄稼。安徽灵璧、来安夏有旱蝗；秋，滁州民马田地被旱蝗灾伤八九分、十分不等。

康熙十四年（1675 年）

△山东武城有蝗从县南来；闰五月冠县有飞蝗，至六月蝻蚜生，危害较小。湖北广济因旱生蝗。

康熙十五年（1676 年）

△直隶沧州因旱生蝗，虽未成灾，但持续三年之久；东光旱蝗也持续三年。江苏宿迁有蝗灾。陕西府谷八月有飞蝗为害。

康熙十六年（1677 年）

△直隶沧州、东光旱蝗持续；迁安、卢龙、三河、南皮亦发生蝗灾。三月，湖北宜城蝗生，至四月飞起蔽日。湖南永州夏蝗食稼殆尽。福建漳州秋天发生蝗灾，晚禾无收。

康熙十七年（1678 年）

△直隶沧州、东光、南皮等地有旱蝗；盐山秋蝗，但危害较小。江苏仪真（今江苏仪征）、淮阴、安东（今江苏涟水）因旱生蝗。安徽潜山、泗州、滁州、盱眙、全椒等州县旱蝗交困，民不聊生。

康熙十八年（1679 年）

△直隶、山东、安徽、江苏、浙江、湖南、江西、广东有蝗。

直隶迁安、卢龙、沧州、东光、南皮等 9 州县因旱生蝗，为害甚重。山东宁津、沾化夏旱生蝗，收成很少，造成较大饥荒。安徽含山、和县、安庆、全椒等 10 州县因旱生蝗。江苏松江、徐州等 24 州县飞蝗食禾殆尽，多地米贵民饥。浙江仙居因旱生蝗，缙云蝗虫遍野，颗粒无收。湖南临武因旱生蝗。七月，江西资溪有蝗为害。九月，广东番禺、南海、顺德有蝗灾；连州蝗虫泛滥，庄稼受损。

康熙十九年（1680 年）

△河南、安徽、江苏、江西、广东有蝗为害。

七月，河南新乡有蝗。三月，安徽六安蝗蝻渐生，至夏大盛，忽降霖雨，数日间皆抱枝死，危害较小；宿县秋有蝗为害，遮天蔽日。六月，江苏淮阴发生蝗灾。江西弋阳夏旱，有蝗虫为害。五月，广东连州有蝗灾。

康熙二十年（1681 年）

△七月，山东齐东蝗生遍地。浙江奉化等处蝗食禾稼。

康熙二十一年（1682 年）

△山东沾化因旱生蝗，蚜蚄危害庄稼，草穗皆空；莒县蝗蝻啃食庄稼。浙江淳安发生大蝗灾，秋禾绝收。广西罗城、融县发生蝗灾。

康熙二十二年（1683 年）

△十月，江西宁都大雨引起蝗灾，蝗蝻伤禾。广西马山发生蝗灾，丹良、山心禾苗被吞噬过半；奉议（今广西田阳）有蝗为害。

康熙二十三年（1684 年）

△直隶武清蝗蝻为灾，田禾无获；东安有蝗灾；永年大旱，飞蝗蔽天，秋禾收成骤减，粮价腾贵，人食树皮草籽，多有饿死者；二月，

临漳飞蝗蔽日，麦苗多损。夏，安徽太和飞蝗大至。

康熙二十四年（年）

△山东丘县西北有蝗，啃食禾苗；章丘有蝗。江苏沛县春天发生大饥荒，秋天发生蝗灾。福建连江春旱，及夏始播，有蝗为害。

康熙二十五年（1686年）

△直隶井陉、无极等5州县有蝗。山东历城、淄川等5州县有蝗蝻。河南获嘉、滑县等8州县有蝗灾。安徽盱眙、泗州（今江苏泗县）因旱生蝗。江苏徐州、安东等5州县有蝗。九月，广东合浦（今属广西）有蝗为害。

康熙二十六年（1687年）

△直隶、河南、安徽、湖北、广西、福建发生蝗灾。

直隶藁城、博野等5州县有蝗蝻。河南柘城、宝丰等8州县有蝗灾。安徽盱眙秋大旱，有蝗为害；泗州夏秋大旱，有蝗食苗几尽；八月，巢县有蝗由东山口而至。夏，湖北英山有蝗入境，至秋大盛，急降霖雨，数日俱尽。广西玉屏有夏蝗，形白而小，从稻谷芯中食出，伤稼甚多。福建连江蝗大害稼。

康熙二十七年（1688年）

△江苏安东、崇明、武进发生蝗灾。浙江遂昌因旱生蝗。河南沈丘、罗山、长葛发生蝗灾。甘肃永登六月有蝗虫啃食禾苗，破坏严重；二月，灵台发生蝗蝻之灾，造成了大饥荒。

康熙二十八年（1689年）

△直隶东光干旱导致蝗蝻遍地。六月，山东青州、新泰有蝗虫啃食庄稼。河南商水发生大旱灾引发蝗灾，蝗灾导致饥荒，饥民食树皮草根，被迫背井离乡；汝州发生瘟疫，同时飞蝗蔽天，死者无数。

康熙二十九年（1690年）

△直隶、山西、山东、安徽、江苏、河南、陕西有蝗为害。

直隶武清因旱生蝗。山西蒲县、平陆飞蝗蔽日，蝗蝻食禾殆尽。山东丘县、临邑、新泰、汶上4州县有蝗灾。安徽盱眙蝗生遍野，将麦苗啃食一空；含山、宿州有蝗。江苏宿迁、沛县因旱生蝗。河南沈丘、陕州等14州县有蝗为害。陕西泾阳、扶风发生蝗灾，飞蝗蔽天，造成较大危害。

康熙三十年（1691 年）

△直隶、山西、山东、河南、安徽、江苏、浙江、湖北、福建、陕西等多地有严重的蝗灾。

直隶丰润、卢龙等 8 州县发生蝗灾，导致粮食歉收，百姓勉强维持生计。山西夏县、河津等 23 州县蝗蝻损禾为灾，造成饥荒。山东临邑、宁津等 20 州县有蝗。河南登封、洛宁等 24 州县有蝗为害。夏六月，安徽太和有蝗蝻至；宿州也发生蝗灾。江苏仪征、武进、兴化有蝗为灾。浙江淳安东南有大蝗灾。湖北孝感多蝗。福建闽侯、罗源秋蝗为灾。陕西乾县、永寿等 12 州县飞蝗蔽天，造成饥荒。

康熙三十一年（1692 年）

△山西、山东、河南、安徽、江苏、福建、陕西有蝗为害。

山西泽州、稷山等 9 州县因旱生蝗，多地发生大饥荒。山东高青、莒县有飞蝗伤稼。河南内黄、孟津等 6 州县有蝗蝻。安徽巢县、太和、宿州飞蝗蔽天。江苏仪征蝻食草，不伤稼，群鸟争食，百姓有所收成。福建基隆厅有蝗，但未造成大灾。七月陕西黄陵有蝗，九月蝝生，造成饥荒；城固蝗虫遍野食禾，驱之不止。

康熙三十二年（1693 年）

△直隶大名、武邑、宝坻三县有蝗。山东临邑、武城等地有蝗为害。河南中牟、获嘉等 6 州县有蝗蝻。江苏东台、如皋等地因旱生蝗，啃食禾苗。安徽盱眙、巢县大旱，小蝻遍地。

康熙三十三年（1694 年）

△直隶、山西、山东、河南、江苏等多地有蝗。

直隶晋县飞蝗蔽天，禾苗都被啃食殆尽；遵化蝗蝻遍地，知州令民众捕收易谷，致禾稼不伤，遂有大收成；大城、青县有蝗，不为灾。山西泽州、沁州蝗旱灾伤，民生困苦。山东齐东、广饶、宁阳、汶上 4 县有蝗蝻。河南荥阳、开封等 17 州县有蝗。江苏徐州、南陵等 8 州县有蝗为灾。

康熙三十四年（1695 年）

△秋，山东邹县有飞蝗自西南来，十数天后蝗虫被灭，禾苗无损。

河南郾城有蝗蝻；太康飞蝗遍野，知县朴怀宝派人驱捕，秋禾无损，有收成。

康熙三十五年（1696 年）

△河南西华有飞蝗食稼，知县李培力捕灭；禹县因旱生蝗。

康熙三十六年（1697 年）

△直隶文安、枣强、元氏有蝗为害，食禾殆尽，民大饥。六月，山东沾化、莒县因旱生蝗；博兴飞蝗蔽天，但未成灾。

康熙三十七年（1698 年）

△江苏崇明有蝗，造成饥荒。江西瑞昌蝗虫遍野，损食禾苗。

康熙三十八年（1699 年）

△直隶蓟县、卢龙等 5 州县有蝗。江苏镇江、常州、如皋等 6 州县有飞蝗，随即被捕灭，且甘霖大沛，遗种尽绝，未成灾。安徽宿州夏有蝗，雨雹伤麦。

康熙三十九年（1700 年）

△秋，直隶卢龙、抚宁等 4 州县有蝗为害。

康熙四十年（1701 年）

△直隶灵寿、抚宁有蝗为害。山西乐平（今昔阳）、平定大旱生蝗。

康熙四十一年（1702 年）

△江苏盐城有蝗啃食庄稼。福建长泰有蝗为害，粮价上涨。

康熙四十二年（1703 年）

△山西和顺有蝗。江苏镇江、常州等 4 州县有飞蝗啃食庄稼。广东潮阳、开平、封川等地有蝗为害。

康熙四十三年（1704 年）

△直隶井陉蝗蝻遍野。山东淄川、蓬莱等 4 州县因旱生蝗。四川安县蝗起，但不为灾。陕西宝鸡有蝗蝻。

康熙四十四年（1705 年）

△直隶、山西、山东、河南、浙江、广西有蝗为害。

直隶天津、密云等 12 州县有蝗。山西太原府属平定州、盂县、寿阳等州县，大同府属蔚州、广昌、广灵等州县有蝗蝻，多扑灭尽绝，田禾未受损伤。山东新城东境有蝗自东北来，不为灾。河南彰德府属之涉县飞蝗入境，官民分途扑灭，又得大雨冲毙。浙江嘉善有蝗啃食禾苗。九月，广西容县有蝗害稼，过处一空，因此前多年有成，故未造成饥荒。

康熙四十五年（1706年）

△五月，直隶真定府属之隆平、宁晋二县有蝗蝻，地方各官即时捕灭；春夏之交肃宁有蝗为害。

康熙四十六年（1707年）

△直隶隆尧有蝗蝻啃食庄稼。

康熙四十七年（1708年）

△直隶安州、邢台等28州县有蝻子萌动，因旱生蝗。山东商河、沾化等4州县有蝗为灾。河南荥阳、禹县因旱生蝗。

康熙四十八年（1709年）

△直隶安州、沧州等16州县或蝻子萌动，或飞蝗入境，多扑灭尽绝。山东沾化、博兴等5州县有蝗蝻啃食庄稼。河南多地有蝗蝻。安徽盱眙生蝗，夏大雨，蝗虫遇雨俱死，收成未受影响。秋，浙江钱塘飞蝗蔽野。湖北蕲水因旱生蝗。

康熙四十九年（1710年）

△直隶密云、保定等14州县或蝻子生发，或蝗虫入境。山东庆云、汶上有蝗为害。六、七月，安徽来安蚜蝗迭至。八月下旬，江苏淮安府所属睢宁、宿迁等地，凤阳府所属五河、洪县等地有蝗虫入境，众人捕灭，田禾稍受损，但未成灾。

康熙五十年（1711年）

△入夏以来，直隶宝坻、武清等15州县卫因旱生蝗。山东邹县、滕县等4州县有蝗。河南确山、泌阳、罗山等处飞蝗遍野，岁歉民饥。江苏淮安、凤阳府属6州县有蝗蝻，多地无伤及田禾。

康熙五十一年（1712年）

△直隶、河南、安徽、湖北、广东、江苏等多地有蝗为害。

直隶宝坻、蓟州等15州县有蝗蝻为害，随即饬捕净尽。江苏六合、江浦二处微有蝗蝻，未能成患。河南淮阳、泌阳、盘古山一带有蝗，民众捕之，仿古焚瘗之法，蝗遂绝。安徽合肥有蝗。湖北黄冈有夏蝗，官捕之，数日尽。广东新兴有蝗啃食庄稼，收成减半。

康熙五十二年（1713 年）

△直隶宁晋、安州等 5 州县有蝗蝻为害，被捕扑尽绝。江苏盐城有蝗啃食庄稼。夏四月，广东佛冈有蝗伤稼，粮价上涨。

康熙五十三年（1714 年）

△直隶河间府、真定府所属 9 州县有蝻，随即捕扑净尽。河南固始、光州因旱生飞蝗，啃食禾苗。安徽合肥、巢县等 7 州县因旱生蝗。秋，江苏沛县有蝗。

康熙五十四年（1715 年）

△六月，山东齐东飞蝗过境，不害稼。安徽蝗蝻忽作，遍及郊原；四月中旬，桐城蝻生遍野，损害庄稼。

康熙五十五年（1716 年）

△直隶雄县、任丘等 6 州县生蝗蝻，捕扑尽绝。山东峄县（今山东枣庄）有蝗。江苏邳州、睢宁州、徐州、宿迁有蝻蝗为害。

康熙五十六年（1717 年）

△直隶唯宝坻县芦台有零星蝻子。夏，安徽宿州有蝗，不为害。九月，广东潮州、揭阳等 5 州县有蝗为害。

康熙五十七年（1718 年）

△山西天镇北川有蝗。夏六月，山东博兴有蝗，不为灾。江苏安东有蝗为灾；江浦有蝗，不为灾。

康熙五十九年（1720 年）

△夏，山东胶县（今山东胶州）有蝗；九月，掖县（今山东莱州）有飞蝗自县南来，啃食麦苗，至十月始尽。广西兴安有蝗为害。

康熙六十年（1721 年）

△山东新泰州、莱芜因旱生蝗。江苏丹阳因旱生蝗。河南巩县有夏蝗，不伤稼；汲县（河南卫辉）有蝗；新安有蝗伤禾，粮价上涨。广东封川（今广东德丰）大旱，有蝗食早禾，造成饥荒。

康熙六十一年（1722 年）

△山西乡宁有蝗。山东莒县、邹县、郯城有蝗；鱼台大旱，湖水

尽涸，蝗蝻遍地，人多饿死。江苏溧水飞蝗自县东而来，啃害禾苗；溧阳蝗蝻遍野；金坛因旱生蝗。河南卫辉、虞城等5州县有蝗。

三、雍正朝

雍正朝凡13年，发生蝗灾次数较少。从地域来看，蝗灾多发区域主要集中在华北地区的直隶、山东、河南、山西等地，以及东南地区的安徽、江西、浙江、江苏等地。从时间上来看，雍正前期的雍正元年（1723年）、雍正二年（1724年）蝗灾较严重。

雍正元年（1723年）

△直隶、山东、江苏、安徽、江西、广东多地有蝗为害。

秋七月，直隶密云有蝻为害。山东郯城、峄县等11州县有蝗。江苏宝山、江阴等14州县因旱生蝗；淮安府所属之宿迁，扬州府所属之江都等州县有蝗虫为患。安徽凤阳府所属之宿州、临淮等4州县。江西广丰蝗虫啃食庄稼。河南永城、杞县等10州县有蝗蝻。广东廉江、吴川有蝗为害。

雍正二年（1724年）

△直隶、山东、河南、安徽、江苏、浙江等多地发生蝗灾。

直隶枣强、邢台、巨鹿等地有蝗为害。四月，山东临邑、临朐、昌邑有蝗为害；十一月，掖县有蝗自东来，啃食麦苗，到腊月才逐渐消失；莒县北乡蝗灾严重；泰安有蝗，但未形成灾害。河南修武、获嘉、新乡等6州县有蝗蝻为害。江苏镇江府，苏州府，扬州府所属高邮，安徽安庆府所属桐城、怀宁，庐州府所属无为、合肥等4州县，凤阳府所属天长，太平府（今安徽马鞍山市及芜湖市）、滁州、和州（今安徽和县）等处皆有蝗虫。浙江分水因旱生蝗，收成大减；太湖飞蝗蔽天，滨湖芦叶被啃食殆尽，庄稼未受其害。

雍正三年（1725年）

△秋，安徽盱眙大旱生蝗，造成饥荒。江苏金坛、泰兴因旱生蝗。冬，广东潮州、普宁、揭阳等处有蝗为害，蔬菜木叶被啃食一空。

雍正四年（1726 年）

△直隶平乡、南和有蝗。安徽盱眙有飞蝗过境，不伤禾稼。江苏句容有蝗。

雍正五年（1727 年）

△山东淄川、齐河、东阿有蝗啃食庄稼。河南辉县、武陟有蝗蝻为害。

雍正六年（1728 年）

△夏，江苏南通州因旱生蝗。

雍正七年（1729 年）

△江苏、湖北有蝗为害。江苏江都瓜洲草龙港蝗蝻无数，知县陆朝玑组织捕虫，禾苗不损；夏，兴化、泰州等 5 州县因旱生蝗。夏四月，湖北黄冈有蝗为害；五月，罗湖洲地方忽生蝗蝻，被官民扑灭。

雍正八年（1730 年）

△河南商邱因旱生蝗。湖北黄冈有蝗为害。

雍正九年（1731 年）

△山东济宁有蝻子萌动，被官府扑灭。福建崇安西北乡有蝗伤稼。

雍正十年（1732 年）

△直隶隆尧有蝗灾。山西夏县有蝗为害，被暴雨浇灭。山东曹县、鱼台、济宁等处有蝻。江苏山阳、砀山等 8 州县有蝗蝻萌动。浙江杭州、嘉兴、湖州三府水灾引起蝗灾，庄稼受损。

雍正十一年（1733 年）

△河南获嘉有蝻。夏五月，湖南零陵有蝗蝻生。

雍正十二年（1734 年）

△直隶隆尧有蝗啃食麦苗。山东泰安有秋蝗。

雍正十三年（1735 年）

△直隶、河南、安徽、江苏、山东有蝗为害。

直隶获鹿、东光等 4 县飞蝗为灾。河南获嘉有蝗。安徽砀山有蝗，不为灾。江苏海州、盐城等 7 州县有蝗，未成大害。山东青城有蝗害稼。

四、乾隆朝

乾隆朝共60年，据统计发生蝗灾619县次，年均10.3县次。在乾隆朝的一甲子中，几乎每年均有蝗灾发生，受灾州县遍布大江南北，某些年份的受灾情形相当严重，波及面也较广，见于史册的描述诸如食禾殆尽等。具体而言，乾隆三年（1738年）、乾隆四年（1739年）、乾隆五年（1740年）、乾隆九年（1744年）、乾隆十七年（1752年）、乾隆二十四年（1759年）、乾隆三十五年（1770年）、乾隆四十年（1775年）、乾隆五十年（1785年）、乾隆五十一年（1786年）、乾隆五十二年（1787年）、乾隆五十九年（1794年）等年份的灾情较为严重。

乾隆元年（1736年）

△入夏以来，直隶因暴雨滋生蝗蝻之灾。山东长山、邹平等处有蝗。江苏溧水西北有蝗。广东崖州有蝗虫啃食禾苗，次年粮价上涨。

乾隆二年（1737年）

△直隶、安徽、湖北、广东、广西有蝗为害。

八月，直隶巨鹿有蝗。安徽无为、江洲等地有蝗蝻生。湖北武昌、汉阳等地有蝗，但不为灾。七月，广东连州有蝗。八月，广西富川有蝗。

乾隆三年（1738年）

△直隶、山东、河南、浙江、安徽、江苏有蝗灾。

夏秋，直隶涿州、束鹿等4州县有蝗蝻发生，未扑灭净尽。山东兰山、郯城、费县3县有飞蝗入境，官民竭力扑净，未伤损田禾；临沂、日照因旱生蝗。河南温县、洛阳、获嘉等处或有蝻生，或飞蝗入境。安徽宿州秋蝗，不为灾。浙江乌程（今吴兴）因旱生蝗。江苏清河、江阴等7州县因旱生蝗，多地蝗蝻为害，啃食田禾。

乾隆四年（1739年）

△直隶、山东、江苏、安徽、广西等多地发生较大蝗灾。

春夏，直隶深县、新安等数十州县蝗蝻甚多，经民众捕捉，所幸田苗无损。山东沂州、济南等7府属53州县有飞蝗入境。江苏高邮、宝应等14州县有蝻子萌生，间有飞蝗，多不为灾。安徽凤阳府属之凤阳、临淮等5州县，滁州所属之全椒，泗州所属之五河、盱眙，凤阳、凤中二卫等处有飞蝗入境，并有蝻子生发。八月，广西富川有蝗。

乾隆五年（1740年）

△直隶、山西、山东、河南、安徽、江苏等地有蝗为害。

入夏以来，直隶天津、河间两府所属三河、大名等4州县有蝗蝻，多不为灾。山西繁峙有飞蝗啃食禾苗。山东曹县、单县、定陶等处有蝗蝻生。河南鄢陵、滑县等11州县有蝗蝻为害。安徽亳州、颍州、滁州等州县有蝻虫；无为、宿县等处有蝗为害。江苏山阳、清河、徐州等地有蝻虫。

乾隆六年（1741年）

△山东宁津有蝗。夏，河南淮阳有蝗蝻，被扑灭。秋七月，广东德庆有蝗。

乾隆七年（1742年）

△河南辉县有蝗。广州崖州因旱生蝗，粮价上涨。

乾隆八年（1743年）

△直隶、山东、江苏、湖南等地有蝗为害。

直隶巨鹿有蝗为害。夏五月，山东曲阜有蝗来，不为灾。江苏宝应、宿迁、清江等地有飞蝗过境；铜山、沛县等5州县，淮安府属之清河、桃源、安东、阜宁并海州等地均有蝗蝻为害。夏，湖南靖县有飞蝗过境，啃食树叶殆尽，禾苗未损。

乾隆九年（1744年）

△直隶、山东、河南、江苏、安徽、广东等地飞蝗为害，连接成片，啃食禾苗嫩叶，各地收成减少。

直隶博野、河间等4州县，飞蝗自山东成群而来，昼夜不绝，收成大减。山东长清、泰安等7州县，从东南飞来的蝗蝻时起时落，所过之处，啃食田禾嫩叶，但未致大灾。河南柘城、鹿邑、宁陵、睢州等州县及陈州府属之沈邱、项城、太康，光州所属之固始、商城等县有飞蝗，多地扑捕净尽，不为害。江苏昭阳湖等地蝻子萌生，未及时捕治，飞入山东、河南，啃食庄稼；宝应、金坛等14州县有蝻虫，被扑捕殆尽。安徽阜阳、宿州等5州县有蝗入境。广东四会、吴川等地有蝗为害，庄稼受损严重。

乾隆十年（1745年）

△夏四月，河南罗山有蝗蝻。五月初旬，大雨滂沱，蝗虫被淹，有所收成。八月，江苏靖江等处有飞蝗过境。安徽铜陵、无为、当涂等地有蝗，不为灾。奉天开原有蝗，不为灾。

乾隆十一年（1746年）

△七月，山西解州（今运城）、虞乡（今永济）等地有蝗。六、七月，湖南益阳有蝗为害。

乾隆十二年（1747年）

△夏，山东黄县、汶上有蝗啃食谷叶殆尽，粮价上涨，造成大饥荒，饿死者无数，人相食。

乾隆十三年（1748年）

△山东即墨、蒙阴等14州县飞蝗蔽日，禾苗被啃食殆尽，造成饥荒。夏，河南杞县发生疫情，秋，有飞蝗啃食禾苗。

乾隆十四年（1749年）

△直隶文安、遵化等4州县有蝗蝻。夏，山东上年荒旱所遗蝗蝻又作，州县扑捕不力，以致长翅飞扬，遗患颇重。

乾隆十五年（1750年）

△夏，山东掖县飞蝗蔽天，汶上有蝗为害。

乾隆十六年（1751年）

△直隶、山东、河南、广东有蝗灾。

直隶河间、祁州等4州县有飞蝗入境，蝗蝻啃食禾苗。山东诸城有蝗为害。秋，河南辉县有蝗蝻生，食禾殆尽；汝阳有蝗，被扑捕尽灭，田禾未受损害。广东普宁属大小榴隍、葛布、小产、产溪有蝗为害。

乾隆十七年（1752 年）

△直隶、山东、安徽、河南、江苏多地有蝗为害。

直隶各属有蝗蝻萌生，大名、祁州等 20 州县或有蝻生，或有飞蝗入境。山东长山、商河等 9 州县有蝗蝻生，多被扑灭，不致损害庄稼。安徽凤阳因旱生蝗，灵璧有蝗。河南西华、禹州等 6 州县有蝗，多地不为灾，禾稼未受损伤。江苏上元、江浦等 12 州县有蝻子萌生。

乾隆十八年（1753 年）

△直隶天津、沧州等 11 州县有蝻，未成灾。山东济宁、鱼台等 5 州县生有蝻子，不为灾。夏，安徽灵璧、泗州等地有蝗为害。江苏广陵等地因旱生蝗。

乾隆二十年（1755 年）

△山东、江苏、安徽、浙江等地有蝗为害，粮价上涨。

山东海丰（今无棣）、沾化、阳信等处有蝗蝻生，但未损害庄稼，不为灾。六月，江苏吴江、吴县等地有蝗蝻生，庄稼受损。安徽霍山、宣城等处有蝗。浙江湖州、归安等处淫雨损麦，并有蝗蝻生，大水伤禾，粮价上涨。

乾隆二十一年（1756 年）

△安徽舒城因旱生蝗。

乾隆二十二年（1757 年）

△直隶大城春旱，夏有蝗虫为灾，秋有涝灾。江苏安东、涟水有蝗。安徽舒城有蝗为害。

乾隆二十三年（1758 年）

△山东德平、泰安、肥城等地有蝗。河南新蔡有蝗，不为灾；光州飞蝗入境，被扑灭；方城蝗蝻丛生，为害甚巨，以致大饥。江苏丰县有蝗过境；六月，铜山等州县有蝗为害。

乾隆二十四年（1759 年）

△直隶、山西、山东、河南、江苏、安徽有蝗灾。

夏，直隶南宫、束鹿、栾城等 4 州县飞蝗蔽天，庄稼被啃食殆尽。山西寿阳、昔阳、和顺等地有蝗。山东济南、平原因旱生蝗；淄川、肥城、聊城等地有蝗蝻啃食禾苗导致民饥；邹平、泰安、新泰等处有蝗，不为灾。七月，河南项城飞蝗遍野，不为害；三月，潢川飞蝗遗种生蝻，损害庄稼。江苏如皋、高邮、海州等州县有蝗为患，淮安、徐州、海州三府州最甚，江宁、扬州次之。安徽怀宁、舒城、和县有蝗入境，未食禾苗。

乾隆二十五年（1760 年）

△直隶广宗有蝗为灾。安徽含山，飞蝗蔽日。

乾隆二十六年（1761 年）

△陕西永寿有蝗为害，农作物歉收。

乾隆二十七年（1762 年）

△直隶曲阳岳庙前池有蝗为害。

乾隆二十八年（1763 年）

△直隶、山东、黑龙江有蝗。

直隶青县、献县等 13 州县有蝗蝻为害。夏，山东临邑因旱生蝗；博兴有飞蝗自县西来，七日不绝，旋即歼除，未损害庄稼；聊城秋蝗。黑龙江松花江迤南有蝗，飞过呼兰境，城守尉德通亲率官兵扑灭。

乾隆二十九年（1764 年）

△直隶、山东、广东有蝗。

直隶定兴有蝗。五月，山东即墨有蝗蝻；夏六月，安邱、潍县（今潍坊）、淄川有蝗；聊城有秋蝗。广东茂名有蝗伤稼；九月，吴川大雨，有蝗虫啃食禾苗。

乾隆三十年（1765 年）

△山东宁阳有蝗；兖州因旱生蝗。河南通许，蝗起邻邑，有群鸦啄之，遂不得入境。四月，新疆哈密有蝗从县西北飞来。

乾隆三十一年（1766 年）

△八月，江苏清江、靖江等处飞蝗过境。

乾隆三十三年（1768 年）

△直隶武清有蝗为害。山东庆云、聊城有蝗。江苏东台等地大旱生蝗。安徽五河、天长等 4 州县因旱生蝗。

乾隆三十四年（1769 年）

△直隶灵寿有秋蝗。江苏宿迁有秋蝗，大伤禾稼。

乾隆三十五年（1770 年）

△直隶、山东、河南、江苏、安徽、湖北等多地有蝗灾。

直隶望都、定县等 8 州县飞蝗入境。山东胶县、聊城等 4 州县有蝗，多不为灾。河南固始等处有蝗。江苏沭阳、来安等 4 州县有飞蝗。安徽宿州、定远等 6 州县有蝗。湖北麻城飞蝗入境，官民力捕，没有造成大的破坏；罗田秋蝗，不为灾。

乾隆三十六年（1771 年）

△春夏，直隶定县、完县（今河北顺平）有蝗。山东即墨、聊城有夏蝗。山西榆次秋旱，县东南多村有蝗。河南汲县有蝗为害。四川德阳有蝗。

乾隆三十七年（1772 年）

△山东淄川有蝗。河南内黄发生蝗灾。

乾隆三十八年（1773 年）

△江西多地有蝗丛生，驱捕不散，竹叶被啃食殆尽，数年方灭，所幸未损害庄稼。黑龙江齐齐哈尔城南、三台等地有蝗蝻，被扑灭，未进田地。

乾隆三十九年（1774 年）

△山东文登、济南等 10 州县有蝗。江苏江阴、仪征、靖江等地飞蝗过境。安徽凤阳、五河等地因旱生蝗。奉天北镇有蝗。新疆玛纳斯、昌吉等地有蝗虫啃食禾苗。

乾隆四十年（1775 年）

△夏秋之交，山东济南、淄川等 4 府县因旱生蝗。河南辉县有大蝗灾。江苏江阴、东台等 6 县因旱生蝗；四月，江都飞蝗如雪，竹林木叶皆被吞食殆尽；靖江有北来之飞蝗过境，不为害。安徽宿松因旱生蝗；贵池飞蝗入境，旋飞投入于江。

乾隆四十一年（1776 年）

△山东诸城、德平等 4 县有蝗。七月，浙江杭州有蝗蝻生，未损害庄稼。广东潮州春旱，夏有蝗为害。

乾隆四十二年（1777 年）

△山东庆云有蝗。广东海阳、高州等 6 州县因旱生蝗。广西浔州、

兴业等处有蝗。

乾隆四十三年（1778 年）

△夏，河南汲县有蝗，不为灾。冬，安徽南陵有蝗为害。夏，湖南岳阳大旱，有蝗蝻为灾，造成大饥荒。湖北江夏、潜江等 5 州县因旱生蝗。广东电白、合浦有蝗为害。广西钦州有蝗。

乾隆四十六年（1781 年）

△江苏沭阳有蝗。

乾隆四十七年（1782 年）

△山东德州、平原有蝗。夏，河南叶县有蝗。江苏阜宁、沭阳、宝应等地因旱生蝗。

乾隆四十八年（1783 年）

△六月，直隶静海飞蝗食禾殆尽。安徽天长有大蝗灾。浙江景宁有蝗入境，造成民饥。

乾隆四十九年（1784 年）

△山东济南府属峄县、费县等地因旱生蝗。江苏宿迁、徐州等处有蝗啃食麦苗。

乾隆五十年（1785 年）

△山东、河南、江苏、安徽、浙江、广东等地有蝗为害。

山东日照、即墨等 5 州县因旱生蝗，造成饥荒。河南杞县、汝阳等 4 州县因旱生蝗。江苏吴江、苏州等 8 州县有蝗蝻生，禾麦被啃食一空，河港尽涸，造成大饥荒。安徽南陵、宿县、广德等地因旱生蝗，粮价上涨。浙江湖州、乐清等地因旱生蝗。广东海阳、潮阳等地春旱生蝗。

乾隆五十一年（1786 年）

△直隶、山西、河南、江苏、安徽、浙江、湖北、广东等地有蝗为害，食禾殆尽，多地发生大饥荒。

直隶东光蝗蝻为灾，收成很低。闰七月，山西垣曲飞蝗蔽天，食禾十分之九，仅存豆苗。夏秋之交，河南巩县、鄢陵等 20 州县蝗生蔽野，啃食庄稼，发生大饥荒。江苏沭阳有秋蝗。安徽霍邱秋蝗为灾；春，霍山蝗蝻大作，缀树塞途，越扑越多，地出青蛙，噬之殆尽，有所收成。浙江长兴，夏蝗食禾殆尽。湖北郧阳、房县等7州县飞蝗蔽天。广东新安有蝗食稻，造成饥荒。

乾隆五十二年（1787年）

△河南、福建、江苏、湖北等多地有蝗为害。

六月，河南鄢陵、开封遍地生蝗，积三寸许，秋禾被伤；辉县有蝗；开州秋蝗，不为灾。福建连江春旱生蝗。江苏宿迁、睢宁、沭阳有蝗伤麦。春二月，湖北房县遗蝻大起，数倍于前，食麦苗几尽；麻城、黄冈、罗田、荆门等地飞蝗遍野。

乾隆五十三年（1788年）

△湖南衡山蝗蝻大作。广东海阳、潮阳秋蝗，粮价上涨；五月，琼东（今海南琼海）因旱生蝗，蝗虫啃食秧苗。

乾隆五十四年（1789年）

△江苏东台、泰州有蝗，不久被扑灭，田禾有所收成。

乾隆五十六年（1791年）

△直隶交河、东光因旱生蝗。山东宁津旱蝗致饥；黄县有秋蝗为害。

乾隆五十七年（1792年）

△直隶密云、顺义等13州县或生有蝻子，或有蝗啃食田禾。河南林县有蝗虫啃食庄稼，秋粮无收。

乾隆五十八年（1793年）

△直隶束鹿、祁州等地有蝗为害。山东历城、齐河有蝗，不为灾，秋粮丰收；秋，临邑、安邱有蝗蝻生。

乾隆五十九年（1794年）

△五月，四川金堂有自东北方而来的飞蝗啃食庄稼。

乾隆六十年（1795年）

△夏，直隶南宫有蝗蝻啃害庄稼；交河、东光等地因旱生蝗；静海蝗蝻为灾，导致饥荒。山东平原、文登有蝗食禾；潍县秋蝗为害。

五、嘉庆期

嘉庆朝凡25年，蝗灾次数相对较少。比较严重者有嘉庆七年到嘉庆九年（1802—1804年）的河南、山东、直隶、安徽蝗灾以及嘉庆十七年（1812年）的蝗灾。

嘉庆元年（1796年）

△直隶大兴有蝗。秋，江苏沭阳有蝗啃食麦苗。夏，河南密县（今新密）飞蝗蔽日，幸不为灾；五月，鄢陵有蝗自东来，不为灾；秋七月，扶沟、许昌、临颍有蝗。

嘉庆二年（1797年）

△直隶定县蝗虫遍地，啃食禾苗殆尽。湖北汉川飞蝗蔽天；秋七月，黄梅飞蝗入境。

嘉庆三年（1798年）

△五月，安徽怀宁有蝗为害，至冬不绝；夏六月，宿松有蝗为害。

嘉庆四年（1799年）

△直隶、河南、安徽、江西等多地有蝗灾。

直隶定兴、新城等11州县有蝗蝻。六月，河南夏邑有蝗啃害庄稼。安徽怀宁、颍上有蝗。六、七月间，江西德化、湖口、彭泽等地有蝗虫入境，庄稼受损严重。

嘉庆五年（1800年）

△九月，安徽祁门有蝗为害。福建崇安（今武夷山市）有蝗。

嘉庆六年（1801年）

△山东蓬莱、费县有蝗。五月，广东龙门大水，有蝗为害。

嘉庆七年（1802年）

△嘉庆七年到九年（1802—1804年）直隶、山东、河南、安徽、江苏、东北多地持续蝗灾，影响极大。

直隶新城、容城等23州县蝗飞蔽天，多处秋禾歉收。山东济南府属之禹城、德州等5地，东昌府属之聊城、堂邑等6县，泰安府属之东阿、东安等处，兖州府属之曲阜、峄县等4县，沂州府属之费县、兰山、郯城等县被蝗较重。夏，河南密县因旱有飞蝗过境。安徽怀远有蝗为害。江苏铜山、徐州等6州县有飞蝗。秋，东北绥中有蝗。

嘉庆八年（1803年）

△直隶宛平、遵化等15州县有蝗蝻为害。河南安阳、汤阴等33

州县干旱有蝗。山东兰山、郯城、章邱等13州县或有蝗啃食禾稼，或有蝗并不为灾。江苏铜山、邳州等5州县有飞蝗入境。盛京宁远（今兴城、绥中）有飞蝗入境。

嘉庆九年（1804年）

△直隶大名、元城、静海等21州县或有蝻子萌动，或有蝗为害。山东济南府属之邹平、长山等5县，东昌府属之茌平、博平、冠县等县，泰安府属之泰安、新泰等县，青州府属之临淄等县有蝗灾。河南中牟等数十州县因旱生蝗，收成歉薄。四月中旬以后，安徽江宁等所属州县，偶有蝗蝻；九月，宣城有飞蝗过境，不害秋稼。四月，江苏江都有蝗为害；邳县有蝗，不为灾。

嘉庆十年（1805年）

△夏六月，直隶怀安有蝗蝻生；临榆有蝗。夏秋之交，山东怀安、滕县等9州县有蝗为害。江苏海州、桃源等6州县有蝗蝻。

嘉庆十一年（1806年）

△秋，直隶静海有蝗啃害庄稼。山东峄县、泗水、沂水等8州县有蝗蝻，多地扑尽不为灾。广东潮阳有冬蝗。

嘉庆十二年（1807年）

△江苏兴化因旱生蝗。广东潮州有冬蝗；灵山（今属广西）因旱生蝗。

嘉庆十三年（1808年）

△山东、安徽、江苏、广东、广西多地有蝗为害。

山东郯城、兰山等地有飞蝗。安徽泗州、南平飞蝗过境；宿州州属之任桥间有蝻子生发。江苏清河、山阳、赣榆等14州县境内，偶有蝗蝻，多无伤禾稼。六月，广东广宁、灵山、合浦有蝗。广西马山、玉林等地有蝗。

嘉庆十四年（1809年）

△夏，安徽天长有蝗，多食芦草而死，不为灾。江苏兴化因旱生蝗。福建台湾及彰化一带风雨交加，兼有飞蝗。

嘉庆十五年（1810年）

△福建台湾府城及凤山、嘉义、彰化一带有蝗啃食田禾。

嘉庆十六年（1811 年）

△河南林县（今林州）、鄢陵有蝗虫啃食庄稼。山东临清蝗灾导致饥荒。山西垣曲大饥，并有飞蝗入境。广东潮州、潮阳春旱生蝗。

嘉庆十七年（1812 年）

△直隶、安徽、山东、福建、广东多地有蝗为灾。

秋，直隶天津有蝗，不食庄稼。安徽南陵、芜湖交界之马家滩地方，有蝗蝻萌发。夏，山东枣庄有蝗虫为害，所过之处麦苗被啃食一空，入室则蚕食食物与衣服，百姓多有流亡。夏六月，福建崇安西乡有蝗为害。广东宝安（今深圳），邑东乡有蝗食稻。

嘉庆十八年（1813 年）

△直隶栾城有蝗为害。春夏之交，河南方城旱蝗为灾，发生大饥荒。

嘉庆十九年（1814 年）

△直隶肥乡因旱生蝗，收成较低。夏，山东无棣、博兴、东明等地有飞蝗遍野，幸田禾无损害。江苏高邮、宝应及安徽、盱眙等地因旱生蝗，啃食禾苗。

嘉庆二十年（1815 年）

△夏五月，江苏溧阳有飞蝗蔽天而过，不为灾。

嘉庆二十二年（1817 年）

△直隶高邑、元氏有蝗。湖南益阳有蝗为害，食竹殆尽。广西玉林因旱生蝗。广东三水遭蝗灾，晚禾大熟。

嘉庆二十三年（1818 年）

△直隶高邑、元氏有蝗。山东博兴、阳谷等地有蝗为害。安徽五河有蝗成灾。

六、道光朝

道光朝凡 30 年，其间蝗灾频发，波及范围之广、持续时间之长，在清代首屈一指。据统计，道光时期共发生蝗灾 682 县次，平均每年 22.7 县次。从地域上来看，蝗灾在北方主要发生在华北的河南、直隶、山东、山西等地，在南方则主要发生在安徽、江苏、浙江等地。从时间来看，道光元年到道光六年（1821—1826 年）、道光十二年到道光十七年（1832—1837 年）是蝗灾发生的主要年份。

道光元年（1821 年）

△直隶、山东、湖北、江西、甘肃等多地有蝗为害。

直隶天津、沧州、衡水等 35 州县或有蝻孽萌生，或有飞蝗入境。山东界连直省之海丰、阳信等县间有飞蝗自西北入境，济阳之孙家庄亦间有零星蝗蝻；文登有蝗食禾殆尽；夏六月，临清有蝗。夏，湖北黄梅有蝗。江西新城蝗损禾稼导致大饥荒。甘肃秦州（今天水）因旱生蝗，民众祈祷三日，有雨降落，蝗灾渐息。

道光二年（1822 年）

△直隶、山东、安徽有蝗灾。

直隶武清、东安等县境内有蝗蝻；永清、霸州、天津、固安等地有飞蝗入境。山东胶州、即墨等 7 州县境内间有蝻孽萌生。安徽五河遍野蝗蝻，导致大饥荒。

道光三年（1823 年）

△直隶、山东、安徽、江苏、广西等多地有蝗为害。

直隶井陉大蝗，禾苗被啃食殆尽；抚宁有飞蝗西来。山东费县、阳谷等 6 州县境内间有蝻子萌生。安徽天长属黄家湖内有蝻子萌生，被扑灭净尽。江苏淮安、淮海等属安东、桃源等 7 处，扬州府属甘泉、宝应、泰州等 3 地有飞蝗过境，多未损伤禾苗。广西平乐有蝗虫为害。

道光四年（1824 年）

△直隶、山西、山东、河南、安徽、江苏、广东等多地有蝗为害。

直隶固安、安州等 26 州县有蝗蝻。秋七月，山西平定有蝗为害，禾稼被啃食一空。山东禹城、齐河、济宁、临清等 35 州县间有蝻孽，或飞蝗窜入。六月十九日，河南虞城县东北乡有飞蝗入境，向东南飞去，县属大刘庄等 15 村庄及大侯庄之西间有停落。安徽凤阳、怀远、宿州等 7 州县有蝻孽萌生，并有飞蝻过境。江苏淮安府属之安东，徐州府属之铜山、睢宁等县有飞蝗过境，或蝻孽萌生，被扑灭净尽，并未损伤禾稼。广东琼山蝗虫漫天遍野，所过之处禾麦一空，造成饥荒，多有饿死者；文昌、定安等地有飞蝗入境。

道光五年（1825 年）

△直隶、山东、河南、江苏、安徽、福建、山西、东北等多地有蝗。

直隶霸州、唐县、曲阳等 13 州县有蝗为害。山东临邑、德平、陵县等 35 州县或有蝻子萌生，或有飞蝗经过。河南考城、封邱、兰阳（今属兰考）、祥符（今陵城区）等 4 处有飞蝗；永城境有蝗遗蝻子，滋延数十里。安徽宿州、灵璧、天长、合肥等 15 州县，或间有萌生蝻子，或飞蝗停落。江苏徐州府属之铜山、沛县、睢宁等 6 州县，海州并所属之沭阳、赣榆等处，淮安府属之桃源（今泗阳）等地有蝻子萌动。七月，福建沙县有蝗。山西平定、盂县等地与直隶交界之处有飞蝗入境。盛京锦州、义州（今义县）、广宁（今北镇市）、新民等地飞蝗入境。

道光六年（1826 年）

△直隶、山东、河南、安徽、江苏、湖北、江西多地有蝗灾。

直隶正定、曲周等 7 州县有蝗灾。山东济宁、汶上、东阿等 8 州县有蝗蝻生发。河南武安、淮宁等地有蝻子萌动，或有飞蝗入境。安徽全椒、合肥、巢县、宿松等 14 州县有蝗蝻。江苏江宁、淮安、扬州、徐州府属数州县有蝻子萌生。湖北黄陂县南乡同泊口湖草场中间生蝻子，未损伤禾稼；江夏桂家洲亦有蝻子。江西德化、湖口等地有蝻子萌生。

道光七年（1827 年）

△江苏沛县螽蝗满野，麦菽被啃啮殆尽，造成大饥荒。湖北应山有秋蝗。湖南临湘等地有蝗。夏五月，安徽宿松蝗蝻蔓延。

道光八年（1828 年）

△浙江诸暨有秋蝗。

道光十年（1830 年）

△四川安岳有秋蝗，不为害。陕西镇巴有飞蝗入境。甘肃灵台有飞蝗啃食麦苗，仅获种子。广东电白又发生旱灾，并有蝗为害。

道光十一年（1831 年）

△直隶蓟州、内邱等处有蝗蝻，田禾未受损。广东电白因旱生蝗。

广西南宁飞蝗入境。

道光十二年（1832 年）

△山西天镇、右玉、代县、神池有蝗入境。夏，河南密县蝗蝻蔽野。湖北宜昌、长阳有蝗，啃食庄稼殆尽。湖南新宁有自广西飞来的秋蝗伤稼，捕之不止。广西来宾有蝗啃食禾苗。

道光十三年（1833 年）

△山东费县、湖北郧西等处有蝗。安徽定远大旱生蝗。浙江龙游有蝗。广东灵山五月生蝗。广西武鸣、北流、贵县等 12 州县飞蝗遍野，多损害禾稼，收成大减。福建浦城、泰宁有蝗啃食庄稼。

道光十四年（1834 年）

△山东、湖北、安徽、浙江、江西、广东、广西、福建、陕西等多地有蝗为害。

山东峄县、滕县有蝗。湖北云梦、枣阳、随州有蝗。安徽巢县（今巢湖）因旱生蝗。浙江龙游有蝗为害，致粮价上涨。江西彭泽有蝗；崇仁蝗损禾稼，导致饥荒；新城（今黎川）大旱，飞蝗遍野，粮价上涨数倍。广东西宁（今郁南）、三水、吴川、封川（今封开）、灵山等地有蝗，未伤损禾稼。广西武缘（今武鸣）、宾州（今宾阳）等 10 州县有蝗蝻，多地啃害庄稼。八月，福建建阳有蝗，早晚稻歉收。陕西洋县有蝗大至，损伤禾苗。

道光十五年（1835 年）

△直隶、山西、山东、河南、江苏、湖北、湖南、江西、广东、广西、贵州、陕西等省多地发生较大蝗灾，蝗虫啃食禾苗，导致米贵民饥。

秋，直隶灵寿、平山、新城有蝗。夏，山西绛县因旱生蝗。山东济阳、博兴、利津等地有秋蝗，多地食禾导致饥荒；寿张（今阳谷）、济宁、郓城、莘县等 11 州县夏秋有蝗为害。河南辉县、宜阳等 5 处有蝗蝻害稼。江苏庐江、宝应、阜宁等 18 州县有蝗蝻，啃食禾苗。湖北谷城、大冶、远安、当阳等 22 州县因旱生蝗。湖南临湘、江华等 6 县干旱，飞蝗蔽天。江西南昌、湖口、南城、进贤等 16 州县因旱生蝗，米贵民饥。夏秋之交，广东番禺、清远、德庆、灵山等 11 地有蝗伤稼。广西罗城、宜山、北流等15州县有蝗蝻，多蚕食禾苗。六、七月间，贵州黎平有蝗虫伤稼，未致大灾。陕西商南有蝗。

道光十六年（1836年）

△直隶、山西、山东、河南、安徽、江苏、湖南、湖北、江西、广东、广西、陕西等省发生蝗灾，食禾殆尽，造成饥荒。

直隶藁城、怀安、任县、新河等20余州县有蝗为害。山西浑源、文水、垣曲、丰镇（今属内蒙古）等25州县有飞蝗入境，多地啃害庄稼，导致民饥。山东新泰、泗水因旱生蝗，致民大饥。夏秋之交，河南中牟、长垣、内乡、宜阳等19州县有蝗为害，或食禾殆尽，或不致为灾。夏秋之交，安徽和州、庐江、全椒等6州县有蝗。秋，江苏江阴、如皋、阜宁等10州县飞蝗入境，或食禾殆尽，或不为灾。六月，湖南浏阳有蝗；三、四月间，安乡蝻蜢遍野。湖北黄冈、谷城等6州县有蝗为灾，多地食麦害稼。江西瑞昌、弋阳、余干等县有蝗蝻。广东灵山有蝗。广西临桂、阳朔等4州县有蝗。陕西大荔、紫阳等地有蝗。

道光十七年（1837年）

△直隶、山西、山东、河南、安徽、江苏、湖北、广西、广东、陕西等省因旱生蝗，多地发生饥荒。

直隶西宁（今阳原）、怀安有蝗蝻。山西河曲、阳城、永济等8州县有飞蝗入境。山东诸城、济宁、金乡、单县等11州县有蝗蝻为害，多地饥荒。河南中牟、滑县、内黄、灵宝、洛宁等地有蝗为灾。安徽定远因旱生蝗。春夏之交，江苏江阴、句容、如皋、泰州（今姜堰区）、安东（今涟水县）等5地有蝻子生。湖北兴国（今阳新）、郧县有蝗。三月，广东广州有蝗为害。广西桂平、北流等地有蝗。陕西定边、安定（今子长）、葭州（今佳县）、保安（今志丹）等地因旱生蝗。

道光十八年（1838年）

△五月，直隶东光有蝗，不为灾；夏，丘县有蝗蝻生。山东博兴、临清、阳谷等12州县有蝗蝻。河南阌乡（今灵宝）等地有蝗。湖北应山秋蝗蔽日；夏，郧县有蝗蝻入境。

道光十九年（1839年）

△直隶武邑、鸡泽有蝗蝻为害。安徽六安、霍山有自县西南而来

的蝗虫，遮天蔽日。

道光二十年（1840 年）

△夏，山东阳信、沾化有蝗为害；海丰有蝗；胶州春旱生蝗。河南陕州（今三门峡）有蝗。八月，广东合浦平睦（今属广西浦北）有大蝗灾。

道光二十一年（1841 年）

△七月，安徽六安、霍山有蝗，不成灾。秋八月，山东诸城有蝗。四川屏山有大蝗灾。秋，陕西镇巴有蝗伤稼。

道光二十二年（1842 年）

△秋，山东高密有蝗。夏，河南灵宝有蝗。秋，直隶天津南乡飞蝗成灾。八月，广东灵山有蝗为害。

道光二十三年（1843 年）

△山西、安徽、河南、江苏、湖北、浙江、广西、陕西等地有蝗灾。

山西万荣飞蝗入境，不为灾。安徽六安，蝻子遍野。河南灵宝飞蝗食禾。五月至七月，江苏扬州、兴化有大蝗灾。湖北郧县、郧西等处因旱生蝗。七月，浙江湖州因旱生蝗、螟，啃食禾苗，导致饥荒。夏，广西郁林（今玉林）、北流有蝗。陕西同官、镇巴有蝗。

道光二十四年（1844 年）

△浙江仙县有蝗。广东德庆蒌峒有蝗为害。

道光二十五年（1845 年）

△夏秋之交，山东海丰、昌乐、胶州、平度等地有蝗为害。安徽庐州（今合肥）因旱生蝗。湖北麻城、光化（今老河口）飞蝗蔽天。广西柳城蝗虫为灾，致民大饥。

道光二十六年（1846 年）

△六月，山东峄县、滕县有蝗为害。

道光二十七年（1847 年）

△河南、江苏、山东、陕西、直隶、广西、西藏等地有蝗为害。秋，河南开州，蝗生遍野，啃害庄稼。夏秋江苏安东大旱生蝗。夏，山东阳信、海丰、沾化有蝗。陕西商南大旱生蝗。直隶元氏飞蝗四至，以致饥荒。广西荔浦有蝗，不害稼。西藏隆子遭受蝗灾。

道光二十八年（1848 年）

△四月，河南嵩县有飞蝗东来，自夏至秋将田禾啃食一空。山东宁海、惠民（今牟平）等地有蝗。直隶青县、肥乡等地有蝗。广西上林、宾阳、荔浦、贵县蝗蝻为灾。

道光二十九年（1849 年）

△六月，江苏睢宁有蝗不为灾。广东信宜、德庆、灵山有蝗。广西武鸣、横州（今横县）飞蝗蔽日，伤害禾稼。西藏日喀则遭受严重蝗灾。

道光三十年（1850 年）

△广西全州（今资源县）、郁林、北流有蝗啃害庄稼。广东灵山有蝗。西藏拉萨有蝗入境。

七、咸丰朝

咸丰朝共 11 年，在清代属于灾害频率较低的时期，蝗灾也相对较少。具体来说，咸丰四年（1854 年）、咸丰五年（1855 年）、咸丰六年（1856 年）、咸丰七年（1857 年）、咸丰八年（1858 年）的蝗灾较为严重。

咸丰元年（1851 年）

△山东高密有蝗蝻伤禾稼。安徽泗县有蝗灾。四月，河南叶县发生蝗灾。秋八月，广东化州因旱生蝗。

咸丰二年（1852 年）

△广西贵县发生蝗灾。

咸丰三年（1853 年）

△山东无棣飞蝗蔽日。八月，湖北郧西因旱生蝗，农作物歉收。夏五月，广东化州有蝗。广西贵县、隆安、陆川、高州等 10 州县有蝗，草木杂稼多伤。

咸丰四年（1854 年）

△直隶、山东、江苏、河南、广东、广西等多地有蝗为害，造成饥荒。

直隶各属雨中带雹，并有蝗蝻为害。山东日照因旱生蝗。江苏宝应河西因旱生蝗。六月，河南光山蝗蔽天日；濬县（今浚县）有蝗，造成大饥荒。夏四月，广东高州府飞蝗蔽天损伤禾稼。广西平乐、崇善、思恩等数十州县有蝗为害。

咸丰五年（1855 年）

△直隶、山东、安徽、江苏、湖北、广西等多地有蝗为害。

直隶定兴、南宫飞蝗遍野。山东莱阳、高密、昌乐等处有蝗。夏，安徽寿州（今寿县）大旱，飞蝗蔽天，禾稼俱伤。江苏睢宁夏旱，蝗蝻大作。湖北东湖因旱生蝗。广西林州、陆川有蝗，食苗过半。

咸丰六年（1856 年）

△直隶、山西、山东、河南、安徽、江苏、浙江、福建、湖南、湖北、广东、广西、陕西、奉天等多地发生蝗灾，波及面积之广极为少见。蝗虫铺天盖地，啃食禾麦，多地饥荒，甚至有人饿死。

直隶大名、容城、永平等县因旱生蝗，啃伤禾苗。山西阳城夏旱，秋有蝗害稼。山东泰安、济宁、济南、东昌等 6 府有蝗为害。河南商邱、许昌等 51 州县有蝗为害，田禾间有损伤。安徽太和、颍上、芜湖等地因旱生蝗。江苏丹徒、丹阳、溧水、如皋等 31 州县因旱生蝗，损伤禾苗导致民饥。浙江杭州、嘉兴、湖州、宁波、绍兴等府属有蝗为害。福建崇安有蝗为害。九月，湖南祁阳有蝗为害。湖北武昌、东湖（今宜昌市夷陵区）、兴化有蝗。八月，广东阳江西境飞蝗蔽天，大伤禾稼。广西罗城飞蝗蔽天，食尽五谷之苗，造成大饥荒，饿死者众。陕西洵阳、盩厔（今周至）、渭南等 5 县有蝗为害。三、四月，奉天府有蝗为害。

咸丰七年（1857 年）

△直隶、山西、山东、河南、安徽、江苏、江西、浙江、湖北、湖南、四川、陕西等省发生蝗灾，导致谷贵民饥。

直隶容城、涞水、望都等州县蝻蝗迭生，食稼殆尽，多地大饥。山西陵川、永和、交城等 5 县有蝗蝻害稼。山东昌乐、曲阜、临清、即墨等 10 州县有蝗蝻生，啃食庄稼导致民饥。河南叶县、西平、阳信等 12 州县有蝗，多地禾苗被啃食殆尽。安徽巢州、颍上有蝗蝻。江苏溧水、抚宁、如皋等 10 余州县有蝗。秋，江西萍乡、万载等县有飞蝗入境。浙江海盐、孝丰（今安吉）等州县有蝗为害。湖北东湖、郧西、武昌等地飞蝗蔽日，损伤禾苗。湖南新化、耒阳、清泉、兴宁等地有蝗遮天蔽日。秋，四川南康、万源有飞蝗入境。陕西宝鸡、商南等地发生蝗灾。

咸丰八年（1858 年）

△直隶、山西、山东、河南、安徽、湖北、江苏、江西、湖南、广东、陕西、奉天等地有蝗为害，啃食禾苗。

夏秋之交，直隶涞水、巨鹿、清苑、望都等 7 州县有蝗。山西榆社、静乐、平定、长治等 18 州县有冰雹兼有蝗灾。春，山东即墨有蝗生，未成灾，秋，飞蝗导致饥荒；德平有蝗蝻。河南叶县、荥阳飞蝗蔽天。安徽颍上、寿州等地有蝗。湖北保康飞蝗啃食禾苗；宜城有蝗害稼。江苏抚宁、睢宁、阜宁有蝗。江西德化、清江等地有蝗害稼。三月，湖南桃源有蝗。五月，广东海阳有蝗啃食庄稼。陕西镇安、神木、府谷等 9 县因旱生蝗。奉天盖平因旱生蝗，柳树屯等村方圆三十余里几成灾区。

咸丰九年（1859 年）

△山东即墨春旱秋蝗。安徽寿州、颍上有蝗。浙江归安（今湖州市吴兴区）有蝗。

咸丰十年（1860 年）

△山东、浙江、河南、湖北、广东等多地有蝗为害。

秋，山东高密因旱生蝗。七月，浙江慈溪北乡有蝗。河南中牟有蝗啃食庄稼。夏秋，湖北远安飞蝗蔽日。广东石城秋蝗蔽日，啃食禾苗，数日离去。

咸丰十一年（1861 年）

△六月，山西解州飞蝗遮天蔽日，啃食秋禾殆尽。九月，河南叶县有蝗自东而来，沿澧河数十里不绝，啃食麦苗；鹿邑有蝗。安徽颍上有蝗。陕西岐山有蝗；六、七月，平民有蝗。

八、同治朝

同治朝凡 13 年，蝗灾相对较少，据统计共发生 46 县次，平均每年3.5县次。

同治元年（1862年）

△直隶、山西、山东、河南、安徽、江苏、湖北、陕西等多地有蝗灾。

夏五月，直隶永平有蝗蝻生。山西平陆、稷山、虞乡等地飞蝗啃食庄稼。山东昌乐、莘县、莱阳飞蝗过境，损害庄稼。河南所属各府州夏秋因旱有蝗蝻滋生。安徽合肥因旱生蝗。江苏苏州、沭阳、宿迁等处因旱生蝗。湖北郧西、武昌有蝗。陕西岐山、醴泉（今礼泉）、永寿、盩厔等地飞蝗入境，食禾殆尽。

同治二年（1863年）

△七月，山西临汾发生大蝗灾。河南淮阳、孟县（今孟州）、洛宁等地有蝗啃食庄稼。江苏溧水、句容有蝗。陕西咸宁（今西安）、长安（今西安市长安区）、鄠县（今西安市鄠邑区）有蝗。甘肃灵台发生蝗灾。

同治三年（1864年）

△六月，山西平陆飞蝗蔽日。山东昌乐秋蝗害稼。河南洛宁蝗蝻复生。广西柳城蝗虫为灾。

同治五年（1866年）

△七月，云南浪穹（今洱源）有蝗，未成灾。

同治六年（1867年）

△河南鄢陵夏蝗遍地，秋禾尽毁。广东三水有蝗。

同治七年（1868年）

△七月，陕西孝义厅（今柞水）飞蝗蔽天。

同治八年（1869年）

△山东寿张春旱引发夏蝗。湖北宜城有蝗害稼，次年蝻复生。

同治九年（1870年）

△山东、湖南、广东、甘肃等多地有蝗为害。

七月，山东长清有蝗虫生，损伤禾稼，造成大饥荒。九月，湖南桃源有蝗虫至。八月，广东韶州府（今韶关），仁化湖坑洞蝗虫遍野，晚稻歉收。甘肃灵台有蝗虫蔽日而过，遗子化为绿蝗，集噬麦苗。

同治十一年（1872 年）

△七月，直隶沧县有蝗为害。

同治十二年（1873 年）

△江苏安东、镇江因旱生蝗。四川巫山（今属重庆）蝗虫为灾，岁歉无收。

同治十三年（1874 年）

△江苏安东因旱生蝗。

九、光绪朝

清王朝及至光绪时期，已是黄昏。这 30 余年之中，外忧内患联翩而至，自然灾害亦是如此，光绪初年的“丁戊奇荒”就是史上罕见的特大旱灾。由于旱灾和蝗灾关系密切，相对来说蝗灾也就比较严重。光绪二年（1876 年）、光绪三年（1877 年）、光绪八年（1882 年）、光绪十七年（1891 年）、光绪十八年（1892 年）、光绪二十三年（1897 年）、光绪二十六年（1900 年）是为此间之重灾年份。

光绪元年（1875 年）

△浙江慈溪北乡有蝗，不为灾。

光绪二年（1876 年）

△直隶、山西、山东、河南、江苏多地有蝗为害。

夏，直隶宁河有蝻孽萌动；京师、天津一带蝗蝻啃食田禾。山西阳曲等州县被旱、被霜、被蝗、被水，收成歉薄。山东郓城等地有蝗蝻。秋，河南郾城大旱生蝗，田禾歉收。夏，江苏宿迁、泰兴、丹徒等地因旱生蝗。

光绪三年（1877 年）

△直隶、山东、河南、安徽、江苏、浙江、湖北、广东、云南、陕西、甘肃等省份多地因旱生蝗，发生饥荒。

直隶天津、昌平、滦县等处因旱生蝗。六月，山东费县大旱，有蝗食禾殆尽。河南鹿邑、项城、商水、西平等地因旱生蝗，多地发生饥荒。安徽六安、芜湖、五和等县有蝗。江苏阜宁、清江、江浦、句容等地有蝗。浙江平湖、上虞、镇海等多地有蝗。五月，湖北汉口忽有飞蝗千百万亿自北而来。广东清远、赤溪等地有蝗。云南东川等府属被旱。陕西华阴、华州、潼关等州县因旱生蝗。甘肃灵州，蝗飞蔽天。

光绪四年（1878年）

△河南、江苏、湖北、云南等多地有蝗为害。

河南延津、阳武、封邱有蝗蝻，为害不浅。江苏上元等州县有蝻子萌生。湖北黄冈有蝗，不为灾。六月，云南宣威蝗虫啃食包谷；九月，马龙有蝗。

光绪五年（1879年）

△山西、河南、江苏、安徽、陕西、甘肃等省间有蝗蝻萌生。八月，山西虞乡秋旱生蝗。河南有蝗虫偕来。五月初，陕西盩厔有蝗食禾苗。

光绪六年（1880年）

△江苏盐城等县有蝻子萌生，淮安各属间有飞蝗。

光绪七年（1881年）

△六月，直隶武清有蝗。山东费县有雨雹兼有飞蝗云集害稼。甘肃中卫、宁夏有蝗，不为灾。

光绪八年（1882年）

△广西北流有蝗害稼，飞蔽天日，群集而食竹木，瞬息叶尽。

光绪十年（1884年）

△直隶新城（今河北高碑店）有蝗，不害稼。陕西华阴蝗虫遍野。

光绪十一年（1885年）

△直隶新城有蝗，不害稼。七月，山东滋阳、曲阜秋旱生蝗。

光绪十二年（1886年）

△五月，直隶沧县有蝻食麦。河南内黄飞蝗过境，遗留蝻子极多。

光绪十三年（1887年）

△安徽全椒有大蝗灾。广西乐业有蝗为害。

光绪十六年（1890 年）

△五月，直隶沧县有蝗大至，居民捕蝗交官，每斗换仓谷五升，仓中积蝗如阜。

光绪十七年（1891 年）

△直隶、安徽、江苏、广东、四川、云南等多地有蝗灾。

直隶涿县（今河北涿州）有蝗；新城有蝗，不害稼。安徽全椒有大蝗灾。江苏镇江府属之丹徒、丹阳、金坛等县有飞蝗入境。广东恩平有蝗啃食禾苗，几无收成。夏秋之交，四川中江皆旱，有蝗为害。云南景东有蝗。

光绪十八年（1892 年）

△直隶、山西、山东、河南、安徽、江苏、陕西等地有蝗灾。

直隶蓟县有蝗。山西临晋（今临猗）夏旱生蝗；永和夏旱，蝗飞蔽日，食苗殆尽，至冬无收。六月至八月，山东临朐蝗蝻盈野，啃食谷菽及草皆尽。河南祥符秋旱，蝗不为灾。安徽合肥、来安、庐江、霍邱、定远等 22 州县被旱被蝗。江苏常州、镇江二府间有飞蝗入境。夏，陕西有蝗为害。

光绪十九年（1893 年）

△四月，广东合浦有蝗。

光绪二十年（1894 年）

△九月，广东合浦有蝗。

光绪二十一年（1895 年）

△夏五月，山东寿光因旱飞蝗过境。五月十五日夜，四川芦山降冰雹，冰雹后化而生蝗。新疆镇西（今巴里坤）等厅州县本年被旱、被水、被蝗地亩成灾。

光绪二十二年（1896 年）

△新疆迪化（今乌鲁木齐）等属被蝗、被雹，成灾。

光绪二十三年（1897 年）

△山西、广东、陕西、新疆多地有蝗为害。

山西文水、平遥、榆次、襄陵（今襄汾）、大同等 10 厅州县有飞蝗蚕食，以致秋禾歉收成灾。广东合浦有蝗灾。七月，陕西蓝田有飞蝗自东来，秋苗被啃食过半。新疆呼图壁等地有蝗为害。

光绪二十四年（1898 年）

△五月，直隶献县有蝗，不食禾苗，秋稔。山东曲阜蝗虫为灾，毁伤谷穗殆尽。新疆吐鲁番、迪化等地被水、被蝗，成灾严重。

光绪二十五年（1899 年）

△七月，河南滑县谷生蝗，食叶尽，且早麦无苗。入夏以来，山东登州、莱州两府飞蝗害稼。广东乐昌春夏亢旱，秋蝗为灾，收成无几。广西环江有蝗为害，禾稻失收。

光绪二十六年（1900 年）

△直隶、河南、山东、江苏多地有蝗为害。

直隶容城有蝗啃食田禾。河南获嘉、修武、许昌、封邱、鄢陵、临颍、项城等地夏旱生蝗，蝗虫啃食禾苗，造成大饥荒。山东长清、邹平、寿光等多地有飞蝗过境，间或停落，为害成灾。江苏阜宁因旱生蝗。

光绪二十七年（1901 年）

△山西荣河（今万荣）、虞乡（今永济）旱甚，多蝗无麦。秋，河南安阳、封邱等处有蝗食苗殆尽。秋，山东临朐县有蝗蝻为灾。

光绪二十八年（1902 年）

△四川峨边，蝗、旱并见。五月中旬，陕西同州府（今渭南市）属滨河一带毗邻山西境界，忽有飞蝗自晋渡河入境。新疆阜康有蝗为害。

光绪二十九年（1903 年）

△新疆阜康、绥来等县被蝗成灾。

光绪三十年（1904 年）

△夏，新疆阜康、绥来两县被蝗。

光绪三十一年（1905 年）

△云南新平磨沙坝螟蝗大起，秋熟无望。

光绪三十二年（1906 年）

△山西绥远（今内蒙古呼和浩特）后套偏东地方蝗蝻为灾。九月，广西上思禾熟时有蝗虫为灾。

十、宣统朝

宣统元年（1909 年）

△山东北镇有蝗。夏，江苏宿迁因旱生蝗。

宣统二年（1910 年）

△秋，山东济宁因旱生蝗；六月，淄川有蝗。广东合浦有夏蝗。

宣统三年（1911 年）

△直隶西宁（今河北阳原）有蝗虫为灾。

第四章　疫灾

疫灾往往是由其他自然灾害及气候异常所致，其中多数与水旱等灾害密切相关。在历史文献中，对疫病的记载往往过于简洁，正史一般均以“疫”或“大疫”名之，就是地方志，除了对个别特别重要的瘟疫记录及其病名或简要的症状，对大多数瘟疫也都以“疫”“大疫”“疠疫”“疫疠”“瘟疫”“时疫”“疫气”等名称一笔带过。对于这样的记载，除非在其他文献中找到具体的描述，肯定已不可能作出更进一步的判断。疫灾具有传播性，不仅不同地区发生疫灾的时间不同步，就是同一地区也可能在一年之内多次流行，从全国范围来看，疫灾往往要绵延数月乃至数年之久。从历史时期的分布状况来看，瘟疫的发生频次呈逐渐上升之势，其中清代发生次数为最多。康熙中后期和雍正朝是清代疫灾的高发期，道光、咸丰、同治年间是又一个疫灾严重的时期，而光绪朝是疫灾的绝对低发期。清代疫灾在空间分布上不均衡，浙江、山东、湖北、河北、江苏五省是疫灾的高发省份。清代的瘟疫除了各地普遍存在、早已成为地方病的天花、麻疹外，以霍乱、伤寒、细菌性痢疾和急性肠胃炎等肠道传染病为主，从清中期开始，白喉、猩红热等喉科传染病渐趋增多，疟疾仍为各地夏秋不时出现的地方病，此外，还有大头瘟、牛瘟等一些尚不能确定其为今天的何种疾病的瘟疫。

一、顺治朝

顺治元年（1644 年）

△直隶、山西、山东、浙江、湖广、福建等地区均发生不同程度的疫灾，其中尤以直隶、山西和湖广地区最为严重。直隶延庆州和故城县发生春大疫，同年秋，清苑县发大瘟，定兴县大瘟使东乡及城内人多疫死。宣化、龙门（今河北赤城）、西宁县（今阳原）等地九月大疫，其中保安卫沙城堡（今河北怀来）绝者不下千家，生员宗应柞、

周之祯、朱家辅等皆全家疫殁，鸡犬尽死；天津卫人染疫病，十丧八九，亲友之间不敢相吊，民间俗传为探头病；河间县人亦是因疫死丧十之八九，亲友不敢相吊。山西北部地区和东南部地区疫情严重，大同府属瘟疫，自明崇祯末年一直持续到清顺治元年方息；灵丘县瘟疫盛作，死者过半；七月，广灵县疫。同年秋，山西晋东南地区长治县、襄垣县、潞城县等地大疫，病者先是腋下、股间长黑色肿瘤，随即吐淡血而死，不受药物控制，虽亲友不敢问，有全家死绝者，也无人收葬。湖广地区的永定卫（今湖南张家界）时疫流行，一斗米卖到白银五钱，病饿交加，死亡载道；安乡县三月大疫，死者过半，民废耕，米肉价三四倍；枝江县夏秋大疫；长沙府大饥疫；益阳县大饥疫，民死不计其数；沅江县瘟疫遍染，士民十死其九，全族绝灭者十有七八，乡市枯骨成堆，物价奇贵，谷一两八钱一石，米三两六钱。山东济南府、德州和禹城春疫。浙江归安县（今湖州）春大疫，民呕血缕即死；慈溪县疫病大作，城郭内外所在填尸枕藉。福建泰宁县大疫。

顺治二年（1645 年）

△直隶、浙江、湖广等地发生疫情。直隶地区以京城出痘者众，免行庆贺礼。浙江湖州府，五月大疫。湖广地区应城县、安陆县、咸宁县等地大疫，宜城县春大饥，米大贵，人相食，多疫死；自秋伊始，景陵县（今湖北天门）民病大疫。

顺治三年（1646 年）

△山西、河南、湖广、江西、广东、四川等地发生不同程度疫情，其中湖广、江西及四川等省的疫情较重。山西武乡县大疫，朝病夕死，有一家数口死绝者，疫病数月不止，阖县人民避居深山，城市虚无人焉。河南柘城县出现牛瘟。湖广地区咸宁县、兴国州（今湖北阳新）、崇阳县、枣阳县等地大疫，死亡无数。江西宜黄县大旱，疫病盛行；大庾县（今大余）和南康县秋大疫，延至次年春，死者无数。广东和平县六月大疫。四川重庆府、荣昌县大旱大疫；丹棱县丙戌、丁亥连岁大旱，斗米三十金，人不得耕，起而相食，骸骨满野，其存者又被魔疫，几无孑遗，如所谓摸脸魔、梦魂魔、大头瘟、马蹄瘟之类。

顺治四年（1647 年）

△直隶、山东、江南、湖广、江西、四川、云南、福建、广东、贵州等地发生不同程度的疫情，其中江西、四川地区的灾情较重。江西萍乡县春夏大水，是年米一石值十余两，民食草啖糠，荐以兵、寇、病疫，死者无数；新昌县（今江西宜丰）夏大饥，米一斗价腾一两六钱。兵燹之后，借籴无路，饥疫相煎，瞪目待毙，屠耕牛以苟旦夕，多胀死者；抚州府夏秋大疫，尸相枕藉，死数万人；崇仁县大疫，死者无算；金溪县秋冬大疫。四川綦江县，岁大旱，斗米十二金，难民无所得食，兼瘟疫盛行，死者朽卧床榻，无人掩葬；邛州（今邛崃）、广安州、剑州（今剑阁）和苍溪县等地因饥饿引发了大的疫病，主要有大头瘟、马眼瘟、马蹄瘟、摸脸魔和梦魂魔等疫病（大头瘟主要表现为头部肿大，顷刻立死。马眼瘟主要表现为目盲，东西难辨。马蹄瘟则主要表现为顷刻足肿如斗）。云南晋宁州五月饥，民多疫。是年秋，直隶新城县（今河北高碑店）大疫，福建连城县瘟疫大作，山东莒州发生牛疫，死者十九。江苏泰兴县和直隶通州因大旱引发大疫，饥疫死者甚众。浙江淳安县大疫，广东长乐县和贵州安平县（今安顺）大疫。部分地区数灾并行，例如湖广地区浏阳县大旱加大疫；耒阳县和衡阳县等地自四月初至六月阴雨不息，兵荒荐至，疫气盛行，死者相枕藉道路，民间几无孑遗。江西高安县大旱之后又大涝，二麦尽淹，米价每石四两，五月增至十两，瘟疫兼作，有百十烟虚无人者。

顺治五年（1648 年）

△浙江、湖广、广东、四川、江西、福建、广西和贵州等地发生不同程度的疫情，其中四川和广东地区的灾情较重。广东始兴县自顺治五年至六年（1648—1649 年），瘟疫四见。新安县（今广东深圳）大疫、贼盗同时而发，民之死亡过半，甚至出现一乡无一人存活的现象。四川内江县瘟疫大作，人皆徙散，百里无烟；富顺县、峨眉县、彭水县和广安州地区都出现饥荒和大疫，饿者死满道路，多地出现人相食，富顺县甚至出现数百里无人烟的惨象。浙江崇德县和湖州府自四月二十七日暴风，至九月大疫，民间死者不计其数。湖广地区的沅陵、泸溪二县大疫，民饥疫死者无算。江西婺源县、石城县等地，福建邵武府属光泽县等地，

广西罗城县和融县等地大疫。贵州遵义府顺治五年至六年（1648—1649年）连遭荒疫，民大饥，斗粟四两，僵尸载道。

顺治六年（1649年）

△湖广、江西、福建、四川和贵州等地发生不同程度的疫情。其中贵州遵义府自上年荒疫持续到今年，僵尸载道。三、四月间，福建清流县、宁化县和长汀县等地诸乡大疫。江西永宁县（今属江西井冈山）灾瘴交攻，灭烟者十有三五。湖广地区的湘乡县、郴州、益阳县和安化县等地大疫，其中湘乡和益阳死者无算，十室九空。四川蓬州疫，彭水县戊子、己丑大饥疫，人相食，斗米银八两，六畜皆死。

顺治七年（1650年）

△春，湖广地区的酃县（今湖南炎陵）瘟疫大作。秋，江西婺源县东乡大疫。山西马邑县（今山西朔州），岁饥，疫作。

顺治八年（1651年）

△福建建宁县夏四月大饥，南乡大疫。八月，浙江鄞县（今宁波）陨霜杀禾，是年疫兼大饥，斗米五百钱。江南常州府发生疫灾。山西北部的左云发生饥疫，朔州瘟疫流传，人畜多毙。

顺治九年（1652年）

△河南、江南、福建和广东等地发生疫灾，其中江南地区和广东地区的疫情较为严重。据江南巡按秦世祯上奏称："为吴地有不忍言之灾，又不得不言之灾，谨据各属所报，仰塵睿听，俯赐轸念财赋之源事。……高壤俱作石田，近水亦成焦土，疫疠横行，十村不卜一二村之存，全家仅有一二口之活，此宜兴县所报之情形也……七月不雨，万木皆枯，盐河竈裂，疫疾横行，十室九死，蝨蝗遍野，此如皋县所报之情形也……"江苏通州（今南通）、东台县和湖南武冈州、永明县（今江永）等地大旱造成严重饥荒，继而瘟疫盛行，男女枕藉而死者无算。广东澄迈县（今属海南）异常大饥，海边疫死堆骨满家；儋州（今属海南）全郡疫气大行。福建漳州疫大作，死者无数；建阳县（今南平）瘟疫盛行，死者无数。河南陈州府（今淮阳）大疫，泌阳县牛疫盛行。

顺治十年（1653年）

△直隶、山西、陕西、湖广、江南和福建等地发生小范围的疫情，

其中福建的疫灾较为严重。直隶蔚州（今蔚县）和广昌县（今河北涞源）十一月瘟疫复生。山西朔平府瘟疫，朔州右卫瘟疫，广灵十一月疫作。江南地区扬州府大旱大疫，东台县夏旱且疫。湖广地区新宁县大疫，斗米银一两二钱。福建建宁府大疫，八县皆然，崇阳最为严重；霞浦县和寿宁县等地大疫。陕西山阳县牛大疫。

顺治十一年（1654 年）

△直隶、山西、湖南、福建和广东等地发生小范围地区的疫情。直隶西宁县和迁安县等地大疫，人多死。山西榆次、交城、文水疫，其中文水县的南武等地多有灭门无遗者，儒医武承业、晋凤翔广用良药救治，使全活甚众。湖南城步县，六月大饥随大疫，乡城男妇死者甚众。福建建宁县各乡多疫；光泽县冬天天花流行，病愈者十无一二。广东阳山县和信宜县等地大疫，人死有灭门者。

顺治十二年（1655 年）

△陕西凤翔县春不雨，牛疫，冬大疫。

顺治十三年（1656 年）

△浙江慈溪县痘疫严重。湖南城步县饥疫并作，死者无数。

顺治十四年（1657 年）

△湖南、广东、陕西、福建等地出现不同程度的疫情。湖南酃县、郴州、桂阳州、常宁县等地发生秋疫，疫情严重者如酃县，民丁病死者 384 人。广东揭阳县春正月发生痘疫；同年秋，阳山县大疫。陕西同官县（今铜川）牛大疫，人多废耕。福建霞浦县（时含福鼎县，今福鼎市）大疫复作。

顺治十五年（1658 年）

△河南、江西、广西、广东等地的部分地区发生小范围的疫灾。河南沈丘县五月大雨如注，到八月二十二日又发大雨至九月二十六日，致使河水泛溢，平地水深丈许，秋禾一粒无存，人多溺死，牛畜多饿死，幸存者又因瘟疫丧命。江西崇仁县瘟疫流行，症状主要表现为咽喉肿大，顷刻辄死，县邑谢允璜通过祈神和广施医药才得以控制痊愈。夏六月，广西梧州府大疫。广东灵山县（今属广西）发生大饥疫，民众采野菜、箭竹子充饥，死者枕藉，流离殆尽。

顺治十六年（1659 年）

△山西、河南、山东和浙江等地的小部分地区出现疫情。是年春，山西阳城县耕牛大疫，存者十之一二。河南汝宁府和上蔡县等地淫雨不断，牛多疫死。浙江乐清县春大疫，温州府春夏瘟疫大行。九月，湖南零陵县（今永州）大疫。山东宁海州疫疠，诏免三年赋。

顺治十七年（1660 年）

△直隶宁津县（今属山东）亢旱，疫病流行。

顺治十八年（1661 年）

△河南邓州大饥，民刮树皮为食，至秋大瘟，民死大半。

二、康熙朝

康熙元年（1662 年）

△四月，山东福山县、莱阳县、宁海州（今牟平）和海阳县等地大疫，人死甚众。八月，江南地区的上海县大疫。

康熙二年（1663 年）

△五月，浙江湖州府大疫，广东钦州（今属广西）天行疫。山东莱阳县夏旱，疫，人死甚众。江南地区的上海县五月至九月疫病大作，除松江府城之外，由浦西至浦东家至户及，无一得脱者。棺铺店家履为之满……匠氏夜不成寐，有人死亡六七日而不得一棺者，尤为惨绝。夏秋之交，川沙厅和南汇等地大疫。

康熙四年（1665 年）

△春，广东新会县民众饥疫。江南地区的萧县（今属安徽）大旱，五月淫雨不断，牛皆得瘟死亡殆尽。青浦县大饥大疫，死者枕藉。福建泰宁县天疫流行，五月大旱至六月十二日始雨，米价银每斗一钱三分，秋疫疠大作。六月，河南邓州灾疫流行。山东福山县大疫，民死甚众。

康熙五年（1666 年）

△五月，河南邓州大暑，发生牛瘟。夏，江苏沛县总河部院杨茂勋征千夫，塞黄家嘴决河，河干大疫。六、七月，陕西西乡县（今镇巴）发生牛瘟，牛尽死。广东嘉应州旱疫流行。

康熙六年（1667年）

△秋，浙江嵊县（今嵊州）大疫。

康熙七年（1668年）

△三月，直隶内丘县瘟疫大行，男女幼童皆出红疹，俗名蛤蟆瘟。

康熙八年（1669年）

△春，江西新喻县（今新余）瘟疫盛行，民多病，秋旱，民复病痢，自春至次年二月止；吉水县自康熙八年至九年（1669—1670年）水旱频仍，加以疫病流行，至数十里道绝人行，数十家断炊烟，供粮纳税之区，化为黄茅白苇之场。七月，湖南常宁县大疫。山西垣曲县疫气大作，人多死。

康熙九年（1670年）

△河南阳武县（今原阳）春旱，疫病流行。湖北枣阳县大旱，人疫。

康熙十年（1671年）

△浙江、江苏、湖北、江西、甘肃等地发生不同程度的疫情，其中以江西部分地区疫情为甚。浙江武义县自五月以来一直未下雨，到九月才开始有雨，致使疫痢盛行。江苏仪真县（今仪征）夏酷热，疫病大作，人多暴死；宝应县大疫。湖北枣阳县大疫。江西上高县春末夏初淫雨连绵，瘟疫重染。夏秋奇旱，疟痢交侵，可怜家家闻啼哭之声，处处抛死尸之骨，路无人行，村绝烟火。既死者不能复，幸存者复逃于外郡，以致一图而存六七甲者，甚有全图逃绝而空存版籍者。江西吉水县，非常大旱，夏秋绝无滴雨，颗粒无收，瘟痢流行，死徙逃亡，有数村断绝烟火者数十里，杳无人行者有百里，荆榛满目，黄萎者如此情状，目击心伤。甘肃西和、礼县疫疠盛行，据甘肃巡抚花善疏言：“巩昌所属西和、礼县，去岁（康熙十年）疫疠盛行，牛驴倒毙甚众。若待请旨，始行散赈，恐播种愆期。已于康熙十一年征解银内，发买耕牛。”

康熙十一年（1672年）

△江西和浙江等地发生疫情。七、八月间，江西德安县民苦于疫痢，卧床不起，四乡尤甚，知县姚延医开局施药，服之者病愈；泸溪县旱蝗灾疫并起；安仁县（今余江）和万年县等地秋大疫。秋七月至

九月，浙江丽水县时疫流行。

康熙十二年（1673 年）

△春，山东曹县流行鸡瘟，鸡死无数，郊外鸦鹊亦多瘟死。河南淅川县牛疫，十去其七；上蔡县秋淫雨，无禾，大疫。

康熙十三年（1674 年）

△陕西镇安县瘟疫流行。是年夏，江苏清河县（今淮阴）饥疫流行。

康熙十五年（1676 年）

△江西南康县、四川雅安县、贵州遵义府和铜仁县等地大疫。

康熙十六年（1677 年）

△河南、江苏、浙江和福建等地发生不同程度的旱情。河南新野县夏秋雨水害稼，人多得瘟疫而死。江苏南汇县、川沙厅、奉贤县和青浦县等地大旱引发大疫。浙江淳安县大疫，嘉善县三月民疫，龙游县夏秋之交大疫，传染村落，死者日以百计。福建邵武府、光泽县和永定县等地夏大疫。

康熙十七年（1678 年）

△山东、河南、江苏、浙江、湖北和广西等地有疫情发生，其中河南地区的疫情较为严重。山东淄川县因旱致人多病疫。河南西平县大饥，致民多疫死；汝宁府和上蔡县等地夏秋大水，田禾尽没，饥荒和大疫随之而来，全家皆死的惨象时有发生。瘟疫不仅在人与人之间流行，在牲畜之间也开始流传，部分地区相继有牛瘟发生。如河南邓州瘟疫盛行，民死大半，牛疫亦相继而来，十分盛行；内乡县的情况和邓州无二，先是人多疫病，后又牛瘟继之。江苏奉贤县和吴县等地大疫。浙江秀水县大旱且疫。湖北荆门州大旱，疫病时有发生。广西藤县、郁林（今玉林）和容县等地疫病严重，时将军额楚在藤县曾上疏："兵多病疫，声言三路来犯，大兵不可动移。但臣兵多病未苏。奉有病者可移师去藤之旨。"至是，额楚又上疏言："郁林、容县、浔州（今桂平）贼疫，见存无几，请增遣大兵以备进剿。"

康熙十八年（1679 年）

△直隶、河南、江苏、江西、广西、云南等地发生不同程度的疫

情，其中直隶、河南、江苏和江西等地的疫情都较为严重。直隶迁安县和卢龙县等地四月出现旱情，至七月又遭蝗灾，导致民大疫。河南此年灾疫并行，疫病十分严重，各地瘟疫盛行，民死大半，土地荒芜。河南巡抚上疏："陈留等二十一州县灾疫并行，请发州县存贮米粟赈救。"后得旨：著先往汝阳等处赈济官员，会同该抚，速行设法赈济。内乡县被赈拨荥阳县米八百四十石，郏县谷三百二十石，赈济内乡被灾染瘟饥民。江苏松江、常州府和娄县（今昆山）多疫，特别是常州府，旱与饥疫并行，米价踊贵，民间多食草根树皮，户多死亡，饿殍载道，至明年夏始稍息。江西萍乡县、上饶县和贵溪县等地旱魃为虐，疫病流行。广西郁林州自去年仍有疫灾发生。云南广西府（今泸西）瘟疫大行，遍及牲畜，几乎全部死绝。

康熙十九年（1680 年）

△直隶、山西、河南、江苏、广东、广西和安徽等地发生不同程度的疫情，其中江苏、山西北部地区、河南等地疫情较为严重。直隶通州自春至夏无雨，瘟疫大行；后怀安县又发生冬疫。山西北部地区天镇、灵丘和代州（今代县）等地发生大瘟疫。是年春，河南柘城县发生牛疫，后密县（今新密）和汝阳县等地又因旱发生饥疫。同年春，江苏宝山县大疫；五月，青浦县大水，后八月发生大疫；崇明县闰八月大疫；江苏其他地区如嘉定、溧水和无锡等地均现疫情，其中无锡自是年及康熙二十年（1681 年）旱涝之后，疫病大作，民间尽室阖门相枕而死，村落为空。广东吴川县四月瘟疫流行；临高县康熙十九年至康熙二十二年（1680—1683 年）亢旱连岁，更经海寇蹂躏之后，并兼瘟疫，耕作皆废，迫于追呼，死徙流离，荒残日甚，难乎其为邑矣。广西灵川县疫病盛行，逐户传染，死亡相继，其不染者仅一。安徽天长县夏大疫，死者枕藉，麦秀双歧而人鲜收者。

康熙二十年（1681 年）

△山西、河南、江西、广东、福建、云南、广西和贵州等地出现不同程度的疫情。山西忻州、灵丘、阳曲和清源县（今清徐）等地大疫，阳曲死者不计其数。河南密县瘟疫伤人甚众。江西铅山县三、四月瘟疫盛行，老幼多暴亡；万载县大旱兼大疫，后邑令常维帧于城隍

祠作文，命僧道禳角，两灾乃息。广东吴川县瘟疫严重，邑人多病死，有几乎过半的人家绝户。台湾府（今台南）和凤山县（今高雄）发生疫情。广西柳城和马平等地大疫。贵州湄潭县、天柱县和平越府（今福泉）等地大疫。云南官兵患疾疫者甚多，康熙帝谕礼部：闻云南官兵疾疫者甚多，彼地苦无良医。其令太医院医官胡养龙、王元佐驰驿前往调治。

康熙二十一年（1682 年）

△浙江、广东、广西、云南和贵州等地出现不同程度的疫情。二月，广东琼山县（今属海南）瘟疫突然流行，至秋才逐渐平息；澄迈县因饥荒致瘟疫再度流行；感恩县（今海南东方）饥疫并行，死者载道，巡道程宪、知府佟湘年详请粜赈。广西上林县和宾州（今宾阳）等地大疫。云南广西府（今泸西）瘟疫大行。贵州赤水厅仁桐界蟠龙水，大疫，死及牛畜鸟兽；安南县（今贵州晴隆）出现疫情。浙江富阳县五、六月间大水，引发疾疫。

康熙二十二年（1683 年）

△山东、浙江、河南、安徽、广东等地发生不同程度的疫情，其中以浙江地区的疫灾较为严重。山东淄川县凶年之后，人多病疫。浙江萧山县春夏疫疠大作，死者枕藉；绍兴府春雨连绵至八十日，小麦全枯，至夏月瘟疫流行；鄞县春夏大疫，慈溪县夏大疫，余杭县夏秋大疫。安徽含山县大疫。河南西平县春无麦，夏秋大水，民多疫死，老幼填满壑，少壮散四方，遗弃之地尚多荒芜。广东澄迈县灾荒瘟疫并行，深属惨凄，而编审（户口）不许失额，死绝派诸存者，民甚病之。

康熙二十三年（1684 年）

△四川江安县八月大水入城，引发大饥荒，继以瘟疫。

康熙二十四年（1685 年）

△河南、直隶、山东等地发生小范围地区的疫情。河南洧川县疟病瘟疫互行，疟痢盛行，瘟疫多染；鲁山县大疫。直隶正定县和晋州等地秋雨连绵，兼大疫盛行，民之死丧流亡相继。山东安丘县秋大疫。

康熙二十五年（1686 年）

△直隶沧州大疫，民多路死。广西柳城县大疫。

康熙二十六年（1687 年）

△六月，江苏上海地区大旱，稻棉俱荒，疫痢盛行；七月，康熙帝以巴林淑慧公主所居地方马牛羊多染疫倒毙，田禾亦不收获，命乾清门侍卫武格往迎公主，并令携带马驼糗粮以济之。同年，安徽无为州大疫。

康熙二十七年（1688 年）

△安徽巢县（今巢湖）瘟疫盛行。河南淅川县稻禾生螟蛾，颗粒不收，其草尽腐，牛畜不食，致牛疫盛行。

康熙二十八年（1689 年）

△直隶沙河县旱，牛瘟多毙。河南汝州岁祲，疫痢盛行，死者枕藉，飞蝗蔽天。湖南宜章县疫。

康熙二十九年（1690 年）

△直隶、河南、安徽、福建、广西等地均发生不同程度的疫情，其中尤以直隶和河南等地的疫灾为甚。直隶宣化县和西宁县等地五月雨雹致无麦，遂引发大疫。河南大部分地区发生严重的牛疫，致牛畜大量死亡。洧川县、新郑县、密县、巩县、新乡县、阳武县、武陟县、柘城县、陈州府、项城县、鲁山县、郏县、长葛县、舞阳县、叶县、禹州、确山县、西平县、汝宁州、上蔡县、息县、固始县、光州（今潢川）、罗山县、光山县、邓州和桐柏县等地均发生严重牛疫，如巩县民多瘟疫，牛畜死者十之七八。部分地区牛疫持续时间较长，如洧川县牛大疫，自春徂冬不止。同年夏，广西北流县痘疹流行。安徽太和县牛疫几尽。福建建宁县、瓯宁县（今合为建瓯市）四月二十四日，雷火烧毁水南善见塔，高阳及麻溪各里巷大疫。

康熙三十年（1691 年）

△直隶、山西、江苏、陕西和河南等地出现疫情，其中陕西和河南疫情较为严重。四月，直隶永年县瘟疫盛行，人多暴死。秋，江苏仪真县疫病流行。河南正阳县、南阳县、洛阳、巩县和渑池县等地瘟疫流行，其中洛阳等地大旱，饥疫并行，死者枕藉道路；邓州牛瘟如去年般依旧严重，牛畜几乎死亡殆尽。陕西地区旱疫并行，醴泉（今礼泉）奇荒之后，瘟疫盛行，人兽相食，村舍为墟；盩厔县（今陕西周至）、商州、雒南县、武功县、洋县等地疫病流行，十室九空；有些

地区甚至康熙三十年（1691 年）、康熙三十一年（1692 年）连年旱疫，如洋县接连两年大旱，致夏秋无收，民大饥，疫病横行，家户相传。山西曲沃县夏大旱，秋七月蝗、雹、疫、淫雨，饥。闻喜县大疫。

康熙三十一年（1692 年）

△直隶、山西、陕西、山东、河南、湖北、广西等地出现疫情，其中以陕西、山西和河南等地为甚。直隶广宗县自三月以后，疫病流行，人有死者，知县吴有礼捐俸，延医施药五个月，全活甚众。山西东南地区如凤台（今晋城）、沁水等地和南部地区如解州（今山西运城）、闻喜、芮城等地瘟疫大作，死者甚多。自春至夏，凤台县和沁水县等地不雨，致疫大作，死者甚多。夏，解州饥疫盛行，官设粥厂赈饥，人食茨藜榆皮稗子，逃荒河南者甚众。绛州（今山西新绛）、芮城、平陆、夏县和闻喜等地瘟疫盛行，如夏县瘟疫大作，死者枕藉。赈济籽种银一千三百六十五两七钱五分。陕西醴泉县、渭南县、富平县、大荔县、同官县、凤翔县、安塞县、洛川县和洋县等地疫病大作。更有甚者如大荔县，疫病大作，死者十有六七，逃亡者空室以行。康熙帝遂于十月初四日谕户部：陕西西安等处地方连岁凶荒，继以疾疫，陕西巡抚所属府州县卫所康熙三十二年（1693 年）地丁银米著通行免征。山东阳信县、海丰县（今无棣）和沾化县等地大疫。河南阳武县、武陟县、修武县、河内县（今沁阳）、鲁山县和内乡县等地瘟疫大作，人多死亡。如鲁山县夏秋瘟疫盛行，本地及秦晋流移饥民死亡无算。陕西饥民流亡入内乡县，瘟疫盛行，致土著多被传染，死亡无算。其他地区如南阳、汝州等地亦多有秦晋饥民流入，不断加重了疫情，加大了外地饥民及本地土著被传染的风险。湖北房县四、五月瘟疫大行，后邑令施药致全活甚众。广西陆川县饥疫盛行，四野萧条。

康熙三十二年（1693 年）

△山西猗氏县（今临猗）大疫，饥民病死者甚众。陕西洋县水旱饥疫并行，村落几墟。山东临邑县大疫。河南许州（今许昌）、郾城县和灵宝县等地瘟疫大行，人死甚多。湖北郧西县大疫。

康熙三十三年（1694 年）

△浙江湖州府和桐乡县等地大疫。湖北广济县（今武穴）大疫。

广东琼州（今属海南）自春至秋，疫疾流行。

康熙三十四年（1695 年）

△广东封川县（今广东封开）十一月疫。

康熙三十五年（1696 年）

△河南内乡县牛瘟流行，死者无数。秋，山东寿光县现牛疫。冬，江苏奉贤县和嘉定县等地疫病流行。广东潮州府冬大疫。

康熙三十六年（1697 年）

△山西、山东和江苏等地出现不同程度的疫情，其中山西地区的疫情较为严重。夏，江苏松江府和青浦县疫病流行。六月，山西孝义、汾阳、宁乡、临县、永宁（今山西离石）、临汾、永和与蒲县等地旱疫并行，其中永宁州旱而继以瘟疫，连岁饥荒，斗米钱六百文，州民死亡过半；汾阳旱疫并行，死者枕藉；秋，永宁州瘟疫盛行，民死亡殆尽；临县大旱，斗米七钱余，民饥相食，南城外掘男女坑，日填饿殍，时瘟疫大作，虎狼啖人。冬，山东寿光县和昌乐县等地大疫。

康熙三十七年（1698 年）

△山西、山东、江苏和湖北等地出现疫情，其中山西地区疫情较为严重。山西太原府、静乐县、永和县、翼城县、浮山县和洪洞县等地瘟疫盛行。静乐县二月下旬，大风大雪，连绵至三月，妨农害稼，农民束手无策。入夏又七十日不雨，夏末方雨，而随有冰雹打伤禾苗数十余村。于是瘟疫大作，人牛病死无数。洪洞县饥疫并行，奉旨发帑赈济，复蠲免本年钱粮。浮山县夏旱，民饥，瘟疫盛行，奉旨蠲免二年钱粮，仍发仓谷赈济。山东寿光县和昌乐县等地春疫流行，新泰和兖州府等地大疫。江苏无锡旱疫。湖北房县饥疫并行，人牛俱瘟。

康熙三十八年（1699 年）

△江苏无锡疾疫流行，各村求神。湖北房县三月旱，夏陨霜，秋雨雪，年饥，人牛瘟更甚。

康熙三十九年（1700 年）

△江西婺源县总计本年风雨不时，五谷不登，寒暖不宜，人多疫病。湖北房县三月热，旱，后得雨反寒，瘟疫流行。广西兴安县大疫，死亡甚众。云南广西府（今云南泸西）人与牲畜瘟疫大行。

康熙四十一年（1702年）

△山西泽州等地病疫，喉肿即死。六月二十日，怪雨三日夜不止，山东通省告灾，山东百州邑告凶同日至。饥人磨榆皮为面，屑柳皮为粥，食屋草，啖积尸。其尤惨者，春来复大疫，十室九户闭。巨野县在康熙四十一年及四十二年，淫雨为灾，田禾淹没，又兼疫病流行，死亡逃散不计其数。是年秋，广东连山县和连州等地大疫。

康熙四十二年（1703年）

△直隶、山东、江西、河南、广西、福建和广东等地疫病流行，其中山东的疫情较为严重。春，广东香山县、琼山县和陵水县等地疫病流行。直隶故城县亦春疫流行。五月，广西灵川县时疫流行，民多死殁。山东是年通省饥馑，夏秋复遭瘟疫，民死大半；章丘、文登县、海阳县、荣成县、兖州府、东昌府、曲阜和巨野等地皆疫病流行，如巨野县淫雨为灾，田禾淹没，又兼疫病流行，死亡逃散不计其数。秋，福建连城县大疫。冬，江西泰和县乡民大疫。是年，河南新蔡县和遂平县等地岁饥，大疫。

康熙四十三年（1704年）

△直隶、山东、江苏和河南等地出现疫情，其中疫情以直隶和山东为甚。是年春，直隶部分地区如大城县、河间县、青县、献县、景州、枣强县、故城县、大名县和永年县等地发生大疫，人死无算。山东因饥荒产生了严重的瘟疫，武城县、博兴县、高苑县（今高青）、乐安（今广饶）、昌邑县、潍县（今潍坊）、胶州、高密县、掖县（今莱州）、即墨县、福山县、文登县、威海卫、章丘县、兖州府、菏泽和冠县等地发生大瘟疫，民死几半，村落尽墟。如潍县，因旱致大饥，斗粟千钱，人相食。时又新颁大钱，旧钱不行，有怀数绝不得易升米者，贫者多携子女鬻于市。兼以大疫，人死十五六。福山县大饥，麦、秫、豆一斛皆值银二两，粟一斛亦值银一两余，兼以瘟疫盛行，死者无算。冠县春大饥，米麦斗皆四五百钱，转徙卖妻子者载路，秋大疫，死者相枕。江苏沛县因春旱引发瘟疫。直隶南乐县（今属河南）和山东范县（今属河南）等地出现春疫，范县疫疠作，民多死，知州赵延医施药拯济，自五月至八月止。

康熙四十四年（1705年）

△春，湖南攸县、澧州、永定县等地大疫，人民多病。冬，湖北沔阳州（今仙桃）大疫。

康熙四十五年（1706年）

△湖北和湖南等地发生疫灾。湖北通城县、崇阳县、蒲圻县（今赤壁）、钟祥县、景陵县（今天门）、沔阳州和房县等地瘟疫大行，疫情严重。如通城县大疫，死亡相继，不染者百不二三；钟祥县，丙戌、丁亥连岁饥疫。湖南岳州府、衡阳县、永定县、澧州和安乡县等地瘟疫大作，不少地区如永定县和澧州等地自去年起就瘟疫遍行。永定县，疫复作，至明年春乃止。澧州痘疫大作，次年尤兴，孤丁寡族至有四名无主者。六月二十二夜，雷电风雨，拔树发屋，远近震慑，瘟疫顿止。

康熙四十六年（1707年）

△湖北沔阳州春仍疫，至夏乃止。公安县和房县等地大疫，人死甚众。江苏宝山县夏大旱，大河俱涸，至七月十四日始雨，又挟大风，岁大祲，石米二两，秋，疫痢大作。夏，湖南长沙府疫疾盛行，死者甚众。广西临桂县夏大疫，罗城县、平乐县和永安州（今广西蒙山）等地疫病流行。福建连城县秋冬大疫。安徽南陵县大疫。

康熙四十七年（1708年）

△山西、甘肃、安徽、福建、广西、江西和湖北等地出现疫情，其中安徽和福建的疫情较为严重。三月，山西沁州疫病流行，城市乡村传染甚众。广西灵川县春夏二时，疫病流行，民之死者枕藉。安徽无为州、庐江、巢县、宣州、宁国府、绩溪县、太平县（今黄山）和贵池县等地水旱频发，致瘟疫大作，严重者甚至持续两年之久。如宁国府在康熙四十七、四十八两年水旱迭告，时瘟流行，十家九病，死者殆半，村落间往往有舍无人，至四十九年知县陈养元医药频施，全活者众。宣州夏大水，诸圩尽溃，庐舍无存，舟上市中，居民离散。秋复大旱，山田尽槁，人食草木，道道相望。疫病大作，死者无算，延至次年疫不止，为从来稀有之灾。江西武宁县夏秋间，疫病盛行，民多死者。甘肃武威县夏秋大疫。福建莆田县、长乐县、泉州府、晋江县和惠安县等地疫气流行。湖北蒲圻县民复病疫，公安县大疫。

康熙四十八年（1709年）

△江苏、陕西、浙江、安徽、河南、福建等地出现不同程度的疫情，其中江苏、安徽和浙江等地疫情较为严重。三月，陕西咸阳县雨至五月，麦收斗余，余禾无成，致牲口疫。浙江嘉善县、桐乡县、湖州府、乌程县（今湖州吴兴区）和象山县等地瘟疫遍行，严重者如桐乡县四月淫雨，异虫害春花，民饥疫，死者枕藉。安徽铜陵县、含山县、和州、无为州、太湖县、芜湖县、泾县、潜山县、当涂县、绩溪县、东流县（今安徽东至）和贵池县等地疫情严重，死者无数。如泾县大饥，民食树皮，秋大疫，传染迅速，死者枕藉，有全族没者，掘坑瘗之。再如绩溪县旱饥与大疫并行，死者无数，且多数举家疫死者。九月十二日，江南、江西总督噶礼上奏称："上江凤阳府属亳州、泗州（今安徽泗县）等十七州县及凤阳等五卫地方，今夏实遭水灾，又太平（今属安徽黄山）、安庆属地民人亦染瘟疫有死者，太平较安庆愈多，巡抚刘光美均未奏报。是以圣主洞悉之。将刘光美隐匿未奏报之处，颁旨谕奴才者甚是。今仰赖圣主殊恩，上江地方惟亳州、建平二县地方收成稍薄，其余州县皆已丰收。又太平府等地瘟疫，自七月初一日始皆已痊愈。"江苏青浦县、嘉定县、溧阳县和溧水县等地疫病流行，后据曹寅上奏称："近来江南全省俱太平无事。……江宁、扬、苏各处米价已减平常，食米每石一两一二钱不等。……上江、宁国、池州等处原因旧年荒歉兼遭阴雨，穷簷蔀屋为湿气所蒸，以至疫病缠染。六月以来犹有未愈。比值甘霖凉爽，……渐次平复……"十月，康熙帝谕大学士九卿等："江南、浙江连岁灾荒，地方困苦。今年两省疾疫盛行，人民伤毙者甚众，虽该省督抚未经奏闻，而朕访知灾病之状，深用恻然。民命至重，朕宵旰孜孜，惟以矜全百姓为念。一切刑狱奏谳，尤加矜恤。比年因江浙盗案迭见，凡犯盗劫者，悉依律坐罪。今阅秋审情实各案，所议情罪，俱属允协。但念灾荒疾病之余，复将数十罪犯，一时正法，朕心殊为不忍。江、浙两省应处决情实人犯，俱着停止一年。"此外，河南新郑县和禹州饥疫并行。福建晋江县大饥大疫。

康熙四十九年（1710 年）

△浙江、安徽、湖北和河南等地发生不同程度的疫情，其中河南的疫情较为严重。安徽怀远县春荒致疫作，人死无数。河南杞县、柘城县、西华县、太康县、项城县和光州等地春夏大疫。如柘城县，春天瘟疫盛行，人多死亡，奉诏免粮；再如杞县大疫，道路死者相枕藉。湖北房县痘疹大作，夭殇千余口。浙江湖州府属乌程县、归安县秋旱，疫病。

康熙五十年（1711 年）

△冬，河南裕州患痘殇者甚众。

康熙五十一年（1712 年）

△广东吴川县和广西怀集县（今属广东）等地疫病流行，民多患疟疾。

康熙五十二年（1713 年）

△河南、广东、广西和云南等地出现不同程度的疫情，其中云南的疫灾较为严重。广西陆川县痘疫盛行。夏四月，广东合浦县（今属广西）等地大饥，合浦尤甚，积尸满室，饿殍盈郊，致成疫疠，奉旨停征钱粮。秋，河南确山县人疫流行。冬，广东阳江县和广宁县等地大疫。是岁，云南昆阳州、曲靖府、嵩明州、澂江府（今澄江）和广西府等地因地震引发疫病，如昆阳州于康熙五十二年（1713 年）二月初二地震，至十六日复震，是岁疫疾流行，米值腾贵。再如，嵩明州亦于二月初二戌时地震，自东而西终夜不止，倾倒墙屋，裂涌黑水，压死男妇数百余人，杨林果子园被灾尤甚，四、五、六月大疫。

康熙五十三年（1714 年）

△广东香山县、阳江县和广西怀集县（今属广东）等地疫病流行。

康熙五十四年（1715 年）

△云南罗平州人多疫毙。

康熙五十五年（1716 年）

△春，山西翼城县大风寒，无麦，又大疫。

康熙五十六年（1717 年）

△浙江天台县饥疫并行。

康熙五十七年（1718 年）

△夏，四川营山县人民多瘟疫，染之即死。湖南衡阳县郡多疫，邑令高公清、总府胡公有亮自五月起至九月止，在宾日门内开局施药，多所全活。是岁，山西襄陵县牛疫盛行，沿山峪牛毙者剥皮弃肉，无人敢食。湖北广济县大疫。

康熙五十九年（1720 年）

△陕西瘟疫严重，富平县、宜川县和延长县等地大饥，疾疫继起，民死无数。更有甚者如宜川县，自本年秋至次年五月不雨，岁大饥，疾疫继起，民死无数。是年颗粒无收，饿殍载途，知县王志深捐棺掩瘞，不给，则于东门外掘一大坑，名曰“万人坑”，积尸几满。延属赤地千里，王令捐米赈粥，饥民闻风踵至，城中不能容，炎热熏蒸，疾疫蔓延，死者甚众。康熙六十年秋成颇稔，然饥疫相继，脏腑未平，乍食新谷，每多体肿面黑而死。经督抚奏，奉旨发帑赈恤，蠲免本年钱粮。

康熙六十年（1721 年）

△陕西葭州（今佳县）和清涧县等地大饥又大疫，如清涧县春无雨，夏禾绝，六月乃雨。民荒极，多逃亡，男女孩易米二三升，夫妇不相顾。复多疫，死者相枕藉，南门外掘万人坑，状况十分惨烈。

康熙六十一年（1722 年）

△山西介休县夏秋大旱，疫死民众无算；沁州正月不雨，牛疫死者甚众。夏，福建莆田县大疫，不少人家全家俱殁。浙江嘉兴府、嘉善县和桐乡县等地旱疫并行。是岁，河南新郑县大旱，牛疫流行。

三、雍正朝

雍正元年（1723 年）

△直隶、山东、河南和湖北等地出现不同程度的疫情，其中直隶和河南的疫情较为严重。河南春旱致饥疫流行，获嘉县、武陟县、修武县、汤阴县、鲁山县、临颍县、禹州和汝州等地瘟疫大作，人死甚众。直隶元氏县和平乡县等地夏秋大瘟，人死殆半，如平乡县疫气流行，致死者无数。山东齐东县（今邹平）四月初七申时，西北方黑云

突起，徐变红色，继而大风揭地，猛烈异常，是年，人多疫。湖北房县水灾引发饥荒，致瘟疫流行。

雍正二年（1724 年）

△山东阳信县、海丰县（今无棣）和沾化县等地大疫，人多死。如沾化县正月大风，二月愈炽，风中有火，行人皆见。是岁大疫，人多死。

雍正三年（1725 年）

△直隶唐山县瘟疫流行。福建惠安县大饥且疫。广东石城县（今廉江）夏疫。

雍正四年（1726 年）

△直隶、山西、江苏、福建、广东、广西等地出现疫情，其中以直隶和广东地区为甚。直隶元氏县四月大瘟，廊坊民多疫病，献县是岁疫。山西曲沃县夏疫。江苏奉贤县八月，淫雨，疫。福建诏安县和将乐县等地大饥，瘟疫流行。其中诏安县雍正四年、雍正五年饥，人民瘟疫，枕藉于道。广东镇平县（今蕉岭）、大埔县和揭阳县等地皆疫病流行，民多死。如大埔县，五月疫病，民多殒，流亡者不计其数；揭阳县大饥，斗米价至七钱，斛盐价至九分，县乡村皆疫。广西全州夏，广盐不继，秋有年，冬雨雪，人多疫。

雍正五年（1727 年）

△直隶、山西、福建、河南、湖北、湖南和广东等地出现不同程度的疫情，其中尤以河南、湖北和广东等地为甚。春，河南固始县、嵩县、光州和汝州等地大疫。如光州大疫，老幼死者无算；而汝州的状况则相对好一些，汝州三月瘟疫大行，后又不药而愈，居民并无死伤。四月，直隶万全县大疫。同一时期，山西榆次疫病流行，平定州等地大疫。湖北黄冈、通城县、江夏县、汉阳县、钟祥县、沔阳州和枝江县等地瘟疫大行，严重者如枝江县，冬大疫，至六年春益甚，道道相望，尸填沟壑，至于古庙枯井处处皆满。广东潮州府、澄海县、潮阳县、南澳县和揭阳县等地春夏大疫，死者无数。如潮阳县米益贵，春夏大疫。四月大水一，五月大水二。六月二十九日飓突作，连日雨，至七月初二日乃止。是岁大饥，继以大疫，人死无数。是岁，湖南湘潭县大疫。福建南平县春夏疫，尤溪县大疫，连江县大疫。

雍正六年（1728年）

△直隶、山西、陕西、安徽、江西、福建、河南、江苏、奉天、广东和湖北等地出现不同程度的疫情。三月，陕西高陵县、盩厔县、华州（今华县）、华阴县和武功县等地瘟疫大行。福建建宁县春三月疫病流行，连城县四月大疫。河南新乡县、泌阳县和阌乡县（今灵宝）等地春大疫，人多疾病。四月，直隶获鹿、井陉县、卢龙县和永平府的山海卫等地出现瘟疫大行。山西太原府、沁源县、翼城县和浮山县春疫盛行，其中沁源县四月初旬大疫，传染迅速，鲜能免者；同年夏，沁州大疫，疫气自南而北，传染无遗，人各病三五日而复，间有毙者。江苏武进县三月大疫，青浦县四月疫，是年太仓州疫。江西新建县和兴国县等地春夏大疫。奉天（今辽宁）绥中县夏大疫。安徽巢县和无为州等地大疫，死亡者甚众。湖北武昌府、蒲圻县、荆门州、宜昌府和长阳县大疫。六月，广东兴宁县疫病流行。

雍正七年（1729年）

△秋，江苏溧阳县等地疫病流行。是年，湖北郧西县大疫。

雍正八年（1730年）

△江苏溧阳县等地夏秋疫疠流行，冬底乃安。

雍正九年（1731年）

△浙江嘉善县民多疫。安徽和州大疫。

雍正十年（1732年）

△春，福建邵武县痘疹为疫。夏，四川清溪（今汉源）县大疫。是岁，贵州大定府（今大方）痘疫流行。江苏南汇县等地雍正十年、雍正十一年、雍正十二年大饥大疫，饿殍遍野。

雍正十一年（1733年）

△山西、江苏、江西、云南、广西等地出现不同程度的疫情，其中尤以江苏地区为甚。四月，云南广西府飞霜，疫病流行。夏，江苏大旱，上海县、南汇县、奉贤县、嘉定县、昆山县和吴县等地瘟疫大作，人死甚众。如南汇县夏大旱，疫死者无算。再如吴县疫疠大作，人死甚众，等等。秋，江西贵溪县乡南大疫，死者甚众。是岁，广西岑溪县耕牛疫死殆尽。山西灵邱县、襄陵县和乡宁县等地瘟疫盛行。

雍正十二年（1734 年）

△湖北武昌县等地乡村疫虐。

雍正十三年（1735 年）

△四川雅州府夏大疫，天全州大疫。福建宁德县岁歉，瘟疫大作。

四、乾隆朝

乾隆元年（1736 年）

△九月，浙江余姚县大疫。江西兴国县自秋冬至明年春，小儿疱疹疫甚。是年，四川天全州和雅州府等地牛疫，牛均死灭殆尽。

乾隆二年（1737 年）

△云南寻甸州和江川县等地大疫。

乾隆三年（1738 年）

△河南和四川等地牛疫盛行。据四川巡抚硕色三月二十七日奏："前于二月忽闻川南叙州府属有牛疫之信，臣随飞饬确查去后，嗣据司府查报，叙州府属富顺等十县并叙永厅地方均因去冬雨雪过多，地气湿寒，交春以来，渐有牛疫传染。"三月至七月，河南鲁山县瘟疫盛行。河南其他地区如叶县等地亦是牛疫流行。同年，云南广西府大疫。

乾隆四年（1739 年）

△江苏、安徽和江西等地出现较为严重的疫情。据江苏巡抚张渠于五月十五日奏称："……再扬州府属疫气时行，民间病者颇多，臣亦现饬该地方官分设药局，以济贫乏……"同一时日，两江总督那苏图奏称："又，扬州府之江、甘、泰州、高邮等属，通州、如皋等处，及省城上、江二县，安属之六、泗二州，四月以来，一起流行，人民牛畜俱多疾病……"安徽地区铜陵县等地民疫流行，望江县则牛疫盛行。江西新建县和广丰县等地牛疫流行，其中新建县狂犬病十分严重。

乾隆五年（1740 年）

△春，河南阌乡县（今灵宝县）大疫。浙江省上年冬天气过暖，今正春气过寒，牛多受病。入夏以来，金华、衢州、严州三府牛疫颇广，倒毙几有数千余只。如淳安县牛大疫，委死牛溪中，无敢饮溪水者，鱼

鳗皆不可食。广东万州（今属海南万宁）夏大旱，瘟疫流行，伤人无数。

乾隆六年（1741年）

△福建南平县小儿痘疫流行。

乾隆七年（1742年）

△江苏、安徽、江西、湖南、广东和陕西等地出现小范围地区的疫情。九月，湖南常宁县大疫。广东连山县和连州等地秋大疫。陕西雒南县牛疫死大半，山阳县瘟疫死者甚众。安徽无为等地城乡多疫，瘟疫流行。江苏淮安府冻疫死者不计其数。江西乐平牛大疫，至乾隆十二年（1747年）方止。

乾隆八年（1743年）

△河南、安徽、江西和福建等地出现小范围的疫情。春，河南西华县、扶沟县、淮宁县（今淮阳）、沈邱县、太康县和光州等地瘟疫大行，民有病多死；鹿邑县春大饥，死者枕藉于道，夏大疫。七月，福建将乐县疫病流行。秋，福建光泽县瘟疫流行。江西南城县自冬至明年复大疫。是年，安徽太和县和阜阳县等地大疫，其中太和县民死者众。

乾隆九年（1744年）

△福建出现不同程度的疫情。据福建巡抚周学健奏称："……再省城自初夏至今，疫气流行，民多疾病，臣与督臣那苏图两次结坛祈禳，并行令布政使动支公项，修合丸散，施舍疗治，近日民间疫疠亦渐涤除……"宁化县大疫，特别是在儿童之间流行，致童男女死者无算。

乾隆十年（1745年）

△河南、江西、福建、浙江、湖南、安徽、湖北等地出现不同程度的疫情。春，河南鹿邑县牛疫盛行。湖南湘潭县和宁乡县等地牛疫大行，严重者如宁乡县，四野牛疫，牛种几绝。江西万年县和鄱阳县等地亦牛疫大行，其中鄱阳县甚至出现通村牛全部死亡的现象。浙江遂安县（今淳安）牛疫盛行。秋，浙江永康县瘟疫盛行。福建连城县秋冬大疫。冬，广东万州瘟疫流行，牛死殆尽，一州皆然，耕民苦之。是岁，安徽宣城县大祲大疫。湖北枣阳县大疫。

乾隆十一年（1746年）

△山东、河南、江西、湖南和浙江等地出现不同程度的疫情。山

东即墨县和宁海州等地出现牛疫，牛染疫死不计其数。河南叶县和泌阳县牛疫传染，妨碍耕种。其中叶县牛疫一直从正月持续至三月。江西新建县大疫盛行。浙江分水县（今属桐庐）和桐庐县秋大疫。湖南衡阳县大疫，死者无算。

乾隆十二年（1747 年）

△山东邹县和蒙阴县等地饥疫并行。江西乐平自乾隆七年（1742年）牛大疫，至乾隆十二年方止。湖南宁乡县等地大疫，瘟疫在市区流传性更广、持续时间更长。如宁乡县人患疫，邑市尤甚，自正月起，至戊辰五月少息。广西小镇安（今那坡）疫疠盛行，比户传染，死亡者约以千计。

乾隆十三年（1748 年）

△山东、河南、江西、浙江、湖南、广西、陕西等地疫情较为严重。四月，河南杞县大疫盛行。浙江临海县五月大疫，平湖县秋大疫，民间谣曰：过得戊辰年，便是活神仙。山东胶州、即墨县、东平州、安邱县、潍县（今潍坊）、福山县、泰安县、莱芜县、兖州、曲阜县、东昌府和冠县等地春夏大疫，死亡接踵，民多逃亡。如即墨县，五月，旱、蝗、饥、疫弥甚，民多逃亡。江西丰城县、会昌县、永宁县（今井冈山）和上犹县等地民多疫，如永宁县秋月遭时疫，死者甚多。湖南嘉禾县、桂东县、城步县、安乡县、兴宁县（今资兴）、桂阳县（今汝城）、永明县（今江永）、宜章县和绥宁县等地瘟疫流行，人疫和牛疫同时出现，致死者无数。如桂阳县秋大疫，死者枕藉，至无棺木以殓。再如永明县大疫，罢市累月。广西义宁县、富川县、临桂县和全州等地大疫，严重者如全州大疫，自夏四月至明年春三月，阖州殆遍，山中草药掘售俱尽。虎大为患，夜破壁入室啮人，万乡尤甚。再如临桂县夏秋瘟疫盛行，死者枕藉，禾熟委陇亩，过时无人刈，岁乃大稔。冬，陕西商南县合邑大疫。

乾隆十四年（1749 年）

△江苏、浙江、湖南、河南、陕西和江西等地出现不同程度的疫情，其中湖南、浙江和江苏等地的疫情较为严重。春，陕西醴泉县疫病流行。夏，湖南兴宁县、桂东县、道州等地大疫。浙江湖州和桐乡

县等地大疫。江苏溧水县、丹阳县、金匮县（今属无锡）、高淳县、阳湖县（今属常州）和松江府等地夏秋疫病流行，民多疫疠。是岁，江西丰城县疫。河南密县牛多疫死。

乾隆十五年（1750 年）

△山东胶州夏大疫。江西鄱阳县和安仁县等地春疫流行，贵溪县和安仁县则至冬牛疫大作，如安仁县耕牛大疫，有合村无只蹄一角者。是岁，江苏宝山县疫病流行。湖南兴宁县和桂东县等地牛瘟大行，牛多疫死。

乾隆十六年（1751 年）

△广东万州春夏大旱，瘟疫流行，伤人无数。江西安仁县牛仍大疫。云南永北府（今永胜）秋冬牛疫盛行。

乾隆十七年（1752 年）

△江西高安县饥疫并作，死者无算。江西广信府牛大疫。福建霞浦县牛大瘟。河南汲县（今卫辉）夏旱，牛大疫。浙江临海县大疫。湖南湘潭县和醴陵县等地饥疫并作，民多疫死，死亡枕藉。

乾隆十八年（1753 年）

△福建、浙江、广东、云南等地出现不同程度疫情，其中尤以福建疫灾为甚。福建同安县、闽县（今闽侯）、侯官（今闽侯）、长乐、福清、仙游县、莆田县、晋江县、南安县和海澄县（今龙海）等地疫病大作，民疫和牛疫俱行，严重者如仙游县夏大疫，城乡男妇死亡无算，有一家相枕藉而毙者，后秋旱，牛多瘴死。再如晋江县夏大疫，至乾隆十九年（1754 年）秋乃止，死者无数。据福建巡抚陈弘谋奏称："今岁积雨阴寒，疫气传染，省城及漳泉一带皆所不免。……自四月十三日以后，日渐晴霁，天气融和，从此晴明，积阴之气涤除，疫疠亦渐消退……"广东归善县（今惠阳）春疫盛行。云南顺宁府（今凤庆）夏四月大疫。浙江临海县秋复大疫。

乾隆十九年（1754 年）

△山西沁水县大疫。安徽无为州岁稔而疫。福建崇安县（今武夷山）、晋江县和惠安县等地自乾隆十八年（1753 年）夏大疫兴起，至乾隆十九年（1754 年）秋乃止。广西秋冬间，天保县（今德保）下甲

各处，瘟疫传染甚众。

乾隆二十年（1755 年）

△江苏、湖南和陕西等地出现不同程度的疫情，其中尤以江苏为甚。江苏江阴县、丰县、太仓州、川沙厅和靖江县等地，自夏至冬，疫病流行。如靖江县夏秋淫雨，疫。麦尽死，禾豆不登，斗米三百余钱。贫民始食糠秕，继食草根树皮石粉，病疫者甚众。再如丰县乾隆二十年、乾隆二十一年、乾隆二十二年连被水灾，贺蝈、永安、丁兰等里因沛湖涨溢，漂没庐舍。兼大疫时行，诏大赈。湖南宝庆府和新化县等地牛多瘟毙，致不少地区以人耕代牛耕。陕西山阳县牛瘟流行，死者十之八九，肉不可食，多弃于野，县河沟中臭气熏蒸，人多疫疾。

乾隆二十一年（1756 年）

△江苏、安徽和浙江等地疫情十分严重。江苏通州直隶州、山阳县（今淮安）、沛县、溧水县、江阴县、金匮县、吴江县、苏州府、丰县、阜宁县、东台县、盐城县、句容县、宜兴县、兴化县、扬州府、靖江县、如皋县、安东县（今涟水）、松江府、淮安府、青浦县和宝山县等地春夏饥疫大行，死者比户。严重者如昆山县春夏大疫，时承大灾之后，两邑令劝募设粥赈济，饥民就食者病毙于道相枕藉，槥不能给，以苇席掩埋之，入秋始止。再如沛县夏大旱，有青蝇结阵如密雨过，大疫随之，邑人多死。靖江县是夏大疫，诏设医药局。安徽庐江县、望江县、凤阳县、五河县、无为州、舒城县、宿州、灵璧县、泗州、怀远县、天长县和来安县等地，自春至秋，大疫盛行。严重者如天长县，大疫弃尸者，野多遗骸。后知县邓承齐多方助赈，人赖以生。再如怀远县，春荒致大疫，人乏食，斗米钱八百。夏大熟，民病不能收麦，斗麦钱五十。浙江归安县、桐乡县、嘉善县、平湖县等地春夏疫疠盛行。如归安县春大疫，饥民食榆皮草根甚有抢劫者，饿殍满道。桐乡县四月，米价至三千四百有奇，闾巷有殍，疫疠盛行。

乾隆二十二年（1757 年）

△四月，浙江桐乡县疫疠盛行，濮镇为甚。江苏丰县、沛县和铜山县等地连被水灾，兼大疫时行。广东临高（今属海南）疫，自乾隆二十二年（1757 年）至乾隆二十五年（1760 年），凡四年，疫病流

行，人畜多毙。

乾隆二十三年（1758 年）

△河南禹州和柘城县等地春夏大疫。广东石城县春夏疫病盛行，三水县冬大疫。广西贺县冬疫流行，持续至明年大疫，死者以千计。福建光泽县历年牛疫，是岁尤甚。四川瘟疫流行，据四川总督开泰奏称："狸塘土司安本等禀称，所属番民，多赖牲畜而生，上年瘟疫流行，牛羊倒毙，又青稞歉收价昂，通计五千三百余户内，乞食邻村者四百余户，无力耕种者一千九百余户……"

乾隆二十四年（1759 年）

△江西、福建、河南、广东、广西和甘肃等地出现不同程度的疫情。其中以广东地区的疫情较为严重。四月，江西赣州府城大疫。广东香山县、石城县和开建县（今封开）等地春夏大疫。福建光泽县夏疫流行。是岁，河南滑县瘟疫流行。广西贺县、怀集县大疫，死者以千计。甘肃河西之永昌、古浪等州县相继以牛瘟。

乾隆二十五年（1760 年）

△直隶赞皇县和河南涉县（今属河北）等地瘟疫盛行，民多瘟死。浙江嘉善县夏六月大疫，至冬始定。甘肃靖远县大疫，死者甚众，至有全家不留一丁者。河南林县（今林州）瘟疫大作。

乾隆二十九年（1764 年）

△五月，甘肃永昌县大疫。冬，江西丰城县十月痘疫，小儿殇者无算。浙江平阳县岁大饥，人多饿死，继又大疫。广东吴川县甲申疫大行，邑人多死。

乾隆三十年（1765 年）

△安徽无为州夏初大疫。江苏安东县岁饥，大疫。

乾隆三十一年（1766 年）

△浙江嘉善县是年冬至次年春大疫，食油菜者多死。安徽广德州疫作。甘肃靖远县乾隆三十一年、三十二年（1766 年、1767 年），岁值奇荒，大疫并作，死者甚众。

乾隆三十二年（1767 年）

△春三月，江西泰和县六乡疫病流行。安徽繁昌县瘟疫流行，居

民死者无算。湖南宝庆府大疫流行。

乾隆三十三年（1768 年）

△江苏兴化县自春徂夏，河井俱竭，大疫。安徽繁昌县、无为州和贵池县等地春夏大疫，如无为州春大疫，死者无算；再如贵池县疫，城乡迎灯驱邪。昭明神示梦，饮庙旁井水，得愈者甚多。江西湖口县夏大水，民多瘟疫。湖北汉川县大疫，人民损失无数。

乾隆三十四年（1769 年）

△六月，湖南澧州疫病流行。湖北崇阳县大疫。广西上林县和宾州（今宾阳）等地大疫。

乾隆三十五年（1770 年）

△江苏溧水县和句容县等地夏疫盛行。安徽和州、芜湖县和宣城县夏大疫，死者无数。甘肃兰州府（今兰州）、巩昌府（今陇西）、秦州（今天水）各属大饥疫，死颇众。

乾隆三十六年（1771 年）

△甘肃通渭县春大疫，死者无算。江苏太仓州夏疫流行。直隶昌黎县瘟疫大作，延医施药。

乾隆四十年（1775 年）

△春，直隶武强县、天津县和深州等地大疫。

乾隆四十一年（1776 年）

△四月，云南大姚县大疫。冬，福建建宁县里心大疫，连绵三月，死者 200 余人。是岁，安徽宣城县岁歉，大疫。

乾隆四十二年（1777 年）

△江苏奉贤县和宝山县等地秋冬大疫，九、十两月尤甚。广西白山司（今马山）博学城头村庄牛瘟流行，临桂县大疫。

乾隆四十四年（1779 年）

△湖南湘潭县、保靖县和常德府等地大疫流行。广东阳山县大疫，死者甚众。云南丽江县大疫盛行。

乾隆四十六年（1781 年）

△秋，福建政和县和建阳县等地疫病流行。冬，江西万载县瘟疫盛行，自初冬至逾年夏月方息，死者极多。

乾隆四十七年（1782年）

△山东蓬莱县瘟疫流行。四川井研县疫病流行。

乾隆四十八年（1783年）

△江苏仪征县夏疫流行。浙江象山县和瑞安县等地夏大疫。

乾隆四十九年（1784年）

△山东单县自甲辰岁春旱，迄丙午春，民饥多疫，人相食。江苏宝山县春疫流行，上海县秋大疫。河南内黄县大疫。

乾隆五十年（1785年）

△山东、河南、江苏、安徽、江西、浙江和陕西等地出现不同程度的疫情，其中尤以江苏的疫情较为严重。四月，山东诸城县疫病流行。河南杞县夏大疫。陕西葭州夏大疫。江苏通州（今南通）和如皋县等地夏大疫，太仓州秋疫流行，奉贤县则冬疫流行。安徽绩溪县、合肥县、阜阳县和来安县秋冬大疫，如来安县大旱，自冬及次春，饿殍相望于道，继以大疫。江西新建县大疫。浙江慈溪县和象山县痘疫流行，稚幼十殇有七。

乾隆五十一年（1786年）

△山东、河南、江苏、安徽、江西、浙江、湖北、陕西等地均出现严重疫情。山东博山县、峄县、齐河县、平原县、寿光县、昌乐县、安邱县、诸城县、潍县、胶州、即墨县、费县、日照县、汶上县、菏泽县、冠县、临清州、茌平县和莘县等大部分地区瘟疫流行，人多疫死。如峄县因连年失收，斗粟万钱，人相食，至夏疫疾传染，死者无数；莒州夏大疫，死者不可胜计；莘县春大饥，瘟疫时行，人多死者。河南祥符县、杞县、尉氏县、虞城县、扶沟县、太康县、淮宁县、许州、郾城县、郏县、临颍县、舞阳县、泌阳县、正阳县、息县、固始县、南阳县和汝阳县等大部分地区瘟疫大作，人多疫死。如郾城县饥疫并行，致人相食，疫死大半，鬻妻女者道路不绝；固始县春大疫，死者十之二三；南阳县夏大疫，死者无数；鄢陵县夏秋之交瘟疫遍行，死者无数。江苏宝山县、青浦县、昆山县、无锡县、吴江县、江阴县、句容县、兴化县、通州、铜山县、宿迁县、盐城县、阜宁县、东台县和赣榆县等地瘟疫大行，死者相枕于道。如淮安府是年大饥，人相食，

夏大疫，人死于道路相枕；铜山县夏大疫，死亡相继。安徽庐江县、和州直隶州、无为州、怀宁县、桐城县、六安直隶州、霍邱县、舒城县、阜阳县、宿州、怀远县和定远县等地春夏饥疫并行，民疫死者不计其数。严重者如霍邱县夏大疫，民死十之六，甚至有阖家尽毙，无人收殓者；再如阜阳县饥疫并行，邻里绝粮者十有八九，阖门染病者十有六七，一时粮价腾贵，每斗千余钱；无为州春仍旱，大饥而疫，死者弥望。江西义宁州、宁都县和信丰县等地春大疫。浙江湖州府和归安县等地春大疫，建德县夏大疫。湖北枣阳县大疫流行。陕西山阳县，由河南省逃荒入境者众多，多路毙，鹃岭岈置义冢，途死骨枕藉，腥臭逼人，瘟疫死者十之有三。

乾隆五十二年（1787 年）

△江苏、广东、广西、江西和福建等地出现不同程度的疫情。江苏沭阳县夏疫流行。江西宁都县和大庾县等地旱疫并行。福建永定县疫病流行。广东清远县二月初旬，连日雨雪，牛多瘟疫。广西上林县和临桂县等地大疫。

乾隆五十三年（1788 年）

△山西、福建和广西等地出现不同程度的疫情。春，山西北部的大同县和浑源州等地疫病流行。是年，福建同安县、晋江县、南安县和金门（今属台湾）等地大疫，严重者如晋江县大疫，死者无数。广西浔州府、宾州和宜山县（今宜州）等地瘟疫盛行，死者甚众。如宜山县瘟疫，致贫者死多暴骨。

乾隆五十四年（1789 年）

△江西、浙江、福建、湖南和广东等地出现疫情。三月，浙江桐乡县城中多疫。七月，广东茂名县、高州府和吴川县等地疠疫大行。秋，江西泰和、永丰、龙泉（今遂川）和万安等地大疫流行。是岁，湖南宜章县大疫。福建铜山瘟疫大病，人民损失数百人。

乾隆五十五年（1790 年）

△夏，甘肃镇番县（今民勤）大疫。湖北郧阳府夏季牛瘟流行；房县夏秋间牛瘟流行，损十之六七。是岁，直隶交河县（今泊头）时疫流行，死者狼藉。

乾隆五十六年（1791 年）

△湖北云梦县七、八月间瘟疫大作，有阖门皆毙者。云南景东直隶厅和蒙化（今巍山）直隶厅等地大疫。

乾隆五十七年（1792 年）

△江西德化县（今九江）和湖口县等地大水，民多疫。四川洪雅县乡中大疫，民多死亡。

乾隆五十八年（1793 年）

△直隶、山西、江苏和浙江等地出现不同程度的疫情。直隶沙河县春疫流行。山西稷山县道殣相望，树皮剥食殆尽。瘟疫流行。江苏常昭地区被水，兼以时疫，田禾歉收。浙江平湖县夏秋大疫，嘉善县和海宁州等地秋冬大疫，其中海宁州秋大疫，六月以后，死者相踵，至十二月始渐平。

乾隆五十九年（1794 年）

△江苏嘉定县大疫。浙江象山县大疫流行，慈溪县痘疫流行。甘肃清水县大疫。

乾隆六十年（1795 年）

△广东潮阳县六、七月大疫，人死极多。浙江瑞安县大疫。

五、嘉庆朝

嘉庆元年（1796 年）

△五月，湖北保康县疫病流行。是岁，山东临朐县和费县大疫。

嘉庆二年（1797 年）

△直隶天津、沧州、交河（今泊头）和东光等地大疫流行。山东宁津县瘟疫流行。

嘉庆三年（1798 年）

△山东临邑县和单县等地大疫。直隶天津春寒大疫，冬复大疫。浙江温州府春夏大疫。广西上林县秋疫流行。四川广安县大疫，小儿黑痘死者千数。云南邓川州（今洱源）大疫。

嘉庆四年（1799 年）

△山东诸城县大疫。湖南保靖县大疫。云南蒙化直隶厅大疫。

嘉庆五年（1800 年）

△浙江武义县四月、五月疫痢，死者甚多。广西桂平县水旱交侵，疫疠复作。

嘉庆六年（1801 年）

△直隶安州（今河北安新）七月大水，凶荒又加大疫，死者枕藉，贫不能葬。八月，江西万载县疫病流行。是岁，四川富顺县大疫，死者甚众。云南大姚县大疫，死者千余人。

嘉庆七年（1802 年）

△五月，直隶延庆州等地区瘟疫流行，据五月三十日徐绩奏称："三月间奉命放赈，彼时黄村即有瘟疫，……近闻京城亦有瘟疫。"广西全州自七月至十月不雨，县境大疫；冬，北流县牛疫流行。是岁，浙江浦江县大疫。

嘉庆八年（1803 年）

△浙江嘉善县和平湖县等地夏秋疫病流行。八月，河南镇平县陨霜杀荞，民间取荞花食之，多染疫。是年，云南昆明县、宜良县、楚雄县和剑川州等地大疫横行。

嘉庆九年（1804 年）

△云南蒙化厅和永昌府（今保山）等地瘟疫盛行。

嘉庆十年（1805 年）

△江苏、云南、直隶、浙江和四川等地出现不同程度的疫情，其中江苏地区的疫情较为严重。江苏通州五月、九月，民病疫；如皋县闰六月酷热，疫病大行，死者甚众。四川乐山县立夏后，疫病大作。是年，直隶东光县境内大疫。浙江温州府痘疫，童殇无算。云南安宁州和南宁县（今曲靖）等地疫病流行。

嘉庆十一年（1806 年）

△江苏泰州、通州和东台县等地春夏大疫，民多病疫。山东阳谷县春季人多瘟疫。四川蓬溪县、资州（今资中）和富顺县瘟疫大作，死者相继。浙江象山县五月痘疫流行。江西万载县五月痘疫盛行，泰

和县和永宁县等地多疫。广东龙川县夏季痨疫时气多传染，邑人傩以逐之。福建顺昌县和永定县是秋大疫，溪南尤甚。云南南宁县、元江州和澂江府是年大疫。

嘉庆十二年（1807 年）

△四川汉州（今广汉）四月瘟疫大行。江西星子县（今庐山）四、五月间，郡城大疫，城中一带痢疾大作；秋，万载县痢疫流行，上乡死者尤众。广东万州冬大疫，牛猪瘟疫多伤。

嘉庆十三年（1808 年）

△安徽英山县（今属湖北）夏秋大疫。贵州兴义府秋疫盛行。四川富顺县是年大饥大疫，疫病者、殍者枕藉道途。

嘉庆十四年（1809 年）

△陕西同官县疫病流行，民多废耕。云南昆明县和宜良县等地时疫流行。

嘉庆十五年（1810 年）

△直隶长垣县（今属河南）夏四月疫病流行。广西上林县、宾州和广东合浦、钦州（今属广西）等地冬疫时行。

嘉庆十六年（1811 年）

△江西、甘肃、浙江、云南、广东和广西等地疫病流行。浙江平阳县春夏瘟疫盛行。江西万载县时夏痘疫逆症传染，死者相垫，至次年春月方息。夏五月，广东信宜县大水继大疫。秋七月，甘肃靖远县及打喇赤堡（今属甘肃白银）、永昌等处大疫，死亡相半，流离甚多。同年八月，云南普洱府他郎瘟疫盛行，次年二月方止；石屏州时疫流行。是岁，广西宜山县和广东合浦、钦州（今属广西）等地痨疫流行，严重者如宜山县大疫，三四日内遍体如黄金，死者不计其数，亦有饮粪窖水获愈者。

嘉庆十七年（1812 年）

△直隶、河南、山东和云南等地瘟疫盛行，其中山东地区的疫情较为严重。山东昌邑县、潍县、胶州、掖县、蓬莱县、即墨县、黄县（今龙口）、福山县、栖霞县、宁海州和文登县等地春夏饥疫并行，疫者甚众。严重者如福山县瘟疫盛行，死者无算，民多藁葬，贫者卖田

宅、鬻子女不得，以致摘叶撷蔬权充饥腹，斗米白银二两；再如栖霞县春大饥，人相食，瘟疫盛行，里巷萧然。直隶天津地区大疫，人死者十之三四。河南泌阳县夏疫流行。云南蒙自县和建水州等地冬大疫。

嘉庆十八年（1813 年）

△河南、山东和四川等地出现不同程度的疫情。山东巨野县夏旱，瘟疫伤人十之三四，米价腾踊，民艰于食。河南郾城县和南阳县等地饥疫并行，时秋陨霜杀荞，民间取荞花食之，又多染疫。四川綦江县和射洪县等地大疫流行，严重者如綦江县旱饥加以疫症传染，计死于岁，死于疫，死于南隆及去不复返者不可以数计。

嘉庆十九年（1814 年）

△安徽、河南、直隶、江苏、湖北、四川、山东、云南、湖南和广东等地瘟疫流行，其中以河南地区的疫情为甚。安徽庐江县饥疫并行，民多流亡。湖北枝江县等地春大疫，互相传染，家属多相继死者；枣阳县等地饥疫时行。三月，河南泌阳县瘟疫时行；祥符县、洧川县、密县、武陟县、林县、睢州、扶沟县、淮宁县、鄢陵县、郏县和舞阳县等地则夏秋大疫，人多疫死。如密县夏麦丰收，瘟疫大作，人多死伤；洧川县瘟疫盛行，人死过半；舞阳县麦大熟，人多疫死。江苏通州春寒，人多病疫；溧阳县夏旱，大疫时行。四川綦江县春夏瘟疫流行，死者无算。湖南祁阳县和零陵县等处，夏米贵，民多疫。直隶沙河县春夏大疫；邯郸县和永年县等地则秋疟大疫，如邯郸县八月民皆疟，旋复大疫，耕于野者动则倾扑，民几不能务农。广东万州秋，牛猪瘟疫大作。是岁，山东历城县和齐河县等地瘟疫流行。云南文山县疾疫流行，死者甚众。

嘉庆二十年（1815 年）

△直隶、山东、河南、江苏、浙江、江西、湖北、陕西、湖南、四川、贵州等省的部分地区时疫流行，瘟疟遍齐、豫，其不病者百中一二。山东东平州、济宁直隶州、金乡县和定陶县等地秋疫盛行，人多疫死；东阿县自夏入冬，疫病流行。江苏泰州和东台县等地春疫流行，江宁府则旱疫时行。湖南平江县春大疫，城中为甚。江西万载县春疫流行。湖北汉川县大疫，民众损伤无数。山东范县和河南滑县等

地时秋大疫，人多疫死。直隶永年县民多病疫。陕西武功县大疫，县境内疫痢流行，人畜死亡严重。四川南部县大饥，民食树皮，瘟疫并行，死者甚众。是岁，浙江龙游县大疫。贵州安顺府大疫。

嘉庆二十一年（1816 年）

△安徽、云南和湖南等地出现疫情。云南永北直隶厅、蒙自县和定远县等地饥疫时行，人多毙亡。湖南桂阳县时冬牛瘟流行。是年，安徽阜阳县大疫盛行。

嘉庆二十二年（1817 年）

△云南、福建和广西等地出现不同程度的疫情。春，福建晋江县大疫。广西宜山县二、三月间，府城厢内外及附近村庄痘疫大作。云南省楚雄县、姚州（今姚安）和剑川州等地饥疫并行，其中姚州疫情从四月持续到八月方止。

嘉庆二十三年（1818 年）

△二月，山东诸城县大疫流行。是年，山西阳城县多瘟疫。广东长宁县（今新丰）疫病流行。

嘉庆二十四年（1819 年）

△湖北、浙江、广东和云南等地出现疫情。湖北云梦县、恩施县大疫。是年秋冬，浙江温州府痧疫流行，死亡甚众。广东乐昌县谷不稔，人多疫。云南南宁县秋大疫。

嘉庆二十五年（1820 年）

△安徽、河南、江苏、山东、湖南、浙江、广东、江西、福建和云南等地时疫流行，其中浙江、广东、江西疫情较为严重。七月，河南灵宝县大疫。山东乐安（今惠民县）七月大疫，人多死。安徽天长县大疫，麻脚症并发；秋，来安县中黑痧疫者多暴死。江苏松江府和金山县等地夏亢旱，秋大疫。湖南酃县、兴宁县、桂东县、临武县和蓝山县等地出现较大疫情。浙江嘉兴县、嘉善县、平湖县、桐乡县、鄞县、象山县、慈溪县、太平县（今温岭）、玉环厅、温州府、乐清县和平阳县等地秋冬大疫，人多疫死。如慈溪县是秋大疫，其病霍乱，吐泻脚筋顿缩，朝发夕毙，名吊脚痧，死者无算。温州府八月痧疫流染，朝发夕死，遭此厄者十室七八，得生者十之一二，一门数日间有

舆榇三四口者，啼哭之声遍于里巷。广东潮阳县夏大疫，曲江县、乐昌县、仁化县、始兴县、阳山县、连州、兴宁县、海丰县、揭阳县、南海县、顺德县和电白县等地秋冬大疫。如乐昌县夏秋旱，秋冬瘟疫大作，死者横藉，收获无作佣者，年谷不登，民甚苦；兴宁县秋冬大疫，邑中死者万人。江西万载县、万安县、雩都县（今于都）、信丰县、会昌县、长宁县（今寻乌）、龙南县、石城县、大庾县和崇义县等地大疫流行。如长宁县秋疫盛行，死者相枕藉，有全家十口只留一二者；石城县夏讫冬，邑大疫，死者无算。福建厦门、金门、龙溪县、长汀县、永定县、新竹县（今属台湾）和苗栗县（今属台湾）等地饥疫并行。如厦门因疫疠时作，巡道倪琇、水师中营参将杨继勋、厦防同知戚成劝捐银四千一百七十五元，随时施棺瘗埋；龙溪县秋大疫，男女吐泻，暴卒不可胜数。云南嵩明州、景东直隶厅和易门县等地大疫。

六、道光朝

道光元年（1821 年）

△安徽、江苏、河南、山东、直隶、甘肃、陕西、奉天、浙江、福建、广东、山西、湖南和广西等省的部分地区出现不同程度的疫情，其中河南、山东、直隶尤甚。安徽凤阳、颍州、庐州、泗州等属，间有疫气流行，合肥县、阜阳县、亳州、宿州等地大疫。江苏金山县、铜山县、沛县和睢宁县等地夏疫流行，仪征县等地秋疫流行。河南获嘉县、辉县、修武县、夏邑县、扶沟县、淮宁县、太康县、许州、鄢陵县、郾城县、鲁山县、临颍县、舞阳县、汝州、汝阳县、灵宝县和宜阳县等地夏秋多疫情。如修武县夏末秋初，疫甚，得病辄死，棺肆为空；宜阳县七月瘟疫大行，名为翻症，患者无救，城镇为之罢市。山东济南府、淄川县、峄县、德州、陵县、临邑县、齐河县、平原县、商河县、武城县、惠民县、阳信县、海丰县、沾化县、寿光县、昌乐县、临朐县、安邱县、诸城县、昌邑县、潍县、掖县、即墨县、蓬莱县、莱阳县、宁海州、莒州、沂水县、宁阳县、东平州、滋阳县（今属兖州）、滕县、金乡县、汶上县、单县、城武县、郓城县、冠县和阳

谷县等多地发生疫情，夏秋尤甚。如阳信县自夏至秋淫雨害稼，疠疫盛行，死者无数；沾化县自夏至秋，淫雨害稼，疠疫盛行，死无算；招远县秋疫盛行，人多暴死者；冠县六月大疫，民多霍乱转筋之疾，死者甚众；阳谷县秋旱，人多瘟疫，死者甚众。直隶顺天府（今北京）、平谷县、蓟州、静海县、正定县、灵寿县、晋州、藁城县、高邑县、井陉县、新乐县、深泽县、无极县、栾城县、昌黎县、卢龙县、临榆县（今属秦皇岛）、抚宁县、乐亭县、滦州、霸州、大城县、定州、清苑县、涞水县、定兴县、安州（今安新）、蠡县、唐县、新城县、祁州（今安国）、望都县、曲阳县、沧州、盐山县、东光县、交河县、青县、南皮县、任邱县、献县、枣强县、深州、武强县、大名县、邯郸县、成安县、鸡泽县、肥乡县、唐山县、南宫县、巨鹿县、任县、沙河县、清河县、广宗县和平乡县等地时疫流行。如顺天府七月转筋霍乱，时疫大作，直至八月，死者不可胜计；邯郸县秋大疾，瘟疫盛行，有间疾辄死于寝疾之家者，工肆材木为空；广宗县夏疫流行，人多死者。甘肃镇原县秋大疫。陕西西安、华州和华阴县等地八月瘟疫盛行，唯鄠县、泾阳、临潼三县时疫较重，至天气稍凉，疫气渐已消退。奉天开原县夏疫流行。浙江富阳县、平湖县、乌程县（今属湖州）、长兴县、慈溪县、余姚县、会稽县、温州府和永嘉县等地夏疫盛行，嘉兴府秋大疫。福建全省七、八月间大疫流行，皆吐泻暴卒，朝人夕鬼。如漳浦县大疫，男女吐泻，暴卒不计其数；连江县秋七月至八月大疫，霍乱暴死者众；晋江县大疫，死者无数。广东香山县（今中山）、琼山县、文昌县（今属海南）、定安县（今属海南）和万州等地出现疫情。如万州夏瘟疫，人病吐泻，顷刻不救，伤人甚多。山西平定州、太平县（今襄汾）、垣曲县、夏县和猗氏县等地瘟疫大作，死者无算。湖南零陵县夏淫雨甚寒，民多疫。沅陵县秋大疫，郡守林岚病疫死，死者数人。广西庆远府大疫，其病吐泻转筋，子时病，午时死；午时病，子时死，相传为“子午病”。

道光二年（1822 年）

△河南、山东、四川、陕西、湖南、湖北、直隶、山西、甘肃、奉天、福建、广东和广西等省的部分地区出现不同程度的疫情。直隶

南乐县和河南开州大疫。山东高唐州疫，大雨水。四川资阳县和井研县大疫。陕西清涧县六月大疫，八月止；安定县（今子长）五月至七月大疫；怀远县（今横山）和米脂县夏大疫；绥德州秋大疫，瓜果盈野，无收食者。湖南兴宁县和保靖县秋大疫，其中保靖县患病者多脚软，以针刺手足放出紫血，间有愈者，俗因呼为麻足瘟。湖北宜城县自夏徂秋，汉水三涨，漂没禾麦，城乡大疫。直隶怀安县、卢龙县、临榆县、滦州、清苑县和望都县等地夏秋多疫，卢龙县和滦州等地饥疫并行。山西大同县、凤台县、阳城县和永和县等地民多疫。甘肃镇原县岁大疫。奉天绥中县夏大疫。福建莆田县、金门和尤溪县夏疫盛行。广东连山县、连州、香山县、阳江县和肇庆府等地时疫流行。如连州六月间瘟疫四起；阳江县三月大疫，至冬乃止。广西罗城县疫；阳朔县夏疫流行，至冬始平。

道光三年（1823 年）

△江苏、云南、湖南、江西、直隶、山西、福建、广东、奉天和广西等省的部分地区出现疫情。江苏南汇县饥疫并行，民有成群横索者。云南南宁县（今曲靖）疫。湖南永明县五月瘟疫流行；六、七月间，江华县大疫；临武县秋大疫。江西安仁县冬，牛大疫。直隶井陉县、保安州（今涿鹿）、卢龙县、临榆县、滦州和唐县等地出现疫情。如滦州春疫盛行，死者相继，吊唁不通；唐县秋疫，死者无数。山西灵邱县和吉州大疫。福建金门疫。广东吴川县和万州时疫流行。如万州夏瘟疫，人病吐泻，伤人极多。奉天绥中县秋大疫。广西武缘县（今武鸣）、怀集县疫；上林县夏秋之交，时疫流行；宾州五、六月疫。

道光四年（1824 年）

△江苏句容县疫。云南景东直隶厅疫。湖南临湘县疫。直隶平谷县自春徂秋，瘟疫大作，又兼客岁秋禾不登，人多无食，死者不可胜计，甚有全家病殁，无人埋葬，有因年荒无资棺殓而藁葬者。贵州安平县（今平坝）大疫，自八月初十起，至二十日止，城内死者 200 余人。

道光五年（1825 年）

△山东费县春大疫，死者无算。云南澂江府、元江州、邓川州和云龙州八月多疫情。贵州安顺府大疫；兴义府六月大疫，死者甚众。

湖南祁阳县夏多疫。

道光六年（1826 年）

△江苏铜山县夏疫，牛畜灾死。四川酆都（今丰都）县饥疫并作。湖南衡阳县疫。山西崞县（今原平）三月瘟疫流行。浙江黄岩县七月大风饥疫并行。广东海阳县（今属潮州）七月疫。广西来宾县瘟疫流行。云南南宁县疫。

道光七年（1827 年）

△江苏太仓州八月疫，是岁饥。云南昆阳州、新兴州（今玉溪）疫；六月，蒙自和建水州等地大疫；八、九月，寻甸州城内外疫疠流行。直隶蔚县大疫，怀安县秋大疫。山西广灵县大疫；大同县春大疫，冬仍大疫。奉天开原县夏多疫。

道光八年（1828 年）

△湖北长阳县大疫。山西汾阳县大疫。浙江建德县冬，牛大疫。广东昌化县（今属海南昌江）疫，广东合浦、钦州（今属广西）五月大疫，灵山县城内外大疫。云南安宁县疫。

道光九年（1829 年）

△湖南平江县夏疫痢。

道光十年（1830 年）

△山西阳曲县春疫大作。福建长汀县夏秋有疫，长乐县秋疫盛行。是年，云南澂江府疫。湖南桂东县疫。广东长宁县疫。

道光十一年（1831 年）

△山东范县、河南开州大疫。贵州黎平府冬疫。湖北汉口时疫盛行，行者随途仆毙，居者同室相染，汉镇自乾隆五十三年（1788 年）被水，未有如此之甚，武昌、汉阳旧城俱被水灌。江西峡江县九月民病瘟疫。浙江镇海县饥，民多疫死；温州府夏秋瘟疫盛行。

道光十二年（1832 年）

△安徽、河南、江苏、山东、湖北、湖南、江西、直隶、福建和广西等省的部分地区出现不同程度的疫情，其中湖北疫情严重。安徽贵池县、潜山县春大疫，桐城县夏大疫。河南密县秋疫大作。江苏高邮州和宝应县夏疫流行。山东昌乐县和蓬莱县瘟疫流行，胶州秋大疫。

湖北江夏县、黄陂县、汉川县、蕲州、黄梅县、咸宁县、通山县、崇阳县、蒲圻县、监利县、石首县、潜江县、沔阳州、公安县、松滋县和宜都县等地大疫，其中汉川县、蕲州和黄梅县等地饥疫并行。如是年春，汉川县饥疫相仍，饿殍盈途；松滋县岁大饥，瘟疫流行；通城县沔、监流民疫甚，死者相藉，邑人染之，多因疫亡；崇阳县大疫，病者十八九，死者十五六，田多草宅，谷石价二千二百文。湖南平江县、湘阴县、华容县、澧州、安福县（今临澧）、安乡县和宁乡县等地时疫流行，长沙府、临湘县和龙阳县（今汉寿）等地饥疫并行。如长沙府是岁饥，大疫，死者无算；临湘县岁大歉，瘟疫盛行；龙阳县大水，饥，大疫，道殣相望，所谓壬辰灾也。江西南昌府、新建县、德化县（今九江）、义宁州、贵溪县、余干县、宜春县、奉新县、丰城县和永宁县等地时疫盛行。如义宁州夏大水，秋复疫，人民多毙，下崇乡尤甚，余干县夏大水，秋大疫。直隶卢龙县秋疫盛行，夭札过半，虫食禾稼，七属皆大饥，详请出借籽粮；乐亭县夏四月至秋八月，瘟疫盛行，夭札过半。福建同安县夏大疫；金门县八月大潮，稻田及盐埕多淹决，时幼孩多痘殇。广西临桂县、兴安县和永福县大疫。

道光十三年（1833 年）

△安徽、江苏、山东、湖北、江西、直隶、河南、浙江、广西、山西、四川和贵州等省的部分地区出现不同程度的疫情，浙江疫情较重。安徽五河县春疫，夏霾伤麦，岁大饥，人相食。江苏宿迁县、沛县、邳州和睢宁县等地春季饥疫并行；溧水县和句容县秋疫流行；涟水县大饥，疾疫流行，道殣相望，居民食树皮草根，不足，至于人相食。山东诸城县春疫，潍县和日照县夏大疫。湖北潜江县春大疫；宜城县自五月至十月积阴少霁，瘟疟流行，人及六畜多死。江西武宁县疫，乡民毙者无数。直隶昌平州、延庆州、卢龙县和滦州等地春饥，瘟疫流行，如昌平州春大饥，疫，路死相枕藉。河南夏邑县虞城县饥疫并行。浙江鄞县、慈溪县、定海县、诸暨县、嵊县、永康县、温州府和景宁县等地时疫流行。如鄞县饥，设局捐赈，民多疫死；定海县大雨水，禾黍一空，疠疫继之，道殣相望；景宁县大疫，死者无算。广西来宾县春二月，疫，大病者霍乱转筋，县城死者数百。山西广灵

县、浑源州、阳城县和沁水县大疫。四川綦江县春疫大作。贵州古州厅（今榕江）水灾之后，加以瘟疫，流离失所，抚慰尤难。

道光十四年（1834 年）

△安徽、贵州、四川、江西、浙江、云南等地出现不同程度的疫情，浙江疫情严重。贵州大定府、水城厅饥疫并行，死于病馁者众。四川綦江县和乐山县等地春夏疫流行。安徽桐城县秋疫痢。江西安仁县、丰城县、南丰县和瑞金县等地饥疫并行。如南丰县大疫，死者枕藉，日暮路无行人；瑞金县夏大饥，米价骤昂，至有采食草叶糠泥者，道殣相望，秋大疫。浙江富阳县、建德县、兰溪县、武义县、永康县、东阳县、浦江县、温州府、泰顺县、丽水县、青田县和缙云县等地饥疫并行，死亡甚众。如缙云县春大疫，死者万余人；富阳县大旱，饥荒，时疫流行，饿殍载道，市上棺木为空；青田县大旱，饥，已而大疫，死者十二三，户口骤减。云南宣威州大饥，疫疠交侵；澂江府疫疠流行。

道光十五年（1835 年）

△湖北咸宁县大疫。湖南湘乡县冬多疾疫。江西贵溪县、安仁县、新城县（今黎川）、泰和县和广昌县瘟疫大作，饥馑载道。如广昌县大疫，民死无数，市缺棺木。浙江云和县秋疫作，道路积尸无算。福建光泽县春夏大疫，建宁县春大疫。

道光十六年（1836 年）

△山东、甘肃、山西、浙江、湖南和云南等地出现疫情，山东疫情严重。山东博山县、博兴县、昌乐县、诸城县、昌邑县、潍县、胶县、高密县、掖县、即墨县、海阳县和费县等地多饥疫并行。如诸城县春饥，人相食，大疫；海阳县大饥，瘟疫流行，死者甚众；博兴县疫作，民死几半。甘肃灵台县大疫，饿殍甚多。山西凤台县、阳城县和沁水县瘟疫流行。浙江余姚县大疫，永嘉县夏大疫。湖南湘潭县四月大疫，邵阳县夏秋大疫。云南易门县大疫。

道光十七年（1837 年）

△浙江平湖县秋疫。福建长乐县春夏瘟病盛行。

道光十八年（1838 年）

△山东馆陶县（今属河北）岁饥，郡庠生王清堂，尽出其粟米钱

文，分老幼称贷之，又值瘟疫流行，施医药，全活甚众。福建长乐县瘟疫大作。云南罗平州和文山县大疫。

道光十九年（1839 年）

△四川雷波厅大疫。湖北云梦县自七月瘟疫大作，至九月中旬未止，损人甚多。直隶鸡泽县春蝗，疫大作。云南楚雄县七月疫疠；澂江府秋八月，河阳大疫。

道光二十年（1840 年）

△四川南部县大饥，夏四月疫疠并行。直隶赞皇县大疫。广西全州恩德区永强多疫疾流行，传染者众。

道光二十一年（1841 年）

△安徽庐江县瘟疫遍行，至次年春乃止。云南元江州大疫。四川重庆府、江北厅和南川县春大疫，民多死亡。湖北沔阳州疫。浙江萧山县三月，邑东乡瘟疫盛行。

道光二十二年（1842 年）

△安徽桐城县春夏疫，定远县和南陵县瘟疫流行。江苏南京九月城中大疫，高淳县春大疫，道殣相望。湖北大冶县荒疫，民相劫夺；武昌县（今鄂州）夏大疫，蕲州饥疫交作，死者无算。湖南湘潭县大疫，乾州厅（今吉首）九、十月瘟。

道光二十三年（1843 年）

△安徽太湖县大疫，潜山县大饥疫。湖北麻城县春大疫。江西定南县疫。山西河曲县春大疫，秋复大疫。浙江常山县大疫。广东信宜县疫。广西融县（今融水）夏五月时疫流行，死人颇多。

道光二十四年（1844 年）

△江西丰城县夏大水，冬十月疫起。福建连江县夏疫。广西全州县疫；是年秋，来宾县痘疫大行。贵州荔波县春三月，大疫。

道光二十五年（1845 年）

△安徽桐城县、贵池县疫，潜山县春大疫。湖北光化县（今老河口）大疫大饥。云南楚雄县六月至八月鼠死，痘疫流行。

道光二十六年（1846 年）

△山东黄县（今龙口）春夏大疫，幼孩夭殇无算。云南蒙化直隶

厅大疫，民多避人山，死者甚众。浙江温州府春夏大疫。福建金门大疫；连江县自春至夏，疫痘盛，男女多伤。

道光二十七年（1847年）

△云南蒙化直隶厅大疫。浙江温州府秋飓风为灾，大疫。

道光二十八年（1848年）

△河南林县大疫，人死无数。湖北大冶县十月疫甚。江西乐平县秋大疫，人多死亡。云南蒙化直隶厅大疫。

道光二十九年（1849年）

△河南、江苏、贵州、四川、湖北、江西、湖南、浙江、山西、云南、广东和广西等地出现疫情，其中江苏、湖南尤甚。河南武陟县大疫，人死过半。江苏南汇县、川沙厅、奉贤县、青浦县和昆山县等地饥疫并行。如南汇县水旱并灾，民大饥，疫复大作，饿殍载道；川沙厅秋冬大疫，民大饥，饿殍载道；青浦县秋冬疫，民大饥，饿殍载道；昆山县冬疫盛行，棺木无资，半多藁葬，至明年五、六月疫始平。贵州大定府痘疫。四川秀山县（今属重庆）夏大饥，民多取石粉为食，死者道路相望焉，疫病流行。湖北沔阳州春大饥，秋大疫。江西余干县秋疫大作。湖南沅水、澧水流域春夏大雨，灾情延及次年春天，惨遭饿毙和疫死的不可胜计；龙阳县、湘潭县、靖州和浏阳县饥疫并行，如龙阳县三月至五月饥民集聚县城，大疫寻作，死者以数万计。浙江丽水县大疫。山西凤台县春夏疫。云南蒙化直隶厅疫。广东琼山县、昌化县大疫，潮阳县冬十月疫。广西灌阳县瘟疫盛行。

道光三十年（1850年）

△安徽、河南、江西、湖南、浙江、广西、陕西、广东、四川和贵州等地出现疫情，其中广东疫情较严重。安徽巢县、舒城县大疫。庐江县饥疫并行，道殣相望。河南汝宁府民忽染大疫；内乡县八月瘟疫，牛多死。江西吉安府、龙泉县秋大疫。湖南湘阴县、兴宁县、桂东县和永顺县大疫。浙江永嘉县痘疫，童稚多殇。广西怀远县（今三江）六月大瘟疫，死人甚多；来宾县痘疫大作。陕西渭南县大疫，死几尽。广东南海县、顺德县、电白县、吴川县、琼山县、定安县、感恩县（今属海南东方）和昌化县等地时疫流行。如电白县是秋瘟疫，

民取食之，所救多人，感恩县阖邑大疫，无棺以葬，多取苇包草席裹之。四川綦江县四月瘟疫流行。贵州铜仁县五月疫。

七、咸丰朝

咸丰元年（1851 年）

△直隶卢龙县大疫。浙江秋象山疫。广东兴宁县冬疫。云南赵州（今属大理）地震，秋大疫。

咸丰二年（1852 年）

△直隶卢龙县秋九月多疫。山东沾化县秋疫。安徽泗州春饥疫，流亡载道。湖北蕲州多疫。

咸丰三年（1853 年）

△江苏沭阳、沛县、安东县、宿迁和徐州等地饥疫并行。如沭阳大水大疫，道殣相望；安东县春疫大饥；宿迁三月地震，大饥疫，人死相望。湖北郧西县是年有疫。湖南衡阳、兴宁县夏疫。四川筠连饥疫并行，死者无算，县人于景阳山后，掘万人坑以掩之。

咸丰四年（1854 年）

△直隶定县疫，柏山村人死亡过半。浙江黄岩县大疫。云南楚雄县六月大疫，蒙化直隶厅大疫。

咸丰五年（1855 年）

△江苏娄县秋大疫。奉天开原县夏疫。

咸丰六年（1856 年）

△山东宁海州七月大疫。江苏太仓州秋大疫。

咸丰七年（1857 年）

△安徽颍上县五月大疫，人死过半，白骨遍野。福建光泽县秋冬大疫，死者无算。广东高明县、阳江县饥疫并行。

咸丰八年（1858 年）

△山西、山东、浙江、福建、广东和四川等地出现疫情。山西天镇、阳城、广灵、怀仁夏秋多疫。山东临清州三月饥疫并行。浙江嘉善地震，民病疫。福建光泽县秋大疫，死者无算。广东南海县、潮阳

县、海阳县（今属潮州潮安区）和揭阳县夏大疫，吴川夏秋疫。四川合州（今属重庆）、蓬州（今蓬安）疫疠大作。

咸丰九年（1859 年）

△陕西绥德七月大疫。

咸丰十年（1860 年）

△安徽五河春饥疫，人相食，饿殍遍野。陕西怀远县邑境七月大疫，尸体枕藉。

咸丰十一年（1861 年）

△山东高密县大疫。安徽南陵县瘟疫流行。云南蒙化直隶厅大疫，死者数百人。陕西盩厔县秋七月疫。

八、同治朝

同治元年（1862 年）

△直隶、山西、山东、安徽、江苏、江西、浙江、河南、湖北、四川和奉天等地出现疫情，其中直隶、山东、浙江较为严重。直隶蠡县、清河县、巨鹿县大疫，清苑县、交河县、广昌县、盐山县、定兴县、沧州、青县、灵寿县、唐县、南皮县、乐亭县和卢龙县等地夏秋瘟疫盛行。如唐县六月疫气流行，中者多死；南皮六月大疫流行，伤人无算；乐亭县夏五月至秋八月瘟疫盛行，朝染暮死，九月间始息；卢龙县秋七月瘟疫大作，人死无算。山西寿阳、虞乡县、广灵县和天镇县等地瘟疫大作，死者众。如寿阳夏瘟疫大作，至秋七月乃渐止，病死者无算；虞乡县七月大疫，死甚众。山东昌乐县、德平县（今属德州）、莱阳县、沾化县、宁海州、即墨县、齐河县、海丰县和日照县等地大疫。如莱阳春大疫，秋七月又大疫，死者无算；沾化六月疫疠流行；海丰县夏六月疫疠大行，死者无算。安徽歙县大疫，全县人口益减。江苏溧水、江浦、句容和新阳（今江苏昆山）大疫，死者无算。如江浦县五月大疫，城乡多狼，食人无算。江西安义县秋大疫，死者数千人。浙江临安、石门、孝丰（今属安吉）、西安县（今衢州）、嘉善和龙游等地夏秋多瘟疫。如孝丰六、七月瘟疫，民遭兵戈半，遭瘟

疫者亦半；龙游自四月至八月大疫，日死数百人，十家九绝。河南孟县大疫，死人无算。是年八月，陕州大疫。湖北江陵、宜都大疫，民多暴死。江西南康府秋疫，死者数千人。四川什邡县烽烟少息，而瘟疫盛行；长宁县七、八月，霍乱、痢疾、天花等疫病流行，染病者往往全家死绝。奉天开原县春夏大疫，辽阳州霍乱时疫盛行。

同治二年（1863 年）

△山西、江西、浙江、河南、湖南、广西、四川、云南、陕西和甘肃等地出现疫情。山西虞乡县三月大疫至八月止。江西新城（今黎川）疫，鄱阳七月大疫。浙江分水县、江山县和镇海县大疫。如分水县大疫，饿殍满途，死亡枕藉。河南淮宁、项城大疫，死者无算。湖南湘潭、嘉禾秋七月大疫。广西柳城县大疫。四川叙永厅六、七月大疫。云南楚雄县四月疫疠大作，禄劝县、宜良县六、七月大瘟疫。陕西蒲城县、蓝田县、三原县和渭南县等地大疫。如三原县自上年秋冬至本年大疫，伤人无算。甘肃南陵县春荒，菜麦无收，人民病疫。

同治三年（1864 年）

△直隶、江苏、浙江、湖北、湖南、广东、广西和云南等地出现疫情。直隶交河县旱，疫疠流行。江苏靖江县春夏大疫，江阴县正月至四月大疫。浙江建德县春大疫，象山县秋疫。湖北麻城县夏大疫，荆州、公安县秋疫流行。如荆州一带秋疫流行，驻防官兵男妇老幼沾染疫气因而不起者，日每数十人。湖南江华县六、七月间瘟疫流行。广东徐闻县大疫，儋州（今属海南）岁病染吐泻伤者颇众。广西富川县六月大疫，隆安县疫。云南禄劝县六、七月大瘟疫，蒙化（今巍山）县大疫。

同治四年（1865 年）

△直隶、广东、广西、云南、贵州和陕西等地出现疫情。直隶卢龙县瘟疫流行，人死无算。广东嘉应州（今梅州）、海阳县五、六月间时疫流行。广西融县、阳朔县和上林县夏秋时疫流行。如融县七月大疫，死者甚众；阳朔七月起至九月大瘟疫，病死者皆霍乱症。云南蒙化县疫。贵州荔波县大疫；安平县兵燹正炽之时，疫疾流行，死人甚多，当时呼为马蝗症（“马蝗症”即霍乱），约至同治八年（1869 年）方止。陕西三原县、乾州（今乾县）五月牛多瘟毙。

同治五年（1866 年）

△福建苗栗县、淡水厅（今属台湾）夏四月饥疫并行。四川彭县夏六月大疫。云南蒙化县大疫。

同治六年（1867 年）

△山西、安徽、江苏、浙江、广西、云南、贵州、陕西、甘肃等省的部分地区出现疫情。山西虞乡县、垣曲县大疫。安徽五河县春饥夏疫。江苏阜宁县、安东县、通州、泰兴县、宿迁县和睢宁县等地夏饥疫盛行。浙江象山县冬豆疫，小儿多殇。广西上林县人患鼠疫，至同治十三年（1874 年）其患始息。云南蒙化县大疫。贵州荔波县六月大疫。陕西宝鸡县五、六月间瘟疫甚行，盩厔县五月小儿患泻，男女伤者无数。甘肃镇原县时疫大作，伤人甚众。

同治七年（1868 年）

△山西、山东、江苏、湖南、广西、四川和云南等地出现疫情，其中四川尤甚。山西永和县五月瘟疫甚烈，阁底村一月内死人七十余。山东日照县大疫；宁海州秋时疫流行，死人无算。江苏沭阳县四月疫。湖南兴宁县秋疫。广西郁林州疫饥，永康州（今扶绥县）春瘟疫流行。四川崇庆、汉州（今广汉）、灌县（今都江堰）、永川县（今属重庆）和铜梁县（今属重庆）等地瘟疫盛行。如崇庆五月大疫，患者顷刻死；铜梁县夏疫症四起，染者吐泻交作，腰疼如断，两足麻木，逾二三时立毙，俗呼为麻脚瘟，城乡市镇棺木为之一空。云南元江州五月大疫。

同治八年（1869 年）

△山西河曲、垣曲大疫。河南淮宁县夏疫。陕西宜川县夏疫盛行，死者众。

同治九年（1870 年）

△山西平陆县夏秋瘟疫盛行。山东在平县大疫；是年冬，寿张（今山东阳谷）牛灾死者甚众。湖北麻城县秋北乡大疫。滇省本年五、六两月久雨，……入冬以来又值久旱。现在米价较常增至五倍，瘟疫流行，人民逃亡过半。陕西孝义厅（今柞水）八月牛大疫。

同治十年（1871 年）

△山东寿张县牛复灾多死。安徽五河县大疫。江苏宿迁县、睢宁

县牛大疫。浙江平湖县、嘉善县秋疫。湖北麻城县西南乡大疫。四川眉州（今眉山）、犍为县六、七、八月猪瘟大行。陕西孝义厅大疫；蓝田县、渭南县牛大疫，同治十一年（1872 年）方止。

同治十一年（1872 年）

△山西、山东、江苏、江西、湖北、广西、四川和云南等地出现疫情。山西襄垣县正月下黄土，人多喉疾。山东寿张县冬牛灾如前。江苏睢宁县牛瘟。江西吉安府夏秋疫。湖北武昌县夏疫疟。广西郁林州春旱饥疫。四川遂宁县夏瘟疫流行，有阖门尽死者；是秋，铜梁县疫症大作，染者辄死。云南同治十一年（1872 年）至光绪七年（1881 年）时疫盛行。其中，大姚、昆阳、广南、邱北疫疠流行。

同治十二年（1873 年）

△直隶灵寿县疟疫自春至冬。福建苗栗县秋疫。广西郁林州四月雨雹，地震，大疫。四川彭山县、丹棱县秋，畜大疫。如丹棱县民间猪只尽死，近 50 年来已不知何由，民间遂因此窘。

同治十三年（1874 年）

△江苏江浦县野猪行疫，殃及耕牛。浙江慈溪县、镇海县秋大疫。陕西孝义厅牛疫。

九、光绪朝

光绪元年（1875 年）

△江苏靖江县秋疫流行。云南永昌府连年大疫，施甸县蒲缥尤甚；昭通府和大姚县等地是年时疫大作。

光绪二年（1876 年）

△直隶京师久旱无雨雪，以致瘟疫又作，城内闻有一家十余口死亡相继者，问其病皆系喉症，猝不及医，互相传染。后据《申报》载：“昨得四月初六日都中来信云，日来天气颇热，疫疾流行，死者不能悉数，大抵痧疹喉症者居多，以亢旱已久，风燥所致也。五月，阅兵抵扬，即见流亡遍野，大半籍隶徐海，并闻淮徐一带牛疫流行。”山东齐河县秋歉收，大疫流行。云南昆明、景东直隶厅和文山等地大疫盛行，

其中文山鼠疫流行，死者甚众。

光绪三年（1877 年）

△山西、河南、直隶、奉天和江西等地出现不同程度的疫情，其中山西、河南和直隶等地疫情较为严重。山西交城县、虞乡、临晋县（今临猗）和解州等地荒旱异常，饥疫并行。据《申报》载："山西之荒歉，非天之骤降奇灾，犹可望速援于邻境也。饥民之所恃以资生者，早已净尽。况乃三年不雨，田坼潭枯，……通计去岁田中颗粒不登，而入夏以后又以旱荒之故酿成疟疾，瘟疫亦从而随之，遍省尫羸，皆无人色。"临晋县夏秋不雨，赤地千里，荒旱异常，民苦无食，往往衣履完整，一蹶辄不复起，又多疾疫，传染几于全家，加以盗贼蜂起，肆行劫掠，民不堪命，鬻妻卖子，去产变业，艰苦情形，不堪言状。当道奏免钱粮，开放仓谷，并发帑劝捐，多方赈济，民有不及至赈所而倒毙半途者众多。五月，河南商水大疫，中牟县、信阳州夏大疫，疫气传染，遂及土著。奉天铁岭夏大疫，死者相望，马蓬沟为河运码头，死者尤众。直隶东光、交河县、乐亭县等地饥疫交臻，人染疫多死亡。江西南昌时疫流行，病殁者多至无算。

光绪四年（1878 年）

△直隶、河南、山西、湖北和云南等地疫情严重。光绪四年六月二十日（朱批）李鸿章片：再直境入夏以后，瘟疫盛行，省城一带为尤甚。保定城乡粥厂、粥会在事官绅纷纷病故，天津等处亦有办赈疾殁之员。满城、东光、清苑和新城等地亦夏瘟疫盛行，死人无算。河南武陟县、修武县、安阳县、孟县、荥阳县、扶沟县和光山县等地饥疫并行，死者甚众。如安阳县四年春，米价每斗制钱一千三百文，人相食，且瘟疫盛行，死者大半，地方食物殆尽，河藻野菜以及树皮白土均有食之者，妇女抱子投河投井者不计其数。修武县四年春，遍地皆尸，初尚瘗埋，后竟暴露风日中，有人相食者，不知天之弃民耶，抑民自获罪于天，故及此也。幸而天心悔祸，二月二十七日，雨四五寸，孑遗之民勉力布种，无如瘟疫大作，阖门僵卧，有死者，有奄奄病至百余日者。山西文水、祁县、绛州、夏县、寿阳、隰州、虞乡、屯留、平定、交城、浮山和阳曲等地春夏瘟疫大作，死骸枕藉。据曾

国荃奏称：“再晋省上年（光绪三年）被旱成灾，哀鸿遍野，省垣五方杂处，饥民过众，南北外分设饭厂三处，力图赈救。第大祲之后疠疫盛行，染病倒毙者比屋皆然……”山西阳曲县尉曹君致松江某君书：“去年（光绪四年）春夏瘟疫大作，死亡者不知凡几，即就省城及城外二三里内无主并无力殡葬者，经局收埋一万二千有奇，官场道府至佐杂教官病故者将及三百人。省城如此，大概可知。南路蒲解绛平四属，逃亡之余存者不过十分之三，如垣曲、河津仅存十分之一，人之相食不为怪事。省外有力之家死不敢葬，亦不敢哭，贫户则自食不暇矣。陕、豫接壤概属灾区，南贩不通，斗米价至五千钱，居民竞变卖产物讫无受者。卖妻鬻儿每得值不足供日餐，草根树皮剥尽，道殣相望，暴骨辚辚，疫疠多乘之一村一镇传染，死亡日以数十计，民不聊生。每有举室闭门抑药或投环跳井自杀者。”湖北光化春大疫；沔阳秋七月淫雨，大疫。云南盐兴县（今禄丰）、大姚县秋末冬初大疫，俱红痰，红痒子症，患者一二日即死。

光绪五年（1879 年）

△山西虽解除旱情，但因光绪元年至光绪四年、五年连续大旱，到处又出现狼、鼠成灾，瘟疫大作，不少县又遇春旱或秋旱，并出现大旱后的大涝，有些地方大水成灾，元气始终不得恢复。据山西神甫报称：“晋省之灾，人民或因饿死，或因疫死，计死三分之二，总计约有七八百万人，而人相食之事亦所在多有，甚有不但食死之肉，而杀人以为食者，更甚至有夫食其妻，父母食其子，子食其父母者，又有父母不忍自食而易子以炊者，卖人肉者尤指不胜屈。”江西婺源秋冬大疫。云南楚雄、定远和宁蒗等地时疫流行，鹤庆松桂自光绪五年（1879 年）到光绪七年（1881 年）间，每年七、八月间大疫，死者不可胜计。

光绪六年（1880 年）

△云南大姚夏秋间俱大疫，广西直隶州人多疫死。湖北秋疫盛行。

光绪七年（1881 年）

△湖北兴国州（今阳新）夏秋大疫盛行，毙人犹难胜数，次年疫稍轻，损人亦多。江苏上海是岁疫且饥。云南宁蒗县南路一带鼠疫盛行。

光绪八年（1882 年）

△江苏嘉定县（今上海嘉定），七月大疫。云南罗平州大疫至十七年（1891 年）乃止，人口死亡一半，烟户甚稀。

光绪九年（1883 年）

△江西崇义县七月至十一月大疫。

光绪十年（1884 年）

△甘肃皋兰县秋大疫。

光绪十一年（1885 年）

△浙江南田县（今三门）九月时疫盛行，鸭嘴等处死亡不少。广西据彭玉麟奏称："广西与交趾地处炎方，而接境之处山深箐密，水草恶劣，岚瘴时作。上年湘、淮各营以客军出关远征，水土既不相习，兼值淫雨过甚，天气骤暖骤寒，瘴疠加厉，又僵于前敌，皆掘地营居住，以避夷人开花巨炮，遂复蒸受暑湿，以致疫气盛行，死亡枕藉，竟有一营不数日而一空者。后至无棺可殓，掘地为巨坑，累群尸而掩之，计前后死者不下一二万人，其中阵亡未经查明据报者亦多，殊为可悯。"是岁，甘肃皋兰县喉疫大行，死者甚众。

光绪十二年（1886 年）

△山东临朐县牛大疫，经年不止。甘肃皋兰县喉疫更甚。

光绪十三年（1887 年）

△四川清溪县春大疫。江西崇义县八、九月大疫。

光绪十四年（1888 年）

△湖南湘潭县六、七月大疫，死者数千人。疫气自郴、衡及于长沙、岳州（今岳阳），遂至苏、扬间……士大夫家间亦传染。山东齐河县、平度州、齐东县和潍县等地秋疫流行，死人无算。江苏嘉定县和溧阳县等地秋大疫。十一月二十四日云南巡抚谭钧培奏称："本年夏秋雨阳及时，秋成当属丰稔，惟……蒙自县阿迷州得雨较迟，栽插失时，六月以后疫疠渐作，秋冬益甚，竟至疫毙万余人，而田谷吐花结实之际，突生蟊贼，根苗食尽，难望收成。"到光绪十五年（1889 年）三月二十四日云南巡抚谭钧培再次上奏："上年阿迷（今开远）蒙自等州县地方疫疠频作，人民损伤数至万余，田谷被虫，收成大减……该县疫疾直至冬深

始渐平息，民情万分困苦。”是岁，湖北沔阳大疫，民多死。

光绪十五年（1889 年）

△山东博山大旱饥疫。奉天绥中县夏大疫。江苏嘉定七月大疫。山西闻喜县白喉疫伤者无数或灭其门。

光绪十六年（1890 年）

△奉天安东县（今丹东）夏疫病流行，盖平县（今盖州）秋疫盛行。云南丽江、蒙化直隶厅、鹤庆和宁蒗县等地时疫流行。

光绪十七年（1891 年）

△广东清远正月疫起，死者甚多。四川黔江（今属重庆）六月疫，民多死，丹棱秋大疫。苏州等属夏末秋初，正值农忙之际，时疫流行，乡镇传染，田禾几不遑顾。江苏溧阳夏秋复有疫。

光绪十八年（1892 年）

△广东清远二月雨雪，耕牛多冻死，猪亦发瘟。四川什邡、双流县、崇庆、井研县、夹江县、简州和安岳等地夏秋时疫流行，死亡甚众。如简州夏大疫，患者手足皆麻，顷刻即毙；双流夏时疫死者无数，是年夏暑酷热异常，华氏寒暑表达百度以上。江西崇义县五月大疫。山西太谷县十二月大疫。

光绪十九年（1893 年）

△山西临汾天旱瘟疫盛行，人相食，牛羊多死。四川遂宁七、八月之间大瘟病，过热，传染甚迅，秋凉则菌失，其传力故也。湖南安仁县、醴陵县和茶陵州等地疾疫盛行。据湖南巡抚吴大澂十一月十八日奏称：“茶陵之茶乡、西乡瘟疫缠染数月之久，情形尤为可悯……不意衡州府属之安仁县，与茶陵毗连之处，疾疫流行，仍由茶陵一带转入安仁各乡。始患疟疾，继而转痢，日甚一日。合邑四十八村，其甚者一村死至数百人之多，医药俱穷，棺木亦无从措办。该绅民等以为数十年来从无此之奇灾。……本年夏间雨少晴多，秋后淫霖伤稼，通计收成虽系四分有余，而成熟之田，或全家俱病，收获无人，禾芽渍腐，民不聊生，实非寻常水旱偏灾可比。”

光绪二十年（1894 年）

△奉天开原县大疫。广东南海县、鹤山县和罗定州等地疫疠流行。

四川酆都大疫。云南宁蒗县牛大疫。

光绪二十一年（1895 年）

△广东顺德时春鼠疫盛行。奉天安东夏六月疫病大作，辽阳州霍乱盛行，疫死者甚众。吉林永吉州、奉化县（今梨树）等地大疫流行，如永吉县六月至七月，瘟疫甚剧，八口之家几无幸免者，盖因中日战后人瘟所致。河南项城县秋大疫。江苏嘉定秋大疫。甘肃和政宁河被围，自秋至冬，瘟疫盛行，男妇死者数千人。甘肃大通县（今属青海）是年疫疠大作，死者万余人。直隶沧州大疫。

光绪二十二年（1896 年）

△云南邓川州夏疫流行。奉天辽阳州霍乱盛行，疫民遭难。

光绪二十三年（1897 年）

△春，广东阳江县鼠疫始作。患疫之处，必先死鼠，故曰鼠疫。病者发热生核，危在顷刻，迟者数日死。或曰：是地气也，故鼠先感之，迁居水上者免焉。或曰：赎身有微虫，传诸人即病。故见死鼠，宜速埋之。相传是病同治年间起于越南，继而广西，继而廉、琼、雷、高，光绪二十年（1894 年）传入省城，至于阳江，每岁辄发，或间一二岁发，死人无算。

光绪二十四年（1898 年）

△广东清远县、顺德县、海阳县、香山县、石城县、感恩县和开平县等地大疫流行，尤以鼠疫为甚。清远正月至三月不雨，谷价腾踊，瘟疫流行，死者数百人。春二月开平大疫……疫自印度来，由云南、广西传至广州。始见核症起，患者对时即死。流行及于四乡，其民居稠密秽浊地方较为易染。症之初起，先见于鼠，鼠多自毙，故当时称为鼠疫。顺德三月旱，鼠疫大作，毙人无算。海阳闰三月至四月，大旱，米谷腾贵，郡城内外鼠疫，此症同治十年（1871 年）起自安南，光绪十六年（1890 年）雷、廉盛行，至是延及郡地。香山五月，疫大作。石城秋七月，大疫，城厢尤甚。感恩县十月大疫。

光绪二十五年（1899 年）

△山东寿张夏大旱，麦苗多枯，人患黄疸疫。广东赤溪、顺德、阳春、海阳和石城县等地疫病流行，多见鼠疫和牛疫。春，赤溪直隶

厅牛染疫多死；阳春、梅菉春大疫；四、五月间，海阳鼠疫，龙溪都尤甚，茂龙一乡以疫死者数百人；六月，石城疫；冬，广东琼山天痘盛行，婴儿死者以千数计，间有老者染之亦毙。

光绪二十六年（1900 年）

△山东、江西、广东和贵州等地出现疫情，广东较为严重。山东齐河县、利津县夏疫盛行。如是夏，利津县霍乱疫起，县境村庄无一幸免，城西关家家户户传染死亡，甚有一家尽死无人埋葬者。江西萍乡县秋，邑中瘟疫、疟疾大作，几无人不染，重者死亡相继。广东海阳、琼山和清远等地鼠疫流行。如是年春，琼山、海口及沿海各村鼠疫复行；海阳春夏间鼠疫大作；清远秋后鼠核症传入清远，毙人甚多，南门口凌云阁一店死七人。贵州安平县夏秋间大疫。

光绪二十七年（1901 年）

△奉天、广东出现疫情，广东较为严重。广东梅菉、高要、海阳和乐昌等地时疫流行。如梅菉春疫；高要夏疫流行；海阳春夏间，庵埠、龙湖等处鼠疫大作；乐昌秋疠疫流行，死亡甚众。奉天安东七月疫病流行。

光绪二十八年（1902 年）

△直隶、山东、江西、湖北、广东、广西和奉天等地出现疫情，广东尤甚。直隶高邑六、七月间时疫流行，人多暴死；沧州五月大疫，死约万人。山东临清州六月大疫；临朐县秋大疫，五井、朱音、盘阳等处尤甚。江西南昌大疫。湖北汉口大疫，人民死者不可胜计。广东南海、海阳、梅菉、罗定、感恩和澄迈等地疠疫流行，多为鼠先中毒，死则传染于人，四时皆有，而春秋为盛。如南海神安司沙贝乡民二、三月患吐泻病，数日间男妇老幼死者百人有奇；海阳春夏大疫，郡城尤甚，死二三万人；梅菉夏疫；罗定直隶州民多疠疫；感恩八、九月，疫疠传染，呕泻即逝；澄迈桥头马袅地方，屡行疫症，多不能救。广西柳州、桂林、平乐、融县和钟山县等地大疫。如融县四月时疫大作，至八月方止，死人数千；钟山县夏疫流行，死亡枕藉。奉天开原县大疫。

光绪二十九年（1903 年）

△广东西宁（今广东郁南）鼠疫流行，排云一乡死亡百人。广西

象州大旱大疫。四川遂宁春夏之间时疫大作，道殣相望。

光绪三十年（1904 年）

△广东顺德龙山乡春，鼠疫复作。

光绪三十一年（1905 年）

△四川遂宁县高升乡七月大雹，并大疫，有一家死数人者。

光绪三十二年（1906 年）

△广东顺德龙山乡、儋州春鼠疫盛行。云南南安州（今双柏）旱灾兼兽疫。

光绪三十四年（1908 年）

△湖北汉口六月因积水已久，居民多传染疫疠。

十、宣统朝

宣统元年（1909 年）

△江西南昌县时夏牛瘟流行，牛死十之八九。宣统元年之冬季，吉林伊通州有猛烈传染病之猖獗，杀之者占有全人口之 50%，因此交通遮断。且在城内之要路设置防疫所，实施保菌者之诊断。当时县民之程度低下，一般之县民认为该病属于鬼神之作祟，因而迷信甚巨，而不实行防疫之协力。约蔓延有两个月之长而消灭之。

宣统二年（1910 年）

△吉林、黑龙江、直隶和广东等地出现不同程度的疫情，其中尤以东北地区的鼠疫为甚。冬，长春境内发现百斯笃病，传染极烈，每日死亡相继，为数甚众。延吉于宣统二年冬，因满洲里鼠疫发生，延吉亦设防疫分局，并设调验所、庇寒所以调查疑病及收留失所人民。是疫蔓延半年有余，全境计毙男女人口共 323 名。时据《申报》十二月十七日报道，满洲疫症仍蔓延无已，哈尔滨死者 254 人，浦家店死者 1184 人，奉天死者 38 人，长春及吉林两处死者不计其数。二十日，据傅家甸函云，近日傅家甸疫症愈形猛烈，每日染疫死者五六十人不等，棺木日夜赶作尚不敷用，且有将死尸抛弃江水之上，贻害地方者。直隶鼠疫由津蔓延至京，据传已有数人染疫而死，外交团大哗。广东

海康（今雷州）瘟疫流行。正月，鼠疫猖獗，死者2000余人，至五月始灭，然自是每际春夏之交往往发现。

宣统三年（1911年）

△吉林、奉天、黑龙江、江苏、山东、直隶、广东等地鼠疫流行，其中以东北地区尤甚。据《申报》载初八日伦敦电云：据圣彼德堡电称，宽城子（今吉林长春）每日患疫而死者数近百人，傅家甸仍堆积尸身4000具，预备火化，其他各镇之惨状靡不相同。呼兰江之冰面尸身堆积如山，以便冰融之时将尸流去。十二日北京电云，满洲疫患几至蔓延全部，惟北清传染之地范围尚小，而长春现在情形较哈尔滨更为可怖，闻哈埠霉菌渐少，疫气仪渐收敛。天津、烟台两处疫气渐见增盛。山东巡抚孙宝琦十六日电请军机处代奏云军机处洪东省疫事前衹防御黄河、烟台两处，不意近日蔓延渐广，查明染疫州县已有十处，死亡百余人、数十人不等，皆由关外小工带来，渐将蔓至省城，防不胜防，焦急无策，德领事啧有烦言，颇怪防御不力。二十三日，朝廷谕军机大臣等：东三省时疫流行，地方官防范不密，以致蔓延关内，直隶、山东两省先后传染，日毙多人，朝廷殊深悯恻，迭经严饬民政部暨各该省督抚设法消弭，以重民命。二月，直隶总督陈夔龙奏称："时疫流行，由关外传及内地，直省近依京甸，防范尤应加严。所幸一月之间，布置周遍，各属虽有传染，随时饬医分驰，尚不至多所蔓延。"江皖灾区则四月以后疫气蔓延颇广，五月公共租界海宁路松庆里第二千五百四十三号门牌黄生记木作楼下所居之粤妇翁姓家日前发现鼠疫，致毙六岁及四足月两孩……又香港报告西四月二十五号至二十七号即华三月二十七日至二十九日计三天患疫死者五人。春，广东大埔县三河鼠疫，男妇毙140余人。夏，痘疫，三河区内痘毙小儿数十人。五月，海丰霍乱流行，十天内死了300多人，全县死亡2000多人。六月，感恩县大疫，阖属死亡约六七百人。

第五章　地震

地震是因地壳快速释放能量而引起的地球表层的震动。我国地处环太平洋地震带与欧亚地震带之间，地震断裂带十分活跃，中国自古就是一个多地震的国家。在中国的自然灾害中，地震一直是发生频次较高且危害较重的自然灾害，地震会造成地面裂缝和变形，使各类建筑物、道路受到破坏，地震也会引发火灾、水灾、瘟疫等灾害，造成大量人畜伤亡以及财产损失。清代地震灾害频繁发生，地震覆盖区域十分之广。据邓云特在《中国救荒史》中的统计，清代共发生地震169次。闵宗殿通过对《清实录》资料的统计，清代共发生89次地震，其中规模较大的地震占8次。朱凤祥根据《清史稿》统计，清代共发生地震609次。

根据史料记载，清朝发生8级及以上震级的地震一共有七次，分别是：顺治十一年（1654年）陕西秦州（今甘肃天水）大地震，康熙七年（1668年）山东郯城大地震，康熙十八年（1679年）直隶三河、平谷大地震，康熙三十四年（1695年）山西临汾大地震，乾隆三年（1738年）甘肃平罗、银川大地震，道光十三年（1833年）云南嵩明大地震，光绪五年（1879年）甘肃武都大地震。其中康熙七年（1668年）山东郯城大地震是我国大陆东部最强烈的一次地震，震级为8.5级，此次地震波及山东、直隶、河南、山西、陕西、江苏、安徽、浙江、福建、江西、湖北等10余省400多个州县，其中山东郯城、莒州（今莒县）、沂州（今临沂）受到的破坏最为严重，震中附近150多个州县遭受不同程度的破坏，地震直接造成近5万人死亡。

顺治元年（1644年）

△四月，云南武定（治和曲州，北纬25.5度，东经102.4度）发生地震，震级为5级，地震波及昆明、陆凉州（今陆良东北旧州），造成武定府城崩塌。震后，昆明、武定八月复震。

△六月二十七日，台湾南部（北纬23度，东经120.1度）发生地

震，震级为5级。在台南海地，由于地震和暴雨同时爆发，使得海地城墙到处出现裂缝，发生倾斜、崩坠。

顺治七年（1650年）

△十二月二十六日，福建宁化（北纬26.2度，东经116.6度）发生地震，震级为5.5级，地震波及清流、邵武、光泽、建宁、泰宁等地，造成墙壁倒塌，房屋动摇。

顺治八年（1651年）

△正月十四日、二月十四日，江南霍山（今安徽霍山，北纬31.5度，东经116.5度）连续发生两次大地震。正月十四日，霍山发生5级地震，造成州界处石桥断裂，霍山县百姓家中床榻倾斜摇摆，碗碟皆碎，并且寺庙中的塑像也发生倒塌。二月十四日，霍山东北再次发生地震，且规模超过上月，震级为6级，地震波及安庆府（治怀宁）、太湖、望江、宿松、桐城、潜山等21州县，以及湖北、浙江、河南等省。这次地震波及范围十分之广，造成的破坏也十分严重，据史料记载，桐城的文庙倒塌，颍上人畜皆惊，房屋动摇，河内船只颠覆无数，舒城也发生墙壁坍塌。

顺治九年（1652年）

△六月初八，云南弥渡南（北纬25.2度，东经100.6度）发生7级地震，地震波及楚雄府（治今楚雄）、赵州（今大理东南风仪）、定远（今牟定）等地，造成的破坏十分严重。六月初七辰时发生地震，次日巳时再次地震，蒙化府（治今巍山）大地剧烈摇动，空中黄沙遮蔽，鸡犬皆惊，婴孩喊叫，城垛尽坏，近半数民居倒塌，被压死者10余人。且余震不断，百姓因惧房屋倒塌，皆露宿在外。震后雷雨大作，平地积水严重。其中弥渡受灾最为严重，官舍民居不存片瓦，压死民众3000有余。大地到处崩裂，涌出黑水臭泥，鳅鳝在此聚集，山上乱石坠落，地震时河水干涸。此后，余震或每日发生数次，或间日又发生地震，直至顺治十二年（1655年）才逐渐停止。此次地震灾区之一的楚雄府城墙崩塌，砖石乱飞，西门外裂一孔，洪水涌入城中，南涧寺庙城舍多倾圮，被土木压死的百姓不计其数，庙学所在的圣殿明伦堂房屋倒塌。

顺治十一年（1654 年）

△陕西秦州（今甘肃天水）大地震

六月初八夜，秦州发生强烈的大地震，震中在今甘肃天水南（北纬 34.3 度，东经 105.5 度），震级为 8 级，震中烈度为 10 度，地震覆盖西安府（治长安、咸宁）、延安府（治肤施，今延安市宝塔区）、汉中府（治今汉中）、平凉府（治平凉，今甘肃平凉）、庆阳府（治安化，今甘肃庆阳）、巩昌府（治陇西，今甘肃陇西）等府，据史料记载的有感区有陕西、山西、河南、四川等省部分州县。其中秦州（今天水）受灾最为严重，无数城垣、楼垛、堤坝、庐舍倒塌，压死兵民 31000 余人，牛马牲畜损失不计其数，高地夷为山谷，丘陵位置发生转移。此后地震不断，大小余震 3 年后才停止。

这次地震的极震区位于秦州罗家堡七十峪及礼县木门里一带，此处山崩地裂，地陷成湖，水聚为海，名曰海子。居民村落或是因山崩而被压，或是遭到大水淹没，压埋村落近十里，木门里一带百姓被压死者千余。直接受到地震破坏的区域灾情也十分严重，秦州城墙发生崩塌，房屋倾倒，官舍崩圮殆尽，地震中死亡人数达 7464 人，房屋毁坏 3672 间。这年刚升任秦州的官员姜光胤，初到秦州之时，正值地震发生，所见之处，秦州城颓屋倾，一片废墟，尸骨遍地，士民多数都已死亡，眼前所见令姜光胤震惊不已。还有诗歌记载此次秦州地震："旧不归秦不欲问，恍惚传闻秦地震。小者地震大崩城，死者无算十三生。去年冰雹打禾稼，雹大如磨人已惊。今又千里郡邑土不宁，将无夷峰堙谷平不平。地德莫测天更远，我欲叩天泪沾缨。"除此之外，扶风、麟游、商州（今商县）、淳化、静宁州（今甘肃静宁）、伏羌（今甘肃甘谷）、西和、庆阳府（治安化，今庆城县）、宁州（今甘肃宁县）、崇信、文县、灵台、三水（今陕西旬邑）等地城墙、房屋均有倒塌，压毙人畜不计。据史料记载，伏羌地震如雷，山崩地裂，压死士民 3000 多人。扶风县景福宫，位于县北门外，始建于金正隆二年（1157 年），明代两次修缮，但在这次地震中倒塌。西和县文庙各坛，旧在城北，地震中倾圮。灵台县堡寨窑洞崩塌，人民死伤甚众，城池毁坏严重，城池西北有敌楼两座，内有窝铺 36 个，全部在地震中倒塌。三水县城东北有泰塔一座，高 15 丈，旧志记载，唐吐蕃入侵，泰塔遭到大火焚烧，积久损伤，泰塔东斜严重，但经过此次地震，塔身竟然端正如初，可见此次地震之剧烈。

顺治十四年（1657 年）

△三月初八，四川威州（今汶川）、茂州（今茂县）、汶川（今汶川绵虒镇）等地发生地震，震中位于汶川（东经 31. 3 度，北纬 103. 5 度），震级为 6. 5 级。威州、茂州、汶川等处三月初三就发生过地震，昼夜地震不断，直至初八，山崩石裂，江水翻腾奔涌，房屋城垣多数倾倒，压死百姓无数。此次地震后，余震不断，保宁府（治今阆中）、威州、茂州自三月十六至四月初九接连发生地震，损失惨重。

康熙四年（1665 年）

△三月初二，京师（今北京）附近发生 6. 5 级地震，震中位于直隶通州西（今北京通州，北纬 39. 9 度，东经 116. 6 度），这次地震有感面积大，除京师外，直隶东安（今河北安次）、永平府（今河北卢龙）、昌平州（今北京昌平）、顺义（今北京顺义）、抚宁（今河北抚宁）、山东济阳、阳信等 20 州县均为灾区或有感区。据史料记载，通州发生地震时，自西北至东南，连动数十余次，城堞及东西水关全部倾倒，有三分之一的民房倒塌。正北方向离城二里处，大地裂开，裂缝宽约五寸，长百余步，并且裂缝中不断涌出黑水。据《汤若望传》记载，北京城内在地震发生时，宫殿与全城建筑摇撼不断，城内房屋倒塌者不计其数，城墙亦有百处塌陷，城内多处地面裂出隙口，位于城西峨嵋寺僧寮五楹倒塌，天主教东堂房顶十字架被震落于地，就连汤若望所关刑部牢狱墙壁亦皆倒塌。此外，顺义县房屋歪斜，墙壁倒塌，洼地出水，观音阁也受到损坏。

康熙七年（1668 年）

△山东郯城大地震

六月十七日，山东郯城发生地震，波及浙江、江苏、安徽、河南、山西、陕西、江西、福建、湖南、湖北等 10 余省 400 多个府州县以及朝鲜。此次地震震中位于山东郯城（北纬 34. 8 度，东经 118. 5 度），震级为 8. 5 级，烈度≥11 度，其中郯城、沂州（治今临沂）、莒州

（今莒县）破坏最为严重。这次地震是中国历史上最大的地震之一，造成的破坏也极为严重，震中50多万平方公里范围内150个州县遭到不同程度的破坏，有感半径800多公里。极震区内城郭、公廨、官民房屋、庙宇等一时全部毁坏，郯城倒塌如平地，莒州百里无存屋，沂州城郭、公廨尽毁，并伴有大规模的山崩地裂、地陷、涌水喷沙等现象，压毙5万余人。

据山东巡抚刘芳躅上报，山东沂州、莒州、郯城、安丘四州县灾情最重，死伤最多。邹平、莱芜、单县、鱼台（今鱼台西南鱼城）、峄县（今枣庄南峄城）、益都（今青州）、沂水、蒙阴、高苑（今高青东南高苑）、诸城、昌邑、潍县（今潍坊）、阳信13县次之。山东郯城戌时发生地震，一时间楼房树木皆前俯后仰，城楼垛口、官舍民房以及村落寺观全部倒塌如平地一般，房屋倒塌约数十万间。大地崩裂，泉水涌出，喷出两三丈之高，遍地水流，河水盈溢，地裂处，或裂缝宽不可越，或深不敢视，大地塌陷处如阶梯，裂缝两岸全是淤泥细沙。人站在地上，如脚踏圆石，摇晃而不能站立，地震中死亡人口达到8700多人，在册人丁死亡1500余人，死尸遍野，不能殓葬者甚多，凡村庄内，腥臭之气四处飘散。灾后又暴发了洪水，淹没田地，秋收无望，瘟疫肆虐，更使百姓雪上加霜，痛苦不堪。据史料记载，庠生李献玉房屋出现裂缝，家中所有器具皆掉入裂缝，包括李献玉本人也陷入裂缝之中，因裂缝中涌出泉水，李献玉才得以爬出裂缝中，幸免于难。廪生高德懋夫妻子女家人共29人，地震后，存活下来仅一男一女，其余皆被压死。对于此次郯城地震，一些文人学者也对灾情有一定的记载，清人彭孙贻在他的《客舍偶闻》一书中写到，郯城县城内四关600余户房屋皆倒塌，死者百余人，城垛全部坍塌，城楼倾尽。监仓衙库皆不复存在，震后加之暴雨烈日，百姓露宿街头无所依靠，人民流散。马头集为商贾聚集处，房屋尽塌，压死1000余人。李家庄位于城北，全部塌陷，数千家被毁，村中无一幸免者，因无人殓葬，几里外的空气中就臭不可闻。此外，郯城县公署、学宫、文庙、城隍庙、郯子庙、大觉寺、万福寺、三圣堂皆不同程度地毁于此次地震之中。康熙进士冯可参，时任郯城知县，他在《灾民歌》中也记录了当时地震中百姓的凄惨状况，“颓垣败壁遍荒村，千村能有几村存。少女黄昏悲独宿，老妪白首抚孤孙。夜夜阴磷生鬼火，家家月下哭新魂。”

山东莒州（今莒县），官民房屋、城垣皆倒塌，周围百里无一完整的房屋保留下来。城内四乡遍地都是裂缝，或宽一尺至三尺，长数丈至数百步，亦有十字形的裂缝。地震中房屋倒塌造成州衙百姓被压死者 18 人，其中军衙 2 人，粮衙 3 人，捕衙 7 人，学官衙 1 人，驻防千总赵铉亦被倒塌的房屋压死身亡。此外，官军士民死伤者不计其数，人丁死亡在册者有 3590 余人，全部男女老幼死亡人数达 2 万余人。地震使得城东南沭河东崖裂缝宽 3 尺，自官庄至葛湖长 15 里，裂缝处全是翻土扬沙，涌出黄水。城东北有井两口，喷水高达 3 尺，北门大街上水井喷沙水高达 4 尺，喷水停止后则水井干枯。除此之外，莒州马耆山山崩四散，五庐崮山劈裂一半，阎家崮、旋风朵、科罗朵、马齐山等大山皆裂一半。地震中，莒州一座高 13 层塔崩裂一半，学宫、启圣祠、文庙、明伦堂等建筑皆毁于一旦。灾后，大雨不止，平地水深 3 尺，田地淹没，余震不断。

同样属于重灾区的沂州也损失惨重，沂州（治今临沂）州治城郭、宫室、庙宇、公廨全部被地震毁坏，仅存破屋一二，人不敢进入，城内上无寸椽，下无片地。震前，沂州城池为砖砌城墙，垛口 3000 余个，城堡 50 座，城楼 4 座，东西南北四个城门分别有大、小门数座，但地震后仅存南门和北门小楼以及东门大楼，其余皆毁，建于明崇祯年间的炮台 4 座也在地震中坍毁。河水暴涨，平地水深丈余，井内涌水高数尺。山崩地裂，遍地朽木黄沙。州治北门外的坍龙潭，宽五六丈，深二丈七尺，地震后水变成青黑色。沂州在籍死亡人丁有 6900 余，妇女老幼死亡人数不计其数。

除山东外，在江苏江宁府（治江宁，今南京）、淮安府（治山阳）、盐城、安东（今涟水）、徐州、沛县、邳州（今邳州市西南）、赣榆（今赣榆西北旧赣榆）、沭阳等地，安徽桐城、宿松、舒城、望江、宣城、怀宁等地，浙江绍兴府（治山阴、会稽，今绍兴）、萧山、宁波、慈溪等地，河南开封、商丘、虞城等地，山西阳曲（今太原）、长子、潞城、陵川等地皆发生不同程度的地震，远至朝鲜半岛铁山、平壤皆有震感。这次地震发生前，就有一定的预兆，四月，山东大雨，百姓多冻死，震前大雨下了50多天，六月十日淮水暴涨，淹死者无数，赣榆凡河，水俱暴涨，海水退舍30里。这次大地震之后，余震也非常强烈，并且震级很高，六月十七日发生地震后，六月十八日、七月十七日、八月十三日屡震，一直持续长达6年的时间才停止。

康熙十二年（1673年）

△九月初九，山西天镇卫（今天镇县）发生6.5级地震（北纬40.5度，东经113.5度），山西多地均同时发生地震，天镇卫房屋塌毁甚多，保德州（今保德县）发生地震时，天昏地暗，地中有声如风，墙多倾圮，夜间又地震5次，此后余震不断，但地震强度小于初九日。此外，山西阳曲（今太原）、临县、广灵、右玉卫、左云卫等地，京师（今北京）、永清、通州、卢龙等地都在有感区内。

康熙十八年（1679年）

△直隶三河、平谷（今河北三河、平谷）大地震

七月二十八日，直隶三河、平谷（北纬40度，东经117度）发生8级大地震，烈度为11度。这次地震波及范围广，有感区面积大，造成的损失也十分严重。所及范围至直隶、山西、陕西、辽宁、山东、河南等省，破坏十分严重，而三河、平谷灾情最为严重，香河、武清、宝坻次之，蓟州、固安又次之。三河、平谷所在之处荡然一空，山崩地陷，裂地涌水，土砾成丘，尸骸遍地，官民死伤不计其数，这是北京附近地区有记载以来发生的最大地震。由于此次地震规模甚大，加之震中离京师较近，保留有大量的史料记载，尤其是实录、奏折、文集中都有详细的记录。

极震区的三河城垣房屋皆塌毁，城内外在地震中保存的房屋共计50间，县治各官署、儒学、学宫、公廨、寺庙等倒塌无存。在县西门外，建于金正隆元年（1156年）的舍利塔，高13级，地震使得舍利塔顶檐四坠，层级难分。时任三河知县的任塾撰写了《地震记》，收录在乾隆《三河县志》中，记载了当时三河的灾情，在任塾的记载中，地震使得地面发生大面积的变形，地多崩裂，黑水兼沙涌出，有骑驴行道中者随裂而坠，而柳河屯、潘各庄一带地面下沉2尺至1丈不等，

此次地震中三河死亡人数达2677人，其中不知姓名者有203名。地震以后，或一月数震，或间日一震，或微有摇晃，或势欲摧崩。

直隶通州城楼，粮仓、儒学、文庙、官廨、民房、楼阁、寺院全部塌毁，无一留存，在州治西北的胜教寺燃灯佛塔，高13层，建于唐贞观七年（633年），地震中完全毁坏。通州四处地面崩裂，黑水涌出，小米集地裂出温泉。地震中被压死者达1万有余。震中城内发生火灾，延烧数十处，使灾情更加严重，雪上加霜。自此次地震后，余震或一日数次，或数日一次。这次地震震中距京师较近，京师损失也相当严重，大量城墙房屋倒塌损毁，许多百姓在地震中丧生。安定、西直、得胜三门城楼倒塌，皇宫在这次地震中也有多处宫殿毁坏，乾清宫房屋墙壁塌毁之处较多，养心殿、永寿宫、翊坤宫、储秀宫、慈宁宫、寿康宫、景仁宫等都遭到不同程度的破坏。此外，许多官署、寺庙、会馆也多有破坏，翰林院房屋亦瓦木破裂，不可收拾。据文献记载，京城共计倒塌房屋12793间，损坏18028间，死亡485人。

除此之外，在地震中，武清、香河、宝坻、固安、蓟州等地破坏也极为严重，大地崩裂，黑水涌出，房屋倒塌无数，压死人畜甚多。此次地震，遭到地震直接破坏有40多个府州县，100多个州县的方志都有记载。在二十八日地震发生后的一个月内，发生余震10余次，且震级较高，其中几次余震震级达6级左右，余震延续了9个多月。

康熙十九年（1680年）

△八月十七日，云南发生一次震级为6级的地震，震中位于云南楚雄（北纬25度，东经101.6度）。地震发生后，楚雄府城城堞崩倒殆尽，官署、民居一时间全部倾倒，压死兵民男妇2700多人。大地崩裂，裂缝中涌出黑水，水干涸之后皆为白沙渍。此外，据康熙五十五年（1716年）的《楚雄府志》记载，在这次地震中，楚雄府署、县署、镇署、府督学道考场、卫衙门、分巡道署、演武场、新仓、大有仓、庙学、书院、府城隍庙、县城隍庙、武庙、诸葛武侯祠、关圣殿、万世宗师坊、德配天地坊、道冠古今坊、梓潼庙、马王庙、东岳庙、文昌庙、玄真观、三清观、环龙寺、云泉寺、福城寺、古山寺、金禅寺、玉皇阁、锁水阁、锁水塔、仁水桥、延寿桥、青龙桥等建筑物受

损。除楚雄府外，南安州（今双柏北云龙）、广通（今禄丰西广通）、镇南州（今南华）这三个地区也同时发生地震，灾情严重，城垣官署、民舍庙宇崩坏无数，南安州压死兵民男妇数十人。

康熙二十二年（1683 年）

△十月初五，山西崞县（今山西原平附近，北纬 38.7 度，东经 112.7 度）发生 7 级地震，崞县、忻州、定襄、五台、代州（今代县）受灾严重，地震共波及山西、直隶、山东、河南、陕西 5 省。山西崞县地震时黄尘遍野，多数民房被毁，人畜多被压死，神山、三泉、大阳等地尤为严重，大地裂开，或出水，或出黑沙，大成殿、崞山神庙、崇福寺、关帝庙倾圮。定襄县城垛房屋倒塌，压死千余人，正在修缮的广济渠也在地震中毁于一旦。此次地震发生后，余震不断，五六年后才逐渐停止。

康熙二十七年（1688 年）

△五月十九日，云南剑川、鹤庆发生震级为 6 级地震，震中位于云南剑川（北纬 26.5 度，东经 99.9 度）。剑川、鹤庆震倒城楼官署、兵民房屋 6940 间，打坏军器 67 副，压死兵民 193 人，压伤兵马 143 匹。剑川州署、学宫、坊市皆因地震而损毁严重，压毙 190 余人，受伤后陆续死者数百人，湖中死鱼虾漂浮水面，被压死牲畜人食用后得病。

康熙三十四年（1695 年）

△山西临汾大地震

四月初六，山西发生大地震，震中位于平阳府（治临汾，北纬 36 度，东经 111.5 度），震级为 8 级，烈度为 10 度。这次地震受灾范围广，山西有 28 个州县直接遭到地震破坏，有感区达山西、陕西、直隶、甘肃、河南等省，共有 125 个州县记载了这次地震的有感及破坏情况，其中平阳府所属的临汾、襄陵（今属襄汾）、洪洞、浮山 4 县受灾严重。由于临汾盆地内人口稠密，地震时间发生在夜间，人员伤亡数量较大。

平阳府城城垣官舍、房屋寺庙大部分都在地震中倒塌，压死城乡人民 27846 人，城内东关被压死者尤多。平阳府署、公署、察院、分巡道、粮厅署、清军厅、督粮厅、预备仓、儒学、文庙、考院、尧庙、关帝庙、南禅寺、通利渠等建筑在地震中损毁严重。此外，临汾所辖的乡村损失较大，其中大阳乡坡子里村诸庙以及房屋倒塌大半，压死60余人。东堡头房屋倒塌，城隍乡南乔村伤民600有余，海云寺墙屋殿宇倒塌。郭行乡逆庄马王庙前后全部倒塌，压死180余人，压死六畜不可胜计。震后，又接连发生火灾、水灾，烧死、淹死较多人畜，烧毁树木房屋不计其数。

襄陵县城垣东北坍塌数十丈，城楼完全塌毁，城内三关庙宇、神像、公署、学校、仓库、民居倒塌较多，全县压死男妇7000余人，压死牲畜无数。贾庄乡辛建村倒塌房屋100余间，剩余未倒房屋也损坏严重，压死20余人，村内三圣楼塌毁，村外玉皇庙塌毁献殿3间，老君庙塌献殿5间，关帝庙塌毁舞亭3间。张礼村灾情也十分严重，民房尽倒，只留下10余间残破的房屋，压死人民男女老少167名，受伤者有数十人，六畜也死伤无数。

洪洞县地震发生后，地裂涌水，东、西门、大小南门、大小北门城楼、角楼等俱成瓦砾，高厚近二丈的护城沙堤也在地震中损毁严重，城内衙署、庙宇、民舍半为倒塌，压死人民较多。洪洞县城内县署、预备仓、县学、学宫、城隍庙、祝国寺等建筑被震毁。白石乡西李村圣王庙塌坏无存，左家沟乡王绪村各庙倒塌，道觉乡广胜寺飞虹塔金顶损坏，甘亭乡北羊村三教庙与居民住屋全部倒塌。

此外山西翼城、曲沃、岳阳（今古县、安泽一带）、绛县、潞城、沁水、泽州、高平等均有建筑损毁以及人员伤亡。此次地震后，四月十一日、四月十三日又再次发生余震，地震历经数月，昼夜不止。

康熙四十八年（1709年）

△九月十二日，甘肃宁夏中卫（今宁夏中卫，北纬37.4度，东经105.3度）发生7.5级地震，中卫官舍、民房、边墙皆倒塌，城垣崩塌十分之九，东关门垣有一半被震倒，中卫县署、西路同知府、副将署、文庙、安庆寺永寿塔塌毁，总计压死男妇2000余人。井水激射高出数尺，平地溢水没踝，此后连震50余日，至年底结束。除中卫外，甘肃靖远卫摇倒民房2000余间，塌坏墩台20座、边墙1660丈7尺，压死

32 人。甘肃静宁、庆阳、西宁卫（治今青海西宁）、固原、武威等地遭受不同程度的损毁。

康熙五十二年（1713 年）

△二月初二，云南发生地震，震中位于云南寻甸（北纬 25.6 度，东经 103.3 度），震级为 6 级。寻甸城垣房屋尽毁，压死兵民不可胜计，州署、训导署、文庙、尊经阁、寻阳书院、关帝庙、城隍庙、洗马桥等建筑不同程度受到破坏。城南的一处温泉水在地震后突然干枯，到年终才恢复，果马里乐冲村忽然涌出温泉数个，黑龙庵里有黑龙潭，潭水水色如铁，而震后涌出泉水。此外，云南嵩明、马龙、曲靖、易门等地也同时发生地震。

△七月十五日，四川茂州（今茂县）叠溪（北纬 32 度，东经 103.7 度）发生 7 级地震，地震造成茂州城墙房屋倾塌，压死百姓甚多，城北岷江左岸大山崩塌，使得江水断流。平番营（今属四川松潘县）、射洪、广元、中江等地也发生地震。

康熙五十七年（1718 年）

△五月二十一日，甘肃通渭南（北纬 35 度，东经 105.2 度）发生 7.5 级地震。此次地震范围广，地震造成严重的地面形变，高岸变为山谷，深谷变为丘陵。在此次地震中，通渭县灾情最为严重，甘谷次之。通渭县城东北平地陷裂，黄沙、黑水从裂缝中涌出，南乡这种情况最为严重。土山大部分在地震中崩塌，平地地震后变成高地，城北笔架山一峰在地震中崩裂覆没。通渭县城宗公署、儒学、庙宇、社稷坛等建筑全部毁坏，东北城垣覆没，仅存西南一隅。官民皆移住西关，城乡共计死亡 4 万余人，损失惨重。甘谷县永宁镇本建在南山下，距离北山约 15 里，地震造成北山南移，直扑于南山下，北山移动造成永宁镇居民数千户被压，场面十分触目惊心。甘谷礼辛存活不到一半居民，城西北的村庄没有幸存者，受伤人数达 3 万余人。静宁州城楼官署、学宫民舍完全倒塌，南五台山的前峰崩塌，县南的治平川大山崩塌，河水壅塞，压死居民数千人。此外，秦安、庄浪、秦州（今天水）、会宁、西和等地均有不同程度的损毁。

康熙五十九年（1720 年）

△六月初八，直隶发生地震，震中位于直隶沙城（今河北怀来，北纬 40.4 度，东经 115.5 度），震级为 6 级。地震造成沙城城陷，大地崩裂，散发出硫黄味。保安州（今河北涿鹿）各庄头所住瓦房震塌，压死 37 人，牲畜百头。怀来县（今河北怀来东南旧怀来，已陷入官厅水库中）广慈寺大门、二门、大殿、两边配殿、僧人所住房舍以及周围庙墙发生倒塌或炸裂。怀柔县城墙北面倒塌 16 丈，城垛在地震中摇落倒塌，民居毁坏无数，百姓皆露宿街头，后余震不断，数日才逐渐停止。此外，热河（今河北承德）、密云、延庆、宣化、京师等地建筑均有损毁。

雍正八年（1730 年）

△八月十九日，京师西北郊（北纬 40 度，东经 116.2 度）发生地震，震级为 6.5 级，京城及郊县村庄共计塌毁居民房屋 16000 余间，塌毁砖、土墙壁 12000 余堵，死伤兵民 457 人，居民露宿于外，雍正帝以及皇室皆避入帐中。京西北灾情较重，京东、京南及东南、东北较轻，波及直隶、山西、山东、盛京等地。

因这次地震震中在京师，有关地震伤亡及损毁情况的史料记载比较详细，尤其是京师内的损毁情况。北京故宫太和殿、宣武门、安定门、北海白塔、圆觉寺、慈因寺、慈仁寺、芜湖会馆、鄱阳会馆天主教南教堂、东正教圣尼古拉教堂均有损坏。北城中，内外城以及关厢居民塌毁瓦房 2811.5 间，土房 1743 间，砖墙 2610 堵，土墙 1833 堵，受伤 106 人。北城关外以及大兴、宛平（今属北京）二县共有 40 个村镇在地震中受到破坏，共计塌毁瓦房 518.5 间，土房 2891 间，砖墙 27 堵，土墙 595 堵，损伤 123 人。西城内城、外城居民房屋塌毁瓦房 1599 间，土房 332.5 间，砖墙 1854.5 堵，土墙 1513 堵，损伤 201 人。西城关外及宛平县共有 135 个村庄有受到地震破坏的记载，共塌毁瓦房 2348.5 间，土房 1920.5 间，砖墙 811 堵，土墙 461.5 堵，另塌石板房 206.5 间，石墙 397 堵。此外，中城、南城、东城均有损毁记载。

雍正十年（1732 年）

△正月初三，四川西昌东南（北纬 27.7 度，东经 102.4 度）发生

地震，震级为6级，宁远府西昌县、会理州（今会理县）、德昌所（今德昌县）、河西所（今西昌市佑君镇）、迷易所（今米易县）等处也同时发生地震。西昌衙署大门、二门及旧有厅堂、房屋摇倒过半，余下的房屋皆发生倾斜，民众损伤严重，城东北千佛寺殿宇坍塌，墙垣倾圮。

雍正十一年（1733年）

△六月二十三日，云南发生7级地震，震中位于云南东川紫牛坡（北纬26.3度，东经103.1度）。东川地震时山谷崩裂，土石乱飞，河水泛滥，沿山道路多阻绝不通。东川有一处苗寨名为莲花池，居民家中旧房基一方约半亩，种植麻田，地震中麻地中分，一半不动，另一半竟飞旋而去。紫牛坡的耕牛也被地震震倒在地3次，耕牛战栗而不敢移动。阿旺小营土阜居民数家，地震将其居址向前移动约1里。木树郎两岸大山崩塌，使河水断流，沙石阻塞3日，大水盈溢，造成田地被水淹没，冲蚀禾稼，沟洫出现裂缝。碧谷、阿旺、小江皆靠山而居，山崩石裂使得百姓死亡约40余人。

乾隆三年（1738年）

△四月初一，四川南坪（北纬33.3度，东经104.2度）发生地震，震级为5级，地震时动时止，至初二中午停止。根据委官署松潘同知裘日发调查得知四月初一发生的地震，起于文县噶喇寨，由柴门关、会龙堡至南坪一带，百姓伤亡较少，除在路上行走的番民2人，1人被掉落的山石打伤，1人被压死外，其余兵民未受伤。在这次地震中，南坪城垣垛口、城楼围墙以及守备衙署、兵民房屋墙壁等建筑摇倒一半，南坪城墙震裂10余处，城楼歪斜损坏严重，共摇倒垛口381堵。会龙堡城垛共摇倒245垛，各备弁巡检衙门摇损歪斜，把总衙署、塘房烟墩，多被震损，各寨藏民及南坪兵民房舍，墙屋有微损。

△青海玉树西北（北纬33.3度，东经96.6度）发生地震，震级为6.5级。根据青海副都统巴凌阿奏折中记载可知，这次地震发生时间在九月十一日以前，发生地震的具体时间从目前所见的史料中未能确定。在这次地震中，尼牙木错族、玉树族、隆步族、固寨族等11族，共计受伤人民有105户，其中伤亡无存者44户，尚可成户者49

户，仅存妇幼不堪成户者12户。

△甘肃宁夏、平罗大地震

十一月二十四日，宁夏（今宁夏银川）、平罗（今宁夏平罗）之间发生8级地震，烈度为10度，震中在北纬38.8度，东经106.5度。这次地震波及甘肃、陕西、河南、山西、直隶等省47州县，最远到直隶容城，约900公里。此次地震发生在冬季夜晚，且震级高，多地地震之后又接连发生火灾、水患，因此灾情十分严重。平罗最为严重，平罗、新渠（今平罗东南）、宝丰（今平罗东北宝丰）3县以及洪广营、平羌堡，全城房屋亦倒塌无存。而平罗、新渠、宝丰等地，平地裂缝，涌出黑水，或深三五尺至七八尺不等，许多百姓被压而死，也有不少人被溺、被冻而死，城垣亦大半倒塌，压死官民5万余人。

宁夏在这次地震前素有“小南京”之称，可以称之为“塞上江南”，人民多富饶，石坊极多，民屋覆盖密集而无隙地，百货聚集，贸易十分繁盛，但在地震发生之后，宁夏府全城庙宇、寺观、学宫、衙署、兵民房屋、牌坊等倒塌无存，城中百姓奔跑不及，被压大半，城垣四面塌毁，仅存基址，土地多有闲置，非之前的富饶之景。宁夏地处西北，冬天气候寒冷，百姓家中以火盆取暖，地震发生后，房倒火起，火势较大，延烧彻夜，三四日不息，军民先是遭受地震灾害，而后又遭受火患，衣服口粮尽皆无存，百姓死伤十之八九，死尸遍野。大地多处裂开，涌出黑水，高丈余，而后暴风来袭，使方圆数十里尽成冰海，被溺、被冻死的人较多。此外，位于府城东北的满城房屋全部倒塌，官兵被压死者1000余名。平地裂成大缝，长数十丈不等，宽或数寸或一二尺不等，地中黑水带沙上涌，亦有陷入裂缝而死者，城垣全部塌毁，且城根低陷尺许，郡城内掩埋压死之大小口15300余躯，瓦砾之中存尸尚多。城北面160余里至宝丰县，西面40余里至平羌堡，南面、东面俱有二三十里之村庄，其灾情之重与宁夏府城相同。

宝丰、新渠以及所属各营堡，以及沿河所居一带百姓，地震后大地裂开大窟窿，旋即壅塞大水，与泛滥的河水一并涌入城中，且地中涌泉数处，高丈余，深四五尺以至六七尺不等，到处是一片汪洋。百姓、牲畜冻死、淹死甚多，军器等物俱被水淹无存，居民房屋亦被水淹大半。新渠县南城门下陷数尺，北城门洞仅如月牙，商贾仓廒也全部陷入地中，粮食全部淹没在水沙之内，令人刨挖，米粮热如汤泡，味若酸酒，已不能食用。四面各堡在地震中塌毁，俱成土堆，惠农、昌润两渠也已在地震中坍塌。自新渠越宝丰至石咀子，东连黄河，西连贺兰山，周围一二百里竟成一片水海，人畜冻死、淹死甚多。宝丰县城仓廒亦半陷入地中，居民无栖息之地，大半返回原籍。因宝丰县、新渠县在此次地震中损毁十分严重，成为废城，故震后两县裁撤，并入平罗。

花马池（今宁夏盐池）、兴武营（今宁夏盐池西北长城边上）、灵州（今宁夏灵武）、中卫、广武（今宁夏青铜峡西南）、玉泉堡（今宁夏青铜峡西北）、横城堡（今宁夏灵武北横城）等处城垣俱有倒塌，威镇、镇朔、镇北、镇罗、韦州、临河、红山、枣园、毛卜喇、丁安、清水等营堡或全行倒塌，或有倒缺数处者。这次地震的余震至乾隆六年（1741 年）正月才停止，余震在春秋两季居多。

乾隆十五年（1750 年）

△八月十五日未时，云南河阳（今云南澄江，北纬 24.7 度，东经 102.9 度）发生 6 级地震，云南昆明、晋宁州（今晋宁东北晋城）、江川（今江川东北江城）、新兴州（今玉溪）等地都有震感。唯有澄江府附郭河阳县地震较重，四门城楼垛口大多倒塌，炮楼塌损 5 所，城墙震塌 4 丈有余，学宫、考棚、屋宇墙壁亦俱有震损。其官民房屋，共计倒塌府县衙署 6.5 间，民间瓦房 289.5 间，草房 920.5 间，压死 37 人。另有在抚仙湖内捕鱼者 16 人以及湖边牧牛小孩 4 人，因地震造成湖水翻涌而溺毙。

乾隆十六年（1751 年）

△五月初一，云南剑川发生地震，震级为 6 级，云南多地均发生不同程度的地震，剑川受灾最为严重，鹤庆、浪穹（今洱源）次之。剑川城乡共计倒塌瓦房 15566 间，草房 146 间，兵民压毙 933 人，压伤 254 人。城墙损坏 40 余丈，知州署、儒学、金华书院、下大桥、灵宝塔等建筑均有不同程度的损毁和倒塌。剑川剑海因东北地下陷一丈五尺，致使桑岭太平邑头等 70 余村，屋宇、田地均被水淹没。鹤庆府城

衙署、仓廒以及一切庙宇震倒多半，城垣、城楼亦有震毁，城乡共计倒塌兵民房屋2130间，损坏歪斜房屋1970余间，兵民压毙64人，压伤110人。浪穹县的寸木关、大庄、海口等村庄10余处，共倒塌瓦房469间，草房54间，压死39人，压伤35人。丽江共计倒塌房屋242间，压死18人。

乾隆十九年（1754年）

△十二月十六日，云南易门（北纬24.7度，东经102.2度）发生6.5级地震。易门在十二日已发生微震，十六日、十七日发生大的地震，地震使大龙泉水干涸，城垣、衙署、寺观、民房倒塌，知县署、教谕署、训导署、典史署、文昌宫、庙学等建筑发生不同程度的损毁，城乡共计倒塌瓦房2841间，草房1265间，压毙300余人。石屏县倒塌瓦房57间，草房532间，死亡96人。十二月二十八日，云南石屏东又再次发生6级地震，州城内外，房屋多倾圮，共伤男女7人，铁所、黑箐、小黑克三地，压死百姓70余人，震倒土库瓦房700余间，震塌城墙垛口40余丈，4座城楼均有损坏。

乾隆二十六年（1761年）

△四月十九日，云南新兴州（今玉溪）发生地震，震中位于玉溪北古城（北纬24.4度，东经102.6度），震级为6级，昆明及附近州县都有震感。新兴州城垛口损坏79余丈，北古城等91个村庄，震倒瓦房1484间，草房425间，压死121人，压伤125人。江川县（今玉溪市江川区）普妙乡4村震倒瓦房10间，土房37间，压死8人，压伤5人。十月初七，新兴州再次发生5级地震，云南多地也同时发生地震，其中新兴州、江川灾情稍重，河西（今属通海）、宁州（今华宁）较轻，河阳（今澄江）、通海仅发生微动。新兴州城垣、衙署、仓廒、文庙在地震中均有震坏，城乡共计倒塌瓦房777间，草房195间，压毙52人，压伤37人，受灾人数达到802户，现存3221口。江川县普妙乡震倒瓦房21间，草房101间，压毙22人，压伤20人，受灾106户。

乾隆二十八年（1763年）

△十一月二十六日、二十七日，云南江川与通海间发生6.5级地

震，震中位于北纬24.2度，东经102.8度。通海二十六日亥时发生地震，城郭、寺观、衙署、民居损坏较多，压毙800余人。县城城楼倒塌，学宫照墙稍有损坏，汛防把总署被震塌。江川县二十七日申时再次发生大地震，城内建筑破坏受损严重，民居全部倒塌有4545户，压毙居民无数。

乾隆三十年（1765年）

△七月十八日，甘肃宁远（今武山）、伏羌（今甘谷）一带发生6.5级地震，震中位于北纬34.8度，东经105度。甘肃多地均有震感，其中巩昌府所属的宁远、伏羌、通渭3县地震较重。据史料记载，宁远县受地震影响的村庄有508处，倒塌房屋37567间，死亡1189人，死牛247头。伏羌县受地震影响的村庄有471处，倒塌房屋28718间，死亡781人，死牛132头。通渭县受地震影响村庄有167处，倒塌房屋8463间，死98人，死牛199头。此外，陇西、安定、会宁、漳县、西和、岷州（今岷县）、秦州（今天水）等州县房屋、人畜均有不同程度的损伤。

乾隆五十年（1785年）

△三月初十，甘肃玉门惠回堡附近（北纬39.9度，东经98度）发生6.5级地震。甘肃肃州（治今酒泉）、甘州府（治今张掖）、玉门（今玉门市西北玉门）等地发生地震，自玉门县惠回堡起，至白杨河、火烧沟、赤金湖、赤金堡，房屋、仓廒多坍塌，烟墩、望楼、城堡均有塌毁。惠回堡灾情较重，堡城的仓库、衙署、兵民居房多被震塌，土堡间断被震塌113丈，塌毁房屋236间，压死21人，千总衙署倒塌房屋27间，军械库房16间，兵房100间，仓廒45间，自惠回堡至赤金堡中间有墩汛5处，都有不同程度的损毁情况。

乾隆五十一年（1786年）

△五月初六，四川打箭炉厅（今康定，北纬29.9度，东经102度）附近发生7级地震。打箭炉灾情最为严重，城垣全行倒塌，文武衙署、仓库、兵房等建筑，全部塌毁共有169间，歪斜脱落的墙壁有384间，压毙官兵3人。城内店铺房屋倒塌727间，压毙内地商民35人。明正司除土司官寨大小头人锅庄外，共计倒塌番民碉房177座，

压毙193人。喇嘛寺倒塌，压毙喇嘛21人。泰宁营在沈边土司境内，地震造成泰宁营兵房震塌192间，倒塌弹药局6间，沈边土司的老虎崖，因地震造成大山裂坠，壅塞大渡河，致使河水断流10日，积水高达20余丈，后塞处被冲开又使得田地多被淹没。冷边土司境内的泸定桥，地震使得桥头御碑亭墙壁出现裂缝，脊瓦脱落，护崖羊圈塌陷12丈。沈边、冷边、咱里3土司共倒塌贫民瓦土房127间，压毙4人，碉房、平房共倒塌727间，压毙181人。清溪县（今四川汉源北青溪）间断倒塌城身34丈，倒塌垛口226丈，县署倾斜，民房墙垣倒塌，富林白石岗、炒米岗二哨楼倾圮。此次地震后，余震不断至十八日，数月才逐渐停止。

乾隆五十四年（1789年）

△五月十四日，云南宁州（今华宁，北纬31度，东经102.9度）发生7级地震，云南通海、宁州、河阳（今澄江）、江川、河西（今属通海）在地震中都受到不同程度的损毁。宁州城垣震塌，大山崩塌，河水断流，房屋大量倒塌，压死人畜无数，矣渎村全村在地震中倾入湖中。江川城西南坍塌22丈余，西北10丈余，周围城堞毁坏20余处，四门城楼全部毁坏，县署、典史署、防汛千总署、南北仓以及万寿宫皆受到不同程度的毁坏。通海灾情较乾隆二十八年（1763年）的地震更为严重，城郭寺观、衙署民居倒塌更多，压死300余人。

乾隆五十七年（1792年）

△六月二十二日，福建嘉义（今台湾嘉义，北纬23.6度，东经120.6度）发生7级地震，福建台湾府（治今台湾台南）、凤山（今台湾高雄）、嘉义、彰化、淡水厅（今台湾新竹）等地损毁严重。嘉义县东西北三门塌毁房屋十分之八，南门塌坏房屋十分之四，仓廒损毁7间，军装火药各局以及兵房俱有倒坏，共计损毁民房、番瓦房14426间，草房438间，压死251人，压伤414人，各汛营房损毁181间，压毙兵丁1人，压伤兵丁18人。彰化城文武衙署、民房倒塌十分之六，共计坍塌米囊、番瓦房9723间，又坍塌草房507间，压死353人，压伤326人，各汛营房损毁178间，压毙兵丁5人，压伤兵丁23人。台湾府城厢内外，民房倒坏54间，伤亡3人，城垣、衙署、仓廒均完

好，唯有城内及安平营房墙壁间有损坏情况。凤山阿公店街损毁营房3间，店房2间，阿里港街倒塌草房8间，伤毙1人。

△七月二十一日、十月十七日，四川泰宁（即噶达城，今道孚东南乾宁附近，北纬30.8度，东经101.2度）附近发生两次地震，震级均在5级以上。七月二十一日地震中，打箭炉明正土司所属及附近之革什咱、孔撒、麻孜各土司倒塌楼房、平房共1338间，压毙番民及喇嘛205人，惠远庙墙垣亦有倒塌之处。至十月十七日，惠远庙附近再次发生地震，此次地震发生在白天，番民及时躲避，并未造成人员伤亡，但倒塌楼房、平房162间。

乾隆五十八年（1793年）

△四月初六，四川泰宁再次地震，震级在5级以上。惠远庙大殿以至宝庭左右墙垣，多处开裂，经堂倒塌，共损坏佛像19尊，压死汉、番僧俗200余人，受伤30余人，震塌碉房70余处，较乾隆五十七年（1792年）两次地震灾情更为严重。

嘉庆四年（1799年）

△七月二十七日，云南石屏州宝秀附近（北纬23.8度，东经102.4度）发生7级地震，云南府、路南州（今石林）、建水等地均有不同程度的损毁。石屏州城四门城楼、墩台、炮台全行倒塌，城垣、庙宇、官署、米囊、监狱、仓廒多有倒塌，人口亦多伤亡。附近乡村房屋、人口均有震倒、伤亡。石屏西北宝秀等184村，灾情最为严重，近城9铺次之，东南之吴家庄等47村又次之。又因地震发生在深夜，百姓猝不及避，以致人口多有伤亡。据统计，城乡共倒塌瓦房5728间，草房9286间，压毙2221人，压伤1149人。建水县衙署、仓库、民房及城垣垛口间有坍塌，共倒塌瓦房534间，草房1538间，压毙30人，压伤55人。

嘉庆十六年（1811年）

△二月二十四日，福建淡水（今台湾新竹）（北纬24.8度，东经120.8度）附近发生地震，震级为6级，福建噶玛兰厅（今台湾宜兰）、彰化、嘉义、台湾（今台湾台南）、凤山（今台湾高雄）等地均有震感。淡水倒塌南门城楼1座，仓廒6间，兵房8间，演武厅1座，

居民瓦房12间，草房7间，压死14人，受伤5人。彰化县城内倒塌民房2间，土墙1座，各堡倒塌居民瓦房4间，草房3间，压死4人，受伤6人。嘉义塌坏军装库1间，居民瓦房7间以及草房4间，压死3人，伤5人。

八月初十四川打箭炉厅绰倭一带（今四川甘孜境内，北纬31.7度，东经100.3度）发生6级地震，绰倭受灾最为严重，倒塌房屋598户，楼房2205间，平房87间，压毙藏民和寺庙喇嘛481人。

嘉庆十七年（1812年）

△正月二十五日，新疆呼吉尔台（今尼勒克县东，北纬43.7度，东经83.5度）发生8级大地震。衮造哈、呼吉尔台、齐木库尔图等山崩塌数十处，每处长20里至60里不等，宽五六里不等，深十至二十丈。平地涌出高阜，房屋倾倒，压死特穆尔放牧官兵39人，家奴8人，昌玛等地伐木工人及犯人11人，共计58人，官府牲畜压死2590余匹，私人牲畜压死2700余匹。据宏观考察，这次地震造成长100余公里宽约40公里的地震形变带，该形变带由地震断层、地震滑塌、地震滑坡、地震塌陷及地震崩塌等组成。

嘉庆二十年（1815年）

△九月十一日，台湾发生6级地震，震中位于今桃园外海域（北纬25度，东经121.3度），十一日亥时发生地震，十二日丑时再次发生。这次地震造成嘉义县城内官署民房部分有塌毁，土城坍塌30余丈，塌毁垛口700余座，夫店3间，压毙小夫2名。斗六等保，塌毁民房71间，压毙男妇16名。彰化县城内，倒塌民房32间，压毙2人，压伤1人。淡水厅（今台湾新竹）城内以及竹堑（今新竹）一带共倒塌民房13间，压毙8人。桃涧（今桃园）等保，共倒塌房屋112间，压毙85人，仓廒、营署、兵房、军装局都有坍塌。地震造成沪尾水师炮台损毁，墙垣倒塌100余丈。噶玛兰厅衙署、监狱、库局、寺庙略有倒塌，并震毁店屋12间，压伤1人。

△九月二十一日，山西平陆（北纬34.8度，东经111.2度）发生6级地震。在这次地震中，山西、陕西、河南三省交界的府州县同时受灾，山西平陆（今平陆西南）、解州（治今运城西南解州）、安邑（今运城东

北）、虞乡（今永济东虞镇）、芮城5处灾情较重，平陆县最为严重，此外，河南陕州（今三门峡市陕州区）、灵宝（今灵宝东北）受灾也较为严重。在此次地震中，据统计，山西受灾地区全塌瓦房18024间，半塌瓦房7557间，全塌土窑房17186间，半塌土窑房2864间，城垣、庙宇、衙署、仓狱、书院等均有坍塌，共压毙13090人，压伤204人。

平陆发生地震时，天地通红，房屋摇动，大地裂开数十丈，涌出黑沙水，损坏房屋无数。城身、城楼各塌三成，城垛口倒塌七成、半塌三成，文武庙坍塌32间，仓廒坍塌18间，监狱坍塌7间，书院坍塌7间，民房、窑洞震倒十之三四，压毙8793人，挨着山崖而居者多被崩塌的巨石压死，西牛、下牛、王家沟、越冀、軨轿等村灾情严重。陕州所属灵宝县与山西蒲州（今永济西）、解州仅隔一河，陕州境内也遭受地震破坏，造成城垣、庙宇、仓廒、监狱等皆有损毁，瓦房、土窑倒塌15000余间，压毙1340人。灵宝县境内，倒塌瓦房14000余间，压毙390人，阌乡县（今属灵宝）境内倒塌房屋80余间，压毙7人。

嘉庆二十五年（1820年）

△六月二十六日，河南许州（治今许昌市，北纬34.1度，东经113.9度）发生6级地震，许州城内灾情较轻，倒塌房屋数间，压毙1人，但许州东北一带，灾情较重，169个村庄受到地震的破坏，其中周家店等20余村庄房屋全部倒塌，这些村庄共计塌毁瓦房9140间，草房16920间，压毙男妇430余人，伤590余人。

道光十年（1830年）

△闰四月二十二日，直隶磁州（今磁县）（北纬36.4度，东经114.3度）发生7.5级地震，直隶、河南、山东、山西、陕西等省同时地震，直隶磁州灾情最为严重。磁州二十二日戌时发生地震，城垣、桥座、仓廒、监狱、衙署、庙宇以及民房均有倒塌，二十三日戌时再次地震，民房坍塌过半，损伤人口亦多，州城关厢以及西乡最重，南乡次之，东北两乡稍轻。磁州胡家庄、土曹、北白道、漳村等9村镇的仓廒全部塌毁，城南关距城一里外，有滏阳桥一座，在地震中塌毁。西乡彭城一带人口稠密，为产窑地，外地来此经商者较多，彭城唯有土地庙中间尚存，其他庙宇、民居、基址全部倒塌，居民躲避不及，

伤亡较重，本地居民死亡1700余人，而在此经商死伤人数不可计数。城乡地面多处出现裂缝，深不可测，裂缝处涌出黑水细沙，泛滥于道路之上。井水喷出，有井水味淡而变为咸者，本味咸而转为淡者，或者有高地变成洼地，也有洼地反被挤成高地。据统计，磁州城关以及彭城镇等受灾413村，压死5485人，倒塌房屋20余万间。

直隶邯郸县、肥乡县城垣、衙署、仓廒、监狱等多有坍塌。邯郸汛防兵丁庐舍全毁，中庄三圣母庙殿宇倒塌，邯郸城东井涌黑水月余，县城关以及西南庄等受灾196村，压毙292人。永年、成安、广平三县，民房多有塌损歪斜，人口无损伤。成安城关以及东南北三乡倒塌房屋无多，唯有西乡毗邻磁州各村倒塌房屋约十分之四，地裂缝长二三十丈，涌出黑黄沙。二祖元符寺殿宇多半被毁，砖质的二祖塔共7级，塔上4级全部圮毁，下3级亦多劈落，仅余南面墙壁存留。

河南临漳（今河北临漳），房屋倒塌十分之五，城垣、学宫、衙署、仓廒、城隍庙、关帝庙等多有毁坏之处。地裂宽三五寸，斜长五六尺不等，并有形如瓮口者，裂缝处沙水涌出，多处井水盈溢，平地变成沟渠，共计压毙161人。河南彰德府（治安阳，今安阳市），衙署、民房坍塌过半，造成人口伤亡。安阳南阳城居民墙垣全部倾倒，关帝庙、白马庙、天神庙三座寺庙在地震中毁于一旦，变成一堆泥沙。此次地震震级高，波及范围大，余震也持续不断，自四月至九月底共震10余次，地震强度逐渐减轻，持续5个月才停止。

道光十三年（1833年）

△七月十二日，西藏聂拉木（北纬28.3度，东经85.5度）发生8级地震，西藏绒辖宗（今定结西南绒辖）地震21次，第三次地震时，宗署驻防之楼顶以及马厩等被震塌，百姓住房震毁22处，卓偏岭寺大殿内的22根柱子震倒12根，房屋以及僧舍全部倒塌，另有一座四柱的佛殿震塌，京仁寺之佛像震碎，东北侧僧舍震垮，同时，桥梁道路也受到一定的破坏。

△云南嵩明大地震

七月二十三日，云南嵩明杨林一带发生8级大地震，震中位于北纬25度，东经103度。云南昆明、宜良、河阳（今澄江）、寻甸、蒙自、晋宁、江川（今江川东北）、阿迷（今开远）、呈贡等10州县受灾严重，城垣、衙署倾圮，庙宇、仓廒坍塌，山崩地裂，黑泉涌流，共计倒塌瓦房48888间，草房38733间，压毙6707人，压伤1754人，受灾达153385人。

极震区的嵩明州，杨林驿灾情最为严重，房屋倒塌甚多，城中旅舍陷入土中，成为平地，人多伤亡。地面裂而复合，夹死牲畜，黑水从裂缝中涌出，地震时河水、塘水盈溢。河口公馆、土主庙、官圣宫、金轮寺等建筑坍塌，东岳街、灵光街房屋皆倒，北街房屋仅剩一所。杨林附近数公里之内，八步村房屋倒塌较多，地陷积水成海。

寻甸州北城墙震裂，州署、演武场、庙学、武帝庙、九莲庵等建筑有不同程度的损毁，位于城南的过马堤塌陷，州城附近勒唐、七里桥、破黄沟地裂五六尺，麻粟园山坡震裂宽5尺，长10多丈，寻甸共计倒塌瓦屋6086间，草房4881间，压毙1023人，压伤447人，受灾达27588人。昆明府城四垣多倾圮，城东南太和街一带死伤200余人，凉亭村房屋倒塌近半，盘龙江岸及巡津街、土桥等地，大地裂开又复合，西山岩石崩塌，滇池水沸。东寺塔倒塌，西寺塔宝顶震落，塔身歪斜，玉皇阁、斗母阁、万里坊等建筑也发生坍塌。据统计，昆明塌毁房屋7422间，墙倒塌1388堵，压毙611人，受灾达24856人。

道光十八年（1838年）、道光十九年（1839年）

△道光十八年十二月二十四日、道光十九年正月初十，云南浪穹（今洱海）接连发生两次6级地震，震中都位于北纬26.1度，东经99.9度。道光十八年十二月的地震，造成浪穹全境民居倾倒五六百间，压毙百余人，县署、学宫、城隍庙等建筑发生崩圮，县西南的金龟山崩塌，高地皆涌出黑水。邓川（今洱源东南邓川）西北的罗旃山下地裂数十丈，邓川城内房屋塌毁，压毙人畜。连日地震不止，次年正月初十又大震。浪穹（今洱源）灾情较重，仓廒、监狱、衙署、民房多倒塌，浪穹倒塌瓦房1607间，草房60间，压毙129人，伤18人，邓川（今属洱源县）倒塌瓦房305间，草房79间，压毙24人。

△道光十九年五月十八日，福建嘉义（今台湾嘉义）发生6.5级地震，嘉义县城东、西、北三门月城楼、窝铺以及坝房全部倒塌，城

墙倒塌6丈余，城垛倒塌981堵，民房倒塌1635间，压毙68人，受伤454人。文庙周围围墙歪斜塌毁，书籍、祭器被墙压坏，庙宇倒塌6座，衙署的伙房、库局尽行倒塌，压毙兵丁1人，受伤9人。县署所有住房以及监狱、仓廒、典吏衙署或梁柱尚存，或倒成平地，压毙家丁2人，压伤9人。四乡共倒塌民房5033间，瓦窑6座，压毙45人，又重伤63人。五月十八、十九两日发生余震10次，一直持续至六月，无日不震，强度逐渐减轻。

道光二十二年（1842年）

△五月初三，新疆益禾（今新疆巴里坤）附近发生地震，震中位于北纬43.5度，东经93.1度，震级为7级，益禾满汉二城城垣大半倒塌，文武衙署、兵民房屋以及仓库、监狱、庙宇等均倒塌，尚存一二间也皆有歪斜损坏，官兵百姓均露宿在外。城内受灾较四乡更重，满汉二城共压死37人，压伤68人，民房倒塌5463间。

道光二十八年（1848年）

△十一月初八，福建彰化（今台湾彰化）发生6级地震，嘉义、鹿港（今属彰化）、凤山（今高雄）、淡水（今新竹）等地都同时发生地震，其中彰化、鹿港最重，嘉义次之。彰化城内衙署、监狱、仓库、学宫、寺庙倒坏，店铺民房倒坏者十分之六七，其余皆发生歪斜，压毙家丁2人，百姓200余人，监犯6人，城外民房倒塌过半，压毙1000余人，受伤人数较多。鹿港厅衙署、兵房、库局、炮台、演武厅全部塌坏，压毙兵丁13人。嘉义县城垣以及房屋发生倾倒，该县与彰化县接壤处塌毁房屋百户，压毙10余人。

道光三十年（1850年）

△八月初七，四川西昌附近发生7.5级大地震，震中位于北纬27.7度，东经102.4度，西昌、会理受灾情况严重。这次地震发生在夜间，又正值大雨，呼救声到处都是，但因黑夜大雨无法施救，天明后城内幸存者发现西昌城在地震中损毁十分严重，城内到处是木石，不能分辨街巷。城垣倒塌200余丈，西、南、北三城楼及文武衙署、仓廒、库局、庙宇全部倒塌，附城一带及县署上所、中所、下所、太和场、鱼水厂等各处乡场亦在地震中受损。白塔寺、青龙千佛寺、龙

神寺、文华寺、关帝庙等寺庙均有损毁。邛海水溢出，大山崩塌，造成河水壅塞，沿岸的良田皆被淹没。城内外以及各乡场，除外来客民身亡者不计，共有灾户27880余家、灾民135382口，倒塌瓦房、草房26106间，压毙20652人，人员财产损失十分严重。会理州披沙汛（今宁南）、松林坪、八家村等14处，共震倒房屋1838户，压毙男妇2878人。这次地震前积雨连月，震后亦大雨不止，余震持续20余日，官民全都在外搭棚栖身。

咸丰二年（1852年）

△四月初八，甘肃中卫（今宁夏中卫）西南发生6级地震，中卫地震时，地裂涌出黑泥沙，此次地震直至二十三日一直发生余震，居民房屋震倒20000余间，压毙300余人，受伤400余人。该县城垣、衙署以及仓廒、监狱等处均发生坍塌，居民粮食、衣物、牲畜亦多被压没。

咸丰五年（1855年）

△十一月初三，奉天金州厅（今辽宁大连市金州区，北纬39.2度，东经121.6度）发生5.5级地震，造成金州城垣南、北、西三面城墙垛口被震塌20垛，城墙劈倒两处，共计15余丈。镶黄、正黄、镶红、镶蓝四旗界内，旗民住房震倒567间，压死7人。

咸丰十一年（1861年）

△六月十二日，奉天金州厅再次发生6级地震，地震造成城西门城墙震劈一段，上下长三尺余，宽二尺余。正黄旗内台子山沟等九村屯地震较重，共倒塌旗房200余间，车家屯等五村屯倒塌民房500余间，压毙10人，正白、镶红、正蓝三旗界内震倒民房80余间。

同治九年（1870年）

△三月十一日，四川巴塘（北纬30度，东经99.1度）发生7级地震，巴塘衙署、仓库、碉寨、民房在地震中倒塌，关帝庙、城隍庙以及法国教堂也有损毁，数百人被压，汉番军民、喇嘛死伤较多。地震使得巴塘地面开裂，冒出黑色臭水，有几处陡峭的大山变成裂谷，丘陵成为悬崖。巴塘东自崩察木塘，下至藏交界，沿线出现地裂，或成深潭，或为峭壁。巴塘以竹巴笼灾情最为严重，中巴村等村庄房屋全部变为废墟，由于巴塘上下大山崩塌，造成巴塘底谷北面河流堵塞，

河水暴涨，积水溢出堤坝，周围民房被洪水冲没，所见之处一片汪洋。祸不单行，地震后巴塘又发生大火，延烧严重，全城大火延续七天七夜，被压的衙署、仓库、卷宗以及军民财物等多成灰烬，葬身大火中的人，尸骨无存，时有匪徒趁火打劫，抢掠财物。在此次地震中，据统计，大道崩塌400余里，死亡2000余人。

光绪五年（1879年）

△甘肃阶州（治今陇南市武都区）大地震

五月十二日，甘肃阶州发生8级大地震，烈度为11度，震中位于北纬33.2度，东经104.7度。甘肃、陕西、四川、山西同日均发生地震，甘肃灾情较为严重，陕西、四川发生地震，山崩桥断，城楼房屋倒塌，山西多地有震感，此外，还波及河南、直隶、山东、湖南等15省。

甘肃阶州、文县、西和三地灾情较重，城垣、衙署、寺庙、民房歪斜倒塌，百姓死伤甚多。阶州地震之后，山裂水涌，滨城河渠失其故道，上下游各处，处处土石堆塞，使得河水纵横。地震后大雨倾盆，山谷积水泛滥，将州城西南新筑溃口冲塌，大水灌入城中，淹没南门城楼以及迤东一带城墙，长约七八百丈，城中衙署及民房数百间被淹没。阶州州署、官衙科房墙壁倒塌过半，梁柱多倾斜，监狱西南角墙壁倾倒，仓廒倒塌1座。文昌庙前殿倒塌14间，军城太山庙淹没30余间，城外万寿山玉皇宫、龙兴寺、玉凤山太山庙等坍塌佛殿共60间。木城头铺水冲坍塌三公祠东楼10间，头二三铺共计冲塌民房310余间，压毙22人。城外四铺梁家园子民房全部被山所压，压毙16人。郭家沟坍塌民房10余间，压毙12人。城外北山青水沟坍塌民房30余间，压毙16人。据统计，城外四铺共坍塌民房190余间，压毙86人，本城四、五、六等铺坍塌民房213间，压毙116人，七、八、九等铺民房多被冲压，压毙359人。军城民房全部被大水冲走，压毙7人，北关教场坍塌民房20余间。此外，四乡共压毙8564人，牲畜、房屋也有不同程度的损失，其中南乡损失最为严重，压毙4100余人，牲畜、房屋损失十分之六。阶州下游原有巨镇洋汤河，人口稠密，但地震之后，大水来袭，变成汪洋一片，全镇被毁，死伤无数，鸡犬无踪。阶州西固城（今舟曲）城垣周围崩塌75丈，庙宇、学宫均有坍塌，各庄房屋坍塌十分之八，压毙牲畜十分之八。各乡道路损毁较重，民地四路压毙居民 299 人，屯地四路压毙居民 73 人，番地压毙居民 65 人。

文县山崩水壅，城垣倾圮，东门楼倒塌，城墙内外均倾倒，西城倒塌两处，约 20 余丈，所城营堡周围城墙倒塌，内外城身多半坍塌，县署、典史衙署、儒学、文庙、城隍庙等庙宇遭受不同程度的损坏。地震后，洋汤河水涨，隔河数百家居民被河水阻隔，淹死、压死以及饿死者不计其数。县城内损毁民房 750 余间，倒塌 80 余间，城内压死 26 人，所城内外倒塌民房 2800 余间，压毙 46 人。西路鹄飞东峪、马莲河、东马莲河、西德胜、马儿石、方柳元等地，共压毙 5868 人，牲畜 1590 余头，房屋损毁十分之五六。北路盘道尖山、临江河水坝、固正洋汤河、乔丈桥头坝、白马坝、马家乡等乡，共压毙 4849 人。以上城乡共计死亡 10792 人。这次地震后，余震不断，或一日两三次，或一月两三次，十六日南河水暴涨，淹死许多人口牲畜，余震延续 7 年，至光绪十一年（1885 年）八月停止。

西和城垣震倒垛墙 97 丈，西面城墙震裂开缝 10 余道。衙署、监狱发生倒塌，城内关厢损毁民房 230 余间，东乡损毁房屋 1600 余间，伤亡 20 人，南乡损坏房屋 2200 余间，伤亡 38 人，西乡损坏房屋 490 余间，伤亡 3 人，北乡损坏房屋 1990 余间，伤亡 9 人。礼县城垣西面砖垛震塌 99 个，震裂 224 个，各衙署房屋墙壁略有倒塌，仓廒震塌 6 间，民房亦有倒塌，东、南、西三乡压毙 42 人，牲畜 11 头。

四川南坪营（今南坪），城乡以及东北两路受灾较轻，南路道路因土崩而壅塞，受灾严重。自月连山塘 15 里起，至汤珠河以下甘肃文县交界之柴门关等处止，坍塌杉板夷房 2699 间，伤亡 228 人，重伤 22 人，道路损坏约六七成。南坪营城坍塌开裂 110 丈，城厢以及东北两路，坍塌杉板夷房 1354 间，压毙 20 人，重伤 16 人。

光绪八年（1882 年）

△十月二十二日，直隶深州（今河北深州）附近发生 6 级地震，直隶保定府（治清苑，今河北保定）、安平、束鹿（今河北辛集）、武强等地均有震感。深州发生地震时，自西北向东南，大地震动，塌损东南城壁两块，垛口 30 余个，监墙 2 丈，州署、书院、贡院以及民房

均有塌毁。所幸地震发生在白天，城中百姓躲避及时，无人员伤亡，但城北郭家庄等18村，灾情较重，房屋坍塌过半，余下的房屋也有损毁，压死妇女、儿童共11人。

光绪十年（1884年）

△九月二十七日，云南普洱（治宁洱，北纬23.1度，东经101度）发生6.5级地震，威远厅（今景谷），镇沅厅（今镇沅南），思茅厅（今普洱东南思茅）、他郎厅（今墨江）等地均有震感。普洱从九月二十三日起，阴雨连绵，东西洱河水暴涨，至二十七日，发生地震，大山崩塌，城垣、庙宇、衙署、药局均有损坏，死亡17人，受伤80余人。石膏、磨黑二井，屋宇灶房多有倒塌，磨黑井压毙2人，压伤2人，受灾户比石膏井多。

光绪十三年（1887年）

△十一月初二，云南又发生较大地震，震中位于石屏，震级为7级。地震造成石屏城垣衙署或倒或裂，庙宇倾圮，南城民房震倒十之八九，东城震倒一半，西北较轻，房屋歪斜已超过千余间，男女老少压毙200余人，受伤300余人。城乡共死伤4000余人，房屋倒塌十分之九，粮食器具均被覆压，百姓无栖身之地，风餐露宿，贫富无异。临安府（治今建水）城内压毙7人，伤数十人，城外西南乡至西北乡30余村寨，房屋倒塌300余间，压毙249人，受伤达150余人。这次地震后，至初三又大震10余次，余震直到次年三月才减轻，十月停止。

光绪三十二年（1906年）

△二月二十三日，台湾中部发生大地震，震中位于台湾嘉义（北纬23.6度，东经120.5度），震级为6级，台中为强震，台南为中震，极震区波及嘉义、斗六、盐水港三个地区。此次地震曾发生前震一次，其余震则二十三日起至三月十六日止，发生余震69次。在这次地震中，共死亡1258人，受伤2385人，房屋全部倒塌6760户，半坏3633户，破损10585户，烧毁3户。从梅仔坑庄（今嘉义梅山）北方至嘉义打猫（今嘉义民雄）有长达13公里的大断层，打猫西方以及北方大地开裂，喷出泥沙，铁路也遭到一定程度的损坏。

第六章 风灾

风灾的发生，主要以东南地区为剧。因强台风或天文大潮引发的濒海地区灾害，每年都有不同程度的存在，尤以夏秋季节为显著。

根据地方文献的记载，风灾出现虽然多在夏秋季节，但春冬时节也时有发生，像顺治元年（1644 年），江苏松江府南汇县就在正月元旦出现大风，不过并没有产生大灾。

顺治二年（1645 年）

△浙江嘉兴府的石门与桐乡两县于七月十四日间大风水溢，一日一夜水满五尺，风拔大木数百。也在同一天，湖州府的归安、长兴等地，在同一日有所谓大风异常，吹折了谯楼，当夜骤雨倾盆，平地水深数丈，淹没禾稻，以致秋收无望。

顺治五年（1648 年）

△长江边的江苏靖江县在六月十九日出现龙卷风，并有大暴雨，西乡受灾较重。

顺治八年（1651 年）

△浙江石门（今桐乡）在六月二日出现大风雨，并有所谓的龙卷风。

顺治十年（1653 年）

△八月，广东澄海飓风大作，“舟吹陆地，屋飞空中，官署民房尽毁”，被压毙的男女不计其数，号称有史以来最大的一次飓风之灾。

顺治十一年（1654 年）

△六月，江苏江阴出现大风拔木的灾害天气。

顺治十二年（1655 年）

△七月，江苏太仓大风拔木，飞鸟殒伤。

顺治十四年（1657 年）

△六月，浙江石门出现大风灾情，民居毁坏很多。

顺治十五年（1658 年）

△五月二十七日，江苏武进县疾风拔木，伴有强降雨，灾后饥民

们被迫食“观音粉”充饥。

康熙三年（1664 年）

△七月初五，浙江嘉善、嘉兴地区都被飓风侵袭，拔木飞瓦，灾情较重。

康熙四年（1665 年）

△二月，江苏江阴县大风拔木。五月，浙江东阳大风雷雨并至，也是拔木坏屋。

△夏季，浙江乌程县暴发大水灾，同时大风拔木折屋，出现饥荒。同时期归安县（今湖州）的灾情，完全一样。

△七月，江苏嘉定县先是出现旱情，接着是飓风海溢，当年出现大饥荒。同样在七月，江阴县一样是大风拔木。附近的靖江县，从七月初三发生大风潮，拔树木、毁房屋，整整三昼夜才停息下来。武进县在同一天，也是大风拔木，霖雨奔注，到七月五日转东北风，风势更猛，坏民居及舟船无数。太仓州从七月一日出现大风，发生海潮之灾。

康熙五年（1666 年）

△夏六月十四日，江苏南汇县暴风骤雨，毁坏民庐无数。黄浦江以东的川沙堡桥副宪坊以及数百年的古树，都被暴风刮倒，海潮因而大作。此前的五月、此后的八月间，山东的海阳、广东的澄海都是飓风拔木或飓风伤稼。

康熙六年（1667 年）

△四月，先是广东信宜出现大风，墙垣皆颓，令人惊异。七月间，浙江温州、瑞安地区的大风雨，都毁坏了城垣庐舍。

康熙七年（1668 年）

△三月，江苏昆山地方大风，天雨哗哗，到四、五月间即淫雨不止，五月二十二日大风雨，受害面积西至常熟、东至太仓。

△浙江东阳，在四月间遭受大风雨；其后六月，安徽太平大风拔木；七月间受大风之灾影响较大的则是浙江瑞安。

康熙八年（1669 年）

△四月开始，浙江嘉兴因长期大雨，田禾尽没，到六月二十一日，

"烈风淫雨两昼夜不息，坏民舍"。同样的风雨大灾也出现在附近的嘉善县。而南面的海面，六月则是以龙风为灾。

康熙九年（1670年）

△春天，湖北崇阳县发生大风拔木的异灾。五月间，安徽全椒也是大风拔木。类似的情况，在六月的四川安县、七月的云南武定，都有发生。

△六月十一、十二日，浙江嘉善飓风大作，水高丈余，城市皆水，出现饥荒。海盐县则从五月二十一日即出现大风拔木的灾象。江苏宝山县从五月淫雨成灾后，七月遭遇飓风，地方出现饥荒。南汇县六月十一日再次出现海溢，伴有大风雨，拔木仆屋，三昼才息。太仓地区在夏季大雨连月，并伴有怪风，"平地波涛三尺起，高乡低乡成陆海。坚厚如城亦倾圮，天晴水未退尺寸。怪风忽动云如驰，海水直立高如山。奔入平田几十里，屋庐漂没花稻空。人畜浮沉半生死，谁知天意更奇哉！东北风过西北来，太湖三万六千顷，卷空白雪声如雷。湖堤东束不得过，抵排激斗鱼龙簸。冲村扑舍村舍空，荡郭摧城城郭破"。而在江苏吴县（今苏州），同样在六月十二日出现大风，使太湖水溢，平地水高五六尺，田禾尽没，流民载道。

康熙十年（1671年）

△正月，广东平远即有大风拔木的灾情。在六月的江苏嘉定县，先是飓风扫荡，接着大风雨，岁大祲。

康熙十一年（1672年）

△七月间，北方的山西榆社、南方的广东琼州，都有大风成灾的灾情，后者更为严重，"官署民房悉圮无存"。毁城垣15丈。九月间，滨海的广东吴川也有飓风之灾，毁坏城垣庐舍。

康熙十二年（1673年）

△正月间，山东海阳飓风，拔木坏屋。七月，直隶乐亭有风霾。八月十六日，广东澄海飓风大作。

康熙十三年（1674年）

△二月，浙江桐庐大风拔木。同月，陕西咸阳则是大风霾10余日。夏六月，江苏青浦县出现大风决水伤禾的灾象。

康熙十四年（1675 年）

△二月，直隶武强大风杀稼。三月间，直隶东北部的玉田发生大风，扬沙拔木。到三月二十六日，冀州出现异风，据记载自巳至戌，黄霾蔽天，屋瓦皆飞。怀安、西宁大风霾昼晦；玉田又是大风扬沙拔木，阴霾竟日。到六月份，新城大风拔木。

康熙十五年（1676 年）

△四月至六月，广东澄海屡有飓风，受灾不断。年底，浙江海盐出现了飓风。

康熙十六年（1677 年）

△春天，直隶清河出现风霾之灾 40 余日。四月，湖北宜城大风拔木。六月，浙江东阳出现大风，屋瓦皆飞。

康熙十七年（1678 年）

△六月，直隶武强出现大风拔木的灾象。

康熙十八年（1679 年）

△六月，广东惠州出现大风，吹毁了文星塔顶。

康熙十九年（1680 年）

△六月，江苏崇明县出现龙卷风，毁民舍 30 余处，到二十六日，龙卷风再次出现于石家湾至享沙一带，毁坏民屋百余。到八月三日，飓风引起潮溢，民众有溺死者。当年秋天，广东琼州大风拔木。

康熙二十一年（1682 年）

△三月，安徽望江大风拔木。七月份，广东信宜也是大风拔木。在浙江的嘉善县，三月十八日出现龙卷风，大风拔木，覆舟无数。

康熙二十二年（1683 年）

△二月初五，山东单县大风，扬尘蔽天，倏忽变幻五色。江苏崇明县在七月十日有大风雨潮涌之灾，拔木坏庐舍，棉花无收。

康熙二十三年（1684 年）

△正月，直隶清河大风拔木。

康熙二十四年（1685 年）

△正月二十三日，直隶文安大风霾，昼晦如夜；武邑黑风昼晦。三月，山东文登大风拔木。次月，定陶出现烈风寒雨，人有冻死者。

康熙二十五年（1686年）

△二月二十七日，山东郓城黑风昼晦。四月份，陕西汉中、安徽定远都有大风拔木。五月，四川西充、南充大风拔木。六月间，湖南岳阳大风拔木。当年夏季，江苏嘉定县也是大风拔木。

康熙二十六年（1687年）

△三月，太湖周边大风拔木。六月份，广西平乐、苍梧大风拔木，毁坏屋宇。七月，江苏的苏州、昆山、武进等地都是大风伤禾。七月间，苏州府大风，伴有水灾。在常熟、昆山，以及吴县都是如此，所谓大风伤禾；吴县地方的穹窿山，风灾更重，“大风拔木，大石飞走，自山顶开成一沟，直至太湖迄”。江阴大风摧屋拔木。武进在七月间烈风拔木发屋。在松江府，七月出现的大风，破墙拔木，屋瓦飞空，覆盖地区极广，屋毁人亡者比比皆是。譬如在川沙，直至八月十七日，还有飓风损稼的灾情，风雨甚猛然，拔木仆屋，据说千里内同日俱变，死者及覆舟死者不可胜数。

康熙二十七年（1688年）

△五月，山东昌乐、寿光大风拔木。次月，山西沁水也有大风拔木的灾情。

康熙二十八年（1689年）

△五月，山东恩县出现异风，损坏城楼，吹倒了石坊。

康熙二十九年（1690年）

△三月十九日，直隶广宗出现风霾，红、黄、黑、白四色互变。四月，湖北郧阳大风拔木。五月二十六日夜，安徽六安狂风暴起，屋瓦皆飞，大木尽拔。到八月，浙江黄岩也有大风拔木的灾害天气。

康熙三十年（1691年）

△三月，山东宁阳大风拔木。四月，江苏江浦大风，屋瓦皆飞。江阴县在七月间有大风潮溢，沙田全被淹没。

康熙三十一年（1692年）

△正月朔，直隶广宗昼晦，山东青州、江苏沛县、山东丘县（今属河北）都是大风昼晦。山东蓬莱地方的大风，出现了拔木毁屋的灾情。二月，丘县与广宗两地都有昼晦、风灾，沛县的风灾更重。到五

月，山东的东昌与丘县两地，都有大风拔木之灾。六月，高密的风灾也是如此。

康熙三十二年（1693年）

△二月十七日，山东丘县有大风霾，空中望之如火。十八日，浙江桐乡地方有大风霾。十九日，湖州地区大风霾。六月，四川营山县大风拔木，据说风过之后，草木如焚。

△浙江桐乡等地于二月十八日出现大风霾，五、六月即大旱，九月大风雨，河溢淹稼，当年因而米贵民饥。

康熙三十三年（1694年）

△十月十六日，山东邹平出现怪风，吹倒城垛6座。

康熙三十四年（1695年）

△秋，四川长宁大风拔木。

康熙三十五年（1696年）

△二月十八日，山东定陶有“黑风”，据说触器有光，行人不辨咫尺。到七月二十二日，江苏青浦、山西泽州都有大风拔木的灾情。二十三日，浙江的桐乡、石门、嘉兴、湖州飓风大作，民居被倾覆，压伤人畜甚多。八月十一日，江苏海州有大风雨，民舍尽倾。

△七月二十二日，浙江嘉兴飓风拔树，坏民居，压伤甚众。平湖与桐乡，也是如此，而且到晚间飓风更猛，飞瓦拔树，民居倾覆。该年飓风之灾，在东南地区是带有普遍性的，灾情相近。乌程、德清、吴县、奉贤、青浦、嘉定等，被全部覆盖。

康熙三十七年（1698年）

△七月，江苏苏州府大风拔木，平地积水丈余。常熟、昆山、吴县等县，都是如此。山东济南在此前的四月，也是大风拔木。浙江沿海地区飓风大作，海潮越堤而入，冲决了海宁塘1600余丈、海盐塘300余丈。

康熙三十八年（1699年）

△春，山东青州大风拔木。六月，河南南乐也是大风拔木。

康熙四十一年（1702年）

△八月初八，广东香山出现大风雨，拔树倒墙；八月，开平飓风，拔木倒墙；到十月，山东东明有大风拔木之灾。

康熙四十二年（1703 年）

△五月二十二日，河南巩县大风昼晦。在湖北枝江，则是大风拔木。六月，广东潮阳飓风伤稼。

康熙四十四年（1705 年）

△四月，湖北崇阳有大风拔木。五月，山东历城、沾化、丘县都有大风拔木之灾。浙江的桐乡，于六月三日雷雨昼暝，飓风大作，据记载，摄去人舟无数，县城中的文峰塔顶也被摄去，而灾情最严重的颜家村，民居被毁 40 余家，男女被压死八人。江苏宝山县七月飓风，当岁大饥。嘉定县在该月还因飓风引发海溢，岁祲。

康熙四十五年（1706 年）

△正月十二，山东商河狂风昼晦。六月二十日夜，四川什邡有大风自东北来，飞瓦拔木。

康熙四十六年（1707 年）

△三月，山东邹平、长山地区都有大风拔木之灾。

康熙四十七年（1708 年）

△五月，山东惠民飓风大作，毁坏民屋。七月，浙江台州地区大风拔木，杭州则有暴风雨，田禾尽淹。

康熙四十八年（1709 年）

△六月，山东东昌有大风霾蔽天。八月，浙江定海出现大风雨，孔庙及御书楼皆侵圮。

康熙四十九年（1710 年）

△二月，宁夏中卫地方有大风拔木之灾。

康熙五十年（1711 年）

△三月，河北祁州（今河北安国）大风，毁坏南城楼。五月，山东安丘、诸城大风拔木。

康熙五十一年（1712 年）

△二月癸亥，山东东平、东阿大风，色红黑，自申至亥方止；阳谷地方则黑风昼晦；而郯城、莘县两地为大风霾。三月十六日，直隶巨鹿风霾如火，昼晦如夜。四月，广东香山有飓风拔木之灾。六月十日，山东恩县赤霾蔽天，咫尺之间辨不清人物。八月，广东寨城、广

西富川大风拔木。九月，广西北流的风灾也是如此。

康熙五十二年（1713 年）

△二月，广西全州大风雨雹，屋瓦皆飞，大木尽拔。六月，广东潮阳出现的大风，摧毁了北桥。

康熙五十三年（1714 年）

△二月二十一日，直隶井陉风霾蔽天，昼晦。五月，固安县有大风拔木之灾。六月，顺义也是大风之灾，树木尽拔。

康熙五十四年（1715 年）

△六月初一，广东潮阳飓风拔木。七月二日，江苏宝山县出现飓风，岁祲。同样的情况，也发生在青浦县。滨海的嘉定县，在这一天则因飓风海溢，当年出现大灾。

康熙五十五年（1716 年）

△闰三月朔，山西解州大风拔木。四月辛亥，甘肃静宁州大风拔木。五月，山东寿光、临朐大风昼晦。

康熙五十六年（1717 年）

△七月十九日，山东掖县暴风雨一昼夜，大木尽拔。七月，广东香山大风雨，毁坏屋舍。

康熙五十七年（1718 年）

△五月二十二日，直隶新乐县大风昼晦。五月，广东澄海飓风拔木。六月，浙江汤溪大风，拔巨木，坏庐舍。七月，山东日照与黄县两地都是大风雨一昼夜，大木尽拔。

康熙五十八年（1719 年）

△五月，陕西乾州大风拔木。六月，直隶宝坻大风拔木。八月十九日夜，广东揭阳飓风大作，风中如有磷火，树木皆枯；澄海地方飓风大作，民房尽被倾覆，压倒男妇无数。

康熙五十九年（1720 年）

△正月，广东阳春地区飓风伤稼。五月二十六日，山东青城大风昼晦。六月，安徽太平也出现了大风霾。

康熙六十年（1721 年）

△夏，山东丘县连日大风霾。到八月，广东澄海县飓风大作，毁

坏城垣。

康熙六十一年（1722 年）

△四月，陕西甘泉大风拔木。五月，山东庆云地区也是大风拔木。到七月，直隶元氏、山西沁州出现大风霾。十二月，广西钦州大风雨，吹塌城垣 20 余丈。

雍正二年（1724 年）

△七月，江苏南汇大风雨，并出现海潮之溢，田庐、盐场、人、畜尽没；浙江定海与镇海也有相同大风海溢之灾，漂没庐舍。浙江海盐于七月十八日出现大风雨，海水溢塘圮。这一日，沿海地方的风灾大体一致。例如江苏宝山县在该日出现飓风，海滨人庐漂没，当年饥荒。金山县则是飓风暴雨，灾情较重，沿海地方民庐人畜被漂没无数。在嘉定县，飓风大雨以及海溢，也使人庐漂没，重要经济作物棉花受灾极重，当年同样有饥荒。浙江的石门（今桐乡）地区先是夏旱，后于七月十九日受飓风影响，导致海水侵入内河，水味如卤。同一日，江苏江阴于当夜飓风大作，出现海潮之溢，濒江及江心田岸被冲坍，庐舍多圮，死者甚众。

雍正十年（1732 年）

△江苏宝山县于七月十六日出现飓风，引发海潮大溢，使平地水高丈余，沿海庐舍基本无存，积水 10 余日后才退，淫雨绵延二旬，禾棉浥烂。在嘉定县，当夜的飓风及海溢，使内地水高丈余，东北境民庐漂没，淹死无数，当年出现大饥荒。总体而观，整个苏州府地区，这种大风之灾以及海溢，造成了人、物的巨大损失，灾荒深重。而在附近江阴县，七月十六日的风灾，黄云盖天，晚间即飓风大作，江潮泛溢，据记载，声震山谷，拔木毁屋，平地出水达数尺，又兼以暴雨不止，县城南、北两门及城外浮桥都被淹没，濒江及各河溺死的居民达数千人，号称当地百年未见之灾。

乾隆六年（1741 年）

△七月，江苏江阴飓风大起，沙洲潮溢，民舍漂没。

乾隆十二年（1747 年）

△七月壬寅，江苏苏州府地区飓风海溢。在常熟县，因飓风海溢

而田禾被淹没的有4400余顷，民舍被毁坏的达22490余间，男女溺死53口。宝山县在七月十四日发生飓风、海溢后，练祁土塘被毁，田庐被漂没，溺死者甚众，当年出现饥荒。

乾隆十七年（1752年）

△浙江湖州府德清县等地于八月间有大风拔木之灾。

乾隆二十年（1755年）

△浙江嘉兴秋收之际，因风潮蒸湿，螽螣啮禾根，影响了收成。

乾隆二十三年（1758年）

△江苏苏州在夏季出现龙卷风，且冰雹大作，狂风拔木，雨下如注，毁坏民房50余家，失踪男女数人。据说有一人随风而飞，从空落下不死；有一家失去米50石，也是随风飞去数十里；还有一家船四只、牛一头与船坊牛棚一齐被风卷上天，不知所踪。

乾隆二十七年（1762年）

△七月初七，浙江嘉善县飓风暴雨，坏屋拔木，河水骤涨，到十三日，风雨又大作，河水溢出岸。

乾隆三十一年（1766年）

△四月，江苏江阴出现大风雨，西南城外吹倒石坊一座，拔起大树二株。

乾隆三十三年（1768年）

△六月十八日，广东琼州飓风大作，毁坏官署民房无数。

乾隆三十六年（1771年）

△夏季，江苏江阴有大风雨，扁檐沙漂没四五十家。靖江县在七月初四出现大风雨后，江潮暴涨，淹没田禾。宝山县同样于这一天发生飓风、海溢，当年饥荒。

乾隆三十八年（1773年）

△秋，七月二十二日，浙江平湖大风雨，发屋拔木，当地沈家一个屋子被风吹移尺许，而船被风掷至数里之外。

乾隆三十九年（1774年）

△七月二十日，浙江桐乡地方大风雨，毁坏房屋无数。

乾隆四十六年（1781年）

△夏六月间，东南沿海地区的风灾十分严重，并伴随暴雨、海溢等灾。浙江的嘉兴、嘉善、平湖、桐乡、海盐等地，多有大风拔屋、河水暴涨、海溢内侵等情况。江苏的苏州府地区飓风大作，海潮入侵至胥江。江阴、常熟、太仓、吴县、靖江、宝山等地，海潮暴涨的情况更为严重，淹没民居、淹死居民的情况随处可见，当年普遍大饥荒。

乾隆四十八年（1783年）

△六月二十四日，广东吴川县飓风大作，损坏官署民房及城垣。

乾隆五十四年（1789年）

△六月十八日，宝山县飓风大作，引发海溢；七月二日、十五日亦如之，该年棉花无收成，岁祲。次年六月十五日，又有飓风海溢灾害，七月一日亦如之，棉花亦歉收。

乾隆五十五年（1790年）

△二月，湖北荆州发生大风雹。

乾隆五十六年（1791年）

△六月至七月间，江苏太仓县连发两次大风灾，并伴有潮溢之灾。

乾隆五十七年（1792年）

△秋，浙江平湖飓风大作，大风拔树。

乾隆五十九年（1794年）

△七月，江南地区多地发生大风雨，本次灾害威力较大，多处树木连根被拔，房屋被毁，气温骤降如临寒冬。浙江的嘉善、桐乡、乌程、归安、湖州、长兴，江苏的苏州府、江阴、常熟、昆山、吴县、宝山都遭受不同程度的破坏。该年发生大饥荒，人食糠秕树皮，饿殍载道。

嘉庆四年（1799年）

△七月三日，江苏宝山县飓风大作，海水溢出，高出内地有四五尺，土塘被淹倾颓。

嘉庆十一年（1806年）

△浙江乌程县濒太湖的大钱镇出现龙卷风，狂风暴雨，烟焰腾射，毁屋发墓，覆舟拔木。当时因火灾、水灾和惊吓过度而死的人较多。

嘉庆十三年（1808 年）

△五月，浙江石门地区发生大风雨，庄稼受损。

嘉庆十六年（1811 年）

△八月，浙江嘉善有大风雨，气温骤降，禾苗被冻伤。

嘉庆二十二年（1817 年）

△五月二十六日，江苏昆山发生龙卷风，大风拔木，能仁寺银杏树被连根拔起，压倒房屋，围墙坍塌。八月，邻近的川沙县飓风大作，海水入侵，海塘受损。

嘉庆二十三年（1818 年）

△四月，先是发生日食，接着出现风霾，朝廷下诏说："昨日酉初三刻，暴风自东南来，尘霾四塞，燃烛始能辨色。其象甚异。朕心震惧惕，思上苍示警之因，稽诸《洪范》咎徵，蒙恒风若之义，皆朕莅事不明、用人不当之所致也。有言责者，体朕遇灾而惧之心，到切论列，无有所隐。即下民有冤抑者，亦可事代为直陈，以副朕修德弭灾之意。"这道诏书下达之后，给事中卢浙即上疏称"风沙示警"，请求"禁员弁贪功妄捕，扰累平民"。嘉庆帝降旨称其"所奏甚是"，并责令主管官以"林清案"中"番役兵丁，乘机肆虐，诬陷索掳，无所不至"的违禁行为为戒，诏令"嗣后捕役有犯前情，该管官严刑重惩，以其家产付诸被诬之家"。

道光三年（1823 年）

△七月初三日，江苏靖江地区江潮泛溢，淹伤田禾，岁大祲。

道光四年（1824 年）

△十一月，江苏江阴刮大风，长江上众多船只被风吹翻，多人溺亡，港口堆积的尸体数量多到无法计算。

道光七年（1827 年）

△七月，浙江嘉善县刮大风，庄稼受灾。平湖县也受到风灾影响。三年后的同样时节，两地再现大风雨，庄稼被毁。

道光十一年（1831 年）

△夏季，江苏江阴县连日大雨，积水数尺，江潮暴涨，内地积水淹没田地。这一年秋霜早降，田禾受灾。而宝山县则在七月二十八日

遭受飓风，引发海溢，发生饥荒。崇明县于七月二十八日、二十九日两日连遭飓风暴雨侵袭，伴有海溢。这次灾害中遇难的人数高达9500余人。

道光十三年（1833年）

△七月间，江苏江阴县风潮大作，日光黯残，近淡绿色。吴县也是风雨大作，晚上情况更加严重，海潮陡涌，水骤涨丈余，低洼地区均被淹没。靖江有大风雨，伤损田禾，当年出现大灾。

道光十五年（1835年）

△夏季，江苏武进县发生旱情，到秋七月间刮大风，拔木。而之前在六月十四日，宝山县已发生飓风，伴有海溢，冲塌了长江上东西海塘5000余丈，溺死者甚众。

道光十七年（1837年）

△六月，江苏武进县升西乡受龙卷风侵袭，风向由西北经东南。在该次龙卷风的影响下，县内房屋被毁，树木被拔，还伴有大雨冰雹。江阴县也是烈风暴雨，强大的风力将停在浮桥上的江船吹得冲破沿岸百姓屋壁，直入家中。大树被连根拔起，县治屋脊也被毁坏。

道光二十五年（1845年）

△十一月下旬，浙江嘉善县刮烈风，天气十分严寒，河港因此冰冻10余日。

道光二十七年（1847年）

△七月二十二日，浙江嘉善、平湖两县均有大风拔树的灾情。

道光二十八年（1848年）

△六月二十日，江苏靖江有大风雨，江潮泛溢，漂没庐舍，淹毙男女无数。该年有饥荒。崇明县、嘉定县受损程度相对较小，飓风大雨只是拔木坏屋，少有人员伤亡。八月，江阴县大风潮溢。

道光二十九年（1849年）

△五月至六月，江苏江阴县淫雨数日，海潮溢出，田禾被淹，该年饥荒严重。

咸丰元年（1851年）

△七月，江苏昆山县晦夜大风，树木被拔，草房破屋倒坍无算，

凌霄塔顶都被吹落，到八月初一晚上大风才逐渐减退。八月初二，浙江嘉善县大风飞瓦，水涨数尺。平湖县则屋瓦皆飞，雨雹如注，水骤涨五尺。

咸丰二年（1852 年）

△秋，江苏常熟县又有大风，聚奎塔顶被吹折。

咸丰三年（1853 年）

△六月十日，江苏太仓飓风大作，竟日不止，环城东南的钟楼及王文肃公祠前坊被毁。该日夜晚，昆山大风拔木坏屋，城厢石牌坊多倾圮。吴县还有大雨雹，飓风大作。到了七月二十四日，宝山县有飓风，海溢，岁祲。嘉定县这天黎明，大风拔木。

咸丰五年（1855 年）

△四月十八日夜二更，江苏昆山大风拔木，毁坏百姓庐舍、倒坍石牌坊不一。是年起至咸丰六年（1856 年）、咸丰七年（1857 年）入夏多雨水之际，吴淞江未浚低洼之区一遇到大雨，即有淹没田禾之患。

咸丰七年（1857 年）

△年初，江苏靖江大风潮涨，连续刮五日东北风，江潮大涨，沿江禾苗殆尽，八月蝗复至。闰五月，大风连旬。

同治三年（1864 年）

△五月初十夜，江苏南汇县狂风大作，倾倒墙屋，拔木覆舟。中秋后百日无雨。青浦县钱门塘镇有一重二三百斤的石块被吹过郭泽塘。六月，常熟飓风大作，坏民庐舍，西北大门外祠墓石坊吹塌无算，一月后复又遭大风，聚奎塔倾。六月初十，浙江嘉善县大风拔木。次日，江苏崇明县大风，坏民居。再次日，浙江嘉兴、桐乡大风拔木。

同治七年（1868 年）

△五月二十九日夜，江苏宝山县有大风雨，田庐积水数尺，岁祲。

同治九年（1870 年）

△四月十三日，浙江嘉善、嘉兴、桐乡大风毁屋。六月八日，江苏嘉定县大风拔木。

同治十年（1871 年）

△二月十一日未时，浙江长兴大风，屋瓦皆飞。三月二十二日，

乌程地方遭遇龙卷风，该日狂风骤雨，拔木毁屋，覆舟伤人。归安县与此相同。安吉县孝丰镇大风雨，大木尽拔，只一日一夜，多处发生民房倒塌事故。五、六月间，江苏江阴亢旸大风，稼伤成灾。

同治十二年（1873 年）

△五月初六，宁夏固原大风，城中回寺被毁。江苏江阴县夏秋亢旱，出现大风，田禾被灾。

光绪二年（1876 年）

△六月十三日夜，浙江嘉善、平湖大风拔木。桐乡县石门镇遭受飓风。海盐县飓风，毁坏民庐。

光绪三年（1877 年）

△夏五月二十三日，江浙地区多处普遍受到大风灾害。是日，浙江平湖县大风坏民居。江苏江阴县四月不雨，五月大风发屋拔木。五月二十三日午刻，太仓县大风雨，拔木发屋，半日始止。到十一月大雪深尺余，经月不消。昆山县是日大风，午后更甚，河水因风卷涸，民房吹倒无数，行舟尤多漂没，至有数百年古木，拔根摧折。同日吴县大风，屋瓦皆飞。武进县自三月不雨，一直持续到五月。五月丁丑，大风发屋拔木。靖江夏四月不雨，十九日雨雹，五月二十三日大风潮拔木，坏垣无算，飞蝗过境，秋蝻生，冬大雪。宝山县二月六日江湾冰雹大风雨，屋皆飞，到五月二十三日，也是大风雨拔木，六月十二日遭遇龙卷风，八月烈风猛雨，冲击鼓盈，石底抽空，塘面塌陷，堤身毫无依靠，外滩全行坍没。冬大雪严寒，河冰彻底，草木皆死，次年春天始解冻，岁祲。这天奉贤县同样大风，拔木坏屋无算，该年秋天桃李丰收。金山县该日雷雨大风历时两许，民房倾倒无算。秋七月十三日又遇大风，朱泾镇法忍寺二殿倒地，压死一人，伤一人。嘉定也是大风拔木。松江县则大风拔木，海水上溢。

光绪五年（1879 年）

△六月，江苏吴县城内的瑞光寺塔尖，被大风吹折。

光绪八年（1882 年）

△五月二十三日，浙江嘉兴大风雨，秋雨水成灾。

光绪九年（1883 年）

△七月，江苏太仓大风不断，秋收因而大减，木棉种植尤受影响。

光绪十年（1884 年）

△五月，江苏青浦飓风大作，泖滨村落民居被毁，数百人失踪。

光绪十三年（1887 年）

△六月二十二日，江苏嘉定起飓风，自东西去，屋瓦皆飞。

光绪二十一年（1895 年）

△四月某日午晦，浙江德清大风走石、拔木、发墓、拆屋，而北圩竟成巨灾。四月十六日北圩风灾，吹倒房屋数百间，压毙 70 余人，受伤 180 余人。

光绪二十四年（1898 年）

△五月，甘肃河州大风雨雹，平地水深三尺。

光绪二十七年（1901 年）

△六月十九日至二十一日，江苏吴县连日大风拔木、房屋坍塌无算。

光绪三十二年（1906 年）

△五月，江苏青浦飓风，拔木覆舟，秋大水，该年饥荒。

光绪三十三年（1907 年）

△五月四日，江苏嘉定县飓风大作，拔木毁屋。六月初四日，吴县大风，虎丘地方有数千只飞鸟被风吹毙。十八日夜晚，日作红色。

宣统三年（1911 年）

△春三月，江苏青浦县大风拔木。闰六月十七日，浙江德清县风雨为灾，城内紫阳观清溪书院、城隍庙北门外赵文敏祠的大树尽拔，墙屋倒，禾类伤。同年六月，江苏崇明县风潮决堤，损坏庐屋。

第七章　其他灾害

一、潮灾、海啸

潮灾或海啸的灾情，多以东南沿海为主。兹以灾情最频繁、朝廷关注程度最高的江、浙地区为主，罗列比较重要的海潮与海啸等灾。

顺治四年（1647 年）

△江苏苏州府的崇明县于八月十五日发生潮溢，九月十日屡溢，城乡水深数尺，禾稼尽腐。同年九月，浙江嘉兴府的桐乡县自本桥至济远桥市，河水忽涌起西岸于上二尺余，场上所晒麦尽漂没，逾时乃退。

顺治六年（1649 年）

△江苏常州府（长江边）的靖江县发生海啸，伤禾稼，民饥。

顺治七年（1650 年）

△夏季出现大雨，浙江嘉兴府的桐乡县六月淫雨，湖州府的乌程县夏大雨。同年八月，两地海水溢，塘河味如卤。

顺治九年（1652 年）

△六月十五日，江苏苏州府崇明县的咸潮，猝至各沙，造成灾害。

顺治十年（1653 年）

△江苏苏州府的崇明县于六月再次出现咸潮，稻禾尽死。同年六月乙丑，常熟县出现大风雨，海溢，平地丈余，人多溺死。六月乙卯苏州府内发生大风雨，海溢，平地水丈余，人多溺死。安定、白河雷雨暴至，水高数丈，漂没居民；阳谷大水，田禾淹没，民舍多圮，陆地行舟；"文登大雨三日，海啸，河水逆行，漂没庐舍，冲压田地二百五十余顷"。其下辖的吴县也出现了大风雨，海溢，平地水丈余，人多溺死。同年常州府的江阴县十一月大雪，禾冰。

顺治十一年（1654 年）

△江苏常州府的靖江县出现饥荒、海啸，岁大祲。同年五月苏州府

的宝山县出现旱灾。六月二十一日该地大风雨，海溢，平地水深丈余，民庐舍皆倾，沿海人民溺死无算。同一天，崇明县东北风大作，潮高五六尺，民多溺死。第二天，松江府的南汇县大风海溢，人多漂没。

顺治十二年（1655 年）

△江苏淮安府的盐城县于正月发生海溢，人民溺死无算。浙江杭州府的海宁县四月朔潮溢，沙崩城下。同年，江苏苏州府的崇明县也发生潮溢，各沙漂溺甚多。

顺治十五年（1658 年）

△浙江杭州府的海宁县正月二十四日夜流火烛天，十月朔海水溢于河。同年十一月一日，江苏苏州府崇明县潮溢决堤，城中水深二尺。

顺治十六年（1659 年）

△该年修建浙江嘉兴府海盐县海塘，“修致雨二号石塘二十一丈”；第二年，“复修闰余二号、成岁二号石塘共六十丈”。《清史稿》：“海塘惟江、浙有之，于海滨卫以塘，所以捍御咸潮，奠民居而便耕稼也。……清代易土塘为石塘，更民修为官修，巨工累作，力求巩固，滨海生灵，始获乐利矣。巨工累作，力求巩固。”

顺治十八年（1661 年）

△江苏松江府的青浦县正月多雨。秋七月一日潮三至，岁大旱，歉收。

康熙三年（1664 年）

△浙江杭州府的海宁县于六月二十六日出现飞雪，闰六月二日海决水入城壕。同年夏季多地发生海溢，江苏苏州府内及吴县于七月甲午发生海溢。宝山县出现旱情，七月二十九日海大溢，五昼夜不退，人庐漂没。松江府的奉贤县于秋七月发生飓风，浦水大溢，漂没屋木。松江府的南汇县于八月一日出现大风雨海溢，漂没人庐舍。而杭州府的海宁县也于八月三日发生海潮大溢。浙江嘉兴府的平湖于秋八月二十一日有大风海溢。第二天苏州府的吴县则于八月二十二日出现大风。

康熙四年（1665 年）

△江苏苏州府的宝山县于春天发生饥荒，民大饥，海溢，水高五六尺，岁大祲。同年苏州府内及吴县于秋天发生海溢。

康熙七年（1668 年）

△浙江嘉兴府的海盐县在六月二十日出现大风海溢，圹崩。同年杭州府的海宁县于七月初六出现潮溢。

康熙九年（1670 年）

△江苏苏州府的常熟县于七月有大水，海溢海滨，人多溺死，岁大祲。

康熙二十年（1681 年）

△六月六日，江苏崇明县的保定沙至张盈港地带出现潮灾，潮涌高近一丈，男妇溺死百余人。

康熙三十年（1691 年）

△江苏常州府的江阴县于七月有大风潮溢，沙田淹没。

康熙三十二年（1693 年）

△江苏太仓州于七月十三日飓风大作，海潮溢，溺死者甚众。

康熙三十五年（1696 年）

△江苏崇明县于四月二日夜有潮溢，坏民居，人溺死无算。宝山县在六月朔出现飓风海溢，平地水一丈四五尺，庐舍漂没殆尽，淹死17000 余人，岁大祲。冬疫。而同一时期松江府的南汇县也有暴风，海潮没盐场，民死相枕藉。常州府的江阴县于六月发生飓风、海啸，州民溺死者数百人；七月大风雨发屋拔木。松江府的金山县在七月二十三日飓风起东北，海潮溢，漂没民庐无算。

康熙五十二年（1713 年）

△江苏松江府的南汇县于六、七月大旱，八月大水，风潮连三作，岁逐歉。

康熙五十四年（1715 年）

△浙江杭州府的海宁县于四月大霖雨，风潮陡发，海塘坍陷。

康熙五十七年（1718 年）

△巡抚朱轼奏请修筑浙江海宁石塘，下用木柜，外筑坦水，再开浚备塘河，以防泛溢。此项工程历时两年之久，耗资 15 万两白银，筑塘达 958 丈，坦水石坝 3097 丈。

雍正二年（1724 年）七月

△江苏泰州地方海水泛溢，漂没官民田 800 余顷；松江府于夏四月上旬有咸潮大入内河，禾尽槁。太仓州于七月十三日飓风作，海潮溢。同年秋多地发生飓风，松江府、浙江嘉兴府的平湖县、太仓厅的崇明县与松江府的南汇县于七月十八日有大风骤雨，海溢，淹溺各团田庐人畜，坏盐场。男妇溺死 7000 余，岁祲。第二日江苏常州府的江阴县、苏州府的常熟于夜里飓风作，海潮溢，濒江及江心田岸冲坍，庐舍多圮，沿海诸沙居民均被淹，死者甚众。而苏州府的昆山县和吴县八月乙丑也有海溢。浙江海宁和余姚出现海溢，塘堤尽决，漂没庐舍，溺死 2000 余人；嘉兴府的海盐县海水溢；太湖水溢；宁波府的定海县大风海溢，漂没庐舍，镇海县也有大风雨，海水泛溢；另外，鄞县、慈溪、奉化、象山、上虞、仁和、海宁、平湖、山阴、会稽、嵊县、永嘉，于七月十八日同时发生大水灾。

严重的灾难，敦促雍正帝下决心修筑海塘，从这年开始，大规模修建和改造浙江杭、嘉、湖等府海塘工程以及江苏松江府华、娄、上海等县塘工。这两大改建工程，分别花费银两 10.5 万两和 19 万两。由于雍正帝的高度关注，促进了海塘修筑工程的完成。

雍正十年（1732 年）

△江苏苏州府的吴县以及常熟县，于七月庚子出现大风雨，海溢，平地水高丈余，漂没田庐，溺死人畜无数。同日，常州府的江阴县黄云盖天，当晚飓风大作，江潮泛溢，声震山谷，拔木毁屋，平地出水数尺，继以暴雨不休，南北两门水及，城板外浮桥漂没，傍桥里余民舍皆坏，濒江及各河溺死居民数千人，禾稼连根扫荡，为百年未见之灾。太仓州及崇明县也有飓风，海潮大溢，漂没庐舍人畜，死者不可胜计，近海平地水深丈余，延内地四十余里，十八日夜，惊呼水至，男女奔窜，空中有声如风雨。七月飓风，海潮大溢，伤人无算。松江府的南汇县与金山县于七月十日狂风起东北，暴雨如注，潮入海塘声如雷，平地水高三四尺，巨木多拔，地撼似震，漂庐舍，溺人畜，岁大饥，民多食树皮草根，死亡无算。金山县从七月十六日起，连日飓风海潮，溺民居，蝝生食禾，造成当年的大饥荒。

乾隆元年（1736 年）

△为加强东南沿海的潮灾防御，颁布上谕："绍兴府属沿江沿海堤岸工程，停止按亩派钱，于存公项内动支兴修，著为例。"同时，巡抚顾琮专门请设海防道，管理海塘岁修事宜。曾筠则向朝廷呈请，在仁和、海宁等地酌建鱼鳞大石塘 6000 多丈。这些要求，都得到了批准。

乾隆二年（1737 年）

△江苏常州府的江阴县于六月出现暴雨，五昼夜不止，江潮河水泛滥，低田地区普遍受灾。浙江杭州府的海宁县修建了浦儿兜至尖山头鱼鳞大石塘 5900 余丈，以应对海潮之灾。

乾隆四年（1739 年）

△筑浙江尖山大坝。

乾隆十二年（1747 年）

△七月，浙江杭州府海宁县的大小山圩有潮溢之灾。江苏崇明县于七月十四日夜出现海溢，溺人无数。

乾隆十六年（1751 年）

△官府改建浙江绍兴府山阴县宋家溇土塘为石塘，加筑坦水。

乾隆二十年（1755 年）

△江苏崇明县于夏季出现淫雨，伤禾棉豆。七月十五日、十六日接连风潮大作，米价每石涨至四五两，饥殍遍野。

乾隆二十三年（1758 年）

△增筑浙江宁波府镇海县海塘。

乾隆二十七年（1762 年）

△浙江嘉兴府海盐县于七月十三日潮溢塘圮，水入城三四尺，漂溺民居。

乾隆三十四年（1769 年）

△六月，江苏苏州府大雨，太湖水溢，平地水高数尺，漂没田庐，当年出现饥荒。

乾隆三十六年（1771 年）

△秋季，江苏崇明县有大风雨，潮溢，出现饥荒景象。

乾隆四十一年（1776 年）

△七月二十一日，江苏宝山县海溢，禾棉无收。

乾隆四十六年（1781 年）

△江苏崇明县于六月十八、十九日都是风潮大作，溺死男女 12000 余人，民舍被毁 18000 余间。松江府的南汇县先是夏季大旱，后于六月十八日出现海溢，大风拔木，屋多倒塌，漂没人畜无数，当年出现饥荒。

乾隆五十六年（1791 年）

△江苏宝山县有飓风海溢之灾，分别于七月一日、十五日、八月一日三次出现潮溢，当地棉花无收。

乾隆五十八年（1793 年）

△七月七日，浙江嘉兴府的海盐大潮，毁坏民居。

嘉庆四年（1799 年）

△官府改造浙江绍兴府山阴县的土塘为柴塘，加强海潮力度。江苏松江府的南汇县则于当年闰七月三、四、五日，都出现大风雨，引发海溢，民多溺死。

嘉庆七年（1802 年）

△江苏松江府的南汇县七夕覆溢，漂没钦塘外庐舍人畜无数。

嘉庆十年（1805 年）

△江苏崇明县分别在闰六月三、四、五日出现潮溢，到秋季有虫伤棉稼之灾。

嘉庆十三年（1808 年）

△改造浙江绍兴府萧山县的土岸为柴塘。

道光十五年（1835 年）

△江苏松江府的金山县在夏季发生大旱，到六月六日出现雷雨冰雹，十四日大风一昼夜后，海潮泛溢，禾苗尽没。

道光十六年（1836 年）

△浙江绍兴府山阴各土塘堤一律改筑柴塘，将江苏松江府华亭地方的土塘加筑单坝二层。

道光二十八年（1848 年）

△六月二十日，江苏松江府的上海县出现有大风雨，伴随潮溢，

到二十二日晨大雷雨。棉花晚至九月始结花，地方上发生饥荒。而江苏的崇明县在六月二十日因东北风大作，海潮泛溢，城内水深二三尺，濒海民居多遭沉溺，到八月份遭雨雹，雹大如碗。

咸丰元年（1851 年）

△五月八日，江苏崇明县发生大风雨，潮溢，拔木毁屋。

咸丰七年（1857 年）

△江苏宝山县于七月十六日风潮大作，五岳墩、龙王庙等地，均遭受海潮冲击而漫塌。八月十八、十九日两日，又连遭飓风。

同治元年（1862 年）

△浙江嘉兴府的海盐县海宁塘圮，海水溢入内河，使农田受损，市场上斗米贵至千钱。

同治二年（1863 年）

△浙江嘉兴府的嘉善县与平湖县均有海溢，河水因此变咸，田禾多死。是年，湖州府的乌程县与归安也因海水内溢，当地河水皆咸。

同治五年（1866 年）

△官府修筑浙江海宁鱼鳞石工 260 余丈，加强应对潮灾的能力。

同治七年（1868 年）

△两江总督曾国藩等向朝廷奏请，兴修江苏松江府华亭县的石塘护坝。此后，塘工岁有修筑。

光绪二年（1876 年）

△江苏松江府夏六月大风雨，海溢，船多漂没。

光绪三年（1877 年）

△修筑江苏太仓州宝山县北石塘护土，修建护塘拦水各项，以及浙江杭州府仁和县与海宁地方的鱼鳞石塘 1300 余丈。

光绪七年（1881 年）

△江苏松江府的青浦县于闰七月出现大风雨，海潮泛溢，禾棉漂没。嘉定县在六月二十、二十一日都有大风拔木的灾情，七月初四出现大风雨，伴有海溢，禾棉因而漂没。

光绪九年（1883 年）

△春正月，江苏松江府的青浦县有雷雨。秋七月间伴随大风雨出

现海溢，禾棉被淹没。同时在附近的嘉定县，也有大风雨、海溢、禾棉尽淹的灾情。

光绪十年（1884 年）

△官府大修江苏苏州府的昭文县、松江府的华亭县、太仓州的宝山县等处塘坝以及石坦坡。

光绪十一年（1885 年）

△江苏嘉定县于夏秋屡次出现大风雨，海潮上溢，秋季疫病流行。同年，崇明县于八月三日有飓风，夜潮骤溢，水高丈余，城市街巷尽没，沿海民居漂尽，男女溺死 1 万余人。

光绪十二年（1886 年）

△浙江巡抚刘秉璋建言：嘉兴府的海盐原建石塘 4600 余丈，积年坍损过半，拟择要兴办，埋砌者 500 丈，建复者 460 丈，需银 20 万。都得到了朝廷的批准，依议执行。

光绪十九年（1893 年）

△修筑江苏太仓茜泾口椿石坦坡 151 丈，镇洋杨林口椿石 200 丈，苏州府昭文县施家桥至老人滨双椿夹石护坝 200 丈，松江府华亭县外塘纯石斜坝 46 丈。

光绪二十七年（1901 年）

△江苏苏州府的常熟县在秋季有海潮之灾，淹东兴等沙。

光绪三十一年（1905 年）

△江苏松江府的上海县于八月三日发生海溢，漂没人物无数。

二、雹灾

顺治二年（1645 年）

△户科给事中杜立德向顺治帝疏陈帝王的“治平之道”，疏文称治平之道有三：“一曰敬天。君为天之子，当修省以迓天休。今秦、晋、燕畿水旱风雹，天心示警。凡开诚布公，懋德敦行，皆敬天事也。一曰法古。古者事之鉴，是非定于一时，法则昭于百代。故合经而后能权，遵法而后能创。凡建学明伦，立纲陈纪，皆法古事也。一曰爱人。

自大臣以至百姓，宜一视同仁。且无论新旧，悉存弃短取长之心。凡亲贤纳谏，尚德缓刑，皆爱人事也。”

顺治四年（1647年）

△江苏松江在四月初三有大风雨雹，击伤牛马。

顺治五年（1648年）

△浙江嘉兴府的海盐县三月份出现雨雹，小的像鸡蛋大小，损伤麦田。江苏苏州府的昆山县于闰三月三日大雨雹，大者如斗，破屋杀畜。南汇县在四月三日有大风雨雹，击伤牛马粦麦。同日，太仓雨雹，小者如棋，大者如卵，满天飞舞，屋瓦皆碎，庭中积起盈存。松江府在四月也有大风雨雹，地生白毛。

顺治六年（1649年）

△二月十九日，浙江嘉兴府的桐乡县与湖州府的乌程县都有大雷雹，五月份大雨水溢，麦无收。

顺治八年（1651年）

△二月十六日，广东广州府的顺德县有雹，大如斗，击毙牛马。五月，山东丘县（今属河北）大雨雹。山西平阳府汾西县也雨雹，大者如拳，小者如卵，牛畜皆伤，麦无遗茎。

顺治十年（1653年）

△四月四日，安徽池州府贵池县雨雹，大如碗，屋瓦皆碎。江西南昌府武宁县雨雹如石，杀鸟兽。湖北武昌府崇阳县雨雹，人畜树木多伤。五月间，浙江杭州府海宁县雨雹，大如鸡卵，屋无存瓦，树无存枝。陕西西安府泾阳县雨雹，大如拳；永寿雨雹，大如拳，小如卵，积于地面有五寸厚，大伤禾稼。

顺治十三年（1656年）

△浙江湖州府德清县在十月壬戌、癸亥都有大雨雹，出现饥荒。

顺治十四年（1657年）

△江苏松江府的青浦县于春三月有大雨雹。夏五月大雨，六月复雨，伤禾稼。

顺治十五年（1658年）

△闰三月朔，浙江绍兴府的上虞县、广州府的龙门县都有大雨雹，

倏忽高尺许，或如拳，有大如石臼的，人畜多被击死。

顺治十六年（1659 年）

△九月，直隶正定府的新河县雨雹，伤数十人。

康熙三年（1664 年）

△浙江嘉兴府的海盐县二月雨雹，伤人损麦。

康熙六年（1667 年）

△六月，直隶顺天府的香河县雨雹，大如碗，平地深数尺，田禾尽伤，屋瓦皆碎，远近数十里。八月份，保安州大雨雹，伤人畜；宣化大雨雹，伤禾；宣化府的怀来县大雨雹，击伤人畜。

康熙七年（1668 年）

△河南河南府的新安县于五月雨雹，大如甑，屋舍禾稼尽伤。是年，浙江嘉兴府的嘉善县也在五月有大水，二十五日雨雹。

康熙八年（1669 年）

△十月，浙江嘉兴府的海盐县有大雨雹，击死一人，覆舟死五人。

康熙十一年（1672 年）

△江苏松江府的南汇县有雹灾。

康熙十二年（1673 年）

△直隶正定府的行唐县于三月有大雨雹。同年七月，永平府的卢龙县雨雹，雹大如斗。

康熙十六年（1677 年）

△江苏常州府的江阴县于五月有大雨雹，损坏麦苗，六月大雨，禾苗尽没。

康熙十七年（1678 年）

△三月，广东广州府连山县雨雹，雹大如拳，击死牛畜。

康熙十八年（1679 年）

△正月，广东惠州雨雹，雹大如拳。

康熙十九年（1680 年）

△七月，山西太原府阳曲县雨雹，大如鸡蛋，也有大如硙碾者，击死人畜甚多。

康熙二十年（1681 年）

△正月，安徽宿州雷雨雹。

康熙二十六年（1687 年）

△三月十四日，浙江湖州府的德清县有雷电，雨雹如拳、如盂，桑豆麦都被击毁。嘉兴府平湖县于四月雨雹，大如升，小如拳。大易、齐景二乡，暴风雨冰雹，大如升，小如拳，菽麦被击伤殆尽。六月二十四日，甘肃阶州文县雨雹，大如鸡卵，割开之后，据说内有小鱼、松苔。

康熙三十年（1691 年）

△十二月二十六日，浙江湖州府德清县有震电雨雹，如拳如盂，桑豆麦俱遭击损。

康熙三十三年（1694 年）

△广东肇庆府开平县于二月大雨雹。五月，山东兖州府汶上县雨雹，大者径尺，击死数人。

康熙三十四年（1695 年）

△湖北武昌府的江夏县三月雨雹，雹大如豆，中有黑水。江苏常州府武进县的延政乡在夏四月雨雹，雹大如卵；浙江湖州府的归安县在五月大水没田，六月雹大如拳，毁坏民房民舟。

康熙三十六年（1697 年）

△湖北黄州府的黄安县于闰三月有大雨雹。四月，浙江湖州大雨雹。

康熙三十七年（1698 年）

△广西桂林府的灵川县正月十六雨雹，大如鸡卵；贵州安南也雨雹，雹大如拳，麦无收。

康熙三十九年（1700 年）

△七月，直隶正定府的元氏县大雨雹。

康熙四十年（1701 年）

△二月，云南丽江府鹤庆州有大雨雹。

康熙四十二年（1703 年）

△浙江桐乡、湖州府于三月大雨雹，损坏菜菽。广东广州府的龙

门县出现大雨雹，或如拳、如臂、如首，或长或短，或方或圆，积深二三尺，损坏民居无算，虎豹雉兔毙者甚多；海南崖州大雨雹，如霜，著树皆萎；山西蒲县雨雹。

康熙四十三年（1704 年）

△江苏常州府的江阴县于四月二十日出现大雷雨雹，数日不止，损坏麦苗。广东翁源县于六月有大雨雹；山西太原府的定襄县、平阳府的蒲县均于七月雨雹，伤禾。

康熙四十四年（1705 年）

△浙江嘉兴府的桐乡县与湖州地方在三月间都有大雨雹。直隶顺天府的密云县八月份雨雹，伤禾。

康熙四十六年（1707 年）

△二月，浙江湖州雨雹。三月初四，山西泽州府陵川县、广东省琼州府雨雹，雹大如拳。六月，直隶大名府东明县有大雨雹，麦尽伤。

康熙五十一年（1712 年）

△山西解州与沁州沁源县于五月雨雹，雹大如鸡蛋。同年七月，湖北黄州府黄冈雨雹，击毙人畜。

康熙五十二年（1713 年）

△广西桂林府全州于三月二十七日大雨雹，屋瓦皆飞。同年，江苏常州府的武进县于十二月十三日大雨震雹。

康熙五十三年（1714 年）

△直隶顺天府的固安县西五月有雨。七月朔，平大街雨雹，伤禾。同年十二月，甘肃泾州大雷电，山东登州府福山县大雨雹。

康熙五十四年（1715 年）

△江苏江宁府的江浦县于三月雨雹，雹大如升，损伤麦苗。

康熙五十五年（1716 年）

△直隶正定府的新乐县夏季雨雹，雹大如碗。山西平阳府的浮山县雨雹，大如鸡蛋，田禾尽伤。湖北武昌府的崇阳县也有雨雹。

康熙五十七年（1718 年）

△广东惠州府的龙川县于三月出现雨雹，大如斗，坏民舍，牛马击毙无算。浙江湖州府的德清县于九月十八日雨雹，晚禾尽损。

康熙五十九年（1720年）

△直隶广平府的鸡泽县于六月雨雹，大如鸡卵，损伤禾稻。

康熙六十年（1721年）

△广东的连平州三月雨雹，损毁民舍。陕西商州的镇安县，浙江宁波府的慈溪县、绍兴府的上虞、余姚均出现雨雹，小者如碗，大者如斗。同年七月，直隶赵州的柏乡县有大雨雹，大如鸡蛋，伤禾。

康熙六十一年（1722年）

△四月，山西太原府的平定县、江西饶州府的乐平县冰雹。五月，山东胶州府的安丘县有大雨雹。广东广州府的香山县于十一月初十雨雹。十二月，江西赣州雨雹，大如鸡蛋，击伤牲畜。

雍正元年（1723年）

△江苏松江府的南汇县与青浦县于四月八日有大雨雹，自龙华至闸港，大者重四五十斤，击死一人，伤无数。

雍正三年（1725年）

△江苏松江府的青浦县于三月大雨雹。

雍正十一年（1733年）

△浙江湖州府的桐乡县与石门县于三月雨雹，击伤麦及桑。

雍正十二年（1734年）

△江苏常州府的靖江县于四月十三日大雨雹，大者圆径三四尺，小者径尺。树木被雹毁折，屋瓦皆碎，行人于路途中被击毙的较多。

乾隆元年（1736年）

△各地雹灾较多，《清史稿》记载："二月，广州大雨雹。三月，荣经冰；方山大雨雹。五月十七日，青城雨雹，大如胡桃。六月，郧西雨雹，鸟兽多击死。七月二十五日，南和大雨雹；平乡大雨雹，毁房庐，伤田禾；怀安雨雹，伤禾。九月，长子大雨雹，片片著禾如刈。十一月，京山雨雹。"

乾隆三年（1738年）

△江苏苏州府地区九月壬子大雨冰雹，伤禾，吴江、震泽尤甚。吴县亦大雨雹，伤禾。常熟县大雨雹，伤禾。

乾隆四年（1739 年）

△江苏苏州府地区四月丙辰大雨雹，损麦。常熟县有大雨雹，损麦。同样地，松江府的青浦县夏四月有大雨雹，击伤麦苗。

乾隆八年（1743 年）

△江苏昆山县于四月九日大雨雹，伤麦。十一日复雨雹。

乾隆十二年（1747 年）

△山东地区发生风、雹、水、旱、疾疫等自然灾害，七月，朝廷诏令“抚恤山东历城二十州县卫水雹各灾”。

乾隆十三年（1748 年）

△云南鹤庆府，广西高州的信宜县、象州、恩县以及浙江严州府的遂安县于正月初二都下冰雹，雹大如斗，击伤麦苗。四月初四，江苏上海县与昆山县雨雹，击伤麦豆，昆山县人畜被击死无数。青浦县在夏四月间也有大雨雹，伤麦。五月十一日，江苏泰州与直隶通州大雨雹，毁坏屋宇。山东兖州府的滕县于当月十三日有大雨雹，民舍被损坏无数。六月，江西乐平县雨雹，伤稼。秋天，直隶宣化府的怀来、怀安、蔚州、保安与青海西宁雨雹成灾。十二月，陕西西安府的西乡县大雨雹，伤禾。

乾隆十六年（1751 年）

△浙江嘉兴府的嘉善县在九月二十七日有冰雹，十月二十三日下雨，著树成冰，枝叶铮铮有声。

乾隆三十一年（1766 年）

△江苏常州府江阴县于四月有大风雨，有雹，西南城外吹倒石坊一座，拔起大树二株。

乾隆三十三年（1768 年）

△江苏常州府江阴县于三月有大雨雹，积地厚达盈尺。

乾隆三十四年（1769 年）

△江苏常州府的江阴县雨雹伤禾。苏州府的昆山县夏大风，雨雹，拔木倒屋，陈墓镇一带伤民、畜甚多。

乾隆四十七年（1782 年）

△秋九月，浙江嘉兴府平湖县的陈家河有物从空中划过，冰雹随之降落，迤北一带稻田数百亩全被击毁。

乾隆五十四年（1789 年）

△夏四月，浙江嘉兴府的平湖县有大雨雹，伤麦。

乾隆五十五年（1790 年）

△四月五日，江苏松江府的川沙县、上海县、青浦县与南汇县都有大冰雹，损麦。青浦县某村的牯牛还被击死。昆山县的冰雹大如斗，击破屋瓦。

因冰雹成灾频繁，嘉庆年间编的《大清会典事例》中，专门规定："如遇冰雹飓风等灾，其间果有极贫之民，亦准其一例赈恤。"

道光十九年（1839 年）

△江苏吴县于四月初二下午有大雨雹，间有大如斗者，次其俱如升、如拳，道路之人被击伤甚众，东南隅尤甚。

道光二十三年（1843 年）

△七月十二日，浙江处州云和县有冰雹，雹大如斗，屋瓦皆被击碎，损伤人畜甚多。二十五日，广东安定县（今属海南）雨雹，雹大如鸡蛋，山巅落有径尺大小的，数日不化。二十六日，湖北随州大雨雹，禾稼多伤。

同治四年（1865 年）

△二月癸未，直隶诸省都有雷雹灾异，朝廷下诏修省。

同治十一年（1872 年）

△三月十一日，浙江嘉兴府的嘉善县、桐乡县有大冰雹，大者达 17 斤。湖州府的乌程县与归安县在三月十四日有大雨雹。

同治十二年（1873 年）

△六月，江苏崇明县大雨雹，击伤庄稼、毁坏庐舍。

光绪十九年（1893 年）

△江苏松江府的上海县于三月有大风雨自西北来，雨雹大如掌，小如豆，麦苗尽折。

光绪三十一年（1905 年）

△江苏苏州府吴县于三月十五日有冰雹，伤麦，雷震。

宣统元年（1909 年）

△江苏松江府的青浦县于夏五月雨雹，大水伤稼。

三、雪灾

顺治九年（1652 年）

△浙江嘉兴府的海盐县夏季虽有大旱，但在六月初九即出现飞雪大寒之灾。

顺治十年（1653 年）

△十一月，江苏常州府江阴县有大雪，禾苗冰结。靖江县于十二月雨冰，着草木如剑戟，麦尽死。冬，直隶保安大雪匝月，人有冻死者。青海西宁大雪 40 余日，也是人多冻死。

顺治十一年（1654 年）

△浙江嘉兴府嘉善县正月大雪，河渠冰冻，舟楫不通，大雪 10 日不止。海盐十二月大雪，海冻不波，官河水断。湖州府的乌程县、归安县和长兴县在冬季都是大雪旬余，出现大寒，太湖地方冰厚二尺，二旬始解。长兴县地方因大雪旬余，山中人都有僵死者，鸟类也都冻死。

康熙二年（1663 年）

△浙江湖州府乌程县五月出现雪灾，并有大疫。

康熙五年（1666 年）

△十二月初七，浙江嘉兴府嘉善县夜间大雨雪，冰厚盈尺，舟楫不通。

康熙九年（1670 年）

△正月，浙江湖州府乌程县大雪，二十八日积雪未消，九月出现雨雪天气，十二月则大雪丈余，鸟兽冻死。德清县九月也是雨雪，十二月大雪丈余。长兴县有大雪，鸟兽乏食冻毙。

康熙十五年（1676 年）

△十二月朔，江苏松江府上海县奇寒，冬天大雪屡降，积三四尺。

康熙十六年（1677 年）

△九月，山东青州府临淄县大雪深数尺，树木冻死。山西沁州武乡县大雨雪，禾稼冻死；直隶顺德府的沙河县有大雪，平地深三尺，冻折树木无数。

康熙十九年（1680 年）

△广西高州八月大雪。

康熙二十九年（1690 年）

△江苏昆山县与吴县冬季大寒，河冻月余，河道中断，人畜树木冻死。上海县在十二月四、五日甚寒，黄浦江有冰凌，二十八日大雪深数尺。广东三水大雪，树木俱枯；海阳大寒，冻毙人畜；揭阳大雪杀树；澄海大雨雪，牛马冻毙。

康熙四十四年（1705 年）

△三月，江苏徐州府砀山县和浙江湖州都有大雪之异。

康熙五十六年（1717 年）

△七月，直隶顺天府通州大雪盈丈。

雍正十年（1732 年）

△江苏常州府武进县于二月二十七日夜大风雪，雪深数尺。

雍正十二年（1734 年）

△四月，江苏苏州府等地都有冰雪灾害。

乾隆七年（1742 年）

△浙江湖州府德清县的武康正月大雪连旬，平地雪深丈许。

乾隆十一年（1746 年）

△江苏苏州府六月丙子雨雪，己卯又雨雪，庚辰又雨雪。常熟县、昆山县、吴江县和吴县于正月有木冰，六月丙子、己卯、庚辰三日皆有雨雪之灾。

乾隆二十二年（1757 年）

△广东潮州府的丰顺县正月雨雪，大寒，人畜多有冻毙。

乾隆五十五年（1790 年）

△浙江乌程县和归安县都有大雪，饥荒，十二月雷电。

嘉庆元年（1796 年）

△浙江嘉兴在正月大风雪寒甚。嘉善县寒冷凝冰达 20 日，据说在湖荡上可以徒步行走。平湖县的湖水坚冰冻结达 12 日，麦多冻死。海盐县则是冰凝不解。桐乡于春正月九日大风雪寒甚，也是冰凝不解。而乌程县和归安县正月大雪苦寒。德清县正月大雪深数尺，竹木有冻死

者。江苏苏州府于正月丙辰、丁巳有雪，苦寒，冻伤果树。江阴县正月大雪后，寒甚，冰柱长几至地，树木冻死。常熟县也与吴县等地一样，大雪苦寒，果树花木多被冻死。

道光二十一年（1841 年）

△浙江嘉兴府嘉善县于十月大雪两昼夜，平地雪深数尺，晚禾未及收的都滞留田中，飞凫千万成群，自北而南食穗无遗。石门县于九月二十四日雷鸣、十月大雪，至十一月初六夜下大雪，大如木棉花飞下，室外雪深达五六尺，许多街道壅塞，罢市数日，房屋亦有压倒者，菜、麦、苗俱损，积雪在阴面者，直至次年二月始消。桐乡县于十一、二月有雪，大雪高积丈许，压圮屋宇，伤人甚众。湖州府的乌程县也在十一月大雪为灾，平地积数尺。归安县大雪积丈余为灾。安吉县与德清县有雪，大雪自十月三十日起至十一月初七止，平地丈余，道路不通者六七日，其阴寒处积雪至次年三月后方消。德清县的屋宇坏者无算，民有压死饥死者。海盐县冬天大雪，平地深丈许，路断行人者，累日历月余始消尽。

咸丰八年（1858 年）

△七月，青海西宁府的大通大雪，厚达二尺，压折树枝，谷皆冻，秕不收。

咸丰九年（1859 年）

△六月，江苏松江府的青浦县夜雪，大寒。浙江台州府的黄岩县，奇寒如冬，有衣裘者。

咸丰十年（1860 年）

△江苏松江府的青浦县于十二月连日大雪，积四五尺。

咸丰十一年（1861 年）

△浙江嘉兴府的嘉善县十二月二十五日大雪旬余，平地积五六尺，河流尽冻，半月始解。湖州府的乌程县、归安县、德清县和长兴县于十二月二十七日大雪，至除夕积深一丈，太湖冰冻，人可行于冰上，至次年元宵始解。同日，江苏昆山县大雪二昼夜，积四五尺，大小河港胶冻，历半月余，人畜树木冻毙无数，据当地传言百余年来无此严寒大雪。吴县于十二月大雪，平地积四五尺。浙江安吉县于十二月二十九日

大雪，积雪厚四尺余。浙江嘉兴府的平湖县冬十二月有大雪，平地雪深丈余。

光绪十八年（1892 年）

△浙江湖州府德清县十一月二十七日有雨雪，冰冻积雪四五尺，大寒。县城文明塔至长桥河船只不通，有人行走于冰面者，至十二月初八渐解。

光绪十九年（1893 年）

△江苏苏州府吴县冬天大雪，严寒，太湖冰厚尺许，不能开船。

四、霜冻灾害

顺治九年（1652 年）

△直隶顺天府的武清、遵化冬天大雪，人民冻馁，人畜多有冻死者。

顺治十年（1653 年）

△直隶保安县冬季大雪匝月，人有冻死者；青海西宁州大雪 40 余日，也是人多冻死。

顺治十一年（1654 年）

△河南漯河冬季大雪，冻死人畜无数。江苏松江府的青浦县冬十一月泖淀流域冰冻不解，人可行走于冰上。

顺治十二年（1655 年）

△江苏吴县于九月初旬陨霜三朝，谷秕歉收。

康熙三年（1664 年）

△直隶晋州三月气温骤寒，人有冻死者；山东莱阳雨奇寒，花木多冻死。十二月朔，直隶的玉田和邢台、山西的解州和芮城以及山东的青州府益都、寿光、昌乐、安丘、诸城等县大寒，人多冻死；莱州奇寒，树木冻折殆尽。湖北武昌府大冶县大雪 40 余日，民多冻馁。安徽宁国府的石埭县大雪连绵，深积数尺，至次年正月方消，而南陵县大雪深数尺，民多冻馁；山东东昌府的茌平县大雪，株木冻折。

康熙六年（1667 年）

△浙江嘉兴府嘉善县于二月初十、十一日出现大风雪冻。

康熙十年（1671 年）

△春正月丁卯，内蒙古苏尼特部、四子部大雪饥寒，朝廷遣官赈之。

康熙十一年（1672 年）

△山西太原府的文水县三月大雪，天气严寒，人多冻死。冬天，浙江杭州府的昌化县大雪，平地雪深三尺。四月，广东乐安陨霜杀麦。五月，直隶宣化府的通州陨霜杀麦。七月，山西岢岚州、吉州陨霜杀禾。此后于康熙三十年（1691 年）六月在广东龙川、康熙五十年（1711 年）正月在广东潮阳，都有霜冻之灾。

康熙十二年（1673 年）

△山东青州府的寿光县正月四日陨霜杀麦。

康熙十四年（1675 年）

△山东平度、掖县、莱阳、昌乐、安丘、蒲台县等地和直隶东昌府的馆陶县、冠县、滨州陨霜杀麦。

康熙十五年（1676 年）

△直隶晋州武强县四月有陨霜杀麦。十一月，陕西西安府的咸阳大雪深数尺，树裂井冻。

康熙十六年（1677 年）

△山东青州府临淄县大雪深数尺，树木冻死；山西潞安府武乡县大雨雪，禾稼冻死。直隶顺德府沙河县大雪，平地雪深三尺，冻折树木无数。

康熙十七年（1678 年）

△江苏与安徽交界附近的砀山县、颍州府的颍上县、铜山县陨霜杀麦。

康熙十八年（1679 年）

△直隶真定府的无极县三月陨霜杀麦。

康熙十九年（1680 年）

△山西辽州榆社县四月陨霜杀菽。同年六月，山东沂州陨霜。八月，广东高州大雪。

康熙二十年（1681 年）

△江苏仪征正月朔木冰。

康熙二十一年（1682 年）

△安徽太平府三月陨霜杀麦。

康熙二十二年（1683 年）

△山西太原府的静乐县七月陨霜杀禾。十一月，湖北巫山大雪，树多冻死；太湖大雪严寒，人有冻死者。浙江湖州府滨太湖区冰冻月余，人可于冰上步行。

康熙二十三年（1684 年）

△江苏仪征县、甘肃静宁州四月陨霜杀麦。

康熙二十四年（1685 年）

△山东兖州府定陶县四月烈风寒雨，人有冻死者。

康熙二十六年（1687 年）

△青海西宁州七月陨霜。

康熙二十七年（1688 年）

△陕西西安府临潼县三月陨霜杀麦。七月，湖南岳州府的岳阳县陨霜杀禾，郝昌大雪，冰寒异常，江水冻合。

康熙二十八年（1689 年）

△浙江湖州府归安十一月大雪冰冻，不通舟楫者数十天。衢州大雪，天寒异常。

康熙二十九年（1690 年）

△陕西商州三月陨霜。四月，山西潞安府的长治县陨霜。十一月，江苏江宁府的高淳县和常州府的武进县大雪，树多冻死。同年十二月，安徽庐州府的庐江县大寒，竹木多冻死；太平府的当涂县大雪，橘橙冻死；颍州府的阜阳县大雪，江河冻，舟楫不通，三月始消。湖南夷陵州的宜都县大雪树木冻摧，飞鸟坠地死；湖北襄阳道的竹溪县大雪，平地四五尺，河水冻。广东中部的三水大雪，树俱枯；海阳、揭阳大寒，冻毙人畜，揭阳大雪杀树。江苏澄海大雨雪，牛马冻毙。

△浙江嘉兴府的平湖县和桐乡县十一月大雪，八日河流皆冻绝。

康熙三十年（1691 年）

△江苏江宁府的江浦县正月朔雨木冰。五月朔，广东平远雨雪。五月，山西潞安府长治县陨霜。江苏常州府的武进县秋八月陨霜杀麦。

康熙三十一年（1692 年）

△江苏仪征木冰。

康熙三十三年（1694 年）

△直隶宣化府的怀来县八月陨霜杀稼。

康熙三十四年（1695 年）

△山西盂县七月陨霜杀禾。八月十五日，岚县、永宁州、中卫、绛县、垣曲陨霜杀禾。

康熙三十五年（1696 年）

△八月，甘肃静宁县、山西介休县、沁州、沁源县、临县、陵川县、和顺县和陕西延安各处陨霜杀稼。

康熙三十六年（1697 年）

△江西饶州府的乐平县与山西省保德州郡七月都出现陨霜杀禾之灾。八月，湖南岳州府岳阳有陨霜杀禾。九月，河南龙门有大雪；西乡陨霜杀稼。

康熙三十七年（1698 年）

△山西大同府阳高县七月陨霜杀禾。

康熙三十九年（1700 年）

△浙江湖州十一月大寒，太湖湖区结冰，月余始解。

康熙四十四年（1705 年）

△浙江嘉兴府桐乡县与湖州地方正月大雪。甘肃狄道州陨霜杀禾。

康熙四十七年（1708 年）

△云南鹤庆二月陨霜杀麦。

康熙四十八年（1709 年）

△山东德州七月陨霜杀禾。

康熙五十年（1711 年）

△广东潮州府潮阳县正月陨霜。

康熙五十五年（1716年）

△江苏高淳县冬天大雪，雪深盈丈。

康熙五十六年（1717年）

△陕西西安府泾阳县于二月出现陨霜杀麦。

康熙五十七年（1718年）

△直隶通州七月大雪盈丈。十二月，安徽太湖、潜山地方大雪，雪深数尺。

康熙五十八年（1719年）

△江苏嘉定县正月严寒，安徽太湖、潜山大雪40余日，大寒。

康熙五十九年（1720年）

△甘肃安定七月有陨霜杀禾。八月，山东德州陨霜杀禾。

康熙六十年（1721年）

△山东青州府临朐县五月陨霜杀麦。

雍正五年（1727年）

△江苏苏州府的吴县、常熟等地十一月木冰。常州府江阴县大寒，木冰。

乾隆十六年（1751年）

△直隶深州武强县三月大雪，平地深尺许，畜多冻死。广东惠州府龙川县九月陨霜杀禾。九月，广东龙川陨霜杀禾。

乾隆二十年（1755年）

△江苏常州府江阴县与武进县八月寒霜早降，江阴县禾苗尽枯，武进陨霜杀谷，米价每石四千钱，出现大饥荒。

乾隆二十二年（1757年）

△广东潮州府的丰顺县在正月雨雪大寒，人畜冻毙。

乾隆二十六年（1761年）

△江苏松江大寒，河冰塞路；上海县浦江封冻，舟船不能通行；宝山县十二月奇寒，牛羊冻死。

乾隆二十七年（1762年）

△浙江嘉兴府平湖县冬季奇寒，湖冰坚厚，舟楫不能通行。

乾隆二十八年（1763 年）

△浙江嘉兴府冬季大寒，大冰，不开冻者时长半月。

乾隆四十七年（1782 年）

△江苏常州府靖江县春季雨雪，天气严寒，陨霜杀麦。

嘉庆三年（1798 年）

△江苏奉贤县正月五日极寒，民户家中厨灶皆冰。

嘉庆九年（1804 年）

△江苏宝山县三月陨雨霜，冻损麦苗。

嘉庆二十五年（1820 年）

△贵州贵阳八月陨霜杀稼。

同治元年（1862 年）

△浙江嘉兴府的嘉善县、平湖县正月大寒，出现人多冻死的现象，而江苏奉贤县也于春正月三日木冰。

同治十二年（1873 年）

△江苏苏州府常熟县十一月严寒，尚湖冰封，内河地方冰厚达尺许，舟楫不通数日。据说当年寒冻使本地所酿黄酒倒在杯中很快结冰，极为罕见。

光绪三年（1877 年）

△浙江湖州府乌程、归安地方十二月大雪连旬，河水冰冻，太湖冰坚，经月不解。

光绪四年（1878 年）

△江苏昆山县十二月严寒，林木人畜多冻毙。

光绪六年（1880 年）

△江苏青浦县冬十月大寒，河道冰冻，舟楫不通者三日。

光绪十八年（1892 年）

△浙江嘉善县十一月下旬寒甚，河荡坚冰十余日，舟楫不能通行。十二月十日大雪二昼夜，平地积雪三尺，十六日昼大雾雨，花木多冻死。

五、火灾

由自然引发的火灾，主要是雷电与地震所引发。

在清代，主要由雷电引起火灾的事例，如：顺治三年（1646 年），山东省济州府齐河县于五月初一有雷火，焚毁孔子庙。康熙八年（1669 年），贵州思州二月十四夜雷火起，烧毁成殿北角。道光二十六年（1846 年），广西梧州府滕县五月二十五日有雷火，焚毁城南楼。光绪十二年（1886 年）六月初三，江西南昌的绳金塔遭受雷击，引起火灾，大部分木质结构被焚毁。

而由地震引发的火灾，如清初人董含《三冈识略》卷八所记载的康熙十八年（1679 年）京师地震："己未（康熙十八年）七月二十八日巳刻，京师地震，自西北起。飞沙扬尘，黑气障空，不见天日，人如坐波浪中，莫不倾跌。未几，四野声如霹雳，鸟兽惊窜。是夜连震三次，平地拆开数丈，得胜门下裂一大沟，水如泉涌。官民震伤不可胜计，至有全家覆没者。二十九日午刻又大震，八月初一日子时复震如前，自后时时簸荡，十三日震二次。十九至二十一日大雨三日，衢巷积水成河，民房尽行冲倒。二十五日晚又大震二次。内外官民日则暴处，夜则露宿，不敢入室，昼夜不分，状如混沌。朝士压死者则有学士王敷治、员外王开运、总河王光裕、通冀道郝炳等。积尸如山，莫可辨识。通州城房坍塌更甚。空中有火光，四面焚烧，哭声震天。有李总兵者携眷八十七口进都，宿馆驿，俱陷没，止存三口。"再如乾隆《银川小志》卷末所载，宁夏地方乾隆三年（1738 年）十二月二十四日发生大地震："数百年来震灾莫甚于此。甲戌夏，余赴馆宁夏署中，有刘姓老夫并二三故老遇难幸免，备述是夜更初，太守方宴客，地忽震有声，在地下如雷，来自西北往东南，地摇荡掀簸，衙署即倾倒。太守顾尔昌，苏州人，全家死焉。宁地苦寒，冬夜家设火盆，屋倒火燃，城中如昼。地多裂，涌出黑水，高丈余。是夜动不止，城堞、官廨、屋宇无不尽倒。震后继以水火，民死伤十之八九，积尸遍野，暴风作，数十里尽成冰海。"

据统计，清代江苏松江府、苏州府、常州府和太仓州地区，在清前期发生火灾96起；杭州府、嘉兴府、湖州府发生火灾55起。

由于人口聚集且因人为直接或间接原因造成的火灾，不计其数。例如，康熙四十一年（1702年）二月十八日，杭州天竺寺大白云房起火，延烧禅堂，当时进香男妇俱宿寺中，慌忙奔窜，死者甚众。康熙四十九年（1710年）八月二十五日夜，嘉定县忠孝祠旁火发，延烧七十余家。乾隆二十一年（1756年）十月初七申刻，江苏吴县承天寺前大火，一昼夜延烧600余家。乾隆四十七年（1782年）九月十二夜大火，浙江湖州南浔镇的上塘东至董宗伯府第门前，西至清风桥，下塘东至三板桥，西至丝行埭，延烧400余家。

第四编

救 灾

中国历朝历代都很重视对灾荒的赈济，逐渐形成了各具历史及时代特点的赈灾制度和政策措施。每一王朝的赈灾制度及措施，都在前朝及其以前历史时期的基础上，进行了改进及发展，逐渐形成了系统的中国古代赈灾史。中国古代的赈灾制度发展到清代，无论是从制度的建设还是具体的措施来看，都达到了中国历史上的顶峰时期。

清代的赈济，从赈济主体来看，可以分为两个方面：一是官方主导并实施的赈济，即官赈；二是民间进行的赈济，称为民间赈济，或是民赈。从官赈与民赈的作用来看，清前期（道光以前）的赈济格局主要是以官赈为主、民赈为辅，并且官赈发挥着主要的、主导性的作用。道光以后，民间赈济在灾荒救济中发挥了越来越有效的作用，官赈力量衰微，形式虽存，力已不逮，到晚清，义赈成为灾荒救济中的主力军。

第一章 官赈

清代的官赈，是在历朝历代赈济制度及经验教训的基础上得以继续发展并达到巅峰的。经过了顺、康、雍、乾四朝持续的努力，在救灾实践中逐渐恢复、建立并完善了官赈的制度、措施，使清代荒政成为中国历代荒政之巅峰，把报灾、勘灾、禳灾、筹赈、蠲缓、发帑、截漕、捐输、捐纳、赈济、以工代赈、养恤、治蝗、除疫等的荒政措施及制度推向了全盛阶段。嘉道以降，官赈制度及实践因政治、经济逐渐的衰敝，官赈也随之衰落。咸同以后，巨灾、重灾的次数及频率都在增加，国力已衰败不堪，官赈无力为继，更趋衰微，民不聊生，饿殍遍野，官赈之弊端日趋严重，西方赈济力量随着殖民入侵渗透进来，并在很多灾区发挥了重要的救灾作用。

一、官赈机构

清代没有设置专门的救灾机构，多是临时设置，因灾而设、灾停即散，即临时性救灾人员及机构的随时派设、解散，不仅使救灾活动得以更加灵活地实施，也使清朝避免了救灾的冗员冗官冗费等弊端。各级临时救灾人员的派设，以及诸如筹赈局、赈捐局等临时性救灾机构的设立，在很大程度上弥补了常设行政机构在救灾方面人力不足的问题，使救灾制度的运转能因时制宜，救灾工作上下相通，职责明确，灾情一旦发生，救灾机制即可以马上启动，救灾工作就能够迅捷有序地展开。

（一）国家常设机构的救灾职能

清代帝王十分重视救灾。救灾过程中，皇帝常常通过求直言、祈禳等方式反躬修省，求得天人感应，同时对中央各部门和地方政府的救灾进程随时进行调控、指导，批准并发布救灾的相关上谕，还将相关的救灾规章制度化、法律化。救灾法规的制定和完善，有助于各级官员在救灾过程中有章可循，奖惩分明，有益于提高救灾效率，“皇上寅绍丕基，勤求民隐，办理灾赈，渥泽覃敷，虽临几自有化裁，要不外监于成宪，通其变而使民宜之也。”在专制集权的统一调控下，从中央机关到地方州县，皆确立了相应的救灾职能和监督机制。

1. 六部的救灾职能

清代吏、户、礼、兵、刑、工六部承担了不同的救灾职能。户部负责救灾章程的制定和议复，并掌管整个救灾进程的运作，吏部执掌救灾官员的奖惩，礼部主持禳灾及旌表捐输助赈等事宜，兵部主要掌管卫所救灾及各级救灾官兵的奖惩，刑部负责贪赈冒赈等案件的审理和量刑，工部掌管以工代赈等。

户部“掌天下土田户口财谷之政”，是清代救灾制度的主要制定者和管理者。清代整个救灾程序的运转和实施，都由户部沟通和调控。各省灾情的报勘，即报灾、勘灾的结果都送交户部，由户部核查后确定赈济内容，题奏皇帝批准后，再转由地方具体实施，“凡地方有灾者必速以闻，遂定其灾分而题焉”。户部还负责灾区赈济粮银的发放和筹备，包括库银的核拨、物料的筹购、赈粮的采买平粜等，户部官员还直接参与和监督地方的赈灾活动。清代实行的因赈捐纳制度，就是由户部设捐纳房，专门办理具体事宜。

吏部负责各级赈灾官员的管理，尤其是奖惩升谪事宜，对官员报灾、蠲缓、赈恤、捕蝗、失火等过失及舞弊失职进行审查和严惩，会同户部、工部对捐输助赈的绅衿士民进行核实议叙。各省遇有收成歉薄及修城、筑堤、义学、社仓等公事时，吏部按绅衿士民捐输数额的多少，地方官出具并无胥吏侵渔浮冒印结、督抚核实具题应行议叙之员，报咨吏部，将捐助动用数目造册具题报户部或工部核实确查，户部或工部会同吏部分别议叙。

礼部负责祈禳等事宜，是清代救灾及其文化行为的重要部门。礼部主要负责管理祈禳、各直省有关御灾捍患诸神祠庙的分封及修筑、旌表捐输助赈的士民人等工作。天气干旱或是久雨未晴要进行祈祷，就由礼部负责。顺治十八年，康熙元年、三年、四年、八年、九年，因京师亢旱而命礼部祈求雨泽，若祈雨效果不佳，皇帝即责备礼部官员未能恪尽职守，如康熙五十年五月，礼部连续祈雨三日，但未获甘霖，康熙帝谕：“礼部大臣不虔诚，亦未可定，尚书贝和诺系懒惰懈弛之人”，并令户部尚书穆和伦代祷。旌表捐助赈济的士民等事宜，也由礼部负责，“凡士民人等，或养恤孤寡，或捐资赡族，助赈荒歉，或捐修公所，及桥梁道路，或收瘗尸骨，实与地方有裨益者，八旗由该都统具奏，直省由该督抚具题，均造册送部。”

兵部主管卫所及八旗官兵的灾赈事宜，包括军队灾赈官员的选拔、奖惩、升谪及赈灾遇难官兵的抚恤等，也掌管灾赈驿递等事宜。如规定卫所旗兵的报灾日期及蠲缓措施，措施极为细致，对报灾逾限或改灾赈、蠲免田地分数、将赈济钱粮借名肥己等进行处分；对救火不力、借名救火乘机抢掠、失火烧毁河工料物的各级官兵予以严惩；武职各在蝗蝻生发时不及早合力扑捕以致长翅飞腾者，分级别予以革职、降职等处分，若能统率兵夫立时扑灭净尽者记录一次。兵部掌管紧急的灾赈驿递等事，如遇展赈借种、紧要灾赈公文等事，加盖灾赈公文红戳后从驿站飞递，“准酌量轻重缓急由几百里驰递”。

工部主管以工代赈工程的修建，包括工程修筑计划、费用、规模、时限等。乾隆二年，规定各省将需修理城垣工程作出预算，报送工部，以备水旱灾害时实施以工代赈；如工部主管因洪灾或地震倒塌的城墙、房屋、桥梁等工程的修葺建筑，以及各省积谷赈济仓廒的建造、河工海塘的防修，“旧城适遇山水骤发、江湖涨溢以及雨水连绵，冲卸坍损，费在三百两以上及千两上下者，地方官据实详报，由布政司亲往勘估，详请动项兴修。开工后责成道府来往察查，工竣由督抚亲自验收。”如工赈工程浩大，工部负责出资或监督实行。

刑部也是重要的减灾救灾部门，灾赈中出现的捏灾冒赈、不负责任、瞒官害民、通同作弊官员的违法行为及其惩处，就由刑部负责完成。康熙七年、九年、十年、十四年、十六年、十八年、十九年、二十一年、二十五年、二十六年、二十八年，康熙帝均因天时亢旱派要员会同刑部，将监内重犯重新审理，并将已结大案逐一详审，以求“狱无冤滞，以迓天和”。对勘灾赈济中的违法官吏制定了刑事处罚标准，对冒告灾伤者给予量刑，捏灾冒赈案由刑部审理。刑部对灾荒时期纳米赎罪（筹集赈粮赈银的手段）制定了具体措施，顺治十二年复准：犯人赎罪，照时价籴谷存仓，年底将收纳罪银并籴谷数目汇造清册，报户部、刑部查核。乾隆十七年，议准在京笞杖人犯赎罪者令刑部查办，按季汇题，银两咨付户部查收。

2. 都察院的救灾职能

都察院对救灾赈济及相应灾赈标准、措施的推进、执行等负有监察之责，对灾赈官员的选拔、考核也有监督职责。都察院下设五城察院，其中一个重要职能，就是主管京师的煮粥赈济事务。

都察院主管的京师粥赈，无论是粥赈地点、煮粥数额、赈济饥民的制度还是措施，都是全国粥赈的典范。都察院主管京师粥赈起始于顺治九年，题准京畿“五城煮粥赈贫”，“每年自十一月起，至次年三月中止，每城日发稜米二石，柴薪银一两”。五城赈厂还管理京师捕蝗、为灾民发放棉衣、发放孤贫银米、救火等赈济事务，“凡五城所辖地方遇有蝗蝻，该司坊官应当率领甲捕，立即扑灭。若遇时疫流行，五城还应设药局棺局，分段施放”。嘉庆六年，永定河水灾，都察院将数万件棉衣交由五城向灾民发放，此后每年冬间及逢水旱等灾，五城散给灾民、贫民棉衣之赈渐成制度。

都察院对五城赈济诸事负有稽查之职，自雍正八年开始，五城赈济诸事渐成规制，各设循环簿登记所赈数目，一日一换；平粜也设循环簿，五日一换，均由都察院查核。赈粥所用米粮柴薪及粜米数目栖流所用银，亦由都察院确察转送，报明户部核销。

都察院派出专门官员，负责监督审查、处置灾赈贪腐弊端，于雍正二年（1724 年）设巡仓御史，总查仓场弊端。雍正五年，在京各仓均设御史满汉各一人，专任稽查之责。

3. 理藩院的救灾职能

理藩院是专门负责西藏、新疆、蒙古地区灾赈事务的机构，管理灾情上报、核查、灾情分数确定及赈灾物资的发放、灾荒地区钱粮蠲免的具体细则等。顺治十八年（1661 年）设立的理藩院四司，即录勋司、宾客司、柔远司、理刑司等分别处理西藏、新疆、蒙古地区灾赈官员的管理、升迁惩罚等事务。雍正七年（1729 年）在理藩院下设立的巡按游牧御史，也监管游牧灾区的赈济事宜。乾隆二十九年（1764 年），经过多次机构调整及改革，理藩院共设旗籍、王会、典属、柔远、徕远、理刑等六司，分别负责旗地藏地回部的灾赈事宜。

理藩院对灾荒赈济及其程序作出了规定："蒙古如遇灾荒，先由各盟内人等共出牛羊，协济养赡，并将协济被灾人口数目造册送理藩院。倘若连遇饥馑，该盟内力乏不能养济，则由盟长会同该札萨克等一同具报到院，由理藩院请旨，遣官查勘，发帑赈济。"

理藩院所属的王公大臣等请求赈济的事务，也应由理藩院代为向朝廷转奏并核查。如嘉庆年间，阿拉善札萨克亲王玛哈巴拉因该旗被灾，呈请借粮 2000 石，即由理藩院代为请准，并行知陕甘总督转饬宁夏道就近各县仓储内拨粮赈济，同时通知户部在亲王玛哈巴拉等俸银中扣除赈粮估价。

4. 内务府救灾职能

内务府成为清代灾赈正常进行不可或缺的机构，其中一个最大的灾赈职能就是管理粮庄和纳银庄的勘灾、钱粮赈济及蠲免等事宜，灾赈的钱粮物资调拨、灾赈蠲免等，一般都要造册上报内务府奏请皇帝批准后，才能调拨起运。

雍正十一年（1733 年）确定了粮庄承担最终勘灾、确定蠲免分数的职能，即对各粮庄遇有旱涝，庄头等应先呈报所勘成灾分数，再申报总督，并将原册封送户部，转送到内务府，由内务府委托官员会同地方官履亩复勘。盛京粮庄如遇旱涝，据掌关防佐领呈报，由盛京内务府总管分别奏请，亦按被灾分数蠲免。

乾隆十一年（1746 年），规定内务府承担核查粮庄受灾及赈济档册，并有最终决定灾赈数额、进行奖惩的权力，即规定庄头人等逢旱涝，将被灾地亩坐落顷亩数目一面呈内务府存案，一面呈报地方官，详报附近大员委托邻近州县监同履亩查勘，按被灾分数详报总督，再取具地方官及委官“并无隐漏捏报印甘各结”咨内务府，内务府与原报数目详加核对，如若相符，其应免差务、应给口粮即照例办理，倘有捏报及与原册不符，则照例治罪。

内务府还掌管京师贫民棉衣的发放，并负责发放内帑银用以赈灾。嘉庆十三年（1808 年）起，谕令内务府动用闲款银两，每年制备棉袄1000 件，由五城发放京师贫民。咸同以后，国库日蹙，内帑银成为灾赈的重要赈银来源，内务府负责内帑银的拨放，光绪十三年，河南境内黄河水灾，慈禧太后拨内帑银 10 万两赈济灾民就由内务府发出，解交户部。

5. 各直省救灾职能

顺治六年（1649 年）就规定直省灾荒由督抚详查顷亩分数具奏，十年（1653 年）规定勘灾时责成督抚大员奏报的定例，京城由户部、直省由督抚请赈。雍正朝以前，朝廷派部院堂官到地方查勘赈济，后因钦差出巡，地方供顿不胜其烦，就规定每遇灾荒，即责成本省督抚查办，“大吏之责弥重矣”。督抚的灾赈职责主要有三个，一是将地方灾情迅速奏报朝廷，依照上谕确定并落实赈济措施，“地方水旱灾祲……惟在该督抚等及早驰奏，蠲赈兼施，用苏民困”。二是委任与监督地方官员办赈，督抚对勘灾厘户、散赈安流诸事有审核决定之责，督抚统率一省吏治，其用人得当与否更是关系荒政得失。三是防灾与禳灾。顺治十年规定：督抚负有考察地方水旱灾害端倪并早作奏报的职责，可随时密奏灾情，并上达民隐，反省水旱饥馑的原因。

其次是布政使及学政也承担灾赈事务，即地方赈务乃藩司专责。康熙四年（1665 年）规定，报灾、勘灾由布政使负责，州县官员即将被灾情形申报布政使司，若布政使违限，照州县道府处分；勘灾时布政使应认真稽核，不可讳灾，亦不准捏报。赈粮赈银的发放、灾地的蠲缓也由布政使制定措施，并向督抚汇报。学政负责掌管各省贫生的放赈、稽查事宜，乾隆元年规定，定嗣后遇赈贷之时，由督抚、学政令教官将贫生名籍开列，送地方官核实详报，于存公项内量拨银米，交本学教官散给。如教官开报不实，给散不均及有胥吏中饱者，交督抚学政稽查，以不职罪参治。

道员和知府对所属被灾州县亲身督勘，并对州县所报的各村庄成灾分数复查加结，详请督抚具题。道府还应对州县散赈进行监察，否则严加惩处，即若道府大员不亲自勘灾或亲往督察，只根据印委各官印结率行加结转报者，由督抚题参。

州县官府的灾赈任务主要有报灾、勘灾、减免赋税、赈济饥荒、带头捐输、捕蝗等。清初规定，州县若有灾情，夏灾应在五月、秋灾应在八月勘确通报，上级部门接到报文后，派员到州县协查。州县官预先应根据灾户呈报的灾区位置及受灾亩数，制作简明呈式，由乡保转给灾户填写后报送，州县官与粮册核对后，按村庄汇齐分订成勘灾底册。勘灾时，州县官将此底册分交各查勘委员按田踏勘，勘灾结束后州县官即造具灾分田数、科则、蠲款的总册，并造报被灾区图田亩册，出具印结后送交上司。勘灾的同时州县官就要着手筹备赈济事务，放赈时亲自前往，在正赈结束前认真查看地方赈后情形，若正赈钱粮不能接济到麦熟之时，即向上级具禀，请求加赈；发生蝗蝻时州县官要轻骑简从，督率佐杂等官亲自前往扑捕。

胥吏乡保是清代灾赈最基层的灾赈人员，基层灾赈事务如报灾、勘灾、造册、审户、发赈、查赈等都由乡保胥役里保进行。如勘灾时，县令先期传集地保到县，令其伺候各委员临庄挨查，先行给赏其饭食钱文；查赈委员到灾区时，一般有 1—2 名胥役随从以供缮写；放赈时，赈粮也由地保乡约配合各庄绅耆就地给散；领赈银时，乡保等邀集绅耆等候县令，将赈银逐封查对。外出灾户归来时，乡保立即向承查委员或县令汇报，对其即时按册给赈。赈灾胥吏的口粮杂费可从公费中动用报销。

（二）临时救灾人员及机构的派设

清代除了常设机构具有灾赈职能外，还根据各地灾情及灾荒延续时间，临时设置灾赈机构、派出灾赈人员。

首先是办赈大臣的派设。在灾赈中，皇帝常派专职官员去地方协助和监督督抚办赈。该制度最早在顺治九年（1652 年）派遣部院堂官勘察淮扬水灾后就开始实施，随后历朝沿用。熟悉治河之道或谙熟灾区情况者也常被皇帝任作灾赈钦差，到灾区督办灾赈事务。乾隆二十六年（1761 年），黄河在河南祥符等处漫口，上谕“于河务水利曾经派办，全河经纬，自有成竹”的吏部侍郎裘曰修为钦差大臣，前往灾区查办赈务。随后，又派“久任南河，诸事熟谙”的江南河道总督高晋赴河南协助经理。

查赈大臣尤其是钦差大臣具有特殊权力，对奉行不善、怠忽从事的灾赈官员可以严参治罪，对地方各级官吏的灾赈活动起到一定的震慑和监督作用，有利于提高救灾效率。但钦差查赈是临时差遣，“非可援为成例”，若地方官可以料理地方赈务，即不能添设钦差之席。

其次是地方办赈委员的设立。地方办赈委员是督抚可从知府、同知、通判内遴选，会同州县至灾区履亩确勘，以增加办赈力量。若被灾州县较多，州县官不能兼顾时，道府可委托邻近不被灾的州县官协同查办。这类委员与督抚所委派复勘的厅印官不同，被称为“协办官”，人数由州县官根据各村庄灾册计算，向知府申请委派相应人员，若本府可派出的佐杂等仍不够用，可再禀请督抚、布政使调发候补试用等官分办。委员勘灾查赈的盘费有严格规定，知府、州县官等正印官俸禄优渥，不准支给盘费；教职及县丞、佐杂、候补、试用等官由官府按日拨付盘费。

最后是赈捐局与筹赈局的设立。在灾荒多发的州县，为办理赈捐事务，常常设立名为“局”的灾赈组织，协助官府赈灾。但赈局并非常设机构，是临时性救灾组织，赈务后期或停办后就撤销。如乾隆年间，浙江余姚荒旱，知县戴廷沐在城隍庙设局，延请原沭阳县知县黄璋及监生、贡生等 13 人为董事，持簿劝捐，乡民自行赴局输捐，所捐米石由董事收存支放。

二、官赈制度

清代官赈集历代救灾制度及经验之大成，在报灾、勘灾、禳灾、筹赈、救灾等方面均建立了完备而详细的规章制度，将中国古代官赈制度推向了最巅峰。顺康雍时期是官赈制度的初建及形成期。乾隆时期成为中国古代官赈制度的顶峰，嘉道以降官赈制度渐趋衰落。咸同以后，初步实现了相关赈灾制度的近代转型；随着清王朝政治、经济实力的衰退，官赈体系日趋式微，民间义赈随之兴起，并在灾赈中发挥着日益显著的作用。作为中国古代最完备的灾赈制度，清代官赈制度极为详尽，此仅列十类最主要的荒政制度。

（一）报灾制度

报灾是指地方官员层层上报地方灾情状况，以便朝廷实施赈济的程序，报灾制度的建设是清代历代皇帝都很重视的基础性程序，也是历代都在改进完善的工作。清代报灾有两个阶段（环节），即基层告灾和官府报灾阶段。告灾的形式有两种，一是口头叙述汇报，二是文字陈述。灾情紧急时，先做口头汇报，再呈递文字材料，也有二者同时进行的。基层灾区告灾后，州县官府就立即开始进入报灾阶段。

顺治六年（1649 年）规定，报灾是地方督抚的责任，地方遭受灾荒，督抚大员应立即了解被灾田地数额及灾情分数，奏报朝廷，规定官员“有灾必报”。顺治十年（1653 年）十一月辛亥确定，夏灾必须于六月底以前上报、秋灾必须于九月底前上报，对违限即迟报灾情的官员进行严惩，据报灾违限时间长短处罚，超期一月者罚俸，一月以上者降一级，违限太长者革职，“永著为例，报可。”

顺治十七年（1660 年），将秋灾报灾期限调整到七月底，“夏灾限六月终旬，秋灾限七月终旬”。对甘肃报灾作了专门规定，“甘肃夏灾不出七月半，秋灾不出十月半。”对违限的处罚更为细致，计算期限时扣除了程途中的时间，使制度具有了人性化因素，“先将被灾情形题报，仍扣去程途日期，如详报到省在限外，而扣算程途日期，尚未逾限，免其揭(衤+氵)；若到省在限外，而计算应扣之程途，亦已逾限者，即行照例参处。如州县官迟报，逾限半月以内者，罚俸六月；逾限一月以内者，罚俸一年；逾限一月以外者，降一级调用；逾限两月以外者，降二级调用；逾限三月以外，怠缓已甚者，革职。”在惩罚违限官员时，从州县官到巡抚、布政使到道府官员，均一视同仁，促使各官既受监督，也能自警。此后，不同品阶的违限官员均受样处罚。该制度在康熙、雍正、乾隆时期一直在执行。

康熙四年（1665 年）调整了报灾期限，“夏灾不出六月，秋灾不出九月”。五月丁酉再次重申并明确了布政使与道府州县官的违限处罚等同的原则。康熙六年（1667 年）专门制定了旗地报灾的期限，一年只报一次灾，比农业区的秋灾期限提前了十天，即每年七月二十日前完成报灾；七年（1668 年）又将旗地报灾期限延迟二十天，“各旗灾地远近不一，难以查验，准宽至八月初十日，逾期不准。”

康熙十五年（1676 年），再次重申地方官报灾逾限迟报灾情的处罚，“逾限半月以内者罚俸六月，一月以内者罚俸一年，一月以外者仍照从前定例议处。”雍正时期就沿用了此规定，到了乾隆时期，处罚的方式依旧如此，只在细节上进行了完善。

康熙二十五年（1686 年）规定了庄田报灾的期限，与旗地报灾类似，报灾不分夏灾与秋灾，每年的报灾期限为七月二十日以前，由庄头负责呈报灾情，会计司再派出官员前去勘灾。四十七年（1708 年）规定庄园人承种官地时，如遇水旱灾害，按照民田的例子，灾情分数属于一至四分灾的，不准报灾，亦不救济。

雍正三年对违规处罚、报灾期限作了调整，规定“夏灾不出六月底，秋灾不出九月底”。

乾隆二年（1737 年）九月谕：“直省报灾，朝闻，发不待夕；夕闻，发不待朝。”六年（1741 年）谕令，报灾既要遵守制度，也不必拘泥成例，地方官发现灾荒端倪，随时奏报，可用“密奏”方式奏明灾情。报灾期限仍执行“夏灾六月终旬、秋灾九月终旬”的制度。对报灾逾限沿用了顺治十七年、康熙十五年确立下来的制度。乾隆十八年（1753 年），参照康熙十五年民田报灾期限，规定卫所报灾迟延，半月内罚俸六月，一月内罚俸一年，一月以外降一级调用，二月以外降二级调用，三月以外者革职，冒灾、匿灾者罚俸一年，报灾时不报送印结或在报灾册内不对受灾分数、受灾田地及人口数额等内容详细记录及分析，或报灾中只报巡抚但未报总督的卫所官员，一律罚俸半年。

乾隆帝还对气候寒冷、庄稼生长迟缓的甘肃等地区报灾期限作了延长，乾隆七年（1742 年）二月初二日，甘肃巡抚黄廷桂上“奏为巩昌兰州等府报灾请展限半月事”奏章，请求加延甘肃兰州等地的报灾期限，于是规定河东巩昌、兰州二府，河西宁夏、西宁、甘州、凉州等四府，直隶肃州及口外安西、靖逆二厅，若六九两个报灾月，期限适当放宽，夏灾和秋灾各展限半月，夏灾不出七月半、秋灾不出十月半。

乾隆朝完善了粮庄勘灾程序及捏报灾情官员处罚的弊端，十一年（1746 年）规定，停止由庄头先勘灾再委派司官再次查验粮庄田地灾情的做法，灾荒发生后各庄头将灾情报府存案时，也呈报地方官，再报离灾区最近的上级官府，由该长官委派邻近州县官员会同查勘灾情分数，再将勘灾结果呈报总督，总督将勘灾结果与庄头上报结果核对，如相符即行赈蠲，如不符就按照捏灾罪处理。

盛京的粮庄报灾、赈济与他处有所区别。乾隆十一年（1746 年）规定，即报灾工作由关防佐领呈报负责，再报内务府总管，再奏请按灾情分数蠲免。四十七年（1782 年），针对盛京、锦州等地报灾中存在的所有灾情一律申报的弊端，以民田报灾的基本分数为标准，再次对盛京报灾的灾情级别作出了明确规定，庄头报灾时，五分以下的灾荒，即一至四分灾不算成灾，不准申报赈济，五分以上（含五分）的灾荒，可以依照民田的报灾方法规定来办理，可以免去差役的庄民，就不用再给予口粮。五十四年（1789 年），对盛京庄头呈报灾荒的蠲免分数作了详细规定，灾情分数达到七分的庄田，蠲免粗粮二分；灾情分数达到五六分的庄田，蠲免一分粗粮，不敷支给的口粮及蠲免剩余的粮食，可以折银计算。

（二）勘灾制度

勘灾是督抚接到报灾信息后委派官吏亲临灾区，协同基层吏役勘查核实灾情，勘定灾区位置及田地成灾分数、受灾人口数、禽畜财产受损状况，以确定赈济数额、蠲免分数及赈济期限，是赈济程序的肇始，也是灾赈措施推行的前提和依据。

1. 顺康雍三朝勘灾制度的初建

顺治朝在继承明制的基础上初步规定了勘灾期限及违限处罚的制度。顺治六年（1649 年）规定，勘灾是地方督抚的责任，地方遭灾，督抚大员应立即了解被灾田地数额、确定灾情分数并明确奏报，规定灾情上报后一月内勘察灾情并奏请灾赈措施。顺治十七年（1660 年）再次确定，勘灾以一月为限，违限处罚，“永著为例”，勘灾期限的确定，提高了赈济的效率。

顺治朝还初步制定了八旗勘灾制度，十八年（1661 年）专门规定：旗地遇灾，需派侍郎以下、副都统以上官员率户部司官、笔帖式到灾区，在佐领、领催协助下勘验灾情，如与造报灾情分数册不符或有遗漏，或冒指受灾地亩、勘灾不细，分别由部院笔帖式、佐领、领催及勘灾官员承担责任。顺治朝的初步建设拉开了清代勘灾制度建设的序幕，使勘灾程序有法可依。

康熙朝对顺治朝的勘灾制度进行确认及调整。首先是对旗地勘灾制度的调整与补充。康熙四年（1665 年）规定，八旗地区遭遇灾荒后，副都统不再参加勘灾，由骁骑校、领催等进行勘灾，这大大减少了旗地勘灾官员的数量，简化了勘灾程序，促进了旗地勘灾制度的发展。其次是初步确立了勘灾不当的处罚制度。康熙朝继承了顺治朝勘灾逾限的处罚制度，康熙十五年（1676 年）对勘灾官员委派不当及瞒报或妄报灾荒、报灾不详细明确的官员作出了罚俸一年或六个月等处罚规定。最后是勋庄粮庄勘灾制度的建设。康熙九年（1670 年）对前朝忽视的粮庄勘灾制度的建设，规定关内粮庄报灾时，官府应派遣委司官 1 人、内管领 1 人前往勘察灾情，造册上报内务府，作为赈济的主要依据。康熙二十五年（1686 年）进一步规定：七月二十日以前庄头呈报灾情后，会计司委员勘灾，不成灾田地在 65 垧以下者赈济钱粮养赡家口，65 垧以上者照旧当差，规定了粮庄灾赈的初步标准，不成灾田地数额以三顷九十亩为限，少于此数者免去租税，以收入养赡家口；多于此数者依旧纳粮。

雍正朝对勘灾期限的调整及确立、违限的处罚，使勘灾制度逐渐规范化。雍正朝承袭了报灾后一月内完成勘灾的制度，三年（1725 年），确定一月的勘灾期限，对违限进行处罚，"逾限者交该部议处"。六年（1728 年）调整勘灾期限，总体时间延长十五天，即勘报灾情分数的时间展限 10 天、查复上司时间展限 5 天，勘灾共给 45 天时间，即勘察灾情时间不含途程时间，官员在奏报中注明途程花费时间即可。但若违限，州县、道府、布政使、巡抚各官即按逾限例论处。还制定了勘灾人员选拔制度，督抚向朝廷报灾时，从知府、同知、通判等下属官员内遴选合适人员，与受灾州县长官一同勘察受灾田地、确定灾情分数，在 45 日内将勘查结果题报到部，逾期者按违限制分别论处。

雍正朝确定了勘灾渎职的处罚及边勘边赈的制度。对部分玩忽职守的官员进行惩罚，五年（1727 年）规定，沿河州县遭受水灾之后，地方官应陪河道官员亲赴灾区勘灾，匿灾就按报灾怠玩例惩处、勘灾不实者按溺职罪论处；将"申报灾伤，务在急速；给散钱粮，务要及时"确立为清王朝强调的赈济原则。还推进了勋庄粮庄田地灾赈制度的建设，元年（1723 年）规定山海关外粮庄遭遇旱涝灾害，报灾后由锦州副都统、郎中等官员负责勘灾造报数据；三年（1725 年）制定了庄头田地勘灾时捏灾惩罚制度，即关内庄头田地受灾后按成灾分数蠲免，如捏报灾情即予严厉惩处，捏报五顷者鞭八十，捏报十顷者鞭一百；如全系捏报即处以枷两月、鞭一百之刑法；报灾后官府勘灾人员前往，庄头不陪同勘察者，处鞭一百之刑，革除庄头之职。十一年（1733 年）对庄头受灾田地的勘灾制度作了详细补充，即各庄发生旱涝灾害后，需将灾情呈报地方官，再呈报总督，勘察账册加封送呈户部，再转送内务府，再由内务府委派官员复勘灾情。

经过顺康雍三朝在实践中的不断调整修改，清代勘灾法规逐渐建立、发展，奠定了清代赈济制度的基础。

2. 乾隆朝勘灾制度的完善及确立

乾隆朝承袭了45日勘灾册报的期限后，首先是完善勘灾期限及违限处罚制，最终确定勘灾限期。五年（1740年）作了修订，“勘灾限期定以四十日为限，将限一月内察明，改为按限勘明”。其次是制定对勘灾不力官员的处罚制度。三十年（1765年）规定州县发生灾害，地方官须亲自查勘，据实奏报；如查勘不实、隐瞒灾情或把成灾谎报为不成灾者题参革职，永不叙用；如查勘不尽心竭力，少报灾情分数者按溺职条例革职。

乾隆朝明确了旗地勘灾官员的职责，十八年（1753年）规定勘灾官员须由各部侍郎以下、各旗副都统以上的官员担任，率领户部司官及笔帖式到达灾区，各旗地佐领、领催等官员陪同，共同查勘灾情、确定灾情分数，若勘灾失误就追究相关责任人的罪责，如造册题报时发生遗漏和舛错，责任就由部院承担；如笔帖式记录的受灾地亩属“冒指”，责任就由指点受灾田地的佐领负责；如灾情轻重、受灾地区的地势等查勘不详细清楚，就由侍郎以下、副都统以上的勘灾官员承担责任，这种针对勘灾具体环节责任自负的制度，完善了清代旗地勘灾制度。

对粮庄勘灾及捏灾的处罚，乾隆朝停止了由庄头先勘灾，再委派司官再次勘灾的做法。十一年（1746年）规定灾荒发生后，各庄头在将灾情报府存案的同时呈报地方官，再呈请离灾区最近的上级官府委派邻近州县的官员会同查勘灾情，呈报总督，总督将其与庄头上报结果核对，如相符即行赈蠲，如不符再按捏灾罪处理。庄头的报灾、勘灾工作几乎同时进行，结果的核查由总督执行，两项结果相符就立即赈济蠲免。改革后的粮庄报灾勘灾直至赈济，各省总督就可完成，粮庄田地的勘灾蠲赈逐渐与民田趋同。

乾隆二年（1737年）七月规定，督抚一面报灾，一面选派要员亲到灾区率当地官员勘灾的同时，据灾荒情况及灾民数量，先动用仓廪粮食实施临时赈济，勘灾完毕后在勘灾题报册内填写清楚加赈的钱粮数额，赈济全面结束后再题销赈济过程中消耗的米粮数，最大限度地保证勘灾官员行使灾赈权力的合法性和有效性，也使灾民在最危急时得到官府的快速救助，增强了制度的弹性及有效性。十六年（1751年）进一步规定：勘灾人员只能由各受灾地区最高长官总督和巡抚从地方的道、府、厅等中级行政长官中挑选委派，亲赴受灾地区，率灾区州县长官勘察灾情。明确了督抚亲自勘灾的职责，以“嗣后遵守”的谕旨将其上升到了制度化层面，让亲自勘灾、体恤灾民成为督抚的重要工作职责，也让督抚承担了解决灾区问题的责任，完善了勘灾责任制度。

勘灾多由督抚派遣府道官员偕同州县官员进行，基层官员常将费用转嫁到灾民头上，乾隆元年（1736年）七月谕令，勘灾时造册题报及吃住等费用等都从公存银两内支付，不得再派累灾民，违者从重处罚。这是勘灾制度建设中具有历史意义的改革，减轻了灾民及勘灾官员的负担。乾隆以“嗣后”“通行晓谕”的方式将此规定变成永远遵守奉行的制度固定了下来，是完善、促进清代勘灾制度的重要举措。

3. 清代勘灾制度的程序及措施

清代的勘灾制度，主要包含了八道程序，分述如下。

一是确定勘灾人员，划定勘灾区域。第一在“州县灾象已成”之时，各级府衙在接到下属灾情报文时，一面呈报灾情，一面确定勘灾人员，确定灾区方位，迅速派员到灾区查勘。乾隆二年、十六年勘灾制度规定，督抚必须亲临府州县勘灾，会同州县官勘灾，奏报详细灾情，对灾民进行初步救济。第二是由道府州县知府、同知、通判等官员组成的、参与具体工作的勘灾委员，统筹指挥、督查勘灾工作。府州县属吏作为勘灾的中坚力量，经督抚的严格遴选及派遣亲往灾区，受委官员各司其职，不得假手他人。第三是由州县的衙吏书役等基层官员组成并向知府及知县、同知、通判等直接负责的基层勘灾官员，由府州县基层官员从品行端正的衙吏书役即“六房书吏”中严格挑选组成，选择点书一人、登记书二人、随役一人，用保正甲长指引，携带鳞册担任勘灾基层官员，率乡保等乡村管理者仔细、具体地查勘。第四是协勘官员，即本州县人员不够时从邻近州县调拨协助勘灾的官员。若灾情重、灾区范围广大、受灾村庄较多，常委派和调派邻近尚未被灾的州县官员及佐杂前来协办勘灾，分路前往灾区查勘，若邻近府州县调派的勘灾人员还是不够，就得禀报院司再从其他地区调派尚在候补或试用的官员协助勘灾。第五是由乡保里甲长等乡村基层管理者组成全程勘灾成员，负责带领第三、四层级的基层官员进村入户及进行实际勘查。衙吏书役一般选拔户籍管理、赋税征收人员以及乡保里甲长牌头等熟悉灾区情况，对受灾田地、灾户人口及极贫次贫情况了然于胸的乡村主要管理者担任，考察其人品、操守、行为后，录用品行俱佳者全程参与勘灾，是勘灾委员的前锋及勘灾的主要力量。随后就分派各官勘察的具体地区，若位置偏远的、人员不够时可选派臣簿检役等人勘灾。

二是查造草册。草册是报灾后各受灾州县及乡保进行灾情初勘而迅速制成的各村庄受灾图册，标明灾区地理位置、大致范围、灾情状况及分数、灾区人口等。草册查造主要有以下几个步骤：第一是填写门单，确定灾区位置及范围，确定某省某府某州某县或某乡某村、某庄某甲、某牌某圩等。第二是确定受灾田亩并于田地旁插签立牌，填写受灾村庄数及其田亩数额与户主姓名，并在受灾田地旁插签立竿，悬牌标明灾情数字，经基层村吏圈定、确认后写入草册的田地才能进入勘灾范围，经勘灾官员勘察确定后就能得到赈济。第三是以村为单位造报灾区基本情况图，填入估算的受灾田地数、灾情分数、户主信息等，制作灾区图册。第四是各乡保牌头遂在各家各户门上张贴门单，或在墙壁上用草灰写明户主姓名、人口数量等。第五是各委员带领各地乡保牌头等基层管理人员前往各村庄，通知灾民勘灾时间，等候勘灾。造报的草册囊括了勘灾的主要内容，成为勘灾的基本依据，对田地的标识、圈定、户主、数额等就是勘灾的底册，分呈各勘灾委员。但草册的数据只是州县吏役及乡保牌头等基层管理者初步勘察、估算的结果，只作为底册私下使用，故草册也称“私册”“密册”，只有经勘灾中逐步核实后造报的表册，才是官赈的最终依据。

三是造报舆图、勘定灾情分数。勘灾委员名单一经确定，就分发草册给各勘灾委员，随身携带奔赴灾区，遵循“查灾给赈，不可预有成见”的原则，据实际情况确定灾情分数。首先是造报受灾地区舆图，填报受灾地区的山川道路里程等明晰情况的地图，图上标明受灾村庄处所及被灾位置、灾害类型（旱灾用红色标注，水灾用青色标注）、灾区的山川道路情况等，以备核查，官员调运赈济物资时据此决策。其次是确定受灾田地的户主、属地及核实受灾分数，把各项数据在勘灾册内标记明白。再次以村为基本单位，核查、确定灾情分数，以为赈济依据。最后，核定、调整灾情分数，成灾分数确切核实并按村注明后，由勘灾委员携带保存，作为赈济的主要依据，故核定灾情分数的过程又被称为“查灾”。

四是勘定受灾田地的数额及其收成、核实并确定灾情分数后，重新填写灾情详细情况图册，将查灾结果按一定样式记录清楚，写清受灾地区及时间、灾荒类型及分数、田地数额等，按不同灾等将五分以上灾荒的田地数额分别列出，制成表册，即“勘实成灾分数结式”，呈报州县府等衙门。呈报勘灾分数的表册，各衙门均有固定格式，县有县册、府有府册，委员有委员的册式。各地勘灾结果汇齐后，府州县勘灾印官就将其集合造册，将灾情轻重、被灾田地是否达到蠲免或缓征标准等情况一同结册禀报。官赈的数额就按照各衙署呈报的“受灾地区舆图”及各式结册确定。

五是审户，审户又被称为“查灾”“核户”，主要是查报受灾户口，确定受灾人户的贫困等级（极贫、次贫）及大小口数额、确定灾民财产损毁及人口伤亡情况，最后将勘察结果清楚明确地填写到表册里，呈报府州县及督抚，作为发放赈票、制作赈簿、填报勘灾结册以及确定赈济期限及等级的依据。这是清代勘灾程序中的重要步骤之一，对官府及时掌握灾民情况、调集钱粮赈灾发挥着积极作用，是灾后钱粮赈济的重要依据之一，对赈济的有效实施及赈灾效果产生了直接的影响。

六是确认家产损毁及人口伤亡数。首先核勘灾民的房屋是否有倒塌（地震、塌陷等）、冲毁（水灾、泥石流、滑坡等）或其他方式的损毁（火、风等灾），房屋存剩与否，灾民能否“安居”等，若房屋受损，则在最短时间内赈给银两，以修缮或搭盖新住房。其次是确认灾民粮食衣物、家具什物等是否被损毁，损毁的程度及状况、损毁数额等都要勘察清楚，记录在册，以作为赈济、蠲免、缓征或借贷、抚恤的依据。再次是灾户饲养的家禽、家畜等的损毁情况，勘察灾户是否有鸡鸭鹅鸽等飞禽、猪狗猫等家畜、牛马驴等牲口，原数、现剩余数、死亡数等一一记录在册，据此赈济。最后是确认人口伤亡情况，如有人口伤亡，官府赈给丧葬烧埋银两、治病疗伤银两若干等。

七是发放赈票，填报赈簿，是灾民领赈及官府发赈的重要依据。首先是勘灾官员在填报审户图册表的同时，将勘灾确定的极次贫情况、大小口数等情况填写在事先刻印准备好的赈票上，将盖有当地州县印信及勘灾委员号记的票纸于中缝处分开，一半发给灾民、一半留存为底，灾民凭票等候官府赈济，时称“赈前散票”，灾民可凭之领取官府发放的赈济物资。赈票一般用厚韧的容易保存及使用的纸张制作而成，纸中间填写票号并加盖官印来分别，票首填写勘灾委员的号码及印记，按格册内所列具的极次贫、大小口等要求填充，灾民凭此领赈，每赈一次，监赈官就加盖图记一次，赈济结束后就收回赈票。其次是制作红格赈簿，把勘察的各村庄成灾分数、各户极次贫情况及大小口数详记于内，再将总户、总口数额标注于后，最后将每天勘察的赈簿集结综合在一起制作各村庄赈簿，各村庄勘灾结束后将村庄赈簿汇集成册，制作成州县的赈簿图册，即县府赈簿。府州县官员照册统计各州县应该赈济的钱粮数额，呈交“厅印复核钤印”，赈簿图册就具有了官府正式认可、可以之为标准赈济的官方底册，向督抚呈报，再经督抚向户部、皇帝奏报勘灾结果。勘灾官员至此才算完成了任务，若无违限，就可回返原任履职。

八是分别处置勘灾结果。勘灾结束后，出现两个结果，一是“勘实成灾”，即灾情达到六分（乾隆三年前）或五分（乾隆三年后）的灾荒，就将“顷亩分数具题加赈”，手握赈票的灾民就列入了赈济范畴，享受赈济。朝廷据赈簿里的灾情分数、灾民极次贫状况及大小口数等，调集相应物资开始实施按章赈济。

（三）“勘不成灾”制度

“勘不成灾”，指经过勘灾委员踏勘核实之后，灾情分数在五分以下、达不到赈济蠲免等级的灾荒，勘灾委员在簿册中以“勘不成灾”记录在案。历代对“勘不成灾”的灾害均不予救济，注重灾赈效果的雍乾两朝对“勘不成灾”进行了制度建设。

雍正朝开始关注“勘不成灾”并予以赈济，经过各级勘灾部门填报“勘不成灾”册式之后，对被列入“勘不成灾”范围的灾荒据灾情轻重予以适当赈济，不同的灾情有不同的赈济标准。雍正五年（1727年）九月丁卯谕令督抚对“勘不成灾”的灾害可以“就近酌量料理”，赋予了督抚极大的赈济权力，不用事先奏报就可自主采取赈济“勘不成灾”的措施，只需事后题报即可。雍正六年（1728年），对灾蠲分数作了大幅度调整和改革，每个灾等都得到相应赈济，“勘不成灾”自此作为清代赈济专用名词之外的勘灾结果开始得到广泛重视并享受到了制度之外的赈济。此后，督抚开始关注“勘不成灾”并予以赈济，很多划入此行列的灾荒得到了相应赈济。雍正朝对“勘不成灾”的赈济措施及解决方案，如八年（1730年）十二月二十二日，缓征了“勘不成灾”州县的漕粮，使“勘不成灾”逐渐发展成了一系列非灾等赈济的规例，灾赈的范畴扩大，传统灾赈制度发生转变，原来不属灾赈的灾害开始进入到了制度的边缘。

乾隆时期采取的完善措施促成了清代灾赈制度外化的完成。乾隆元年（1736年）规定，被灾五分准蠲免十分之一，即将五分灾也作为成灾对待后，正式进入赈济行列，成灾分数的起点下移，灾赈范畴被扩大，四分及以下的灾荒才视为“勘不成灾”。乾隆朝对灾情稍重的“勘不成灾”地区实施就地抚恤，酌量赈给银米的措施，或按灾赈制度规定的期限及标准行赈，或是采取诸如缓征、分年带征、折征及就地抚恤、酌量赈给银米、蠲免积欠钱粮、借贷、以工代赈等赈济措施。但对灾情轻微的地区，依然实施“毋庸赈济”的措施，对原本不能享受赈济的灾区经济的恢复及社会的稳定产生了积极的作用，使灾民顺利度过灾荒带来的危机，保存了再生产的能力，促进了灾区社会经济的恢复，促成了清代赈灾制度的外化，并使其发挥了较好的社会效用。

（四）粥赈制度

粥赈又称煮粥、赈粥、煮赈，是清代官赈的主要制度及措施，每当灾荒及青黄不接之际，官府或富户在固定区域设厂煮粥，赈济灾民或贫乏饥民，粥赈所在地称粥厂、赈厂、饭厂。因粥赈具有简单易行及见效快、收工速的特点备受统治者青睐，在赈灾及济贫缓饥中产生了积极效果。清代粥赈不属正赈，也不能代替正赈，属赈外之赈的散赈，是临时采取、机动性较强且必不可少的辅助性赈饥方式。清承明制，经顺康雍时期的建设及发展、乾隆朝的改良与完善，中国粥赈制度达到顶峰。

顺治年间，粥赈作为赈济饥民的主要措施，顺治十年（1653 年）十月乙酉，“命设粥厂，赈济京师饥民”，顺治朝的粥赈多是临时而设，在实施中沿用了明代粥赈的具体做法，这些实践措施将清王朝的粥赈制度推进到了恢复、初建的阶段。

康熙时期，粥赈在灾荒赈济中被经常性地实施，粥赈期限逐渐在实践中固定下来。康熙十九年（1680 年）二月粥赈时还未明确规定粥赈时间，“命五城煮粥、赈济流移饥民”，二十八年（1689 年），在对五城的煮赈中，粥赈期限延长到三个月，并在粥赈中实行展赈，即延长粥赈的期限，令官员亲自到厂赈济。康熙年间，粥赈地点开始扩散到农村。江苏常熟人蒋伊于康熙十年（1671 年）在家乡赈荒，在乡村设三个粥厂、城里设两个粥厂实施赈济，总结出粥厂分散设置的心得及经验，于十八年（1679 年）编为《敬陈分赈之法疏》，建议分县、乡设厂煮粥赈饥。三十五年（1696 年），粥赈进入制度化建设的转折阶段，开始关注煮赈期限，规定每年十月朔开始煮赈，据饥民多寡确定粥赈期限，适当延长赈期，进行展赈。

雍正朝在具体粥赈实践中逐步完成了具体制度的建设，对粥赈期限及地点设置的规定，使粥赈成为散赈的主要形式被固定下来。首先是按口煮赈，固定并据实际情况适当延长粥赈期限、酌情增加赈饥米粮，粥赈时限从康熙时期的一至三个月延长到了四到五个月，如雍正三年（1725 年），江南睢宁、宿迁水灾，就动支积谷，自十月初一日始煮粥散赈五个月；四年（1726 年），安徽省无为、望江水灾，饥民“寒冬乏食”，从邻近州县积谷内拨给煮赈五个月。同时，根据饥民常于青黄不接之际逃荒的规律，将粥赈开始时间定为每年十月初一日起，至三月二十日止，此后煮赈期限被确定下来，成为制度性措施被后代沿用。其次，改进了粥厂数量及设厂地址及距离，并将每个灾区相距20里选择场址设置粥厂作为制度固定了下来。

乾隆朝对赈期及粥厂数量进行调整及固定，乾隆元年（1736年）九月，将雍正元年（1723年）规定的十月初一日起赈，三月二十日截止的粥赈期限作为基本制度固定了下来，强调官员亲自散粥、都察院官员亲临督察的要求，并据灾情调整期限。如乾隆二年（1737年），规定闰年粥赈时间延长半个月，即煮粥开始时间提前半个月。

乾隆朝沿用雍正六年（1728年）规定的近城之地设粥厂，乡村每相距20里设一个米厂按月领米的制度，并作了改进，即乡村除米厂外也设粥厂，粥厂附近饥民领粥，离厂较远者折给米粮，五日领米一次，规定粥厂须选在大而宽敞的庙廊屋宇之下，州县乡村粥厂选在人口较易集中的集镇及大村庄。为避免饥民聚集引发事端或瘟疫，就增设粥厂以分散饥民，规定大州县设厂数百、小州县设厂百余个，每厂饥民最多不能超过百人，还规定了粥赈米粮、柴薪的数额，在饥荒严重时实行展赈粥厂据饥民数量出米煮粥，一千人日领米三四石，分五次煮成，饥民到厂后，令其进入绳栏圈好的位置等待领粥。乾隆八年（1743年）直隶旱灾煮赈时照此办理，“通州饭厂交仓场侍郎办理，良乡饭厂交直隶总督派委道员办理。承办之员视人数之多寡，量所需米数报明户部，于京通各仓就近支领。柴薪银两照五城饭厂每米一石给银五两之例支给，棚费并准报销”。

规定了粥赈纪律，给饥民发放筹签及粥票，凭签、票按序领粥，并提醒饥民食粥方法。首先给饥民分发筹签。男、女分队，按先女后男、先残废老弱后少壮的顺序，持签按序领粥；农村未逃荒的饥民，勘灾后都发给印票，凭票按月按日领粥领米，每领一次加盖印记，粥场内预置初一至三十日的木戳，每领一日，即加戳印于票上，外出逃荒回乡的饥民，也一并列入粥赈人户内发赈，并在粥锅旁张贴“饿久之人，若食粥骤饱者，立死无救；若食粥太热者，亦立死无救”等布告，令人在粥厂高唱布告内容以警示盲人和不识字的人。规定了粥厂的管理制度，慎选负责人；奖励及犒劳尽心效力的粥长，给予冠带匾额或物质奖赏；官员必须亲自散粥，都察院官员亲临监督。此制度为后代尊奉，保障了粥赈的顺利进行。

确立了官粥为主、民粥为辅的制度。官方粥厂是清前期粥赈的主力军，但官府力量毕竟有限，朝廷就通过颁发各种旌奖的方式，鼓励、劝喻民间富豪士绅富户煮粥赈饥，以补官方粥赈之不足。方观承任职直隶时，乾隆发布《倡劝富民煮赈院谕》，确立了私人粥赈的原则及方法，饥荒中地方士绅积极、自愿粥赈，对不愿出赈的富户采取一定的强制措施。

此后，粥赈主体的来源及构成开始灵活多样，除官府外，还有据自身财力随时参与的官员、士绅、地主、商人等民间粥赈群体；粥赈地点的选择相对机动灵活，官府以便民就食为准，在固定地区设粥厂饭厂、固定时间开赈散粥。私人粥赈不限时间地点，可在公共场合、私人宅院施赈，或担粥四出行走，见饥即赈，使不能赶到粥厂的饥民得到救济，形成了官方粥厂（饭厂、米厂）在交通要道及城市圩镇等人群易集之所、私人粥赈散布于穷乡僻村的格局，呈现出以官赈为主、民赈为辅的粥赈态势，形成了有灾救灾、无灾济贫的惯例，成为不可取代的辅助赈饥措施受到推崇。

（五）“以工代赈”制度

“以工代赈”是重要的、辅助性的救灾举措，简称“工赈”，历史上又称“寓工于赈”“寓赈于工”。这是在灾荒时或灾后重建中，为达既赈济灾民、又让灾民自主自救，同时完成社会公共工程建设的目的，根据各灾区情况，或由官府出面，举办诸如修建城池衙署、庙宇学堂，或疏浚河渠、修筑堤坝等工程，或由私人富户进行地方公共建设或私人性质的土木建设工程，使“年力少壮者佣趁度日”，灾民从中获得钱粮等物资，达到间接救灾即“兴工作以助赈”之目的。这是与钱粮赈济相辅相成、救灾与建设相结合的重要赈济举措，“盖所谓兴工代赈者，其工原属不必兴者，第为灾黎起见，既受赈之后，因以修举废坠，俾得藉以糊口”，也是一种较积极、主动的救灾措施，是一种恢复及推动灾区经济发展、促进社会进步的有效行为，“常念水土为农田之本，而救荒之政，莫要于兴工筑以聚贫民”。清代总结了中国传统社会“以工代赈”制度并加以完善，成为中国历史上工赈制度的集大成时期。

清代，“以工代赈”成为一种辅助性的、间接的重要赈济措施，始于康熙时期，发展于雍正时期，繁荣及完善于乾隆时期。其制度及措施在前朝的基础上逐渐改良及完善，通过雇用灾民进行修建城池宫墙、庙宇楼阁、水利沟渠、堤坝等建设性工程，发放钱粮，使佣工者得以资生，既达到了赈济的最终目的，也兴建了基础设施，促进了经济的繁荣及发展，减少了社会的不稳定因素。

康熙时期是“以工代赈”的初始阶段，十九年（1680 年），江苏苏、常等府河水出江要道的常熟县白茆港、武进县的孟渎河淤塞处甚多，江宁巡抚慕天颜奏请兴建水利，招募饥民佣工，“请动正帑银十万四千两，开深建闸，不惟水利克修，饥民亦得赴工觅食。寓赈于工，数善俱备”，得到了康熙帝批准。此后，“以工代赈”逐渐展开，五十二年（1713 年），陕西各州县修城，“俾穷民得佣工度日”。

雍正年间，“以工代赈”逐渐普遍，清代工赈制度逐渐建立。最重要的工赈制度建设，是确定了工赈费用从正项钱粮中开支的原则。此期的工赈工程主要是修筑城工及民埝，因效果良好，工赈逐渐在灾区普及。

乾隆朝沿用了雍正朝确立的工赈费用从正项钱粮开支制度，并在各灾区推广，工赈真正成为清代钱、粮赈济之外的重要辅佐赈灾方式。乾隆二年（1737 年）是清代工赈史上最重要的时期，乾隆帝在全国范围内颁布了发生灾荒时修建城郭以赈灾的谕旨，标志着“以工代赈”在统治者的重视及提倡下得以确立，其措施在全国范围内得以普及实施，规定了地方预先调查、规划工赈项目，以便灾荒时从容开展工赈的制度，“工程之修举，在先事豫筹，别其缓急轻重，则遇灾欲办工赈无难，次第举行”。乾隆认为地方直省工程之最大者，“莫如城郭”，令地方官平日勘察清楚城郭应行修理的地方，在发生灾荒时，招募灾民佣工，以济饥民，“将此谕通行各省督抚知之”，奠定了以工代赈的地位，工赈成为地方救灾的常规措施。此后，各地灾区普遍按照这一制度举办工赈，乾隆朝几乎每年都有以工代赈的记录，其赈济次数、花费的银两、达到的效果，均达到了清开国以来的最高峰，其在实践中规定的制度及具体措施，为嘉道以后工赈的实施奠定了良好的基础。

乾隆二年（1737 年）确立的预先调查、规划工赈项目、计划工赈费用等制度，在一系列的工赈实践中得到了贯彻实施，并在乾隆朝后被沿用，“年岁丰歉难定，而工程之修理者，必先有成局，然后可以随时兴举，一省之中，工程之最大者，莫如城郭。而地方以何处为最要，又以何处为当先，应令各督抚确查，分别缓急，豫为估计，造册送部。将来如有水旱，欲以工代赈，即可按籍速为办理，于民生殊有禆益。”但并非所有的工程都可以在赈灾中举办，一些费用低、耗时短或必须急速兴修的工程就不列入工赈项内修筑；花费较多、较大的工程也区分缓急情形办理，将一些可以暂缓的工程安排到灾荒期间，按以工代赈的办法修筑。

清代“以工代赈”工程主要有两类，一是官修，二是民修。修筑民堤民埝，向来是民间自筹经费，官府不给工价，修筑民堤民埝的费用由官府负担一半。乾隆朝不仅详细规定了挑河疏浚人夫的价银数额，还详细规定了不同情况下拖河泥及车水人工的费用，对筑堤土方的佣工费用，也有详细规定，每方给银四分八厘。修筑一些灾情严重、关系重大的水利工程，清代募工费用向来只给半价。乾隆朝规定，此后可根据实际情况适当请旨增加，“被灾深重，所议工程又系有关蓄泄机宜，及召募兴修，而畚作之人，未必即系应修之人，给发半价，恐尚有不敷。应将实在情形，并作何悉心筹画酌议办理之处，于疏内分晰声叙，请旨遵行。”乾隆朝对以工代赈工程兴修的工程费用、人夫费用、工程规格等均作了详细规定，使后代在工赈中有章可循，并根据具体情况适当变更，如对一些大的工赈工程也因地制宜地制定措施，如道光年间娄江的刘河、七浦、朱泾、漕口闸等支流河段的修筑就是典型的例子。

按清代赈济惯例，帮佣之人不能享受官府赈济的钱粮，乾隆朝对此进行了调整，规定靠佣工度日者可以在灾荒期间参加工赈活动，以获取佣工费维持生计，“被灾农民既分别赈恤，而佣工度活之人，时逢俭岁，民间工作不兴，米珠薪桂，何以存活？是以有以工代赈之例。”

对以工代赈的各类工程，尤其是取土筑坝的工程，详细规定了建筑及用材规格，不仅对堤坝的高度、长度等规制有明文规定，还规定了所需人夫及其工费银数额及具体情况具体办理的原则，“筑坝每道，取土填筑，每方银八分，每丈用长八尺松桩十二根，每根银五分。每丈用夹坝，高四尺，长八尺，松板一丈，每丈银六钱。每丈用安钉桩、攀缆夫十六名，每名银四分。每道用柴花篾三百二十八条，每百条银五分。筑坝两头各有乱石泊岸，拆移空处，以便筑坝。俟工完仍行整砌。每道用夫十名，每名银四分。各处工程报销不同，临时查办。”还规定了按照工程轻重缓急次第修筑，以及按照河工成规全行支给土方工价银两的原则。为避免工赈工程过于泛滥，明确规定，即修筑经费必须在一千两以上的大工程，才能列入以工代赈的工程范畴内。工程修筑费在一千两以下，则划入小工程的范畴，这类工程应在平时就修筑完成，“工程一千两以上者，俟水旱不齐之年，动帑兴修，以工代赈。一千两以下者，酌用民力，分年修理。”

为避免下层官吏在工赈中中饱私囊，严肃工赈吏治，乾隆七年（1742 年）规定，基层工赈官员必须从有收之家，即生活尚能维持的人户中选择，佣工者必须就近招募饥民，以达到迅速兴工的目的。乾隆二十六年（1761 年）规定，参加工赈的人员必须是熟练的匠人，贫民可服杂役。

在制度的规范下，清代“以工代赈”的措施有序展开，主要有疏浚河道、修筑堤坝等水利工程，修筑城墙、道路、衙署等，“以工代赈最有益于贫民者，首惟挑河，次筑堤，次修土城，又次修砖城。盖挑河，无论丁壮老幼男妇，均可赴工抬土；筑堤，有夯硪泼水等工，多须丁壮、城工；则土城雇用夫工为多，砖城备办灰砖料物，工匠为多。虽所用夫工于穷民亦有益，但未若挑河抬土，民易趋赴。”

“以工代赈”是灾荒赈济的一种特殊形式，在救灾和地方社会的发展稳定中发挥了积极影响，增强了灾民自力更生的能力及自救意识，“用财者无虚糜之费，就佣者无素食之惭，劳民而便民”，具有救灾及增强社会基础设施的双重效应。通过有偿的方式使灾民得以度过饥荒，也使灾区的基础设施得到了兴建和修复，“生齿繁，一遇荒歉，虽多方赈救，而常恐不能接济。是以复兴土功，俾穷黎就佣受值，则食力者免于阻饥，程工者修其废坠，一举两得，洵合古人恤民之精意，而不泥其迹者也”。灾区绝大多数年富力强的年轻人都被吸引到“以工代赈”工程中来，通过自己的劳动维持生计，减少了因饥饿而掳掠或聚众反抗而导致社会动荡的因素。更重要的是，“以工代赈”工程不断培养新的建筑工程技术人员，传承和完善了中国工程建筑的技艺，对近现代工赈程度产生了积极的影响。在工赈工程中，无论是士人、农民、工匠还是商人，都在官府的统一调度安排下劳作，打破了阶层和等级的划分，打破了中国传统的士、农、工、商等阶层的严格界限及行业的垄断和划分。

（六）蠲免制度

蠲免即免除赋（租）税劳役，又称豁免、豁除，是在对灾民进行了直接的钱粮赈济之后才采取的赈济措施，但却是救助灾民的最好措施。“饥馑不蠲，民安得活？但蠲而不得其当，徒归揽户，良善无恩。惟有停征本年，舒万姓剜肉之苦，免其来年，全四境易纳之人，顽户拖欠，空延日月，良民肯纳，来岁无征，此外别无善法。”蠲免对灾民的生产及生活起着举足轻重的作用。清代的蠲免政策无论是其形式还是内容，都是集历朝之大成者，蠲免的数量和力度达到了中国古代蠲免史上的鼎盛阶段，主要有普蠲普免、灾蠲灾免、恩蠲恩免等多种类型。

顺治朝便参考或沿用了明代的制度，初步规定了赈济的数额，“江南、浙江等省各属旱灾，被灾八九十分者，免十分之三；五六七分者，免十分之二；四分者，免十分之一。有漕粮州县所，准令改折。”

康熙四年（1665 年）是清代蠲免制度史上重要的时期，对灾蠲制度作出了重要调整及规定。三月己亥，工部尚书傅维鳞疏请改变蠲免成例，提出蠲免分数应按照灾情分数确定，即灾情分数是几分就蠲免几分的原则，请求督抚在勘灾后，将册结一起上奏，按分数蠲免。

康熙十七年（1678 年），对灾蠲分数再次作了明确的规定，能被蠲免的灾荒分数，被限制在了六分灾以上，议定六分灾免十分之一，七八分灾免十分之二，九分十分免十分之三。在具体实施中，康熙帝以皇恩广溥的形式，于法规之外对灾荒进行更大额度的蠲免，在一些灾荒严重的年景，全额蠲免了灾区的地租，或是遇到节日庆典，就蠲免赋税，或是在不同时间中遭遇了严重的灾荒，就相继蠲免各地的租税。

康熙十五年（1676年），规定了地方官员在蠲免过程中营私舞弊行为的处罚措施，对将蠲免钱粮的数额私自进行增减造册的州县官员，给予降二级调用的处罚，其上级管理的府道官员给予罚俸一年的处罚，督抚罚俸半年；如果受灾后没有经过题免，就擅自在报册内填入蠲免的这些官员，罚俸一年，其府道管理上司罚俸半年，为了使题报的蠲免数额准确，自开始题报请赈的时候起再加两个月造报题违的期限，如果再延迟，就按例处分。十八年（1679年）规定，州县官员如借蠲免饥民肥私者，按贪官惩处例革职拿问，其上级督抚、布政使、府道等不认真稽查，任由州县官员侵蚀蠲免钱粮的都予以革职的处罚，如督抚不将侵冒官员题请拿问，则降三级调用。同时，还规定州县接到蠲免部文后，应立即通告灾民，并且刊刻蠲免清单，按照户头付给清单，对那些不给付蠲免清单，或是给了蠲免清单但单内不填写蠲免的实际数额的官员，就给予革职的处罚；对蒙混隐匿灾情和蠲免实数、借端需索的胥吏失察的官员，将降二级调用，对知道蒙混情弊却纵容的官员，给予革职的处罚。

雍正六年（1728年），依旧沿用了康熙时期五分以下不成灾的制度，但在吸取顺康灾蠲分数的基础上，提高了灾蠲的分数，将十分灾的蠲免提高到七分，以此类减，即对每一个等级的灾荒都规定了不同等级的蠲免标准，九分灾蠲免六分，八分灾蠲免四分，七分灾蠲免三分，六分灾蠲免一分，“将此通行各省知之”，此规定彻底改变了顺康时期将两个甚至三个灾等合并在一个等级里进行蠲免的模糊做法，而是每个灾等都有一个蠲免的分数等级，使灾等的划分有更实际的价值及意义。

雍正六年（1728年）规定，将全免州县的额赋改至次年轮免，受灾之年的钱粮就在本年蠲免，使部分蠲免的额赋及全免的民欠之间在执行的时间上有了清楚的区别，使积欠的蠲免更加合法化。雍正七年（1729年）将灾蠲的范围从正赋扩大到了耗羡，使灾区因灾蠲免的赋役数额更多，更加减轻了灾区的负担，以后各省凡是发生灾荒进行蠲免的年份，其随正耗羡银两也按照灾蠲的分数一律予以蠲除，不仅承认了康熙时期制定的各项蠲免制度，并且还在康熙朝蠲免制度的基础上，扩大了蠲免的范围。

雍正八年（1730年），江苏邳州、宿迁、桃源等处发生水灾，雍正帝除了“动支藩库银数万两速行赈济”外，还蠲免了赋税钱粮，并且沿用了康熙时期的已征灾蠲赋役的流抵制度，即如果江苏水灾蠲免区的钱粮已经完纳的，就抵作明年的额征数额。此后各地累积多年的积欠往往在借灾荒蠲免的机会，得到了合法的豁除，在更大程度上减轻了灾区的负担。

乾隆二年（1737年）规定，摊入地亩的丁银在灾荒中应一律蠲免，“丁银摊入地亩均征之后，设有灾荒，应一例酌免。行令各省遇灾减免钱粮，即将丁粮统入地粮内核算蠲免。”乾隆三年（1738年）确定了蠲免的灾等制度，最低灾荒蠲免的分数等级是五分灾，即五分灾可享受六分灾一样的蠲免待遇，可免一分的钱粮，七分灾免钱粮二分，八分灾免钱粮四分，九分灾免钱粮六分，十分灾免钱粮七分，蠲免分数确定下来后，在嘉道朝以后一直沿用。同年规定了入官旗地的灾蠲制度，即旗地受灾后，将灾户的原租银计算为十分，按照灾情分数进行相应蠲免，十分灾就蠲免租银五分，九分灾就蠲免租银四分，八分灾就蠲免租银二分，七分灾就蠲免租银一分，六分以下的灾荒，不纳入蠲免的行列。将入官旗地也纳入了蠲免的范畴中，扩大了灾蠲的范围。

乾隆四年（1739年）规定，若地方发生灾荒，在赈济蠲免中基层不法官吏进行克扣冒领，但州县官吏未能察觉的，就将州县官降二级调用；如果在平粜过程中州县官吏不尽心稽查，导致书役包买渔利、抑勒出入的，州县官吏就降一级调用；如果书役等基层官吏出现上述情弊，州县官吏已经察觉但却纵容隐瞒者，就给予革职的处罚。

乾隆时期各种类型的灾蠲的分数、钱粮数额均需上报，上报的“公文”须有一定的格式，即要填写呈报给各级府衙的册结，并作为蠲免的依据及案底。在册结中，一般要填写清楚受灾蠲免的具体地点、位置、受灾村庄数额，成灾的各类田地数额，标明应该蠲免的钱粮数额，如地丁银若干、租银若干。但各地的册结要以当地的具体灾情状况及蠲免情况制作，也存在一些差异。在册结中，各种蠲免的田地数额，以及给了田地的地丁银、带征银、免租银等的数额，都清楚明了，即可上呈官府，下告灾民，也可作为备查的依据。

（七）缓征制度

缓征即暂缓征收赋税，是将受灾地区的应交赋税暂停或缓期至次年或三四年后征收，或是将灾年的赋税分别在灾后若干年内征收完毕（带征），这是与蠲免相辅相成的赈济措施。

顺治八年（1651年）作了模糊性规定，“勘过被灾地方，暂停征比，以俟恩命。”顺治十年（1653年），工科给事中张王治在条奏救荒四事时说到了“缓征之令宜下”。

康熙四年（1665年）规定，灾荒发生后，在督抚题报灾情的时候，就开始缓征钱粮，缓征额度是十分之三。康熙七年（1668年），扩大了缓征的范围，即将灾区征收的漕粮也纳入了缓征的范围内，实行带征。对于一些受灾地区的积欠，采取先停征，再分年带征的形式。如康熙十一年（1672年），由于江南连年发生水旱灾害，就将旧欠钱粮“一并停征”，还将康熙十一年带征的康熙八、九两年的“漕项银米，悉暂停征”。康熙十八年（1679年），江南邳、宿、徐、萧、砀山五州县发生水旱灾荒，就将这些地区的逋欠“分作五年带征”，康熙十九年（1680年），由于江南省赋税繁多，“积欠追比累民”，就将康熙十三年至十六年的钱粮，从康熙十九年始“分年带征”。

雍正年间，按康熙时期制定的制度，对灾区进行缓征，主要缓征赋税钱粮、漕粮、积欠等。雍正朝在缓征制度建设中，实行了一个重要的推进措施——“再缓”和停征，即对一些已实行了缓征但还是不能完纳赋税或积欠长期未完的地区，进行再次缓征，即延长带征期限，如雍正三年（1725年）河南、山东发生旱灾，但雍正元年七月已对灾区实行了一次缓征和停征，雍正二年将这些地区的民欠分三年带征，

“复念二省去岁收成虽稔，百姓元气方复，旧欠新征，恐难兼顾。谕令该抚将实在民欠，分作三年带征，以纾民力。”“从雍正二年起限，宽作五年带征”。

乾隆朝继承了康雍时期缓征的类型，即缓征的对象还是赋税、积欠、漕粮等。但扩大了缓征的范围，如缓征籽种牛具银两和仓粮等，“其所缓之项，自地丁钱粮以及漕粮漕项银米，与夫灶地盐课、河租芦课、屯粮刍草之属，皆得缓其输纳。而常平、社仓粮石之借给者，亦许迟完焉。”

乾隆朝时期的缓征制度，从期限到数额方面都较为细致。乾隆元年（1736 年）规定，灾情分数不到五分的地区，按缓征惯例将钱粮缓征至次年征收，若灾情较重，就将钱粮分作三年带征，灾情稍轻的分作两年带征。三年（1738 年）对乾隆元年的缓征制度作了补充，期限规定得更为具体，即灾情分数在五分以下的灾区缓征到麦收或秋收后征收，如受灾之年（旱灾）到了冬季才下雨雪，或是水灾地区到了冬季积水才消退，其钱粮就缓至秋收后征收，尤其是灾情分数在三四分的勘不成灾地区，税粮就缓至次年麦收后征收，“带征之项于被灾之次年起限，俟年满稽核完欠（缓征，麦熟后启征，至下年奏销扣满）”。若灾情分数在八分以上（八至十分），带征期限为三年，五至七分灾的地区，带征期限为二年。对停征的钱粮数额，有的是停征十分之三，有的是全部停征，还有停征积欠钱粮的；在不同的地区，钱粮的缓征期限达到五六年，还停征了数年的积欠，“缓征之典，可谓溥博而周详，用宏休养，不扰追呼矣！”

清代的蠲免与缓征制度是“相辅相成”、共同实施的。一个地区在发生灾荒之后，常常是根据灾情的具体情况，既实行蠲免，又实行缓征，或是先蠲免再缓征，将蠲免后余剩的钱粮进行缓征，“缓赋以恤民，尚矣！缓与蠲相表里，有先缓而后蠲者，有即蠲剩而后缓者”。

（八）流抵制度

流抵制度是与灾蠲相配套的制度及措施。灾蠲中的流抵制度是在蠲免年因种种原因，不能按照规定进行蠲免的地区，就将要蠲免的钱粮往后顺延，抵作次年或再次年的赋役数。

早在顺治八年（1651 年）就初步规定了流抵的制度及处罚措施，即蠲免后地方官府应该按照蠲免的分数，给予灾民蠲免清单，若灾蠲年份的额赋已征收，就允许抵作次年的正额赋税，官府给予流抵凭据，若胥吏不给流抵凭据的，就按照违旨论处。

康熙六年（1667 年），鉴于蠲免时很多灾区赋税已经征收的情况，制定蠲免的赋税可以流抵的措施。规定在进行灾蠲的流抵时，需要在由单（即事情缘由的清单）中填写清楚，如果是本年蠲免的钱粮，就将蠲免数额填写在下年由单的开头；如果本年赋税已经征收者，可以将其抵在下年征收，那么在填写由单的时候，就应该顺延填写至第三年由单的开头，“又题准：蠲灾流抵，如本年蠲免，填明次年由单之首；如流抵次年者，填明第三年由单之首”，如果州县官员在由单中不明确记载蠲免确切数额的，就要受到相应的处罚，“州县卫所官不开载确数者，议处。”

康熙十八年（1679 年），再次明确规定了应蠲钱粮已征时的流抵制度，如果所蠲免的赋税已经征收的，就给予红票为据，到次年按照红票上的数额抵蠲，“又覆准：凡流抵钱粮，应蠲已征者，给予红票，次年按数抵免。”流抵制度使灾民的利益得到了保障，保证了灾后再生产的顺利进行。有了制度可依，执行灾免或加免时就更加地顺利，康熙年间在山西、浙江、江苏、河南等地实行了很多次加免。

乾隆朝对灾蠲流抵制度进行了完善。如灾年钱粮如果于未被灾之前就已经完纳，如上半年完纳赋役，下半年才遇灾，可以抵作次年的正赋，“其已完应蠲之银，名曰长完，例应抵作次年正赋”，并且应该在实征册内逐一查注；如过本年已完的赋银之内，有应缓、应带之银，“名曰预完，亦于实征册内查注。”乾隆三十六年（1771 年）针对灾蠲与普免冲突的情况，又规定了新的流抵制度，即在普免之年发生灾荒，就将灾蠲州县的钱粮，延展至次年补蠲，“各直省普蠲钱粮，向当轮免之年，适遇灾歉，即不复再议重蠲，此固恩无屡邀之理。第念甘肃省地瘠民贫，兼以连岁歉收，与他省情形迥异。而各州县得雨较迟处所，因地气早寒，不能补种，兹特加恩将该省本年钱粮普行蠲免外，其因灾议蠲各州县，着展至明年补行按分酌免。”

乾隆朝在康熙朝的基础上，恩免之外实施加免。乾隆二十四年（1759 年）规定，如果灾蠲的时候遇到恩蠲，将应该将灾蠲的钱粮数额在次年应征钱粮内扣除，即于次年钱粮内抵销。如乾隆二十七年（1762 年），乾隆南巡经过直隶、山东等地，就对经过的地区加恩进行了蠲免，但随后这两个地区发生了灾荒，就对发生灾荒地区的赋税进行蠲免十分之五的加免。

（九）借贷制度

清代建立起了由官方给灾民借贷钱粮、籽种、耕牛、农具等农本的借贷制度。该制度起源于康熙朝，经雍正初建，乾隆朝完善并确立。规定仓谷借贷据灾情决定是否收息或免息，确立了“春借秋还、秋借春归”借贷期限，重灾时全部或半数免还借贷籽种；兵丁从司库内借支的饷银两年内扣饷还款；向灾民借贷耕牛及草料，禁卖禁宰耕牛，严惩偷盗耕牛者，惩处执行禁令不当的官员及借贷失信者。

清代的农耕借贷别称“农借”“农贷”，“借”指农本拥有者向贫乏者出借物资的行为（借方），“贷”指农本缺乏者向官方借入物资的个人负债行为（贷方）。清代官方农耕借贷物资主要是钱粮、籽种、耕牛、农具等生存及再生产的基础需求，官府往往从仓储、府库、截漕、发帑、邻近区域调集籽种器具耕牛等基本生产资料，分别灾等及灾户的实际需要进行借贷，“以谷贷民，多取给常平、社仓，平时春贷秋还，年荒大资接济，亦有筹款借给，用银折色者。”特殊情况下也动用省府州县捐纳的钱粮借贷，康熙三十年（1691 年）贷给山西灾民捐米、康熙三十一年（1692 年）贷给陕西灾民捐银就来源于捐纳。

清代官方灾荒借贷对象不分贫次等级，“不分极、次贫民，俱补给一月口粮。俟水涸，再借给籽种补种”，并据灾情分数决定借贷与否、借贷数额。只要灾情分数达到三至五分灾，在遵守按期偿还、偿付利息等规定后，就可申请借贷；也根据实际情况或是按收成决定还贷日期、是否收取利息等，“该处上年秋成，虽有六七分，而无地贫民，尚或未免拮据。今东作方兴，雨泽未降，或应平粜仓谷以资接济，或应借给籽种以惠耕畦。”故很多“勘不成灾”范畴的灾荒、不同灾等及贫级的灾民也得到官府借贷救济，“附近村庄如猝遇冰雹，例不成灾，农民有缺乏口粮籽种者，准其将谷借给。”这在实质上扩大了清代官赈的范畴。

康熙朝最早的确切官方借贷记录发生在康熙三十年（1691 年），山西发生旱蝗灾害，“五台崞县将储米借给平阳府岳阳等八州县灾民，太原、大同二府属买存的捐米借给平阳府闻喜等十五县灾民”作为度荒的口粮；康熙三十一年（1692 年），山东省存储的二十八万九千余石捐谷借给穷民“接济春耕”，陕西省州县捐银借给西、凤二府属旱灾灾民，作为“籽种之用”。

雍正朝明确规定了当面贷给及秋后按户归还的制度，先将仓米借贷给饥民作为口粮。强调灾年借贷米谷于秋后征还，每石加息一斗，“出借米谷，务令各州县官按名面给，秋熟之后，按户缴还”。制定了严格的借贷腐败惩罚制度，惩治了借贷中出现的冒贷、匿贷等腐败行为，整顿借贷吏治，开始规范借贷、归还等制度。若出现冒贷冒领、匿贷不贷、滥借滥贷的腐败行为，立即将捏领冒贷的胥吏“从重治罪”，逋欠之数由州县官名下追还，并论以失察之罪；若借贷灾户出现有借无还的失信行为，不按合约期限及规定偿还借贷物资，“追欠无着”者，所管官员要受到相应处分。

乾隆二年（1737 年）谕令，将灾民借贷与一般官方借贷（即贫困借贷）区别开来，规定粮本银借贷是否收息，根据丰歉情况决定。遭受夏旱的灾民每亩借给籽本银一钱，遭遇秋灾者借给补种豆荞等籽本银五分，“于存公耗羡内动支造报”，若灾民缺乏口粮，则借粮度日、秋后免息归还。此后灾民借贷的钱粮都只需还本，无须收利。确立了据年岁丰歉决定收息或免息的制度，平年及丰年执行不同的收息标准。乾隆二年（1737 年）规定平年借贷是常规借贷，借贷仓谷须加收息谷，虽然各地灾赈借贷及标准不尽一致，但平年借贷收息、丰年加息的原则得到认可，被各地借贷官员及灾民接受；规定在灾后农业恢复中，灾民除了能借贷籽种外，也能借贷口粮，五分灾以下的灾民不仅享受“勘不成灾”制度的赈济，还能享受借贷免息制度的援助。乾隆即位初年就颁布了灾歉之年借贷免息的政策："嗣后无论常平、社仓谷石，但值歉收之岁，贫民借领者，秋后还仓，一概免其加息，俾蔀屋均沾恩泽，将此永著为例。钦此。"乾隆五年（1740年）还规定，夏旱灾发生后补种较晚的灾民可无息借贷籽种口粮，对水灾后需要补种秋禾的地区，也免息借贷籽种口粮。如乾隆七年（1742年）江苏省江浦、六合、山阳、阜宁、清河、桃源、安东、淮安、大河、兴化、铜山、沛、萧、邳、宿迁、睢宁、海州、沭阳等十八个州县发生水、雹灾，麦苗受损，大部分地区在上年发生水灾，就用仓谷免息借贷补种所需的籽种口粮。

当时，一般是根据田亩数额决定借贷数额，"被灾后晓谕农民及时补种，如无力穷民不能置买籽粒者，作速按亩借给米谷。俟来岁丰收，免息交还。"借贷的粮食，一般按照先麦后谷、先陈后新的顺序借给，并在保结手续齐全之后当面借给。北方地区借给麦种，"查明实种麦地，按亩借种五仓升"，因民间田地不完全种麦，各地种植数也不同，"秦雍之地，种麦者十之七；直隶广平、大名等府，麦地居十之五，正定、保定、河间、天津等府，麦地居十之三；永平、宣化、遵、蓟等府州，麦地不过十之一二。"因此，按实际种麦的田地总数，按一定比例贷给籽种，"官借麦种有地百亩者，准借三十亩；地十亩者，准借三亩，乃实种之地也。"若该地有麦种可买，每亩贷银一文。此后，这个办法成为各地籽种借贷的基本制度准则。雹灾灾民可同时借贷籽种及口粮。乾隆十八年（1753年）定州发生雹灾，就按耕种地亩数借贷籽种数额，据户口数确定出借口粮数量。

乾隆朝还确立了据收成分数决定偿还期限、是否收息的原则，即借贷以八分收成为限，以上收息、以下免息。灾荒借贷一般是在大赈或钱粮蠲缓后青黄不接、春秋耕种之时，灾民或无粮食维持生计、亦无耕种之本的情况下进行的，主要是为了帮助灾民度过饥荒、按农时完成耕种任务，"其赤贫衰老之人，借给口粮；有地无力之人，借给籽种。"有借就需有还，清代灾荒借贷的时间一般是春耕时借出贷出，秋收后连本带息一并归还，"所借籽种口粮，春贷秋偿"，"准其将谷借给，每年春借秋还"。若灾荒时间过长、灾情严重、地瘠民穷、灾民无力偿还的地区，一般会延期1—2年或分期征还，故缓征也在借贷制度实践中推行。部分灾区的借贷物资也因各种原因被蠲免。如逢皇帝巡幸、皇帝皇太后等皇亲寿辰或其他隆重节日庆典，在全国性实行恩免之际，灾民借贷的籽种口粮牛具等就会被列入“恩免”、豁免行列，不用归还。夏灾及秋灾借贷的偿还期限也有明确规定。乾隆十七年（1752年）规定，借贷籽种口粮的归还期限分夏、秋灾办理，夏灾借贷，秋后免息偿还；秋灾借给，于次年麦熟后免息归还；夏、秋灾都扣限一年造报，使各地籽种口粮的借贷期限逐渐统一起来。

首先，清代的灾荒借贷还对驻防各地受灾的八旗兵、绿营兵，形成了系统的兵丁借贷制度。乾隆七年（1742年），“江南淮扬徐凤颍泗等五府一州，上年水灾甚重，兵丁食用艰难。准在司库借支一季饷银”，次年（1743年）内分四季扣还饷银。其次，确立了兵丁借贷偿还期限为两年，分季偿还或据灾情延期偿还的制度。与民间借贷偿还期限一致，灾情严重地区兵丁借贷的粮饷，两年内分季扣还。乾隆八年（1743年）江南灾荒持续，兵丁饥荒未解，“朕闻各省粮价渐增，若再扣还借项，则食用更苦。著将前借一季饷银，缓至本年秋成后散给冬饷时扣起，作四季扣还。”灾荒持续的地区，再给兵丁借贷饷银，分季扣还。

耕牛借贷是乾隆朝灾荒借贷制度中较关键的措施，“然非耕牛则农功不能兴举”，“时将白露，一经得雨，即应及期种麦，全赖牛犁足用。”清代耕牛借贷有三种：一是官府到邻近地区采买耕牛，借给灾民耕种田地，按田地多少决定借给耕牛的数量及时间。乾隆朝给灾民借贷耕牛耕种的制度经过实践完善后逐渐确立。二是借给灾民蓄养耕牛的“牧养费”。灾荒发生后，灾民“困旱乏草，有牛而不能牧养者，不免轻为卖弃”。为了让灾民有能力蓄养耕牛，规定官府给灾民借贷耕牛牧养费，避免灾民因无钱无粮而卖掉耕牛，保障了灾区耕牛不会外流。在借贷牧养费给灾民时，先派人调查灾区耕牛的具体情况，登记耕牛的毛色及牙齿（即牛龄），若耕牛缺乏属实，才予以借贷，“应令即委各员于赴村查赈时，察视贫民小户牧养无资者，官为借给八九两月牧费，按月银五钱，验明毛齿登记”，每年八九两月，每月借给蓄养银五钱，“所借牧费，宽期于明岁麦后还半，大秋全完。”三是灾民雇用耕种田，由官府借给雇资。规定“无牛贫民，谕令向牛力有余之家雇用，照详定之例，每亩代发雇值制钱二十五文，收成时还官。如地主外出，借种邻右承种。俟本户回籍，按其月日迟早，官为酌分子利。已奉奏明，应通饬灾地一体遵行。如本户不归，即听全收还种。”

乾隆朝继续执行禁宰耕牛的制度，制定了荒歉及农耕时不得贱卖、宰杀耕牛，如有违反即行严惩。雍正朝对违背耕牛保护条例者进行处罚，“此条系原例”，但与乾隆朝的处罚相比还比较宽松，对罪行的界定及处罚较为模糊，很多时候将不同的罪行等罪处理，“凡宰杀耕牛，并私开圈店，及知情贩卖牛只与宰杀者，俱问罪，枷号一月发落”；若再犯或累犯，处以在犯罪地附近充军的处罚，“再犯累犯者，免其枷号，发附近充军”；若偷盗并宰杀耕牛、将盗窃耕牛贩卖的人，不分初犯再犯，均处以枷号一月的处罚，“若盗而宰杀及货卖者，不分初犯再犯，枷号一月，照前发遣”。

首先，乾隆朝对借贷腐败及不诚信行为的处罚，尤其是有借无还、滥借滥贷等的处罚，制度极为严格，制定了对借贷钱粮数量及借贷不实予以处罚的制度。规定夏灾每亩借籽本银钱，秋灾需补种豆荞等杂粮，按亩借给银钱。该制度在实践中推行，乾隆十六年（1751 年），浙江受灾五、六、七分的州县，每亩借籽本谷三升，受灾八分、九分、十分者，借籽本谷 6 升；乾隆十八年（1753 年），江苏沭阳县水灾，无力购买籽种之灾户，四十亩内每亩借银二分，四十亩外者借银一分，最高限额为一顷，灾民所需购买牛草之资概不借与。还规定有牛具、贩册的有名之户，对有适宜种麦的受灾田地，准许“麦地一亩，借种五升；有欲自置种者，每亩借银一两”；有地无牛之民，每亩借制钱作雇牛之费，“缺乏牛力者，每亩借雇价二十五文”，但只能是地在一顷以下、确实可种麦者方准借贷麦种 5 仓升。

其次，清代的借贷失信不时出现，一些投机取巧的灾民借贷后，即便年成较好、有能力还贷时也拖欠不还；有些无须借贷的灾民想方设法借贷钱粮，并希冀与其他灾民一起得到豁免等行为，不仅失信于乡民，也失信于官府，对此，对乡保等官员实施连坐惩罚，“倘地非宜麦及领回不即耕种者，查出加倍罚追，乡保并坐。"

（十）栖流灾民制度

栖流所，亦称流栖所，是清代官方举办、安抚流民的救济机构，是收留、栖容流民或难民的场所或机构，由官方修筑房舍，并提供粮食、衣被、柴薪等生活用品，以及医疗、丧葬等费用，使其免于饥寒流徙死亡的绝境。属非主流及辅助性的官赈措施，具有浓厚的慈善及救济性能，是一项较成功的管理及控制流民并稳定社会的措施。

顺治年间是栖流所的初建时期，"工部议覆……每城拨八间增置栖流所。"康雍年间是栖流所从京城到地方推行及普及的阶段，康熙二十五年（1686 年）三月戊午，"命巡城御史修理五城栖流所，安插就赈流民。"乾隆年间是栖流所制度建设及措施推行最好的时期，各项制度相继完善，发挥着管理流民、凝聚民心、稳定社会的积极作用。嘉道以后，栖流所在全国的设置更为普遍，但随着清代国力及官赈体系的式微，民间赈济逐渐兴起，随着经济的衰退、社会动乱的频繁，流民日渐增多，栖流所收留及容纳流民人数有限，绝大多数的流民无法得到救助，尤其道光朝以后栖流所经费几乎得不到保障且常被挪用，其社会效应大打折扣，私人捐助的栖流所开始兴起。道光二年（1822 年）十一月二十七日，在加封皇太后徽号时颁布设立栖流所的"恩诏"，令地方官酌设栖流所。此后，私人栖流所开始在"奉恩诏"的名誉及旗号下兴办。咸同以后，变乱四起，社会动荡不安，流民人数大增，"流离满道"，官办栖流所更无法容纳，其栖流作用形同虚设，尤其是流民管理及控制的作用几乎完全丧失。随之而起的是私人尤其士绅、官员、商人捐资捐房捐粮捐物建立的栖流所的纷纷兴起，如光绪七年（1881 年），前兵部主事、扬州士绅史大立又发起募捐在务本堂下增设栖流所，以"收养流民流丐，并为贫民戒烟、客民养病之地"为目的。民办栖流所无论是经费来源还是容纳人数，都比官办栖流所要发挥更大范围的救助作用，得到了更广泛的认可。

清代栖流所房产一般来源于籍没的官屋、废弃的寺院及私人宅院，部分是官方新建。一般说来，清初栖流所的房屋多是籍没的犯官房产，

"工部议覆御史高尔位疏言：籍没官屋，每城拨八间增置栖流所，以处饥民，报可。"康雍年间，栖流所房屋多来源于废弃的寺院庵堂或无主的、捐赠的私人宅院、祠堂等。这些房屋看似属于私产，但却是先由官方收管后再统一拨给栖流所，就具有了明确的官方性质。这个时期也有很多官方新建的栖流所房屋，"康熙二十五年（1686 年）三月戊午，命修栖流所"。乾隆朝以后栖流所几乎都是官方新建。这项由官方出资为流民建造房屋以容其栖身生存的制度，自初建阶段确立后就一直被延续了下来，各朝对此都很强调，如道光朝明确规定："各省民人，有孤贫残疾、无人养赡者，该地方官加意抚恤。如无室庐栖处，该地方官酌设栖流所，以便栖处。"

雍正年间对官方支付栖流所日常费用的做法作了制度化、常规化的规定，被沿用至清末。雍正八年（1730 年）谕："五城赈济贫民饭食银米，著都察院堂官不时查看，钦此。遵旨议定，五城赈济，各设循环簿登记所赈数目，一日一换。平粜设簿亦如之，五日一换，均由院察核。其赈粥米粮柴薪，及粜米数目，并栖流所用银，均报明户部核销，由院确察转送。"十三年（1735 年）作了详细的补充，制定了栖流所粮食医药费用的细则，对栖流者的衣服柴薪被服及丧葬等细则作出规定："凡栖流所贫民，日给柴薪等费制钱十五文，折仓米一升，制钱六文。立冬后人各给布棉袄一件，价银六钱，布棉被一条，价银一两。病故者各给棺木及殓埋银一两，其道路无名尸，棺木殓埋银亦如之，亦于栖流所银内报销，均该司指挥管理。"

乾隆朝沿用了雍正朝的制度并作了完善，乾隆六年（1741 年）议准，"五城栖流所，每年用过钱文，照时价核定库平，据实报销"。此后，栖流所经费及开支制度越来越详细完整，几乎日常开支的所有费用都有明细规定，如嘉庆十五年（1810 年）规定了栖流所费用的盈余、转用及收留流民数量上限的制度等，"嗣后栖流所备用银两，每年五城准领银二千六百两。如有赢余，留于下年备用，不得任意滥支……请旨令都察院就各城收养人数多寡，分别酌定，报部立案。自此次酌定之后，不准再逾此数。如偶遇偏灾，实不敷用，令都察院自行奏明加增。丰稔之年，仍不得援以为例。至支销银两散给章程，仍照向例办理。”

嘉庆二十二年（1817 年）规定了栖流所公办经费的领取、分配及报销制度：“各城地方流丐，多寡不同……凡栖流所内应需口粮油菜及修房备棺等费，中城岁支银四百两，东城岁支银四百七十两，南城岁支银五百三十两，西城、北城各岁支银六百两，令正指挥赴部承领支销。如有赢余，留于下年备用，不得逾额多支。如遇偏灾实不敷用，都察院奏明加增。丰稔之年，不得援以为例。”也有特殊情况特殊处理的特例，如皇帝视栖流所内流民的具体情况，加恩赏赐所需费用，如嘉庆二十二年（1817 年）议准：“北城在安定门外大福院，其搭盖席棚、添设锅炉等件，由施药赢余银两，奉旨赏给栖流所项下提用。”“道光四年（1824 年）又谕，五城栖流所例有额定备用银两，以为收养贫民等项之需。本年春夏间，流民觅食较多，动项加增，不敷支用。著加恩再行赏给银二千六百两，分给五城，以资应用。”“以春夏收养流民较多，加赏五城栖流所银二千六百两”。

由于栖流所经费是固定拨付、不会短缺的，其费用及粮食等常被官府用于救急所需，如在灾荒赈济中，当灾赈粮食不敷使用时，常从栖流所费用中支取，故栖流所在特殊时期担负着特殊赈济主体的作用。如乾隆二年（1737 年）谕准：“如有贫民冻卧道旁，无所栖身者，即就近引赴普济堂、栖流所等处宿歇，饬掌管之人加意照看，次早仍令赴厂就食，俟来岁春融，听其去就。”同治元年（1862 年），“于附近内城门外，每城各设饭厂一处。中城在正阳门外高庙，东城在东直门外普贤寺，南城在崇文门外偏吉三固山公所，西城在西直门外广通寺，北城在安定门外大福院，其搭盖席棚、添设锅炉等件，由施药赢余银两，奉旨赏给栖流所项下提用。”

朝廷常常将赈灾剩余米粮赏赐给栖流所，作为栖流所日常开支，“御史程矞采奏，五城停止饭厂，请将赏拨余米分给栖流所，以养老弱流民一折。本年京城内外赴厂就食流民甚众……实系老弱流民，势难各回乡里，若任其在京觅食，糊口无资，情形殊为可悯。据该御史奏称，各城俱于栖流所筹画经费，暂为收养，并派觅空房使之居住。请将五城十厂，前经赏拨未领余米一千五百石，分给五城栖流所。每城各领三百石，照放赈之例，大口五合，小口减半，逐日分别散给……将该流民等籍贯姓名，询明注册，给予戳记签牌，时稽查。”

栖流所的设置及其制度建设，对刚刚鼎立的清王朝发挥了凝聚民心、稳定社会、迅速获得统治合法性等较为积极、正向的社会作用，尤其是对会导致社会动乱的流民的安置及管理、控制方面，在保存人力资源方面发挥了积极作用。但在运营中也不可避免地出现弊病，尤其当王朝的政治、经济衰退开始走下坡路时，这些弊端日益凸显并产生了极为不利的影响。首先，栖流所经费的管理不善及贪腐现象，救济效能低下。其次，栖流所的管理公职成为巧取者调剂肥私的源泉。最后，栖流所救济的贫民数量极为有限，很多青壮年流民根本不可能进入栖流范围，很多真正无家可归、需要救助的流民无法进入栖流所，加重了其生存危机，大失民心，设立栖流所的统治本意丧失。

总的来说，清朝的官赈无论是从制度还是措施，或是具体的救灾实践来看，都达到了较为完善的程度，给后人留下了很多积极的有益经验。但也因为各种主观或客观的原因，尤其是赈济物资数额较大，从调动到发放，时间较为短促，赈济的每个步骤，时间也很仓促，加上参加赈济的人员繁多，目的也各不相同，就在赈济过程中产生了诸多的弊端。这些弊端使清王朝的赈济及效果大打折扣，最终也成为导致清代官赈从盛转衰的重要原因之一，更是成为清代荒政衰落的主要原因。尽管如此，纵观赈济的效果而言，还是利大于弊的。

第二章 民赈

民间灾赈是灾后基层社会的救灾行为，指灾荒发生后部分家庭或家族经济殷实的士绅、地主、富户自愿拿出钱粮财物甚至房产、田地，无偿捐献、赠予或以有偿借贷、兴办工程等方式救济灾民，是基层社会以个体或群体形式自发自愿进行的灾荒赈济，是官赈尚未实施或不能遍及地区不可或缺的补充性灾赈。民间赈济是中国古代灾赈中与官赈并行的主要辅助性赈济行为，发挥了迅速、灵活赈灾并维护区域社会经济秩序稳定的作用。它既是赈济者具备传统道德及慈善本心的实践，也是士绅富户为免遭饥民抢劫、暴动或杀害等危害的自保行为，赢得了行善乡里、拯救灾黎的美名，获得了乡民的敬重和爱戴，奠定了地方士绅富户等赈济群体的基层决策权威及其地方事务话语权，逐渐塑造起了其地方领袖的地位。清代的民间赈济实践及社会成效，就是基层灾区非官方精英阶层主动自保、建立地方信誉及权威的最佳途径及结果。

一、民间灾赈的兴起

民间赈济作为官赈必不可少的补充性、辅助性灾赈形式，是自宋代以来就从没有间断过的民间灾害互救及互助传统，是不可低估的灾赈方式。大部分民间赈济者经济殷实，虽然没有官方赋予的头衔或封号，却在社会危机应对中具有较强的责任、担当意识，在官府无力赈济的灾区，自发捐出钱米物资房产等进行救助灾民，获取了基层社会的拥护，逐渐在地方及基层决策中具有了较强的影响力、号召力和决策力。历代民间赈济兴起及存在的原因各不相同，清前期民间赈济兴起及存在的原因主要有两个：

（一）官赈之缺失

在官赈力不能及的灾区，需要民间赈济发挥辅助及补充的作用。

清代官赈制度与措施的建设及完善达到历史以来的最高峰，一直在灾赈中居于主导地位。但因地理、交通、基层控制力等原因，依然存在很多官赈制度、赈济力量及物资不能遍及的地区，这样，就使官赈之外的赈济成为灾后处于困境中的灾民及亟待恢复的社会经济秩序所急需，民间赈济适时适地产生并逐渐发展起来。

清前期官赈缺失地区民间赈济兴起的原因，主要有六个：一是一些灾区因享受上年蠲免或冒灾受罚等原因未能进入官赈范围，但无力自救，需借助第三方赈济才能度过荒年。二是一些灾情虽重，但地方官吏出于升职或陋规收入等实际利益考虑，匿灾现象普遍，灾民得不到赈济。三是官员在勘定灾等、审户、发赈时，胥吏舞弊营私，人为降灾降赈、漏户漏赈或贪污救灾物资，灾民得不到有效赈济，无法生存和进行再生产。四是灾区地处僻远，报灾、勘灾工作无法进行，官府不明灾情，也无法送达救灾物资，不能及时、有效赈济。五是灾等判定上发生错漏，一些原本可得到赈济的六分灾错判为五分或四分，得不到政府的任何赈济。六是受灾程度、灾情轻重不均，达不到赈济标准，部分受灾严重的民众生活无着。

对以上各种原因造成的赈济“盲区”，加重了灾荒的人为负面后果，灾区经济的恢复及社会秩序的稳定就会受到极大影响。灾区或邻近灾区的个人或富户、退隐官员、乡绅等民间力量自发行动，出钱出粮，或部分人联合起来筹集物资，救助灾民，使大部分得不到或不在官赈范围内的灾民，得以渡过难关。如顺治十二年（1655 年），福建沙县“四月至六月大饥，斗米银五钱，饿莩相枕。知县盛交施粥二日为倡，富者相继出米，共赈四十余日，民赖以活”；康熙三十五年（1696 年），直隶献县“岁饥，纪钰出米为粥，以食饿者，全活甚众”；康熙四十九年（1710 年）、五十三年（1714 年），“合肥县……大水旱。（王履纬）出米赈其乡，全活甚众。雍正五年（1727 年），水，复赈如前”；雍正九年（1731 年），江西新建县“岁歉，（邓里仁）出谷赈贷。乾隆四年（1739 年）亦如之。”

需要指出的是，清前期的民间赈济，无论是灾赈钱粮，还是衣物、药材、房产等的捐赠，或是乡绅、富户、官员个人等出资兴修道路、桥梁、水利工程等以工代赈形式的赈济，都属于个人行为，不具备持久性、规模性及组织性，一般是灾来即兴、灾消即撤。救助者的目的除了救济灾难的含义外，更多的是承传行善积德、扶弱助困的传统思想。与清晚期的民间赈济有极大不同，无论是赈济人员的构成力量、赈济钱物的数量，或赈济的组织性、区域性等，与官赈相比，都是有限的，延续了传统社会民间赈济处于从属、辅助地位的模式。与清末义赈相比，其势弱力孤、缺乏后继性的特点显而易见。因此，清前期的民间赈济，是以官赈的附属、补充形式出现的。

当灾害发生时，调动一切力量救助灾民，成为地方统治者的首要工作。清初平定天下，人口锐减，土地荒芜，百废待兴，水、旱、蝗等灾害频繁发生，灾民历经战乱后求生无门，流离失所。入主中原的清王朝，为了收服民心、稳定统治秩序，模仿明朝灾赈机制，恢复及建设清代的荒政制度，以赈救灾民、稳定社会。但因经济贫弱，赈济物资匮乏，力有不逮，初建的官赈制度还处于实践及发展中，无法达到赈济安民的目标。清王朝也依照明制，积极鼓励、支持民间赈济力量参与救灾，甚至是强令民间力量赈灾，以完成官赈无法解决的问题，尽快安抚灾民。

首先是官方对民间赈济的鼓励及旌奖政策，这是民间赈济兴起并持续发展的最大后盾。中国传统灾赈体系中，对不需要官方付出任何代价和成本的民间助赈活动，往往给予奖劝、封官衔等鼓励的政策，还通过赐诏赐绶带、褒奖等方式进行奖劝。劝励富户出资出物赈济灾民，早在宋代就已经开始受到官方的鼓励及提倡，董煟《救荒全法》记："救荒之法不一，而大致有五。常平以赈粜，义仓以赈济，不足则劝分于有力之家。又遏籴，有禁抑价，有禁能行五者，庶乎其可矣。"明代依旧奉行鼓励富户等的民间灾赈政策，"直隶大名府、真定等府水涝，人民缺食，朝廷虽已遣官赈济，然所储有限，仰食无穷。先蒙诏许南方民出谷一千石赈济者，旌为义民，其北方民鲜有贮积，乞令出谷五百石者，一体旌异优免"，明代宗景泰三年（1452 年）九月，"巡抚江西右佥都御史韩雍奏江西各府州县少储积，倘遇水旱无以赈济，请劝富民出谷入官备用，给冠带以荣其身"。

明代对民间赈济的旌奖，对清前期的政策有极大影响，清廷对民间赈济持积极肯定及支持的态度，“示劝乡间殷户先行借贷接济”“劝各绅富捐金发粟任恤”，朝廷甚至在灾荒中发布告谕敕令，鼓励基层社会力量的赈灾活动。顺治十一年（1654 年）直隶水灾中，在官府鼓励下，好义之人的赈灾，“近京地方、米价腾贵。饥民得银、犹恐难于易米。殷实之家、有能捐谷麦、或减价出、粜以济饥民者尔等酌量多寡、先给好义匾额及羊酒币帛、以示旌表……其遗弃子女、设法收养。若民间有能收养四五口、以至二十口者、尔等亦酌给羊酒币帛、好义匾额、具疏奏闻。”

康熙六十年（1721 年）六月，在地方官员奏稿中，就对富户出资出粮赈灾作为救荒措施奏报推行，“西北人民素称善贾，宜令富户出银，协同惯商运贩粮食……其地方绅士有愿捐银米赈饥者……按所捐多寡从优让叙。富民愿捐者，并请破格旌奖，以示鼓励，于救荒大有裨益”，“歉岁多生疾病，饥民群聚，秽气蒸发，每成疫疗……正印官捐俸，修合丸散广施，庶未病者不至沾染，已病者可望生全”。雍正二年（1724 年）更对民赈的奖劝进行了仔细的规定：“奉公乐善，捐至十石以上，给花红，三十石以上给匾奖义，五十石以上褒加奖励，其年久数多至三、四百石……该督抚题请八品顶戴。”

官方的劝奖极大地鼓励了民间赈济，各地方的官员对获得民间赈济旌奖的个人及行为给予极高的尊崇及荣誉，从官方角度肯定民间赈济的合法性及有效性，也激励了后来者。顺治十三年（1656 年）二月，浙江发生水旱，民间赈济广泛展开，奖劝也次第开展：“鼓劝好义士民人等计十有四日，通计用过米一百六十二石、柴四万五千斤，就食饥民日计千余不等。今已二麦告登，资生有继矣……其有乡官富民尚义出粟全活贫民百人以上者，该地方官核实具奏，分别旌劝……至於在事效劳，如生员裘多艺竭诚劝募，况兼孝友著闻……（耆民）或管收柴米，或给筹散粥，各著月余，勤劳俱经卑职分别给匾外，统冀宪批一语之褒，以彰劝善之典。”

随着奖励、题叙灾荒捐赠及奖劝案例的不断增多，民赈逐渐普及，商人士绅纷纷捐恤赈济灾民。顺治十四年（1657 年）十月二十日题报："顺治十三年八月内，顺天府属被灾……其绅衿商民，有能好义捐输周恤者，奉有察明奖叙之上谕，随该分赈各部。臣将顺天府属捐赈绅衿人等造册回奏……一体照例优叙，以为好义者劝也。""贫民失业流离。各地方官有能赈恤、全活五百人以上者，核实纪录。千人以上者，即与题请加级。其有绅衿富室、尚义出粟，全活贫民百人以上者，该地方官核实具奏，分别旌劝。"

其次是官员率先捐赈的行为起到了较好的示范、表率作用。很多官员为激劝民间赈济的开展，带头捐赠钱粮赈灾，尤其是希望晋升的基层官员，或受惩罚希望戴罪立功的贬谪官员，拿出私产赈济灾民，成为个人灾赈的主要力量，"奉差赈济山西饥民都察院左都御史朱轼条奏：一、被参司道以下贪劣官员请从宽留任，仍令养活饥民以责后效。一、请令富户出银，协同商人，往南省贩运粮食……至地方绅士，愿赈者，按其多寡，从优议叙。"

在官员的带动下，官府属员也捐资赈灾。顺治十五年（1658 年），湖南旱灾，布政使臣黄志遴题报了亲自首捐、属员随捐，带动市民捐赠并请求题叙的情况："详北按院批示，流入武汉地面者当速行议赈，本院首捐谷六百石，仍立簿劝输此缴……又蒙湖北李按院批据前详，蒙批灾民流移堪悯，亟宜拯恤受灾荆民……至赈救急者，如详立簿劝赈，本院首捐谷五百石，即严饬武汉二府实心举行，完日造册详报题叙，缴簿并发……并立簿呈请各衙门任意捐输……除职捐谷六百石之外，劝谕官绅士庶任意输助，有督臣李荫祖、抚臣张长庚、湖北按臣李□松、提督柯来盛，各倡先捐输钱米司道府厅县士民商贾，共捐助过米一万二千二百四十三石三斗五升……又督抚提臣另捐铜钱八十五万文，计期於武汉两地捐助百日，共赈活过饥民三十七万九千二百零二名口……故官绅士庶皆一时好义之诚，督抚诸臣急公倡率於前，属员观感继起於后，俾数十万之灾黎俱免作沟中之莩矣……今另捐谷石置簿分发各府属劝输，俟赈恤完日，取具花名细数另疏上闻外，仰祈皇上敕部立赐蠲恤，庶汤火孑遗，得以苟延残喘於不朽矣……今据该司遵将武昌府赈过饥民一十一万三千二百五十六名口，并各官捐助钱米数目，及武汉两府动支谷石造册前来。除将各册呈都察院咨部外，所有捐助各官民应否分别纪劝，统俟部覆定夺。”

在官方的鼓励支持下，在地方官员以身作则的示范、带动下，在灾荒中拿出家财、粮食等赈济灾民的个人日渐增多，增强并巩固了官方灾赈的社会效果。如康熙三十三年（1694 年），“会昌县大饥，城中赖方勃、方度、方岳承、周美帛、萧云烈煮粥赈饥，民全活甚众。”“龙南县大水，民饥。生员鲁樊达构厂东郊，煮粥赈济，前后五载全活者众，各宪旌表其间。”“石城县詹济和捐米赈荒，活人甚多。”乾隆二十二年（1757 年），灵山县“夏旱，秋大饥。邑人张所传助赈，知府陈准旌之”。乾隆四十一年（1776 年），江苏溧水县“因四十年（1775 年）秋旱，蠲赈并绝，知县凌世御详奉上宪，劝喻城乡绅士捐米煮粥，至麦熟停止。”

嘉庆二十二年（1817 年），黄河在河南武陟马营坝决口，为了尽快堵住决口，赈济灾民，河南按察使琦善出示晓谕各府州县，鼓励绅士乡民捐资助赈，“黄河两岸漫口数处，大工需用浩繁，国家经费有常，尔等绅衿富户谊关桑梓，如能急公好义，捐资助工，即各报明银数，解工应用，将来大工合拢，据实奏闻，仍可赏给官职。”河南仪封县国学生刘永毅“凡事关阖邑利弊”，都会慨然前往，县东刘家楼堤北旧河时常在夏秋汛涨之际决溢，“湮没田畴”，雍正四年（1726 年），刘永毅个人出资，临河筑坝，水患始得平息，村庄及良田“均保无恙”，官府表彰他“义卫桑梓”“惠流乡社”。

最后是官方对民间赈济的强制性要求。即便是官方的鼓励奖劝，民间赈济的兴起及产生依靠的依然是地方士绅富户商人的财力及其自觉性、主动性。但很多时候，不是所有的绅商富户都愿意听从号召参与灾赈的，在官方号召后无人行动且官府确实是无力赈灾时，官方会采取强制性措施，强令甚至是批驳民间力量赈灾。如康熙四年（1665 年），“又议覆礼科给事中黏本盛、条奏山东赈荒事宜……酌定生监准贡条例、令生员俊秀富民等捐米备赈”。

因此，清代由基层社会力量发起并承担的民间赈济，就在官方的鼓励、奖劝、强制及民间士绅富户自发的基础上，逐步步入正轨并发展起来，并在历次救灾济贫的活动中发挥了不可替代的重要作用。官方的鼓励及奖劝支持行动，吸引了更多士绅进行灾赈，扩大了民间赈济主体的数量及赈济力量，提高了地方士绅在乡里的威望，又激励了他们的救灾义举……对地方社会秩序的稳定起到了很大作用……（对）众多有功名而无实职的地方士绅而言，授予官职无疑具有极大的诱惑力和号召力。

（二）民间之参与

中国传统社会扶弱济困、行善积义等文化思想，在救灾中传承积极的影响，促动民间赈灾人员及力量发挥。官方对民间赈济中个人赈灾行为的旌奖，只是一种鼓励性的措施，于捐赠者而言，旌奖也只是一种荣誉，是官方对个体社会行为的肯定，并不代表任何官方的政令，也没有法律的强制效率。但每到灾荒发生的时候，民间赈济就在不同灾区，以灾民最需要的方式发挥作用，究其原因，尽管有崇尚道德、希图名利的因素，但中国传统文化中扶弱济困、行善积义的思想及福报意识的传承及影响，才是个体灾赈行为发生的根本性动因，陈龙正《乡邦利弊考略》云："回天变，莫如结人心。结人心，莫如救人命。而消饵挽回，非愚贱事，全赖富贵人。首在当道，次即乡绅。尝闻天火沿烧数里，一室岿然独存；瘟疫流行，有全家不染一人者；甚至寇盗猖獗，亦相戒此方有某公在，不可惊动。以一人故，保一乡一城。呜呼！此岂智谋勇断权镇耶？积善之家，感通人心，即挽回天意。"

灾荒中个人捐赠行为虽然历朝历代都有，捐赠人数也很多，但若将捐赠者与当时富裕者人数进行比较，可看出捐赠钱粮的官员、绅士、富户占比极少，清朝鄱阳人程直仞《荒政论》曰："富家之好施者十中一二，悭吝者十居八九。"因为富民也面临灾荒，同样会面临饥饿的威胁，其对灾害的承受性也是有限的，小富家庭的承灾及抗灾能力也不强，出于自保心理，也不敢轻易捐赠赈济，"真正甘心情愿无偿捐献，或是有偿借贷，或是为了博得旌褒奖励和免除徭役，而助官赈济的富户可谓屈指可数"。因此，能够拿出钱粮捐赠赈灾的绅商富户，不仅财力家底厚实，更重要的是其具有浓厚的行善积德、仗义疏财、济困扶危的传统思想，诸如《周易・坤・文言》"积善之家，必有余庆"，

《国语·晋语六》"夫德者，福之基也"，《荀子·宥坐篇》"为善者，天报之以福；为不善者，天报之以祸"等的思想文化内涵，成为促动中国传统社会个人积善助困的最主要驱动因素。

虽然很少一部分灾赈者也怀有捐灾助困可解灾祸、赎罪过的因素，更少一部分灾赈个人以赈灾作为行善增福寿的途径，但这些极个别的动因，不影响民间赈济思想动因中的厚德、正义、积善的主导动因。中国传统的"积善之家，必有余庆；积不善之家，必有余殃"思想，是民间赈济兴起的主要根源，这类思想根深蒂固，成为很多进行民间赈济的世家大族的家训、家风或家规。"张八公，处州龙泉人也。家富好施，乡人德之，号张八佛。产分二子。每岁禾谷，率铜钱六十文一把。其岁歉，乡价八十。其子亦增之。八公坐于门看，粜者出，问之价，曰：略增些少。公以钱还之。自后其子价不敢增。至曾玄孙，皆登第。黄溪冯公为人本分，亦好施，人以呆称之。其子梦兰，登进士科。乡人谣曰：张八佛子孙享其佛，冯大呆子孙享其呆……祝染，南剑州沙县人。每遇岁歉，为粥以施贫者。后生一子聪慧，请举入学。春榜将开，忽街上人梦捷者奔驰而过，报状元榜，手持一大旗，书四字曰：施粥之报。及榜开，其子果为是科状元。"类似救荒积善得福报的思想，不仅使民赈行为不绝如缕，也丰富了中国传统的助难扶灾思想。当然，无论其私人的思想动因如何，都在灾赈中达到了行善助困、救灾济难的客观效果，树立起了德行高义的正面形象，达到官方倡导和期待的救灾效果。

这类遍布民间的私人救灾活动，因为士绅富户较为了解灾区、了解灾民的具体情况，能根据灾情轻重，给予较切合灾民实际需求的赈济方式，较好地缓解灾民窘迫状况。如乾隆二十一年（1756 年）嘉兴发生饥荒和疫灾，商人杨元龙捐粟赈灾，殓尸掩骸。"杨元龙，字凯若，性慷慨尚义，少贫，既自以贾致富。乾隆丙子，出粟赈饥，给州同衔。岁大疫，倡同人为掩骼之会，收瘗无数"。乾隆五十年（1785 年），余杭大旱，黄湖里人陈绍翔"平粜近村，赖以全活者无算"。嘉庆十六年（1811 年），处州府旱灾，商人吕载扬平粜煮粥："吕载扬……善货殖，少服贾。嘉庆十六年（1811 年），旱，出金赴旁县买粟，贵籴贱粜，贫民赖以存，活者甚众，亏资以千计不顾也。二十五年（1820 年），旱，又出米二百石，煮粥食饿者。”这类进行民间灾赈的人，一般都被乡民称作“德行高洁”之人而受到称颂。

此外，倡导节俭救人，也是民赈宣传的主要精神，“荒年珠粒，仅有此数，不在饥民腹中，则在宦家富室仓庾中。今闭一石不发，必有一人死者矣；闭十石不发，必有十人死者矣；闭百石千石不发，必有百人千人死者矣。然则宦家富室除正供日用外，其余仓庾中陈陈堆积者，皆堆积死人皮骨。夫省一筵宴之费，可活几人？省一交际之费，可活几人？省一呼卢之费，可活几人？省一土木之费，可活几人？省一簪珥衣被之费，可活几人？省一摩挲古玩之费，可活几人？省一供给游狎客之费，可活几人？省一布施庸俗僧道之费，可活几人？夫以种种活人之物，而糜费之无用之处、以为豪举娱乐。则是合数十百千死人皮骨血肉脑髓罗列目前，以为豪举娱乐也。清夜寻思，理上说得过否？心上打得过否？纵然他说理上硬得过，心上瞒得过，自有天帝鬼神与他算账，不知究竟硬得过、瞒得过否？”言辞虽然啰唆烦琐，但其劝诫富户节约资财食粮，不得浪费，以赈济灾荒穷困，道理浅显易懂，也深入人心，在劝诫富户勤俭节约赈济灾民的行动中，起到了积极作用，发扬了民间赈济的传统精神。

尽管乡绅富户的自救范围有限，但往往灾起即兴、因地而起，灾赈物资也能够根据给的受灾者的不同需求而异，赈济范围及对象多局限于乡里亲族，赈济规模也相对较小，但灵活性强，随时随地都可赈济。更重要的是，赈济物资直接面对面送达受赈者手中，使灾民能够迅速得到赈济，尤其是地方士绅商人对灾情及灾民情况较为熟悉，能根据灾民的需要筹集赈济物资，有针对性地赈灾，短期内就能取得较好的社会效果，辅助官府安抚民心，稳定灾区的社会秩序。

地方士绅在灾荒中自发赈济灾民的出现及存在，除上述原因外，也与士绅富户想通过赈济行动，提高自己在地方社会中的声誉及威望，塑造良好的社会形象，并提高其在地方事务中的发言权、话语权、决策权有关。当然，地方精英所具有的中国传统社会责任感及担当精神，也是民赈源源不绝的主要原因之一。

首先，这是基层社会中地方精英群体对地方权力控制需求的表达及行为展现。地方精英群体往往在基层社会中享有良好的信誉及权威，在地方事务决策中也占据较高位置，其中很重要的原因，与他们在灾害中对乡邻亲族的赈济而树立起来的威信密切相关。他们在灾荒中对受灾民众的赈济，很大一个因素是希望通过自己的灾赈活动，获取民心及其支持，增强个人及家族在地方的影响力及决策力。一般说来，通过捐出长期积蓄的、属于私人所有的钱粮房屋衣物等资产，拯救处于饥寒交迫危机中的灾民，获取民众的好感及认可，得到民众的“德高”好评后，他们的“望重”就成为顺理成章的事了，达到了扩大自己在地方社会中的影响力，提高自己的社会地位，从而增加自己在基层社会事务的发言权及决策权，获得控制地方社会的权力。就是说，“作为乡村社会实际统治者的地方士绅，并不满足于仅仅统治自己的族人，他们更热衷于大范围的社区整合”。合法而又合理，并且能够享有美誉的获取基层权力最有效的方式，就是通过在灾赈活动中捐赠，来达到最佳的目的。

每当灾荒来临，灾民突然陷于朝不保夕的境地，官方赈济来不及实施，民心惶惶，士绅富户拿出私有的钱粮衣物甚至房屋等赈济灾民，救乡人于危急，博取了乡民的广泛好感及好评，其社会声望迅速提高，是施赈者树立个人恩义及地方威信的重要机会和途径。大部分施赈者通过灾赈善举，在地方社会中的乡望得以积累并提高，塑造了“德高行义”的良好社会形象，使基层民众信服并支持其在地方社会中的权威，提高了其在地方事务中的话语权，较好地达到了控制基层社会的目的。

其次，这是传统社会中的官吏、地方士绅、富户及商人等精英群体所具有“保地方安宁”的社会责任感。退任的官僚及其亲属、受过教育的地主、商人等所谓的基层精英群体，是中国传统社会中占有特别地位、发挥核心功能、拥有一定数量财富的阶层，通过各种途径，在区域社会中拥有较高的名望及话语权，作为基层社会的中坚力量，对地方文化的建构、发展导向起到积极的作用。他们也往往以乡里楷模的身份自居，依靠由传统知识及文化的特权构建起来的道统，影响地方政统、规范地方社会文化的发展方向，就此形成了其肩负地方社会安宁稳定、庇护乡邻民众的社会责任感。

在灾荒来临的时候，很多人往往秉承道统，为了表现对灾民肩负的使命感及责任感，往往尽己之力，出资出粮或捐衣物房屋，赈济安置灾民，“乡贩之举，非独以利贫民，实欲使贫者有余而富者无患也，是均安之道也”。

最后，基层社会组织中绝大部分的士绅、富户、商人等深受儒家传统思想影响，大多怀有“修身、齐家、治国、平天下”的人生理想及奋斗目标。“绅富作为一个居于领袖地位和享有各种特权的社会集团，承担了若干社会职责，他们常常视自己家乡的福利增进和利益保护为己任”。因此，每当灾荒发生，灾区绅民往往以拯危救溺为己任，如乾隆元年（1736 年）武陟县黄河决溢，城南居民受水围困，无处逃生，又值深夜，城门紧闭而不能入，监生徐钧出钱雇人树长梯、缒长绳，“俾男妇自下而上皆得攀援入城，拯溺之功甚大”。“他们对维护地方社会秩序有一种责无旁贷的使命感及责任感，其专致善举的行为同样能起到加强社区内聚力的作用。从这些没有功利目的的举动背后，我们可以发现有一种传统的‘济贫安富’的思想在指导着。其内容核心在于‘惟减富方可济贫、亦惟济贫始能安富’……在中国传统社会中民间有‘济贫’和‘崇善举’的行为”。

很多士绅在灾荒发生之后，往往以收恤灾民为己任，拿出钱粮救济灾民。光绪《柘城县志》记，乾隆五十八年（1793 年），河决兰阳、睢州遭受水灾，很多村落多漂没，邑人张燕凡遇逃至其门者，“每见收恤”。乾隆二十年（1755 年），“岁大荒，奉旨施赈，珠里粥厂设旧城煌祠，里中富室亦各出藏粟施惠乡党”。乾隆五十一年（1786 年）饥，乍浦人钱洪“潜行村落，以钱谷赈贫乏，俾无舍业延里中”。这种责任感使民间灾赈的行为及救济案例，在史料中屡见不鲜，使地方社会维持着灾而不乱的稳定局面。

灾荒期间，饥民流离失所，朝不保夕，各朝农民起义军主力多由灾民构成。于灾民而言，饥寒交迫的结果与背井离乡的结果都是死亡，求告无门时落草为寇、抢掠为生，也是不得已的选择和出路，灾民"谋生不得之时，正盗心易起之候"。故灾荒期间，灾民或三五成群、或一二为伍，敲诈、勒索、偷盗、抢劫大户甚至发生暴动、变乱者比比皆是。富户、米行、商铺、典当行甚至官方平粜机构，都成为灾民抢掠的首选目标，勒索和偷盗之风盛行，劫夺钱粮的事件此起彼伏，与富户官方的对抗行为风起云涌，相关记载在史籍中时时可见。

如雍正八年、九年（1730年、1731年）山东、直隶、江苏等地发生水灾，山东饥民聚众劫粮，如肥城、莱芜等县"春大祲，饥民聚众劫粮"。发生民众抢粮或抢夺财物的灾荒，一般是大灾、重灾或巨灾，部分灾情严重的日常灾害中也会发生这种现象。乾隆四年（1739年），工科给事中朱凤英奏报了河南、山东等地旱涝灾害中饥民抢粮、窃夺财物，甚至抢劫官差的情况："本年河南之南、汝，江南之凤、泗，山东之济、曹，直隶之河间等处，旱涝不齐，收成歉薄，已蒙多方轸恤……近闻有等奸匪混迹游民，偷窃抢夺，村舍骚然。其甚者，通衢塘汛相接，每有十数为群，手持白梃，夜窥商旅孤单，殴夺财物。昨闻南省差人赍送本章，凶徒突出，棍击坠马，驿卒闻声应护，知系官差，犹敢剥衣而逸。"

乾隆六年（1741年），甘肃发生了水旱风雹大灾，很多水灾区发生了房屋冲毁、人口淹毙的现象，到八月，又发生了风灾，"栉比之家，十室九空"，地方官匿灾不报，灾民得不到任何赈济，在固原、静宁、隆德、泾州、灵台、庄浪等处，巩属之秦州、阶州、文县、安定、会宁、通渭等广大范围的地区，饥民"号寒啼饥，朝不谋夕"，榆皮草根、莜稽莜荄都成为饥民的度饥之食，饥民流离失所，"道路之莩，后先相望"，出现了"郊圻村落，馆肆无存，行旅之人，咸以觅食为报"的悲惨景象。很多饥民在生存无门的情况下，不得不铤而走险，以抢夺为生，"草窃之徒，肆行无忌，抢夺之风，在在相闻，间有被害之家"。乾隆七年、八年（1742年、1743年），安徽、湖北、河南、江西、江南等地发生了水灾，各地发生了饥民抢粮案。乾隆九年（1744年）十二月，乾隆帝谕旨中就发出了"乾隆七年之冬、八年之春，湖广、江西、江南等处抢粮之案俱未能免。

而江西尤甚，一邑中竟有抢至百案者”的惊叹。乾隆十五年（1750年），江西发生了严重的水灾，冲塌房屋数千间，淹毙人口数百名，粮价上涨，饥荒严重，无路可走的饥民以抢掠为生，如崇仁县“大饥，民多掳掠，市无行人”。

乾隆二十一年（1756年），浙江发生了水灾及疫灾，仁和、乌程、归安、长兴、得清、武康、安吉、山阴、会稽、萧山、诸暨、余姚、上虞等13县灾情较重，粮价腾贵，如海宁州石米值五金，发生了饥荒，饿殍载道，饥民只能以树皮草根充饥，一些地区的饥民聚集起来请求官府赈济，或至富家索取食物，如嘉善县二月初一日发生饥荒，万余饥民“至县请赈”，三月，石米价三千，民间食尽，“拥至富家索食”。一些饥民以抢劫为生，如湖州府“春大疫，饥民食榆皮草根，甚有抢劫者，饿殍满道”，桐乡县“石米二千八百，民杂食榆皮，甚有抢攘者”。乾隆三十年（1765年），江西发生了水灾，谷价腾贵，饥荒极为严重，万载县“春三月，大水荒，民多抢夺”。

乾隆四十三年（1778年），四川、河南、湖南、湖北、江苏、安徽等地发生了极为严重的旱灾，这场旱灾从乾隆四十二年（1777年）开始，延续到乾隆四十四年（1779年）。河南的水旱灾害对灾区造成了巨大的打击，很多地区粮食绝收，饥荒逐渐在灾区蔓延，如范县“春旱，无麦。岁饥”，部分灾区的饥民常常聚集，形势较为紧张；又如滑县“大旱，饥民聚于太和村，势叵测”。同年（1778年）湖南发生旱灾，湘阴、巴陵、临湘、华容、平江、武陵、桃源、龙阳、澧州、安乡、安福、长沙、善化、浏阳等地的灾情较为严重，灾区粮价高涨，饥荒日趋严重，饿殍相望，一些灾区的饥民聚集抢劫，如城步县旱灾中，“饥民多聚集肆掠”。次年（1779年），湖北的水旱灾害还在继续，很多地区的饥民仅能“掘观音土及榔树皮、葛根充食”，一些灾区的饥民也在酝酿抢劫，如房县“春饥，民欲行劫”。乾隆五十九年（1794年），广西发生了水旱灾害，很多灾区发生了严重的饥荒，饥民沦落为盗，如郁林州、陆川县等地“春旱，大饥，盗起。六月大水”，类似案例多不胜数。

灾荒发生后，命悬一线的灾民为解决温饱、求得生存，抢劫、盗掠、抢粮、抗捐、闹灾等变乱活动不断出现，很多灾区发生抢粮风潮，灾情比较严重的地区，灾民甚至揭竿而起，社会矛盾极为尖锐，社会秩序混乱动荡，“饥馑之年，天下必乱”。这种情况持续到清末，光绪十四年（1888 年）“吉林上年六七月间阴雨连绵，江河并涨，田禾被淹成灾，遍地素鲜盖藏……吉林府长春厅近边贫民甚有分食大户之事”。宣统二年（1910 年）五月，盛京安东“乡镇四区所属汤池子一带，日前曾有聚众分粮重案，顷闻有贫民百余人，又欲结队来安挨户蚕食”。同年，“辽阳去岁河西一带水灾甚巨，现闻大沙岭黄泥洼小北河等处一带，饥民白日蛰居而夜间即伺出而偷窃，现该一带颇称不安”。

对于富户绅商而言，灾荒中乱象频生，社会秩序极不稳固，赈济的财产甚至是生命，随时随地都有可能处于被灾民哄抢、劫杀的境地。与其落得一个“为富不仁”的名号而被盗窃、抢掠、劫杀的下场，不如先散家财救济灾民以求自保自安。主动拿出自己的钱粮财物赈济灾民，既可免遭家毁人亡的涂炭结果，也可获取赈灾济饥、行善积仁的好名声。据《东方杂志》记载：“四区汤池子又聚众二百余人，集议盘查各家，均分粮食。该处议员劝其解散，谓如乏粮，可向富户按照官价直接购买，多少随便，贫民不听。各富户闻之，以彼辈恃众行强，遂亦集聚二百余人，各持木棍以待之。其后，忽由官中发出公文，严谕乡董议员，中有云：贫民乏食，待哺嗷嗷，到滋纷扰，该乡董等事先既不能防范，事后又不能补救，殊非寻常疏忽之可比，特谕该董等转谕区内粮户，将所余挤粮速行分给贫而无力者，以资接济，不然酿成巨患，亦不能独拥富厚。若不顾公益，即是为富不仁，王章具在，当行严惩。贫民亦不得借口生风，以滋事端云云。故该处近来已任贫民盘查照分，一般粮户只有忍气吞声以听之而已。”

在灾民抢粮、闹灾、抗捐、盗掠等各种暴力威慑下，富户绅商粮行等或主动或被迫拿出钱粮、衣物房产等赈济灾民，取得了较好的社会效果。从主观或客观动因上看，从事民间赈济的富户绅商等，多少都含有主动自保或被动自救的因素在内。这不仅是中国传统社会中睦邻仁爱、慈善乡民等文化的内融性表现，也是中国基层社会尤其是民间传统生存智慧和生活技艺的外在表现，更是处于最底层、无权无势的灾民与基层社会中的“富贵”阶层长期博弈的结果——经过了饥民暴动、抢劫、勒索、偷盗、起义等暴力行为后，民间“富贵”阶层及其家族，逐渐感悟并形成了给饥民留有余地及活路的生存道德，“周文襄忱云：民不可以势驱，而可以义动。故有出粟助赈、煮粥治人者，上也。有富民趁丰籴谷，归里平。”

对此，镇江守程峋《劝捐赈谕》有明确细致的描述，记曰：“今日旱蝗妨稼，贫民苦饥，此正富室市义种德之秋也。同是编氓，而尔等得称富有，今日殷殷劝赈，不独为枵腹之民图目前，实为殷富之家图久远。凡人之财，决无永聚不散者、顾所散何如耳。悭贪者，其散一败不救；好施者，其散累世食报。此理数之必然者也……则殷殷劝赈，又不独为尔等图久远，实为尔等图目前。众怒难犯，此我所不敢出诸口者，人人知之，尔富民岂独不知之？此又时势之必然者也。”这类自保型的行为也是其在乡闾甲保间赢得良好口碑，塑造其仁义形象并以此掌控地方社会的为人处世的法则。

二、民间灾赈的发展

民间赈济与官方赈济最大的不同，就是其连续性不因改朝换代及其他事件而中断或废止，只要有灾民，只要民间富户绅商粮仓米店愿意担负社会责任而赈济灾民，民间赈济就能够随时随地进行。因此，清代的民间赈济，虽然与官赈是相辅相成的，但也有其独立的运行轨迹及规则，活跃于官方灾赈范围之内或之外，尤其是官赈无法推行、未及实施之时，灾区的赈济，几乎都是民间赈济力量在发挥作用、在凝聚民心，它甚至成为维护社会稳定的中坚力量，这也是中国传统基层社会保持长期稳定的原因之一。

明末清初的战乱及水旱、疫病等灾荒中，饥民流离失所，哀鸿遍野，零星、个别的私人性救灾，主体以绅商、富户、仕宦等为主要组成来源，不受官方制度的限制，机动灵活、随时随地遍及灾区。从严格意义上说，清代民间赈济的形成及存在，是发轫、延续于明代民间赈济的传统及其实践。很多民间私人赈灾行为，在明末清初的战乱中，官府无力兼顾赈灾的情况下，各灾区存在的民间私人赈济仍然发挥着巨大的灾荒安抚作用。

因此，清代的民间灾赈行为，是在清王朝建立之初就产生并存在的，如顺治元年至三年（1644—1646 年），江南青阳县三年连旱，十五都人王正绳“每年出谷二百石赈饥”。故从严格意义上说，清代民间赈济的产生及实践，早于官方赈济，“太平之世，遇歉岁而民不饥，盖不独损上以益下也，抑民间有自相补助之道焉”。

顺治十一年（1654 年）以后，有记载的民间赈济逐渐增多，如顺治十一年（1654 年）诏：“钦命赈济广平府……永年县故宦陈良贵妻郭氏捐输小麦十石、黄豆十石、高粱五石，俱分赈饥民，已遵谕给牌匾、羊、酒旌表。”“敕谕赈济直隶大臣巴哈纳等曰：直隶各府……去年水潦为灾，人民困苦，饥饿流移……近京地方米价腾贵，饥民得银犹恐难于易米。殷实之家有能捐谷麦，或减价出粜以济饥民者，尔等酌量多寡、先给好义匾额及羊酒币帛、以示旌表。仍具疏奏闻……其遗弃子女、设法收养。若民间有能收养四五口以至二十口者，尔等亦酌给羊酒币帛、好义匾额，具疏奏闻。”

民间灾赈者得到朝廷的旌奖时间，是在顺治十一年（1654 年），但官方对民赈的旌奖意图及私人赈灾的行动，是早于此就存在的，“新附地方、以恤民为第一义”。大部分民间灾赈，当时因清王朝忙于统一天下的战争而疏于记录，也未能对类似行为进行旌奖。当朝廷开始重视民间灾赈，并对其进行旌奖以后，绅商富户的灾赈行为，逐渐增多。顺治十三年（1656 年）二月初七日，浙江水旱灾害中的民间赈济活动，反映了清初的民赈已渐具规模，相关措施及其旌奖制度初具雏形。户部尚书戴明说的奏报，反映了民间赈济制度的实施情况：“鼓劝好义士民人等计十有四日，通计用过米一百六十二石、柴四万五千斤，就食饥民日计千余不等。今已二麦告登，资生有继矣。”“谕户部……畿辅近地、连年荒歉。今岁自夏徂秋，复苦霪雨飞蝗。民生艰瘁……其绅衿商民人等、有能好义急公、捐输银米、协资周恤者。即将所输交各该地方官、稽核支散。造册汇报。尔部察明奖叙。”

清朝统一全国之初对民间赈济的奖励封敕，尤其是封官晋爵的级别是较高的，顺治十五年（1658 年），“操江巡抚蒋国柱，以漕运全完。又捐赈宁国、太平水灾贫民。加兵部尚书衔。”当然，这个时期的官方旌奖，无疑具有鼓励及示范的作用，如顺治十六年（1659 年），“甲辰，以湖广巡抚张长庚捐赈饥民加兵部尚书衔。”次年，又相继大封民间赈济者，“加湖广巡抚张长庚、太子少保。以捐赈武昌、汉阳二府饥民故也。”“礼部奏亢旱日久。请修举天下名山大川、及古帝王圣贤祀典以昭虔敬。又请暂开准贡一途。令士民捐银赈济能全活百人以上者、各照出身量与录用。从之。”

当然，朝廷鼓励捐赈的效果，也存在捐赈者少的情况，出现官员恳请从优议叙捐赈者的奏报：“今抚都院捐银四万两，盐司以下捐银八万两，以此倡率劝捐，谓宜鼓舞乐谕，不令而行。乃所属捐者寥寥，岂赏格未悬欤？抑郡邑奉行未善欤？劝非抑勒，惟开诚布公，劝以至情，无论多寡，必与表扬，庶人情踊跃争先。本院奉命赈济，心力交瘁，惟望诸公捐助，上副皇仁，下全民命。至宣德达情，使者职分当然；慷慨善行，何敢雍于上闻。仰府文到，即将先后捐过姓名及所捐数目开明具报，以凭会同抚都院分别奖赏。其多者即予题请，从优议叙。”因此，官员对捐赈者题请议叙奖励的奏章，在灾赈史籍中比比皆是，“地方绅士富户并内外现任官员愿捐米者，计官职之大小、捐米之多寡，具呈该地方官照数收纳，出给实收，随收随报等因……官绅士民人等有情愿捐纳赈饥者，速赴该州县具呈收纳，出给实收，立即详报，题请叙旌。”

康熙年间，社会稳定，经济逐步发展起来，私人积储充实，灾区的民间赈济更为普遍，对饥民进行赈济的绅商富户人数及赈济的钱粮数额，也逐渐增多，民赈的奖劝议叙，逐渐有了相应的制度及规则，“部议地方绅士并内外官员愿捐米者，照数收纳，题明即用即升，富户破格旌奖等语。查现在饥民需赈甚迫，烦即通行出示晓谕，并行司刊刻实收颁发，严饬州县不许需索分文；如违，官参吏处，庶捐者踊跃急公，于荒政大有裨益。”民赈者捐赈钱粮数额的不同，旌奖的等级、品阶也有不同，其中最为突出的一个特点，是对赈济人进行奖劝进封的官职也越来越小，“丁丑，以偏沅巡抚袁廓宇，捐赈饥民，加右副都御史”，这可从三个方面表现出来。

一是清王朝的职官制度建设到康熙年间已经基本完成，重要官职也已经有了安排，不像清初百废待兴时期，有众多高级官缺可以安置，此刻只能在中档官职中安置，到了清末奖劝的官位就更少，只能在地方基层官职中安置了。如康熙六十年（1721 年）六月十一日朱轼奏曰：“现在巡抚臣苏克济及地方官捐银十万余两，又劝谕富民零星捐银约三万两，尚恐未足。臣前经奏请，有愿捐银米赈饥者，督抚题请议叙。今九卿议覆，地方绅士富户并内外现任官员愿捐米者，照数收纳给收，该督抚题明咨部，即用即升等语。奉旨：依议。速行。钦此。臣思愿捐议叙之员……应请银米兼收，庶捐者踊跃争先。再，晋省太原等府积贮俱虚，可否于各州县暂开常平仓事例：俊秀捐银一百八两，准作监生；附增、廪生递减银十两。监生、附生捐银二百两，准作岁贡；增生、廪生递减银二十两。民人捐银三百两，给七品顶戴；二百两，给八品顶戴。愿为祖父捐者，亦依此例，俱照时价捐纳米麦，限半年停止。其秋收后所捐，积储备用。统乞皇上睿鉴，御批施行。”

可见，不仅封赏的官职只能与中低档官职相匹配，且不是所有捐赈者都能够得到相应的封赏及旌奖，如果没有合适的职位，旌奖也无法落实。对此，一些官员的奏章中就提出，对民赈者的旌奖，应当是有缺额才能录用，没有缺额的时候，民赈者也不能一一安置了，“其地方绅士有愿捐银米赈饥者，具呈督抚。随收随题，按所捐多寡从优让叙，遇缺即用”。

二是早期对民间赈济的奖劝措施已经发挥成效，并产生了良好的社会效应。很多地方乡绅富户在灾荒中已经普遍动员起来，能够在灾荒中自发进行赈济，不必再以高官封赏的手段来激励，如青州道在康熙旱灾年间的捐赈就是典例，“青州道为赈济饥民事：康熙十八年（1679 年）四月二十四日准布政司照会，康熙十八年（1679 年）四月十八日蒙巡抚部院赵批……照得本道捐集积谷，东北二关分为男女二厂，煮粥赈济饥民”。再如，康熙年间安徽官员私人捐赈灾民，体恤已经成为常例，“据汾阳县候选员外郎田周呈称，愿捐银六千两赈饥。又洪洞县原任刑部郎中刘镇呈称，伊子候选京官刘常愿捐银三千两，伊侄候选员外郎刘勷愿捐银六千两赈饥，各等情到臣，并令赴县缴银讫。伏乞皇上敕部照例议，叙优开即用，以为急公者劝。又据洪洞县士民郭允镇等呈称，原任刑部郎中刘镇告假回籍，年近七旬……因灾荒，先已捐米五百石、银二千余两散给穷民，赖以全活者甚众。今伊子侄急公捐银外，复遵劝谕，另自捐银三千两交县备赈。允称好义善士，恳乞题旌等语。随行县查覆无异。据此，理合奏请皇上敕部优旌，以示鼓励。”

令人可喜的是，随着封赏等级数额的减少，尤其是基层士民富户的社会责任感逐渐提升，议叙奖劝已经不再是民赈的激励及驱动因素了，基层士民传统的扶危助困、积善行义等思想的回归，以及稳定地方的责任担当精神逐渐凸显，康熙末年的民赈行动中，就已经出现有民赈者不求封叙的情况，“再，现任工部员外郎刘衮亦即刘镇亲侄，经臣折请带到山西办事，今情愿捐银四千两，不求议叙”。另一官员的奏章中的内容，也证明了民赈者不求议叙旌奖的行为，几乎逐渐普及。“窃臣率命到晋散赈，宣扬圣主洪恩，地方士民莫不感激涕零。凡有力之家，俱情愿捐银助赈……续据泽州候补副使道王廷扬捐银三千两，临汾县候选通判亢在时、贡生亢孳时各捐银一千两，俱不求叙旌……再，现任河东盐法道郭祯捐银一千两，不求议叙”。这些现象，说明了官方对民赈的鼓励，以及中国传统的灾赈思想及文化随着清朝统治者对汉文化的认同及其回归，逐渐产生了积极且良好的社会效果。

三是官赈制度已逐步建立并发展起来，尤其是康熙年间地方仓储逐步运营，在灾荒中发挥积极作用，并发挥了集中民间灾赈物资，引导、调动、指挥民间灾赈的功能。常平仓、义仓、社仓等三类仓储在赈灾中逐渐发挥作用，尤其是社仓和义仓，使民间赈济逐渐规模化及规范化，地主富户士绅捐助的粮食入仓备赈，一旦灾荒来临，即可调出赈济，发挥了较好的赈灾效果。康熙四年（1665 年）六月，“又议覆礼科给事中黏本盛、条奏山东赈荒事宜。一，临、德二仓附近州县，发米赈给。其离仓远者，用库银赈给。一，酌定生监准贡条例，令生员俊秀富民等，捐米备赈。一，州县禁籴，以致衙役土棍借端诈害。

请敕地方官，通粜便民，严禁蠹棍诈害。俱应如所请。得旨：生员等捐助银米，著停止。余依议。”

仓储设立的目的之一主要是在歉收荒馑之年能够为地方提供救济的粮食，尤其是义仓的设立宗旨中就有“富贫相恤”等民间互助的意义，既补充了官方赈济的不足，发挥了极好的赈灾作用，也使民赈更加合法化，得到了官民的认可，康熙六十年（1721 年）的“条陈积储利弊疏”，就积储、仓储等对赈灾的重要作用进行了分析，“窃今岁直隶等省偶遇亢旱，我皇上视民如伤，蠲赈频加……臣思旱涝乃气数之偶然，可恃以无恐者，惟在积贮之素裕，则岁不能灾，而于天庾帑藏亦无縻费。即如山陕二省，除尽发本处仓储外，复大沛皇仁，拨截清粮及邻省邻府米数十万石，又两次发内帑一百万两，始得措置安全。向使每县各有积贮万余石，何至烦圣主宵旰之虑、縻费如此之多？伏查钱粮递年支解，查核犹易。米谷存仓，必待赈荒乃发，又有民借民欠、存七粜三等名色可以藉口支饰，是以州县亏空钱粮者犹少”。

康熙六十年（1721 年）七月二十三日的奏章，反映了仓储在灾赈中已经发挥了积极的社会作用，在一定程度上成为融通官方及民间赈济物资及赈济力量的功用，“准户部咨称……随行被灾各府属出示晓谕。去后，据冯汉炜等五十二员陆续具呈，情愿捐纳银米赈济各等情到臣。经臣批令平、汾二府查收，除动支散赈外，所余银米，饬令贮仓解司，统听抚臣造册题报。伏查平、汾等属蒙圣主洪恩，秋成丰稔，现在收获，应请将捐纳赈济议叙一案先行停止。其常平仓事例，部文到晋未久，正在行文各属收捐，合并声明”。这些都反映了仓储赈灾的积极作用得到官方的认可。

因此，清初逐渐由官方经营管理的常平仓、义仓，是赈灾中官民合力抗灾的重要形式，“倘收掌二十年，毫无前件情弊，郡县核实详报，延为乡饮介宾。院司给匾旌奖，免其杂项徭役。如此则乡党自好之人肯任贤劳，而偶值荒歉之年，不忧匮乏矣，但合乎人情，宜乎土俗，若何而行之无阻，若何而行之无弊，有非皇华使臣所得而周知者”。而完全由民间自建自营的社仓是典型的规模化民赈的代表，仓谷多由民间富户或乡绅，甚至是一般民家自动捐出、输送，这种有组织、有规模的民间赈济物资的后备组织，与灾荒来临时民间个别人进行的、持续性无法保障的赈济相比，更能稳定民心。

随着官方对各地地主富户为备荒而筹建的义仓、社仓的赈灾效果的认可，使民间灾赈逐步成为灾赈中合法的、不可或缺的存在形式，官赈为主、民赈为辅的灾赈格局初步形成，零星的民间灾赈具有规模化、集约化的特点，“至积贮为备荒要务，而便民又莫如社仓。或有行之无效旋而罢废者，所设非其地，所用非其人也……臣历经平、汾所属，每乡必有大村，城堡高峻完固，屋多砖甃，无风雨盗窃之虞。大村左近，小村比密，各相去二三里，远者不过四五里。期会无奔走之苦，敛散无转运之劳。以此而行社仓，得其地矣……每社必有殷实士庶，尤兢兢自守，爱身家而重犯法。今即用此殷实之户主管出纳，择一二公正能干者为之辅，余人自遵规约，不至侵欺负累，则任用有其人矣。又愚民难与虑始。行社仓于屡丰之年，必以为迂阔无当。今荒后民赖赈贷以生，回思食乏食之苦，无不踊跃愿行。夫为百姓计安全，虽于土俗民情有未尽宜，犹将勉强变通而为之……臣请敕下山西巡抚，分委能员，协同地方官，于各州县离城十里外，按庄屯户口多寡，分社设仓。先借庙宇或富户余房囤积，俟有盈余，支盖廪廒。谷本动支常平仓，每社各二百石。正印以下官，递年捐凑。有田人户听凭乐输，不拘升斗。词讼罚赎，俱令纳谷本社。其敛散悉依古法，刊示木榜，使司社遵守。牧令岁一稽察，毋许胥役经手，实为地方久远之利……即于仓所建立蜡庙，或听民另行积贮，与社仓一体敛散。此亦民情所乐从，而于救荒大有裨补者也”。仓储赈灾功能的发挥，更凸显出民赈的社会作用，并在官赈不能遍及的基层、边缘地区产生不可替代的影响。

而官方在灾荒中对无力赈济的地区，发动鼓励民间力量补充灾赈资金钱粮的短缺措施，一直被历朝沿用，直至清末，这类对民间灾赈力量的奖劝政策仍然存在。虽然，这是由于国家灾赈力量及灾赈资源本身储备有限，无力承担对灾民的全面救济责任时的辅助措施，但官方在灾荒中对民间力量的动员及其发挥的社会效应，却达到了极好的效果。如康熙十五年（1676 年）江南水灾时，昆山县官给米已竭，徐秉人与同里诸群悉心筹划，“设厂三处，续食十旬。其粟则取诸士大夫之家，不足则募之富室，又募之典商与四方之好义者”。康熙四十七年（1708年）大水，海宁州监生程士麟“捐米千二百石，设粥厂五所助赈”。太仓州沙头里在灾荒初期实施官赈，“发官粟设厂赈济”，次年三月，“二麦未登，众口嗷嗷，学师倡义助赈一日，陆侍御颜、金工部樟各助一日，乡饮宾包汝弼助一日，厂中诸董事合助二日，既不涉私，亦无冒滥，阖州粥厂称沙头为善”。

总之，经过顺治、康熙年间的经营及发展，民间赈济及其相应的奖劝制度已经初步建立起来，得到了社会的认同，并且与中国传统社会中士民富户的赈灾济困、行善扶弱及其地方社会责任感很好地结合起来，在不同地区的灾荒赈济中，民赈逐渐成了官赈的主要辅助形式，官赈为主、民赈为辅的灾赈格局逐步形成，这个格局形成后就一直稳定地存在。这种类型的民间赈济，在官赈无力兼顾的地区，在不同类型及阶段的灾荒赈济中，发挥了积极的社会效用，如康熙六十年（1721年）江南岁荒，归安县棣溪“山径僻远，官府赈济不及”，捐费设厂施粥，“全活无算”。

雍正朝以后，民间灾赈从制度到实践都逐渐成熟，尤其是民间赈济力量的社会责任感逐渐成熟，清初很大一部分人是在官方奖劝鼓励及谕令，或者是自保等背景下的被动、被迫救灾，随着社会稳定、经济渐趋繁荣，逐步向前发展，民赈力量主动承担社会责任而积极赈灾，官方对民间赈济力量由封赏官位变为赠给匾额，即民赈动因由官方权力促动、私人物质奖励及名号封赠等驱动，变为了为士绅名誉、文化精神及地方社会责任方面的驱动，民间赈济更多地具有了自发的性质。

事实上，这种转变，在康熙末年就已经出现了，康熙六十年（1721年），《行府查旌义捐绅士》奏章中，就出现了官员注重对民赈者视捐赈多寡给予匾额名誉奖劝的特点，“为设法捐赈事。据该府册报，汾阳县绅士耆民共捐银一万数千两助赈。查汾属连年荒旱，饥民嗷嗷待哺，地方有司束手无策，今遵照抚都院发簿劝捐，绅士踊跃捐输，至于累万，洵无愧古人仗义疏财之节，殊为可嘉。除一面移咨奏请叙旌外，合先饬奖。为此牌仰该府，分别所捐多寡，三百两以上者，用本院衔送匾；一百两以上者，用该府衔；十两以上者，用该县衔。俱行县牒学，遣门斗，将匾字分送，听本家自制悬挂。”尤为重要的是，自民赈者增多后，改变了官方鼓励、强制性的捐赈，强调不得勒索强迫不富裕者捐赈，“再，一县捐者四百余人，民人居多，未必尽系殷实之家，恐有勉强抑勒。该府仍应饬查，如非情愿，免其兑缴，另造册报。仍出示晓谕。毋违”。其他相关的制度规定，逐渐建立起来，民赈逐渐进入了官方管控的“规范化”阶段，如《轺车杂录》里记录了诸如《散赈条约》《申禁散赈诸弊示》《严禁常平仓收捐勒索》《劝谕积谷示》等官方发布的有关民赈的规章条约，这些规约，对民间赈济法规的形成、定型，起到了积极的作用。

当然，民间赈济与官方赈济，在清代一直是两条分界清晰的线索，乾隆十三年（1748 年）夏旱，石门县令张愉“循例发粟，设厂平粜”，又“劝绅士富民出米平粜”，“各于附近设厂，俾乡之耆老董之，凡十有七都、百四十图”。雍正朝以后，官赈及民赈正式成为两种并存且相辅相成、不可或缺的灾害救济形式，形成了官赈为主、民赈为辅的灾赈格局。

对民间赈济的奖励措施，乾隆朝继续执行并进行完善，即对民间零散的灾赈行为，也给予查访记录，并给予奖劝，鼓励了一般富户及受灾不严重且有余力赈济其他灾民的灾赈积极性。“乾隆二年（1737 年）覆准：被灾贫民，该地方富户如有出资安插，不致流离失所者，督抚察明用过银米实数，作何优赏之处，即于题赈济银米疏内分别议奏。四十一年（1776 年）议准：绅衿士民，有于歉岁捐赈者，准亲赴布政司衙门具呈，并听自行经理。事竣，督抚核实，捐数多者题请议叙，少者给匾额……恭读伏读乾隆十六年（1751 年）谕曰：浙省温处等郡米贵，降旨加意抚绥，但思穷黎待哺孔殷，本地有谷之家，或能以任恤为心，出其所余，照官价一例平粜，更足助官价之所不及。虽零星积聚，岂能如官仓足给众人之求，然随乡分粜，于民食亦殊有济。在富民推其赢余，嘉惠桑梓，孰无此心？……其能敦任恤而出粮平粜者，地方官为之主持，实力稽察……所有平粜富民，计其所粜之数，照乐善好施例优加议叙，以示奖励等因。钦此。此富民随乡平粜，足佐官粜所不到，圣谕惩恶而劝善，俾为善者无所惧而益有所劝，德至厚也。”

由于民赈的法规逐渐完善，民赈行为更为普遍，对稳定灾害中的地方社会秩序起到了积极的作用。“乾隆十三年（1748 年）谕：朕阅《山东通志》内恭载皇祖谕旨：东省小民，皆依有身家者为之耕种，丰年所得者少，凶年则己身并无田产，有力者流于四方，无力者即转于沟壑。此等情状，东省大吏庶僚及有身家者，若能轻减田租，以各赡养其佃户，不但深有益于穷民，即汝等田地亦不致荒芜。训谕谆谆，诚切中东省民生利弊也。今朕省方问俗，亲见民情风土，岁偶不登，闾阎即无所恃，南走江淮，北出口外。揆厥所由，实缘有身家者不能赡养佃户，以致资生无策，动辄流移。夫睦姻任恤，自古为重，利岂专在贫乏，富户均受益焉。转徙既多，则佃种之人少，鞠为茂草，富者不能独耕也。若有无相资，使农民不肯轻去其乡，即水旱无虞大困。贫固资富之食，富亦资贫之力，不计其食而但资其力，穷民复何所图？继自今，该督抚率郡县有司实力稽察劝谕，务使晓然于贫富相维之道，俾闾里通周急之情，斯黎民享安土之乐，朕于东省有厚望焉。钦此。”这个时期，是清王朝民赈与官赈相辅相成发挥作用最好的时期，灾荒赈济依次举办，奖劝按律实施，社会繁荣稳定，“五十年（1785 年），安徽省安庆、庐州等府属被旱。五十一年（1786 年），湖北江夏等州县旱灾。均经绅士减价平粜，俱得旨嘉奖，照例赏给议叙”。

经过乾隆朝的完善，民赈制度逐渐定性，良好的制度逐渐发挥出对社会文化传统的塑造及定性作用，“圣有谟训，深切著明。凡有田业者庄诵再三，蔼然恻然之挚意油然而生矣。大抵劝输之事不一端，助赈而外，凡设粥、平粜、辑流民、收幼孩、施衣、施药、施棺等项皆是也。当饥荒之岁，安富必早安贫，斯有力皆须努力，是在良有司之善劝矣。积至诚以感之，而不临以贵势；分清俸以倡之，而非谕以空言。牖之以懿好之良，人虽愚而易晓；动之以厚德之报，民虽啬而易从。怵以饥氓劫掠之可虞，则分财以拯荒，为保家之至计；歆以令典褒旌之可慕，则树德以受赏，为荣身之令图。分多寡而量其力，未尝强以所难，戢刁悍以定其心，俾勿牵于所虑。鼓之舞之，亦克用劝，何庸抑勒哉？窃见相助相救，兴仁让而敕懋和，盛世多良民，由多良吏也，猗欤隆矣！”

咸同朝以后，随着国家统治力量的衰微，灾赈物资不能得到保障，官赈制度逐渐空壳化，很多制度及措施在内外交替的危机中逐渐衰微，民赈也随之衰败。内忧外患之下，天灾人祸频繁发生，官赈更是力不从心、难以为继，传统的民间赈济也受到冲击，尤其是在中国传统灾赈近代化的转型中，西方救济思想传入，教会等救灾团体及措施也开始推行，在社会的急剧变革中，中国本土一些有组织、跨区域的“义赈”方式开始登上历史舞台，传统的具有私人、家族性质的民赈，向以团体、组织形式存在的同乡组织和行业团体——“会馆”“公所”等转型，这些组织及团体的灾赈经费钱粮，是自行组织、募集并自行向灾民直接散发，其“义举”“义行”的特点更为突出。

随着近代灾赈制度的转型，“义赈”日益成为更具有普遍意义及社会认可度的另一种名称及运营模式的民赈形式，开始自南向北地普及、发展起来。尤其是在晚清统治衰微之际，江南士大夫为了避免民间灾赈的弊端，发起、实施了新的灾荒救济形式，一批中下级官员和在野士大夫私人出资出粮，拉开了中国义赈的帷幕。光绪朝以后，义赈作为一种特定赈灾行为的知名度才急剧上升，成了晚清时期南方绅商大规模义赈活动的专有名词。很多义赈主持人、发起人常常以血缘、地缘关系为基础，组成运转高效且灵活机动的指挥中枢，为义赈提供物资、人员等多方面的赈济保证，涌现出了很多著名的义赈英雄人物，使中国民间灾赈以另外的面目及形式，继续存在并发挥社会作用。

三、民间灾赈的奖惩

无论是出于何种目的及出发点的民间赈济，都让灾民得到了救济，缓解了危机，在较大程度上稳定了地方社会、经济秩序。灾情稳定后，官府一般都会对踊跃进行灾赈的人员进行奖励。当然，在民间灾赈中，也存在腐败及其他不法行为，监察官员在勘灾及查赈中，也对民赈的不法行为进行弹劾处置，逐渐形成了民间赈济的奖惩机制。

对民间灾赈的奖励，一般是经官方认可后发给奖励的官职匾额等，在朝廷及地方官员共同推动下，清代民间赈济的奖劝制度逐渐建立并发展起来。

顺治十一年（1654 年）直隶旱灾，巡抚王来用题报“首倡捐赈事宜”，从中可看出清初民赈制度的建立及官方奖励实施的原则，即不仅提倡对民间赈济的奖劝方法及奖励数额，“朝夕焦思几忘寝室，意惟有倡率捐输，或可以济目前之急，于是出臣之积俸，搜括赃赎，每州县先发百金或三五十金，视灾伤之轻重、地方之广隘为银数之等差。计畿东有四十余处，共发银三千余两”，也提出了民赈的奖励细则及具体措施，“畿南郡邑亦行道府查明，酌请以为各属倡，又各发劝输印簿，令其沿门持钵登记愿输姓名、银数，事完缴送核叙”。

官方的奖劝，产生了积极的激励效果，“未几，而果有天津镇臣……青州分司……各先捐银五十两，又报有生员……捐资六百两，商首……独任捐米一千石，见任大学士高尔俨父高攀桂、过客江南学臣杨义各捐银五十两，其余商铺士民争先输赈，难以枚举。夫天津一镇如此，则他处宁独无慷慨急公好义而乐输者乎？以此推之，亦庶几可望挽救於万一也。”对赈济者的具体奖励，也有详细筹划：“其各属输助之数目、赈济之多寡，以课有司之殿最，容事竣之日，分别汇题……臣等更有请者，张尔鑑以子矜而首捐银六百两，王镂等以鹾商而任捐米一千石，为数颇盈，皆不易得，倘蒙特赐叙录，则将来各属闻风而起者，益输助争先慕义恐后矣。统乞圣鉴施行。”

顺治十三年（1656 年）二月初七日，对浙江水旱灾害中的民间赈济者的奖劝，已经渐成章法，“各地方官有能赈恤食活五百人以上者，核实纪录，千人以上者即与题请加级，其有乡官富民尚义，出粟全活贫民百人以上者，该地方官核实具奏，分别旌劝”，上奏奖劝者名姓俱列：“以弹丸穷邑绝无富室巨商，除独任二日者贡生张……独任一日者本县典史倪……生员陈……乃为义助之最，其他虽零星升斗，在穷簷凶岁，颗粒维艰，难泯其好义之诚，通行列册呈乞……统冀宪批一语之褒，以彰劝善之典。”当然，官员带头捐赈以激引，依然是民赈的重要组成部分，“台邑凶荒饥困，卑职捐设柴米，并劝募好义士民零星乐助煮粥赈饥，随将输助花名及用过柴米赈过饥民细数追册，并将效劳人等申送等因，据此案照……界处岩疲，适当水旱，民不聊生，非菜色充途，即鸠形载道，本官出自诚心，身先捐资，复行鼓劝，全活饥民得免流离之苦，良可风也。既经造册申请，相应呈乞宪台俯准题叙，庶好义咸知激劝。”

此类奖励、题叙灾荒捐赠的旨意，不断在实践中被提及、被强调，说明民赈已经普遍实施，民赈人员名单被题报旌表，表现了清初民赈制度迅速建立并依章施行的史实。顺治十四年（1657 年）十月二十日题：“顺治十三年（1656 年）八月内，顺天府属被灾……其绅衿商民，有能好义捐输周恤者奉，有察明奖叙之上谕，随该分赈各部。臣将顺天府属捐赈绅衿人等造册回奏，已经臣於十四年（1657 年）三月内查明汇题……臣董天极推广皇仁，将十三年（1656 年）直隶八府捐资煮赈各官并士民人等，造册题叙前来。查抚臣册内所开捐赈银米等项，与赎银赎谷并开一册，而所赈饥民文册，有备开花名者；有止开赈济饥民总数若干，并无花名细册者，事关题叙。臣部难以轻议，相应请敕。该抚按将赎银赎谷另疏奏销，并饥民花名，逐一确查明白，据实造册具奏，以凭核覆。可也。顺治十四年（1657 年）十一月十六日题，本月十七日奉旨依□行，钦此。”

当然，清初对民赈的奖劝，并非仅据个别官员题报就进行，而是经过多次核实，才题报准行，如上文提到的顺治十四年（1657 年）十一月十六日题报的奖劝者，都进行了核查：“续据霸州等九道各造册呈报到职，据此，该职看得捐输赈济例有奖叙之典，所以昭恩纶而励后效也。部臣以原册花名间有未备，复请敕职等查报，诚慎之也。今查取到道，册内花名细数与各官升迁事故，俱分析已明，应听部臣覆核。”对有疑问的捐赈及人员，驳回核实，多次复核，“惟原疏内有抚宁县知县雷腾龙捐独多。职□□□□驳行严核，仍无确据，且本官已经前按臣参革提问，无庸再议。又案查，先准部院咨，据□平道呈□□义县申报，顺天府学□□□□□捐积粮□□一十石。又据宛平县□□□，天府学生员娄肇龙捐米四百石，俱详请察叙，移□□□后，经行道查明，实收赈济在案。因报有先后，未获汇疏，对查既明，应与原疏内生员范贤等捐输全活多命，一体照例优叙，以为好义者劝也。除另册咨部外，职谨会同顺天按臣董国兴合词具题，伏乞睿鉴敕下该部议覆施行。”

从相关案例可知，清顺治年间，民赈制度已经初步建立，根据捐赈的钱粮数额多少，奖给匾额、顶戴的级别，逐渐有了分别，“查顺治十年（1653 年）覆准：士民捐助赈米五十石，或银百两者，地方官给匾旌奖；捐米百石，或银二百两者，给九品顶戴；捐多者递加品级。十一年（1654 年）题准：现任官并乡绅捐银千两、米千石以上者，加二级；银五百两、米五百石以上者，纪录二次；银百两、米百石以上者，纪录一次。生员捐米三百石者，准贡；俊秀捐米二百石，准入监读书。十二年（1655 年）议准：令各省地方照京师例设厂煮赈。事竣，仍将捐输官民姓名并银谷数目，汇册题报议叙。十八年（1661 年）题准：凡捐谷，每二石折米一石，豆照时价计银议叙。”

民间仓储粮食在灾赈中，也发生了不同形式的腐败行为，说明仓储所储备的粮食用于灾赈已经很普遍，才能被不法分子钻空子，“米谷存仓，必待赈荒乃发，又有民借民欠、存七粜三等名色可以藉口支饰，是以州县亏空钱粮者犹少。若仓储虚耗，则在在不免，甚有变卖仓谷弥补库项者。监司郡守一任蒙蔽，全无觉察。不知钱粮参后追完，于国帑无损；仓储关系民命，一有亏缺，为害轻。今不肖有司任意侵那，一经报灾，或称平粜，或称借贷，或称煮粥，早已冒稍过半。追至奉文发赈，计口授食，则又以少报多，有名无实，藉赈恤之旷典为弥缝之便计，坐令嗷嗷待哺之民流离转徙。即大吏查察纠参，明正典刑，何足以赎？”

经过康、雍朝的实践及补充，清前期的民赈制度，在官方的主导及控制下，渐趋完善，成为官赈的重要补充，从而形成了清代官赈为主、民赈为辅的赈济模式，使中国传统的官、民结合的赈济路径更加清晰。“太平之世，遇歉岁而民不饥，盖不独损上以益下也，抑民间有自相补助之道焉。历代助赈，皆有优奖之典，诚以施期于当厄，多一人输，即多数人食，多劝一人输，即多活数人命也。圣朝偶遇灾荒，赈贷蠲缓，百方筹画，不惜千万亿帑金，何藉涓流之挹注？然乡党好施者例加奖励，此劝善之良谟，实救荒之仁术也。"

经过康熙年间的发展，民间赈济的奖劝机制更加成熟，除了匾额、顶戴等的旌奖、议叙之外，还将旌奖范围扩大到科举文化领域，对灾荒中捐赈的生员，给予各种优惠，"康熙元年（1662 年）题准：捐银米不分本属隔属，如一年内捐及额者，题请议叙。七年（1668 年）覆准：满洲蒙古汉军并现任汉文武官弁捐输银千两或米二千石者，加一级；银五百两或米千石，纪录二次；银二百五十两、米五百石，纪录一次。进士、举人、贡生捐银及额，出仕时照现任官例议叙。生员捐银二百两，或米四百石，准入监读书。俊秀捐银三百两，或米六百石，亦准送监读书。富民捐银三百两，或米六百石，准给九品顶戴；捐银四百两，或米八百石，准给八品顶戴。八年（1669 年）题准停止督抚捐助议叙之例。三十四年（1695 年），天津两次运送盛京米粮，到期甚速。运米及捐输官有旨议叙。旋经议定郎中同知通判州同及八品笔帖式等官，各加一级。其捐输脚价官，一次者纪录一次，二次者纪录二次。系商人，该抚酌量奖赏。六十年（1721 年）覆准：山西被灾地方，绅衿富户并内外现任官愿捐米者，计官职之大小，捐米之多寡，具呈该地方官照数收捐，出给实收，随收随报，督抚题明，转咨吏部，遇有缺即升，富户题明破格旌奖。又覆准：令各省督抚遇有转徙饥民来至境内，地方官并富民人等有情愿捐资养赡全活多人者，督抚核实题荐，从优议叙。"

雍正年间，奖劝的制度继续推行。雍正二年（1724 年）规定："奉公乐善，捐至十石以上，给花红；三十石以上给匾奖义；五十石以上褒加奖励。其年久数多，至三四百石……该督抚题请八品顶戴"，这对激励更多民间富户、乡绅、地主、商人等积极参加到赈济活动中，无疑具有很积极的正面引导作用。如雍正八年（1730 年），山东发生水灾，"河水泛涨，淹没田禾，米价腾贵。（昌邑邵）美恒出粟数十石周济里党，冬施棉衣煮米粥，恤寒赈饥……邑侯周详请建旌善坊以美之"。山东日照李宾"慷慨好施，年饥出粟济贫，粥产以给，全活多人。上宪以'一乡善士'旌之"。山东峄县褚安民"乾隆丙午岁大饥，安民出粟赈乡里多所全济，邑侯程表其门”。这些措施，得到了士民的称赞及认同。“雍正十一年（1733 年）谕曰：闻上年秋月，江南沿海地方，海潮泛溢，苏松常三府近水之人遭值水患。其本地绅衿士庶中，有雇觅舟楫救济，有捐输银米煮赈者。今年夏间人有时症，绅衿人等又复捐输方药，资助米粮。似此赈灾扶困之心，不愧古人任恤之谊，风俗淳厚，甚属可嘉。著该督抚宣旨褒奖，将捐助多者具题议叙，少者给与匾额，登记册籍，免其差徭，并造册报部。钦此。仰见大圣人与人为善，歉岁麦舟之赠，渥蒙九重华兖之褒，而食为民天，则能减价平粜者咸可嘉尚也。”

雍正朝民间赈济建设中一个较大的改变，是开始关注到民间赈济中存在的腐败现象，并对涉及腐败的官员及人员进行处罚，“雍正五年（1727 年）议准：盐商于地方偏灾，乐为捐赈者，听其自便。如纠结公捐，暗增成本，借名取偿者，查究；失察之该管官议处。”雍正朝的惩罚措施，乾隆朝依然沿用执行，尤其是对没有捐赈但冒认奖劝议叙的人员，给予严厉处罚，“（乾隆）四十一年（1776 年）议准：若县官勒派押捐，或以少报多，滥邀议叙者，从重议处。土豪胥吏于该户乐输时干涉渔利者，察究。盖自国初以来，遇灾而效捐输者，褒奖之典如此。夫士民当饮和食德之余，循救灾恤邻之道，固宜茂典之荣膺，且荷纶音之特贲焉。”乾隆十六年（1751 年），更是对民赈中的冒领争抢行为给予严惩，“惟是刁悍乘机，或短于价值，或冒领告贷，甚或倡众抢夺，种种不法，遂致富民闻风相戒，以为善不可为。兹特谕各省督抚，凡遇地方水旱，米价腾贵，即应明切晓谕，以天时水旱不齐，偶值偏灾，无不飞章入告，立即随时筹画，百姓惟当安分奉法，静候施恩。若藉端生事，转罹罪愆，有负国家之德惠。遇强横滋事之徒，速即严行惩处，务令奸匪敛迹，富民无所顾虑，则穷黎受惠多矣。”

清代中后期的民赈奖劝处罚制度，几乎都能够遵照沿用前期制度实施执行，嘉庆朝及以后的民赈实践及奖劝，成为一种极为普遍的社会现象。“嘉庆六年（1801 年），汉口米价稍昂，淮商等以该处系行盐之地，借拨盐义仓谷十万石运往煮赈，特奉急公可嘉之谕，咨部议叙。十一年（1806 年），晋省河东上年被旱成灾，将省北米石运集平阳，再分拨各州县，途遥费繁。该绅士报效情殷，各捐银米，奉谕全行赏收，分别应用，将捐职郎中王濡翰等交部议叙。凡以裕食救饥，旌淑以风励之者，列圣有同揆也。而贫富有丰啬相济之情，业佃尤有缓急相通之谊，圣皇更虑之周而戒之切矣。”

四、民间灾赈的主体和形式

清代民间赈济与官赈的最大不同点，就是赈济主体的多样化，出资出粮的人赈济形式的小型化、灵活化。

（一）民间灾赈的主体

一是在任的官员，他们往往捐出个人的俸禄，用于灾赈。清代的官赈制度及赈济物资的发放，有一套极为严格的程序及规定，如果灾荒发生后不经过报灾、勘灾、审户等程序，不确定灾等，救灾物资不可能发到灾民手中。即便仓储就在灾民身边，没有谕旨，官员也不敢擅自把救灾物资发放给灾民，更不可能调拨赈济物资去赈济灾民。因此，在灾荒刚刚发生，或是一些灾情稍轻不可能进入赈济灾等的地区，地方官员为了地方社会秩序的稳定、使灾民度过饥荒，尽快恢复再生产的能力，往往自己出资，赈济灾民。

尽管官员是官方的人员，但是他在无力调动灾赈物资的情况下，拿出自己私人的积蓄赈济捐助灾民的行为，不属于官方行为，在实质上也是一种个体的民间行为，因此也属于民间赈济的一种特殊类型。

官员出资出粮赈济灾民的情况，在有清一代的灾荒赈济中极为常见。如雍正十一年（1733 年），礼部尚书臣恩国泰奏报了捐资赈济的情况，反映了官员个人捐资赈济灾民，在清前期是极为普遍的现象，兹赘录相关奏章，以了解官员在灾赈中的个体行为：

“臣于去冬抵任，即捐银一千两分发各属，用示首倡……继准部咨，该督臣李荫祖疏，请动积谷煮粥赈饥，又节经诸臣条奏，以捐输之多寡分别旌叙，俱奉有谕旨，钦遵通行在案……先经督臣捐银四百一十两分发大名、天津，与臣多方鼓捐，嗣饥民闻风率至，日益众多，苦其不敷，臣继输一百两发天津道、一百两发河间县并天津镇，臣甘应祥捐银二百二十余两，分社三厂养济。至于大名、真定、河间、沧州、永平，皆地当冲要，贫民载道，倍宜收养，以及诸郡邑城堡效法举行，全活甚众……今事告竣，捐输者例当汇叙。而动过积谷米石与官银数目均应报销。查见任天津道副使梁应元捐银六百九十六两，永平道副使王廷宾捐银四百两，井陉道副使陈安国捐银九十五两、米一石八斗，蓟州道副使马登科捐银一百两，升任大名道副使程之璿捐银一百两，长芦运使李兆乾捐银一百两，天津饷司主事李溥捐米一百零一石，河间知府焦世名捐银五百两，永平府知府罗廷玙捐银四百三十余两，保定府今参革知府马昰祥捐银二百两、米一百一十石，大名府病故知府刘翰明捐银一百八十两，青州分司今参革同张安豫捐米二百零九石，沧州发司通判张文灿捐银四百五十余两，山海管关通判白辉捐银四百五十余两，祁州知州高向极捐银七百余两、钱十六万文，易州知州张道南捐银六百三十七两，深州知州韩志道捐米二百石、银三十两，蓟州知州黄家栋捐银一百五十两、米一百石，大兴县知县吴一位捐银一千二百两、米八十石，丰润县知县李尔蕙捐银八百两，行唐县知县王秉直捐银四百五十两，宛平县知县兰一元捐银四百二十两，濬县行取知县李荣宗捐银四百两，博野县参革知县柯荣捐银四百两，河间县知县田作泽捐银三百七十八两、制钱一十万二千三百文，献县知县李廷桥捐银三百四十两，雄县知县黄鼎鼐捐银三百两，曲阳县知县葛绥捐米二百一十四石，栢县知县李文举捐米二百二十五石。乡绅则有刑部侍郎袁懋功捐发香河县赈济银三百两，雄县在籍御史赵如瑾捐米四百二十二石、钱一十九万九千四百文零，户部郎中袁懋德捐发香河县赈济米一百石，江南学道张能麟发天津赈济粮二百石，其余捐银自一百两以至三百两、捐米五十石以至二百石者，则有原人易州道被参副使许可用、天津清军同知焦居紘董、河间府推官张蜚省、永平府推官尤侗、济州知州刘汉杰、昌平州知州郭启凤、通州丁忧知州师佐、涿州知州郑玉、定州知州王弘仁、沧州知州王羽、赵州知州陶鼎铉、迁安县升任知县张自涵、卢龙县知县熊一龙、抚宁县知县雷腾龙、乐亭县知县韩望、饶阳县知县刘大章……除以上职官外，则有天津贡生叶方至捐米二百石，回南贡生叶士龙捐养天津贫民银五百两，丰润县生员董纯嘏捐银一千两，沧州生员刘起鳌捐银七百七十六两，天津生员刘起蛟、继儒张世绍各捐米二百石，生员刘文誉，捐银一百两，饶阳县生员苑崐捐粮五十石，边鸿裁捐粮六十石，沧州盐商张文元等捐银四百六十四两，天津盐商王椄武、高龄、许庄等捐银二百余两、米三百石，天津乡民朱天成捐米二百石，呈守义捐米一百石，此贡矜商民应与职官均当，照例核叙，用励将来，此特为捐输而言也。至于处荒残冲疲之地，拮据劳瘁，倡率劝输，则有元城县知县姜希辙、河间县知县田作泽、卢龙县知县熊一龙、运同张安豫、运判张文灿，如甫经新任，即捐金效义，赈养饥民，泽有井陉道副使陈安国、长芦运司李兆乾以乡绅而谊州桑梓，则有袁懋功、赵如瑾等，以青衿而慷慨捐输，则有刘起鳌等，以羁旅而顷囊相济则有叶士隆，应与输金独多之知县唯一位、李尔蕙，生员董莼、胡一体，破格优叙作养者也。此外捐银不及百两、米不及五十石者，职名烦琐，难以备列，统计臣属八府，臣与督臣、镇臣及文武等官乡绅士民，共捐银并动过砂税牌坊库贮赎缓等银三万二千七百九十六两二钱九分四厘，共捐钱并动过赃钱五百八十万二千五百四十六文，共捐粳小米并动过赈剩等米八千六百五十六石八斗九升三合，共捐谷豆并动过赎谷赈剩等谷一万一千九百五……”

从上文中可以看到，在这场后果严重的灾荒赈济中，几乎大部分基层官员都能心怀灾黎，率先捐赠俸禄以赈救灾民。而基层官员在灾荒中率先捐钱捐粮捐物赈济灾民，灾民因此获救维生的情况，在很多官员的奏章、地方志中极为常见。如顺治八年（1651 年），江南水灾，江宁巡抚土国宝“乃率属会集绅廉议各捐米，於陆门外设厂煮粥赈济饥民”，康熙十一年（1672 年）春，江西省波阳县“草木实俱食尽，民大饥，颠仆者相望。巡抚董公卫国捐谷六百石分赈贫民，本道贾廷兰、知府王泽洪暨别驾赵□、知县邓士杰，府尹杨鸣凤，乡绅史彪古、王用佐等各捐米有差，作粥以食饥者，人赖全活”。康熙十七年（1678 年）五月，广东南雄县等地发生了水灾，“知府姚昌廷暨二县（南雄、始兴）赈饥，时米价腾贵，民采茶充饥。知府姚昌廷率文武官于保昌长春庵施粥；始兴令缪荣祖亦捐米赈粥，存活甚众”。康熙二十三年（1684 年），四川巫山县“天旱，知县向登元捐谷赈恤，不成灾”。康熙二十九年（1690 年），直隶发生旱灾，“岁旱，（吴中衢）捐谷六百余石，炊粥赈饥，存活无算”。

雍正三年（1725 年）六月，广东新丰县因大雨引发了严重的水灾，“署县事吴觐光详赈之。自六月十三、十四连日大雨，山水暴涨，冲塌民居数百家。署县吴觐光查勘通报，院司委郡通判施梦兰赍藩库银给赏，每房一间给银八钱，仍给社仓谷，每大口六斗、小口三斗。方水之初决也，觐光登城指画亟救，兼捐米煮粥以食饥者，故灾民获免淹毙。”乾隆七年（1742 年）六月，河南许昌县大雨，“夏水虽不为灾，而秋禾歉获，路有流民。知州甄汝舟倡捐赈粥，设厂于北关外玉皇庙，当时有兵部司务韩茂林捐米百石，贡生范绳仁捐米五十石，盐商王之佐捐米三十三石、薪一千五百束。自是年腊月朔起，至次年正月底止，全活颇多。”同年，湖南攸县发生水灾，“是年，饥，知县涂延年捐米，于北城证果寺施粥，生员朱世荣捐米于城隍庙施粥一月。”乾隆三十五年（1770 年），直隶望都县“秋被水灾……是年邻邑飞蝗入境，期月孳生，本县陈捐米三百余石，资民夫扑灭，禾稼得以无伤”。

而官员在灾荒中的个体赈济行为，在劝励更多个人投入灾赈活动中发挥了极好的动员、示范作用，成就了中国古代无数的循吏、良吏，成为中国传统灾赈文化中最激励、告慰民众并以实际行动促使民众信任官府的最重要方式，如雍正十年（1732 年）七月，江苏常熟、昭文“飓风海溢，滨海田庐被水，溺毙人口。督粮道姚孔鈵、常熟县知县张嘉论、昭文县知县劳必达率绅商士民共捐米四千二百石，银五百四十两，共赈饥民六万九千六百口”。乾隆二十三年（1758 年），广东阳春县“春不雨，谷贵。知县姜山开仓平粜，复捐俸倡赈，城乡绅士刘世槐、杨祖焘等七十四人并捐米接济”。乾隆四十年（1775 年），江苏常熟“西乡秋旱。知县刘沅率绅商士民共捐米三千一百二十四石三斗六升五合。每石折足钱二千文，散给西乡各图”。这也是古代官府公信力建立及存在的基础之一。

二是士绅富户的捐助及赈济。民间赈济的主体成员，主要是基层社会中的士绅、地主、富户，他们以私人钱粮财物进行的赈济是民间赈济中最普遍、最广泛存在的方式，在救灾活民中发挥了较为积极的作用。如康熙二十四年（1685 年）盛湖发生灾荒，岁饥，监生王旅“出米数百石，就家设局，人给五六合，历三月余”；康熙四十八年（1709 年）海宁州发生水灾，次年（1710 年）又发生大旱，陈世仿“倡义赈粜，存活无算，尤虑族人不给，以祭产所赢分上中下三科，计口而授，法甚简而人遍德焉”。乾隆六十年（1795 年），南汇士绅周焕“于劝赈外捐赀独赈一乡，凡邻里就食，计日给钱者两阅月”。

乡绅富户的灾赈行动，带动了一些尚在迟疑中的富户加入赈济的行列中。如康熙九年（1670 年）昆山县遇奇荒，霜区耆粮徐福除自己募赈外，还“刊济饥果报，遍送巨室，凡城乡救饥事悉力任之。遂有王云程助米一百五十石，吴民望助棉四千五百斤，又有陈德公、沈鼎铭、汤圣沐等饮助，一时，绅士并为感动出粟。计福所赈口数一百十万有余”。雍正三年（1725 年）春，浙江嘉善县发生水旱灾害，“湖郡饥民流集。知县张据同士民捐米四十八石六升，共赈饥民一万六千二百二十口”。雍正四年（1726 年），福建连江县夏旱，“饥，知县刘良壁捐米赈粥”。

当时，很多富户在官方的鼓励下，常常在灾荒中出资捐粮，赈济灾民，如雍正四年（1726 年）秋七月，广东饶平县“飓风积雨，通州水灾。米谷不登，饿莩枕藉，民房倒塌殆尽。县令倡富民捐米施粥、死者捐棺椬”。乾隆十七年（1752 年）四月，江苏“地震，秋旱，石庄洪必学等捐米煮粥，赈饥两月”。乾隆四十二年（1777 年）、四十三年（1778 年），四川荣县“刘元桐捐米赈荒”。乾隆五十年（1785 年），“江南旱魃为虐，几至赤地千里，较之二十年尤甚，与康熙四十六年仿佛。二十年，不过苏属偏灾，尚有产米之区源源接济；今则两湖、山东、江西、浙江、河南俱旱，舟楫不通，贫民在在失业，米贵至四五十文一升，肉价每斤一百五六十文，其他食物，或贵至二三倍，以致死亡相望，白日抢夺。中丞闵公鹗元劝绅士捐米赈粥，齐盘、葑门、王路庵、木渎各设一厂，每厂日有万余人，死者日各有千人。至五十一年三月停厂，物价渐平，民心稍安，时钱串九十，此自康熙四十五年以来未有之奇荒也。是年太湖水涸，在在有井露出，俱系砖砌，上镌晋太康年间制，吴某监造，未知何故。”乾隆五十八年（1793 年），陕西富县“上宪以同州荒歉，檄鄜州民输仓谷助赈”。

在这些捐助活动中，“无论倡议、组织或出资，地方绅富往往在乡村救济网络中扮演着领袖的角色……每一个赈济单位，均构成独立的社区，在社区内部，绅富起着举足轻重的作用，他们通过捐输或直接参与赈济，使分散于民间的积储能应一时之急，从而丰富了乡村救济网络的内容。尽管他们的影响力一般只能限于较小的范围内，主要是自己所在的社区内，但如此不仅可以减少中间环节，利用地理上的优势，使救济钱粮迅速惠及灾民，从而降低救济管理成本，而且可以防止官吏从中舞弊渔利，提高赈济水平”。

三是民间赈济组织或团体的赈济。这是为了抵御天灾人祸，由一地或邻近区域的乡绅富户联合组织的临时性松散的组织或团体，或是依靠家族、宗族势力及组织组建起来的组织，由发起人及参与者各自按照一定的比例及数额，将钱粮等物资集合在一起，在灾荒饥年之时，即可调用物资进行赈济。与清后期的民间灾赈组织及团体不一样，这是一种朴素、简单的合作互助或救助穷困灾民的小团体或是组织，多在乡邻、亲友、宗族中，经人发起、有人附和，自觉自愿临时或定期组合起来。

其中最重要的一种形式，就是建立义仓。义仓是一种民间发起的储粮备荒的传统灾赈措施，康熙十八年（1679 年）题准：“地方官劝谕官绅士民捐输米谷，乡村立社仓，市镇立义仓，照例议叙。”康熙二十八年（1689 年）正月壬寅，谕户部：“著各地方大吏，督率有司晓谕小民，务令多积米粮，俾俯仰有资，凶荒可备，已经通行。其各省遍设常平及义仓、社仓，劝谕捐输米谷，亦有旨允行。”雍正十年（1732 年）九月初八日，“内阁奉上谕：今年江浙地方海潮骤涨，沿海居民被水冲溢，朕已勒令该督抚等加意抚绥，毋使穷民失所。近闻南汇县下砂头二三场等处灶户盐丁被水甚众，该场官请将商捐盐义仓及嘉兴存贮米石动支赈恤，各商亦环请愿将捐米赈救”。

因此，在很多灾荒地区，很多乡村富户士绅甚至是集体集资，建造义仓，以备灾年，“江南一些地区自发地出现了一些民间仓储，这些仓储在社区赈济中能够发挥一定作用”。如康熙年间士绅柯崇朴、沈辰坦等20人“仿朱子社仓法为广仁会”“历年积民二百五十石，以二百石助济饥民”；许乾学兄弟在昆山设立“世德仓”，“储本二千石，贷全县七十二区”。

这种民捐民办民营的义仓，其储存的仓粮主要用于灾荒严重时的紧急救灾，在官赈物资尚未发放的时候赈济重灾民户，或是在灾情不太严重的时候，义仓采取平粜、出借的方式赈济灾民。因此，义仓建立的基础，是以地域、以有户籍限制的固定人群（一般以血缘宗族为基础）为捐赠及服务对象，达到控制、整合基层社会的目的，“就清代而言，乡绅往往通过建设义仓以达到社区整合的目的，建构对于地方社会支配权，从而集中地反映了地方权力体系及基层社会与国家关系的演变”。

清前期义仓处于初步发展、完善的过程中，各地义仓积谷在区域灾害救济中发挥了积极作用，稳定了社会秩序、安定了民心，维持了地方积极文化的持续发展态势。“创立义仓预防凶饥，以予所闻见凡三四家”，“储君计家资可四万金，乃析其三，授之子，而斥其一为义仓，岁饥则散之族中贫乏者”。

清代中期以后，随着灾荒类型及灾害影响程度的加深，清王朝多次下发诏令，鼓励民间人士参与地方仓储的建设及经营，乾隆帝在南巡苏州时，还亲自去范氏义庄，查看范仲淹祠堂，并赐其园曰“高义”，亲书匾额，赏赐范氏后裔以貂币。毫无疑问，乾隆皇帝的这个行为，刺激并促进了各地士绅富户及其家族、宗族建设义仓、赈济灾民的热情。很多义仓及相关的灾赈组织，成为乡绅富户控制基层社会的管理机构及权力中心，每一次的灾赈活动，都能提升其在基层社会的声望，广泛地获得民众的支持，进一步稳固了其在区域社会中的决策职能。随着义仓的发展，其性质及运用发生了极大变化，但部分义仓直至清末都还在灾荒中依然发挥部分赈灾的功能。

此外，还有一些灾荒发生时在物质上、经济上相互帮助的群体，这些小型组织或群体在各地的名称虽然极不一致，但性质及功能是一致的，又有赊会、合会之称，“合会（亦称集会）是民间合股凑集资金获取利息的形式”，在苏松地区，农家如“有需财之事，则醉资于众，或五六人，或七八人，曰合会”，“将农民组织成为一个互助的整体，共同抵御天灾人祸……常常能起到社仓、义仓无法起到的作用”。在后来的发展中，出现商人出资出粮组建商会筹集资金粮食的情况，虽然商会在后来的发展中其性质及职能发生了极大的变化，但其非官方的特点及运营方式，在灾荒赈济中仍然发挥了极大的作用。

（二）民间灾赈的主要形式

第一是募集、捐赠。这是指个人及宗族在灾荒中募集、捐赠的钱、粮。民间赈济捐助出来的赈济物资，主要是钱、粮等，是清前期民间赈济物资的主要类型，成为官赈物资的辅助及重要补充。个人捐助的大部分是资金，在严重的饥荒中，很多人拿出粮食分发给灾民，或设厂煮粥赈饥，这也是民间赈济最常见的方式。这种类型在各地方志及修改史料中有较多的记载。如康熙四十六年（1707 年），浙江频繁发生水旱灾害，仁和人陆凤翥“谋赈济，率家人于里门分给贫民，每口日给米半升，凡三匝月，赢数千石，全活无数”。乾隆十三年（1748 年）、乾隆二十一年（1756 年），江南发生水旱灾害，米价翔踊，海宁州太学生章兆“以家食捐济里中，复按户给钱，赖以存活”。乾隆三十二年（1767 年）岁大荒，常州府城施粥赈饥，龚朝栋“所居新塘乡去城八十里，民就赈者多道弊，朝栋与人为体仁会，设赈如城中，活者甚众，及岁稔，会仍不废”。

官绅富户直接拿出钱、粮赈济灾民，是灾荒赈济中最直接、最有效也是最受灾民欢迎的方式，灾民往往能够仰赖救济，度过危机，同时也对乡里的士绅、富户心怀感激，增进了乡邻族里的感情，既缓解了危机，也稳定了区域社会秩序。

如康熙十年（1671 年），江西上饶县发生旱灾，“夏五月至秋八月不雨。虫食禾稼尽，旋食木叶。民间采蕨拾橡，舂粉以疗饥，至冬，木食亦尽，民益无所得食。次年春，抚部院首倡捐赈，发常平仓粟，暨本府捐谷共七千六百余石，分赈饥民，赖以全活”。康熙三十七年（1698年），“桂平县饥。刘传恭捐谷石赈之”。雍正十一年（1733年）南汇县先发生旱灾，随后又发生大疫，南汇县二区旧五团乡贡生华昌朝“给佃户钱米”。乾隆二十年（1755年），宜兴县大饥，诸生王赋元“捐赀入邑中赈局，复为粥食族中饿者，宗党咸称叹”。乾隆四十年（1775年），宜荆发生旱灾，宜荆国子监生尹景叔“家非素裕，而称贷以给族人，煮糜食众，后遇凶歉率以为常，饥民赖以生活者不下千余人”。乾隆五十九年（1794年），四川简阳县“邑人贺才升捐米二百石赈饥”。

这种赈济传统随后也被继承、延续了下来，在灾赈中发挥着较好的社会作用。如嘉庆八年（1803年），直隶南宫市“大水，知县阎桦阁详准被水成灾大周家庄等九十二村设厂煮赈，邑人齐世松捐米五百石”。这些赈济活动，一般都能取得极好的社会效果。

第二是捐纳所得银米（钱粮）。在重大灾荒发生之时，尤其是当国家赈济经费不足、私人捐赠不敷用度的时候，也常常采用捐输的办法筹集灾赈物资。这种财富与权力地位的交易是在“急公好义”的美誉下进行的，较之有“势爵”之嫌的捐纳制度更合乎士大夫阶层的道德规范，因而很受绅商的欢迎。且绅富从事公共事业不光是出于保护自己私人利益的动机，在国家权力与乡村利益间充当中间调节力量，对许多绅富特别是已有功名的士绅来说，灾赈中利用捐输的方式，是其谋求乡村社会控制权活动的途径之一，通过捐输取得某种准官僚的资格，使其对地方社会拥有更大的控制权和影响力。

但捐纳赈灾显然是个隐患极大的措施，因此捐纳赈灾的实施，并非一帆风顺。康熙二十三年（1684年）三月，九卿等议奏凯捐纳赈灾，但没有获得批准，“赈济直隶、河南，除将存仓米谷令各该抚确查赈给外，如米谷不敷，请暂开捐例，限三个月停止。再移咨豫抚：本年钱粮于秋收后征收一半，次年带征一半。得旨：捐纳事例无益，不准行。着户部贤能司官一员前往，会同该抚，鼓励地方官员，设法散赈”。康熙三十五年（1696年）十二月二十四日，江南、江西总督臣范承勋奏请开捐纳之例：“为恭陈被灾之民困苦可怜，仰请圣主特颁谕旨全行蠲免事……伏乞皇上特颁谕旨，全行蠲免淮、扬、徐州所属州、县及泗州之地丁钱粮、漕运粮米，开常平仓捐纳之例赈济，则万万之民皆蒙圣主再造养育之恩，感激无穷矣。”但没有得到明确、肯定的答复：“朱批：尔所奏都知道了。朕将另有旨。”康熙四十六年（1707年）十月壬寅，浙江巡抚王然疏请捐纳，依然没有被批准：“杭州、嘉兴等处今岁少雨无收，请截留漕粮五万石，以备驻防兵粮。又奉命赈济，查常平仓积榖无多，请照山东例，于常平仓开例捐纳。上谕大学士等曰：浙省被灾州县亦照江南，着总漕桑额亲身会同该抚，于被灾各州县截留漕粮，赈济饥民，何必捐纳。尔等传谕户部。”

但随着灾害的增多及赈济钱粮的缺乏，捐纳不断被官员提及，才逐渐被朝廷接纳。康熙三十一年（1692年）十二月二十一日，总督臣佛伦奏请捐纳：“为奏明巡察被灾州、县，无限瞻念天颜事。窃升奴才为四川、陕西总督后，继颁格外温旨，命从速乘驿赴任……尚不知陕西省致于如此残破，乃使佟昌等赴商州视河道，并令将更改捐纳例捐银之处，转行口奏。”康熙三十六年（1697年）十一月初十日，江南、江西总督臣范承勋又奏请捐纳，康熙帝对此没有明确批示，“为请旨事，窃臣看得，江南捐纳、积储二项之米，以及省城所存之米，除去年赈济外，所余者不多。经臣会同巡抚宋荦，奏请仍开常平仓捐纳之例，以补所支本项，不分省、府、州、县，概准捐纳。等情……为此谨奏。请旨。江南、江西总督臣范承勋。朱批：具题”。

到雍正元年（1723年），捐纳在灾赈中才开始正式施行，“八月初二日，山西巡抚臣诺眠谨奏：为效力者祈请施恩，以励众人事。窃臣前奏报张出告示，宣谕各州县家殷之人各养乡里饥民，其赈养人口及用米数目报官造册具奏，照捐纳之例议叙。等情。一折内奉御批：好。钦此”。雍正二年（1724年）的谕旨，更说明捐纳赈灾的合法化，“九月二十二日谕河南巡抚石文焯：河南居四方之中，地广民庶，为幅员要区，素封之家，常喜储藏米谷，以被居积之利，比年连遇荒歉，民食维艰，贫者逃亡颇众，朕夙夜廑怀，思所以安全赈济之道，前特遣官往赈，务令实心奉行，俾穷黎得安衽席。河以南数郡虽已得雨，河北三府时逾麦秋，尚未沾足，诚恐小民势难耕种，不可不预为筹划，或酌开捐纳贡监等利，则富室向贮之粟皆得流通，出纳于官，以为赈恤之用，似属有益……特谕”。

雍正二年（1724 年）对捐纳赈灾作了明确的具体规定：“奉公乐善，捐至十石以上，给花红，三十石以上给匾奖义，五十石以上褒加奖励，其年久数多至三四百石……该督抚题请八品顶戴。”雍正三年（1725 年）十月初二日，图理琛的奏请，表明捐纳救灾已经成为常态，“为奏闻事。民系国本粮为天，务必平时积储，偶遇荒年，方不致窘困。圣主洞鉴是情，念切民生，特谕各省设立社仓，自愿捐纳，不行摊派，不予强迫，官吏衙役不可干预，不必过急，当慢慢推进，鼓励而行。钦此。”

此后，捐纳在灾赈资金的筹措中确实发挥了一定的积极作用，“上谕：雍正六年内，湖南布政使赵城折奏：湖南现贮仓谷共计六十余万石之多，又有捐纳事例改收谷石，本省可云有备。”因此，在很多灾荒赈济中，个人捐纳的钱粮在官赈力量不能给予的地区及尚未来得及进行的时候，发挥了拯救灾黎、救灾济荒的作用，如乾隆二十年（1755 年）岁大饥，宜兴县诸生王赋元“捐赀入邑中赈局，复为粥食族中饿者，宗党咸称叹”。

捐纳使捐输者获得了更高的社会地位及其需要的虚衔、虚职等出身，“民间捐输是出于传统的‘保乡’‘睦族’观念，以地方利益为核心，系一种无偿捐献。但实质上这是财富与政治权力的一种互惠性交易，捐输者可由此得到更高社会地位和各种优免特权”。山东潍县孔毓珍“雍正二年（1724 年）岁歉，煮粥济饥民。乾隆元年（1736 年）举报八十以上清白居民，赐八品顶戴”。山东日照县刘钟“雍正九年（1731 年）饥且疫，散粮石施棺槥收养奴仆丰年各还其家……邑令李孚昌表其名于旌善亭，举乡饮介宾”。

这种形式的灾赈，也在很大程度上缓解了官府赈济资金、赈济粮食不足的困难，充分调动民间赈济资源，缓解灾荒危机，达到了稳定地方社会秩序的作用。更重要的是，提供捐纳赈济灾民，掩饰了捐纳买官卖官的丑恶面目，使一部分希望通过捐资粮得到晋升身份的商人、富户、士绅等获得了美誉，“以捐纳作为乡村救济的主要来源，除了解决地方仓储系统仓谷不足的困难局面外，更重要的功能就在于它为各个阶层利益集团提供了一条上升到较高社会阶层的社会流动机会，从而扩大了政权的统治基础。这种财富与权力地位的交易是在‘急公好义’的美誉下进行的，较之有‘势爵’之嫌的捐纳制度更合乎士大夫阶层的道德规范，因而很受绅商的欢迎”。

但捐纳在实质上就是卖官鬻爵，只是灾赈的捐纳缓解了捐纳的消极影响，卖官鬻爵的部分费用用于赈济灾民，能够得到社会及民众的认可，但捐纳弊多利少，捐纳中的贪腐极为严重，官绅勾结、勒捐平民、侵吞捐款、共同分肥等弊端日益严重地凸显出来，对灾赈的积极作用越来越低，这在乾隆朝后期官赈衰落之后，就越来越显现出其巨大的社会副作用。

第三是借贷。民间赈济的借贷，主要是灾荒中个人或宗族、团体向灾民借贷钱粮、籽种、农具、耕牛等的行为。官赈也有借贷行为及措施，但官赈的借贷是重大灾荒发生后大范围针对大部分灾民统一进行的措施。但在一些灾情不严重或是灾情不均衡的地区，部分受灾较重的灾民得不到相应赈济的时候，民间小额、小数量的借贷，对部分灾情严重、极其贫穷的灾民度过灾荒危机，就有极为重要的作用。

民间借贷类型的赈济活动，在地方志里记载较多，“淳化县王御风任潼关卫训导。时康熙三十一年（1692 年），值大荒歉，捐俸以助祭典，又贷粟赈恤灾黎，越三岁卒于官。”康熙四十八年（1709 年），江苏青浦县“大水，岁饥。邑人陆祖彬贷粟五百余石赈之，全活无算”。雍正九年（1731 年），江西新建县“岁歉，邓里仁出谷赈贷。乾隆四年（1739 年）亦如之”。乾隆十三年（1748 年）十月，陕西省三原县“岁饥，刘恩悖出粟赈贷里民，赖以存活者数百家”。

民间灾荒借贷的数额、规模较小，一般以宗族、邻里为基础，灾后即可归还，一般借贷双方都能够维持较好的信誉。民间的借贷存在，确实发挥了对官方借贷力所不及的地区及灾民赈济的补充及辅助作用。

第四是施衣、施棺、建义冢、建义宅、建义田及借屋租地等形式。民间赈济的另外一种特殊形式，就是个人或是私人出资出物进行的由地方财力殷实之人组成的小型松散的团体或组织，或是亲朋、宗族等成员群体出资出物，对重大灾害后生活无着的灾民给予衣服、钱粮等生活必需品的救济。如乾隆十一年（1746年），山西潞城县“吴楚出粟赈饥，施衣庇寒”。或是修建义宅，或是提供房屋社院，给灾民暂时居住；或是租田地给灾民耕种等方式救灾；对死于饥荒、疾病且无人掩埋者，捐给棺木，建义冢，帮助下葬。如康熙五年（1666年），广东潮阳县“岁荒，哀鸿遍野，（赵举鹏）平粜，复煮粥赈饥，施棺掩骨，远还称之”。康熙五十二年（1713年），云南沾益等地发生地震，“守备梁名望，陕西人，由侍卫康熙五十年（1711年）任，五十二年（1713年）地震，施棺以殓暴露之骸”。乾隆五十三年（1788年），广西宜山县暴发瘟疫，“贫者死多暴骨，（江）仕龙施棺百具”。又如，潮州揭阳县士绅许茂蘗，“族有虚粮逋负者，多代输。悯贫者无葬地，捐西关外腴田十余亩，以为义塚”。

这类私人发起的民间赈济行为，对官方无暇赈济到的饥民灾民救济、对地方社会的稳定起到了积极的弥合、促进作用，常常受到官府的鼓励及倡导。如乾隆十七年（1752年），安徽发生旱蝗灾害，官府倡导捐施棺木，“饥，疫，倡捐赈米施棺”。这类民间赈济措施，带有近现代浓厚的慈善性质。但这些行为却是灾荒期间基层社会发生的、私人性至多是宗族、区域性的行为。在清代巨灾、重灾的赈济中发挥着日益重要的作用，很多时候甚至还超过了官赈的作用及影响。

此外，在众多民间赈济的形式中，还广泛存在着施药施医的赈济。这种类型的赈济，在各地灾赈活动中都存在，尤其是疫灾发生的时候，施药送医的救灾手段，常常能够发挥巨大的社会作用，“多所全活”等类的词语，常常见诸地方志的记载。如潮州揭阳县士绅陈廷耀“性孝友，好善乐施，凡亲邻乏者，给以资本，病者助以医药，丧不能举者，予以棺衾葬费，焚逋券”。

第五是修筑堤坝、桥梁等类似以工代赈性质的工程。以工代赈是官赈的主要措施，但民间赈济中也常常采用这种方法救济灾民，既救济了饥荒人群，也完善了地方社会的基础设施，一举两得。由官吏个人捐赠或是士绅提供工程修筑的资金或粮食，取得了很好的效果，深受民间救济者及被救济群体的欢迎。

如潮州饶平县隆都乡绅陈廷光，因忧患隆都与海阳县交界的土堤连年被洪水冲决，民众田庐屡遭破坏的严重状况，在雍正六年（1728年）水灾后出资修筑堤坝，救济灾民，“用蜃灰筑堤四千余丈，计费六千六百九十有奇，悉解囊橐，以资保障”。乾隆年间，潮州惠来邑西十五里有三桥，“相距百余丈，岁久桥圮，两旁俱深坑，夏秋水涨，一片汪洋，行人迷失，道多淹毙”，当地监生蔡之基于“乾隆辛巳冬，捐资修复三桥，虽严寒犹扶杖督工罔懈，工竣逾月而殁，年九十有四”。类似兴修堤坝、疏浚河流等水利工程，或是修筑道路、桥梁等工程的款项，往往由地方士绅出具，在灾荒年景修筑，以赈济灾民。如潮州澄海县苏湾都陈大观“为人孝友……乾隆乙卯大饥，捐资以赡族人，遇水灾辄先出己资护守堤岸，乡邻甚德之”。

这类民间形式的以工代赈，有的由官府、官员倡导，民间出资，有的是民倡民捐。类似情况在清代地方志里，有较多的记载，成为中国以工代赈传统的主要组成部分。

五、义赈

义赈是一种以江南为中心、向全国范围内的灾区提供救济的民间救荒活动。它不仅完全是“民捐民办”，即由民间自行组织劝赈、自行募集经费，并自行向灾民直接散发救灾物资，而且主要是一种跨地域的救荒活动。义赈的真正肇始是光绪三年（1877年）开办的山东赈灾行动，而光绪三年（1877年）底至五年（1879年）春助赈河南的行动是其初步壮大阶段，到光绪五年（1879年）间举行晋赈行动时，义赈才完整地表现为一场组织周密的大规模社会活动。光绪以后的“义赈”在实践层面已远远超越先前的“义赈”，具备了明显的近代特性，可称之为“近代义赈”。

（一）义赈的兴起

一是国家荒政的衰落。国家财政匮乏和吏治腐败直接造成政府荒政功能下降，进而难以开展持续性大规模的赈济活动。“丁戊奇荒”发生时，由于灾区广大，时日又长，非大宗赈款不足以解燃眉之急。当时“海内穷困已极”，“内外库储俱竭”，尽管清廷多方罗掘，仍捉襟见肘，实际施放给每个灾民的钱粮十分有限，如河南“日给两粥”，山西“大口每口每日给米五合，小口减半”。只能做到“饥民可望延活，不致即于死亡”。就是所筹赈款之中，属于部拨、协拨及截留的公款也很少，受惠最多的山西也只有 317 万两，不足全部赈款的三分之一，而通过卖官鬻爵的捐银竟达 1029 万余两，成为山西赖以维持赈务的主要财源。这种饮鸩止渴之举表明，近代以来日趋困顿的清廷财政已难以负荷救灾济民的重任。

不仅如此，晚清吏治的腐朽，严重地阻碍了政府救灾成效的发挥。在“丁戊奇荒”中，位居枢要的军机大臣和户部大员对救灾工作“毫不助劲”，对来自灾区各省请示拨款拨粮的公文置若罔闻，据载“今（疆臣）请帑则部臣驳之……乃枢臣一准部议而不审是非……疆臣格于部议而莫可如何，竟至文书往复互相推诿，坐视两省（晋、豫）灾民靡有孑遗，悍然不顾，是数百万垂尽之灾黎，不死于荒而死于部臣之心术也”。至于各省灾区，诸如“匿灾不报”“讳报灾情”“买灾卖荒”“侵吞克扣”等现象随处可见。光绪二年（1876 年）河南发生严重旱灾，到次年八月，河南当局不仅未请蠲缓，反而催比征科，州县官员“逞其威断，肆意刑求”，以致灾民“卖儿鬻女，以充正供，舂石和泥以延喘”。在捐赈和放赈中，地方官“有私贿者，以富为贫，有素嫌者，以贫为富，稍拂其意，从重苛派，以致各处富户争向地方官求情纳贿，避重就轻，罗掘之资率归中饱”。

二是近代中国资本主义经济的发展和洋务运动的推动。民间义赈活动兴起与晚清资本主义经济出现有直接关系，更与洋务运动人士的推动有直接关系。随着洋务运动的开展，社会上兴办了一批洋务企业，出现了一批洋务企业家。积极倡导义赈的头面人物和骨干成员，正是当时颇具经济实力的洋务企业家；而洋务企业则恰恰成为开展义赈的活动据点。例如，鼎鼎大名的郑观应、盛宣怀、谢家福、胡光墉等人，不仅是兴办洋务企业的健将，同时也是义赈活动的最初发起人和主持者。义赈发起人之一的经元善，正是在筹建上海协赈公所时结识了郑观应、谢家福和李金镛等人，又在光绪六年（1880 年）亲赴直隶雄县放赈时谒见了洋务派首领李鸿章，受到李的赏识，被委派为上海机器织布局的商董和驻局会办，以后又在多个洋务企业中任重要职务。许多洋务企业的重要商董，都曾和义赈活动发生过或深或浅的关系。由此可见，晚清时期之所以能够组织发动民众募捐赈灾，主要是士绅富民和民间商人有雄厚的经济实力、强烈的社会责任感、较高的社会威望和影响力，而晚清资本主义经济的发展为他们影响力的发挥创造了社会经济条件。

三是外国对华赈灾力量的刺激。晚清时期义赈对地域空间疆界的跨越，明显具有近代民族国家意识的背景，其跨境行为乃是一种以整个国家为指向的跨越。具体来说，晚清新兴义赈的兴起，是在以西方传教士为代表的外国对华赈灾力量的刺激下，实施“跟踪济赈”所致。也正是由于这种前所未有的、以民族国家为单位的强劲刺激，才使得江南士绅社会联合起来，形成了一项有组织有计划的群体性社会行动和事业。还在“丁戊奇荒”爆发之初，西方就极其迅速地作出了反应，特别是一些新教传教士更是暂时放下传教活动，转而开始积极救济当地灾民。并且，在这些传教士的大力推动下，更广泛的西方力量被动员和组织起来，投入了这场赈济华北灾民的行动。

事实上，当时在中国内部广泛蔓延的是一种反对态度。首先，清政府就对西方活动疑拒有加。光绪四年（1878 年）四月间，河南学政瞿鸿禨闻知西人散赈行动，就立即奏称，“其势虽在情理之中，而其居心则险不可测。彼盖知近畿等省灾苦甚深，民多愁困，乘间而为收拾人心之计，且得窥我虚实，肆其诛求以逞志于我也”。清廷亦因此谕令山西巡抚曾国荃、河南巡抚涂宗瀛等，凡遇外人前往灾区，须“婉为开导，设法劝阻”。曾国荃也认为外人赈灾是“盗窃中国人的心”，并对来晋的李提摩太等人多方阻难。在河南、陕西两省，亦“间有官宪与西人不合，请西人不必散赈”。其次，灾民坚拒西人放赈的情形亦不鲜见。光绪三年（1877 年）间，山东乐安县灾民“俱情愿饿死，不受洋人之赈”，昌乐县灾民亦“弗受洋赈”。河南灾区民众的抗拒态度更为坚决，某西人为此曾向《申报》抱怨，“河南地方饥民大不解事，于教士所分之银，不肯领取，意谓西教士意在买服人心，诱人入教，故特给我等银钱，慎勿堕其术中。彼此相戒，竟无一人肯领……”

与此同时，更多的江南士绅也注意到了西方力量赈济山东的行动，并在其刺激下决定救助山东。对抗情绪最为强烈的一批江南士绅决意对西方力量进行“跟踪济赈”，从而构成了义赈兴起的最初动力。更重要的是，正是通过那些最具对抗意识的江南士绅的努力，救助山东灾区的江南社会力量才得以有效地团结起来，从而初步奠定了义赈作为一种独立形态的发展基础。

（二）主持群体

早期义赈发起群体的成员主要包括李金镛、严佑之、谢家福、经元善和郑观应等人。其中李金镛是山东赈济最重要的组织者和领导者之一。严佑之和谢家福不仅全部参与了山东赈灾、助赈河南和晋赈行动，而且始终在其中起主导作用。经元善和郑观应两人在豫赈行动开始后才加入义赈行列，前者很快便成为上海义赈活动中的头面人物，并且在后来也一直发挥着重要作用，后者的地位则在光绪五年（1879年）间“上海协助晋赈公所”成立时急剧上升，不但该公所就设在其寓所，甚至其排名还超过经元善而位居该公所主持人之首。此外，在义赈兴起过程中，亦有不少人士参与到协助募捐的活动当中来。例如，在上海协赈公所的筹赈董事中，除徐润、唐廷桂、唐廷枢、陈煦元和李朝觐等著名买办外，甚至还有已经开始办理洋务的盛宣怀。

到光绪九年（1883年）至十年（1884年）的直赈和东赈期间，义赈主持群体的队伍有了明显的扩充。光绪九年（1883年）七月下旬，义赈同人向外界公布了主持群体的名单，其成员分为两个部分，其一是四位经理人即盛宣怀、郑观应、经元善和谢家福；其二是“江浙闽粤经劝董事”，共十一人：徐雨之、沈谷成、王锦堂、蔡嵋青、吴仲耆、张叔和、顾蓉斋、施少钦、曹子撝、袁纯斋和黄春圃。随着义赈队伍的日益壮大和义赈活动的社会公益化，由谢家福、经元善和郑观应等发起人继续引领义赈活动的局面也逐渐被打破。

自光绪十年（1884年）起，谢家福、经元善和郑观应等人的主导地位开始受到很大的冲击。从光绪十年（1884 年）五月底金州矿务局赈所撤止后，到光绪十三年（1887 年）八月间因郑州黄河决口而成立的“豫赈办事处”之前，谢、经、郑等人再也没有领衔主办过义赈活动。而这一时期，主持上海丝业赈馆的施善昌、主持上海文报局筹赈公所的王松森、主持陈与昌丝栈筹赈公所的陈竹坪和主持高易公馆筹赈公所的李秋坪等人在义赈活动中迅速崛起，开始以独立名义办理义赈，他们出面主持义赈的时间分别是光绪九年（1883 年）五月、光绪十一年（1885 年）五月下旬、光绪十一年（1885 年）五月底和光绪十一年（1885 年）六月末。

光绪十三年（1887 年）八月中旬，黄河在郑州一带决口，致使豫东、皖北大片地区遭灾。在盛宣怀的敦促下，由谢家福首先出面于该年八月二十五日在上海电报局内设立了专门办理此次赈灾的义赈机构。二十六日，谢家福邀请陈竹坪、施善昌、李秋坪、王松森以及葛蕃甫、经元善六人“到局公议”，共同拟办了此次办赈的章程。章程表明陈竹坪、施善昌、李秋坪、王松森四人已经正式取得了与谢家福和经元善同等的领军地位，共同组成了此时的义赈主持群体。至此，集体领导体制成为此后义赈活动的一个常规化运行机制，并且上海各方义赈力量之间的联合局面亦从此被固定下来。随着谢家福和经元善的陆续隐退，施善昌在义赈主持群体中的中枢地位亦随之确立。

不过由于施善昌于光绪二十二年（1896 年）三月底去世，义赈主持群体又发生了一次重大的人事变动。新一代义赈主持群体的成员主要有严信厚、施子英、杨廷杲和席裕福。这一时期的主持人作为近代绅商的特征和实力要大大超过前两代领军人物，因此在他们主持义赈的数年间，义赈活动的能量和社会号召力都有了更大的扩展。这种由严信厚、施子英、杨廷杲和席裕福主导义赈活动的局面，大约稳定地维持到了光绪三十年（1904 年）初。之后随着其他各处社会人士纷纷开始自行举办义赈活动，以及光绪三十一年（1905 年）第一次华洋义赈会的成立和“官义合办”形式的出现，彻底打破了延续二十多年的由近代绅商群体主导义赈活动的格局，这也意味着义赈主持群体发生了更具近代色彩的变化。

（三）组织机构

近代义赈最初依托于传统慈善组织进行运转，并在此基础上创建了新型的民赈机构，这些组织机构为义赈的发展壮大提供了必要的支撑。光绪年间兴起的各种“协赈公所”“筹赈公所”“赈捐处”等新型民赈机构，即与先前普遍存在的传统慈善组织“善堂”有着明显的渊源关系。义赈兴起之后，并不是由公所取代善堂，而是把各地众多的善堂组织到自己的赈灾活动之中，从而形成了一个从公所到善堂的广泛的义赈网络。

义赈初期活动时主要依托的社会组织，是在江南地区有着长期历史的传统慈善组织——善会与善堂。其中一些善会善堂不仅是义赈活动最主要的日常办事地点，而且还以自身的独立名义使义赈获得了广泛的社会认知，因此成为这一时期义赈事实上的中心组织机构。另外一些善堂善会虽然起不到与前一类相同的作用，但是其也以自身的独立名义来主动承担和开展了义赈活动中某一部分的工作，从而成为此时义赈最重要的分支机构。

代理义赈领导机构的善堂善会主要位于上海、苏州、扬州和杭州四处。其中最早且最清楚显示出这种代理作用的善会善堂，当数上海的果育堂。果育堂是当时上海一家相当著名的善堂，其前身是江驾鹏、费培镇、顾锡麒等人在庄家桥南借民房开设的义塾，后邑人刘枢又以“果育”名其堂。咸丰八年（1858年），该堂迁往城内淘沙场袁公祠后添建的新楼，从此除义学外，“若施赊棺木、掩埋义冢、恤嫠赡老等事，皆仿同仁堂行之。又集捐资添备水龙、水担，施医药衣米，立达生局以济产妇，置苏太谊园以瘗旋魂”。同治二年（1863年），果育堂“并设粥厂，苏城克复亦如之”。在“丁戊奇荒”期间，果育堂已经开始向华北灾区提供赈济，并在光绪三年（1877年）三月二十二日在《申报》刊登劝捐公启，三天内收到捐款共计规元六百余元，又在续启中声明“他时赈务告园，自当汇刊征信以昭信实，此外并不立簿劝捐，杜绝假冒。至司事赴东川资，由堂自备，并不在赈银内开支，庶几涓滴归公”。果育堂已经成为一个颇为完善的义赈组织，且作为最早出现的义赈组织在随着灾情的发展而延长办赈活动的过程中逐步取得领导地位。

苏州、扬州和杭州三处的义赈活动同样是以善堂为主要依托的。在苏州，最早综理义赈事宜的机构是苏州安节局。该局最初由冯桂芬等苏州绅士为“收养名门嫠妇”而创建于上海，同治三年（1864 年）清军克复苏州后，该局从上海迁移至苏州齐门新桥巷。苏州义赈同人在东赈过程中的所有解款事务都是安节局经手的，在东赈期间，安节局成为苏州义赈同人最重要的日常议事处所，在苏州义赈活动中处于中心地位。

扬州和杭州两地的义赈活动起初都分别集中在本地的同善堂内，由该堂主持义赈。在扬州协赈公所成立之前，其在《申报》上一直以扬州同善堂的名义单独发布扬州的收捐清单。杭州首次正式设立的义赈组织即协济局就附设在杭州同善堂下，且直至光绪五年（1879 年）间，他们对外宣传和联络时使用的名义始终是“杭州同善堂”或“浙江同善堂”。

彼时，除少数具有主导地位的善会善堂外，更多的则只能对义赈起到某些辅助作用，或承担义赈活动中某一部分的工作。善会善堂普遍浸淫着江南慈善传统，从而在相当程度上增强了义赈在江南地区动员和获取社会资源的能力，并最终对义赈的发展起到了很大的推动作用。

彼时，最明显表现出对参与义赈活动的主动性和独立性的善会善堂仍是出现在上海。一是同仁辅元堂，在光绪四年（1878 年）三月底四月初首先创设了桶捐之法，先于上海南市“拣热闹处共设木柜念只”，后又在“租借设桶劝捐”，承担了上海城内的大部分桶捐事务。二是上海邑庙保婴局，光绪四年（1878 年）三月初，该局单独在《申报》上刊布《拟办河南保婴劝捐启》，专款专用，属独立行动。除上海外，还有黎里镇的众善堂和昆山的正心崇善局。还有一些善会是在“丁戊奇荒”期间，为救助华北灾民而依赖于江南慈善传统专门成立的，如光绪四年（1878 年）六月成立的百福惜士会。浙江乌镇的一些善士则创设“同善会”，虽以独立名义发布公启，募款则转寄上海果育堂汇解。此外，还有一些善会善堂主动从自己的经费中拨助义赈，尽管为数不巨，比如绍兴城内的乐生会、锡山忠敬堂、上海保安会、青浦莲滨全婴会。

在义赈与中国近代工业化进程发生密切关联以后，大量新兴因素弥散到义赈的基础结构之中，在吸收了新兴社会资源以后，义赈在中国赈灾机制中的地位急剧提升，而义赈的组织结构也随之发生变化，不再像初始时期那样依托于原有的善会善堂，而是拥有了相对独立和完整的组织机构，即以协赈公所为中心的组织体制——赈所，并在“丁戊奇荒”期间发展完备，迅速取代善会善堂成为义赈的主导机构。

依托善会善堂建立起来的义赈组织机构不足以维持长达数年的义赈活动正常运转，因此，大约在光绪四年（1878 年）初，善会善堂之外就出现了新的义赈机构。“丁戊奇荒”时期组织形式最为完善的赈所首先还是出现在上海，是上海义赈同人于光绪五年（1879 年）五月间在新太古公司内设立的晋赈公所，该所从成立之日起就形成了一套相当规范和完备的运作方式，并且最早在报刊上公布了自己的组织章程。

在新太古赈所出现后，义赈组织机构的变化进入一个新阶段。扬州的义赈机构最晚到光绪四年（1878 年）十一月间就从同善堂转移到了东关街李公馆内，并在光绪五年（1879 年）六月间再度搬迁后开始以“筹赈公所”名义活动。另外，从光绪五年（1879 年）六月起，苏州桃花坞、杭州同善堂以及镇江吉泰和等几处最重要的义赈机构也开始被统一称为“公所”。

赈所体制不仅改变了先前善会善堂主持义赈时缺乏协调的局面，而且显示出以赈所为中心的义赈组织网络具有的巨大包容性，也正是这种包容性使赈所体制后来发展到空前的规模。在组织上业已实现独立的赈所在观念上继续被善会善堂笼罩了相当一段时间，到光绪六年（1880 年）间，社会上认为义赈领导机构是善会善堂的情况还时有发生，直到“丁戊奇荒”结束以后，社会上才有人真正认识到赈所的独特作用及地位。

在义赈活动再度活跃的光绪七年（1881 年）七月初，“丁戊奇荒”期间成立的赈所已不复存在，但此时的领导机构并没有向善会善堂回归，而是在上海黄浦滩电报局内重新组织起赈所，并且这时的义赈网络主要依靠的分支机构是苏州和镇江的电报局，已无须再依靠善会善堂进行组织活动。光绪八年（1882年）的皖赈期间，以电报局为赈所基地的组织体制即显示出巨大的优越性，《申报》曾报道："闻诸办赈者言，往时筹办赈务，苏、申、扬三处互相函商，需七八日一往还。豫赈筹商五六次，历四十余日之久，晋赈筹商八九次，历七十余日之久，始得成行。此次筹赈安庆水灾，苏、申、扬筹商十余次，洋洋千余言，并由电报汇解银两，历时仅十八点钟，严君佑之已携银乘轮而赴安庆矣。非赖电报，曷克臻此！"并且在这次行动中首先出面承担收解赈款工作的义赈组织也是上海、扬州、镇江、苏州各电报局，且义赈同人已在观念上开始将整个赈所体制的重心移向了电报局这样的新式机构。

光绪九年（1883年）后，赈所开始向常规化组织演化。在此之前，赈所的发展始终处于一种随灾而起、灾停则消的状态，而义赈在光绪九年（1883年）间演化为一项联合的社会公益活动后，更多的近代绅商和社会组织积极参与进来，开始建设常设性赈所的替代性组织。首先是施善昌在光绪九年（1883年）五月间开办的丝业会馆赈所，次年二月下旬，该所借助金州矿务局赈所的组织网络，将自己的代理收捐处猛增到80余处，并在金州矿务局赈所撤止后成为当时唯一的义赈领导机构，开办了江西、安徽等处的赈务，使赈所呈现向常规化组织演化的趋势。其次是光绪十一年（1885年）粤赈期间开办的文报局、陈与昌丝栈和高易公馆赈所三家赈所所建立的组织网络，基本是对金州矿务局赈所的沿袭，并且持续不断地办理义赈事宜。

1906年，由于华洋义赈会的出现，使赈所体制主导义赈组织机构的局面遭到巨大冲击，华洋义赈会很快成为义赈活动中最重要的组织机构之一，而赈所体制也日趋衰落。

（四）募捐机制

义赈兴起时所运用的募捐机制是义赈创造的"一套新颖而有效的工作程序和方式"中的重要环节，从募捐手法和经费来源两个关键环节来看，传统成分在义赈初期的募捐机制中占据更重要的位置。而后随着中国近代工业化进程的发展，新兴因素在其间的扩张也导致了募捐手法的增加和经费来源范围的扩大。

义赈初期的募捐手法，常出现多种手法杂糅运用的情况，但根据侧重点不同，大体可分为两大类。第一类手法主要着眼于募捐的具体操作方式，被义赈同人使用最多且最具代表性的办法当数“愿”捐，即先将每“愿”定为一个数目不大的钱数，再随人发若干“愿”许捐。在刚刚开始东赈的光绪三年（1877 年）五月苏州义赈同人和光绪四年（1878 年）六月间的上海邑庙保婴局均采用了这个手法。尽管“愿”本身已有大中小之分，但“愿”捐手法是聚沙成塔之法，不仅就个人来说出钱无多，且施行起来较为简洁，故直到光绪六年（1880 年）直赈期间仍采用这种手法。

第二类手法主要是刊刻灾民图来进行救荒宣传，更加致力于策划开展救荒宣传的方式，以便能够动员更为广泛的社会层面主动捐赠。在义赈初期，对此类手法的最早使用是由谢家福等苏州同人创制的《河南奇荒铁泪图》，此后，刊刻灾民图成为义赈同人的一种常用劝捐手法。筹捐豫赈时，义赈同人刻印了《中州福幼图》和《仳离啜泣图》；在晋赈和直赈期间，分别刊布了《晋赈福报图》和《天河水灾图》，这种手法还被义赈之外的人士仿效。

义赈活动再度活跃以后，从西方借鉴的募捐手法不仅在种类上有了增加，其运用也得到了越来越多的重视。

第一种新式募捐手法是近代报刊的利用，其中最具代表性、与义赈联系最为密切的是《申报》，对义赈的募捐活动造成不容低估的影响。该报是英国商人美查于同治十一年（1872 年）于上海创办的一家近代意义上的日报，从光绪二年（1876 年）闰五月到义赈兴起这段时间中，该报自身便已多次主动发出了集捐赈济东灾的呼吁，并且首先利用该报开展募捐活动的也是一些在华西方人士。义赈同人在东赈前期对《申报》的利用并不充分，但随着该报的募捐作用在光绪三年（1877 年）八月以后逐渐明显起来，义赈同人也很快加大了运用这种手法的力度。到豫赈时，《申报》已经成为义赈同人开展募捐的一个重要途径，沪、苏两处的义赈同人除都在行动之初便在该报上发布劝捐公启外，从光绪四年（1878年）三月起都将收捐清单按旬登报，以能更及时地让外界了解募捐的具体进程。这种做法很快为扬镇、浙江等地的义赈同人所效仿，且一直持续到直赈结束。

第二种是彩票筹赈。中国自办发行彩票的突破口是以赈灾的名义打开的，在江南义赈彩票出现之前，国人就在义赈的范围内开始了对吕宋票的公开仿效。国内首次对吕宋票的公开仿效出现在"丁戊奇荒"期间，上海赈所此前接受了社会上捐助的大批助赈物品，为了尽快将其转化为赈款，义赈同人"不得已仿照彩票法"来销售赈物，在如期开彩后，一个月之间二千号彩件便仅剩三十余号。在义赈活动再度活跃后，售彩助赈的方法得到了义赈同人的进一步重视。后又出现上海书局创办的彩票，因其所设彩物为书籍，故亦称为"书彩筹赈票"。首家书彩筹赈票是瀚宝阁书坊于光绪十三年（1887年）九月发行的，开张规模是一万张，即为瀚宝阁票。光绪十三年（1887年）十二月，森宝书局发行了开张规模达两万张的书彩筹赈票，此次森宝彩票更明确地将自身与当时正在开展的义赈行动联系在了一起。自光绪十四年（1888年）四月至光绪十五年（1889年）四月间，在上海出现了四家此类型彩票，分别是：榜花书局开办的"抡元筹赈书彩票"、义昌书局发行的"筹赈书彩票"、成美书局发行的"筹赈书彩票"、上海大马路义赈书彩处发行的"义赈书彩票"。

第三种是义演，即为赈灾而专门发起的各种演出活动。尽管演戏筹资的形式对于国人来说并不陌生，但中国在19世纪70年代以前是否有过演出助赈的活动，目前尚不得而知。而这种手法在义赈活动中的最初出现极有可能是对西方义演形式的一种效仿，形成热潮则是在20世纪初。

西方义演形式最早被介绍到中国约在光绪二年（1876年）底，是时，《申报》某主笔在翻阅《近事编录》时发现，"日前有英国战船猝遭沉溺"后，有人即举办演剧活动以筹资接济遇难者家属。而"去冬上海租界寄居之法人缘法国有一地方饥荒，法人之在沪者欲集资以赈之，亦用此法，演戏两日，所得之资尽行寄往以助赈务"。此时山东发生严重灾荒，这位主笔认为义演是好方法，即在光绪二年（1876年）

十二月二十六日在《申报》发表《论演戏救灾事》的社论，正式向国人推荐了义演的形式，欲使国内“各戏馆知西人有此办法，或能触目惊心，有此一举”。两个月后，即光绪三年（1877 年）三月中旬，上海鹤鸣戏园主动宣布“从本月十五日起，至端午日止，每日所得戏资，除去房租、火食外，各伶人皆不取辛工，所有余银愿为山东赈款”。此后，从光绪七年（1881 年）到进入 20 世纪之前，这种手法仅在光绪十一年（1885 年）和十三年（1887 年）被使用过两次。

光绪三十一年（1905 年），义演助赈正式活跃，丹桂茶园、天仙茶园、春仙茶园开演了助赈专场。光绪三十二年（1906 年），义演助赈形成热潮，形成标志较多地来自以下三类义演活动：

首先是“补助华洋义赈会”所开展的义演活动。该会是朱葆三等部分义赈主持人联合虞洽卿等上海绅商为义演筹赈而特别发起的一个组织，借南京路小菜场楼上工部局议事厅合演戏剧，初次演出募捐总数达 7000 元之多，一周后再次义演收捐达 6000 余元。

其次是上海其他社会人士组织的义演助赈活动。这类义演与戏园不同，其演出者大多不以演出为职业，只是采取表演的形式来筹赈而已。

最后是在上海之外出现的义演助赈活动。光绪三十二年（1906 年）之前，国内出现的义演助赈活动基本集中在上海一地，而华北地区首次举办这类活动是在光绪三十三年（1907 年）正月起，北京和天津多次为江南水灾开办义演助赈活动。

义赈初期所着眼的筹资之处大多为生活费用范围，主要依靠的是传统成分。在上海，豫赈期间是从以下十项生活费中节资助赈，即出入戏馆歌楼之资、游荡秦楼楚馆之资、下酒楼饭馆之资、盘桓烟室茶馆之资、置办华美衣服之资、聚赌之资、妇女购置贵重衣饰之资、为小儿购置华丽衣服之资、大兴土木之资、坐轿乘车之资。同仁辅元堂的劝捐目标也是衣食日用、喜庆宴会、歌台舞榭、酒池肉林、庵观烧香点烛等钱。晋赈时筹捐来源为宴客钱、看戏钱、妓家钱、赌博钱、游船钱、赛会钱、造屋钱、做寿钱、治丧钱、嫁娶钱。上海协赈公所在直赈时劝募的对象则直指城北租界中的戏园、烟馆、酒馆和茶坊。

在苏州，同人为豫赈劝捐的来源是会酒、会茶、上面馆、吃筒烟、打公醮、礼佛仙、听书会、坐日船、看本戏、游日园的钱。此外又创设“房捐”之法，即“于城厢内外市面店铺房屋，每捐租金一月以应赈需”。直赈期间同人最看重的是茶米捐，加捐茶米助赈的做法在当时的江南得到较为普遍的实施。

扬州的劝捐目标是盐价加捐，即禀请官方饬令“现办江甘五岸暨仪征一岸商人，于售价内可否每斤加提二文，以一年为限”。镇江同人最早提出从书院经费中拨助豫赈的建议，并于晋赈期间再次实施；后又增加捐米、药两项，“以济赈需”。

在义赈再度活跃之后，义赈经费有了新兴来源。因为大批义赈同人积极参与了中国近代工业化的建设进程并取得了一定成效，使近代企业成为义赈募捐活动的一个明确目标，通过近代企业筹集义赈经费，很大程度上突破了义赈原先的募捐机制。有些近代企业不仅长期为义赈提供或直接或间接的经费支持，而且部分支持还起到了相当关键的作用，完全有能力为义赈拓宽获取社会资源的渠道。

光绪十年（1884 年）以前，存在企业“抽股助赈”的做法，“同人汇商，拟奉劝各公司于派股时，每票劝捐一二两，在输捐者为数细微，轻而易举，积而成巨颇亦可观”。光绪八年（1882 年）底，安徽池州矿务局续招股份时“每百两捐助赈款银一两”；顺德铜矿在集股之初规定“每股各带振捐规元五钱”。

近代企业对义赈的支持主要来自轮船招商局和电报局，它们支持义赈的第一种方式是为义赈节省了为数不菲的交通运输业和通信费用。如当时国内仅有的一家正常运营的近代企业——轮船招商局，在光绪三年（1877 年）九月至十月间负责承运从南方拨济晋赈的 5 万石漕米到天津，在不到一个月内就全部运完；后该局又奉李鸿章之命在南省采购、运送了 10 余万石白米到天津，除 3 万石分拨京城平粜之用外，其余则充直晋两省赈粮所需，为运送任务付出了极大的物力和人力；同时还向灾区官府捐助了不少赈款，截至光绪四年（1878 年），帮助官方共解送赈银 15 批，总数达 230267 两。

在义赈后来的发展过程中，轮船招商局免除义赈人员的乘船费用已成通例，并且还多次免除了义赈运输大量赈灾物资本来应该发生的费用。在该局的带动下，旗昌和太古两家洋行也采取了同样的做法。光绪十九年（1893 年），上海各赈所解往山西的大批药物亦是由招商局免费转运的。电报局则是自投入运营起，即常常免除义赈发生的报费。

除此之外，更重要的是轮船招商局和电报局在多次义赈行动中垫付了大量急需的经费。垫付之举对义赈极为重要，尽管垫付不等于捐助，但其足以保证赈灾活动的迅速展开，在客观上维持了募捐机制的运转。光绪九年（1883 年）左右，有企业设立基金，“集十万金专为备赈之用”；义赈同人还提出成立“备赈公所”，设立备赈基金，这些基金大大增强了义赈的活动能力。

（五）运行机制

晚清兴起的义赈，创造了一套新颖而有效的工作程序和方式。每当有重大灾情发生，义赈主持者们首先成立由社会名流领衔的义赈组织（如协赈公所、筹赈公所、赈捐处、协赈处、赈捐收解处等）。其次大力开展宣传活动，如在一些报刊上发表劝赈启事，印发反映灾区灾情的图文并茂的传单等，扩大加深人们对灾区的了解。最后，统一印制募捐册，交由各地代理机构或联络点使用；各地代理机构即以此向社会各界开展募捐活动，募得款项，一般统一汇交设在上海的义赈中心组织。捐款的代收点除了上海的果育堂、辅元堂、保婴局、保安堂外，还在松江、福州、汉口、烟台及美国旧金山、日本横滨等地设立，形成了以上海为中心，以江浙为基础，辐射到大半个中国并扩展到中国港、澳、台地区及美国、日本、南洋等地的广阔的义赈网络，最大限度地动员社会各方面的力量，筹集资金，制造声势，使义赈成为一项具有相当群众基础的社会性事业。“丁戊奇荒”中，仅上海协赈公所解往直隶、河南、山西、陕西四省的赈款就达 47 万余两，而清政府在此次灾荒中的财政拨款也只有 70 万两。

在募捐的同时，义赈组织又派员到灾区调查灾情，按照每个灾区的实际灾况，因地制宜，确定赈济的具体措施，对官赈不及之处、极穷之民进行重点赈济。查赈过程中，打破了官赈查户、造册、造厂等烦琐程序，由义赈人士亲自到灾区查勘灾况。一到灾区，“由官府派书差带领下乡，着差役先传地保，逐户亲查。先看床铺、席板多寡，锅盖尘沙无有，再察其人面上肌肤如何，自然能了于胸。然后填给联票”。但有“奄奄垂毙刻不缓待者，视人数多寡，先为酌给，或二三百至千文不等，仍付给粮票候赈。稍可敷衍之家，不可滥给联票”。给发的联票除了有地方官的盖印，还必须要由经办司事加印小戳，以防地方胥役串通舞弊。考虑到妇女、老弱残废行走不便，托人代领又常被中饱的问题，放赈地点选择距各个村庄距离都较适宜的庙宇或者园场，一边换给小票，一边持票领赈，仍按照编查时逐户亲自散放。放赈钱粮的方式，要变通办理，“有粮可运者，宁可散给银钱，少一番转手，即少一番弊端”，“如无粮食之处，不得不向远方运之，承运之友，择诚实可靠者，亦须立誓明心”。“若散给粮食设立粥厂，尤不宜用本地人为司事，恐因情通弊。”

整个赈灾过程全部采取透明的工作方式，每次赈款的数目、运用、去向都在报纸上公布。往往是筹解一批，公布一次，如1888年至1889年设立的“豫皖镇扬协赈处”，曾先后在《申报》19次公布起解赈捐消息；1890年至1891年设立的“顺直赈捐收解处”，曾先后在《申报》7次公布起解赈款消息。待整个赈事结束，即刊行“征信录”，公布全部账目清单。在赴灾区放赈过程中，他们强调义赈系“民捐民办，原不必受制于官吏”，以免官僚机构插手干预，甚或从中侵渔，但也注意与地方政府“和衷共济，以免掣肘”。放赈办法，因地制宜，或者自己“设局举办”，或者委托当地官员代办，由义赈工作人员“暗中查察之”，但不论采取何种方式，坚决“不假胥吏之手”。

总之，这是一套将募款、司账、运解、发放互相分开，各有专人负责的赈灾规程，其目的在于防止贪污中饱，务求从社会募集来的赈款，最大限度地真正落到灾民手中。参与义赈的工作人员，很多都“不受薪水”，甚至有些亲赴灾区放赈的人员也往往“自备资斧”，以免占用赈款。

（六）救灾措施

义赈初兴期的救灾措施大体可以分为三类：首先是放赈措施，这主要是指义赈直接向灾民散发赈济物资的方式；其次是善后措施，即义赈试图从根本上增强灾区抗灾能力的方法；最后是辅助措施，即那些在一定程度上有裨救荒却非根本之策的手段。尽管义赈初期的部分救荒措施超出了官赈的范围，但是基本上没有突破传统的救荒机制。

在义赈的救荒措施中最基本和最主要的活动是向灾民散发赈灾物资以应对灾荒的打击。在义赈产生之初，《海州查赈章程》一度成为义赈最主要的办赈办法。例如李金镛在山东办赈的时候，依然是按照这份章程行事的。义赈同人在山东和河南办赈时均参照此章程办事，执行挨户查赈。在豫赈行动全面展开以后，义赈同人重新制定了令上海和苏州同人一致认可的《查赈条议》，其中对《海州查赈章程》的某些具体做法进行了改进和变通，不过在查户、放票、散赈等主要环节上并未出现实质性的不同。在救济群体方面，对于一些抗灾能力特别脆弱的社会群体，义赈不仅表现出了专款专用、专人负责的行动倾向，而且采取了相当富有针对性的赈济办法。在最明显的层次上，得到过义赈的这种照料的群体大致包含婴孩、妇女和寒门士族。

义赈最早加以救护的对象是灾孩。早在山东办赈的过程中，李金镛等人于光绪三年（1877 年）五月间赶到山东后，随即在郡城设立抚教局和留养局。其中抚教局就灾孩资质之高下，分别教以读书习艺；留养局收养残疾及生病之婴孩，延医生以疗其疾，给衣食以赡其身，一俟病退力强，再送抚教局习业。此后不久，谢家福等人到达青州，并制定了极为细致的《抚教留养局章程》十二则，对收养原则、教养方式、管理办法都作了详细规定。除谢家福之外，先后专任保婴事务的还有谈任之、赵崧甫和周少泉等江南士绅。豫赈开始之后，赵崧甫和谈任之等人创议在怀庆府城设立慈幼局，意在收留各路无家可归之幼孩。该局在收孩数目和经费支出上都要超过东赈时期。不过在收养方法上并无创制，主要仍是仿青州之例而变通。

义赈对被难妇女的特别留意亦始于东赈期间。不过总的来说，此时义赈对于救助灾妇的工作还开展得极为有限，而且似乎也没有制定有针对性的赈济办法。真正把灾妇作为一个重要的救济对象，实际上是在豫赈开始之后。光绪四年（1878 年）六月，谢家福对收赎妇女事宜作出统一的筹划，并拟定了《豫省代赎妇女章程》。七月，金苕人以专办“豫赈代赎局”的名义赶往河南，主要任务就是从事救护被灾妇女事宜。除在开封、归德、周家口三处分别设立“代赎资遣留养局”外，还向其他同人在河南各处设立的赈局中专门分派或委托人手办理此项事务。此外，严保之等人还在江苏境内的交通要道清江设代赎局，以阻止拐贩从遭灾邻省携带灾妇南下。同时，义赈同人对灾妇的善后也进行了颇为周密的考虑，如义绅卫家寿为处理赎出的幼妓而专门拟定了一份《全姻局章程》，对留养、招领、给配等事宜皆作出细致安排。此外，义赈同人在自行代赎灾妇外，还禀请各有关地方的官府对此予以协助，并且督促官方加大救助灾妇的力度。

鉴于寒门士族的总人数较为有限，河南的助赈同人并没有派遣专人负责经办此项事务，而是由各同人视情况随时带办的。从河南各助赈局的报销清册中可以看出，此项事务开展得相当广泛。例如，在苏州局所属的各个赈局中，济源赈局项下有“寒士”和“周恤寒士名门”的专项支出。在扬赈局所属的赈局中，获嘉和延津两处有赈济“贫生”费用，阳武则有赈济“儒寡”的支出。上海局在灵宝、陕州和阌乡三处的开支中，都出现了“周恤寒士”事项。另外，由于义赈同人赶到山西的时候，山西灾荒的高峰已经过去，而弃孩卖妇的现象也不再成为焦点问题，所以在此期间得到义赈特别赈济的对象，只有寒门士族一类。不过，此类事务的开办亦不在少数，如在曲沃赈局项下有“寒士孤寡施药”的支出，太平赈局有“寒士孤寡”的赈项，闻喜赈局曾给“寒士孤寡一百六十五人施药”，解州赈局共赈济“寒士孤寡一百六十七名”，稷山赈局亦给“寒士孤寡三十九户施药”。

除放赈以外，义赈同人还采取了赎田、创设农桑局、兴办水利和代办差徭等较为积极的举措，试图从根本上提高灾民抵抗灾荒的能力。其中，赎田在义赈同人推行的善后措施中具有相当的代表性。它在山东办赈的过程中逐渐形成，其首倡者为徐顺昌、李金镛、尹德坤、靳文泰、严作霖。光绪三年（1877 年）六月下旬，严佑之率先就青州的赎田问题提出了一个方案，即禀请官方“将丙子、丁丑两年中，贫户售出田产，无论已未税契，于三年之内，悉准以光绪元年（1875 年）粮串为凭，照契备价回赎”。七月初，经过与李金镛会商后，谢家福又向江督、苏抚和漕督提出了同样方案的请求，试图把赎田的行动范围扩大到苏北的“被灾剧重之区”。之后在上直隶总督李鸿章的赎田禀稿中，又增添“由卑职等会同各省绅士，多方筹劝，尽捐款之盈绌，贴赎价之多寡，以遂民生而安世业”等内容。光绪五年（1879 年）四月间，河南巡抚涂宗瀛即正式颁布了本省灾区实行赎田的章程。山西的情形则有些特别，据金苕人于光绪五年（1879 年）八月间致江南赈所的信中所说，该处“并无赎田之例，亦无求赎之人”，所以办赈大臣阎敬铭立定的章程规定“但能承垦，即作永业”。

义赈善后措施的第二项重要内容，便是在东赈期间创设农桑局的举动。促使义赈同人生发此举的主要原因在于，他们发现“青州被灾情形，实由水利不行，又恒旸少雨”，而且当地农工也比较落后，“农功可议者亦甚多，其灌溉、培壅、耘耔、收获、磨砻诸法与具，无论与古不合，按之南方愚农所为，犹不侔也。以是求足，不亦难哉”。因此，他们“不得已而求因地制宜之道，莫如课桑训农。盖桑性耐燥，可以仰资井利，而农功既娴，则挽回造化之术亦略寓焉”。此外，农桑学局是对抚教留养局那种“养必以教”做法的进一步延伸，使收留的灾孩能够“读书略识文义，则于何地宜何植，何值宜何法，何法宜何器，天时缺陷，以何补之，地理窒碍，以何通之，穷居而讨论，拜师而学习，自能精益求精，了然于心手”。

义赈的第三项重要善后措施是在灾区倡办水利，以工代赈。就“丁戊奇荒”时期而言，最早提出应该把水利问题作为一项重要救荒政策的社会人士是谢家福。早在光绪二年（1876 年）底，他就针对苏北灾荒而在《申报》上发表了《拟上当事筹恤淮灾书》，认为“疏河引水、修闸御卤、寓工于赈三事，实为未雨绸缪、刻不容缓之计也”。东赈开始后不久，李金镛就提出了开展工赈的建议，即召集灾民从羊角沟海口一路辟达小清河。光绪五年（1879 年），金福曾、熊祖诒等人先后在新安、渑池和洛阳三地倡办水利活动。先是，金福曾等人在新安查赈时，与河南府知府会商，由义赈局“捐银二千两”，再由“府谕派本地绅董，会同局友，分段估工，先行试办”。至于“沿河高岸，渠水所不能及”之处，则由义赈局“代为购办水车、水斗等器具”。此外，由于渑池境内的“水源更小”，所以义赈局“另捐银一千两”以办该处的渠工井利。稍后，金福曾等人又举办了洛阳渠工，但因其规模要大于新、渑两处，是故拨助经费达5000两之多。晋赈期间，义赈同人也举行了一些兴修水利的行动。例如，在金福曾主持下，义赈局曾捐助疏浚魏公渠工费130余两，捐修皋落堤工经费150两，拨解解州渠工经费300两。

义赈举办的第四项值得注意的善后措施，是其为灾民代应差徭之举。在豫赈期间，金福曾、熊祖诒等人在查赈过程中发现，“新、渑苦况，首在差徭……地丁所派，虽现在官竭力减除，尚难免此重困”。鉴于此处“现当大祲之后”的状况，他们认为“必须竭力代为设法，以免无数骚扰”，故而“议捐车骡，代民支应”。在光绪四年（1878年）底，“专派局友赴周家口买到骡五十四头，马六匹”，又“另发车价钱文，在本地购齐车辆”，分别发交新、渑两县应用，并且制定了一份详细的《捐置新、渑两县车马章程》。晋赈期间，金福曾在平陆办赈时，决定于“助赈项下捐拨经费，酌买牲口，代民应差。既无须通邑派费，又可免临时拉牲”，此次代应之举共捐买牲口30匹，而相关各类支出则达到2700余两。稍后，他又针对垣曲县“雇骡支差，与农民客骡多有不便”的情况，捐银1480两“买骡供差，永免骡柜名目，以除积弊”。

在大多数情况下，辅助措施只能作为一项配套措施来加以运用，它是义赈在救荒事务中采取因地制宜、灵活机动策略的一个重要表现，在不少时候填补了前两项措施都无法顾及的一些空白地带。其中最重要的内容，当数在义赈推动下而出现在华北地区的那些善会善堂。约在光绪四年（1878年）底，李金镛便向义赈同人透露，他打算从义赈捐助直赈的余款中“拨出万金”，在天津境内“创设善堂，名曰广仁。仿照上海果育、辅元、仁济各善堂章程办理，以开风气”。就数量而论，义赈同人在灾区创设善会善堂的举动以豫赈期间为最多。光绪四年（1878 年）十一月初，严佑之首先在获嘉县拨银一千两设立恤嫠会，声明此举系“仿照江苏恤嫠章程，专恤穷嫠”。次年闰三月间，他又在原武县设立儒寡会，在阳武县设立恤嫠会，以助赈余资分别捐助钱一千千文、一千七百千文。光绪五年（1879 年）二月间，金福曾、赵翰等人在先前成立的怀庆慈幼局的基础上，复“劝请崔季芬军门、卓友濂太守、王玉如、张大涵两绅提倡筹捐，设立善堂于怀庆府城”。稍后，金福曾等人在新安和渑池两县同样倡办了综合类善堂，但规模略小。

与善会善堂的义赈活动相比，义赈同人施行的其他一些辅助措施往往是密切配合放赈活动而施行的，因此不仅其出现的时间要早于在灾区设立善会善堂的活动，而且为后者确定自身优先开办的日常堂务提供了一定的基础。具体措施主要包括施衣、施药、掩埋和施棺等。从东赈开始，义赈同人就对施衣之举颇为留意。这主要反映在以下三个方面：首先，谢家福在《抚教留养局章程》中专门规定，凡入局之孩“随时给发衣裤”；其次，该局所发衣裤都是购买原料、自行监制的，并且为此付出了相当精力，如谢家福在办赈之暇的一切日常事务，便是去抚教局中特地“监裁衣裤”；最后，从东赈的报销清册中可以看出，施衣费用在所有各项杂务开支中所占的份额是最大的。豫赈期间，义赈同人进一步加大了此项措施的实施力度。光绪四年（1878 年）七月间，谢家福就开始考虑施衣问题，并且提出“灾区散给寒衣，莫妙代赎，盖长短窄皆能合身，且价廉功省也。其次莫如就地采办，价廉费轻，且无转运之劳、时日之稽也。万不得已而就南省购运，则不能顾运费之巨、时日之迟已”。到十一月中旬，根据熊其英的汇报，各处均大有收获，“获局佑公赎七千余号，修邑赎六千号有奇，济源于初六日开办，今晨来信，亦已赎得四千余号矣。一号有数件，费乃仅扯三百文一号”。以上情形表明，施衣问题业已被提到一个相当的高度，这就为其在后来多次义赈活动中都得到重视打下了最初的基础。

施药的问题从义赈产生伊始就被预计到了，谢家福等人从苏州启程时，便随带“救疫丹三十五料，药茶膏二百块，开口散四料，蟾酥丸一料，太乙丹三百粒，一粒珠廿丸，江灵丹五百服，保产丹四十丸，拔疔散一料，痄疾膏二百个，大口膏半斤，巴膏一篓，神医七液丹两包”。豫赈开始后，这项措施被重视的程度进一步提高。光绪四年（1878 年）四月间，谢家福在一份劝赈公启中称：“豫省疫疠流行，死者什五，尚祈好善君子惠助太乙丹、藿香正气丸、蟾酥丸、卧龙丹等药，交由敝处一同解往。”值得注意的是，这是首次向社会上发出募捐药物的呼吁。不过，义赈同人在灾区施药的行动开始得更早。凌砺生和潘少安等人于刚刚到达开封的三月间，就常常向路过的灾民零星散给太乙丹等药物。后来助赈局又形成了一套施药常法，“局中施送，概用散之又散之法，除查户便带亲送外，分给几遍卫、怀。打包则纸为之贵……续来数箱，仍以前法办理”。而在“丁戊奇荒”之后的多次义赈活动中，施药措施几乎都是一个不可或缺的内容。

与前两类措施不同，义赈同人是到豫赈期间才真正注意到这个方面的事务。此外，掩埋和施棺虽用意相同且常常合并施行，其实还是有一定的区别的，因为有时掩埋不需棺木，有时则施给棺木不负责掩埋。而且，两者出现的时间亦有先后。光绪四年（1878 年）三月初，凌砺生等人刚刚到达徐州、准备由此取道前往河南的时候，他们就已开始实行掩埋之举，并且随着向河南境内的深入，这种掩埋工作的规模也很快扩大。豫赈全面展开以后，掩埋在许多助赈局都成为一项常规事务。如苏州、上海、浙江的助赈局、代赎资遣留养局和修武慈幼代赎局都记录了关于掩埋的专项支出。到晋赈时期，义赈同人这项事务的重视程度进一步提高。在潘振声的主持下，掩埋不仅成为一个专项事务，而且有了详细的行动章程。

光绪四年（1878 年）九月，当时主持慈幼局的赵翰在致后方同人的公信中专门提出：“施棺宜创办也。河北瘟疫大行，乡间十户九病，交秋后死亡甚重，或撇下寡妇孤儿，既无力掩埋，又无可度日……现于收赎款中酌提一二百金，除施棺外，更恤其丧。”后来，在一些助赈局那里，这项开支亦被专门列出。例如，在苏州局属“修武县赈局”项下，“棺木”支银即达 350 两之多；修武慈幼代赎局在“施棺”一项上的开支也有 643 千文。不过，由于施棺与掩埋合并施行的情况确实太多，所以另外一些赈局干脆将此项支出与掩埋费用合并开报。而在晋赈和直赈中，经手此事的义赈同人也沿用了后面这个做法。

以往那种零散的、小规模的民间赈灾活动，具有很大的地区局限性。某个地方发生了灾荒，就在该地区范围内进行募捐活动，至多也只是扩展到旅居个别大城市的本籍同乡范围，募捐的赈款自然也限于赈济本地的灾民。这种地区的局限，必然极大地限制了赈灾活动的规模和成效。光绪初年兴起的义赈，则完全突破了狭隘地区的局限，赈济对象往往是全国最突出的重灾地区，募捐范围涉及广泛的社会阶层，而且募捐活动往往遍及全国各地，甚至扩展到海外的爱国华侨。赈款筹集之后，义赈工作人员长途跋涉，跨越省区，前往灾区放赈。这样，不仅能够最大限度地动员社会力量，集中一定的资财，而且能够造成必要的声势，引起全社会的关注，从而使义赈活动真正搞得有声有色。到 19 世纪末 20 世纪初，义赈发生更大程度的新陈代谢后被持续地纳入了国家的视野，并在与荒政的不断参照中对国家的整个救荒体制产生了根本影响。并且，正是由于义赈的近代化，极大地扩展了中国救荒机制的包容度，才搭建了华洋进行救荒合作的平台，从而为西方慈善力量进入中国救荒领域提供了一条合法途径。

第五编

防　灾

第一章 仓储

仓储制度是清代备荒救灾的重要制度，清代集历代之大成，建立起相当完善和成熟的仓储制度。清代的备荒仓储主要以常平仓、社仓、义仓为主要内容，常平仓为官仓，设于各府、州县城市，社仓、义仓为民办性质的仓储，广布于市镇、乡村。清代仓储体系以常平仓为主，以社仓、义仓为辅，以平粜、借贷、赈济为救济手段，根据灾情轻重，灵活运用所贮粮石，解决因青黄不接、自然灾害等引起的粮食匮乏问题，官绅士民参与其中，共同构筑起预防和抵御灾荒的城乡仓储救助防线。

一、常平仓

常平仓是清代仓储体系中最为重要的部分，因其官办，规模大、存贮数多，又纳入官员考核，从而成为清政府最为倚重的备荒救灾仓储。

（一）仓储建设与分布

清代的常平仓建设始自顺治年间，十一年（1654 年），令各道员专管，将各府州县常平、义、社各仓“稽察旧积，料理新储”，上报督抚具奏，每年二次，造册报部。户部“以积谷之多寡，定有司功罪”。十二年（1655 年），令将各州县自理赎缓，春夏积银，秋冬积谷，悉入常平仓备赈。十三年（1656 年），令各省修葺仓廒。十七年（1660 年），定常平仓谷粜籴之法，议定，春夏出粜，秋冬籴还，平价生息，务期便民。如遇凶荒，即按数给散灾户、贫民。

康熙朝进一步明确常平仓管理规范，鼓励捐谷。康熙十八年（1679 年），题准地方官整理常平仓，每岁秋收，劝谕乡绅士民捐谷。十九年（1680 年），定“常平积谷，留本州县备赈”。二十一年（1682

年），出台奖励官员劝捐常平谷石的政策，对一年内劝米2000石至8000石的州县卫所官员，给予记录一至四次的奖叙；劝米1万石以上者，准加一级。康熙中期全国局势稳定之后，常平仓建设渐入正轨，以多种方式筹措仓谷，增储谷石，历经雍乾两朝，常平仓得以不断完善和发展，清代仓储体系逐步走向稳定成熟。康熙二十九年（1690年），令山东绅衿士民每亩收获一石，捐出三合，全省约可得谷25万余石之后，三十年（1691年），对直隶各县常平仓额作出规定，大县存5000石，中县存4000石，小县存3000石。又令各省州县捐谷，每州县再加储一倍。三十一年（1692年），准山东将夏秋二季捐输并为一次，捐出米麦折谷，每亩共捐谷四合，并准陕西西安、凤翔二府及福建、浙江二省照此办理。四十三年（1704年），对全国各省府州县积储米谷作了统一的规定，大州县存1万石，中州县存8000石，小州县存6000石，其余按时价易银解存藩库，另外特别明确了山东、山西、江苏、四川等少数省份各州县存储谷数，山东、山西高于全国额数，而四川低于全国额数。雍正年间，多次对少数省份常平仓额作出增储决定。先是雍正三年（1725年），统一常平仓积贮内容，令江南、浙江、福建、湖广、广西、云南、贵州等南方各地，以一米换贮二谷，陆续将所存米石全部换贮谷石，增建仓廒，以便久贮，避免霉烂。五年（1727年），准浙江常平仓于原定捐数70万石的基础上，加倍捐至140万石，按大、中、小县分别存贮。七年，议准山东省各府及附郭首县储谷2万石，大州1.8万石，中州大县1.6万石，中县1.4万石，小县2000石。其地若民稠或积洼易潦者，酌加两三千石。除了极少数地方外，康雍两朝基本确定了各省常平仓定额。经过不断积累，至乾隆十三年（1748年）减少额数之前，全国常平仓额数达到积谷4800万石，这是清代常平仓存储数量的最高峰。

乾隆十三年（1748年），因粮价飙升，议定减少各省常平仓额数，恢复至康雍时期旧有额数，并将多余仓谷平粜出尽，希图通过减少官方采买，增加市场粮价流通，稳定粮价。除云南、陕西、甘肃、贵州、福建、广东等省照乾隆定额外，其余各省均有减少，经此调整，全国各省共计应储额谷3379万石，较之前定额减少了1431万石。此后，个别地处长江中上游的粮食产地常平仓有所加储，但全国常平仓额数总体上保持稳定。十八年（1753 年），鉴于湖北省历来为下游浙江和周边河南、陕西等省粮食采买和转运之地，准许其于常平仓额数 52 万石外，加储 40 万石，存为邻省协拨之用。五十五年（1790 年），奏准四川邻水州县加储谷 30 万石，并令趁着谷价平减，再买谷 30 万石，以备本省及邻封济用。

嘉庆之后，清政府的关注点逐步转向以整饬常平仓缺额和清理亏空为主，力图控制常平仓制度实践中的种种弊端，常平仓存储数勉强保持稳定。经过咸丰战乱的冲击，原有的仓储体系基本上遭到破坏。同光时期的仓储重建中，作为官仓的常平仓恢复程度较为有限，仓谷大幅减少，已经难以在救灾中发挥其应有的核心支撑作用了（清代全国常平仓总额变化情况见表 5 – 1）。

表 5 – 1　全国常平仓总额变化情况

（单位：万石）

时间	乾隆十一年（1746 年）	乾隆十三年（1748 年）	乾隆三十一年（1766 年）	嘉庆十年（1805 年）	道光十五年（1835 年）	咸丰十年（1860 年）	光绪三十四年（1908 年）
总额	2800	3379	3134	2941	2400	523	348

资料来源：《皇朝政典类纂》卷 149；《清朝文献通考》卷 36；《清朝续文献通考》卷 60、61；《清史稿》卷 121；同治《钦定户部则例》卷 18；王庆云《石渠余纪》卷 4。——转引自张岩《试论清代的常平仓制度》，《清史研究》1993 年第 4 期，第 35 页。

作为一种地方仓储机构，清代常平仓主要分布于全国各府州县城市，由于各地区间地理位置、自然条件、人口数量、经济发展水平、政治、军事意义等的显著差异，使得常平仓的分布呈现出广泛分布又重点突出的特点。具体而言，东北、西北、西南等因其特殊的地理位置，是清代常平仓分布紧要之地。康熙二十四年（1685 年）、二十五年（1686 年），为对付沙俄疯狂扩张、侵犯中国之势，清政府先后下令在山海关、古北口、张家口、黑龙江墨尔根等地盖仓储米。西北军事重地历来为清政府所重视，屡屡下令加紧积储仓谷，康熙四十二年

(1703 年)，准陕甘以应征地丁银一钱，米一斗者，捐输粮三合，积储仓谷。又令陕西人口众多之大州县储米 3000 石，次 2000 石，又次 1000 石。甘肃各属向无仓廒，动用常平仓粮内十分之一盖造。雍乾时期，亦不止一次要求西北增储多储，故乾隆十三年（1748 年）调整常平仓储额时，陕西、甘肃、山西三省额数在各省中依旧名列前茅。西南地区因其地处遥远、舟楫不通和边疆地区特殊气候，对仓储同样有着较强的需求。

从社会经济发展状况来考察，江南地区商品经济发达，农业人口和耕地相应减少，是全国缺粮地区，亦是建仓重点地区。雍正四年(1726 年)，“议准江南地广人稠，需用米谷倍于他省，动帑买运，以济民食”，令江南苏、松、常三府买谷 8 万石收储，浙江杭、嘉、湖等动司库银 10 万两买谷分储。乾隆九年（1744 年)，定江苏各县贮米大县 1.5 万石，中县 1 万石，小县 8000 石，谷则倍之。乾隆十一年(1746 年)，又令江苏各属添储谷 60 余万石，动用司库酌留银并捐项银 30 余万两购买存储。而地处长江中上游的湖广、四川是清代最大的粮食生产、转运、集散中心，其粮食仓储兼具自身需要和协拨长江下游乃至全国的重要性，故亦是积储重地。

华北地区直隶、山东、河南地处政治文化中心地带，其常平仓积储更关系到京师的粮食安全和秩序稳定，故仓储亦十分紧要。清代常平仓分布的几个重点区域，包括有边疆重镇、偏远山区、商业中心、产米地区及政治文化中心等，显示了清代常平仓建设的日臻成熟。

当然，各重点区域之间，因上述差异，常平仓规模、储额也是有差别的。大体上，乾隆朝之后，常平仓储额呈现东部和西北高、中部和西南地区低的格局。从乾隆十三年（1748 年）确定的各省常平仓定额来看，额数超过 250 万石的省份有甘肃、山东、广东、浙江、陕西、福建，储粮较少的贵州、湖北、湖南、云南等省不足 100 万石。综合来看，储粮较多的地区主要位于山东半岛、华北平原、长江中下游平原、东南沿海、成都平原和陕甘地区，储额较少的主要集中在两湖和西南地区。

清代在一些地方还设有少量的裕备仓，其性能基本与常平仓相同。

仓谷来源于捐输或以漕米易谷存仓，用于粜赈和出借。乾隆四十二年（1777 年）奏准，安徽凤、颍二府属添建裕备仓廒，“不拘豆麦杂粮，增储二十万石，分储凤阳、寿州、凤台、亳州、阜阳、霍邱、蒙城、太和、颍上等州县，以备凤、泗二属就近拨协赈济。如遇无需动用年份，照常平粜易之例，于粮价昂贵时存七粜三，减价平粜。若遇储谷年久，亦一律出陈易新。其有无动用，均照常平仓谷，于每年岁底一律盘查，奏销结报”。

（二）制度建构

常平仓制度的建构涵盖了仓政管理、仓粮筹措、仓廒建造、仓谷存储、使用（籴粜价格、存粜比例、赈济、出借）、盘查与交代诸方面内容。常平仓制度的发展完善过程与国家政治经济的发展紧密相连。清前期，中央集权处于上升时期，对各地常平仓的管理比较强硬、教条，中后期，仓储中的各项措施随着清政府政治、经济上的成熟和后来的衰落而相应变得灵活或松散。

清代常平仓谷筹措方式多种多样，包括罚谷、鼓励捐输、捐纳、摊派、截漕、捐监、采买、邻地协拨、兵米支剩米等，总体上，主要有三个来源：

1. 捐纳。捐纳是清代国家聚财的重要途径之一，捐纳谷补充常平仓，主要集中在清前期。捐纳有捐实官、捐虚衔、捐封典、捐出身、捐加级记录、捐分发、捐复、捐免等，其中，捐监属于捐出身中的一种，是常平仓谷的一大来源。捐纳不同于捐输，捐输是指士民报效之谷，其结果是给予奖励，捐纳则有卖官意味。捐监生系明朝旧制，清代捐监始于顺治六年，它是清代最早的捐纳方式，起初多为捐银，康熙四年（1665 年），始行米粮捐，“民间俊秀子弟捐米一千石者，可以送监读书”。二十八年（1689 年），因捐额过高，酌减捐米数目至 200 石，此后各省陆续开常平捐监事例，以扩充常平仓储。各省中，以陕、甘所开捐纳之例次数为最，捐纳成为该地区常平仓积储最主要的手段。不过，因捐监事例中折色浮收、勒派滋累及挪移侵蚀等弊端渐增，报捐者越来越少，清代曾有数次停止开捐之例。雍正朝、乾隆初就曾有过，乾隆二十八年至三十三年（1763—1768 年），江苏、江西、浙江、安徽、陕西、甘肃、河南、山西、直隶、广东、福建、云南等全国大部分地区停止捐例。各省常平仓缺额统以公项采买来弥补。直至嘉庆十九年，因为豫东等省被灾而重开捐例，道咸之后，捐例大开，捐监亦成泛滥之势。

2. 采买。采买是正常时期常平仓最为主流的来源。采买费用原则上是在地方正项钱粮内拨出，但实际是由各督抚视情况而定，并不一致。大致有以下几种：动用正项钱粮、动支司库兵饷、借动帑银、支给存公银两、动支夔关及盐茶盈余银、动藩库银两等。相关史料记载极为丰富，仅举几例。康熙三十一年（1692 年）议定，“议定州县积谷，照正项钱粮交代，短少的以亏空论”。四十三年（1704 年）题准，陕西人口众多之州县，分别增储米 1000 石至 3000 石，交与地方官采买存储。动西安司库兵饷银 14 万两，以 10 万两照时价买米增储，以 4 万两于各州县盖造仓廒。雍正七年（1729 年），“谕各州县设立常平仓积贮米谷，……其造仓之费或动用正项钱粮，或支给存公银两，著该督抚酌量本地情形，悉心定议具奏。”乾隆四年（1739 年），鉴于四川秋收丰稔，米价平减，准动藩库，乾隆八年（1743 年）分杂税银 3 万两，地赋银 12 万两，委官于成都等六府州县附近水次，出产米谷最多处分行采买。

3. 截漕。漕粮本为专供京师之用，但是，清政府允许在需要时截留部分应征漕粮以赈恤或补充受灾之地常平仓谷，使它成为常平仓谷的另一大来源。截留漕粮一般只有在地方大面积歉收或受灾时，地方官员方能奏请施行。清代截漕补仓分为截留于本省、截留于其他征漕省份以及其他不征漕省份等形式，开始于康熙朝中期，并为历代皇帝所继承。康熙三十三年（1694 年），直隶景州、密云、顺义等地发生饥荒，除发本地仓谷平粜之外，截留山东漕粮以济平粜。乾隆时期截漕补仓规模大、频率高，为顶峰时期，据不完全统计，截漕达 15 年次，谷数达上百万石，其中乾隆四十三年至四十七年（1778—1782 年）、四十九年至五十一年（1784—1786 年）为连续截漕年份。道咸之后，截漕数量和次数逐渐减少。空间上，被截漕地区主要集中于长江中下游各省，受益地区多为江苏、浙江、安徽、山东、河南等漕运省份，福建、广东、广西、贵州、陕西、山西等无漕省份亦不同程度受益，直隶地区则为重点的受益地区。

常平仓的存储涵盖晾晒、开耗等内容，康雍两朝对于常平仓开耗曾有过简单规定，乾隆朝，针对开耗的规范更加具体和灵活。总体上，允许南方地区以天气潮湿缘由开报气头廒底，一些北方省份如陕西、甘肃、直隶等个别地卑潮湿州县亦允许以此开报。同时，对北方干燥地方则或照京仓例，按存储年限允许开耗，或加收耗米抵充。开耗的比率南北之间差异较大，但其比率均低于收耗率。例如，乾隆四年（1739 年），定陕、甘各州县收捐及常平仓粮，除本年所收者不准开耗外，收储次年至三年之内，每石每年准许开耗一升，作正报销，三年之后，不准再减。又定云南有耗之各厅州县每石收耗三升，停止再收鼠耗三升的旧例，无耗之州县则可以保留鼠耗一项。七年（1742 年），复准陕西省汉中府、兴安州、商州所属之卑湿产稻州县，仓谷存储已过五年者，照京仓例，以气头廒底酌减十分之三；未过五年及已经开报过气头廒底一次者，不准再报。八年（1743 年），题准浙江省除临安、于潜个别州县外，其余州县粜过常平存仓谷石于年底盘查时，三年之内，按年开报气头廒底谷四合至八合不等。九年（1744 年），准奉天府常平仓粮，照京通仓例，每一万二千石，计开气头廒底谷不得过一百二十石。四十一年（1776 年），再次对奉天、江西、湖北、湖南等产粮地常平仓粮以万石计，按地形高低、存贮时间给予数十石至百余石的气头廒底开报折耗。道咸之后，随着常平仓体系的崩解，这些规定亦失去了实践的基础。

关于常平仓的存粜定例和平粜价格，康熙十七年（1678 年）初定常平仓籴粜之法，定粜制为存七粜三，三十四年（1695 年），正式定为通例。施行过程中，因州县官拘泥于定例，穷民得不到实惠，影响了常平仓职能的发挥，雍正九年（1731 年），谕江苏各属“凡遇青黄不接，出陈易新，酌量粜卖，不必拘定存七粜三”。乾隆朝，随着仓谷渐丰，常平仓救助力度增大，对存粜比例进一步放宽。乾隆元年（1736 年），准四川边荒之地可以存半粜半。雍正七年（1729 年），上谕，“嗣后凡遇岁歉米贵之年，著该督抚即饬地方官交出仓储，减价平粜，务期有济民食，毋得拘泥成例”，允许各省督抚依据本地情形制定相应存粜成数。但是，不允许“空仓全粜”。平粜价格，常规为丰年每石减市价银五分，歉年减银一钱。如米价过昂，可以破例多减，但一般不得超过三钱。极少数情况下有减四钱和减市价十分之三的。

盘查仓粮是保障常平仓正常运转的重要措施。各省督抚对常平仓负有督查之责，各州县官员则对常平仓粮的安全承担直接责任，若有亏短，州县官会受到追完、革职离任、留任、治罪等惩处，康熙三十九年（1700 年）规定，各州县收储米谷，若有因飓风大雨等灾或船运江海漂流及霉烂者，由各督抚题参，革职离任，限一年内赔完，免罪复职别补。若逾限，按不同情形予以不准复职、照例治罪、著落家产追赔等处罚。随后，四十一年（1702 年），将仓谷亏空霉烂州县的官员由革职“离任”改为“留任”，只要在限期内赔完，可以复职，这较之前有所缓和。但是，四十三年（1704 年）议定，各州县因亏空霉烂赔补完结后，由道府出具印结，若此后再有亏空，将该道府一并议处，意味着将处罚范围扩大到道府官员。雍正朝则将督抚亦纳入责任范围，一旦失职，督抚可能会受到交部议处的重罚。雍正元年（1723 年）即定，虽有各司道、知府盘查存仓谷石，不能保其无一徇私，各省督抚需严加复实，造册具奏。督抚离任，将册籍交代新任，限三个月内查复奏闻。二年规定，若道府、州县官员有私行发卖或粜卖仓谷、重价肥己或地方大员擅自收捐折银、不收本色、短价交银给州县买谷，被人首告或被科道纠参等情形，将督抚等官“交部从重议处”。

仓储交代是常平仓制度的重要内容。雍正元年（1723 年）议准，各督抚需严饬各官员将州县存谷数于岁终造册具题，各督抚升迁离任，将案卷交代新任督抚，限三个月查复疏奏。若有亏空，即行参题。乾隆五年（1740 年），定严厉的仓谷亏空处分，“以谷一石，比照钱粮五钱定罪，嗣后亏空仓谷，系侵盗入己者，千石以下，照监守自盗律拟斩，准徒五年；千石以上，拟斩监候，秋后处决，不准赦免”。“系挪移者，数止千百石，照律准徒；五千石至万石，照律拟流外；万石至二万石，发边卫充军；二万石以上者，照侵盗例拟斩”。又谕，直隶各省仓谷若前任官折价存库者，不许接受，仍令前任官买谷交仓。乾隆八年（1743 年），将交代时限适当放宽，准仓谷 5 万石以上者，交代时展限一月查复；2.5 万石，则展限十五日。乾隆朝中后期，允许以谷价银交代，四十年（1775 年）议准，交代仓谷，每谷一石，折米五斗，新任官予以接收。其以谷价交代者，除奉文出粜，粜价无亏外，其余不准接收。这一顺势而为的措施却从此开启了各地官员以亏短谷折价交代的弊习，成为仓谷渐致亏空的诱因之一。

仓政管理上，仓储事务归属户部，户部下设十四个清吏司，其中江西清吏司兼管各省协饷动支，浙江清吏司兼管全国民数谷数，四川清吏司兼管各地麦禾收成分数，是常平仓在各地发展的依据和指导。直隶、江南、江西、陕西和山西等省于布政使司之下，还设仓大使一人，掌稽查粮仓。总体上，由各省督抚总理本省常平仓，道司监督，各府州县官及佐贰具体经办，是一种集管理和监督于一体的各级交叉管理体制。乾隆四十七年以后，全国陆续实行府仓归并，把府仓改归首邑经管，使得常平仓地方管理程序有所精简。常平仓平粜时诸环节，靠督抚、道、府州等各级相互牵涉共行监督，"仓谷出粜之时，该督抚转饬地方官严禁囤户，该地方官若不严行查禁，照溺职例议处。或有不肖州县以粜借为名掩饰亏空，该督抚即行指参严审是侵是挪，分别定罪追赔。该管道府、直隶州知州有不时盘查之责，如有徇隐失察等情，亦即题参，照州县官侵挪钱粮、知府徇隐失察例分别辨理。所亏仓谷，着落赔补。如道府直隶州已经揭报而督抚不行题参者，将督抚亦照徇庇例议处，所亏仓谷亦照例分赔"，程序设计上堪称缜密。

然而，清代常平仓制度还存在诸多弊端，这些弊端有些是制度本身带来的，例如管理环节过多，中央统得过死，层层奏报，但各级分工不明，层次多，人员杂，易于互相推诿，不利于常平仓及时发挥"常平"职能；地方官为了应付上面的硬性规定而勒买勒卖，或者为避免麻烦而疏于仓政，等等。更多的则是州县官吏、地方佐贰等人为因素带来的弊窦，例如籴粜中勒买勒借、额外加收，或不行借粜，任由仓谷霉烂；在采买中徇私舞弊，大肆侵吞；在赈济中挪用贪污等，尤以官吏侵挪、私粜、不行买补等导致的仓谷亏空最为严重。对这些问题，历任皇帝均屡下谕旨痛斥，如乾隆五十七年（1792 年），“各省仓储并不能足数收贮，此皆由不肖官吏平日任意侵挪亏缺，甚或借出陈易新为名，勒卖勒买，短价尅扣，其弊不一而足。以古人之良法，转供贪墨之侵渔”。嘉庆六年（1801 年），“各省州县设立常平仓存贮谷石，定有额数……总由各州县平日不能实心经理，或出粜后并未随时买补还仓，或竟任意侵挪亏缺，以致积贮空虚”。清政府亦严加整饬，例如，康熙四十二年（1703 年），以山东巡抚王国昌、河道总督张鹏翮擅动常平仓谷赈济，令其摊赔。道光四年（1824 年），因湖南省常平仓谷亏缺共计 29 万余石，要求现任、前任官员全体缴赔并接受责罚，现任各官员催缴于十日内缴平粜银到司库，其余各本员应赔已身交代盘折及认赔无著民欠并历任盘折等谷，按数目多少，最长于一年内赔完。以前通融出结各员亦需勒限赔补，按数于三年内追完。因合计已缴 12 万余石，定各员不予惩办。五年至七年（1825—1827 年），湖北省亏缺常平仓谷 3 万余石，亦按湖南案处理，但始终无法根除。同治三年（1864 年），上谕，“近来军务繁兴，寇盗所至地方，每以粮尽被陷。推原其故，总由各州县恣意侵挪，任令米粟空虚，遇变无所倚赖。又或闻警逃遁，赍盗以粮，以至守御无资，生民涂炭。兴言及此，罪有攸归”。可见，常平仓的种种弊端影响了其功能的发挥。

（三）常平仓的社会功能

清代常平仓既是一种社会保障性措施，又是一种社会管理的策略，它以平粜、出借、发放赈济以及供应军需等手段，通过稳定粮价、维持农民生活和农业再生产、救助贫灾民、支援地方军务，成为政府用来稳定社会秩序的重要举措。

1. 平粜。平粜是常平仓最基本的职能，其法主要是“春粜秋籴”，即每当春夏青黄不接、遇灾粮食短缺或其他因素引起粮价上涨时，利用常平仓谷以低于时价出售，增加供给以防止粮价过高；而夏秋收获后若粮价平减，则大量买补常平仓谷，以防止粮价过贱。与此同时，辅之以禁止商富囤积、鼓励民间贩运、禁止遏籴等举措共同达到稳定粮价的目的。常平仓平粜多利用本地常平仓谷，但也会奏请其他地区提供低价米粮或截留漕粮来补充备粜。顺治四年（1647 年），江西水旱，发仓米三千余石，减价粜卖，以济饥荒，这是最早记载。据不完全统计，清代实施平粜的 127 次中，仅为了平抑粮价的占了 62 次，针对自然、人为灾害实行的 65 次。从原因来看，直隶、山西因为政治考量成为官方干预粮价最为频繁的地区。江苏、安徽、广东、福建粮食输入地和江西这样的粮食长期输出省份同样是平粜的重心地区之一，而边远贫瘠省份如陕西、甘肃则平粜比例及次数相对偏低。常平仓买补是平粜中的另一个重要问题。买补行为多在本地发生，本地谷数不足，需到邻邑或邻省采买的，需报明督抚，由本管道府监督而行。买补仓谷还有时间限制：自领价银时起，六个月内完成，逾期不买者视情形进行处罚。

2. 出借。出借是常平仓谷的另一大职能。顺治十八年（1661 年），准河南南阳、汝宁等地将常平仓谷借给开垦荒地之农民，以资农本。康熙年间出现将常平仓谷借给灾民的记录，三十年（1691 年），上谕，将山西五台、崞县储米借给平阳府岳阳等八州县被灾人民。四十四年（1705 年），令河南省将积谷每年青黄不接之时出陈易新，依照三分之一借给农民，秋后还仓。雍正三年（1725 年）定“小歉平粜，中歉出借，大歉赈济”，确定了常平仓谷的使用规范。常平仓谷可用于借给受灾之灾民，使其不致流离失所，亦用于借给青黄不接之时农民籽种、口粮，帮助其维持生活和简单再生产，一般不收利息，春借秋还。实践中，常平仓谷常常根据粮价起伏和灾情需要或粜或借，或借粜兼行。乾隆十八年（1753 年），准贵州省出借米谷，“照广东、福建之例，一体免其加息，仍令借粜兼行。每年出借米谷，不得逾于上年平粜之数。设遇岁收不齐，需多为出借，应随时酌办，报部备查，并责成该管道府稽查盘验”。此外，某些特殊地区例如陕甘、山西地区，常平仓发挥救助作用的主要形式并非平粜，而是出借穷民。

3. 赈济。赈济是常平仓谷的第三大职能，通过将仓谷直接散放民食的方式对灾民实施救助，是一种于灾情较重时采取的紧急补救措施。康熙朝多见常平仓谷用于赈济的记载，如康熙二年（1663 年），准山西巡抚杨熙疏请，发常平仓谷赈恤孤贫。六十年（1721 年），直隶、山东、河南、山西、陕西被旱，除陕西已差大臣赈济外，“今查常平仓米谷，直隶一百六十万五千二百七十石零，山东四百七十三万石零，河南一百三十四万七千石零，山西四十八万二百石，应令四省抚臣遣官分赈，并平价粜卖”。至乾隆朝，随着对常平仓谷收储与买补问题的高度重视，地方官更多选择借粜的方式动用常平仓谷救灾，赈济相对比较少使用了。

在常平仓基本功能中，平粜、出借、赈济在清前期更为常见，道咸至同治前期，则更多用作军事用途，由于此非仓储救灾职能，这里不予讨论。总体而言，尽管存在弊端，但是常平仓仍然在地方社会备荒救灾中发挥了极为重要的作用。

二、社仓与义仓

清代社仓和义仓同为归贮在民、由民自行管理且功能相似的基层备荒仓储。社仓创于宋代朱熹，其基本特征是谷本来源于捐输，由民间管理，地方官监督，社谷出借收息，歉年不收息。清代基本继承了宋代社仓的主要内容，使其成为乡村储粮备荒和扶助农业生产的措施之一。自顺治朝后期着手建构仓储体系起，社仓、义仓和常平官仓同时受到清政府重视，顺治十一年（1654 年）六月，“会典旧制，各府州县俱有豫（预）备四仓及义仓、社仓等法。每处积贮，多者万余石，少者数千石，各省仓储俱数百万计，故民有所恃，荒歉无虞。今责成各地方该道专管稽察旧积，料理新储”。

康熙十八年（1679 年），令“乡村立社仓，镇店立义仓。公举本乡敦重善良之人出陈易新，春月借贷，秋收偿还，每石取息一斗”。次年，为鼓励民众捐输，明确无论常平、社、义仓，均留本地备赈，“永免协济外郡”。康熙中期之后，随着仓储建设步伐加快，开始试办社仓。四十一年（1702 年），于直隶试行社仓，但成效并不明显，未及推广。社仓的真正展开是在雍乾时期。雍正初年，社仓建设全面铺开，二年（1724 年），各省地区“渐行社仓之法”，很快在全国范围内掀起了贮谷建仓热潮。河南省于雍正元年至三年（1723—1725 年）间，官民捐谷即达近 11 万余石，此后历年劝捐加上息谷，雍正末年贮谷多至 36 万余石。陕西省于雍正七、八年（1729—1730 年）在全省各乡设仓 545 处，贮谷达 55 万石。乾隆年间，社仓谷本来源趋于多元，社仓存储数得以持续增长。如四川省元年至五年（1736—1740 年），社谷数从 1.1 万余石增至 8.7 万余石，十三年（1748 年）增至 13 万余石，至乾隆中期，四川省已成为全国存贮谷最多之省。云南省社仓在雍正末年时存谷麦 7 万余石，至乾隆二十四年（1759 年），“子母相生，数愈十倍”。乾隆三十一年（1766 年），清政府下令盘查各地仓储积贮情况，各省均上报了社仓贮谷（见表 5－2），各省之间社谷数差距巨大，四川、湖南、湖北、江西长江流域产粮区和河南积贮数较多，贮谷最多的四川省达 90 余万石，边远地区甘肃、贵州等省则较少，均仅有 3 万余石。

表 5－2　乾隆三十一年（1766 年）各省社仓贮谷情况一览表

（单位：万石）

省份	社谷额	省份	社谷额
直隶	39.6	河南	64.3
奉大	9.3	山东	18.6
江苏	32.3	山西	57.9
安徽	50.5	陕西	62
江西	73.1	甘肃	3.7
浙江	26	四川	90
福建	49.2	广东	42.2
湖北	65.4	广西	25.8
湖南	53.2	云南	56.9
贵州	3		

资料来源：《清朝文献通考》卷 37《市籴考六》。

自乾隆末年起，社仓出现衰败迹象，嘉道咸时期，社仓受战乱、积弊、自然灾害等影响，逐步萎缩乃至瓦解。同光年间，清政府着力重建常平、社、义各仓，同治三年（1864 年），谕令各省督抚大吏认真整顿常平、社仓，“嗣后，各省常平、社仓责成督抚大吏认真整顿，废者复之，缺者补之，随时稽查。凡官仓、民仓未动之谷，不得变价提用。至于仓谷已缺，绅民捐资弥补者，尤应加意保全，务使仓谷丰盈，以期有备无患”。光绪四年（1878 年），“著各省督抚严饬所属，将常平仓实力整顿，更于各乡设立社仓，责成公正绅耆经理，以补城仓之不足”。五年（1879 年），再谕，“各省设立社仓、社学，教养兼资，法良意美。军兴以后，多有废坠失修之处。现在军务久平，自应及时整顿”。社仓在陕西、湖北、江西等省得到了一定程度的发展，陕西省在光绪六、七两年（1880—1881 年），九十一厅州县共捐存京斗稻、粟、麦、豆 80 万余石，修建社仓 1600 余处。同治八年（1869 年）后江西全省共积贮社谷 41 万余石。但整体复苏程度远不如前期，光绪二十四年（1898 年），军机大臣刚毅奏，“各省常平、社仓，几同虚设”，重申各省要重视仓储建设。

社仓谷本主要来源于民间捐输，康熙五十四年（1715 年），户部出台“社仓劝谕之例”，对捐输社谷者，按捐数多少给予免除杂徭、给匾、顶戴等奖励，“富民能捐谷五石者，免本身一年杂项差徭；有多捐一倍、二倍者，照数按年递免。至绅衿捐谷四十石，令州县给匾；捐谷六十石，令知府给匾；捐谷八十石，令本管道给匾；捐谷二百石，督抚给匾。……捐至二百五十石者，咨吏部给予义民顶戴，照未入流冠带荣身。凡给匾民家，永免差役”。雍正二年（1724 年），制定了较为完善的社仓条例，涉及社谷筹集、奖励、仓谷存储、借还等诸方面，以奖劝而言，“若有奉公乐善，捐至十石以上，给以花红；三十石以上，奖以扁额；五十石以上，递加奖励。其有好善不倦，年久较多，捐至三四百石者，该督抚奏闻，给以八品顶戴”。后来逐步补充完善，在捐输不足的地方，准许以其他方式筹集社谷，如陕甘等地社仓，以加二火耗银内留五分作为社本银发民买谷贮仓；云南按地方大小及存储多少，在捐谷不足的地方，由常平仓及官仓内拨谷 500 至 800 石拨为社本；广西拨常平息谷作为社仓谷本；四川用粜卖常平仓谷买补余款拨作社本，等等，但实际上都取自民间。

社仓之制主要由雍正二年（1724 年）的条例确定下来，社仓选有社长或社正、社副，由其管理社仓的日常事务，地方官则需监督社仓的账目以及社正副的行为。乾隆朝在此基础上，着重对社仓取息、息谷使用、奖劝条件、社长任免和奖励、社谷分配和用途等相关内容予以补充完善，针对各省具体情况作出调整，使得社仓制度更加因地制宜。乾隆三年（1738 年），定社仓息谷使用规则，息谷十升，以七升归仓，以三升给社长作修仓折耗之用。如有逃亡故绝之户，无可著追者，令社长报明地方官，查明确实，于七升息谷内开销。四年（1739 年），题准江西省社谷可每石收息一斗，维持旧例。六年（1741 年），复准浙江巡抚卢焯、江苏巡抚徐士林等，将雍正朝制定的奖励条例稍作变通，卢焯提出，捐谷至 30 石、50 石、80 石、100 石、150 石以上，分别由州县、知府、巡道、布政使、督抚给匾，通过由不同级别的官吏给匾奖励，刺激士民捐谷热情。并准捐输杂粮亦照谷石之数，划一奖励等。十年（1745 年），议准各省社长三年更换一次，以绝弊窦。如有亏缺，责令赔补。三年无过，经同社公保，可再留三年。二十三年（1758 年），准浙江省社仓息谷一斗内，以八升归仓，二升交与社长以备费用。二十四年（1759 年），调整江苏省各社长择殷实公正数人轮流充当，一年一换，以解决因有赔累，正直之人不愿承充，反给渔利之徒可乘之机的问题。三十五年（1770 年），又准江苏省修改社仓条规，将社长一年一换改回为三年一换，全国趋于统一。四十一年（1776 年），议准各省社长经手仓粮奖励之策，一年无过，给以花红，三年无过，给以匾额，五年无过，免一身差役。乾隆朝中后期，各地社谷数稳步增长，存储压力增大，三十九年（1774 年）、四十年（1775 年）、四十四年（1779 年）、四十六年（1781 年）等年，分别复准社谷充盈的安徽、山西、江西、湖南、福建等省，各自确定社谷储额数，额满，除本谷用于预备荒歉外，将社息谷粜银解司，用于地方农田水利修筑或其他必需工作开支。嗣后，该各省社谷每积至 10 万石、5 万石以上，照此查办一次。这使得社谷的用途扩展至地方公共事业。有些省督抚制定了内容周详的社仓条规，如湖南巡抚陈宏谋的《社仓条规二十一则》，浙江巡抚杨廷章的社仓规约等。

乾隆朝还将关于社仓的政策固定为一系列法律条文，如“社仓捐谷听民自便，不得绳以官法，违者以违制论”。“凡社仓谷石不遇荒歉借领者，每石收息谷一斗还仓，小歉借动者免取其息”。“凡民间收获时，随其所赢，听出粟麦，建仓贮之，以备乡里借贷，曰社仓。公举殷实有行谊者一人为社长，能书者一人副之，共领其事。按保甲印牌，有习业而贫者，春夏贷米于仓，秋冬大熟，加一计息以偿，中岁则捐其息之半，下岁免息。社长、社副执簿检校，岁以谷数呈官。经理出纳，惟民所便，官不得以法绳之。丰年劝捐社谷，在顺民情，禁吏抑派。有好义能捐十石至百石以上者，旌奖有差。社长、社副经理有方者，按年给奖，仍以息谷酌酬劳勚”。

清后期，仓储恢复重建的过程亦伴随着社仓仓政的改变与转型，前期由朝廷主导的社仓制度逐渐转换为由各省、州县官自行改革。以湖北云梦县丰云社仓为例，与清前期相比，社仓制度的变化体现在：一方面，由官划拨田地充作社田，招募民人开垦耕种，每年收租，以租谷作为社谷，并用盈余再买社田，或发典生息，使得社仓具备较强的自我繁殖能力。另一方面，社谷用于赈粜，散赈与否由官、绅、民“公议”决定，显示出社仓在管理中的弹性机制。与义仓相较，清后期官方因素在某些地方的社仓运作中存在强化趋势，而不是相反。

清前期，清政府要求各级官员倡行社仓，且对社仓负监督之责，最忌讳的也是官员操之过急、虚报多报、插手过多、将社谷等同官物等造成的危害。雍正初年推行社仓，湖广总督杨宗仁积极劝捐，报称湖北省社仓“分设于各乡，多者至一县有一百九十余处，社仓积谷多者至一县有一万四千余石”。湖南省亦于雍正元年（1723 年）奉令劝捐，州县纷纷于各里社、都图建仓。但四年（1726 年），清政府下令各地清查仓储，却发现湖广社谷短缺情况十分严重，报称 80 万石，实贮仅 17 万石，雍正帝十分恼火，“此中情弊，想因不肖有司侵蚀入己，或挪移以掩其亏空。又或杨宗仁锐于举行，而各官迎合其意，虚报谷数，以少为多，均未可定。”六年（1728 年），批评陕西官员将加二火耗银内留五分交民买贮之社谷视同官物，“代民买贮之仓谷，即小民自捐之积贮，陕省官员以为收贮在官，即是官物，而胥吏司其出纳者，遂有勒买勒借之弊。今特晓示，镌石颁布，倘地方官有如前者，以挠扰国政，贻误民生治罪”。乾隆朝这一问题并未得到好转。因此，嘉庆四年（1799 年），上谕指出：“社仓原系本地殷实之户好义捐输，以备借给贫民之用。近来官为经理，大半藉端挪移，日久并不归款。设有存余，管理之首士与书吏，亦得从中倒卖。倘遇俭岁，颗粒全无，以致殷实之户不乐捐输，老成之首士不愿承办，是向来良法，徒为官吏侵肥。”此后，除了陕西、广西二省由二火耗银、常平谷作本的社谷列入州县交代外，其余各省社谷需将社仓放归民管，不必官吏经手。然而，地方官疏于监管，任由不肖社长把持侵贪社谷的现象却逐渐显现，道光十四年（1834 年），谕，“至于社仓，分建各乡，听民春借秋还，原以济常平之不及。其有不应借而私给，并不愿借而勒领，有司不加查察。所报正副社长，率多故名顶充，任听图差、里保、乡约、牌头私相递交。或有仓无谷，或仓谷俱无，仅存册籍，甚至变谷为钱，并无加息收放之事。间有谷尚存仓，蠹役耸官，讬言厘弊，将社谷尽移入城，以为那（挪）垫之地”。

义仓的设置也是清代的一种备荒措施。康熙年间对于社、义仓有设置地点上的划分，实际上并未落到实处，二仓广泛分布于各市镇、乡村。道光朝之前，社、义仓基本“事同一例”，义仓谷本筹集、设置地点、用途、仓政管理、官方监督等均仿社仓而行。乾隆十二年（1747 年）复准：“山西省义仓，士民捐谷，分别奖励。照直省社仓之例，其所收杂粮，按照米谷时价，折算奖赏……至义谷照直省之例，分乡收储，春借秋还，照社仓例，每石加息一斗。所需仓费，亦照直省于息谷内动用……再慎选仓正、仓副，分别劝惩游惰民人，禁其滥借，均照社仓例办理。所有义谷，每遇州县官交代时照例盘查，如有私借挪移，分别参处。”嘉庆六年（1801 年）议准“所有义仓，应照社仓之案，一律办理”。实际上，二仓在救助方式上略有差异，社仓以借贷为主，义仓则侧重于借赈并行。道光朝之后，义仓出现了变化，和社仓的差别亦更为显著。

盐义仓是一种特殊的义仓，出现较早。雍正四年（1726 年），由两淮盐商捐银 24 万两，盐政缴公务银 8 万两，以其中 2 万两赏给两淮巡盐御史，以 30 万两为江南买贮米谷，盖造仓廒，赐名“盐义仓”，自此，两淮盐义仓成立。盐义仓由商人经理，主要以盐场灶丁为救济对象。每年青黄不接之时，盐义仓照存七粜三之例出陈易新，或于米贵时开仓平粜，秋成买补还仓。如遇灾荒，则用其赈济。每年动支之数，呈报巡盐御史，核实奏报。可见，从仓谷来源看，盐义仓性质如社仓，但从功能上看，其作用与常平仓相同。不久，两浙盐商亦在扬州、泰州、通州、如皋、盐城、海州、板浦等地设立盐义仓。除了盐户救济外，雍正九年（1731 年），曾动用盐义仓谷 20 万余石加赈江南灾民口粮。盐义仓一直延续至清后期，至同治初年统计，各处盐义仓额储谷约 50 万石。虽数量不多，贮谷有限，但仍为仓储救灾的一种形式。

乾隆朝，开始于直隶、山西等省建立一般意义上的义仓，以作为常平仓和社仓之有效补充。乾隆十一年（1746 年），直隶总督那苏图、布政使方观承倡建义仓，“大约与社仓事目相仿佛，而社仓例惟借种，义仓则借与赈兼行，而所重尤在猝然之赈也。……而其大要，则设仓宜在乡，而不在城；积谷宜在民，而不宜在官，不过官为稽核，无致侵损浥变耳”。“从前社谷一项，亦系民为典守，自入奏销册案，民间以为在公禀，而不在民社，缓急动用均须报部，是以惟捐输于举行之初，而其后只出借增收息谷而已。今义仓之设，用以补常平、社所不及”。

试行不久，即筹得士民捐输义仓杂粮、粟谷 11 万余石，遂令各乡捐谷 2000 石以上的，先拨司库银建仓存贮，日后从息谷归还；捐谷不足 2000 石者，则暂时租房收贮，等息谷充裕后再建。直隶义仓一直持续发展，至十八年（1753 年），建义仓 1005 所，筹积义谷 28 万余石。四十九年（1784 年），实存义谷（米麦粱豆合谷）约 42 万余石，息谷 2 万石。此时期，湖北巡抚晏斯盛在汉口设立了商人义仓，由商人捐输，贮谷 2 万余石。

乾隆中晚期，广西、四川、吉林、河南等省相继加入了捐建义仓的行列。大致说来，乾隆至嘉庆末期，全国范围内举行义仓的省份并不算太多，这个时期各省着重于建设社仓，吸纳民间谷石，同样依靠民间捐输的义仓遂难以同时开展，“官须分款劝捐，民须两处分纳，恐丰于此者，必绌于彼”，徒添麻烦。

自乾隆末年起，伴随着常平、社仓弊端丛生，义仓的建设逐渐引起清政府更多的关注。道光朝之前，义仓条例基本借鉴社仓条规。正如前述，乾隆十一年（1746 年），直隶义仓的条规，仿照雍正初年关于捐输社谷的奖励标准，对捐输义谷之士民给予花红、匾额以及顶戴等奖励，仓谷春借秋还，并要求州县官逐乡同仓正副盘查一次，取具加结，详报道府。嘉庆六年（1801 年），定各省义谷出借收息规定，亦按照社仓例，“各省义仓，其已借常平、社谷者，不准再借”。义仓谷出借，视情形加一收息、免息或仅收耗谷三升。又定，河南、山西、广西义仓谷每石收息一斗，歉年只收本谷。湖北、江西出借不收息谷。

道光朝，义仓大兴，义仓制度亦不再和社仓趋同。道光元年（1821 年），上谕，“社仓、义仓，所以辅常平仓之不足，本系良法美意，雍正、乾隆年间，各直省实力奉行，小民均受其益。逮后日久弊生，如该御史所奏，仓正偷卖分肥，州县藉端挪移，胥役从中侵蚀，遂致日久亏缺，仅剩空廒。继则旷废日久，并廒座亦复无存。……夫积贮为生民之大命，此事废弛已久，自应及时兴复，以裕民食。著通谕各直省督抚察看所属州县社、义二仓，现在存者若干，废者若干，以次董率修复”。五年（1825 年），以两江总督陶澍在安徽设立的“丰备义仓”为契机，清政府令各省督抚抓紧义仓之设。浙江、江苏、江西、山东等省仿照安徽在省城建立了“丰备义仓”。同时，清政府于十二年（1832 年）、十五年（1835 年）、二十三年（1843 年）陆续出台了奖劝官绅士民捐输的章程，给予捐输银谷的官员、士民按照数额不等以优先选用、顶戴、职衔等回报。至道光十五年（1835 年）前后，陕西、贵州、湖北、福建、广东等省纷纷跟进，形成了一次建设义仓的热潮。

陶澍的丰备义仓与乾隆朝的直隶义仓相比，相同之处在于，仓谷都来自民间捐输，但在仓谷用途、经营方式、仓谷监管等方面迥异：丰备义仓谷不出借、不平粜，只专用于灾年赈济；义谷充裕后，可部分用来买田收租谷以增储；义谷不纳入官方监管，除了将捐谷数额报官立案外，一切仓谷进出事宜，均由仓长主管，地方官概不干预。其动支之数亦无如常平、社仓那样造册报部，只需每年底向乡民公开账务即可。

同光时期，常平、社仓恢复乏力，而义仓却获得了较大的发展，义仓制度再次转变。同治六年（1867 年），谕令各地及早复兴义仓，“向来各直省州县设立常平仓以外，复设义仓，原以广积储而备灾荒，立法本为至善。自军兴以来，地方被贼扰害，旧有义仓，每多废弃，亟应及早兴复，以备不虞。著各直省督抚即饬所属地方官申明旧制，酌议章程，劝令绅民量力捐谷，于各乡村广设义仓，并择公正绅耆妥为经理……”光绪十年（1884 年），谕各省积谷售借商民，滋生流弊，令酌价平粜，按时买补，遇灾开放散放，以收备荒实效。具体操作中，各省做法不一，或以义仓为名，或以常平义仓、积谷命名。如江苏苏州长元吴丰备义仓，其前身是苏州省城丰备义仓，同治年间改为现名，以置义田收租、余谷发典生息等方式维持义仓的运营，仓政由官绅会办逐步转向地方士绅控制，义谷主要用于赈济。重建后的长元吴丰备义仓经营成绩骄人，至光绪四年（1878 年），历年收取田租等各项收入 24 万千文，共买谷 6 万余石，建设仓廒费 4 万千文，田额费 3 万千文，协济粥厂钱 8700 千文，谷 8900 千文，外拨借留养灾民钱 8000 千文，谷 2400 石。湖南、四川等省以摊捐方式来筹措积谷。同治二年（1863 年），湖南巡抚恽世临公布劝办义仓之法，无论租田、公田、庙田，一概按亩摊捐，“各州县都图里甲名目不同，大抵以甲为断。……每租谷一石，捐谷二升或三升。……如有山多田少者，烟户稠密之处，应各就地方情形，酌量增加。……各处神庙向有公田，多系迎神演戏之用，凡遇荒年，视此嗷嗷，神灵亦不安妥。此次捐谷，应于庙内公田每石捐谷一斗，以示区别。其余各项公田，仍照每石二、三升之例”，仓谷用于粜、借、赈灾民。次年，全省积谷上仓者多达 61 万余石，未缴上仓谷近 9 万石。光绪五年（1879 年），四川总督丁宝桢令除瘠苦州县毋庸办理积谷外，其余丰收之处，皆按“每收谷百石，积谷一石，以此类推，百分捐一”的标准摊捐积谷，至七年（1881 年），先后办理积谷的州县达 110 余处，共收仓斗谷 55 万余石。广东义仓的经费来源又有不同，系由劝捐、摊捐、挪用其他经费、官拨产业、尝产、合会等多方筹集而来。义仓通过置产收租、发典生息进行自我增值，体现出商业性和经营性浓厚的特点。咸丰战乱后，常平、社仓无法重建，广东地方官员寄希望于义仓，希望其能在某种程度上取代常平仓和社仓，发挥仓储的稳定作用，义仓因而得到空前的繁兴。

在广东、江苏等地，清后期兴起的义仓主要由地方士绅把持和控制，仓政中出现的弊端不再像常平、社仓那样，依靠官方监督来进行，而是靠士绅自行察纠，义仓成为士绅主导地方公共福利和社会救济的途径之一。

光绪二十四年（1898 年），清政府督促各地抓紧积谷、保甲、团练三事，“积谷则歉岁足以救荒，保甲则常年足以弭盗，乡团则更番训练，久之民尽知兵，自足为缓急之恃”。这时所指的积谷已不仅仅指义仓，而是指向仓储。三十四年（1908 年），奉天、新疆、四川等十一省上报积谷总计达 287 万余石。

清代社、义仓在推行过程中，往往和保甲、宗族等交织在一起，在仓谷筹集、发放对象确定、发放数额、发放过程、督促还谷、社长、仓长选任和更替等方面，均需依赖乡里组织、宗族来进行。清代法令规定，社仓“按保甲印牌，有习业而贫者”给贷。宗族组织还通过成立宗族义仓来救助族内贫民，使得义仓成为地缘和血缘交叉的基层社会救助组织。例如，江西新城县中田镇宗族承接明代习俗，陈、鲁两大族于乾隆中期建立了陈氏义仓、鲁氏家庙义仓及广仁庄。清后期广东各地的义仓，有不少在建立之初就与宗族组织有直接联系，阳山县唐氏宗族义仓、香山县北山乡敦古堂义仓、隆镇缪族义仓、顺德县龙氏敦厚堂义仓等都是宗族自办义仓。同光时期，在湖南、湖北等举办团练的地区，社、义仓和继之而来的团局相结合，仓谷归州县团局所有，聘选名绅管理具体事务。正如晚清湖南巡抚李瀚章所言，“今之经理积谷者，与昔之社长迥不相侔。昔之社长大抵多乡曲滑民，积久不更，故有侵蚀亏折，人亡产绝，……今则各州县均设团局，而董事率选公正富绅，谷归团局经理，人众三五年一换，未必据有侵蚀亏折之虞”。因此，清代社、义仓不仅仅是基层备荒救灾机构，作为社会管理的手段和乡村权力结构的载体，其演变出清代政治、社会变迁的过程。

清代社、义仓因其设置于市镇、乡村，较为分散且数量众多，与常平仓相比，与农村基层社会的联系更为直接，弥补了常平仓位于县城、手续烦琐、离民遥远、农民受惠不多的缺陷，对于农民每年青黄不接之时的接济以及灾歉之年的生活救助和农业再生产均有帮助，因其灵活便捷、贴近农村成为基层社会救助中不可忽视的力量。

第二章 水利

一、黄河的治理及水利工程

（一）清初治理黄河概况

明末清初，由于社会不安定，黄河堤防残破不全，洪水经常决溢，给运河造成了不利的局面。由于京师的粮食供应关系，决定了黄河的治理方针是以保漕为主。如顺治七年（1650 年），黄河决于封丘荆隆口、祥符朱源寨等地，造成运河大堤溃决，漕运受阻。对此，不少大臣建议让黄河改向北流走“禹王故道”。但是，河道总督杨方兴认为：“元、明以迄我朝，东南漕运，由清口至董口二百余里，必藉黄为转输，治河即所以治漕，可以南不可以北。若顺水北行，无论漕运不通，转恐决出之水东西奔荡，不可收拾。”坚持维持走南道，反对改道北流。顺治十三年（1656 年），朝廷下决心堵塞北流各决口，挽河南行，走明代故道。次年，朱之锡任河道总督，对河道堤防进行了整治，堵塞了祥符、山阳、阳武、陈留等地的决口，出现了筑堤的高潮。

但是，这种强化堤防系统和固定河床的结果，并没有遏制住黄河的决溢泛滥。相反，由于河线的不断加长和导致泥沙淤积的加速，使河床容蓄和宣泄洪水的能力日益降低。到康熙前期，河患频发，几乎年年都有决溢。尤其是康熙十五年（1676 年），黄河、淮河同时涨溢，黄河倒灌洪泽湖，决开高家堰三十余处，清口以下河道淤塞，漕运中断。对此，康熙帝决心治理黄河，任命当时为安徽巡抚的靳辅为河道总督。

（二）综合治理黄、淮、运

靳辅上任后，提出了治理黄河、运河的基本主张，认为“治河之道，必当审其全局，必合河道运道为一体，彻首尾而合治之，而后治无弊”。反对孤立地片面地治河，服从漕运的治河方针，主张黄、淮、运全面考虑的治河思想，否则不但运河无法运行，淮扬地区的水灾也无法免除。具体的施工计划内容包括：先疏下流，后浚上游，堵塞所有决口，坚筑两岸堤防，增建减水坝泄洪等。

1. 导黄入海工程

靳辅和陈潢认为：治水必始自下流，下流疏通则上流自然不会饱涨泛溢。如果不疏通淤塞的下流河道，一旦上流决口全部堵塞，大水全部下注，仍会因下涌不通而无路可去、四处溃决、泛滥横流。自云梯关到海口100多里长的河道是下游中的最下游，自康熙初年，海口淤沙已经有10年之久，沙层十分坚硬。因此他们以疏通自清江浦以下、历经云梯关、直达海口的下流河段入手，开展了导黄入海工程。

在这项工程中，他们采用了“疏筑结合”“寓筑于浚”的方法，在自清江浦到云梯关这段河道上挑挖引河，同时以挖出的土筑成两岸的大堤。所谓引河，又称引水河，是在河道上开挖的用以引导河水直流刷沙的人工河道。其方法是：在河身两旁离水三丈远的地方，各挖一条面宽八丈、底宽两丈、深一丈二尺的引河，与原有河道平行呈“川”字形。从引河中挖出的土，就近运到河边，筑成坚实的大堤。

导黄入海工程自康熙十六年（1677年）六月开始动工，到康熙十七年（1678年）十一月，挑河筑堤、导黄入海的工程基本完成。从清江浦到云梯关屹立起了18000余丈长的大堤，河水被束缚在大堤内，流向大海。

2. 大修归仁堤

归仁堤位于洪泽湖西北的黄河南岸，长40余里。由明代治河专家潘季驯创建于归仁集（今江苏宿迁西南），故名“归仁堤”。其作用是拦障西边的睢湖、孟山湖、灵枝湖等湖水流向洪泽湖，一方面保护泗州祖陵不被淹没，另一方面令湖水向北经白洋河入黄河，助黄刷沙。

清初，归仁堤因与运道没有直接的关系而不被重视，以致越来越残破，终于使睢湖水冲开决口，东泄入洪泽湖。结果，一方面黄河水从白洋河口倒灌，大量泥沙将白洋河口淤成平地，另一方面湖水泄入洪泽湖后同淮水共同冲决高堰大堤，进而冲溃清水潭运堤，漫淹泗州、宿迁、桃源、清江以及下河七州县，运道被阻，民田被淹。正因归仁堤溃决引起的这一系列连锁反应十分严重，所以它成为靳辅和陈潢在黄河干线上继导黄入海工程之后兴举的又一项大工程。

大修归仁堤自康熙十七年（1678 年）冬开始，工程分三步进行：疏浚淤沙、河归故道、兴修大堤。到康熙二十年（1681 年）三月，经过培旧筑新，归仁堤筑成了。大堤全长 6300 多丈，位于宿迁县境内，是洪泽湖西北方的一道坚实的屏障。按照预定计划，堵塞杨家庄大决口也是大修方案的关键一步。康熙二十年（1681 年）十二月，杨家庄决口堵合，这意味着黄河彻底回归故道。

3. 治理淮扬运河

黄河夺淮，淮水渐失出路。明代后期，筑高家堰，淮水蓄于洪泽湖中。潘季驯实行蓄清刷黄、束水攻沙的治黄战略，使运河稍获安定。自明中叶以后黄河对运河的威胁一直持续和加剧。洪泽湖经常泛滥于高宝诸湖，由运河经长江入海，高宝湖泛滥又危害运河。为保障运河的航运，不得不用一系列的工程措施加以维持，其中包括修月河、建滚水坝、平水闸以及以后的分黄导淮各项措施。清代继承和发展了淮扬运河上的各项措施，使这段运河成为京杭运河中另一个工程重点。

自康熙十六年（1677 年）开始，总河靳辅大治黄淮运。他以水治水，蓄清敌黄为第一要义，其具体工程内容有关运河的有三方面：重修高家堰，做减水坝，挑清口，做引河和全面开挑运河，增筑堤岸和做减坝。自康熙十六年至十九年（1677—1680 年），共实施了下列工程。

增筑高家堰。高家堰，又称高加堰，是位于洪泽湖与其东的高邮、宝应等湖之间、为防止洪泽湖水东侵而修建的一系列堤工的通称。它北起洪泽湖东北方的清江浦，向南经武家墩、高家堰、高良涧、周家桥等地，直到南端的翟家坝地方，长 120 里。经数百年修建增筑，最后形成今洪泽湖大堤。最早的增筑记载见于《明实录》嘉靖三十二年（1553 年）正月。

清康熙十六年（1677 年），周桥以南的低岗地带已被日益扩大的洪泽湖冲出 9 道大水沟。靳辅于康熙十七年（1678 年）十一月至次年五月，将水沟全部堵塞并在此基础上加筑永久性副坝。康熙十九年（1680年），改明代泄水闸为减水坝6座，依次为武家墩、高良涧、周家桥、古沟东、古沟西、塘埂，口门总宽170.4丈（约545米），用以取代明"天然减水坝"及泄水闸。与此同时，武家墩西北出现横堤，与纷杂的运口堤防一起，逐渐将大堤引至马头镇旁的清口。洪泽湖水面开阔，风浪冲击大堤，康熙十六年至二十四年（1677—1685年）填筑土坦坡，消浪效果较好。康熙三十一年（1692年）以前，周家桥以南减水坝增至6座，总宽200丈。雍正九年（1731年），高家堰大翻修。乾隆十六年（1751年），增建智、信两坝以取代天然土坝，与仁、义、礼坝合称"山盱五坝"。信坝以北全改为石工，信坝至蒋坝新做石基砖工（后也改石工墙）。

由于洪泽湖水库的淤积和治理的需要，高家堰及其石工墙不断加高、延长，清代石工墙厚0.8—1.2米，高7米左右，长度曾达60.1公里。石工防浪挡土墙以密桩作基础，临水面以10∶1的坡度逐层修筑，胶结材料为糯米石灰砂浆，墙顶及吃重部位的条石皆用蝴蝶形铸铁扣勾连。石工与坝身土之间镶嵌砖柜与三合土心墙，大堤总宽50米左右。高家堰的人工泄洪设施，明代为减水闸，清代用减水坝，口宽约60丈，长约70丈，石工墙护边，密桩铺底，糯米汁三合土作溢流面，并有进口段、溢流段、扩散段、消能段等布置，是苏北防御淮河洪水的第一屏障。

做引河、筑堤坝。坚筑高家堰为进一步治理运河创造了条件。康熙元年清水潭决口，十余年犹未堵复，口门越冲越深，越冲越宽，成为治运的一大症结。靳辅于康熙十七年（1678年）堵塞清水潭决口时，为避免在深潭中施工，于决口上下退离五六十丈开始做堤，向湖内弯曲呈偃月形，躲开深潭。因湖内水浅，易于施工，虽然堤线加长，但深度大为减小，而一举成功。在湖中绕回开河一道上下与原运河相接，成为一新河，取名永安河，十余年运河的大病才得以解除。与此同时，大挑山阳、清河、宝应、高邮和江都五县境内运河，增筑两岸堤防，堵塞并加固历年来的决口，淮扬间运道面貌焕然一新。接着，在康熙二十年（1681年），又完成了宝应子婴沟、高邮永平港、南关旧大坝、八里铺、柏家墩、江都鳅鱼口六座减水坝和改建了高邮五里铺、车逻港两座减水坝。又在高邮附近西堤，建石港和土港共 22 处，作为运河西面诸湖通运河的通道。平时港口用草土塞闭，湖水因高家堰泄水或湖西汇水而增大时，开始放入运河，再由运河东岸八座减水坝泄水入海。这样既保证了运河的正常航运，又解决了包括洪泽湖泄水在内的西水东排难题。此外，还创建了山阳段运河上的凤凰厂减水坝一座，以保护清江浦和淮安城的安全。

治理清河口。清口，原为泗水入淮河口，古代又称泗口。泗水又称清水，入淮时分两支岔河，左名大清河，右名小清河。小清河口在今马头镇对岸，称小清口，下游 10 里左右称大清口。明后期，行潘季驯束水攻沙的治黄方略，固定黄河于徐州以下泗水故道经清门入淮，成为以后 300 年黄河主流。清口又成为黄、淮、运三河交汇之处，泛指黄淮运交叉的河口区域，成为治河防洪和航运至关紧要的地点，明末至清代，小清口工程施工占运河工程最大比重。

明末清初，淮河在高家堰屡决，黄水倒灌洪泽湖，清口淤塞日甚，运河日益干浅，总河靳辅开始大治黄淮和运河。他遵循潘季驯的治理方针，并结合现实情况制订具体治理方案，对运河的治理仍以清口为重点。具体内容可以归纳为开清口引河、引洪泽湖水刷黄和改造运口两项，以恢复黄淮运的正常机能。

靳辅的治理活动始自康熙十六年（1677 年），当时清口拦门沙自“高堰以西至清口约长二十里”，为使湖水出流刷黄，必须在拦门沙上开引河，新开的第一道叫烂泥浅引河，于康熙十六年（1677 年）十一月完成。以后又开了三岔河引河、裴家场引河、帅家庄引河，总长 6000 余丈，到康熙二十三年（1684 年），全部完工。当时有人评述说：“数载以来，四引河俱经冲刷宽深，淮流畅注，足以敌黄而无倒灌之患者，引河之力也。”成了引淮刷黄的主要引水通道，为运河治理奠定了基础。

康熙十八年（1679 年），靳辅把运口南移至七里闸，与烂泥浅引河接通。因为原新庄运口（即万历年间潘季驯通济闸运口），距黄淮交汇处只有 200 丈远，黄河水易内灌，运河经常淤垫，年年疏浚，浚而复淤，劳费无已，并且两河汇合，水流流态紊乱，船行不便。江南重载船出口时用人力牵挽，每艘船常用七八百人乃至上千人，敲鼓喊号，终日忙碌，只能出船二三十艘。新建运口是“自新庄闸之西南，挑河一道至太平坝，又自文华寺永济河头起，挑河一道，引而南经七里闸，复转而西南，亦接之太平坝，俱达烂泥浅之引河内，则两渠并行，互为月河，以舒急流而备不虞。外则河渠离黄水交汇之处，不下四五里又有裴家场帅家庄二水，乘高迅注，以为之外捍，而烂泥浅一河分其十之二以济运，仍挟共十之八以射黄。运艘之出清口，譬若从咽喉而直吐，即伏秋暴涨，黄水不特不能内灌运河，并难抵运口。间遇东北风大作，累日不止，浊流乘之，而风迴溜驶，不旬日而停，沙一刷无遗矣。”（靳辅《治河方略》卷2《治纪中·南运口》）

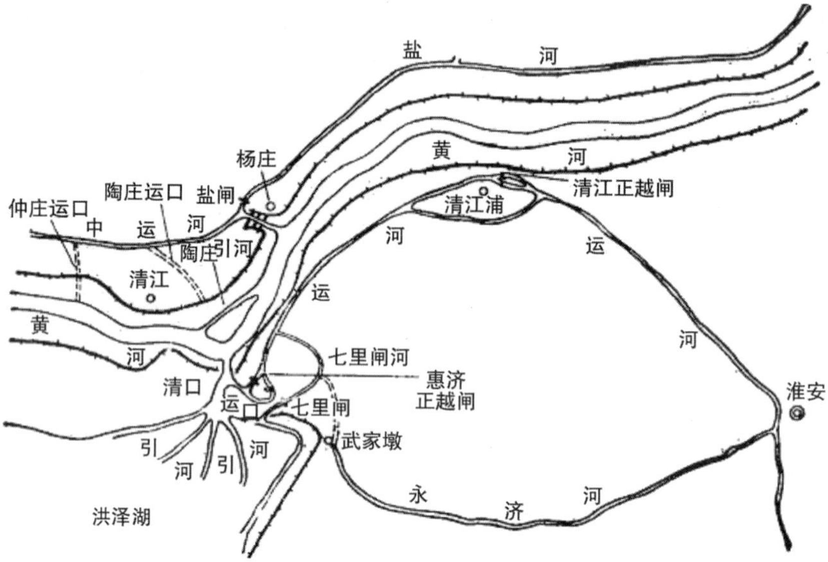

图5－1　靳辅时清口运形势示意图

（图片来源：水利水电科学研究院《中国水利史稿》编写组，《中国水利史稿》下册，北京：水利电力出版社，1989年1月第1版，第161页）

运口的改易和烂泥浅等四引河的开通，确实收到了显著的效益。靳辅描述当时的情况是“迩年以来，重运过淮，扬帆直上，如历坦途，运河永无淤垫之虞，淮民省岁岁挑浚之苦矣”。这里虽有夸张之词，但也反映了一定的事实。后又在新运口内建清水新闸一座，亦名太平闸。此外，在运口外南唇置转水墩（导水建筑物），以防止口门水流紊乱，有碍航运。

康熙二十六年（1687 年），靳辅被罢官。王新命、董安国、于成龙先后继任，对清口都有过一些工程，但未有大的创造。清口淤淀日甚一日。康熙三十五年（1696 年），黄淮大涨，高家堰六坝大决，淮水东泄，黄水倒灌清口严重，航运受阻。康熙三十九年（1700 年），张鹏翮为总河，大力治理黄淮，堵闭高家堰决口，重新治理清口。当时，烂泥浅等三引河虽然出水，只能入运，不能出清口入黄，因此黄水一涨，立即倒灌运河和淮河。为此张鹏翮主张接清口两岸之堤排桩下埽，仅留船行口门，待漕船过完之日随即堵塞，等漕船空回之时再开坝，过完后再予堵塞。同时大力开挑裴家场、烂泥浅等三引河。清口闭坝后，引水入运河，等淮水蓄积水位抬高到足以抵黄时，开清口堵塞之坝，放清水入黄冲刷淤积。当年十月实践的结果，“水大势旺，迅流畅沛，直敌黄水，畅流入运河矣。运河之中，纯系清水，已无黄水灌入。……见水势畅流，大半入黄，少半入运，一水两分，官民快靓，黄淮交汇，欢声若雷。”（《行水金鉴》引《河防志》）康熙四十一年（1702 年）总河张鹏翮又于清口上游的黄河两岸整修挑水坝一座，在北岸陶庄开挖引河，导使黄河北行，远离清口，以免倒灌。在此期间，大挑清口内的引河，由原来的 4 条扩建为 7 条，自西而东分别为张福、天然、张家庄、天赐、裴家场、烂泥浅、三汊，各引河总汇点北距清口束水东西坝约 2 里。此后 10 余年，清流顺畅，奋涌而出清口，汇黄入海，漕运无阻。

自靳辅治清口开始，在挖引河、筑拦坝的同时，顺应当时的形势，运口和运口闸也作了多次改建。康熙十八年（1679 年）作为运口的七里墩闸后也称惠济闸。康熙三十四年（1695 年），建永济闸，其位置即万历通济闸故地，与惠济闸相望。康熙四十年（1701 年），移惠济闸于旧运门的头草坝。康熙四十九年（1710 年），永济闸改名惠济越闸。雍正十年（1732 年），又移惠济闸于七里沟，这时的惠济正越闸至今仍保留着。

自靳辅治理黄淮运之后 10 余年，淮扬运河多有维修和改建，但一直没有发生大的决口和危害航运的大事件。康熙二十二年（1683 年），淮水大涨，启高家堰上高良涧等减水坝六处，当时水势高石工顶数寸或一二尺，但有子堤和坦坡防护，也未决口，经受住了考验。康熙三十五年（1696 年），黄淮二河同时大水，清口倒灌，各引河淤，运口严重淤垫。高家堰决六坝，水拥高宝诸湖，运河水涨，高邮清水潭等处又大规模决口，里下河地区大水灾，又形成了大规模全面性的灾难。

图 5－2　靳辅治理高家堰及运河工程示意图

（图片来源：水利水电科学研究院《中国水利史稿》编写组，《中国水利史稿》下册，北京：水利电力出版社，1989 年 1 月第 1 版，第 170 页）

康熙三十九年（1700 年），总河张鹏翮开始了又一次大规模治理黄淮运的工程。张鹏翮对黄淮运的治理，实际是靳辅治理的继续。

张鹏翮的治理活动有关运河部分除上所述之外，还有两部分，即高家堰工程和运河工程。高家堰工程还可以分为堤工、滚水坝和清口工程三部分，运河工程还可以分为堤工、入江工程和入海工程三部分。

高家堰的堤工工程包括堵复康熙三十五年（1696 年）以来的决口，修筑大堤石工。先筑小黄庄至周家桥段，然后延长至古沟，接着再由古沟延长至六坝。在大堤的临湖面一律用柴草钉镶，次第兴筑，以防大湖波浪冲刷破坏。第二年，又加筑武家墩至运口一带堤工，与高家堰其余堤工一律相平。创筑拦湖坝一道，自新大墩至裴家场，束水御浪，敌黄济运。

靳辅新筑六座石滚水坝，在保护高家堰不致漫顶决口中起过巨大的作用，但由于20年来的运行，情况发生了很大变化。张鹏翮认为堵塞六坝，是为保持洪泽湖的必要水量和水位，以逼水出清口刷黄，另开高家堰滚水坝以泄溢槽之水。于是他完全堵塞了六坝，而另开了三座滚水坝，并在坝下就原有草家河、唐曹河开为引河，引河两岸筑顺水堤，于堤内宣泄溢水，保护堤外民间田地和房屋。为三滚坝施工方便和需要，在原有天然滚坝之处，地亢土坚，仍留天然滚水坝，宽百十余丈，溢水仍出唐曹河入白马湖，并建蒋家坝闸一座。后来这三座坝改为滚水石坝，称作仁、义、礼坝。

在高家堰决口之时，运河东堤受其影响也多处决口。在堵塞六坝与决口的同时，也堵塞了运河东堤的决口，并修高邮、宝应、江都一带堤岸，以使运河安流。

为保护运河东堤，张鹏翮还加强了运河水的入江入海工程。运河在邵伯以南，靳辅时即利用“人”字河，凤凰河分泄运河洪水经芒稻河入江，并修减水坝和各河闸门，张鹏翮进一步挑挖各河，维修各闸，使泄运河水入口工程与入海工程并重。并在靳辅所建归海八座坝的基础上，迁建高邮南关坝于五里坝旧址，迁建车逻坝于旧坝以南，俱改为滚水大石坝，坝下开引河。改建江都鳅鱼口坝于昭关庙，后又建五里中坝于八里铺，也建为石滚水坝，只留柏家墩坝为三合土坝，形成初期的归海五坝。

康熙雍正年间，以靳辅、张鹏翮为代表的治河人员，在清口新做大量的工程，对维持运河的通航作用明显，但并未从根本上解决黄河倒灌新造成的淤积，所以见效时间都不长，清口的淤积和航运的困难随时间的推移而日益严重。

皂河工程。明清时期，漕船出清口后便进入黄河，沿黄河向西北溯流行驶约200里，便到达北运口，进入北运河，继续北上以达京师。由于黄河水势凶猛，经常倒灌，北运口的位置并不是固定的。

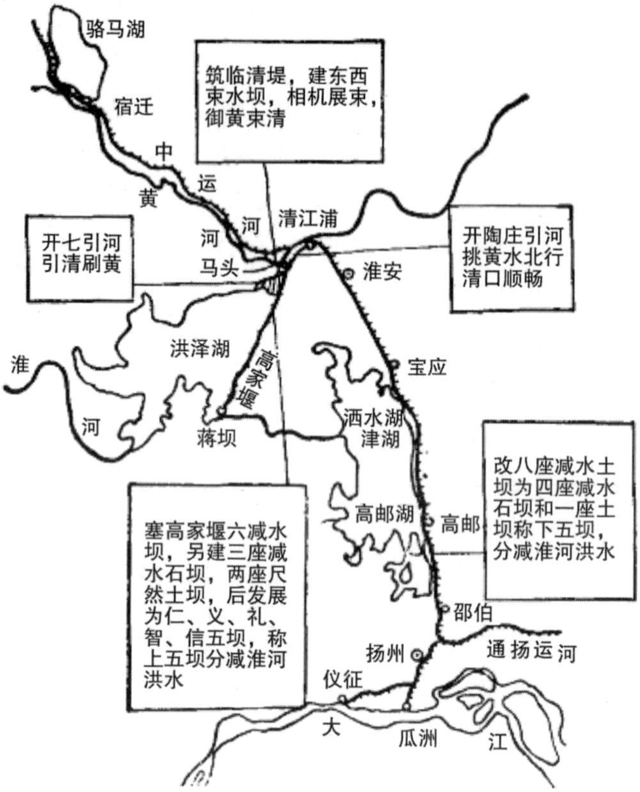

图 5-3　张鹏翮治理高家堰及运河工程示意图

（图片来源：水利水电科学研究院《中国水利史稿》编写组，《中国水利史稿》下册，北京：水利电力出版社，1989 年 1 月第 1 版，第 172 页）

清初，漕船由董口进入北运河，顺治七年（1650 年）因董口淤而取道宿迁县北边的骆马湖（又称落马湖），行 60 里接明朝开凿的泇运河继续北上。康熙十六年（1677 年），靳辅上任时，骆马湖口已淤积多年，运船无法顺利北上。靳辅和陈潢经过实地考察，采取了避开骆马湖，挑挖新河的办法，在上起邳州境内的泇河，下达黄河的地段上挑挖新河。因地处皂河集地方，故称皂河。为避免黄河倒灌，靳、陈二人参照改南运口的事例，将北运口也改移。关闭皂河口，在皂河口以东至张家庄（又称张庄，在今江苏宿迁境内）约 3000 余丈长的地段上挑挖了一条支河，使地势较高的皂河清水从张庄建瓴直下注入黄河。另外，在清水入黄处一改原先黄河易倒灌的“丁”字形皂河口，采用了清水与黄河平行的“人”字形设计，从而免除黄河倒灌的危险。这便是后来的张庄运口。

经过改造，漕船从张庄运口进入支河，顺支河达皂河，再由皂河北上进入泇河，一路直上，而宿迁等县从此免去了每年挑浚。

开通中运河。在张庄运口建成通运之后，还有180里运道要经黄河行运。仿效开泇河避黄河的例子，也应另开一河行运。因此，康熙二十五年（1686年），靳辅加筑黄河北岸遥堤后又提出开中河的方案。“于遥缕二堤之内，再挑中河一道，上接张庄运口，并骆马湖之清水，下挑桃（源）、清（河）、山（阳）、安（东），入平望河，以达于海。而于清口对岸清河县西仲家庄，建大石闸一座，既可以泄山左诸山之水，而运道从此通行，避黄河之险溜，行有纤之稳途。”（靳辅《治河方略·中河》卷2）文中桃源即今泗阳，清河即今淮阴，山阳即今淮安，安东即今涟水，所说中河仲家庄以东，后称盐河。这条河既解决了航运问题，又兼顾了黄河和运河的防洪，得到皇帝的批准，于康熙二十七年（1688年）正月竣工。从此京杭运河除与黄河交叉之外，航道完全与黄河脱离，元明以来的所谓“河漕”从此已不复存在。

中运河开成之后，又进行了两项重大修改：一是河道，一是运口。

康熙三十八年（1699年），总河于成龙以中河南岸甚低洼，子堤不能久立，将北岸改为南岸，另筑北堤，从中挑河建闸，这就是新中河，而废掉旧中河。第二年，总河张鹏翮见新中河敝坏多曲折，航行不利，且三义庙以上30里河身浅狭，不如旧中河深广，遂于三义庙筑堤一道，截旧河入新河，用旧中河上截与新中河下截合为一河以行运，这就是最后成型的中河。

在运河与黄河交汇处，船只自南岸运口出，越黄河至仲庄中河口为逆黄河而行，仍有风险，靳辅曾主张在清口直向北的陶庄挖一引河并开陶庄运口，重载走陶庄口，回空走仲庄口，皆为顺流。康熙四十二年（1703年），改在更下游的杨庄。从此，中运河的终点移至杨庄，杨庄以下为盐河通海，是一条运盐专河，并有排洪任务。

4. 归海五坝

归海五坝是淮扬运河下游高邮至邵伯间东堤上的五座侧向溢流坝，

洪泽湖五坝下泄的淮河水经运河由此东排，再经坝下引河入海。由于归海五坝与高家堰五坝上下相承，遥相对应，所以又称高家堰五坝为“上五坝”，归海五坝为“下五坝”。康熙年间，靳辅治河时所创建，当时有坝8座，为三合土材料建成。张鹏翮任总河时改为5座，即南关坝、五里中坝、柏家墩坝、车逻坝和昭关坝，都改为砌石坝。乾隆以来，随着洪泽湖、清口、运西诸湖的变化和影响，淮扬运河的状况也有很大改变，五坝的位置、结构尺寸及名称也都有相应的变化。乾隆、道光时坝数也保持为5座，但与康熙时差别很大，咸丰时减为3座。具体情况及变化见表5－3。

表5－3　清代归海坝设置变迁简表

坝名	康熙 靳辅治河时	康熙 张鹏翮治河时	乾隆	道光	咸丰后
子婴坝	1. 子婴坝 三合土坝 二十年建	废闭			
永平坝	2. 永平坝 三合土坝 二十年建	废闭			
南关坝1	3. 南关坝 三合土坝 二十年建	废闭			
五里铺坝 南关坝2	4. 五里铺坝 三合土坝 二十年建	1. 南关坝 石滚坝 四十一年改	1. 南关坝 石滚坝长66丈 十一年加高	1. 南关坝 石滚坝 加耳闸	1. 南关坝 石滚坝 加耳闸
南关新坝			2. 南关新坝 石滚坝长66丈 二十二年建	2. 南关新坝 石滚坝 加耳闸	2. 南关新坝 石滚坝 耳闸废
八里铺坝 五里中坝	5. 八里铺坝 三合土坝 二十年建 6. 柏家墩坝	2. 五里中坝 石滚坝 四十一年改 3. 柏家墩坝	2. 五里中坝 石滚坝 废闭	3. 五里中坝 石滚坝	废闭
柏家墩坝	三合土坝 二十年建	三合土坝			

续表

坝名	康熙 靳辅治河时	康熙 张鹏翮治河时	乾隆	道光	咸丰后
车逻坝1	7. 车逻坝 三合土坝	二十年改			
车逻坝2		4. 车逻坝 石滚坝 四十一年建	4. 车逻坝 石滚坝长64丈 五年建耳闸 十年加高	4. 车逻坝 石滚坝 加耳闸	3. 车逻坝 石滚坝 加耳闸
昭关坝3				5. 昭关坝 石滚坝 六年建加耳闸	废闭
昭关坝2			5. 昭关坝 石滚坝长24丈 二十二年建	废闭	
鳅鱼口坝	8. 鳅鱼口坝 三合土坝 十八年建	废闭			
昭关坝1		5. 昭关坝 石滚坝 三十八年建	废闭		

各坝坝顶高程随运河河床抬高而抬高。后来也同高家堰一样，坝上加封土，平时挡水增加运河水深以保证航运；汛期除去封土自溃而加大泄洪流量。自乾隆年间开始，坝旁逐渐都加了耳闸，以方便不同溢流量时选择使用（见图5－4）。

在使用过程中，归海坝确为保证宣泄淮河洪水和保证运河东堤安全起了较大的作用。由于坝下引水尾渠泄水标准过低以及里下河地区地势低洼，五坝过水时，里下河地区经常是一片汪洋，名为溢洪，实为任其泛滥，给该地区人民造成极大灾难。特别是清朝后期，清口淤塞，洪泽湖变浅，五坝溢洪频繁，成为江河治理中极为严重的问题。

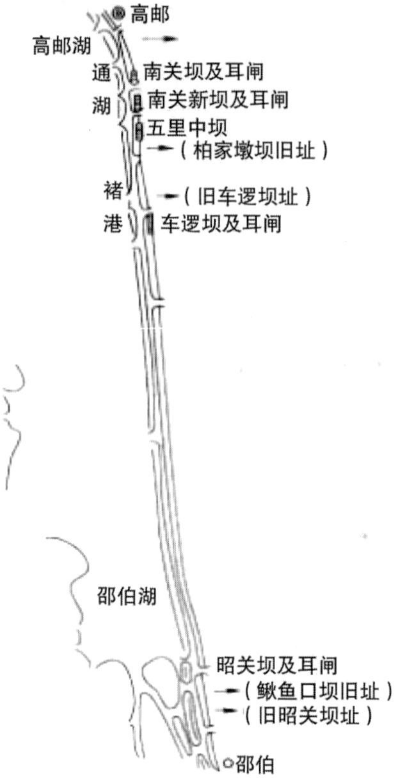

图5－4　道光年间归海五坝图

（图片来源：选自陈绍金主编，《中国水利史》，北京：中国水利水电出版社，2007年5月，第106页）

（三）铜瓦厢改道及其治理

咸丰五年（1855年）六月十九日，原本东去的黄河水突然在今河南省兰考县北部铜瓦厢漫决，导致了改变黄河流向的大改道。铜瓦厢以东黄河断流，成为一条废黄河。黄河东北横穿运河，在山东利津附近注入渤海。

河决之后，黄河将口门刷宽七八十丈，先向西北方向的封印、祥符两县淹去，然后折转向东北，漫注河南兰仪、考城，直隶长垣（今属河南）、东明（今属山东）等县。此后又分为三股："一由赵王河下注，经山东曹州府迤南穿运；一股由长垣县之小清集行至东明县之雷家庄，又分两股：一股由东明县南门外下注，水行七分，经山东曹州府迤北下注，与赵王河下注漫水汇流入张秋镇穿运，一股由东明县北门外，水行三分，经茅草河，由山东濮州城及白阴阁集、逯家集、范县迤南，渐向东北行，至张秋镇穿运。统计漫水分三股行走，均汇至张秋穿运。”（《再续行水金鉴》引《黄运两河修防章程》）

清廷对于要堵复决口还是就新河筑堤的争论，自铜瓦厢决口之日起，一直到光绪中期，断断续续30余年间争论不休。关于堵复铜瓦厢决口的争议，概括起来，不外乎两种意见：主张复故道者，大多以恢复漕运和消除山东水患为理由；不主张挽河归故的，则多言工程艰巨，府库空虚，经费难筹，就河筑堤较为方便。

自咸丰五年铜瓦厢决口到同治初的10年之间，统治者忙于镇压太平天国运动，决口后黄河四处泛滥，无暇顾及河决之事。大抵只是劝谕各州县自筹经费“顺河筑堰，遇湾切滩，堵截支流”（《再续行水金鉴》《清文宗实录》），以限制水灾的漫延。这期间，直隶和山东沿河两岸，先后都修起了民埝。

官府主持修筑新河堤防，最早是自同治三年（1864年）开始的。这一年长垣县知县易焕书“修筑红沙口之埝”，次年知县王兰广奉命督修“由大车集起至……石头庄三桑园等村止”的土埝，“共计六十里有奇。”（《再续行水金鉴》引《增续长垣县志》）同治十二年（1873年）朝廷令李鸿章查勘定议走大清河入海。于是大修两岸堤，南岸起考城至运河约290里；北面曾利用金堤，只修临黄民埝170余里，两岸均设营汛防守。这期间运河以东走大清河，逐渐刷深刷宽，灾害尚少。运西堤防形成，广大面积不再有散水匀沙作用，下游大清河不能容，水灾多集中于运河以东，于是大修大清河堤防，至光绪中叶，大清河堤防亦渐完备。光绪七、八年决历城南北岸，民埝很薄弱。九年议于两岸建大堤，南岸自长清至蒲台400余里，北岸自东阿至利津600余里。铜瓦厢改道后的新河堤防，在光绪十年（1884年）已经相当完整地建立起来了（如图5－5所示）。

初步建成的黄河新堤，尺度有限。从光绪十年（1884年）的一次调查看，山东新堤的大体情况是：“历城、章邱、齐东、青城、蒲台、

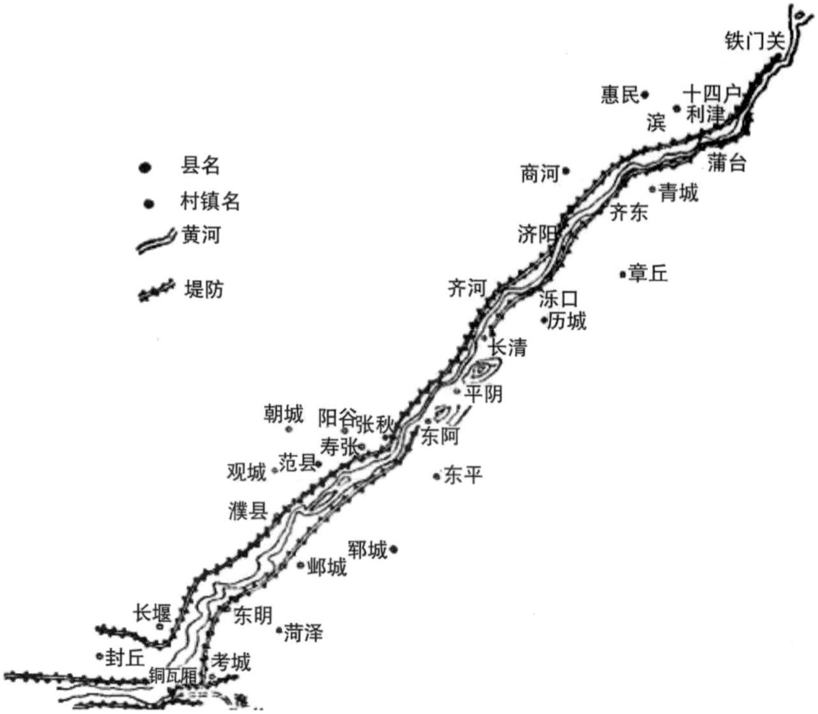

图5-5　光绪十年黄河新道堤防示意图

（图片来源：水利部黄河水利委员会，《黄河水利述要》，北京：水利电力出版社，1984年1月，第356页）

滨州、惠民、济阳、齐河、长清、肥城十一州县，皆底宽八丈，顶宽二丈，高八尺；东阿、平阴二县底宽五丈，顶宽一丈，高八尺。其余两岸，俱就民埝改堤，计底宽五丈，顶宽一丈二尺，高八尺，……两坦各三七五收。”（《再续行水金鉴》引《潘方伯公遗稿》）以这样小的堤身，用以束障洪水，显然是太单薄了。后来有人建议“凡平工以顶宽三丈，险工顶宽四丈、五丈为率，底宽十一丈至十五丈为率”（《历代治黄史》），颇想全面地进行加复，可惜未能付诸实施。

新河堤防的布局，一个明显的特点是上段堤距宽，下段堤距窄。“上游曹、兖属南北堤，凑长四百余里，两堤相距二十里至四十里”，“中、下游两岸大堤，凑长千里，两堤相距五六里至八九里。”（《清史稿·河渠志》）这里的上、中、下游，是就铜瓦厢口门以下山东河段划分的。当时，自曹州府至寿张张秋镇为上游，张秋镇至济阳罗庄为中游，自张秋至利津之韩家垣为下游。至于两岸堤距上宽下窄的原因，大约与其形成的过程有关。新河两岸的堤防，多是就民埝的基础修筑的，而民埝的建立，又随当时水势而定。铜瓦厢决口之初，口门以下，水无正槽，泛滥面积较广；至张秋穿运之后，水入大清河河谷，受到该河河谷和南岸山地的限制，河面大大缩窄。因水立埝，就埝筑堤，于是便有上宽下窄的区别。

铜瓦厢决口给黄河流域带来了巨大的变迁和灾难，使长期南夺淮河入海的局面归于终结。口门以下的河南、直隶、山东三省 40 余州县遭受巨浸，受灾人数近 1000 万。它结束了黄河长期南流夺淮河入海的局面，新河道流向东北横穿运河，在山东利津附近注入渤海。当时新河堤防非常单薄，难以束障洪水，造成下游河患频仍。

二、其他水系

（一）长江水系的治理

长江流域由于各地区自然条件开发早晚不同，经济发展也不平衡，因而防洪工程的规模和水平也不一致。长江上游干支流河道深切，河岸较高，除江河近城地带外，河流两岸一般不设堤防。中下游河流两岸到明清两代，逐步形成了系统的堤防。

江汉平原广大人民生命财产保护屏障的荆江大堤，创始于东晋，经唐、五代的续修，到北宋中期时，荆江北岸堤防已基本形成。“修筑五百余丈，势甚坚厚，至今赖焉。”清代，随着长江河床的淤高及河身缩窄等变化，荆江大堤的决溢趋于频繁。荆江两岸堤防不断延伸加高，北岸江陵、监利、沔阳境内江堤 600 余里；南岸江陵、公安、石首境内江堤 300 里，其余支河堤、月堤等也有几百里。乾隆五十三年（1788 年）大水，淹没江陵城，后来把民堤改为官堤，拨库银 200 万两堵塞附近 12 县 20 余处决口，并按照当年水痕分别加高 2—5 尺，顶宽培厚 4—8 丈，设立石尺水志，规定承修堤防的保固期。

除了荆江大堤的历代兴筑，从明代前期起，长江中下游其他河段也逐步开始筑堤。主要分布在湖北武汉一带，黄梅、广济一带，安徽的宿松、望江、怀宁一带，无为、和县一带。清代，长江流域的堤防建设达到了高潮。据统计，在乾隆后期到道光末年的86年中，就有22年大修堤工，平均每4年就有一次大规模的堤防施工，有的工程还要跨年度。经过明、清两代的努力，为目前的长江系统堤防的形成，打下了良好的基础。

（二）太湖流域的河道疏浚

由于清代太湖地区仍是“东南财富重地”，所以清政府对这一地区的水利依旧很重视。治理重点仍集中于下游泄水道的疏浚上。据统计，清代共疏浚刘家河19次，对吴淞江也进行过多次疏浚。据《江苏水利全书》的资料，清代太湖水利修治多达2000余次。清代在前代的基础上，提出了治理太湖的五个要点：一是控制太湖上游入湖水量；二是疏浚下游河道；三是修浚塘浦支河，以增大下游水量调节；四是加固圩岸；五是在溏浦入江河口和海口处建闸，以减少涨潮时的泥沙淤积。清代修治的大工程有如下几项：

康熙十年至十二年（1671—1673年），巡抚马祐、布政使慕天颜疏浚刘家河29里，浚吴淞江11800余丈；又于刘家河口天妃宫、黄埔江口，各建闸一座。

雍正五年至九年（1727—1731年），浚吴淞江48里，浚白茆河42里，浚徐六泾、梅李塘河3569丈，修福山塘4380丈，浚吴江、震泽两县境内运河5579丈，浚太仓刘家港、重建天妃宫闸。

乾隆十九年（1754年），浚白茆塘8646丈，挑土311270方。三十五年（1770年），挑浚苏州府境入海入江河道，修白茆河自支塘至滚水坝6530余丈，徐六泾河自陈荡桥至田家坝5990余丈。四十三年（1778年），疏浚浙江湖州府境溇港72处。

道光十四年（1834年），浚太仓刘家河、七浦及太湖以下泖淀，并修元和县（今属苏州市）南塘宝带桥。

同治九年（1870年），浚白茆河河道，改建近海上石闸。十年

(1871 年)，应江苏巡抚张之万请求设水利局，重修元和、吴县、吴江、震泽桥窦各工，开吴淞江下游至新闸 140 丈，用机器船作业。

光绪十八年（1892 年），疏凿福山港、徐六泾、高浦、耿泾、海洋塘、西洋港六河。

（三）永定河的治理

永定河，古称㶟水，隋代称桑干河，横贯河北、北京、天津，因其含沙量较高，素有“小黄河”和“浑河”之称；因其下游主槽摆动不定，又有“无定河”之别称。清初以前，河道主要在固安、霸州一线以西，沿途各州县都建有保护本地的防洪堤，尚未形成系统的堤防。汛期洪水漫溢出槽，泥沙沉积于农田，清水汇集入淀。下流多夺大清河北系支流，呈自然散流状态，致使京南数十州县广大地区水灾不断。至清朝，对永定河多次进行了大规模治理，涌现了众多的治理方略。概括起来有：筑堤束水、引清刷浑，河、淀分治，遥堤，下改中分，回归南流故道，改移下口，疏浚。

由于永定河河情不断变化，清政府在修筑河堤时，充分考虑到了因地制宜，在不同河段、不同时期采取了不同的筑堤方案。沿永定河河流走向，由上而下分为石景山段、卢沟桥南北两岸段、三角淀段三部分。

1. 石景山段河堤

石景山段由于河水刚出山，摆脱了束缚，且地势相对于京师高，很容易决口满溢，因此是历代修防的重点。清顺治九年（1652 年）“修石景山以南至卢沟桥决口堤岸”，动工修筑石景山以南至卢沟桥决口堤岸，这是清代永定河治理的开端。

康熙年间，石景山段堤防的修筑由工部直接负责管理，每年派专人要员驻防，督促监理。堤防以花岗岩豆渣石加工成条石砌筑，并用腰铁相连。堤高 3 丈，长 10 余里，弯曲而下，以杀水势。雍正九年(1731 年)，按千字文编了 39 号，每号工程的长短不一。乾隆二年(1737 年)，修筑石景山南北堤工用银 37943 两。十五年，皇帝亲自视察永定河堤工。乾隆二十八年（1763 年），开始分东西两岸编号，东岸编为 24 号，西岸编为 14 号。乾隆四十九年（1784 年），工部为查核堤工方便，采纳了永定河道陈琮的建议，规定：每 180 丈为一里（合 576 米），约每一里为一工号。石景山段东岸堤防从南金沟起，至北岸上头工交界（卢沟桥拱极城东），长 23 里 16 丈，编为 24 号。西岸卢沟桥以北地势较高，无须筑堤。经过逐年加固维修，“石工数倍于前，固若坚城，历久无患”。

2. 卢沟桥以下南北大堤

卢沟桥以下河段，清代多次决口改道，随坏随修，因此河堤系统也较为复杂。

永定河的整治是康熙朝一项历时较长、规模较大的工程，尤以康熙三十七年（1698 年）治理规模及治理效果最为显要。这一年，康熙帝实行“筑堤束水”方略，命于成龙大筑堤堰，挽河东流，下游堤防基本成型。挑河，自良乡县老君堂（今河北涿州金门闸附近）旧河口起，经固安县北至永清县东南朱家庄（今河北永清小朱庄），经安澜城河（今里兰城与外兰城之间），改西沽入海，计长 145 里。两岸堤防修筑情况如下：南岸筑大堤自旧河口起，至永清郭家务止 41 公里，为土堤；北岸筑大堤自良乡张庙场（今北京大兴北章客村）起，至永清县卢家庄止 51 公里，为土堤。这里旧河口指永定河故道，即牤牛河与永定河的分岔处（今金门闸附近）。当时此处建竹笼拦水坝，使牤牛河水归永定河起引清刷浑的作用。南岸在这个拦水坝以上，到高店村（今北京房山高甸村）筑 17.5 公里沙土堤，连大堤共长 58.5 公里。北岸张庙场以上，复自卢沟桥南石河下起至立垡村（今北京大兴立垡村）村南止，筑沙土堤 11 公里；由于立垡村和张庙场之间有 2.5 公里，地势较高，当时未筑堤，后于康熙四十年（1701 年）补筑此段堤防，至此北岸大堤共长 64.5 公里。堤成，康熙帝赐名“永定”。此次堤防修筑成后，直到清末，永定河的位置始终没有变过。

康熙三十九年（1700 年），因安澜城河口淤积严重，康熙帝又命直隶巡抚李光地于郭家务南岸另开新河一道，引永定河下口由霸州柳岔口入辛章（今河北霸州辛章镇）附近的淀泊，然后到天津丁字沽入海河归渤海，并接筑两岸大堤，南岸接郭家务大堤尾起，至霸州柳岔口止，连上共长 179 里；北岸自卢家庄西何麻子营（河北永清何麻营）

接大堤起，至柳岔口延东止，连上共长 180 里。至此，永定河两岸的系统堤防初具规模（见图 5－6）。

雍正四年（1726 年），辛章、胜芳二淀淤，永定河去路断绝，雍正不得不命怡亲王允祥、大学士朱轼改柳岔口稍北为分下口，自郭家务开新河至王庆坨北接长甸河，挑河计长 74 里，经永清县冰窖村东入

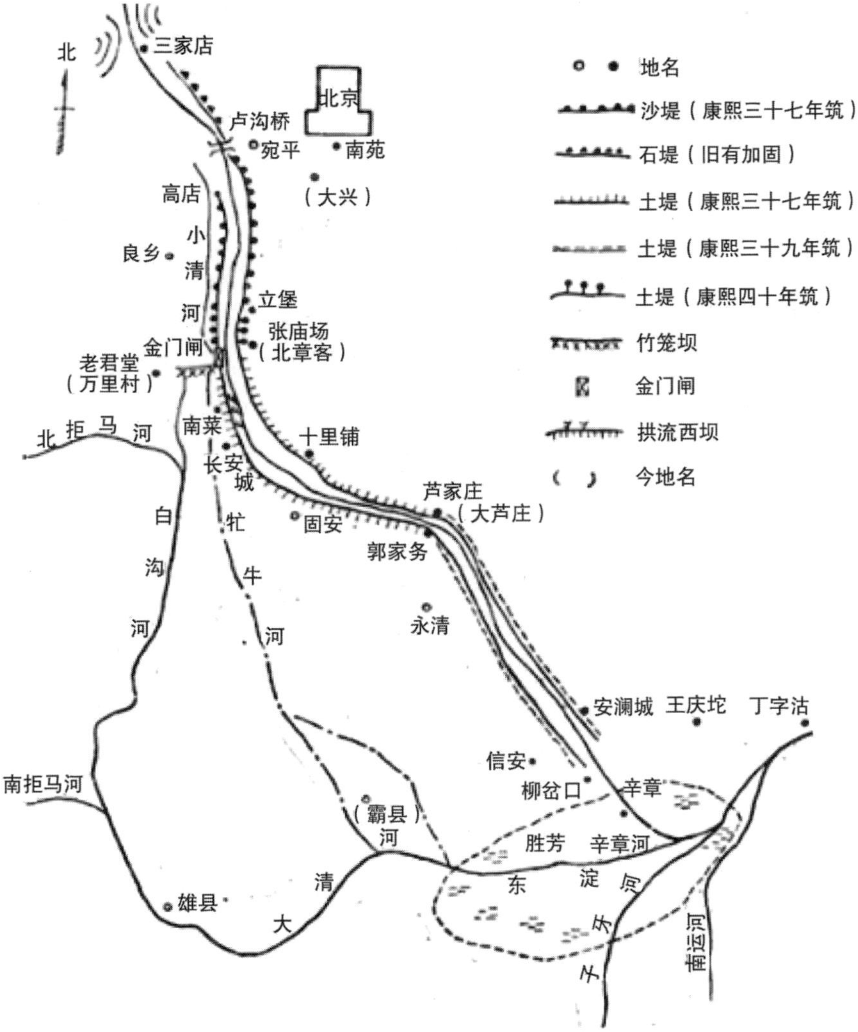

图 5－6 康熙治河方略示意图

（图片来源：《水利水电科学研究论文集》第 25 集，北京：水利电力出版社，1986 年 12 月第 1 版，第 200 页）

三角淀达天津界归海。接筑两岸大堤，“两岸自冰窖起至武清县王庆坨止长44里，连上共长196里；北岸自何麻子营起至武清县范瓮口止长74里有奇，连上（指康熙十年北岸总长度129里）共长203里。”（清·李逢亨《永定河志》）

永定河大堤建成后，永定河并不像康熙的赐名那样从此安定。由于堤防的不断完善，自上游而来的大量泥沙淤积于河槽中，导致河床急剧抬高，堤防不断决溢，此种情形又促使朝廷再行加高堤防。于是，永定河下游成为一条地上悬河。乾隆以后，永定河水患显著增多。

3. 三角淀工程

三角淀是永定河分洪滞沙区，位于永定河下游。自乾隆三年（1738年），下口改移冰窖村后，南北两岸的大堤就基本固定下来，未再有改动。而冰窖以下的三角淀地区，则由于河道摆动不定，大堤也随之修修补补，有很多变动。因永定河堤防至双营以下突然展开至天津西北与北运河相接，形成封闭地区。北遥堤以南，贺尧营以东，北运河以西，南遥堤以北，总面积5.98万公顷。

为了防止三角淀北移，雍正六年（1728年），怡亲王允祥命永定河道石柱修筑了一条西接北岸大堤东到韩家墅的大堤，并交给东安、武清两县的当地百姓自行管理，所以起初叫“民埝”。到乾隆末年，三角淀地区已经修筑起多条围淀遥堤，比较重要的有以下五条：

南埝，旧名坦坡埝，乾隆三年（1738年）顾琮主持修筑，以隔淀水。西自霸州牛眼村接西老堤起，东至武清县龙尾止，长49里9分。八年（1743年），于东、西老堤工尾，接筑横埝，长61丈。十六年（1751年），将冰窖以下废东老堤，连坦坡埝，普律加培。并自龙尾接坦坡埝，筑至天津青光村止。东老堤自南六工二十八号岔头起，至横埝，长18里8分。坦坡埝接横埝起，至青光村止，长61里14丈。改坦坡埝为南埝，分上、中、下三汛。（清·李逢亨《永定河志》）

北埝，北埝上段，旧名北大堤，乾隆四年（1739年）鄂尔泰主持修筑。西接北岸六工十六号（永清县贺尧营）重堤起，至东安县贺家新庄止，长36里126丈。五年（1740年），自北大堤三十四号，至武清县东肖家庄，凤河边止，接筑北埝，长47里126丈，以御浑河北漾。至十六年（1751 年），上段亦改称北埝。共长 81 里 126 丈，分为北埝上、中、下三汛。

遥埝，乾隆二十一年（1756 年），为防止逐渐北移的河道冲毁北埝，方观承在北埝以北又筑遥埝。西自永清县赵苣户营村前，接北岸六工十五号重堤起，东至武清县南宫村北、风污边止，长 84 里 9 丈。二十八年（1763 年），取直接筑，共长 81 里 95 丈。是年，奏明，河出北埝十七号外，循遥埝内行，将遥埝分交上、中、下三汛经管。

越埝，永定河改入三角淀后，北移趋势不断加强，所以不得不层层设防，堤外加堤。乾隆二十八年（1763 年），又于遥埝之北，筑越埝一道。西自永清县半截河村后，接六工八号重堤起，东至武清县刘家庄后止，长 49 里 128 丈。三十二年（1767 年），河出遥埝外行，遂以越埝为北埝。

风河大堤。风河是永定河的一条支流，发源于南苑一带，自西北向东南注入永定河。雍正十一年（1733 年），在风河下游东岸筑了一条长 12 里的大堤，南起天津韩家墅，北至双口村，以阻止永定河河水倒灌入风河。乾隆五年（1740 年），接筑中段。自双口起，至武清县庞各庄止，长 14 里。十九年（1754 年），调石景山水关外委移驻经管，并将天津韩家墅接东堤尾起，至桃花寺止等斜埝一道，长 7 里 36 丈，拨归外委兼管。二十一年（1756 年），接筑上段。自武清县陈辛庄起，到庞各庄止，长 33 里 9 分。通长 59 里 165 丈。风河大堤成为阻止永定河东泛的屏障，保障了北运河的安全。

（四）珠江下游及三角洲筑堤与海坦围垦

明至清中叶，珠江下游及三角洲地区的广大人民，大规模进行修筑堤围和围垦江海滩涂（俗称海坦）活动，有效地防御与减轻了洪、涝、潮等灾害，并且成倍地扩大了耕地面积，对珠江地区的经济开发作出了巨大的历史贡献。

1. 堤防系统

入清以后，水患日趋加剧，从乾隆元年至道光十九年（1736—1839 年）的 104 年间，高要县和珠江三角洲内三个县以上同时发生水灾均为30次，平均3.43年发生一次。水灾的波及面越来越广，由干流地区扩展到各支流地区，由三角洲内部又扩展到沿海地带。

为抗御水患，保障生产发展和人民生命财产的安全，当地人民在宋元筑堤基础上，以更大的力量继续沿着各江河岸大量修筑堤围。清代，除对前代已筑堤围不断进行加高培厚、维修巩固之外，新筑堤围继续从西北江三角洲顶部向中部和南部河网地区大量拓展，并逐渐向各江河口延伸。这一时期在东江和北江下游也修筑了一些堤围。在结合海坦围垦的地区，筑堤工程的规模较小，堤系也较分散与凌乱，但发展迅速并且范围广，至清中叶为止，珠江下游及整个三角洲的堤防系统已基本形成。其中，仅顺德县就有91处。地跨南海、顺德两县的桑园围，自明初堵塞甘竹滩倒流港筑堤始，经历代持续维修和扩建，先后增筑子围23处，窦闸51座，堤长22237丈，为广州府中较完整和最大的堤围。

2. 海坦围垦

海坦围垦发展的历史，可以说是珠江三角洲人民通过筑堤围垦与水害作斗争，同时与海争地、向大自然索取财富的历史。

入清以后，各江河口淤积加速，新成沙坦面积更广，是海坦围垦大发展时期。围垦地区主要在磨刀门、蕉门、横门等各大口门的出海水道及滨海地带。围垦新成之沙又进一步扩展到未成之沙，普遍采用投石筑坝、播植芦苇加速海坦成田。乾隆至道光末，顺德、香山两县境内，横琴海“筑坝淤田，石堰数百丈横交海中如比栉”；小榄水道直至横门与洪奇沥水道之间的“东海大浪网、南沙……等十六沙”围垦“农田得二千一百余顷”（道光·《香山县志》）。番禺南潭洲水道一带，圈筑沙田“数百十顷……各有涌洛，分别引蕉门之水而资灌溉”（咸丰《顺德县志》）。尤其西江出海各口门，连水深丈余的沙坦也投石筑坝，甘竹滩以下磨刀门水道的外海、古镇、芙蓉沙等夹岸“其石坝横截海中……几百丈”；崖门水道的“潮莲、银洲湖诸处皆两岸为石坝，凡几十道各几百丈”。正如时人所说：“昔筑石坝以护沙，今且筑坝以聚沙；昔因河为田，今且筑海为田。”这是当时大规模进行人工围海造田情况的写照。

清政府鉴于大量投石筑坝、侵占出海水道会带来水患，曾于乾隆、嘉庆、道光等年间先后多次申令禁止在出海要道区报承围垦，但都未收到多大效果。尤其在乾隆五十年（1785 年），广东巡抚孙士毅以“粤东田少人稠，产谷不敷民食”为理由，向朝廷奏准放宽禁令，于是围垦又进入盛期。从乾隆五十年弛禁起至道光九年（1829 年）的 45 年间，又增垦“三千余顷之多”。据近人统计，从乾隆十八年至同治末年（1753—1874 年）的 122 年间，报垦数达 1.3 万余顷（其中以珠江三角洲为主，也包括韩江一小部分）。如乾隆时仍是汪洋一片的万顷沙，嘉庆年间开始浮露，道光十八年（1838 年）即已“用桩石圈筑堤坝，周围广 3000 余丈，约 60 余顷，俱种禾稻”（宣统《东莞县志》）。至宣统末年（1911 年），即 100 年左右，共筑围 50 多个，围垦面积达 600 顷。这是清代围海造田的一个缩影。

3. 桑基鱼塘的发展

基塘是基和塘的有机结合体。基是分隔鱼塘周围的土埂，称基堂，塘中蓄水养鱼。根据基上所种作物不同，基有果基、桑基、蔗基等三种。这是珠江三角洲独有的基塘生产经营方式。它是当地人民在长期与洪、涝、潮等灾害作斗争的生产实践中，通过筑堤围垦、修建窦闸、开发与改造低洼和河滩土地，因地制宜地充分利用水土资源，逐步发展起来的基塘农业生态系统。它从明代开始形成到清代的大发展，与历史上特定的自然条件和社会、经济条件有关。

明末清初，商品经济进一步发展，农民经营种果、养鱼、育蚕远比稻田的收入大。因之，圈筑河坦和改低洼潮田为基塘的规模日益扩大，其范围已由“负廊之田”发展到“广州诸大县村落中”，甚至“往往弃肥田以为基，以树果木。荔枝最多，茶桑次之。龙眼多树宅旁，亦树于基，基下为池以蓄鱼……大者至数十亩，其筑海为池者辄以顷计”，“凡塘基堤岸，多种荔枝、龙眼”。这一时期基塘面积不断扩大，但仍以果基鱼塘为主、桑基鱼塘为次。

乾隆二十二年至鸦片战争前（1757—1839 年）是桑基鱼塘大发展的时期。由于清政府封闭了江、浙、闽三关，独留粤海关（设在广州）为全国唯一的对外通商贸易口岸，又加上限制湘丝和其他丝织品出口，于是外国商人大量采购广东生丝，因而粤丝销量激增，茧价日昂，丝价暴涨，农民经营蚕桑比经营稻田和果木的收入高了许多。由于厚利所在，珠江三角洲内原是基塘区的大部分果基鱼塘很快地被桑基鱼塘取代，并且掀起了将稻田改为桑基鱼塘的第一高潮，使以桑基鱼塘为布局的基塘区迅速扩大。当时南海县九江、顺德县龙山、龙江等乡，成为“境内有桑塘无稻田”的纯粹桑基鱼塘之乡。此后同治、咸丰年间又掀起第二次将稻田改作桑基鱼塘的高潮。至清末，以桑基鱼塘为布局的基塘区达100多万亩。珠江三角洲基塘区分布见图5－7。

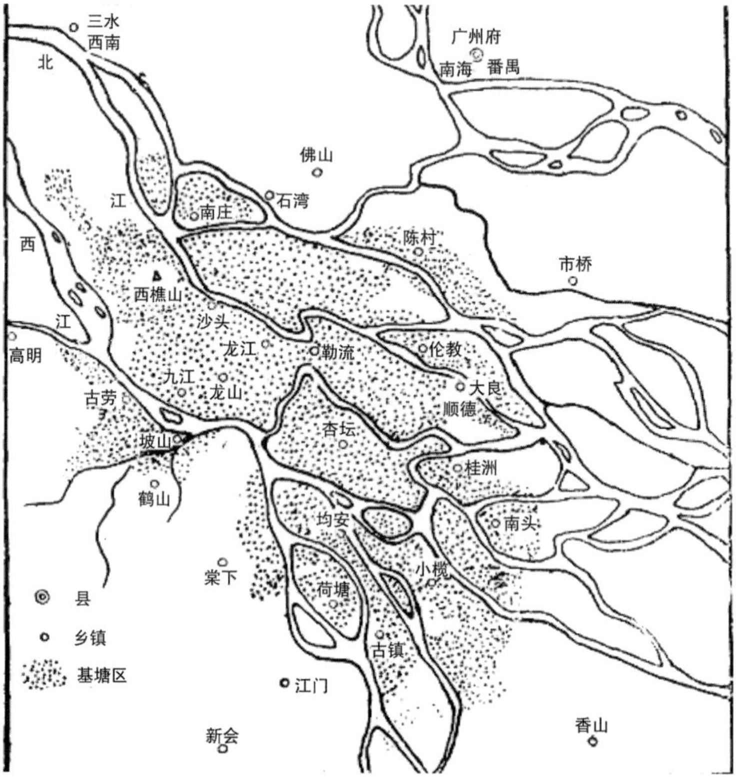

图5－7　西北江三角洲基塘地区分布略图

（图片来源：珠江水利委员会《珠江水利简史》编纂委员会，《珠江水利简史》，北京：水利电力出版社，1990年8月第1版，第160页）

（五）辽河水系的治理

明代以前，辽河干流无堤防工程，个别支流的局部河段有民堰和规模较小的堤防。进入清代，辽河干流上的堤防逐渐形成。清代对辽河水系的治理措施主要是疏浚河道和开挖泄洪减河。如道光十八年（1838 年），曾开挖柳河至八家子浅水河道 5400 余丈，这是首次对柳河进行疏浚。咸丰十一年（1861 年）辽河大水，于下游右岸冷家口门溃堤，顺双台子潮沟刷成新槽，分流入海，形成今辽河的另一个入海口——双台子河，这是开减河之始。该工程南北堤动用土方 20 多万立方米，开支白银 14000 多两。清末，东三省总督徐世昌曾对辽河下游进行了部分疏浚。

三、海塘工程

我国东南沿海的江、浙、闽、粤等省受潮汐的影响很大。潮水不但侵蚀海岸，恶化土壤，破坏农业生产，严重的还会直接威胁人民的生命财产安全。钱塘江潮水是世界著名的自然奇观，但也带来很大的危害。钱塘江河口平面呈喇叭口形，在海宁县附近河底有沙坎隆起，海潮倒灌，受地形收缩影响而致潮头陡立，最大潮差可达 8.93 米，蔚为壮观。千百年来，我国人民坚持与海潮侵袭作斗争，逐步建成了规模宏伟的江海堤防工程——海塘（有些地方称海堤）。其中尤以浙江海塘规模最大。

据文献记载，钱塘江河口历史上有三个口门。龛山、赭山之间称南大门，亦称鳖子门；赭山与河庄山之间为中小门；河庄山与海宁之间为北大门。宋嘉定十二年（1219 年），海潮奔趋向北，冲毁河岸，使距河岸四十里的盐官城一下变成了临河城市。元天历元年（1328 年），盐官城外海岸又出现涨沙，海潮仍走南大门。明代海潮路线南北变化较多，但仍以出入南大门为主。清初海潮一度通过中小门，南北两岸相对平缓。康熙三十六年（1697 年）以后，南大门和中小门逐渐淤塞，涌潮转向北大门。由于钱塘江河口三门的不断变化，因而历代的修治重点也随之产生了相应的变化。

清代额定漕粮数量为每年 400 万石，其中江浙地区承担了几乎一半，而苏、松、杭、嘉四府所占的比例最大。因此，修建海塘工程，保护沿海一带的富庶土地就成为清政府政治经济活动中的一项重要内容。乾隆皇帝到江南巡视时，曾四次（1762 年、1765 年、1780 年、1784 年）亲临海塘阅视，提出了许多具体的要求。

清代海塘工程已成为国家重点的水利工程之一，历代修筑记载不断。清前期康、雍、乾三朝浙西海塘已基本完善，几乎全部改建为石塘，鱼鳞大石塘在工程结构方面比前代有了进一步发展，此外在海塘工程技术理论以及管理等方面都有不少可供借鉴的内容。清后期国势衰微，海塘失修，虽有不少修建的记载，但往往是费用很多而工程潦草。

（一）浙西海塘（钱塘江北岸海塘）

清代浙西海塘以海宁段的修建最多。康熙三年（1664 年）八月初三，连续三天的台风把海宁县的海塘冲溃 2300 余丈。经大修共用白银 27000 余两。康熙三十六年（1697 年）以后，潮水改走北大门，北岸经常受灾，不断出现坍岸和修塘的记载。

康熙五十四年（1715 年）春夏之间，海宁县海塘坍毁数千丈，浙江巡抚徐元梦上疏请求整修。这次工程分为两期，直至五十七年（1718 年）闰八月才完成，共修塘 3397 丈 5 尺，工料银几近 7 万两。同年三月，浙江巡抚朱轼上疏请求做筑石塘，并就石塘结构阐述了自己的意见。康熙五十九年（1720 年），朱轼在海宁老盐仓主持修建了 20 层鱼鳞大石塘。朱轼的筑法是：塘身用长 5 尺，阔 2 尺厚 1 尺的大石砌做 18—20 层，在石的纵横侧立两相交接处，上下凿成槽笋，嵌合连贯，使其互相牵制难于动摇，又于每石合缝处用油灰抿灌，铁攀嵌扣，以免渗漏散裂，石塘塘身背水培筑土塘，计高 1 丈、宽 2 丈，使潮汐大时不致泛溢。塘基根脚密排梅花桩 3 路，加石灰沙土，用三合土坚筑，使之稳固。

由于朱轼的鱼鳞大石塘在上部结构中注意了它的整体坚固性，除了将大条石斩凿平整，纵横交错砌筑外，并通过槽笋嵌合与铁攀嵌扣互相牵制，使之成为整体，因此在潮波冲击之下不易散裂，同时在防渗方面采用了油灰嵌缝的办法，加之塘背加培土塘，既能防渗漏，又能增加塘身稳定性和强度，就像骨骼与肌肉的关系一样，使石塘更加牢固。这种大石塘经过多次潮灾考验，证明它确实比其他类型的石塘更为坚固。雍正二年（1724 年）七月，海宁县几乎所有的土、石塘均告坍塌，而朱轼的鱼鳞大石塘却安然无恙。因此，清廷逐渐把这种鱼鳞大石塘作为永久性海塘工程的标准格式而推广运用。

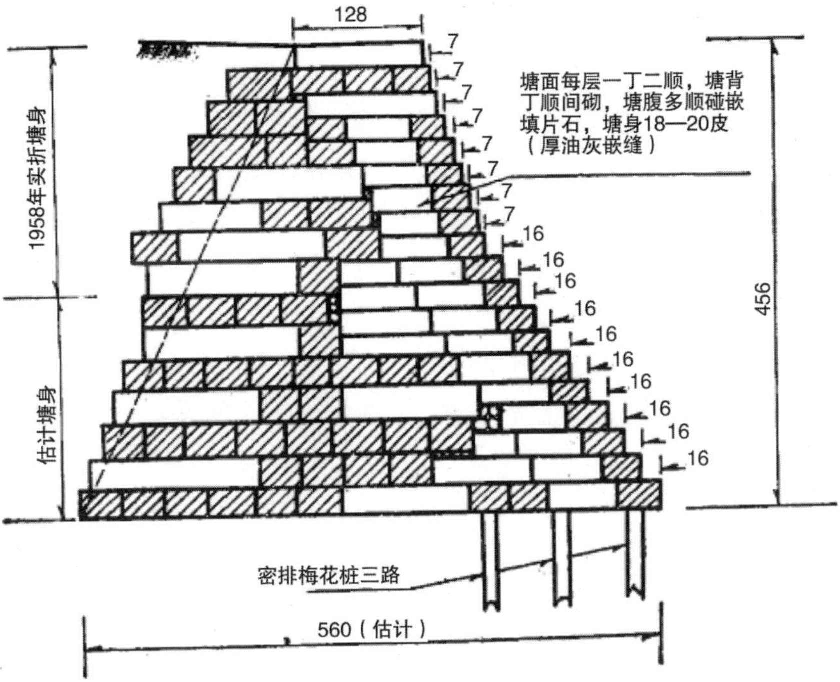

图 5 –8　清代朱轼鱼鳞大石塘 比例 1：50

（图片来源：郑肇经主编，《太湖水利技术史》，北京：农业出版社，1987 年 1 月，第 205 页）

乾隆年间，清廷不惜巨资，将海宁海塘中受潮流顶冲的地段全部改建成鱼鳞大石塘，以求“永固”。乾隆元年（1736 年），内阁大学士嵇增筠任总理海塘兼总督巡抚，题请建筑鱼鳞大石塘。从乾隆二年至八年（1737—1743 年）共建成鱼鳞大石塘约 7000 丈。乾隆四十九年（1784 年），乾隆帝亲临海宁阅视塘工，并下令将石塘继续向南修建。至乾隆五十二年（1787 年）统计已建石塘达 87 里，塘顶立有石碑，以千字文顺序划清海塘里程及所属地区。乾隆五十九年（1794 年），总长 13 公里的海宁老盐仓鱼鳞大石塘全部报竣。

清代鱼鳞大石塘在工程布局和结构上都承袭了明代的形式，但也有了较多的改进和发展。首先是在塘基的处理上更严格了，密集排列的梅花桩和马牙桩提高了地基的承载力，临水面的双排马牙桩还能在一定程度上抗御潮水淘刷塘基。在桩基上再筑三合土，然后砌石。砌石一般为18层，用5尺×1.2尺×1尺的条石丁顺相间而砌，各层之间参差压缝。塘身高1丈8尺，顶宽4尺5寸，底宽1丈2尺。除顶层和底层不收分外，自下而上第2至12层每层外收4寸，内收1寸；第13至17层，每层外收3寸，内收1寸。从第10层开始，每隔一层用铁锔、铁锭嵌扣，另用石灰糯米汁拌成三合土作为胶结材料。第9层以下不用铁锔、铁锭，而是依靠平砌条石坦水来保护塘基。坦水一般砌两道，每一道长1丈2尺，内高外低，底部用块石铺砌。后来的海塘还有采用三道以至四道坦水保护的。石塘背水面附土保护，一般要培至高1丈，宽2丈。至道光中期，这种结构的海塘每一丈的工料费用银300两（见图5－9）。

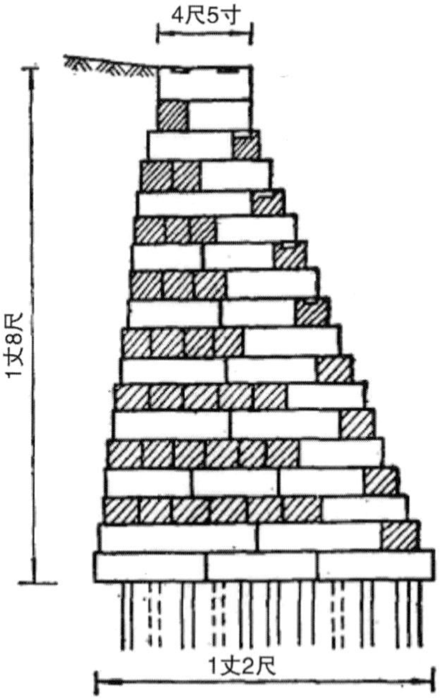

图5－9　乾隆老盐仓鱼鳞大石塘断面图

（图片来源：水利水电科学研究院《中国水利史稿》编写组，《中国水利史稿》下册，北京：水利电力出版社，1989年1月第1版，第217页）

除海塘本身的工程结构外，清代还采用了挑水坝、扑水坝、鸡嘴坝、挑水盘头和护滩坝等多种附属工程措施，以保障塘工土体的安全。

道光十年（1830 年）以后，又出现较大潮灾，修筑记载又有增加。这时由于海塘石工已基本完善，因此多是一些修补工程，但耗费资财十分可观。海宁东西塘岁修银定额 20 余万两。后此 20 年中，大工用银又不下 250 万两。据道光十九年（1839 年）统计海宁东西石塘 17020 丈，柴埽塘 12810 丈；海盐、平湖土石塘共 17680 丈。

清后期，帝国主义的侵略和封建政权的衰败都大大削弱了国力，海塘工程虽不断整修，但往往工程粗略而耗用更多。咸丰、同治中因战乱失修，毁缺六七千丈，修复估价银 800 万两。至光绪二年（1876 年）修成 4200 余丈，已用了 600 多万两。宣统元年（1909 年）曾试改柴塘为混凝土塘，因地基塌陷未成功。

（二）浙东海塘（钱塘江南岸海塘）

清代钱塘江南岸受潮灾影响较北岸略轻，但也有几次规模较大的工程。康熙五十九年（1720 年），上虞夏盖山等地遭受潮灾，“将近海荷花池一带退行冲陷，并冲开寺前思湖患口数处。”此后在夏盖山以西修建石塘 1790 丈。由于地势不同，因而有些地方的石塘砌成 13 层，最高的砌至 34 层。为了减少潮灾对两岸的影响，清政府在这期间还对钱塘江中小门做了一些疏浚工作。雍正二年（1724 年）七月，会稽、上虞、余姚等县塘堤冲毁 7000 丈，次年修复，用银 98000 两。乾隆二十一年（1756 年），绍兴一带发生险工，增筑鱼鳞大石塘 400 丈。萧山、山阴、上虞等县的土塘在嘉庆年间（1796—1820 年）曾被改建为柴塘。此后直至清末，均有维修记载。

（三）江苏海塘

清代江苏海塘因潮灾的影响不如钱塘江沿岸严重，因而除部分石塘工外，仍然保留着相当一部分土塘。

雍正二年（1724 年），海潮飓风冲击东南沿海。吏部尚书朱轼奉命查勘江浙一带塘工，次年二月决定修筑松江府（治今上海市松江县）

一带条石新塘3800余丈，占计用银17万两。至雍正四、五年间，华亭、松江均修建了石塘。雍正五年（1727年），清政府下令将吴淞海塘一律改建为石塘工。至雍正七年（1729年）基本完成。在这期间，上海、南汇、宝山、华亭、奉贤等地还加筑土塘数百里。乾隆年间，江南海塘继续向宝山以北延伸。如乾隆十七年（1752年）太仓加州朱楚望筑塘50里；十九年（1754年）御史陈作梅筑昭文县（今常熟境内）海塘60里，等等。此后，清代各朝不断维修、加筑，有些地段的海塘甚至出现两重或三重。

在苏北，范公堤离海较远，已经不能起到防潮的作用。雍正十二年（1734年），河督高斌于栟茶、角斜续修范公堤。清代末年又开始在近海边的地方修建了简易的海堤。但工程简陋，建起的海堤分散又未得到官府的支持。

（四）崇明岛海塘

崇明岛为江口之沙岛，地处江海要冲，因而受海潮之患也甚。过去就有修筑海堤工程，只是到了清代这方面更被重视，并有了大规模的兴建。据《崇明县志》记载，乾隆二十七年（1762年）所筑赵公堤为崇明岛的最大海堤。它北起东三沙（富民镇东南），东南至十滧（朝阳港之北），称为东北堤，该堤距海5—6里，堤港宽5丈，顶宽2丈，高1丈，长50里，以御海上风潮冲击。另一处是在岛西南，西起平洋沙，西南至蒲沙套以东，称西南堤，离海较远，堤长亦约50里。后来在光绪年间，又曾多次修筑过石塘，由于石塘建造坚固，防潮作用也比较明显，估计截至清代，崇明岛上海塘总计约157里。

钱塘江两岸及苏松沿海海塘的修筑已有千年以上历史，并不断改进发展，形成了总长1300余里的海滨长城，保障了江浙经济的稳定发展。

第三章 农事

一、指导思想

清代陆曾禹说："人非稼穑则勿生，圣贤独能于耕耨之间，谆谆告诫，而于法亦无不备。读《月令》，《管子》文，立法未尝不善，而何以时见饥寒之象？要知虽有绝妙之良规，究不若爱民之司牧，使其不见于措施，终无实际，何益？惟选循吏，重农积粟，处处无群居之游惰，村村尽敦本之农夫，何患太平之不奏也？"

晚清官员华辉指出："国用何出？出于民；民财何出？出于地；地利何出？出于物。故董劝农桑，讲求物产，为古圣王生财之道，即今日养民致富之源。民力不足，需官为补助者，曰广种植。种植之大利在南方者二：曰桑，曰茶，黄河以南三省，近水者宜桑，近山者宜茶，苟能有官筹款，购买茶子散给民间，并讲求养蚕制茗之方，不数年而风行各省矣。在北方者二：曰葡萄，曰棉花。黄河以北三省，天寒地燥，惟此为宜，葡萄可酿酒，棉花可以纺线织布，苟能博求良法，劝导民间，则余利丰盈，何有偏灾？无冻馁矣！"

因地制宜，注意农田灌溉，适时地增加土壤肥力，以维持农业的稳产与高产，是农事安排中的一个重要内容。在传统时代的农村，充分利用城镇的粪料作为农村桑树培植的肥料，与利用城镇的酒糟作养猪的饲料一样，都是将城镇的废物进行再利用；而反过来，农桑生产的发展又促进了城乡经济和生活水平的提高。

考虑到肥料在当时并不是四季常常充足，需要大量的河泥来补充消耗了的地力，因此农民们经常要到河、湖、塘、浜中去捞泥，工作较为辛苦。

譬如，浙江秀水县的北部农村，经常在八九月份罱河泥给田中的菜施肥，既节省了肥料，也使"农人不劳而菜茂"。大概而言，一年中有九个月要从事这方面的劳动，这是嘉兴、湖州等地较为典型的农事之一。当然，这九个月的工作略有不同。参见表5-4。

表5-4　太湖平原地区农民四季罱泥工作

农历月份	晴天	阴雨
正月	罱泥	罱泥、罱田泥、罱地泥
二月	罱泥	罱泥、罱田泥
三月	罱泥	罱田泥
五月		挑草泥（即草塘泥）
八月	挑河泥、罱泥	
九月	罱泥	罱泥
十月		罱泥
十一月	罱泥	罱泥
十二月	罱泥	罱泥

从季节方面来讲，不同的时节要进行相关的农事购买工作。

就浙江湖州东部紧靠嘉兴府桐乡县的涟川地区而言，正月里要到苏州、杭州买粪，到吴江县北面的角直镇籴豆泥，还要到苏州买糟烧酒；四月份，到吴江县中部的平望镇买牛粪磨路，到湖州南浔镇买茧黄（即茧衣）；五月份，到湖州的长兴县、嘉兴府海盐县南部的澉浦籴大麦；七月份，要到嘉兴府的桐乡、崇德地区买羊草；九月份到平望买牛粪；十月份，除了仍去平望买牛粪外，还要到桐乡、海宁买枯叶，到山里买柴草，并在附近村镇租粪窖买粪；十二月份，去嘉兴买腊猪油。

康熙帝特别指出："农事，实为国之本；俭用，乃居家之道。是以朕听政时，必以二者为先务。凡亲民之官能仰体朕意，在在竭力，何虑不家给人足乎。"

乾隆二年，乾隆帝多次发布上谕，下令重农备荒，称"一夫不耕，或受之饥；一女不织，或受之寒。而耕九余三，虽遇荒年，民无菜色"，只有发展农业，才能"储蓄有备，水旱无虞"。又称："养民之道，必使兴利防患，水旱无虞，方能使盖藏充裕，缓急可资。是以川泽，破塘，沟渠，堤岸，凡有关乎农事，务筹画于平时。”

由于地方官吏熟谙农事者少，乾隆年间施行奖励老农的措施，“每岁秋成后，州县查所管乡村，如果地辟民勤，谷丰物阜，觞以酒礼，给以花红，导以鼓乐，以示奖励”。

邓云特在《中国救荒史》中，总结过历代的防灾思想，指出古人的认识虽囿于一方，而论述之旨，都在于去末技、戒浮惰，以立本崇实为尚，认为中国重农理论之精华，无出于是。

二、农田水利

清政府规定，河防工程有常规的岁修工作要求，“凡旧有埽工处所，或系迎溜顶冲，或因年久旧埽腐坏，每岁酌加镶筑，曰岁修。”如顺治十六年，浙江海盐县兴修海塘，“修致雨二号石塘二十一丈”，第二年又“复修闰余二号、成岁二号石塘共六十丈”。而且，凡遇紧急情况，又有必要的抢修工作，“河流间有迁徙，及大汛经临，迎溜生险，多备料物，昼夜巡防抢护，曰抢修。”这些都是应对比较庞大的水利工程，特别需要国家的动力支配，以免因水利失修引起更多的灾患。对于影响范围较大，关系国计民生甚巨的农事工作或水利维护，从地方到朝廷其实一直都十分重视。

（一）直隶

直隶是全国的政治中心，农田水利事业受到了朝廷高度重视。

康熙三十三年（1694 年）九月，朝廷传谕：“今岁雨水多，通州以南新筑之堤完固无恙，惟东北旧堤，冲决数处，此皆有关于民田，应速行坚固修筑。”

雍正三年（1725 年）十二月，户部等衙门根据雍正帝的要求，议复直隶河防水利事宜：“据和硕怡亲王等疏言，直隶之卫河、淀河、子牙河、永定河，皆汇于天津州大直沽入海，此直隶水道之大略也。卫河与汶河，合流东下，德棣沧景以下，春多浅阻，一遇伏秋暴涨，不免溃溢。请将沧州南之砖河，青县南之兴济河，故道疏浚，于旧时建闸之处筑减水坝，以洩卫河之涨。静海县权家口，亦筑坝减水。白塘口入海之处，并开直河一道，使砖河兴济河之委，同归白塘出口。修理海口旧闸，以时启闭。则沧瀛以北，水利兴而水患除矣。东西二淀，跨雄霸等十余州县，均应疏浚深广，并多开引河。使诸淀脉络相通，其已淤为田亩者，四面开渠，中穿沟洫，庶圩田旱涝有备。其赵北、苑家二口，为东西二淀咽喉，赵北口，堤长七里，板石桥共八座，俱应升高加阔。苑家口北之中亭河，上流之玉带河对岸为十望河，均应开通。庶东西二淀无冲决之患矣。子牙河为滹漳下流，清浊二漳，发源山西，经广平、正定，而滹沱、滏阳，大陆之水会焉，其下流有清河、夹河、月河，皆分子牙之流，同趋于淀，宜开决分注，以缓子牙河奔放之势。永定河，俗名浑河，水浊泥多，故道遂湮，应自柳乂口，引之稍北，绕王庆坨之东北入淀。两河淀内之堤至三角淀而止，为众淀之归宿，应照旧开通，逐年疏浚。两河之浊流，自不能为患矣。至各处堤防冲溃甚多，如高阳河之柴淀口、新河南界之古堤、新安之雹河，均应疏浚修筑。再，请于京东之滦蓟、天津，京南之文霸、任邱、新雄等处，各设营田专官，经画疆理，召募老农，课导耕种。民力不办者动支正项钱粮代为经理。田熟岁收十分之一，以补库帑。足额而止。营田一顷以上者分别奖赏，有能出赀代营者，民则优旌，官则议叙。至各属官田，约数万顷。请遣官首先举行，为农倡率。民间田庐有碍水道者，计亩拨抵，视其亩数，加十之二三。河淀淤地，必须挖掘者，将附近官地，照数拨补。则营田水利，人皆趋事乐从矣。均应如所请。”

雍正四年（1726 年）二月，吏部等衙门讨论了怡亲王允祥等疏言：“直隶兴修水利，请分诸河为四局，专官管辖以便稽查。南运河与臧家桥以下之子牙河，垣家口以东之淀河为一局，应令天津道就近控制。同知以下等员，受其管辖。永定河为一局，应将原设之永定分司，改为河道，驻扎固安。沿河州县以下等员，听其管辖。其北运河为一局，应将原设之分司撤去，令通永道就近兼理，管河通判等员，悉听统辖。苑家口以西各淀池及畿南诸河，绵亘五六百里，经州县二十余处，亦为一局，应将大名道改为清河道，移驻保定府，所有管河同知州判以下等员，悉听管辖。其天津大名两道，既定为河道，专司河务，所属州县钱粮刑名事务，应各归该知府考成。通永道所属永平一府州县事务，亦归该知府考成。其通州，以下无知府之八州县，仍令通永道兼管。一应水田沟洫，各该道督率经理。钱粮虚冒，工程修废，悉归直隶总督考核。俱应如所请。”雍正批复是：“依议速行。”

乾隆九年（1744年）五月，大学士鄂尔泰等会同九卿议复御史柴潮生疏请兴修直隶水利事宜：“查北方地势平衍，原有河渠淀泊，水道可寻，如听其自旱自雨，自盈自涸，淫潦则巨浸为灾，炎烈则旱干是患，有水无利而独受其害。柴潮生所奏，诚非凿空无据之说。惟是欲兴水利，必使全省之地形水道脉络贯通，以图经久，决非旦夕所能奏效。若如该御史所奏，遽遣大臣赍帑前往开浚，即将现在之赈民派令就工给值，无论待赈之民缓不济急，实恐查勘仓猝，势难妥确周详。现今直隶河道工程交督臣兼理，请敕下总督高斌，确查妥议，具题到日再议。”乾隆帝批复：“依议，畿辅兴水利，乃地方第一要务，必简用得人，始能有益无弊。总督高斌事件繁多，难以专心水利之事，协办大学士吏部尚书刘于义曾任直隶总督及布政使，于合省情形素所练习，若与高斌悉心筹画经理，自可成利济之功而收永远之效。此时著刘于义前往保定，会同高斌详加计议，酌定规条，将来兴修之时，二人同心合力，督率办理，务期有成，以副朕望。又谕：协办大学士吏部尚书刘于义，前往保定办理直隶水利事务，著乘驿前去，嗣后凡有往来查勘之处，俱著乘驿行走。”

（二）西北

西北农事的一大核心，也在水利事业的维护方面。

雍正五年（1727年）二月，雍正帝传谕内阁：“朕闻陕西郑渠、白渠、龙洞，向来引泾河之水，溉田甚广，因历年久，疏浚失宜，龙洞与郑、白渠渐至淤塞，堤堰大半坍圮，醴泉泾阳等县，水田仅存其名，深为可惜。特令该督岳锺琪详酌兴修，今据该督亲勘奏称，龙洞急宜挑挖，郑白渠务当疏浚，更须修筑堤堰，建设闸口，以俾坚久。

已于西安布政司库贮公用羡馀银内先动一千两，委员将龙洞，郑、白渠及时挑浚，其建闸工料约估银七千两，请亦于司库存贮羡馀内动用等语。朕惟兴修堤堰乃于民生大有裨益之事，着动用正项钱粮，俟一切工程告竣，造报工部，查核务期渠道深通，堤堰坚固，俾农田得以永赖，以副朕保惠元元之至意。”

到雍正八年（1730 年）三月，雍正帝传谕内阁的新要求，是要加强宁夏地方的水利工作，以使当地农事维持稳定状态。他说：“宁夏地方，万民衣食之源，在大清、汉、唐三渠水利。是以定例每年疏浚修理，使水流畅足，民田均沾灌溉。自历年官员疎忽怠玩，以致闸道堤岸，损坏冲决，日见浅窄。而三渠之中，惟唐渠为尤甚，近来其口过低，其梢过高，水势不能逆流而上，多误小民耕种之期。虽每春定有岁修之例，然不能以一月之工程，整十数年之荒废也。现今兵部侍郎通智，开浚惠农，昌润二渠。于宁夏水利自然明悉，著会同光禄寺卿史在甲，即行查议，今岁预备物料，明春动工修补，务令三渠坚固，俾边境黎元，灌溉有资，永享盈宁之庆。”

雍正十年（1732 年）一月，雍正帝再次传谕内阁：“宁夏为甘省要地，渠工乃水利攸关，万姓资生之策，莫先于此，是以朕特遣大臣，督率官员等开浚惠农、昌润二渠。又命修理大清、汉、唐三渠，以溥万民之利。年来惠、昌二渠，及唐渠工程渐次告竣，于民田大有裨益。其大清渠、汉渠，虽未竣工，然闻连年加谨堵叠，极力挑浚，水泽已可敷用，不过湃崖闸座，有应行修理之处，可以从容经理，非比唐渠之必应及时速成也。目今甘省军兴之际，挽运兵粮，正需车辆，兹因修理渠工，又复雇车运送物料，恐小民承应公事，力难兼顾，有误春耕，所当酌量变通，以体恤民隐者。查宁夏有专司水利之同知，著将未竣之渠工交与该员，照通智，史在甲等所料估之处，于每岁春工内分年陆续修理。再令宁夏道鄂昌，勤加督率，不时稽查，务期工程坚固，利济有资，使民田永沾膏泽。通智，史在甲，将各件与鄂昌，交代清楚，即行回京。其在，效力之文武官弁，交与该署督查郎阿，计其在工之久暂，访其奉职之勤惰，量其办事之能否。应留陕题补委用者，留陕题补委用；应咨部请上旨者，咨部请上旨；应发回本地者，发回本地。其见任武弁及兵丁等派拨渠工效力者，俱令各归营汛。在工夫役等交与鄂昌，将附近者，令归南亩，远来者，酌量遣回。”

乾隆二年（1737 年）六月，甘肃巡抚镇国将军宗室德沛向朝廷报告：“巩昌府属之西巩驿等处山高土厚，掘井维艰，间有山泉。距各村庄甚远，居民惟于洼地开窖，使冬春冰雪夏秋雨水，会积于窖，以供炊饮。贫民无力开挖，往往向有余之家乞买，若遇亢旱，彼此不能兼顾，秋成未必无收，先不得不迁徙异乡就水。臣赴任时目击情形，窃思乏水等于乏食，到任后，即檄行各属，确查缺水村庄，共六十处。即捐资委员凿井，设或不得及泉，则于宽闲处广开官窖，俾穷民雨多免乞买之艰，旱无迁徙就水之苦。但凿井开窖，需费甚多，臣力不能独任，统俟各属报到通估需工料若干，可否于司库内支动公项。再兰州之西南黄峪沟等处，俱有渠道故迹。臣询之耆老，云向有泉数十道，顺渠而下，大收灌溉之利。自康熙四十八年地震后，山土颓压壅塞。臣即面饬地方官募夫，沿渠道故迹开浚。遂得清泉十一处，泉水盛流至宋家庄引入渠道，约长六十余里。可溉田二百余顷，其余笲篓沟等村，亦俱先后开浚复旧。”此次疏请得到乾隆帝的认可，批复很简单：“知道了。有利百姓之事，虽动公项何妨。”

乾隆十四年（1749 年）十月，陕甘总督尹继善、西安按察使吴士端奏请疏浚陕西地区诸河渠，乾隆帝要交臣讨论他们的报告，主要内容是：“通省渠道，如泾、渭、灞、浐、沣、滈、汧、洛等河，以及地泉山峪诸水，可此注者，或接其源，或承其流，开渠筑堰，支分派别。据各州县平日查报不下数百道，而渠之最著者，则龙洞、郑白、通济、龙首校尉、天津、文昌、实惠、永兴、广济、顺阳、永寿、兴隆、遗爱、长泽、清水、金定、直城、玉带、怀德之类，水利甚溥。其余各随渠身大小及沾泽多寡，要皆灌溉田禾，民受其益。臣细查原委，或系古来旧有，或系节年开浚。今该按察使所奏，是欲照依成规，再加扩充，事属应行，至办理之法，必须逐查悉计，现饬各州县确勘定议，俟勘议到日，再遴道府覆勘报闻。”所奏内容，关乎陕西地区农事的核心问题。

乾隆二十六年（1761 年）三月，新疆叶尔羌办事都统新柱向朝廷奏疏，强调的是叶尔羌地方的农事工作："叶尔羌形势毗连戈壁，雨水亦少，全赖引水溉田，是以设有密喇布伯克专司其事。查回部旧例，凡怠于灌溉，及紊乱成规者，俱有罚项，以充公费，无庸另给。惟引水时，须派拨丁役，从叶尔羌河源逐次查勘，行二日至爱济特呼，其密沙尔等七处，俱须于一日内分道行走。现任密喇布伯克迈达雅尔系和阗人，未带丁役，恳照噶匝纳齐、商伯克之例，给丁役五十人办公。"

乾隆四十一年（1776 年）十月，乾隆下诏称："今日召见甘肃庆阳府知府周人杰，朕因其在甘年久，询以该省地方情形。据称甘省连年被灾，皆因土本硗瘠，兼乏水利，其地高陡，不如南方平衍，到处蓄水，藉资灌溉。即有雨泽，亦建瓴直泻，不能多停时日。若该处百姓，能于有河道处多开沟渠，以分黄河水势，引灌田畴，于旱地实为有益。其无河道处，遇有雨水，广开池塘沟洫，俾高处之水，随地存留，亦可滋润土脉，长发禾苗。缘该百姓等，习于安逸，惮于勤劳，每致废弃水利，若各州县到处建闸筑坝，有池有塘，则西北之水，随处停潴，上游多一分水利，即东南淮扬一带之黄水亦少一分水患等语。其言似有所见，著传谕勒尔谨，即将该处水利实在情形，是否可以建闸开渠，引流灌溉之处，速委明干大员，据实查明，逐一覆奏。"

西北地区环境较差，生态维持力脆弱，倘在水利工作方面出现荒怠现象，将会极大地影响当地的农事。

（三）东南

东南地区环境优良，经济发达，商品经济活跃，是全国的财赋重地。农业是基础，水利工作又是农业的基础性工作。东南地区水网密布，水利问题的核心主要在排水。

顺治十一年（1654 年），顺治帝下诏称："东南财赋之地，素称沃壤。近年水旱为灾，民生重困，皆因水利失修，致误农工。该督抚责成地方官悉心讲求，疏通水道，修筑地方，以时蓄泄，俾水旱无虞，民安乐利。"

康熙四十六年（1707 年），康熙帝下诏要求浙江各级官府，重视兴修水利，以备旱涝之灾。

雍正五年（1727 年）一月，雍正帝向内阁下旨，强调江浙地区沿海与内陆农田水利事业的重要性："地方水利，关系民生，最为紧要。如江南户口繁庶，宜更加修浚，时其蓄泄，以防旱涝。向来屡有条奏之人，但未经本省督抚奏请，朕意亦久欲兴修，以资农务。因海塘工程，正在营治，且水利事关重大，必得实心办事之人，方有裨益。即如目今畿辅水利，赖有忠诚任事之怡亲王，始可兴此大工，不然，则亦未敢轻易遽行也。我皇考念切民依周知稼穑，康熙四十六年巡省江浙，所至必细验水土燥湿高下之宜，详考五谷种植之性，躬亲讲求，将附近太湖，及通江潮之处，条分缕析。特颁谕上旨，令江浙督抚，于苏松常镇杭嘉湖地方，疏浚河港，以资灌溉。修建闸座，以便启闭，皆动用公帑钱粮，不使丝毫出于民力，恩至渥也。乃当时督抚诸臣，不能实心仰体，惟以虚文奉行，糜费帑金二十余万，大都饱于官吏之侵渔，而无实效，深可痛恨。朕即位以来，事事仰继皇考之诒谋，永图民生之远计，本欲俟直隶水利兴修之后，令怡亲王前往江浙地方，相度情形，商酌兴修之举，今巡抚陈时夏特行奏请，且称费用不过十余万两，即可成功。据陈时夏陈奏，应是地方不可迟缓之事，副都统李淑德，昔任江南松江府同知，谙悉水利事宜，曾经条奏，颇为明晰，原任山东巡抚陈世倌，年力精壮，现在闲居。著李淑德、陈世倌，会同巡抚陈时夏、总河齐苏勒、总督孔毓珣，悉心踏勘。详加酌议，倘河工紧要，齐苏勒不能亲身前往，即行商酌定议具奏。凡建立闸座、疏浚河流，务期尽除淤塞，以杜泛溢之虞，广蓄水泉，以收灌溉之益。其一应公费，俱动用库帑支给。一切工程，交与李淑德、陈世倌监督办理，并谕吏部，将各部现任司员、候选司员，及府州县人员内，有具呈愿往效力者，挑选十余人带往江南，不必令出资财，惟令办理事务交李淑德、陈世倌二人酌量委用。"

乾隆八年（1743 年）二月，曾任两江总督的德沛上奏称："淮扬两属下河田地村落，俱有圩岸，向系民修，因年久残缺，复遭冲坍。民间贫富不一，彼牵此制，不能全复其旧，必须官为督率，劝谕奉行。今地方官赈务殷忙，又恐顾此失彼，应另派丞倅率领佐杂，谕令各乡保公同妥议，就村落田亩形势分认，于农隙时兴筑，其实有民力不敷者，依筑官河官堤例，官给一半工价，一体兴作，仍令按年加修，俾圩外之水，束之归槽，圩内之水，戽之使出。”

（四）西南

西南地区地形变化极大，高原与盆地嵌错，重要的农事工作局限于传统水利的核心环节上。

乾隆八年（1743 年）闰四月，署理云南总督的张允随上奏：“安宁州境内无水田地一万三千五百余亩，若于高处筑坝蓄水开渠，每年可多收仓斗谷二万五千六百余石，请于官庄变价项下供给各业户乘时兴工。”高原地区的灌溉保障一直是一个大问题，也很难真正解决好，而乾隆帝的批复极简单，只说“所奏俱悉”。

乾隆二十八年（1763 年）十一月，四川总督阿尔泰上奏：“灌县都江堰为内江来水总口，分灌成都等十五州县田畴，每岁不落后将堰底淘深，并接连堤身，修筑鱼嘴坝，横截江流，逼水入堰，为灌田计。惟江水来源甚远，每逢夏雨骤涨，水势淘涌，漫入内江，不无涨溢之患，如冲刷坝工，淤塞堰口，又有难于引灌之虞。欲期水常敷用，瀑涨不害，惟有酌开支河，以备宣泄，加工浚筑，以资利导。现将鱼嘴坝并堰底，修筑淘浚，使内江受水充足，仍敷灌溉。外拟于堰口上游半里许，隔江对岸地势低洼处开支河一道，口宽二十丈，长二百八十丈，即可使上游汛涨之水，径达外江。仍于支河头，按内江需水尺寸，设立滚坝，水小则藉坝身逼溜入堰，俾敷灌溉；水大则由坝顶泄入支河，以分水势。再自灌郫至成华等州县，各有小堰，自数道至十余道不等，亦不律修浚，以裕田水报闻。”都江堰地区水利事业一直维持得很好，水量相对丰沛，因此主要问题在于排水或者将蓄积的水流覆盖至更多的农业区。

乾隆三十六年（1771 年）六月，四川总督阿尔泰再次上奏：“川省灌江，为数郡水利关键，居高就下，存蓄甚难，春时江水微弱，不敷灌田，及大雨瀑涨，堰口又有冲淤之患。臣筹办蓄泄机宜，于上年冬间，令灌江上游州县于溪港归江处所垒筑埂坝，使蓄水充盈，今春次第开放，下注民田，较往岁水长三四尺不等。至伏汛雨后，江水瀑涨，挟沙滚石，势甚汹涌。洩水之法，惟饬道府令该管厅县轮势查勘，将堰口时淘，使沙石毋稍停淤，其上游支河深加疏浚。自五月至今，内江堰口并无冲淤，农田亦无淹损，臣办试有效，谨酌定章程，拟将灌江上游应蓄水之汶川、保县茂州，各属于每岁十月以后酌量蓄水，来春次第开放。其都江大堰口，每届伏汛以后，即令水利同知与灌县驻工防守，皆责成该管道府轮替查验，务保无虞。得旨：甚好。可谓知勤民之本矣。"

乾隆四十七年（1782 年）二月，署云南巡抚的刘秉恬向朝廷报告："滇省大理府属邓川州境内之弥苴河，上通浪穹，下注洱海，中分东西两湖，西湖另有水尾，直达于海，东湖由河入海，河高湖低，遇夏秋潦发，青不涧、九龙涧等处之水会冲入河，河水宣洩不及，回流入湖，附近粮田，俱被淹没。现在该处绅民倡捐，将东湖尾入河之处筑坝堵塞，另开子河，引东湖之水，直趋洱海。又自青不涧至天洞山，筑长堤一道，并建立石闸使河归堤内水由闸出，历年被淹粮田，一万一千二百余亩，全行涸出。"这里的水利安排工作，得到乾隆帝的称赏，批复"嘉奖"二字。

（五）中州

中原是王朝的腹心地带，也处于黄、淮水患问题最多的地方，农事相对复杂。

乾隆三年（1738 年）十一月，安庆巡抚孙国玺奏称："凤、庐两府，及邻境之颍、六、滁、泗各府州地方，水旱频闻，收成歉薄。虽由地多硗瘠，亦缘河塘湮淤，无从宣洩灌溉所致。请动支关税秋季盈余银两给发浚修，俾沟洫疏通，渐成沃壤，即少壮饥民，亦可就食于工。"水利浚修和排水工作的安排，得到乾隆帝的赞扬，批复"所见甚是，知道了。"

乾隆六年（1741 年）七月，河南按察使沈起元上奏，由朝廷九卿议复，认为河南地方"沃野千里，一望平原，更无沟洫，一经大雨。行潦横流，田禾以伤。请北方治田，一如东南之法，每亩三畎，周于四围，阡陌之界，随田广狭，于小沟外开大沟，近川注川，近河注河，用地无多，为力极易，水有所泄亦所归，应如所请。行文北五省督抚，勘验情形，从容谕导。”这一奏请，得到了乾隆帝的认可。

十月，河南归德府永城县向朝廷奏报“地洼积潦”的问题：“查城南彭家洼等处，旧有渠身三道，共长一万一千余丈，通达浍河，可以引水，年久淤浅，已成平陆。现饬各官劝谕绅民，乘农隙时，协同挑浚。此渠既开，则水有归宿，永城可免淹浸之患。”

乾隆七年（1742 年）十一月，工部议定同意江西巡抚陈宏谋的奏请，主要内容是：“南昌、新建二县，地势低洼。本年七月被水，圩堤冲溢，田禾被淹，亟宜修筑。豫为春耕之计，除些须残缺，工程无多，及工程稍大，而原处尚未被灾者，督令民力修筑外，其工程浩大，灾民难以修筑者，请动充公银，照以工代赈之例，加以夯硪，一律兴修，或须补筑，或须建坝，或须改筑石工，务于农隙修完。”乾隆帝下旨：“依议速行。”

乾隆二十三年（1758 年）九月，由于水灾频繁，乾隆帝下诏说：“朕因河南、山东、上下江等处屡被水灾，颁发帑金，特分命大臣会同督抚、总河，相度疏治，全工已竣。嵇璜、裘曰修等回京后，复令将所办工段，干支原委，于河图内粘签详注呈览。但伊等所见，系春夏情形，伏秋二汛，果否有益，未经目睹，著将所贴原图，发交各督抚、总河，再加审视伏雨以后，及经历秋汛，各河受水利病若何，是否于水道民生，实有裨益，详悉另行加签声明具奏。再所颁明旨一道，为借种劝垦，系朕格外加恩，念此积歉之区，尤当加意抚绥，以复元气。若有司仍视为具文，漫无经理，或更有吏侵役饱诸弊，则惟于该督抚是问，将此传谕知之。寻胡宝瑔奏：豫省今岁伏秋，虽间遇大雨，而贾鲁、惠济、巴沟、涡河，各干支疏通后，容受有余，消泄甚速，河滨荒地，遵旨劝耕，务使野无旷土。又张师载、阿尔泰等奏：东省兴举运河各工后，伏秋粮艘遄行，其余徒骇、马颊、老黄、白马、沂州、伊家等河，龙湾、魏湾、八里庙等坝，东昌、济宁、新店等处桥梁涵洞，疏浚修整后，处处安澜，涸出民田，现皆劝垦。又尹继善、白钟山、陈宏谋、高晋等奏：上下江凤、颍、泗、淮、扬、徐、海七府州，修治河渠后，伏秋内豫、东二省来源不大，雨水亦调，坡水山泉，宣泄通畅，田畴咸获有收。其徐、凤等属，借种垦荒，俟酌定规条，妥协经理。俱报闻。”

乾隆二十六年（1761 年）六月，河南巡抚刘慥向朝廷奏报：“夏、永等县，因大雨叠沛，秋禾多被淹损，势难补种。惟俟八九月内，务饬该县等督率彼地民人极力疏涸，毋误种麦之期。”乾隆帝下诏称：“前闻该处秋禾被淹，已有旨令查明户口，格外赈恤，但此四县积年被水，一雨即淹，自应速求疏泄之方。然此岂该县等所能办，若仅委之该县，仍不过奉行故事，如历年所为，其为贻误，尚可言耶。现命侍郎裘曰修前往豫省，相度各处疏浚事宜。所有夏、永等处积水，著裘曰修会同巡抚胡宝瑔熟察该地情形，确勘受患之由，彻底筹画，上紧疏消，务俾涸出地亩，得赶种秋麦，春雨不致复淹，灾民得免昏垫之苦。即工钜多费帑金，亦所不惜。至现在该处续报被水，昨经传谕副都统三泰等，率同该护抚详悉查明，分极次贫民，通行赈恤。今刘慥以抚恤完竣具奏，仍属草率了事。已于另摺批示，著三泰等，遵照前旨，所有被灾州县，逐一详查妥办，毋致灾黎失所，副朕痌瘝在抱之意。”

三、减灾作物

在传统的救灾减灾工作中，应对因灾害而引起的大范围饥荒，一直存在着各种方式和方法。其中，减灾作物的广泛种植，长期较受重视。

（一）番薯

乾隆五十年（1785 年）六月，乾隆向军机大臣等人传谕，强调番薯在福建、河南等地对于民食给养的意义，要求推广种植：“闽省地方，向产番薯一种，可充粮食，民间种者甚多。因思豫省近年，屡经被旱。虽现在已普得甘霖，自可赶种晚秋，但恐该处土脉久燥，雨泽一少，即与栽种无益。番薯既可充食，又能耐旱，若以之播种豫省，接济民食，亦属备荒之一法。此时雅德想已起程，著传谕军勒浑，即将番薯藤种，多行采取，并开明如何栽种浇灌之法，一并由驿迅速寄交毕沅，转饬被旱各属，晓谕民人，依法栽种，于民食自属有裨。”

同年七月，乾隆帝再次传谕大臣：“据毕沅奏，薯蓣向以怀庆所出为佳，性与山蓣番薯同类，番薯蔵种在霜降以前，下种在清明之后，计闽省乘时采择，邮寄此间，尚不为晚。但闻其种易烂易乾，须用木桶装藤，拥土其中，方易携带，兼闻藤本须带根者，力厚易活等语。前雅德来热河召见，曾谕以将番薯藤种采寄河南。据奏，路过山东沂州府，亦见该处种有番薯，而豫省怀庆所出薯蓣，性与同类。此物既可充食，又能耐旱。河南、山东二省，频岁不登，小民艰食。毕沅、明兴当即转饬各属，劝谕民人，仿照怀庆、沂州，广为栽植，接济民食，亦属备荒之一法。至豫省既产薯蓣，则番薯一种，闽省亦毋庸多寄，但必须觅带根藤本，用木桶装盛，拥土其中。如法送豫，方能栽种易活。著传谕雅德，即行照式妥办，由驿速寄。将此各传谕知之。”

次月，又下圣旨称：“据明兴奏，陆燿于山东臬司任内，曾刻有《甘薯录》一编，颇为明切易晓。现饬多为刊刻，颁行各府州县，分发传钞，使皆知种薯之利，多为栽种等语。所办甚好。河南频岁不登，小民艰食，前已谕令毕沅转饬各府州县，仿照怀庆府属广种薯蓣，即直省迤南各府，今年亦因雨泽愆期，收成歉薄，番薯既可充食，兼能耐旱。且东省各府，既间有种植，自不难于就近购采。朕阅陆燿所著甘薯录，颇为详晰，著即钞录寄交刘峨、毕沅，令其照明兴所办，多为刊布传钞，使民间共知其利，广为栽种，接济民食，亦属备荒之一法。将此传谕知之。”

（二）其他作物

至于类似番薯可以充当饥荒时期食物救济的重要物种，当然还有不少，包括高粱、玉米、土豆、榆树叶和各类果树等，都得到官方的重视。

例如，乾隆十二年（1747 年）二月，安徽巡抚潘思榘向朝廷奏称：“皖省地方，自交二月甘澍频施二麦蕃盛蚕豆菜蔬等类，郁葱遍野，凤、颍、泗灾重之区，复蒙展赈益勤东作，臣饬劝农人，于路傍地隙广植榆柳果树，再芦粟一种，宜于山地，不择肥瘠，六安州民种植甚广，舂煮为粮，无异米谷，土人称为六谷。”而且，像河南地方流行种植的红薯，易莳多收；山东省的䅟子，比高粱更耐水潦。他认为都可下令百姓试种，并趁农忙未到之际，疏通沟洫，以备水旱。乾隆对此十分称赏，认为这是“留心本计，嘉悦览之”。乾隆二十六年（1761 年），政府贷甘肃渊泉等三县农民豌豆籽种，令其试种，以为食物的补充。

四、防治虫害

在清代，虫害问题在农事工作中其实防不胜防，而危害严重、影响广泛的主要是蝗灾。这在清代已有比较成熟的应对知识和相关举措。

康熙三十年（1691 年）九月，康熙帝向大学士等官员讲道：“朕咨访蝗虫始生情状，凡蝗虫未经生子，而天气寒冻，则皆冻毙，来岁可复无患，若既经生子，天气始寒，虽蝗已冻毙，而遗种在地，来岁势必更生。今年寒冻稍迟，蝗虫已有遗种，朕心豫为来岁深虑，宜及早耕耨田亩，使蝗种为覆土所压，则其势不能复孳。设有萌孽即时驱捕，亦易为力可。传谕户部，移咨被蝗灾各地方，巡抚责令有司晓示百姓，务于今冬明春及早尽力，田亩悉行耕耨，俾来岁更无蝗患，倘或田亩不能尽耕，来岁蝗虫复起，亦须尽力驱捕，无致为灾。”这是从中央层面作出的有效应对蝗灾生发的积极举措。

康熙四十八年（1709 年）朝廷下令各地州县与卫所官员：“遇蝗蝻生发，不亲身力行扑捕，藉口临境飞来，希图谢罪者，革职拏问。该管道府、布政司使、督抚不行察访、严饬催捕者，分别降级留任。协捕官不实力协捕，以致养成羽翼，为害禾稼者，革职。州县地方遇有蝗蝻生发，不申报上司者革职。”中央从政治管理层面，要求地方加强虫害防治工作。

雍正二年（1724 年），河南巡抚石文焯针对黄河以北地方的蝗蝻，实行按斗给钱的购买法，取得了很好的效果。据说“小民图利，没处不下千余人，踊跃搜索，计日扫灭净尽”。

乾隆四年（1739 年）十一月，直隶总督孙嘉淦上奏：“直属捕蝗贫民，枵腹可悯，酌以米易蝻，凡捕蝻子一斗者，给米一斗。后因蝻小蝗大，概用米易难行，量给每夫每日钱十文、八文不等。共用过折银九千五百三十两零。查捕蝗给过钱米例销正项，但扑捕事急，用夫众多，一经定价，动支正项，恐愚民视为应得，渐至争较，转生延误。请于司库存公银拨给，并晓谕百姓，以此次钱米，系奉特恩，并非成例，庶有司得操鼓舞，小民不致观望，且所费亦不致过多，蝗蝻易于净尽。”乾隆帝对这样组织灭蝗的成效很是满意，认为“办理甚属妥协”。

乾隆五年（1740 年）九月，候补詹事李绂提出应对蝗灾的办法：“捕蝗诸法，惟埋蝗最善，凡蝗生之地，中掘深坑里许，两边用竹梢木枝惊逐。蝗性类聚，一蝗返奔，众蝗随之，并堕坑中，即行掩埋。不能复出等语。”户部等部认为其说法值得采纳，“应如所请，令各督抚转饬所属，凡有蝗之地，照法办理。”

乾隆十八（1753 年），乾隆帝颁发上谕：“嗣后州县官遇有蝗蝻，不早捕除，以致长翅飞腾，贻害田稼者，均革职拿问。著为令。”

乾隆二十四年（1759 年）十月，朝廷根据御史史茂的建议，进一步完善捕蝗事宜：“除别种类、广稽查、明赏罚，以及米易蝗子等款久经通奉遵行外，其按户出夫一款，恐地保卖富役贫，转致扰累，应无庸议。又称，蝗蝻生处，分别多寡，树立旗号，依次扑捕之处，亦在地方官实力董率，按照情形办理，不必拘泥。至所称停犁之地，宜令翻犁，并豫备各项器具，又多掘深壕，土掩火焚，并令邻封州县协捕等语。应如该御史所奏，行令各该督抚，饬地方官，如有玩视民瘼，不能早为捕灭，以致长翅飞腾，及邻封有蝗，借端推诿者，即行指名题参。至上司督捕，如有派累民间，纵役索诈者，查出照例治罪。”

乾隆三十五年（1770 年）六月，乾隆帝指出：“据窦光鼐奏，名处旗佃，应一体出夫捕蝗，已批如所请行。复思扑捕蝗孽，原以保卫田禾，非特旗佃当协力赴公，即大粮庄头，亦不应稍存歧视。”

乾隆五十七年（1792 年）八月，乾隆帝下旨：“蝗蝻蚀伤禾稼，最为民害，地方大小各官，俱应及早实力搜捕，方不致蔓延贻患，其有讳匿不报，及扑捕不力者，定例处分綦重。从前乾隆二三十年间，节经严示惩创，近因并无蝗蝻，二十余年未复降旨饬训，地方各官遂日久生懈，以致三河等处复有飞蝗伤稼之事，本应将该县及同知等即照部议，分别拏问革职，姑念此次蝗蝻，究因朕久未饬训，地方各官，亦遂玩懈所致，且伤谷不过一二分，未致大害禾稼，所有议以革职拏问之署三河县事州判陈馨洲、昌平州知州李棠、顺义县知县陆显曾；及虽经立时扑灭，不即禀报之宛平县知县马光晖、房山县知县任衔蕙、署良乡县知县汪应梿，俱著革职，免其拏问。议以革职之同知吴于宣、蒋如燕、知县王作霖、沈振鹏，俱著从宽改为革职留任。八年无过，方准开复。此系朕格外施恩，地方大小各员，嗣后务宜遵照前旨，于二三四月间，实力查察，豫为搜挖，以期保卫田禾。倘再有玩延贻误，不特不能照此次之从宽办理，并当于定例之外，加倍治罪，以示严惩。”

嘉庆五年（1880 年）十二月，为加强防治蝗灾工作，嘉庆帝告诫大臣：“本年十月以来，未经续得雪泽，直隶、山东濒水地方甚多，恐蝻子潜生，不可不先事豫防。著传谕该督抚等劝谕居民，于近水低洼处所，豫为搜掘，俾不致滋生害稼。而无业贫民，亦可将掘得蝻子，交官换易银米，藉资糊口。此事祇须地方官晓谕民人，自行搜掘，不必差派吏胥，转致纷扰滋事。”

五、河工海塘

（一）黄河河工

康熙帝执政后，鉴于黄河频频为患，下决心治理黄河，并多次南下巡视黄河等地水利，经常督告臣下：“朕听政后，以三藩及河务，漕运为三大事，书宫中柱上。”

康熙年间靳辅的治河工作，主要沿袭明代潘季驯“筑堤束水，以水攻沙”的方略，但在潘氏的基础上是有所发展的。潘季驯认为，黄河下游入海口处都是积沙，潮汐往来，人力难以施工；水力自能冲刷，故海无可浚之理，只有导河使之归海，“导河”即“浚海之策”。靳辅则对此提出了不同的看法，他认为：“广治水者必先从下流治起；下流疏通，则上流自不饱涨。”

乾隆帝也曾告诫大臣们：“河工关系民命，未深知而谬定之，庸碌者惟遵旨而谬行之，其害何可胜言哉！”

据《清史稿》记载，整个清代，与黄河治理相关的，花费超过百万以上的工程修建和决口堵筑，就多达数十项，主要包括：康熙十六年，“大修之工，用银二百五十万两”；乾隆十八年后，“以南河高邮，邵伯，车逻坝之决，拨银二百万两”；乾隆四十四年，“仪封决河之塞，拨银五百六十万两”；乾隆四十七年，“兰阳决河之塞，自例需工料外，加价至九百四十五万三千两”；嘉庆年间，“如衡工加价至七百三十万两”，嘉庆十年至十五年，南河年例岁修抢修及另案专案各项工程，“共用银四千有九十九万两”，而马家港大工尚不包含在内；嘉庆十八年河决睢州，至二十年睢工之成，“加价至三百余万两”；道光年间，东河、南河于年例岁修外，另案工程，“东河率拨一百五十余万两，南河率拨二百七十余万两”，十年之间用银达四千余万；道光六年，“拨南河王营开坝及堰，盱大堤银，合为五百一十七万两”；道光二十一年，“东河祥工拨银五百五十万两”；道光二十二年南河扬工拨六百万两”；“道光二十三年东河牟工拨五百十八万两，后又有加”；咸丰初，“丰工亦拨四百万两以上”；同治中，“山东各项工程用款二百余万两”；光绪十三年，“河南郑州大工，请拨一千二百万两”。

（二）海塘

海塘工程分布在江、浙两省的滨海一线，“所以捍御咸潮，奠民居而便耕稼也。”

实际上，清代在闽、粤一带也有相关的海塘修筑工程。康熙五十七年，广东巡抚法海上疏：“广东雷州府海康、遂溪二县有洋田万顷，逼近海潮，设有堤岸包围。因年久失修，以致海潮泛溢，侵损民田。”福建巡抚陈瑸也奏请修筑当地海塘：“海康、遂溪二县，东洋塘堤岸十七处，水闸十三处，每年用土修筑，今改用木石大工，以免随时修筑之劳，应如所请，令该抚修筑坚固。”两地的修筑请求，最后都得到了朝廷的批准。

同年，浙江巡抚朱轼亲自主持海宁县海塘的修建工作，修建时“下用木柜，外筑坦水，再开浚备塘河以防泛溢”。这样，整个工程历时两年，耗银十五万两，筑塘达九百五十八丈，坦水石坝三千零九十七丈。

康熙五十九年（1720 年）七月，工部等衙门议复福建浙江总督觉罗满保条奏浙省海塘事宜，具体内容是：“一、海宁县老盐仓北岸，东自蒲尔兜起，西至姚家堰止，共一千三百四十丈，砌筑石塘，可保护杭州、嘉兴、湖州三府民田。其沿海要害处，应筑草坝，以资抵御。一、海宁县沿海地方，俱系沙土，今沿塘新有涨沙，乘此速将石塘砌筑，将来沙土渐聚，便可拥护塘根。每塘一丈，乃大石砌作十层，共高二丈，塘面之内，培筑土塘，计高一丈，宽二丈。一、开中小亹一带淤沙，以复江海故道，则海宁土塘、石塘，可免潮水冲决。一、筑上虞县夏盖山石塘，一千七百九十丈，以防南岸潮患。一、调委经理各官，以专责成，如有怠玩误公，侵冒滋弊者，察出参处。一、请专员岁修，以保永固。其南岸绍兴府之上虞余姚，山阴，会稽，萧山，五县石塘、土塘，交绍兴府同知管理，北岸杭州府之海宁、仁和、钱塘三县石塘、土塘，将金华府同知裁去，添设杭州府海防同知一员管理。嘉兴府之海盐、平湖二县石塘、土塘，交嘉兴府同知管理。一、凡江海潮神，向登祀典者，祈皇上加赠封号、庙额，令有司春秋致祭。”这些议案，都得到了朝廷的批准。

雍正二年（1724 年）十二月，雍正帝传谕吏部尚书朱轼：“浙江沿海塘工，最为紧要，署抚石文焯，前经奏称应用石工，后又奏称不必用石，全无定见，诚恐贻误塘工。朕已谕令法海、佟吉图，作速详议具奏矣。但恐法海等初任，不谙地方情形。尔曾为浙江巡抚，必深悉事宜，著驰驿前往浙江，作何修筑之处，会同法海、佟吉图，详查定议，交与法海等修筑。朕思海塘关系民生，务要工程坚固，一劳永逸，不可吝惜钱粮。江南海塘，亦为紧要。俟浙江议定，即至苏州，会同何天培、鄂尔泰，将查勘苏松塘工，如何修筑之处，亦定议具奏。"

雍正五年（1727 年）十二月，雍正帝向内阁下发要求："吴淞石塘，当日勘估时，于海潮纡缓之处，酌量修筑土塘，盖因工程浩大，节省钱粮起见。但东南财赋之区，滩溉田亩，保聚室庐，全赖海塘捍卫，朕思海势冲激，风涛旋转难定，土塘经历年久，未免可虞，不若一例改筑石塘，为百姓万年之利。著该抚确行勘估，不得惜费省工，苟且塞责，务须坚固，永垂久远，以副朕经理海疆，爱养民命之至意。"

到雍正六年（1728 年）九月，工部等衙门议复浙江总督李卫根据雍正帝的要求所拟的江南松江海塘事宜四款："一、海塘初议建石工三千八百五十四丈，今已筑完二千四百九十丈，若尽议拆改，则人工尽弃。且从前委官，多已故罢任者，即尽法追究，仍于塘工无济。臣请就目前新筑石塘，选料换式，仿照浙江海塘，建筑坚固，将新旧接续，即有一二损伤，不难相机改补。一、土塘之附于石塘背后者，盖因石塘初筑，外当风涛，内则孤立，必培筑土塘以护之，每年应派管理之员，动支岁修款项，随时粘补，至抢筑土塘，本在石塘之外，其间高低厚薄不同，应俟农隙之时，择其低薄断续处，令沿塘居民，渐次补筑高厚。一、东湾至周公墩，张家舍至倪家路，离海甚近，俱应先为建筑。再，金山嘴老土塘，至东华家角，共六千二百余丈，原估工料不敷，应请饬令该督抚，另行委员确丈估计，至旧塘之石，坍陷水中，应捞取凑筑新塘，更为适用。一、兴举钜工，必有总理之大员，又必有分任之众职。今监督苏松太道魏观，生长北方，于海塘非所素习，请发熟谙塘工之升任京卿俞兆岳综司其事，以魏观会同稽查。再请敕下江南督抚，另于通省同知通判等官内，选择委任。管理分筑。俱应如所请。雍正帝要求依议而行，具体的海塘工程事务仍由李卫会同江南督抚稽察办理。"

乾隆元年（1736 年），乾隆帝指出："绍兴府属沿江沿海堤岸工程，停止按亩派钱，于存公项内动支兴修，著为例。"

乾隆四年（1739 年），筑浙江尖山大坝，到乾隆十六年（1751 年）改建山阴宋家溇土塘为石塘，加筑坦水。乾隆二十三年（1758

年)，又增筑镇海县海塘。

乾隆四十五年（1780 年）三月，乾隆帝下旨说："海宁州石塘工程，所以保卫沿海城郭田庐，民生攸系，从前四次亲临，指授机宜，筑塘保护，连年潮汛安澜，各工俱为稳固。今朕巡幸浙江，入疆伊始，即亲往阅视，石塘工程，尚多完好，惟绕海宁城之鱼鳞石塘内有工二十余丈，外系条石作墙，内填块石，历年久远，为潮汐冲刷，底桩霉朽，兼有裂缝蹲矬之处。又城东八里之将字号，至陈文港密字号，止有石塘工七段，约共长一百五六十丈。地当险要，塘身单薄，亦微有裂缝。此塘为全城保障，塘下坦水，所以捍护塘工，皆不可不豫为筹办。著将两处塘工均改建鱼鳞石工，俾一律坚稳，并添建坦水，以垂永久。该督抚即派妥员，确勘估计具奏。又石塘迤上，前经筑有柴塘四千二百余丈，现尚完整，究不如石塘之巩固。虽老盐仓有不可下椿为石塘之处，经朕亲见，然不可下桩处未必四千余丈皆然。朕于民瘼所系，从不惜帑省工，俾资保护。著该督抚，即将该工内柴塘，可以改建石塘之处，一并派委诚妥大员，据实逐段勘估，奏闻办理。如计今岁秋前可以办竣，即拨帑赶紧兴修。若秋间不能完竣，则竟俟秋后办理。该督抚其董率所属，悉心经画，以期工坚料实，无滥无浮，务期濒海群黎，永享安恬之福，以副朕先事豫筹至意。"

乾隆四十九年（1784 年）三月，乾隆帝指出："浙江建筑石塘，所以保障民生，关系甚重。前庚子南巡时，朕亲临阅视，指示机宜，于老盐仓旧有柴塘后一律添建石塘四千二百余丈，次第兴修，于上年七月间告竣。因其砌筑坚整，如期蒇工，原欲将该督抚及承办文武官员交部分别议叙。今抵浙后，亲临阅看，乃所办工程，不惟不应邀叙，并多未协之处。盖朕于老盐仓添建石塘，固以卫护民生，亦因浙省柴薪日益昂贵，岁修柴塘，采办薪刍，致小民日用维艰，是以建筑石工，为一劳永逸之计，庶于闾阎生计有益。然石塘既建，自应砌筑坦水，保护塘根，乃陈辉祖、王亶望，并未筹划及此，而后之督抚，亦皆置之不论。惟云柴塘必不可废，此乃受工员怂恿，为日后岁修冒销地步。况朕添建石塘，原留柴塘为重门保障，并未令拆去柴塘，前降谕旨甚明也。若如该督抚所言，复加岁修，又安用费此数百万帑金，添筑石塘为耶？又石塘之前，柴塘之后，见有沟槽一道，现有积水，并无去路，将来日积日甚，石塘根脚，势必淹浸渗漏。该督抚亦并未虑及。又石塘上有堆积土牛，甚属无谓，不过为适观起见，无当实际，设果遇异涨。又岂几尺浮土所能抵御耶？所有塘上土牛，即著填入积水沟槽之内，仍将柴塘后之土，顺坡斜做，祇需露出石塘三四层为度，并于其上栽种柳树，俾根株蟠结，塘工益资巩固。如此则石柴连为一势，即以柴塘为石塘之坦水。且今令柴塘亦时见其有坦水也。总之现在柴塘，不加岁修，二三十年可保安然无事，即如范公塘尚历多年，况此历年添建工程，更为坚实耶。至范公塘一带，亦必须一律接建石工，方于省城足资永远巩护。著自新筑石塘工止处之现做柴塘及挑水段落起，接筑至朱笔圈记处止，再接筑至乌龙庙止，亦照老盐仓一带做法，于旧有柴塘土塘后，一体添筑石塘。将沟槽填实种柳，并著拨给部库银五百万两，连从前发交各项帑银，交该督抚据实核算，分限分年，董率承办工员，实力坚筑。仍予限五年，分段从东而西，陆续修筑。俟工程全竣后，朕另行简派亲信大臣阅看收工，以期海疆永庆安恬，民生益资乐利。”要求有关部门遵谕执行。

此后江、浙地区的海塘工作一直在维续。嘉庆四年，政府组织改浙江山阴土塘为柴塘。嘉庆十三年（1808 年），改浙江萧山土岸为柴塘。嘉庆十六年（1811 年），将浙江山阴各土塘堤一律建筑柴塘，将江苏华亭土塘加筑单坝二层。到同治五年（1866 年），修筑浙江海宁鱼鳞石工 260 余丈。同治七年（1868 年），修筑江苏华亭石塘护坝。光绪三年（1877 年），修江苏宝山北石塘护土，建护塘拦水各坝，及浙江仁和、海宁鱼鳞石塘 1300 余丈。光绪十年（1884 年），修江苏昭文、华亭、宝山等处塘坝及石坦坡。光绪十二年（1886 年），修浙江海盐石塘。光绪十九年（1893 年），修筑江苏太仓石塘。

六、救灾防灾

（一）出借籽种

清朝官员张集馨认为，“水旱偏灾，出借籽口，是国家爱民之仁，所谓青黄不接，普赐春祺是也。”在灾荒时节或青黄不接之际，官府向民间出借籽种，是应对饥荒、抚平农业危机的有效举措。这些事例，在清代屡见不鲜。

例如，康熙三十九年（1700 年），河南归德地区的永城、虞城、夏邑三县有受灾地亩 1.7 万余顷，政府救灾的一大举措，就是借给贫民籽种口粮，据说“全活甚众”。

道光三年（1823 年）正月，应对各地不同的灾情，朝廷救灾方式各有差异：“贷浙江海盐、长兴二县旱灾，陕西留坝等十一厅州县雹灾水灾，甘肃静宁等十七州县地震灾，两淮板浦等九场水灾，河南武陟等十二县上年水灾籽种口粮仓谷。”

类似地，道光五年（1825 年）正月，根据各地灾情的不同，向地方出借籽种：“贷直隶文安、大城两县，河南汝阳、淮宁两县，陕甘宁羌等七州县，甘肃狄道等四十州厅县及肃州州同，庄浪等县丞所属水灾旱灾雹灾籽种口粮。”

（二）改良土壤

土壤改良主要表现在盐碱地的改造、滨江沿海沿湖地区的防灾、荒地的开发等方面。

在乾隆十四年（1749 年）一月，据闽浙总督喀尔吉善的奏报，福建宁德县东湖与海相通，湖旁地平土厚，自宋代淳祐筑堤御潮以来，引泉灌溉，得到较好的开发，良田已有万亩。但因年久堤坏，海潮入侵，致使农业废弛。当地士民向官府呈请出资修复，为此官方专门委员勘估启工，认为经数月的努力后，可以重新化斥卤为膏腴之地，“增赋虽微，民食有赖”，并且绘图呈览给朝廷。乾隆帝对此十分赞赏，批复道：“劝课农桑、兴修水利，正务本之图也。欣悦览之。”

山东临清及陵县地方，盐卤地多达 1000 余顷，地方屡年试种，不能垦复，也需要改造这个斥卤之地。

在宣统年间，宁夏满营开垦马厂荒地，先治唐渠，作为水利储蓄之区，又先后开浚新渠、湛恩渠，当地从而获得腴田约 20 万亩。

（三）改良技术与因地制宜

技术上的改良与不同环境背景下因地制宜地应对灾害，是中央至地方都很重视的方略，而且效果也比较明显。

乾隆五年（1740 年）十二月，湖北布政使严瑞龙向朝廷上奏指出："楚省高乡田地，全赖蓄水灌溉，无源之水，每易竭涸。若将旱地改为水田，其利甚溥。现在南漳、远安二县试有成效，通省自有可仿照者。"

乾隆十五年（1750 年）十一月，监察御史胡蛟龄向中央报告："徐州邳、宿，并海州赣、沭等处，皆河淮下流，而海州上承东省来源，下逼海浦，每春夏之交，横流渺弥一片，有种无收，民困已极。宜于滨河处，仿江南圩田之法，多为沟渠，使足容水。臣访闻徽州人寓居海州者，每置买田亩，周围筑堤捍水，堤内多为沟洫，安设斗门，相时蓄洩，岁获有收，成效已著。又查十一年内，高斌、尹继善议将海州一属，令地方有司劝谕居民修筑圩岸。其宿迁、桃源、安东、清河、阜宁等县，亦一例办理，数年来作何修筑，无从委悉。乞敕下督抚，查照前议，严饬实力奉行，并将作何督率推行，可于数年内续成之处。确切议奏。得旨：著高斌、黄廷桂会议具奏。寻会奏，臣黄廷桂于十四年，将修筑圩岸事宜，酌定规条，通饬奉行，并令因地酌办。兹查数年来，如海州、沭阳、安东、宿迁等处，筑圩挑沟，俱经工竣。阜宁、赣榆等处，亦经勘明建圩。其未修圩岸之处，或因地势稍高，不通水道，或因潮水往来，本系斥卤，以及湖荡容水之地，不便概筑。至桃源、清河二县，均系旱地，并无水田，其逼近河湖之处，非圩岸所能御。兼土性浮松，旋修旋坍。其海州、沭阳，上承山东来源骆马全湖之水，由六塘与沭山两河分注入海，源多流窄，容水不及，虽圩岸加筑高厚，盛涨终不免溃决。盖圩岸之制，于苏、松、常、镇农田最宜，其次则高、宝、兴、泰、山阳、盐城，行之亦有成效。应因地因时，随宜办理，虽异涨不能藉为保护，而随时修补，寻常障御，不无裨益。"

一般而言，在缺水地带，旱灾对农业生产的影响是最首要的，当然也会影响到物价的大幅度变动和经济生活中可能出现的严重危机，甚至日常饮水的困难等生活问题。

有的地方虽然种了一些耐旱的作物，像江苏川沙地区的籼稻，多在下薄田偶而种之，但数量极少。宝山地方的旱稻，“种者绝鲜”，棉花的种植是当地的首要。三十年长期关注农事的清末上海人黄宗坚就说，无春熟之地的旱地（即不种油菜、蚕豆、麦、草等），种棉最稳；而冷沙地，不怕干旱，是旱年种棉的佳地。故而高乡、旱地，经常是人们选种棉花的地方。虽然棉花种植宜于高阜地带，但只要逢到一月无雨，高乡地方苗必槁死，防旱工作又显得十分紧要了。

水乡田地与旱地对水的需求方面，本来相差就甚多。在浙江桐乡县，田地相匹，蚕桑种植利厚，东而嘉善、平湖、海盐，西而归安、乌程，俱田多地少，田忧水旱，地不忧水旱，俗语称“千日田头，一日地头”，表现了人们在田、地上相应付出的劳作和努力的巨大差异。乾隆五十年的大旱，使桐乡人清楚地看到南乡地区种烟获利几倍于稻，和北乡种稻“苗槁几尽”的惨象，开始改种烟草。

（四）赈济

按照一般的做法，灾荒发生必然要对蠲赈作一番评议，时间上，夏季勘灾上报不得过六月终，秋灾不得过九月终。原则上都限定在45天以内，将成灾轻重分数等情况，全部勘明，造册申报。如果此限后仍有被灾较重的，允许再延限20日申报。

但有的地方比较特殊，考虑到地方生产异于他处，需作特别的安排。如江苏的嘉定县等地，广种棉花，五六月间雨水时常较多，对生产不利；而八九月间，禾稻登场，晚棉刚刚结铃，最忌风雨。这两个时段灾情的产生，实际上已经过了地方上报灾情、申请蠲赈的期限。再如浙江的杭、嘉、湖盛产稻米的地区，流行种晚稻，一般要近十月底才能收获，补种的就更晚了。这样的地方，勘灾员要将被灾田亩提前勘报，补种的也按庄、圩勘实亩数，在勘报册中说明其特殊性，须等到八月底察看收成，再定受灾等级。

早在顺治十七年（1660年），清廷议准，常平仓谷春夏糶还，平价生息，务期便民，如遇到凶荒，即按数给散灾户贫民。

雍正、乾隆年间官员倪国琏“亲入村落，访问父老，皆有忧色，云：‘丰年不如凶年’，官吏以夏麦既熟，举催积欠，胥徒在门，枷锁在身，求死不得，故流民不敢归乡。臣闻之孔子曰：‘苛政猛于虎。’昔常不信，以今视之，殆有甚焉！水旱杀人，百倍于虎；而人畏催欠，又甚于水旱。百姓何由安生？朝廷仁政何由得成？”无疑，这是当时的真实景况。

附　录

附录一　人物

（一）林则徐

林则徐（1785—1850 年），字少穆，福建省侯官人。1811 年考中进士，历任江南道监察御史、河东道总督、江苏巡抚、湖广总督等职。

林则徐是嘉道时期具有丰富经世思想和卓著改革业绩的良臣干将，亦是中国从古代向近代转换过程中的一位承前启后的重要人物。他通过“科举正途”走上政治舞台后，除了操劳政务以外，治水是其一生突出政绩的重要组成部分。《畿辅水利议》是他的重要著作，是林则徐根据前人开发畿辅水利的有关议论和他本人对这些问题的看法辑成的。

浙江、上海的海塘、太湖流域等各主要河流，长江、黄河、运河，直至新疆地区，各地都留下了他治水的足迹。在治水实践中，林则徐十分重视治水技术和农业生产技术的创新和推广。他曾创造了“护滩坝”和“拦水坝”，并大力推广石工；在江南地区推广区田法及龙尾水车；在新疆推广架槽引水法、坎儿井与林公车，这些技术在当时都收到了较好的效果。他针对河工、河漕所提出的改革设想，在当时起到一定作用，未实现的构想在今天大部分也得到科学验证。他所兴修的工程也皆符合“工归实在，利济农田”的要求。林则徐这一系列旨在提高抗灾能力的措施在当时都起到了治理水患的效果，并表现出了兴革图强的进步性，符合当时社会要求。他“防重于救”的治水思想；因地制宜、水土保持、修防兼重、调查研究的治水方法，都呈现出传统不具备的新元素，在中国水利史上占有一定地位。

林则徐作为晚清一代良臣，他从救国救民的宗旨出发，继承了中国传统文化中的“民本”“重农”思想。他从“下恤民生”与“上筹国计”的紧密结合出发，希望从农业的发展上来达到富国强民。在上述思想指导下，他积极兴修水利，推广农田技术，赈灾救荒，保障农田水旱无虞，提高整体抗灾能力，从而起到防患于未然的效果。他办理荒政采取整顿灾后社会秩序、劝谕社会多方力量捐赈与鼓励灾民自救相结合、严格执行办赈章程、效仿“担粥法”、平粜米价、设立“当牛”局等一系列措施，积极有效。

道光三年（1823 年）五月，江苏全省大雨，江河横溢，泛滥成灾，淹没 30 余州县，饥民成群，饿殍遍野，惨不忍睹。一些濒于死亡的饥民被迫铤而走险，成群结队直冲官府，要求豁免钱粮租赋，发放赈济，遭到官府的拒绝和刁难。灾民迫于无奈，一哄而抢粮库，造成了民众的暴动。巡抚韩文绮等闻讯决定派兵镇压，林则徐极力劝阻，对老百姓尽可能地缩小打击面，对闹事的饥民不严加惩治。

大灾过后，林则徐关注灾民安置、恢复生产等善后工作，建议韩文绮等实行禁壅积（严禁粮食囤积居奇等投机倒把活动）；广劝募（广泛发动富绅殷产开仓施赈）；招徕商贾，免关税（鼓励外地米商到灾区售粮，免去关税）；蠲征缓赋（重灾区免本年税负，轻灾区暂缓征粮）；查贫民，赈饥者（普查灾情，及时施钱米于饥贫者）。韩文绮觉得意见可行，便立即予以采纳。他在灾区大力举办赈济，掩埋尸体，设立医药局；又推行“当牛”的办法，让农民在冬天以耕牛向官府抵借款粮，次年春天用原价赎回，既使灾民能平稳过冬，又保护了畜力。他还行文各州县人员深入乡间，逐一调查，据实上报灾情，以相应减缓征赋；又要求乡绅同官府合作，携手压低米价，救济灾民。他还微服混杂在灾民之中一起排队领粥，从粥中掺沙发现施粥官从中克扣赈粮、贪污多占的情况，当即下令革职，发配边关，并命补足灾民每人的口粮。灾民们都交口称赞林则徐为“林青天”。

林则徐在重灾面前，采取积极措施赈灾。首先，他劝谕殷产压低米价，捐献粮食，并在劝谕中，告诫他们不要“为富不仁”“而听任万人之饿殍”。要他们“稍捐家资”，使“灾民得生”。同时，还“劝谕”他们歼仓平粜，严禁囤积居奇，抬高物价，违抗者，“按例严办，以示惩儆”。

在赈灾中，林则徐还采取灵活可行的办法，招徕川、湖米商，免去他们的关税，鼓励他们贩米来苏州。由此，增加粮食来源，以防止奸商乘机操纵米行。又由于米商彼此竞争，“价不禁而自跌”，安定了人心，稳定了灾区秩序。

林则徐在采取大规模赈灾行动的同时，又鼓励灾民生产自救，“自觅生路”。他认为国家虽然愿意拯救饥民，却力量有限，即便动用全部储备粮，也难保不饿死人。他指出，抗灾救荒是全民全社会一致的行动。“在官不可不尽心，而在民不可不尽力”；只有上下一心，精诚团结，把劳动力迅速投入恢复农业上去，围圩补种，才可渡过难关。林则徐的这种将国家赈灾同灾民自救结合起来的方法，调动了社会各方面的积极性，增强了江苏全省大灾之后恢复生产的能力。更难能可贵的是办赈本是当时各级官吏中饱私囊的极好机会，而林则徐却为官清廉，一身正气。他还在办赈中极力去其流弊，讲求实效。

尽管如此，长江两岸地区的灾情仍十分严重。地主、奸商乘机囤积居奇，一些大地主带头抗拒捐赈，甚至把官府“劝捐”说成是“勒派”，暗中阻挠。致使饥荒之年，每斗米的价钱涨至六七百文；受灾农民“结队成群，沿门索讨，或名为‘坐饭’，或号曰‘并家’”，成为严重的社会问题。林则徐面对这种局势，一面发布告示警告农民，同时还采取强硬措施，“劝谕”官吏、地主捐赈。他还劝谕殷富平粜，并严禁米行、铺户囤米抬价。在此基础上，将江苏急需米粮、米粮售价的信息传递于外地米商，同时又宣布将给外商减免关税等种种方便的政策。一时，川、湘米船皆争相入苏，彼此争售，粮价因而自动下落。这种引进外粮政策，打击了本地囤积居奇的奸商，加速了江苏社会形势的进一步好转。

道光十一年（1831 年）夏季，江苏又发大水，沿江一带水灾严重，人民食不果腹，四处流亡。八月二十二日，林则徐调任江苏赈灾。他考虑到采办赈粮和勘灾的需要，决定不沿驿道由皖入苏，而是取道商邱沿黄河经徐州、清江浦而入运河，经扬州、镇江而至江宁。他在路经商邱刘家口时，采买了小麦 3 万石，乘船亲自督运顺流进苏。从清江浦入运河后，他亲自踏勘了桃源、宝应、高邮、甘泉、江都以及长江段的仪征、六合、上元、江宁等重灾区。抵江宁后，他又向两江总督陶澍建议，在江苏境内施行他于 1823 年第一次当署江宁布政使时所施行过的“倡率劝捐以周贫乏、资送流民以免羁留、收养老病以免流徙、劝收幼孩以免遗弃、劝谕业户以养佃农、殓瘗尸棺以免暴露、多设粜厂以平市价、变通煮粥以资熟食，捐给絮袄以御冬寒、劝施籽种以备种植、禁止烧锅以裕谷食、收牧牛只以备春耕”等 12 条措施，陶澍当即采纳并奏请朝廷同意后紧急颁布施行。

道光十一年（1831 年）十月，江南灾区刚刚安定，林则徐由钦差、工部尚书朱士彦推荐，奉命专管灾情最严重的江北赈抚事宜。

道光十三年（1833 午）夏秋之交，江淮一带暴发了特大水灾，沿江府县十之七八被江水淹没。林则徐见状，准备向道光帝奏报，请求缓征江南漕赋，拨发赈银。但此时已大大超出了报告秋灾请求缓征漕赋的时间。十一月十三日，林则徐决定不顾报秋灾限期成例和朝旨责难，单独密奏《江苏阴雨连绵田稻歉收情形片》，力陈江苏连年灾歉之重、钱漕之累、社会之不稳定。洋洋数千言，为民请命，坚决请求缓征受灾地区的漕赋。道光帝根据密奏通盘考虑，最终同意了林、陶的意见。

在紧急救灾后，林则徐即着手办赈，他大力剔除弊端，设立义仓，储藏义米，以储粮赈灾。当地生员也被动员起来参加赈灾工作，利用这些未沾染官场恶习的士子来办赈，不仅可以杜绝胥吏的舞弊，还可以使这些读书人在实践中增长阅历和才干。此外，林则徐还动员灾民开展生产自救，极力动员逃荒在外的灾民尽早返回家园，排除积水，因地制宜，因时制宜，补种蔬菜、庄稼，以求恢复和发展农业生产。林则徐在赈灾过程中还采取“以工代赈”的办法，帮助灾民度过灾期。具体的办法是，灾民可参加兴修水利的劳动，自食其力，丧失劳动能力的人，则从工程办事费中拨款赈济。

林则徐通过上述种种措施，安抚灾民。用减征缓赋、放赈济贫等措施来帮助灾民渡过难关，使灾区秩序迅速恢复。

（二）余治

余治（1809—1874 年），近代著名慈善家、戏曲作家。常州府无锡县青城乡浮舟村人，字翼廷，号莲村，一号晦斋，又号寄云山人、庶几堂主人。为了推动慈善活动的展开，余治还办义学、编劝善剧，劝人为善。余治一生著述颇丰，除劝善方面外，他在教育、戏曲方面的成就也为其在教育史和戏剧史上留下了一席之地。

1840年江南大水后，余治开始积极参与乡村的慈善事务，并逐步为江南慈善界同人所认同。道光二十年（1840年）夏，江南发生水灾，芙蓉圩、杨家圩等地灾情严重，余治立即向地方官员报告灾情，请求赈济抚恤。但由于官方救灾体系的运作缺乏灵活性，官方的反应显得僵硬，对严峻的灾情显得很无力，无法有效协助灾民。第二年（1841年）春天，余治决定直接展开灾后救济。但由于当时自身的经济能力，他与本县北七房镇华廷黻取得联系，决定以开设粥店作为赈灾的主要方式，针对官赈的弊端，余治还提出改进之道，即成立粥店。同时将设粥厂的经验汇集成册，著成《劝开粥店说》和《粥店十便说》，并刊刻林则徐的《担粥说》以协助募赈，这是余治首度撰写刊刻劝善文章，也标志着他正式投入赈灾活动。此后余治行善的美名逐渐传开，当地及周边地区善人开始纷纷与之频繁接触，交流中共同开展慈善活动。同年，《得一录》编撰完成，标志着余治慈善救济思想体系的成熟。《得一录》的命名取自“得一善则拳拳服膺”之意，这是余治著作流传最广的善书，此书汇集古今善举章程而成，是一部善举章程资料集。其中，余治关注最多的莫过于赈灾、保婴、义学、乡约、劝善剧。道光二十九年（1849年），常州府各县又遭水患。无锡县随即沿袭施粥赈济之法，各城乡绅民遂开设粥店，结果煮粥花费六万余钱，救活灾民数十万人。常州官府看到施粥法效果明显，于是在属地推广余治的粥店赈灾做法。不论是募款赈灾，还是居中协调、幕后策划，余治在当时都发挥了重要作用。

针对水灾为患，余治除了在灾后赈济灾民，还筹款筑堤。道光二十八年（1848年），夏秋之交，“江水骤溢，江阴寿兴沙被潮泛漫”。到了秋天，余治前往该地办赈，并募款数万缗。除办赈之外，余治还展开筑堤，并在隔年春天，仍前往各圩埭巡视筑堤工事。

在赈济过程中，余治还开创了以绘图方式募资助赈——即为绘制“铁泪图”，这种方式在往后的多次赈灾中得到传承和推广。道光二十九年（1849年）夏天，苏州、常州地区发生水灾，余治绘制《水淹铁泪图》二十四帧，以募资助赈。同治三年（1864 年），为了让未受太平军袭扰的江北地区共同投入江南地区的善后工作，余治再次绘制《江南铁泪图》四十二帧，赴江北募赈。

在各种专门性救济事业中，余治最为关心的是儿童救济，为此他投入很大精力来推广保婴会。道光二十三年（1843 年），余治在故乡无锡青城乡创立保婴会。针对当时育婴堂的弊病，余治对育婴堂的做法加以改进，他的想法是："育婴堂既不能强之必送，而救援之法穷矣，穷则宜变，变则可通，此酌助贫户之法，所以为救婴最上法门。"保婴会的做法简便易行，"用酌助钱米一法，令其自养，以补育婴堂之所不及，集成一会，名曰保婴。凡乡里有生育男女，果系极贫而不能留养者，局中例给钱米半年，令其暂养，如万不能养，再为设法安置，或代送婴堂。"保婴一法，在救济婴孩方面效果显著。

余治在保婴方面的做法或采取的措施还有一大亮点，那就是针对贫家母婴的恤产保婴法。道光二十八年（1848 年），江阴县寿兴沙"被潮泛漫，田庐淹没，其地人民救死扶伤谋生不给，凡有生育，往往淹毙，男孩亦所不免"。余治将保婴与赈灾结合起来，在当地倡立"恤产保婴会"。其做法是"以出钱一千四百文为一会。每遇贫户生产，例给棉衣裤各一件，五升钱百文，第二月给三百文，以四月为度，约计钱一千四百文为一会"。

于是"贫民既因有所助而乐于留养，婴孩更得依所生而易于保全。即在产妇得此一助，更可安心调摄，亦不致以强起操作"。此举从经济上解决了贫家产妇的后顾之忧，救得母婴两命。

相较育婴堂，保婴会模式成效显著，因此得到效仿和推广。道光二十七年（1847 年），江苏巡抚以余治所著《保婴章程》要求江苏、安徽辖境各县照办。浙江巡抚也要求在浙江、福建境内推广成立保婴会的做法。正是在余治的大力推动下，保婴会制度于数年之间即扩散到了江南许多地区，这对"江南育婴事业圈"的形成起到了极大的促进作用。

（三）曾国荃

曾国荃（1824—1890 年），字沅甫，号叔纯，曾国藩之九弟，湖南湘乡（今双峰县荷叶镇）人，晚清湘军重要将领，历任陕西巡抚、河东河道总督、山西巡抚、陕甘总督、两广总督、礼部尚书、两江总督兼通商事务大臣，1890 年卒于任所，谥“忠襄”。光绪二年（1876 年）调山西巡抚，三年初到任。

曾国荃实际到任时，正值“丁戊奇荒”发生之时，山西大旱已有两年。曾国荃在光绪三年（1877 年）二月自长沙启程，四月抵达太原，开始督办赈灾安抚工作。当路经山西各州县时，他目睹了灾荒的惨状，“饥民已遍山谷”。到达省城后进一步了解了灾情的严重性，太原、汾州、平阳、蒲州四府，解、绛、霍、隰四州灾情更重。南路旱灾绝收，北路忻、代、保德三州，大同、朔平、宁武三府少有收成。当时山西已开仓放赈，但饥民日以万计增长，仓谷很快不敷散放。

面对 80 多个受灾州县、600 多万饥民，更加上不知何时才能停止肆虐的干旱，对于曾国荃来说，当务之急只有四个字——“救人活命”。他在到任后首先开仓放粮救济灾民，但本就虚空的府库很快告罄。由于晋省灾区太广，赈费严重不足，曾国荃在陈明灾情，力请朝廷尽可能地划拨钱粮以济灾民的同时，又积极鼓动朝廷仿照天津、福建赈饥成案为晋省劝办捐输，以资接济。光绪三年（1877 年）六月二十九日曾国荃上奏，以灾歉情形迫不得已，赈数又不敷需用为由，拟仿照天津上年赈饥成案，饬发虚衔实职空白实收执照 2000 张，劝办赈捐。之后，山西赈捐局在天津设立，由丁寿昌、黎兆棠署理。曾国荃又将空白执照 2000 张留 600 张于山西，其余分给直隶、安徽、江苏、江西、四川、浙江、两湖、两广等 10 省，分别劝捐。这样，山西赈捐工作在国内全面展开，广泛筹集赈资。当期赈捐限将近时，曾国荃又奏请推广捐输再予以展限一年，又得旨允行。后又会同阎敬铭奏请在河东一带设立推广新捐分局，也得到允准。直到光绪五年（1879 年）二月，晋赈捐输方才遵旨一律停止。曾国荃还积极联络李鸿章、丁日昌等洋务派官员，调派及筹借钱粮，于富庶省份募集资金。由于华北普遍遭灾，难以依仗陕、豫两省，户部不得不将南方运往北方的部分漕粮调拨山西赈灾，粗略估计共调拨漕粮 70 余万石。与此同时，山西地方政府于全国各处买粮，得粮食 47 万多石。

通过曾国荃的积极沟通和请求，得到了朝廷的重视和支持，大略统计，赈灾期间，清政府向山西累计划拨各类款项328万两余，调拨各类漕粮48万余石。同时，在朝廷的支持和各方大员的努力下，逐步推行省内外捐输，多方募集赈灾救济钱粮，最终汇成巨款，为山西灾荒救治，度过荒年提供了重要保障。其中外省捐输银约900万两，捐粮48700余石，捐棉衣25000余件，捐马牛1200余匹（只）；本省捐输银257万余两，捐钱274670千，捐粮1万余石。

曾国荃还采取相对更加现代的赈灾举措——向社会募捐，全国几乎所有省份都为赈济山西捐献银两，甚至海外华侨和西方教会及在华传教士也慷慨解囊。截至1878年8月，先后收到京外各省捐“银十万一千二百七十八两，粮一千五百石”。当时山西与外省交通困难，用于运输的人力、畜力等也异常匮乏，曾国荃动用各种关系建立了一套畅通的运粮路网，使筹到的钱粮得以顺利运回山西，赈恤饥民。除此之外，他还积极推行以工代赈，组织灾民修整河道，以保存人力畜力，以备农耕。

曾国荃一方面广集钱粮，购买粮食，赈济饥民；另一方面竭力向清廷奏述山西灾情的严峻及民众存在的困难，以期能够减免或缓交各种军饷、京饷及应缴朝廷的各项钱粮杂税。他不断上奏介绍山西的灾情、赈务等情况，希望得到朝廷更多的关注和援手。依据《曾忠襄公奏议》大略统计，曾国荃从光绪三年四月二十三日主政山西，到光绪六年六月二十四日离任，四年多时间，大约向朝廷上了140道奏折，18个专片，80个附片。除零星几道奏片外，几乎均与山西当时的饥荒有关，涉及减缓各类饷需支出、增加赈济款项、蠲缓钱粮、灾荒情形及救治办法和善后事宜等关键性问题。《山西通志》记载，巨旱之下各州县每年的上忙、下忙钱粮，土盐税银等均予减免或缓征，1877年以前历次民借仓谷也一律免还，甚至将部分重灾区如永济、解州等11州县1880年、1881年两年的旱地地丁钱粮蠲免，大大缓解了民众的负担。

针对灾民流亡形成的流民，曾国荃开设粥厂以迅速有效进行救济。山西各地分设粥厂煮粥，太原设三家，分别设在大南门外的骆驼厂、北门外的十方院、新甫门外的郝庄。曾国荃认为赈济灾民，安抚人心最为重要，因此他奏请设立“恤寒公所”，对不能到粥厂领食的残疾人进行救济，还在省城设立收养公局，收留孤儿，同时筹款购地掩埋暴露在荒野的尸体。与此对应，他认为对于造谣生事寻衅祸民的人应该“随时惩创”，因而他命令地方官严查散布流言、匿名揭帖、聚党生事之人，并严办卖儿鬻女及游勇偷盗等案件。

除了上述面对灾害及饥荒直接采取的应对措施外，曾国荃还从灾荒的成因角度着手，提出严禁鸦片、整顿吏治、休养生息和重拾教化，期望从根本上加强和提高山西的防灾备荒能力。

总之，曾国荃起初虽不愿意在山西任职，但是赴任后，他全力以赴带领各地官绅赈救山西饥民，作出了巨大的贡献。他上任后，对上展开了积极的沟通，对下采取了一系列行动，以个人在清王朝的卓越功勋和庞大的湘系关系网，为山西争取了尽可能多的资源。当时民间对他的政策主张和行为也表示了认同，有的为他专门建“生祠”，有的为他立“德政碑”，还有的亲切称他为“曾佛”。而朝廷也因其“筹办赈抚善后诸务尤能不遗余力，俾地方得以又安”，给予了赞许。

（四）李金镛

李金镛（1835—1890 年），字秋亭，号翼御，江苏无锡人。少时务农，不久赴沪经商，他将经商所得常用于救灾及家乡公益事业。1876—1879 年，他因多次倡导义捐赈灾，安抚各地灾民，被提升为知府。1882 年，吉林将军铭安很赏识他的才华，向上奏请，留他在吉林府任事，并让他担任了第一任知府。1883 年，李金镛代理长春厅通判。1887 年，由李鸿章推荐，李金镛从吉林被调往黑龙江筹建漠河金矿。从此，他把毕生的心血全部献给了这片“北极之地”，后人称他为“黄金之路辟路人”。

光绪初年，“丁戊奇荒”发生。江南士绅募集巨款，跨境赴华北赈灾，是为晚清义赈。李金镛是这批士绅中的代表性人物。他先后在苏北、山东和直隶主持赈务，对晚清义赈的兴起与发展起了重要的推动作用。

李金镛走上赈灾之路与他青少年时期成长的环境有关。李金镛的父亲李廷发虽为商人，亦“以信义力善称于时”。李廷发从小便注意培养儿子与人为善的品格，并鼓励和引导他参加各种慈善救灾活动。李金镛是同县余治的弟子。余治是无锡著名的慈善家，被誉为“江南第一善人”。他一生以著述善书，劝人行善为职志，大凡清代后期的慈善代表人物均与他有所关联。李金镛为余治的得意门生，自然更深受其影响。他在苏北赈灾期间所制定的《海州查赈章程》，便自称是师法余治。

在参与光绪初年华北赈灾之前，李金镛已经是“乡邑善士”了，并且时有善举。咸丰三年（1853 年）始，金陵一带时有清军与太平军之战事发生，生灵涂炭，造成大量难民。咸丰六年（1856 年），年仅 21 岁的李金镛奉父命随谢元庆在金陵一带收养难民，并深得其赏识。谢元庆对他的老师余治说：“秋亭大帅才，毋以乡邑善士目之。”咸丰十年（1860 年），李金镛随淮军在苏、常一带与太平军激战。战后，李金镛见“疮痍未复，乡野耕织之具，荡焉靡存”，便“措资购置，广为分给。复设清节、保婴局、施棺局以安恤之”。除此之外，李金镛在随父经商时，曾将经营所得，大部分回报社会，用于赈灾济贫和兴办社会公益、慈善事业。

自光绪二年（1876 年）起，苏北海州、沭阳一带“旱蝗为灾”，“饥民扶老携幼，拥塞道途”。“初冬时灾民纷纷南下，流离失所，惨不胜言。”灾民离境觅食者“不下二十万人”。苏北灾民由于地缘关系流亡到南京、常州、苏州、上海等地觅食。常州士绅在当地设厂留养难民。李金镛即参与其中，“备寒衣赈给之”。他有感于老幼灾黎行动不便，不能出走觅食，便萌发携款赴灾区放赈之念。然而跨境赈灾，毕竟道途艰险，且需款甚巨，为个人能力所不逮。于是先赴上海会商江云泉、胡雪岩、周味六、顾容斋诸绅。众绅认为赴江北赈灾很有必要，并各输巨款，委托他与金苕人携款往灾区散放。李金镛一行携赈银 13 万，于光绪二年十二月十三日（1877 年 1 月 26 日）抵达此次赈灾的第一站沭阳。在查赈的过程中，李金镛等一反官赈之方法，与放赈同人分赴各乡，随查随放，效果非常好。至海州查赈时，李金镛将这种查赈方法加以总结与完善，形成《海州查赈章程》，并公之于众，从此奠定了晚清义赈活动的基本准则。除了发放赈款之外，李金镛等还采取以工代赈之法，大兴水利。

光绪三年四月（1877年5月）间，李金镛由赣出苏北，至山东青州赈灾。李金镛等赈绩斐然。“统计临朐、寿光、益都、昌乐、乐安五县，共赈二十六万口，经费十五万串。”李金镛在青州赈灾期间与义赈同人筹建了青州同善堂，是华北地区第一个综合类善堂。青州同善堂的设立开义赈同人在华北设立善堂善会之先声。至光绪四年（1878年）初，李金镛等主持的山东赈务基本结束。

光绪四年（1878年）暮春，李金镛“亲带司事数十人”，“航海抵津”。李金镛抵津后即奉李鸿章之命，与道员吴大潋、盛宣怀驰赴灾区（河间府属各地），会督地方官绅分投查办。李金镛先是主持办理了阜城、景州、东光、故城、武邑赈务。因永定河漫口，又奉李鸿章之命赴被水之永清、东安、武清办理抚恤。恰逢故城、安平又续遭水灾，李金镛又向苏省士绅劝捐赈款，并与义赈同人同赴灾区查放。为了收到更好的赈灾效果，李金镛积极推行以工代赈，于光绪五年（1879年）春筑成任邱千里堤。同时，为了预防将来灾害再次为患，他还在赈灾过程中，劝绅民开井积谷，以备凶荒。在直隶期间，李金镛赈灾成绩突出：“集捐至六万馀两之多，放赈至九州县之广，出力至十月馀之久。自备薪水盘费，不动公项丝毫，赈款涓滴归公，灾黎成沾实惠。”

直隶赈务结束后，李金镛又另行筹劝巨费，于天津创设广仁堂。广仁堂不但是光绪初年义赈期间江南士绅在华北地区办得最为成功的例子，而且其模式后来被盛宣怀在华北地区推广，形成了一个“广仁堂系列”。广仁堂初设津郡东门外南斜街，后改建西门外太平庄，盖屋280余间，分设敬节、蒙养慈幼、工艺、力田、戒烟等六所，并收恤灾区妇女。六所均分别妥定章程以为久远，主旨为收养天津、河间二郡所属孤寡之无依无靠者。收养的具体办法是：男孩上等资质，立义学以教诗书；中等资质，雇梓人教以宋字刊印，余如修发、制衣，皆可因材施教；下等资质，试种桑棉蔬稻及区田、代田之属，觅浙江老农教以种法。该善堂最大的特色就是“于读书、农工加之意焉，务俾一人有一人之事，渐冀自能谋生”，也就是我们今天所说的教养并重，身心兼救。

（五）经元善

经元善（1841—1903 年），清末浙江上虞人，字莲珊，一作莲山，号居易子、居易居士，晚号剡溪聋叟，笔名有沪滨呆子等。初于上海经商，好善举。父经纬是上海富商，因接济军饷功，清廷授主事加员外郎衔。

经元善从 1878 年开始参与赈济“丁戊奇荒”，组织社会力量办义赈，以后又接连办理过河南、安徽、江苏、浙江、山东、奉天、顺天、直隶等几次重大的义赈，历十余年，先后“募款达数百万，传旨嘉奖十余次”。甲午战后，他又关注晚清公益事业的发展，创办了中国第一个女堂学校，开女子教育之先河，设“农工学堂”和“劝善看报会”，试图从开启民智，提高国民素质方面达到救亡图存的目的。他十几年如一日，呕心沥血，淡泊名利，将一生中的黄金岁月都献给了晚清慈善事业。他以自己的高尚人格和宗教徒般的虔诚，使晚清义赈以高效、廉洁的新形象出现在世人面前。在十几年的慈善实践中，经元善形成了独具特色的慈善思想和主张。

在赈灾的组织方式上，经元善在以往的基础上有所发展。其中最为引人瞩目的新举措，就是联合一部分绅商设立了新型民间赈灾机构。“丁戊奇荒”发生时，经元善与瞿世仁等人成立“上海公济同人会”，专办豫赈，募捐善款解救灾民。1878 年，为了专心筹赈，不久他又毅然停歇了祖业仁元钱庄，在原地创设上海协赈公所，联合苏杭等地的绅商，举办赈事。该公所的赈捐代收处除设在上海之外，还先后分设于国内许多城市以及海外的旧金山、横滨、长崎等 21 处，实际上是影响及于海外的全国性民间赈灾机构。一时间，上海协赈公所成为赈济光绪初年华北大旱灾的重要机构和社会力量，它是上海绅商义赈秦、晋、豫、直各灾的常务机构。至此，经元善已成为上海绅商义赈活动的实际领袖。他不仅率先垂范，捐金千两，而且接连撰文劝捐，在

《申报》上屡屡刊载《急劝四省赈捐启》等启事。自 1878 年 5 月至 1879 年底止，由上海协赈公所解往直隶、河南、陕西、山西四省灾区的赈款，共计 470763 两。这种由民间自设机构领导一方民众进行义赈活动的方式，不仅在上海未曾有过，而且在全国亦属首倡。它的出现使义赈活动增强了组织性和计划性，克服了某些弊端，也扩大了义赈的规模和作用。

经元善自 1877 年冬发起募捐救济豫灾，与一般慈善团体从事的慈善活动有所不同。传统的慈善团体又称善堂，大都以施粥、施衣、施棺为主，救济的对象也是本地或本籍的灾民。但经元善倡导的赈灾义举从一开始就是跨越省区的行动，在经元善看来赈灾义举不单纯是救他省灾民之急，而且对于本地民众同样也有利无弊。

1879—1880 年，直隶连续遭受水灾后，经元善及其同僚也把赈济的重心由赈晋转为赈直，在《申报》等报刊上多次发布赈济启事，号召“慈善仁义之士”广为施赈。经元善等慈善家从 1879—1880 年，不到两年的时间，即解往直隶灾区银 20 余万两。

经元善及其同僚为了尽可能地减轻直隶百姓因灾荒造成的痛苦，作了最大的努力，弥补了政府荒政的不足。而且在义赈活动中体现的一些特点同传统荒政相比，也给人耳目一新的感觉。他们在义赈过程中，根据实际情况确定赈济范围，募款、司账、押运、放赈都有专人负责；每月收解款项逐笔登报公布，使贪污中饱之事难以发生；众事后还要刊印信录，以昭核实，因而极少出现账目混乱和贪污挪用的现象。这与账目不清，贪污挪用成风的官赈局形成了鲜明的对比。

经元善的义赈活动与一般的义赈活动有所不同，他不仅从事于收捐放款事务，而且注重于实地调查，考察灾源，兴修水利，希望从根本上消除灾源。这次赈直期间充分体现了这一特点。1880 年 5 月他赴雄县放赈，这是他亲赴灾区放赈的唯一一次，至 7 月份晤见李鸿章，汇报赈灾事务。其间虽只两个月左右，他却充分利用了这一机会，对直隶的地理舆情、致灾原因作了不少实地考察和访问，他对直隶的主干河道进行了调查。寻原溯委，条分缕析，并据此提出直隶治河代赈说。他的思想体现在所撰《述北直水利书》和《畿辅水利专务堤工似利实害说》，他认为要彻底解决直隶水患，就必须要改变以往治标不治本的方法，“惟有广开新河，宣泄积涝，排决归路。堤则筑而永固，水虽大而易消，脉络贯通，害除则利自兴也。”这种改放赈为治河的主张，得到了有识之士的认同，称赞这是一劳永逸之策。

1883 年，经元善领导的上海电报局整合了当时全国主要的义赈力量，使上海成为全国义赈的领导中心。在其系统内也推行了现代化的科学管理体制，再加上其有全国性的电报分支机构等，这些都使陈家木桥金州矿务局东赈公所具备了筹建全国性筹赈网络的能力。到 11 月中旬，经元善领导的上海陈家木桥矿局赈所又与苏州电报局下辖的筹赈分支机构相联合，其筹赈网络更加完善。至此，义赈组织网络化的筹赈分支机构基本建成。

（六）郑观应

郑观应（1842—1922 年），原名官应，字正翔，号陶斋，别号杞忧生、慕雍山人、罗浮待鹤山人等，广东香山（今广东省中山市）人。咸丰八年（1858 年）到上海学商。由徐润等介绍，先后在英商宝顺洋行、太古轮船公司任买办。历任上海电报局总办，轮船招商局帮办、总办。郑观应是中国近代最具影响力之一的理论家、思想家、教育家、实业家和慈善家，著有《救时揭要》《易言》《盛世危言》《盛世危言后编》。纵观郑氏的一生，他不仅从事于商业、外交等方面的工作，而且也有主持过各省赈务，从事过社会保障救济工作的经历。

1875—1878 年，“丁戊奇荒”席卷中国大地，全国多省地区受灾。灾情发生后，郑观应与家人义无反顾地投入救灾行列中，其父在家乡捐资以解燃眉之急，而郑观应则在上海筹捐赈灾以备长时之需。郑观应在上海筹捐过程中，广泛团结善士以积蓄力量。自 1877 年起，便与经元善、严作霖、谢家福等人在上海办筹赈公所，竭尽全力以谋赈灾伟业。

灾荒过后，他积极反思如何防灾备荒。在其《论治旱》一文中，他就明确地表明了该观点：“与其遇患而始图补救，何如未事而预切绸缪。”郑观应直面当时水旱灾害频仍的现实，深入农业生产第一线，总结经验，认为兴修水利是解决水灾的根本之法，提倡夹河筑堤、沿堤植树，运用西方机械挖走河中淤泥，是为“水灾一劳永逸之法”。

而对于治理旱灾，郑观应认为，广开沟洫和种植树木是解决旱灾“治本”之法。除从自然环境的角度入手来解决水旱灾害的问题外，他还建议在社会内部建立稳固的备荒机制，从根本上增强人民抵抗灾害的能力。具体主张有以下几方面：第一，在发展商业的基础上注重农业生产。郑观应认为：“以农为经，以商业为纬，本末备具，巨细毕赅，是即强兵富国之先声，治国平天下之枢纽也。”提倡引入现代化的农业生产方式，介绍促进农作物生长所需的肥料获取途径及使用方法，改良农作物品种。第二，借鉴西方储蓄信贷制度，鼓励民众储蓄闲钱，以备不时之需。郑观应建议设立农社和平民银行，“百文以上既可寄存，锱铢之微亦能起息。”百姓还可以通过贷款缓解购买农业生产原料的资金压力。第三，推崇德、法等国的灾害保险制度，筹备农业保险，减轻农民单纯承受灾害的压力。通过以上措施，来实现“损害分担，荒歉无忧”。

在此基础上，郑观应主张构建符合近代中国国情的社会福利保障体系，以官绅合力、以工代赈等多元化方式筹资，设立慈善机构。郑观应认为自然灾害固然有其难以控制的地方，但事先预防和事后治理还是能降低它的危害性。他主张防灾、救灾并举，这种认识形成了他关于赈灾思想的核心。在从事慈善事业的实践中，他吸收了西方的教养结合、以教为主的慈善理念，主张变革传统，适应时代需求，从而丰富、发展和充实了自己的慈善思想。对于灾民的救助，郑观应认为最根本的方法是“教养兼施”。政府除了国家财政给以赈济外，还要组织社会力量参与，以便灾民能在短期内渡过难关。他主张设立栖流所，“荐举能员立为总办，广置田产，大屋千门，收无赖乞人”，在栖流所里，教给灾民一些耕作与织布等技术。

郑观应特别提倡以工代赈这种新型的赈灾方式，他认为“水旱荒灾以工代赈，庶免颠沛流离，一夫失所”。以工代赈并非他首先提出来的，但他把以工代赈提到了前所未有的高度，放在救亡图存的重要地位。他认为，要挽救国家于动乱，就必须从根本入手。其治本之法，就在于“政治改良，百艺俱兴，以工代赈，令饥民得食是也”。郑观应主张要大力组织灾民自救，如修建堤防、植树造林等，使灾民获得生存的经济或粮食补助。

郑观应强调发展实业以促进慈善事业，这既与传统慈善思想有重要区别，也体现了其慈善思想的先进性。郑观应强调发展实业的主张主要有：一是大力发展铁路建设，提高救济事业效率；二是发展近代民族保险业，认为保险业的发展会一举数得，即增加民族工商业的发展规模、增强农民防御自然灾害的能力，使其荒歉无忧；三是提出开沟洫、植树造林的先进主张，认为这是预防灾害之根本。四是积极主张将电报运用到慈善事业之中，通过电报及时了解灾情，指挥救灾。

（七）盛宣怀

盛宣怀（1844—1916 年），清末民初江苏武进（今常州）人，字杏荪，又字幼勖，号次沂，又号愚斋、止叟，清末政治家、企业家和福利事业家。他乐善好施，以赈灾为己任，前后从事大小赈灾 60 余次，为晚清和民初的赈灾事业作出了巨大贡献。

同治十年（1871 年），畿辅大水成灾，其父盛康倡捐棉衣、赈米，命盛宣怀至淮河南北劝募集资，购买米粮，由上海运往天津散发，这是盛宣怀办理赈务之始。盛宣怀从事赈灾活动前后达 46 年之久，参与和组织的大小赈务达 63 次之多。有时，一次赈灾历时数年，如光绪初年的江苏灾赈长达 3 年。有时，一年数赈。在宣统元年（1909 年），赈灾达 5 次之多。盛宣怀的赈灾活动由地方到全国，从天津直隶筹赈局从事赈务、山东登莱青兵备道任上参与山东赈抚总烟台分局赈务、津海关道任上从事赈务到担负起全国范围的赈灾工作，包括河北、湖北、江苏、山西、天津、山东、辽宁、浙江、安徽、湖南、四川、陕西、江西、云南、广东、甘肃、黑龙江、上海等 18 个省市。

盛宣怀在赈灾活动中，曾捐巨资并创办了许多慈善机构救济灾民。光绪元年（1875 年）十一月，捐赈银 2000 两。光绪十九年（1893 年）三月，捐助广仁堂银 200 两。光绪二十年（1894 年）十月，捐助京部资善堂银200两。光绪三十四年（1908年）三月，捐助广仁堂银总计2160两、大洋400元。宣统元年（1909年）元月，捐助甘肃兰州府七属旱灾义赈银5000两。在他的带动下，其亲属也踊跃为灾民捐款捐物。盛宣怀临终前还遗嘱建立愚斋义庄慈善基金董事会，以财产的十分之四用于赈灾济贫等慈善事业。盛宣怀还发起建立了许多慈善机构。光绪五年（1879年），在天津赈灾期间，建广仁堂，留养孤嫠，并设戒烟局，民间戒除者达万人。广仁堂在以后数十年的赈灾活动中发挥了很大作用。光绪三十四年（1908年），创办了圆义庄。后来，建立贫儿院，“拟教养数百贫孤以工艺为养生计”。以上这些活动，对救济灾民、稳定民心、缓和社会矛盾及恢复生产起了积极的作用。

盛宣怀组织和参加的数十次赈灾活动，有官赈，有义赈，也有官义合赈。晚清自然灾害严重，而官赈弊端丛生，于是义赈兴起。义赈是一种“民捐民办”的赈灾方式，兴起于光绪初年，由民间自行组织劝赈、自行募集经费，并自行向灾民直接散放救灾物资。它不仅广集社会资财，补充了政府财力不足，又可避免官赈的种种弊病，能使实惠真正落到灾民身上。

在盛宣怀生平的赈灾经历中，光绪四年（1878年）是一个十分重要的年份。那一年，正值“丁戊奇荒”发生之时，他参与直隶河间府的赈灾活动，目睹“官赈”之“无弊不作”，遂提倡“义赈”，并带头捐款，得到李鸿章的首肯。光绪三十二年（1906年），湖南、徐淮海地区和安徽北部发生水灾，而“官赈凭册摊派，或滥或遗，非救人救彻之道”，于是，盛宣怀提出冬春两赈官义合办，并制定了被奉为救荒“金科玉律”的义赈办法十八条。

盛宣怀主张救荒不仅要治标，还要治本，提出了标本兼治的救荒方略。光绪二十三年（1897年）春，盛宣怀针对逃亡归来的数十万灾民，制定了“治标四策”：“一曰借给麦种，使补春耕；二曰多粜杂粮，以轻市价；三曰就近办公，俾壮丁得食；四曰设借钱局，以田作押，轻息宽期，俾可后续。”宣统二年（1910年），江鄂连年发生灾荒，他提出了“筹工、抚平粜、当田”的治标之计和“重农产、广种植、疏水道”的治本之策。

光绪十七年（1891 年）在治理山东小清河工程时，盛宣怀倡议“以工代赈”，让灾民参加河工建设，一方面兴修了水利，另一方面用筹得的赈款以工资形式发给灾民，一举两得，后人多为仿效。

盛宣怀以“救荒如救焚拯溺”之心从事赈灾，并置个人安危于不顾。光绪四年（1878 年），盛宣怀在直隶河间府赈灾期间，“每躬自巡行屯落，风日徒步，按户抽查。在东光县某乡，竟至露宿终夜”，从而患上了终生未愈的喘疾，并且日后时常发作。在光绪十五年至十七年（1889—1891 年），整治山东小清河期间，他“往往累月驻工或亲行履勘，风日不避，尝从羊角沟棹小舟出海，遇暴风雨雹，舟几覆，衣覆尽濡，饱受寒湿返署，而喘乃大作，由是遘寒辄发，过劳亦发，根株不可拨矣”。正是这样，盛宣怀为赈灾积劳成疾以致带病筹赈，想到灾民惨象竟忘记自身病痛，临终前还筹备赈需，灾黎饥溺如同身受，赈灾之心难能可贵。

盛宣怀晚年寓居上海，他主持的赈灾活动主要在上海进行。由于盛宣怀巨大的影响力和号召力，当时的重大赈灾活动几乎都要请他出面组织。例如光绪三十二年（1906 年）十月，他在上海参加了近代著名赈灾机构“华洋义赈会”，任副会长。1904 年春，日俄战争在中国东北地区爆发，东北地区的同胞陷于残酷的战火之中。为了救助东三省的无辜百姓逃出战火的摧残，以沈敦和为首的上海绅商紧急筹划建立上海万国红十字会，盛宣怀担任该机构中国方面的总董，积极筹划救护灾民之事。上海万国红十字会成立后，为了方便救护难民，在靠近东北的地区设立分会，开展战地救护、难民安置、生产赈济等活动，救助了大量灾民和士兵。日俄战事结束后，上海万国红十字会完成了它的使命，予以停办。1907 年，盛宣怀与商约大臣吕海寰会奏，力请创设中国红十字会，得到清政府的批准。1910 年 2 月 27 日，清政府颁布中国红十字会试办章程，任命盛宣怀为中国第一任红十字会会长。中国红十字会成立后，秉承“救伤扶困，悲天悯人”的人道主义精神，在战地救护、难民安置、培养医护人员、防治疫灾以及接受国际援助等方面发挥了巨大作用。

（八）谢家福

谢家福（1847—1896 年），字绥之，号望炊，晚年号锐庵，苏州府吴县人，出身于书香门第，年轻时又接受了西方新学，是晚清最重要的慈善家之一。其父是道咸年间江南慈善家的领袖人物谢元庆，师承于晚清著名的慈善家余治先生。谢家福热心于义赈事业，他领导和组织全国性的慈善救济活动长达十余年，他办理赈济工作不仅继承传统而且利用一切有利的因素，尽力尽心，乐于奉献，淡泊功名利禄，义赈效果十分显著，为近代的慈善事业作出了很大的贡献。

1876 年义赈开始，谢家福即联系浙江、江苏与上海等地绅商筹资办赈，居于中心地位。1878 年和 1879 年，谢家福以苏州桃花坞为中心，与上海协赈公所的经元善、新太古公司的郑观应共同领导了当时全国的义赈工作。1881 年以中国电报局系统加入办赈行列而使义赈组织出现重大转型，江南各地义赈组织逐渐走向联合。1887 年上海各主要义赈组织为救赈山东、直隶水灾组成董事会，共同办理全国赈济事务，而由谢家福总集其成。直到 1889 年，谢家福参与管理的中国电报局都是当时义赈组织的中坚力量。1893 年时，谢氏又以住所桃花坞为中心办理全国义赈，掀起当时全国义赈事业的一个小高潮。晚年，由于身体健康原因和甲午战争的刺激，谢家福主要服务桑梓办理教育事业，也因积劳成疾于 1896 年逝世。

在苏北，谢家福提出“以工代赈”这个旨在解决难民潮的建议，并且付诸行动，得到了广泛的社会响应，这种响应最明显地体现在江南士绅圈。据谢家福统计，这场持续了三个多月的义赈行动总共筹集了 13 万两赈款。

“丁戊奇荒”影响中的山东受灾极其严重，在东赈的诸多重要举措中，最能体现谢家福核心地位的方面表现在收养灾孩的一系列活动上。

谢家福最初考虑到山东受灾地区灾情严重，受灾面积广大，当地没有能力抚养灾孩，集款救赈只是杯水车薪，建议收养灾孩的方式为就地设局留养。在谢家福的建议下，李金镛等人抵达青州之后便在江广助赈局下设立了抚教留养两局“一曰抚教，一曰留养。抚教者，就其资质之高下，分别教以读书习艺；留养者，收养残疾及生病之婴孩，延医生以疗其疾，给衣食以赡其身，一俟病退力强，再送抚教局习业”。之后，谢家福等同人到达青州，制定了相当精细的《抚教留养局章程》。该章程对收养的原则、教养的方式和管理的办法都作了详细而合理的规定，条例相当清晰，这个章程成为后来在灾孩收养方面的实施标准。对灾孩的照看，贯穿了谢家福在山东办赈的整个过程，其间共收养灾孩1400余名，用去经费5000余串。

除了设抚教留养两局之外，谢家福发现在江南相当盛行的善会善堂在山东却甚少，抚教留养两局无法满足山东庞大的灾民队伍救济需求，为尽快地安顿灾民的生活，谢家福提出了一个新的行动方案：首先由青州知府倡捐千金，再由扬镇赈局发千金，设立同善堂，先办义塾、惜字、乡约三举，并且请缪起翁来青，留善友一二人匡助。后续经费的处理办法即拟将现在苏捐8820两，除留养抚教两局截止到中秋需要的3300两，其余5520两加上后来的募捐凑足一万串，存到苏州生利息，禀府备案，每年分四季汇到青州。

由于青州本地缺乏熟悉办赈之人，所以谢家福在强调江南士绅在青州应该发挥的作用的同时，灵活运用江南多年的慈善经验，主持拟定了《青州同善堂章程》。这份章程对青州同善堂的管理体制、筹款机制、账款收支、堂屋建造和善举活动等方面都作了详细的规定，不仅采用了在江南办理善会善堂的有效经验，而且因地制宜地结合了青州的地方特色。这些规定也反映出青州同善堂是一个综合性的善堂，弥补了抚教留养局只收养灾童的救助灾民群体范围小的不足，救助活动也更加丰富，是东赈期间效果显著的重要举措。后来，光绪十八年（1892年）任登莱青兵备道的盛宣怀在该堂的基础之上，大力整顿扩建，为其购地盖房捐资15000两，并且将其名改为青郡广仁堂。

光绪三年（1877年）十二月，谢家福等人主办的山东赈务大体截止，在其倡导之下，整个江南的助赈行动重心逐渐转向河南。光绪三年十二月中旬，谢家福开始与几位同人刊刻《河南铁泪图》，并且亲自撰写《河南铁泪图说》。图成之后，谢家福将此图向上海等地四处散发，很快引起了巨大的社会反响，也取得了非常好的社会效果。谢家福、桃花坞甚至苏州义赈活动的影响已经远远超越了苏州的范围，《河南铁泪图》很快成为上海义赈同人的主要宣传资料。

义赈同人对于灾妇的救助工作从豫赈开始。谢家福了解到“豫省灾后，妇女一空”的严重情况，提出了在河南专设收赎妇女局的建议。根据谢家福的这个计划，金苕人以转办“豫赈代赎局”的名义率队赶往河南，主要任务就是从事救护被灾妇女事宜。这次代赎妇女的行动范围很广，不仅在开封、周家口、归德三地分别设立“代赎资遣留养局”，而且还向其他同人在河南各处设立的赈局中专门分派或委托人手办理灾妇代赎事务。河南赈灾期间，谢家福救灾工作重点放在收赎灾妇上，其规模也比保婴要大很多。

光绪四年（1878 年）底五年（1879 年）初，河南赈务进入收尾阶段，义赈工作逐渐走上制度化的正轨，进展顺利。到光绪五年闰三月中旬，义赈的豫赈行动已大致结束。据谢家福的统计，此次来河南助赈的江南同人有 110 人之多，义赈同人共募捐赈款 450000 多两，其中以谢家福为首的苏州解交了 288000 多两，很大程度上促进了河南灾情的缓解。

此外，由谢家福等主持兴办的电报事业在光绪年间得到迅速的发展，并且在义赈组织上的作用逐渐加强，进而取代了初期的善会善堂，成为义赈的活动中心。

（九）王同春

王同春（1852—1925 年），字浚川，邢台县东石门人，1852 年生，是我国近代黄河后套主要开发者之一。他 7 岁入私塾读书，因家境贫困，就读半年辍学，随父在塞外谋生，后被其叔王成收为嗣子。同治五年（1866 年），因身犯命案逃至包头，为商号万德园修渠筑坝。同治十三年（1874 年），投在士绅郭有元门下管理渠工。后与其女结婚，一面受雇于郭家，一面向当地人租牧场、创牛犋，单独创业。光绪七年（1881 年），他租蒙古喇嘛土地，凿挖渠道，引黄河水浇灌土地，在隆兴长的地方，筑造房屋，建立渠道管理机构，后居民逐增，发展为后套地区的五原县县城。

王同春一生的事业，植根于水利。他没有受过任何正统的教育，也没有优越的家庭环境，没有水利专业知识，也没有任何测量仪器，但是他对水利事业有浓厚的兴趣，对开渠的热忱关注，近似于痴迷的地步。1867 年，宁夏黄渠桥水利工程开工，王同春被当地人推荐前往参加筑坝工作，这是他对水利活动的初期接触。在这段经历中，王同春初步显露出他杰出的水利才能。他善于观察地形的变化和水势走向，并且十分注重实地考察。黄河有一个特点，就是"泥沙俱下"，在黄河流域开挖渠道，势必容易淤塞，王同春解决这个问题的有效办法就是挖曲渠，一改传统渠道断流为主、引流为辅的习惯做法，这是一套从实践中总结出来的独特经验。

王同春对河流的疏导做得十分出色。他能根据黄河水泡沫的翻腾判断出河水即将上涨，能够借助于雨水的流势选择渠线。继宁夏黄渠桥水利工程之后，王同春又修筑了短辫子河渠，这是他首次独立进行的水利实践活动。他首次大胆地在黄河挖口引水，以疏导为主，阻隔为辅，建成了一条规模不大却为人们提供了重要启示的河渠，从此在河套黄河水利事业中树立了一套在特殊地段具有特殊适应性的模板："曲线挖渠"。之后，王同春又购得河套地商郭敏修所修的老郭渠，对之加以改造扩建，尤其在淤塞之处予以疏浚。老郭渠有很多不合理的地方，诸如其中直渠处，河水携沙奔涌，既冲蚀坝缘又淤窒渠口，王同春经过精心研究后，对之进行大刀阔斧的迂回甚至改道。经过一番改建的老郭渠水流通畅，各季节水量充足，每年维修的费用也大大减少，成为河套最好的大干渠之一。

在几十年间，他在后套先后开通义和渠、沙河渠、刚目渠、丰济渠、灶王渠等 5 条大渠，支渠 270 条，可灌耕地 34000 余顷。光绪三十年（1904 年），清政府委其开凿后套第一大渠永济渠，使该地区渠道横纵，田畴相连，桑麻遍野。在开发后套过程中，他家境迅速致富。到光绪三十年（1904 年）时，他拥有田地上万顷，牛犋 27 处，年收粮 20 余万石。他 4 次捐出粮食共 9.5 万石，赈济晋、察、冀、陕等省灾民。凡投他避荒者，他均给予帮助。清末、民国初期，邢台赴后套投奔他的人很多，因而促进了顺德府皮毛业向后套、包头方向的发展。

在开发水利和建立地、商产业的同时，王同春还与各种势力进行了一系列斗争，其斗争对象包括河套地区的其他地主和外国教会势力，最终巩固了自己在河套地区政治、经济上的地位。光绪二十六年（1900年），八国联军侵华，烧杀抢掠、无恶不作。王同春对此表示了极大义愤。当年，甘肃布政使带兵过后套赴京勤王，他为数万军队筹备粮饷，置办军衣。他花费白银三四万两开办碱场，新产碱畅销华北，收益颇丰。耶酥教士见状欲夺池取利，他毅然将碱池交归“移民实边”。外国天主教神甫又趁机利诱，许以厚金求购其农田、灌渠。王同春毅然回答：“吾为中国人，不能将国土授于外人!”将其数十年新凿渠道和新置田产一并交官府，而仅得赏银1.5万两。民国四年（1915年），山西人邀请王同春到朔县、应县指导开渠筑坝，行河水灌溉田地2000余顷。民国六年（1917年），又在后套指导开凿杨加河，翌年开凿了新皂河渠、竣川渠、珊瑚湾渠。民国十四年（1925年），他奉命协助冯玉祥督察水利。6月，至山东省黄河口督修水口，因年事已高，中暑染病于6月28日逝世，葬于五原城东门外，终年73岁。

王同春为清末民初河套地区的水利开发和经济、贸易发展作出了杰出的历史贡献，并以水利为基础，创建了以地产、商业、贸易互为辅弼的巨大产业，极大地推动了河套地区乃至整个内蒙古西部地区的经济发展和社会进步。本人青史留名，人称“河套王”。

（十）李提摩太

李提摩太（Richard，Timothy，1845—1919年），英国浸礼会传教士。字菩岳，英国南威尔士人。1870年来华，初在山东、山西传教。1891年任同文书会（后改名为广学会）总干事，从事传播西学及基督教宣传活动。参与维新，频繁活跃于近代社会舞台，其作用之显著，影响之广泛不容忽视。

1876—1879年，华北地区惨遭饥荒肆虐，饿殍上千万，史称“丁戊奇荒”。旱灾爆发后，李提摩太即在山东主持赈济工作。赈灾有着非常现实的条件，即赈款。为此，李提摩太奔走呼吁，多方筹措。早在1876年夏初，李提摩太即写信给上海的友人，描述灾区的惨状，建议灾情见诸上海英文报端"劝捐"。烟台的友人读到他的信后，决定将信寄往上海的《每日新闻》（Daily News），并翻译成中文刊登在1877年4月3日出版的《申报》上，题为《西教士劝捐书》（署名"英国教士李提摩太"）。《劝捐书》详细介绍灾情，号召人们伸出援手，捐款助赈。

李提摩太的努力收到了预期效果。1878年3月，李提摩太记述山西灾荒情况的旅行日记在英国出版，引起英国及其他国家的广泛关注。很快各口岸赈灾委员会建立起来，赈款源源不断。1877年3月，由传教士和外国商人组成的山东赈灾委员会在上海成立，向在上海的西方人募捐，募集到的银两则交与李提摩太发放，首次募集3000两银子。同年秋又陆续在上海和海外募得3万余两银子，汇给李提摩太。一位素昧平生的南京小官吏读了《劝捐书》后寄给他100两银子（约合30英镑）。除在中国募捐外，他还从浸礼会申请到了500英镑的赈资。李提摩太记录山西行程的日记传到伦敦，还促成了救灾基金在英国的设立，并在伦敦和各口岸募集赈款约20万两。英国一些要人成立了"救灾捐助基金"，在全世界范围内进行募捐。在中国北方的旱灾消退前，该基金会共募集赈济款项6000英镑。此时处于灾区的李提摩太，给委员会提出了具体建议。

散发赈款而非赈灾物资，是李提摩太赈灾的主要方式。究其原因，一方面灾区广，灾民多；另一方面人手少，交通不便。在山东，李提摩太将银子交给青州一家有涉外业务的大型当铺兑换成铜钱后，由当铺用独轮车成批运往施赈地。在山西灾区，由于不便兑换，他干脆让铁匠现场将募捐来的银锭分割成小块发放给灾民。

募集到资金后，李提摩太即在灾荒第一线发放救济。熟稔中国事务的李提摩太，为了防止有人冒领，在发放救济金时，让领过钱的中国人在手上涂上墨水作为标志，但仍然有一些人把墨汁洗掉后又跑来领钱。"每当干干净净的手伸出来，我们就会怀疑这些人早已领过救济金，只不过用力把墨汁洗掉罢了。这样，我们只继续向剩下的那些依旧脏兮兮的手上发救济金。"（《李提摩太在华回忆录》）李提摩太后来设计了一个相对比较可靠的救济钱发放方式：即在发放救济钱之前，先去灾区调查，将最需要帮助的人的名字记下来，然后先发给他们一张票证，到发放救济钱的时候，凭票领取。

在赤地千里、无米可购的情况下，发放救济钱仍然无法解决饥馑。在交通条件得到改善，米粮能运输进灾区之后，从事赈济的传教士即将现金发放方式改为直接发放赈灾米粮。

赈灾款项除用于救济灾民外，李提摩太还在山东建立孤儿院 5 处，每处可收留百名孤儿，并授以他们一技之长。

李提摩太的赈灾理念并没有仅仅停留在散赈、设立孤儿院等应急措施上。1876 年 7 月 7 日，他在济南拜访山东巡抚丁宝桢时，提出移民东北、开矿、铺设铁路的建议。但丁宝桢随即调任四川总督，他的希望落空。他还向地方官员建议，为孤儿设立新式学校。在山西赈灾期间，他向山西巡抚曾国荃再次提出移民东北、铺设铁路之建议。他认为铁路不仅能够创造大量就业机会，而且对防止未来的灾荒大有裨益。

李提摩太的赈灾行动取得一定成效。据统计，1877 年 11 月他在山东赈灾结束时，至少救助了 7 万灾民。在山西，他亲施赈银不少于 12 万两。仅在太原附近他就发放了救济金 86000 余两，赈济灾民 40000 余人。灾荒结束后，山西平阳府的士绅立碑铭刻李提摩太等人的善举；一些得到救助的灾民，还派代表找李提摩太等传教士索要他们的照片，供奉在庙宇里表示感恩。

附录二　书目

（一）《古今图书集成·荒政部》（清·陈梦雷）

《古今图书集成》原名《古今图书汇编》，系康熙第三子胤祉与侍读陈梦雷等人主持编纂的一部大型类书，全书在康熙四十年（1701年）开始编撰，于雍正四年（1726年）成书，由蒋廷锡等人修订。全书共分六编三十二典六千零九部一万卷，编下分典，典下分部，部下分目，其中六编分别为历象编、方舆编、明伦编、博物编、理学编、经济编。

《古今图书集成·荒政部》是《古今图书集成·经济汇编·食货典》的其中一部，自食货典六十八卷始，止于一百一十卷，全书一共四十三卷，分"汇考""总论""艺文""纪事""杂录"五大部分，其辑录范围覆盖先秦经典文献、史部典籍、类书、前代灾荒文献等，时间一直延续到康熙中晚期。

汇考部共二十目，主要选取了从周到康熙五十年（1711年）的部分荒政记录，按照时间顺序，以在位帝王为时间节点，一条一条分述，材料多摘于各朝正史、实录及大型类书（如《册府元龟》）中，距离成书日期短的明清时期辑录内容最为详细。总论共八目，总论一目主要辑取《礼记》《管子》《韩非子》《通典》等文献中的荒政论述；总论二目至五目辑录了《大全集》中地方官吏备荒、救荒的奏章、公文及往来书信等；总论六目选取了《大学衍义补》中的《恤民之患》和《市籴之令》两部，总论七目选取了群书救荒中的《救荒》一部，《续文献通考》中的《赈贷群议》一部，《古今治平略一》中的《历代赈恤》一部，总论八目选取了《古今治平略二》中的《明朝赈恤》一部以及《学庵类编》中的《明食货志·荒政》一部，主要内容为各个历史时期的荒政措施，如抚恤、赈济、蠲免、仓储备荒、借贷、平粜等。艺文共十一目，按照时间顺序，摘录了大量士大夫提出的赈灾救荒的措施，多为皇帝奏令和官员疏议，例如苏辙的《淮南水潦状》、司马光的《救荒疏》等，其中艺文十一目主要摘录了大量记叙灾荒的诗歌。纪事共五目，主要按照时间的先后顺序，从正史、史钞、传记以及各地方志中选取了大量赈灾、救荒实录，先书资料出处，次书所记事件，内容翔实。杂录共有三目，主要选取了先秦典籍、《诸子大全集》、碑帖石刻以及《农政全书》等资料中的荒政实录。

《古今图书集成》集清初以前图书之大成，作为现存规模最大、资料最丰富的类书，对研究清初及以前的历史都具有很高的史料价值。其中的《古今图书集成·荒政部》收录了从春秋战国到清初的大量荒政资料，内容丰富，辑录范围广，是研究古代荒政史必不可少的工具书。

（二）《钦定康济录》（清·陆曾禹）

《钦定康济录》原名《救饥谱》，清初钱塘县监生陆曾禹撰。乾隆四年（1739年），吏科给事中倪国琏录其大要，奏呈乾隆，乾隆帝嘉其有裨于实用，遂命大学士鄂尔泰和张廷玉等内直诸臣校勘，定名为《康济录》，于书名前加“钦定”二字，是为《钦定康济录》，于乾隆五年刊刻。系中国历史上第一部由皇帝钦定并颁布全国的汇编类荒政史籍，蕴含着丰富的荒政思想，影响深远。

全书共有“前代救援之典”“先事之政”“临事之政”“事后之政”四卷以及附录五大部分，约十四万字。其中第三卷“临事之政”细分为“卷三上”和“卷三下”两部分；将第四卷“事后之政”和“附录”并为一卷，分称“卷四上”和“卷四下”。第一卷“前代救援之典”中，主要按照时间顺序，搜集了从周到明经典史籍中的荒政典故；第二卷“先事之政”中，细分为六个子目，分列了六条备荒措施，包括：“教农桑以免冻馁”“讲水利以备旱涝”“兴社仓以便赈贷”“严保甲以革奸顽”“奏截留以资急用”“稽常平以杜侵欺”；第三卷“临事之政”则分列了二十条救荒的措施，分子目二十，包括：“急祈祷以回天意”“求才能以捍灾伤”“命条陈以开言路”“先审户以防冒恩”“借国帑以广粜粜”“理囚系以释含冤”等；第四卷“事后之政”分列了六条灾荒过后的善后政策，包括："赎难买以全骨月""怜初泰以大抚馁""必赏罚以风继起""筹匮乏以防荐饥""尚节俭以裕衣食""敦风俗以享太平"；四个附录分别为"摘要备观""捕蝗必览""赈粥须知""社仓条约"。

《康济录》全书将材料进行系统的分类，按照灾前备荒、灾中赈荒、灾后安抚的逻辑顺序进行编撰，具有很强的逻辑性。此外，在书中并非简单地罗列史料，而是加有大量作者自己的评论，例如：每卷卷前都加有前叙，说明本卷的主旨内容；在辑录的每条史料之后，都以"谨按"的形式来阐明自己的观点；每卷的子目后都加有总论，对措施进行总结评述。从其辑录的史料范围来看，从西周到明末，包括历代政策法令、诏令、疏议以及救灾记录，范围甚广。

《钦定康济录》作为中国历史上第一部由皇帝钦定并颁布全国的荒政史籍，影响深远，不仅能够为荒政史的研究提供丰富的参考资料，同时也为历史文献学研究提供了丰富的文献资源，具有重要的史学研究价值。

（三）《赈纪》（清·方观承）

《赈纪》系由官方文书汇编而成的一部荒政实录，作者为方观承，主要记载乾隆八年（1743 年）至九年（1744 年）直隶发生旱灾以后救灾、赈灾的全过程。乾隆八年六月，直隶旱情严重，乾隆皇帝命地方官员实施赈济，方观承就是负责救灾的官员之一。乾隆十九年（1754 年），方观承搜集旱灾前后三年内与此相关的资料，缉为《赈纪》，给后人留下了珍贵的第一手资料，为清代重要的荒政文献之一。

全书共八卷，按照赈灾的过程进行编撰，分门别类，包括"上谕""核赈""散赈""展赈""安抚流移""借粜蠲缓""捐恤谕禁""赈需杂记"。旱灾从发生、发展，到最后解决的全过程都有记录，条理清晰，节选的材料包括皇帝谕旨、与直隶省决策部门的通信、地方官员的奏折、对灾民的告示以及救灾专用的赈票、灾册等，其中皇帝奏令有 23 条，官员奏折 98 条。但全书并不是单单的记述，同时还总结了一系列赈灾救荒方法，主要表现在赈济、蠲缓、养恤、安辑、平粜、借贷及民间捐赈等方面，具有很强的系统性和实用性。此外，书中许多具体的救灾统计数据，如灾民数、分配的救灾物资数、政府提供的资金数等，都是珍贵的第一手资料，具有很强的说服力，可以作为灾荒史料直接引用。我们可以从书中清晰了解当时赈灾状况的全貌，文风务实，内容质朴晓畅。

《赈纪》作为官方文书的汇编，与前代荒政文献相比，有其独到之处。首先，由于方观承是亲自参与到赈灾过程中的，有着丰富的实践经验，能从一个赈灾官员的角度出发，设身处地为灾民考虑，这就是其相较于其他笼统介绍赈灾救荒经验文献的独到之处。其次，方观承并非简单地罗列史料，而是有着自己独特的救荒思想，例如：赈灾要提前谋划，尽早预防；赈灾方法要科学有效，保持合理的赈灾秩序；要格外重视灾后的重建工作，做好灾民的安抚工作等。这些救荒思想对我们当今地方上的救灾工作仍有很大的指导意义。

（四）《钦定辛酉工赈纪事》（清・庆桂等）

《钦定辛酉工赈纪事》系由嘉庆帝亲命军机大臣庆桂等编撰的一部官修荒政实录。嘉庆六年（1801 年）六月，直隶地区大雨数日，河水泛滥，造成永定河决堤，发生特大水灾，威胁京师。“西北诸山水同时并涨，浩瀚奔腾，汪洋汇注，漫过两岸石堤、土堤，决开数百丈，下游被淹者九十余州县，数千万黎民荡析离居，漂流昏垫，诚从来未有之大灾患。”灾患发生以后，清政府迅速组织京师及直隶各官员，调派救灾物资，展开了大规模的救灾活动。嘉庆七年（1802 年）九月，救灾活动基本结束，嘉庆皇帝亲命军机大臣庆桂主持，南书房朱珪、彭元瑞等参与编撰，搜集从嘉庆六年（1801 年）七月到嘉庆七年九月中与救灾相关的皇帝谕旨、大臣奏折等内容，纂集成书，由于是皇帝钦定编撰，故命名为《钦定辛酉工赈纪事》（以下简称为《纪事》）。

《纪事》全书共分四个部分。第一部分为序言，主要说明了撰书背景和目的；第二部分为卷首，又细分为卷首上和卷首下，主要收录嘉庆皇帝下令编撰本书的谕旨以及在救荒过程中所作的与救灾相关的诗文，一共有 48 首，全部以所作时间的先后进行排序；第三部分是从卷一至卷三十八，主要辑录救荒过程中嘉庆帝颁布的救灾谕旨和各大臣办赈过程中的奏章，其中有谕旨 241 篇，奏章 262 篇，采用皇帝谕旨和大臣奏章混编的编排方式，全部以发生的时间先后为序进行编排，较之前将谕旨与奏章分开编排的方式，更能直观地体现出救荒的进展程度，具有很强的纪实性；最后一部分是后序，总结了此次赈灾过程中实施的一些主要措施，包括：蠲免钱粮、截留漕米、赈贷银钱、开设粥厂、减价平粜、疏通河道等。

《钦定辛酉工赈纪事》是在赈灾结束后由皇帝亲命编撰，在此之前并没有出现类似情况，那么其在荒政史籍发展史上就占有了重要的地位。全书辑录的谕旨和奏章的数量可为清代荒政史籍之最，详细地反映了救灾全过程，为清代荒政史研究留下了珍贵的第一手资料，具有极高的史料价值。

（五）《海宁州劝赈唱和诗》（清·易凤庭）

《海宁州劝赈唱和诗》系由时任海宁州知州的易凤庭编撰的一部诗歌总集，于嘉庆二十年（1815 年）成书。嘉庆十九年（1814 年），海宁境内发生旱灾，粮食歉收，米价大涨，饥民日增，灾民流离失所，社会秩序混乱。易凤庭果断采取措施，稍稳局势，但并未解决灾荒问题，一直蔓延到嘉庆二十年（1815 年）春，农民无谷可种，饥贫日盛，而政府又没有下拨足够的赈灾物资，那么劝赈就势在必行。易凤庭作劝赈诗四律，积极倡导捐赈，得到了张青选等人的积极唱和，易凤庭把这些劝赈唱和诗汇集在一起，编为《海宁州劝赈唱和诗》（以下简称《劝赈唱和诗》），使之成为一部反映海宁州此次赈灾活动的荒政文献。

《劝赈唱和诗》全书可分为三个部分，第一部分为前序，由时任东海防同知的张青选为其写的书序和作者的自序组成，易凤庭在自序中交代了自己以诗文唱和的方式进行劝赈的背景、目的以及所取得的成效；第二部分为全书的主体内容，包括：劝赈书四律、和章、邻壤和章三卷。所谓“四律”，是指四首七律构成的组诗。“劝赈书四律”一卷中辑录了作者自己所作劝赈及酬答的两组共 8 首律诗，“和章”及

“邻壤和章”两卷则收录了唱和人士的诗组，唱和作者包括东海防同知张青选、诸暨知县刘肇绅、海宁州所属各级官员、海宁州士民、僧人以及苏州、安徽、仁和、嘉兴等处士民共计 323 人，合计诗歌总数为 1356 首，加上易凤庭本人所作劝赈及酬答的两组共 8 首诗，全书收录的诗歌总数为 1364 首；最后一部分为后序及附录各两篇。

《劝赈唱和诗》是包含着救荒和诗歌两个主题的荒政文献。自乾嘉以来，各类荒政文献层出不穷，上自朝廷、下至地方州县，于救灾活动结束后大多要编纂救荒报告书之类的文献，用来记录救荒的全过程，虽有意义却没有新意。易凤庭用一部唱和诗集来记录此次赈灾活动，就与通常的救荒书区别开来，救荒和诗歌相互烘托，将地方社会传统文化与救荒活动相结合，使得《劝赈唱和诗》别具特色。其本身对荒政史及社会文化史的研究均有一定的史料价值。

（六）《真州救荒录》（清・王检心）

《真州救荒录》系由清代王检心编纂的一部救荒实录。道光二十七年（1847 年），王检心时任仪征知县，是年冬，仪征县境内的清铺河决口，王检心积极漕运粮米，赈济灾民。道光二十八年（1848 年），仪征又发特大水灾，江潮盛涨、庐舍漂没，圩岸被冲破，田禾被淹，王检心于六月二十三日、七月初一日、初六日连续三次上书禀明灾情，一面又积极投身于救灾当中，他亲自查勘灾情，带领巡典各员分赴各乡，疏通积水、捐献物资。道光二十九年（1849 年），王检心辑录救灾过程中向上通禀救灾情况的札书及指导救荒的告示等内容，其书序云：“当此拯溺如救焚之时，刊而行之，未始不可救千万人之命也。余乃删其繁冗，去其重复，存其要旨，标其大纲，分为八卷。”撰作《真州救荒录》（以下简称《救荒录》）。

《救荒录》全书分为书序、正文两部分。书序包括杨亮为其作的真州救荒录序和王检心的自序，简要说明了灾荒情况、救灾措施以及撰书目的，作者在自序中写道：“知我者谅余苦心，匡所不及，因时制宜，损益变通，余所有志未逮者，皆推而行之，灾民之厚幸也，余虽执鞭以从，所甘心焉。”正文部分共有八卷，卷一为“查勘水灾各事宜”，其中包括“通禀近江圩岸冲破被淹情形”“通禀被淹情形及捐放馍饼”“谕行人示”等；卷二为“请仓谷各事宜”，包括“第一次会禀运宪请盐义仓谷”“禀扬州府宪散放义谷章程”“晓谕灾民候查户口牌示”等；卷三为“劝捐义赈各事宜”，包括“劝捐第一示”“遵札晓谕捐输示”“通禀劝捐请谷安抚灾民及水势情形”等；卷四为“正赈各事宜”，包括“通禀请拨正赈银两”“禀扬州府宪转覆前请正赈银两，即系冬赈之需”等；卷五为“施丸药、多婚、捡埋尸棺各事宜”；卷六为“施放棉衣、放担粥各事宜”；卷七为“收当耕牛各事宜”；卷八为“慈幼堂、育婴堂、暂柄所各事宜”及“恤婴堂、挖蝻各事宜”。

全书对查勘水灾、申请仓谷、劝捐义赈、施放棉衣以及筹办慈幼堂、育婴堂、暂柄所等各事宜一一言明，救灾人员、救灾机构、救灾章程等内容具体详细，可谓是一部指导救荒的良书，其中的许多救荒措施对我们今天地方上的救灾活动仍有指导意义，同时也为清代的州县灾荒史研究提供了宝贵的第一手资料，兼具史料价值和实用价值。

（七）《治蝗全法》（清·顾彦）

《治蝗全法》系由清代顾彦撰写的一部治蝗农书，于咸丰七年（1857 年）刻印，后毁于兵火，其孙在光绪十四年（1888 年）重刻于安徽，光绪十八年（1892 年）再次刊刻一部，更名为《简明捕蝗法》。从书序中可以了解到，咸丰六年（1856 年）江苏无锡一带发生了 200 多年来第一次蝗灾，顾彦编写《简明捕蝗法》，刊印发送 4587 册，教民治蝗之法。在咸丰七年（1857 年），改名为《土民治蝗全法》，同时扩大编写内容，增加了官司治蝗法、前人成说和救荒各事宜等内容，定名为《治蝗全法》。

全书共四卷，卷中各条都以夹注的形式作了注解并注明所出典籍，还在书眉上写了“布告乡里，劝民捕治”字样 ，通俗易懂，积极宣传治蝗。卷一即为“土民治蝗全法”，辑录除根、掘子、去蝻、捕蝗等治蝗诸法 33 条；卷二中为“官司治蝗法”，共有 24 条，详细地总结了官府的治蝗对策，并以小字注解表明出处；卷三中作者先是选录了“蝗种必须掘除说”等九篇成说，强调了捕蝗的重要性，接着是“前贤名论”，细分为绝除根种、买易蝻蝗、蝗断可捕、蝗断可食、蝗可饲畜、捕可粪田、蝗宜预备、捕宜体恤、治蝗剔弊、治蝗实绩、捕蝗律令、捕蝗人夫、蝗以蜡祛、蝗由政召 14 个子目，主要辑录了姚崇、魏裔介、周焘、史茂、陈芳生、陈宏谋、陈受宏、陆世仪等先贤的论述和大清诏敕、大清律例等内容，最后为“历代蝗时”“锡邑蝗灾”“蝻、蝗字考”“捕蝗诗记”；卷四分为“救济荒歉”“救恤瘟疫”“伐除蛟患”“祈祷晴雨”四个部分，总结出部分应对荒政的措施，与治蝗之法相辅相成；最后一部分为附录，载有咸丰六年（1856 年）八月吏科给事中伍辅祥的“治蝗诸法疏”和咸丰七年（1857 年）四月江苏抚台赵大中丞的“通饬各属捕蝻檄”。

顾彦的《治蝗全法》对治蝗规律有全新的认识，书中对蝗虫滋生和蔓延地区、蝗虫的生活习性以及捕杀方法等都有较为详尽的说明，为治蝗提供了重要的理论与技术指导，可谓是一部高质量的农书。此外，对清代蝗灾史的研究也具有较高的史料价值。

（八）《齐豫晋直赈捐征信录》（清·苏州桃花坞协赈公所）

《齐豫晋直赈捐征信录》系由清代苏州桃花坞协赈公所辑录的一部赈捐报告书，于清光绪七年（1881 年）刊刻。光绪元年（1875 年）至四年（1878 年）之间，华北五个省份山西、河南、山东、直隶和陕西遭受了前所未有的大旱灾，不仅使农产绝收，田园荒芜，而且饿殍载途，白骨遍野，超千万人饿死，史称“丁戊奇荒”。江浙士绅组织义赈机构积极赈济，苏州桃花坞协赈公所在赈灾过程中发挥了重要的作用，其将光绪三年（1877 年）六月至光绪六年（1880 年）的历次办赈记录汇为一编，定名为《齐豫晋直赈捐征信录》（以下简称《征信录》）。

《征信录》按照时间的先后顺序，由齐赈、豫赈、晋赈、直赈四部征信录的内容汇编而成。卷首为“四省告灾图启”，辑取了受灾各地的流民图，生动地再现了饥民遍地、尸骨遍野的灾荒场景；卷一为“东齐孩捐收支录”（原名“山东留孩征信录”），记载从光绪三年（1877 年）六月到八月江浙士绅在山东的孩捐各事宜；卷二至卷七为“南豫赈捐收解录”和“南豫放赈录”，所载内容为从光绪四年（1878年）到光绪五年（1879年）在河南的捐赈、放赈各事宜；卷八至卷九分别为“西晋赈捐收解录”（原名“收解晋赈征信录”）及“西晋放赈录”（原名“查放晋赈征信录”），所载为光绪五年（1879年）三月至光绪六年（1880年）三月在山西的捐赈、放赈各事宜；卷十和卷末分别为“北直赈捐收解录”（原名“收解直赈征信录”）及“北直支放工赈录”（原名“查放直赈征信录”），记载从光绪五年十一月至光绪六年九月在直隶地区的捐赈、放赈各事宜。每部征信录都大体由“序（或弁言）”“文案”“会计”三个部分组成，序之后另加凡例。弁言及凡例主要是交代捐赈背景、起止时间、撰述原则及注意事项；文案主要节录参与义赈人员的往来信函、报禀公文等；会计的主要内容包括义赈经费的收支明细与捐赠者清单等。

《征信录》是在救荒过程中就分批开始撰述，其在各卷中均标明起止日期，这样就能够及时地反映捐赈的进展情况。另外，捐赠者清单、收支明细等内容详细具体，稽核方便，增加了整个义赈过程的透明度和可信度，使其成为救荒过程中必不可少的环节。其作为救荒过程中的报告书，内容全面，数据翔实，特别是书中许多具体的统计数据，可视为珍贵的第一手资料，全书对研究光绪初年赈捐制度的推行情况具有较大的参考价值。

（九）《晋饥编》（清·佚名）

《晋饥编》是在光绪年间编撰的一部义赈报告书，作者不详，主要是记载光绪十九年（1893年）、二十年（1894年）晋北义赈的收支事宜，其所载内容与《征信录》并无太大区别。

清光绪十八年（1892年）九月，山西北部遭遇大旱，颗粒难收，直到光绪十九年（1893年）三月，口外七厅及大同、朔平诸府所属47州县，灾民以草根树皮食之，路有饿殍，卖儿鬻女者甚多，灾情严重。官府及民间义赈机构展开了积极的赈灾救荒工作，在救荒工作结束后，节录与受灾、赈灾相关的上谕、奏折、函件、电报、文书、官赈与民赈收支情况等内容，汇编为《晋饥编》。

全书共分 3 卷，在首页附有一张清光绪朝山西省地图，系作者手绘，可以直观地看到山西省受灾地区，颇有新意。首卷部分主要辑录了光绪帝的赈灾上谕、李鸿章等朝臣的奏折、赈灾义绅的函表、往来信件等内容，例如："节录内阁恽学士折""节录李中堂折""节录义绅潘君民表函""节录李嗣香太史上令兄书"等；上卷的主要内容是各义赈所的办赈人员报禀救灾物资收解详情的电报等，每份电报都以注释的形式标明具体日期，按照报禀的时间进行排序，直观详细，在最后部分辑录了部分赈友的来函；下卷部分在卷首附有总叙，说明了下卷所辑录的捐赈账册起止时间为光绪十八年（1892 年）三月下旬至十九年（1893 年）正月下旬，办理救灾物资收捐的机构有苏州电报公寓、泸州电局等，主要内容为辑录各办赈机构记载收支明细的账册，经收人、捐赈人、收款解款数、收款来源、解款去向、收支日期等内容都一一言明，详细具体；在全书的后序部分作者简述了此次灾荒事件的原委及经过，交代了捐赈过程的办理规条及注意事项。

《晋饥编》全书内容丰富，资料翔实，较为全面地反映了光绪十八年至十九年晋北救灾情况，是研究清末义赈的重要史料。该书的旧抄本现由山西省图书馆收藏。

（十）《救荒简易书》（清・郭云升）

《救荒简易书》系由清代河南滑县生员郭云升编撰的一部救荒农书，成书于光绪二十二年（1896 年）。原书共有 12 卷，分别为"救荒月令""救荒土宜""救荒耕凿""救荒种植""救荒饮食""救荒疗治""救荒质实""救荒转移""救荒兴作""救荒招徕""救荒联络""救荒预备"，但遗憾的是，本书在流传过程中多数已轶失，现在存世的皆为残本，仅见"救荒月令""救荒土宜""救荒耕凿""救荒种植"四卷，书中内容主要涉及具体生产知识、农业技术减灾、荒年应急措施等，在此仅就现存的四卷作简要介绍。

第一卷"救荒月令"中，按照农历正月到十二月的时间顺序，广泛收集总结了每月适宜种植的各类谷类、蔬类救荒作物，先是将谷物蔬菜进行简要罗列，然后又一一对其作详细解释，主要内容包括作物的各种别称和这些作物的种植规律，部分以按语的形式用小字注释，主要从各类中文农书中辑录，也包括部分传教士翻译的外文农书。第二卷“救荒土宜”中，针对不同的土地类型提出了其适宜种植的作物，并作简要解释，提出了相应的改良对策，方法简明实用。第三卷“救荒耕凿”中，郭云升主要介绍中西方的认泉、掘井、取水、变水、旺水及行水等诸法，语言简练，方法简便易懂，具有很强的实用性。第四卷“救荒种植”中，作者以适宜种植的时间为序，总结了部分救荒作物，对其种植时间、品种特性、农业措施、收获时间，均有说明，内容翔实。

《救荒简易书》与其他灾荒文献相比，具有颇多的独特之处。首先，郭云升特别强调站在农民的角度去考虑问题，不是简单地去介绍方法，而是注重实践及农民经验，将老农经验与前人论述相互印证，提出最佳的解决办法。其次，《救荒简易书》成书于光绪后期，当时很多的西方农业译著传入中国，作者能在记述本土农业技术减灾措施的同时，善于吸收和利用国外农业技术经验，用于防灾救荒，使得全书具有了中西合璧的特色，实用价值得到提升。最后，全书的价值不仅仅在于救荒，而且体现在对作物品种特性和农业措施的科学记载上，郭云升不仅发掘和记载了一些救荒性能较好的本土作物，而且还有诸多外来作物的记载，具有农书和救荒书相结合的特性。

（十一）《鼠疫汇编》（清·罗汝兰、吴宣崇）

《鼠疫汇编》是一部介绍治疫、防疫的中医学专著，系由清代罗汝兰编撰，本书的蓝本为吴宣崇的手抄本《治鼠疫法》，后由罗汝兰增订，于清光绪十七年（1891 年）编成第一版刊印，得到广泛的认可，其后每隔一两年都要增订，第二版于光绪十九年（1893 年）刻印，第三版于光绪二十年（1894 年）刻印，第四版于光绪二十一年（1895 年）刻印，第五版于光绪二十三年（1897 年）刻印，一共刻印过五版，定名为《鼠疫汇编》（以下简称《汇编》）。但前四个版本都已轶失，现存最早的版本为第五版。事实上，《汇编》的刊刻年代和各种版本的内容说法不一，本部分仅就由曹洪欣主编的《温病大成·第四部》

中校订的《汇编》作简要介绍。

《汇编》全书由序言和正文两大部分组成，序言部分包括“重刻鼠疫汇编序”“辨误弁言”“第五刻序”“再续治鼠疫方序”“凡例”。正文部分包括“辨脉论”“症治论”“原起论”“避法第一”“医法第二”“补原起论症及禁忌”“历验良方”“各症列”“治法列”“复病治法”“经验敷药方”“治鼠疫毒轻法”“治鼠疫毒盛法”“简便服药方”“黄坡经验方”“水东经验方”“治疗疮法”“治出斑法”“释疑说”“治案”等内容，从病因、病机、预防、治法、医案及验方等不同方面系统地论述了鼠疫病症。在病原病机方面，作者总结前人经验，认为是人触病鼠之气而流行成疾所致，病机则为热毒迫血成瘀所致；在鼠疫的治疗方面，创造性地提出了上、中、下三焦辨证法，分轻重标本医治，强调环境不同用药方法也应不同，主张清热解毒，活血化瘀，改良王清任的解毒活血汤，更名为加减解毒活血汤，根据鼠疫的轻重加减药量，得到了颇多医学家的推崇；总结出日夜连追法、单剂连追法、双剂连追法等服药方法，强调煎药方法的重要性；此外，作者还特别重视鼠疫的预防和病后调理，提出了预防鼠疫的十六字诀：“居要通风，卧勿粘地，药取清解，食戒热滞”。

鼠疫在古代社会曾经是最严重的烈性传染病之一，对人类的危害极大，《汇编》作为我国现存最早的鼠疫专著，兼具系统性及实用性，对鼠疫的防治贡献很大，成为后来各种鼠疫专著的蓝本，其在我国医疗史上的地位是不可替代的。就其史料价值来说，对于社会医疗史和灾荒史的研究都有很大的参考价值。

（十二）《灾赈日记》（清·邱柳堂）

《灾赈日记》系由清代邱柳堂编撰的一部救荒实录，于光绪二十五年（1899 年）成书。光绪二十四年（1898 年）六月，山东省济阳县黄河决口，惠民县亦受灾，邱柳堂时任惠民知县，在灾情发生后亲临灾区，主持赈灾救灾工作。救灾结束后，邱柳堂将自己在主持救灾过程中每日所记材料整理汇编，定名为《灾赈日记》（以下简称《日记》），共 15 卷，记事时间自光绪二十四年六月二十三日起，止于二十五年正月十二，共计200余天。

《日记》在书前附有序、题词以及凡例，包括：光绪二十五年（1899年）"刘彤光序""李凤冈题词""《灾赈日记》自序"以及"凡例十二则"，作者在凡例中详细地交代了全书的编撰原则、主要内容以及注意事项等；书后附有"春赈记事一则""李凤冈跋"。正文部分共十五卷，第一卷（六月二十三至七月初二），以治理沙河为要；第二卷（七月初三至七月十三），以分路放饼为要；第三卷（七月十四日至七月二十一日）及卷四（七月二十二至八月初五），以查放急赈为要；卷五（八月初六至二十九），以查各约灾为要；卷六（九月初一至十四）及卷七（九月十五至三十），以协济桑工秸料为要；卷八（十月初一至二十九），以查普赈为要：卷九（十一月初一至十八），以经理粥厂为要；卷十（十一月十九至十二月初八），以放普赈为要；卷十一（十二月初九），以钦差问答灾赈为要；十二月自初十至十三，迎送钦差出境、入境，则为第十二卷；自十二月十四至二十二，以审问奸民赴钦差行辕揑控为要，为第十三卷；卷十四（十二月二十三至二十九），以散放穷民赈为要；卷十五（正月初一至十二），以津贴籽种为要。

《日记》由邱柳堂亲办水灾之后撰写，其辑录的内容皆为作者每日所记，翔实记述了灾后赈济情况，惠民县所受灾况、清廷官赈措施（审户、勘灾、急赈、普赈、平粜、施粥）等诸事皆一一言明，其中包括许多具体救灾数据，具有较强的说服力。全书为研究晚清灾荒史提供了珍贵的原始资料。

（十三）《东三省疫事报告书》（清·奉天全省防疫总局）

《东三省疫事报告书》系由清代奉天省防疫总局主持编撰的一部鼠疫报告书，于宣统三年（1911年）成书。撰书背景为宣统二年（1910年）在东北暴发的大规模鼠疫，由俄国华工传入，短时间内就迅速蔓延至东北全境，并波及直隶、京师、山东等地区，造成重大的人员伤亡和财产损失，清政府和地方展开了大规模的救灾防疫工作，设奉天全省防疫总局为主管机构。在疫事被扑灭之后，总局集三省各府、厅、州、县防疫机关之报告汇编成册，定名为《东三省疫事报告书》（以下简称《报告书》）。

《报告书》的纂修者共有 14 人，其中总纂有 6 人，分别为奉天民政使司民政使张元奇、署吉林民政使司奉天交涉史韩国钧、吉林民政使司民政使邓邦述、吉林交涉使司交涉使郭宗熙、吉林度支使司度支使徐鼎康、署奉天劝业道新民府知府管凤和，分纂者有奉天劝业道总务科科员徐霖等 8 人。全书共分为前序和正文两大部分。前序包括“书序”“凡例”“纶音”“邸谕”“章奏”“绪言”，其中在凡例中交代了编撰原则、内容提要以及局限之处，纶音为皇帝谕旨，章奏为大臣的电报。正文分为三大编，第一编为“东三省百斯脱疫发生及蔓延情形”，共六章，主要内容为东三省的疫情及其蔓延情况，前三章分别为黑龙江、吉林、奉天三省的鼠疫蔓延情况，后三章为鼠疫蔓延的原因与特点分析；第二编为“防疫概况”，共十章，主要记述防疫情况，包括东三省各防疫机关的设立、各类防疫措施的推行以及取得的效果；第三编为“疫事之研究”，共两章，主要内容为万国鼠疫研究报告会的报告汇编，包括会议议决以及与国内外学者有关病原病机、治疫防疫等内容的研究报告。正文之后另加附图，主要是大量的照片和图表。全书在编撰过程中充分利用现代化的调查手段和统计方法，绘制了“东三省疫毙男女人数年龄对比图”“东三省疫所病人死亡时间数目表”等大量现代化的图表，更加直观全面地反映了此次东北疫情的全貌。

从宣统二年（1910 年）这一历史背景出发，当时的西学已经在中国得到了广泛的传播，中国的近代化程度得到提升，在政治、经济及文化各领域都不同程度受到西方的影响。清政府主持的此次防疫工作也不例外，在防疫过程及疫后编撰的《报告书》中均有体现。诸多外国专业机构的合作参与防疫，成立现代化的防疫机构，采取先进的防疫措施，据此编撰的《报告书》也同样具有中西结合的特色。全书虽仍有谕旨、奏章等内容，但篇幅极少，取而代之的是大量的研究报告和现代化的图表，灾后的研究成果成为全书的重要部分，这是之前的各类灾荒书所不具备的。显然，就《报告书》本身来说，不仅对今后的防疫工作具有较高的参考价值，而且可成为近代灾荒史研究的重要史料。

参考文献

一、史籍

[1]赵尔巽主编:《清史稿》,北京:中华书局,1976年。

[2]《清实录》,北京:中华书局,1986年。

[3](清)乾隆官修:《清朝文献通考》,杭州:浙江古籍出版社,2000年。

[4](清)刘锦藻:《清续文献通考》,民国景十通本。

[5]嘉庆《钦定大清会典事例》。

[6]光绪《钦定大清会典事例》。

[7]雍正《大清会典》。

[8]光绪《大清会典》,清光绪石印本。

[9]乾隆《钦定户部则例》。

[10](清)托津等纂修:嘉庆朝《大清会典事例》,台北:台湾文海出版社,2005年。

[11](清)彭孙贻:《客舍偶闻》,《振绮堂丛书》宣统二年刊本。

[12](清)张履祥著,陈恒力校释、王达参订:《补农书校释》。

[13](清)赵慎畛:《榆巢杂识》,北京:中华书局,2001年。

[14](清)顾祖禹:《读史方舆纪要》,北京:中华书局,2005年。

[15](清)贺长龄辑:《皇朝经世文编》,台湾:文海出版社,1973年。

[16](清)张集馨:《道咸宦海见闻录》,北京:中华书局,1981年。

[17](清)黄宗坚:《种棉实验说》,光绪二十六年上海总农会石印本。

[18](清)王凤生:《荒政备览》,道光三年婺源王氏刊本。

[19](清)万维翰:《荒政琐言》,乾隆十七年刊本。

[20](清)倪国琏:《康济录》,文渊阁四库全书本。

[21](清)段光清:《镜湖自撰年谱》,北京:中华书局,1997年。

[22](清)杨景仁辑:《筹济编》,诒砚斋刊。

[23]《明实录》，上海书店出版社，1984 年。
[24]（清）苏州桃花坞协赈公所编：《齐豫晋直赈捐征信录》，光绪七年刻本。

二、地方志

[1]（清）邵光胤修：顺治《息县志》，清顺治十五年，中国国家图书馆藏。
[2]（清）李芳春、赵之璇：顺治《沈丘县志》，清顺治十五年刻本。
[3]（清）刘瀚芳、陈允锡修，冯文可纂：顺治《扶风县志》，清顺治十八年刻本。
[4]（清）张鹏翮等纂修：康熙《兖州府志》，清康熙二十四年刻本。
[5]（清）邵士修，王墉等纂：康熙《沂州志》，清康熙十三年刻本。
[6]（清）许全学修：康熙《商城县志》，清康熙二十九年刻本。
[7]（清）周虔森修，张璥等纂：康熙《阳信县志》，康熙二十一年刻本。
[8]（清）刘玉瓒修，饶昌胤等纂：康熙《抚州府志》，清康熙四年刻本。
[9]（清）许维梃修，束图南纂：康熙《武邑县志》，清康熙三十三年刻本。
[10]（清）章兆蕙修，周鐈纂：康熙《南和县志》，清康熙六年刻本。
[11]（清）徐鞔修，乔莱纂：康熙《宝应县志》，清康熙二十九年刻本。
[12]（清）孙蕴韬等修，高国檩纂：康熙《胶州志》，清康熙十二年刻本。
[13]（清）王士俊等修，王霖纂：康熙《清流县志》，清康熙四十一年刻本。
[14]（明）李先芳纂修，（清）张实斗续纂修：康熙《濮州志》，清康熙十二年刻本。
[15]（清）宗琮增修，王元烜增纂：康熙《长垣县志》，清康熙三十九年刻本。
[16]（清）崔启元修，王胤芳、邵秉忠纂：康熙《文安县志》，清康熙十二年刻本。
[17]（清）刘显第修，陶用曙纂：康熙《绛州志》，清康熙九年刻本。
[18]（清）万云纂修：康熙《博兴县志》，清康熙十二年刻本。
[19]（清）张一魁纂修：康熙《景州志书》，清康熙十一年刻本。
[20]（清）黄家鼎修，陈大经、杨生芝纂：康熙《咸宁县志》，清康熙七年刻本。
[21]（清）余心孺纂修：康熙《延津县志》，清康熙四十一年刻本。
[22]（清）胡允庆修，关宁、尚其志纂：康熙《宜城县志》，清康熙二十二年刻本。
[23]（清）张三俊修，冯可参纂：康熙《郯城县志》，清康熙十二年刻本。
[24]（清）张如锦纂修：康熙《淳化县志》，清康熙四十一年刻本。
[25]（清）锺定纂修：康熙《陈留县志》，清康熙三十年刻本。
[26]（清）王宗尧等修，卢紘纂：康熙《蕲州志》，清康熙三年刻本。
[27]（清）陈邦寄修，胡绳祖等纂：康熙《大冶县志》，清康熙二十二年刻本。
[28]（清）蔡茵修，陈一揆纂：康熙《龙阳县志》，清康熙二十四年刻本。

[29]（清）王廷藩修，潘瀚等纂：康熙《彭泽县志》，清康熙二十二年刻本。
[30]（清）刘深纂修：康熙《香河县志》，清康熙十七年刻本。
[31]（清）刘昆纂修：康熙《保定府祁州束鹿县志》，清康熙乾隆间刻本。
[32]（清）赖于宣修，张丙宿纂：康熙《藁城县志》，清康熙三十七年刻本。
[33]（清）祝万祉修，阎永龄等纂：康熙《赵州志》，清康熙十二年刻本。
[34]（清）汤聘修，秦有容等纂：康熙《平山县志》，清康熙十二年刻本。
[35]（清）侯可大增补，王玲再增补：康熙《永年县志》，清乾隆十年刻本。
[36]（清）万任修，张坦纂：康熙《宁晋县志》，清康熙十八年刻本。
[37]（清）张瓒修，张戬等纂：康熙《新城县志》，清康熙十二年刻本。
[38]（清）唐咨伯修，杨端本纂：康熙《潼关卫志》，年代不详。
[39]（清）王克生修，王用佐等纂：康熙《鄱阳县志》，清康熙二十二年刻本。
[40]（清）杨宽修，乔已百纂：康熙《临城县志》卷八《禨祥》，清康熙三十年刻本。
[41]（清）赵嗣晋纂修：康熙《城武县志》，清康熙四十一年刻本。
[42]（清）崔启元修，王胤芳、邵秉忠纂：康熙《文安县志》，康熙十二年刻本。
[43]（清）郭建章原本，康如琏续修，刘士麟续纂：康熙《晋州志》，清康熙三十九年刻本。
[44]（清）魏修，袭琏等纂：康熙《钱塘县志》，清康熙五十七年刻本。
[45]（清）江为龙修，李绍莲等纂：康熙《宜春县志》，清康熙四十七年刻本。
[46]（清）崔俊修、李焕章等纂：康熙《青州府志》卷二十一《灾祥》，清康熙六十年刻本。
[47]（清）古今誉修，刘大量纂：康熙《高苑县续志》，清康熙五十五年刻本。
[48]（清）张浩修，张寅威、李世溎纂：康熙《高密县志》，清康熙四十九年刻本。
[49]（清）李温皋纂修：康熙《宁阳县志》，清康熙四十一年刻本。
[50]（清）娄一均纂修：康熙《邹县志》，清康熙五十五年刻本。
[51]（清）龙图跃纂修：康熙《高唐州志》，清康熙五十一年刻本。
[52]（清）黄汝铨修，张尚瑗纂：康熙《赣州府志》，清康熙五十二年刻本。
[53]（清）闻元炅纂修：康熙《续修汶上县志》，清康熙五十六年刻本。
[54]（清）姜焯纂修：康熙《徐州志》，清康熙六十一年刻本。
[55]（清）刘如晏修，李杰纂：康熙《睢宁县志》，清康熙五十七年刻本。
[56]（清）王锡纂，张钫修：康熙《重修颍州志》，清康熙五十五年刻本。
[57]（清）董鸿图修，潘仁樾纂：康熙《宿州志》，清康熙五十七年刻本。

[58](清)朱奇珍修，叶心朝、张金友纂：康熙《同安县志》，年代不详。
[59](清)孙衍纂修：康熙《长山县志》，清康熙五十五年刻本。
[60](清)汪丽日修，王侯聘等纂：康熙《邵武府续志》，清康熙九年刻本。
[61](清)蒋旭修，陈金珏纂：康熙《蒙化府志》，清康熙三十七年刻本。
[62](清)张嘉颖等修，李镜、刘联声等纂：康熙《楚雄府志》卷四。
[63](清)王宜亨修，王儆通、王兆陞纂：康熙《通州志》，年代不详。
[64](清)周三进纂修：康熙《五台县志》，清康熙二十六年刻本。
[65](清)黄图昌纂修：康熙《静乐县志》，民国三十四年抄本。
[66](清)锺文英纂修：雍正《井陉县志》，清雍正八年刻本。
[67](清)郝之芳修，章国录纂：雍正《瑞昌县志》，清雍正四年刻本。
[68](清)上官有仪修，许琰纂：雍正《齐河县志》，清乾隆二年刻本。
[69](清)唐暄纂修：雍正《怀远县志》，清雍正二年刻本。
[70](清)唐执玉、李卫修，陈仪纂：雍正《畿辅通志》，清雍正十三年刻本。
[71](清)徐绶纂修：雍正《直隶深州志》，清雍正十年刻本。
[72](清)方士谟纂修：雍正《孝义县志》清雍正四年刻本。
[73](清)袁学谟修，秦夔等纂：雍正《石楼县志》，民国十六年抄本。
[74](清)葛荃修，李之杜等纂：乾隆《罗山县志》，清末刻本。
[75](清)富申修，田士麟纂：乾隆《博山县志》，清乾隆十八年刻本。
[76](清)倭什布修，刘长灵等纂：乾隆《惠民县志》，清乾隆四十七年刻本。
[77](清)席芑纂修：乾隆《寿州志》，清乾隆三十二年刻本。
[78](清)于万培纂修：乾隆《凤阳县志》，清光绪二年刻本。
[79](清)黄景曾修，靳渊然纂：乾隆《邱县志》，清刻本。
[80](清)龚导江纂修：乾隆《寿阳县志》，清乾隆三十六年刻本。
[81](清)陈时纂修：乾隆《祁县志》，清乾隆四十五年刻本。
[82](清)崔应阶修，姚之琅纂：乾隆《陈州府志》，清乾隆十二年刻本。
[83](清)费廷珍修，胡釴纂：乾隆《直隶秦州新志》，清乾隆二十九年刻本。
[84](清)周玑纂修：乾隆《杞县志》，清乾隆五十三年刻本。
[85](清)王人雄纂修：乾隆《元氏县志》，清乾隆二十三年刻本。
[86](清)张坊修，胡元琢、徐储纂：乾隆《新修曲沃县志》，清乾隆二十三年刻本。
[87](清)杨仪修，王开沃纂：乾隆《重修盩厔县志》，清乾隆五十年刻本。
[88](清)严正身、王德让修，金嘉琰等纂：乾隆《桐庐县志》，清乾隆二十一年

刻本。
[89]（清）冯振鸿纂修：乾隆《鱼台县志》，清乾隆二十九年刻本。
[90]（清）周来邰纂修：乾隆《昌邑县志》，清乾隆七年刻本。
[91]（清）尤淑孝修，李元正纂：乾隆《即墨县志》，清乾隆二十九年刻本。
[92]（清）邱峨纂修：乾隆《新安县志》，清乾隆三十一年刻本。
[93]（清）单作哲纂修：乾隆《饶阳县志》，清乾隆十四年刻本。
[94]（清）尹继善等修，黄之隽等纂：乾隆《江南通志》，清乾隆元年刻本。
[95]（清）眭文焕纂修：乾隆《重修桃源县志》，民国六年铅印本。
[96]（清）王植纂修，张金城续纂修：乾隆《郯城县志》，民国十七年铅印本。
[97]（清）李梦雷修，刘应荐纂：乾隆《宁阳县志》，清乾隆八年刻本。
[98]（清）雷宏宇修，刘珠等纂：乾隆《定陶县志》，清光绪二年刻本。
[99]（清）孙和相等修，何之琪纂，邓正琮重修：乾隆《洧川县志》，清乾隆二十年刻本。
[100]（清）涂光范修，王壬纂：乾隆《兰阳县续志》，清乾隆九年刻本。
[101]（清）郭起元修，秦懋绅，徐方高纂：乾隆《盱眙县志》，清乾隆十二年刻本。
[102]（清）黄垣修，沈俨纂：乾隆《盐城县志》，清乾隆十二年刻本。
[103]（清）席绍葆等修，谢鸣谦、谢鸣盛纂：乾隆《辰州府志》，清乾隆三十年刻本。
[104]（清）李希贤修，潘遇莘、丁恺曾纂：乾隆《沂州府志》，清乾隆二十五年刻本。
[105]（清）胡德琳、蓝应桂、周永年、盛百二纂：乾隆《济宁直隶州志》，清乾隆五十年刻本。
[106]（清）许晋修，胡其焕、蔡书升纂：乾隆《颍上县志》，清乾隆十八年刻本。
[107]（清）李述武纂修：乾隆《巩县志》，清乾隆五十四年刻本。
[108]（清）孙和相等修，何之琪纂，邓正琮重修：乾隆《洧川县志》，清乾隆二十年刻本。
[109]（清）姚循义修，李正曜等纂：乾隆《南靖县志》，清乾隆八年刻本。
[110]（清）赵成修，赵宁静纂：乾隆《上杭县志》，清乾隆十八年刻本。
[111]（清）满岱修，唐光云纂：乾隆《丰城县志》，清乾隆十七年刻本。
[112]（清）冉棠修，沈澜纂：乾隆《泰和县志》，清乾隆十八年刻本。
[113]（清）杨柏年修，黄鹤雯纂：乾隆《石城县志》，抄本，年代不详。

[114]（清）沈维基修，楚大德纂：乾隆《永兴县志》，清乾隆二十七年刻本。
[115]（清）沈维基修，胡彦升纂：乾隆《东平州志》，清乾隆三十六年刻本。
[116]（清）周章焕纂修：乾隆《南和县志》，民国间抄本。
[117]（清）陈兰森、王文涌修，谢启昆纂：乾隆《南昌府志》，清乾隆五十四年刻本。
[118]（清）黄登谷修，凌之调等纂：乾隆《鄱阳县志》，清乾隆十四年刻本。
[119]（清）谢仲坃纂修，石文成增修：乾隆《平江县志》，清乾隆二十年刻本。
[120]（清）张耀璧纂修：乾隆《高苑县志》，清乾隆二十三年刻本。
[121]（清）周于智、宋文锦修，刘恬等纂：乾隆《胶州志》，清乾隆十七年刻本。
[122]（清）张乃史修，钱廷熊纂：乾隆《高密县志》，清乾隆十九年刻本。
[123]（清）朱绍文纂修：乾隆《高淳县志》，清乾隆十六年刻本。
[124]（清）包桂修，李汝彬等纂：乾隆《固始县续志》，清乾隆十年刻本。
[125]（清）高兆煌纂修：乾隆《光州志》，清乾隆三十五年刻本。
[126]（清）陈金骏纂修：乾隆《乐亭县志》，清乾隆二十年刻本。
[127]（清）李奉翰修，王金英纂：乾隆《永平府志》，清乾隆三十九年刻本。
[128]（清）邱峨纂修：乾隆《新安县志》，清乾隆三十一年刻本。
[129]（清）范清旷纂修：乾隆《冀州志》，清乾隆十二年刻本。
[130]（清）吴翀修，曹涵等纂：乾隆《武清县志》，清乾隆七年刻本。
[131]（清）戚弢言等修，孙发曾纂：乾隆《连江县志》，清乾隆五年刻本。
[132]（清）张懋建等修，赖翰颙等纂：乾隆《长泰县志》，民国二十一年铅印本。
[133]（清）罗以桂等修，张万铨等纂：乾隆《祁州志》，清光绪间刻本。
[134]（清）钱鋆修，周茂建、程大中纂：乾隆《蕲州志》，清乾隆二十年刻本。
[135]（清）陈和志修，倪师孟、沈彤纂：乾隆《震泽县志》，清乾隆十一年刻本。
[136]（清）常廷璧修，吴元桂纂：乾隆《无为州志》，清乾隆八年刻本。
[137]（清）王植纂修，张金城续纂修：乾隆《郯城县志》，民国十七年铅印本。
[138]（清）张万青纂修：乾隆《章邱县志》，清乾隆二十一年刻本。
[139]（清）吴德润修，毛世卿等纂：乾隆《东安县志》，清乾隆十七年刻本。
[140]（清）杜灏纂修：乾隆《沙河县志》，清道光二十五年刻本。
[141]（清）余光璧纂修：乾隆《南安府大庾县志》，清乾隆十三年刻本。
[142]（清）文曙修，张弘映纂：乾隆《峨眉县志》，清乾隆五年刻本。
[143]（清）甄汝舟纂修：乾隆《许州志》，清乾隆十年刻本。
[144]（清）黄本诚纂修：乾隆《新郑县志》，清乾隆四十一年刻本。

[145]（清）王敛福纂修：乾隆《颍州府志》，清乾隆十七年刻本。
[146]（清）潘世仁修，王麟徽纂：乾隆《阜阳县志》，清乾隆二十年刻本。
[147]（清）成兆豫修，吴中最、洪朝元纂：乾隆《太和县志》，清乾隆十六年刻本。
[148]（清）许荚纂修：乾隆《鹿邑县志》，清乾隆十八年刻本。
[149]（清）刘嗣孔等修，刘湘煃纂：乾隆《汉阳县志》，清乾隆十三年刻本。
[150]（清）邵遐龄修，谈有典纂：乾隆《武昌县志》，清乾隆二十八年刻本。
[151]（清）段一騤等修，黄祖文等纂：乾隆《增修醴陵县志》，清乾隆八年刻本。
[152]（清）冯运栋纂修：乾隆《攸县志》，清嘉庆八年刻本。
[153]（清）甘文蔚、王元音修，王守矩、章起龙纂：乾隆《昌化县志》，清乾隆十三年刻本。
[154]（清）王宾修，应德广纂：乾隆《建德县志》，清乾隆十九年刻本。
[155]（清）书图修，杨廷钊纂：乾隆《龙川县志》，清乾隆二十七年刻本。
[156]（清）周硕勋纂修：乾隆《潮州府志》，清光绪十九年刻本。
[157]（清）王其华修，苗于京纂：乾隆《温县志》，清乾隆二十四年刻本。
[158]（清）吴映白修，李谟纂，戈云锦续纂修：乾隆《修武县志》，清乾隆三十一年刻本。
[159]（清）周尚质修，李登明、谢冠纂：乾隆《曹州府志》，清乾隆二十一年刻本。
[160]（清）严文典修，任相纂：乾隆《蒲台县志》，清乾隆二十八年刻本。
[161]（清）赫达色修，庄肇奎等纂：乾隆《武定府志》，清乾隆二十四年刻本。
[162]（清）张维祺，李棠纂修：乾隆《大名县志》，清乾隆五十四年刻本。
[163]（清）纪黄中、王绩修，宋宣纂：乾隆《仪封县志》，清乾隆二十九年刻本。
[164]（清）李志鲁纂修：乾隆《柘城县志》，清乾隆三十八年刻本。
[165]（清）毕沅、刘种之修，德昌纂：乾隆《卫辉府志》，清乾隆五十三年刻本。
[166]（清）吴乔龄纂修，吕文光续纂修：乾隆《滑县志》，清乾隆二十五年刻本。
[167]（清）汤毓倬修，孙星衍纂：乾隆《偃师县志》，清乾隆五十四年刻本。
[168]（清）武昌国修，胡彦升、宋铨纂：乾隆《太康县志》，清乾隆二十六年刻本。
[169]（清）王宾修，应德广纂：乾隆《建德县志》，清乾隆十九年刻本。
[170]（清）程廷济修，凌汝绵纂：乾隆《浮梁县志》，1960年油印本。
[171]（清）傅尔泰修，陶元藻等纂：乾隆《延平府志》，清同治十二年刻本。

[172]（清）张凤孙等修，郑念荣等纂：乾隆《邵武府志》，清乾隆三十五年刻本。
[173]（清）张松孙修，李芳谷纂：乾隆《潼川府志》，清乾隆五十一年刻本。
[174]（清）董梦曾纂修：乾隆《盐亭县志》，清乾隆二十八年刻本。
[175]（清）张松孙修，沈诗杜等纂：乾隆《射洪县志》，清乾隆五十一年刻本。
[176]（清）张松孙、李培峘修，寇赉言纂：乾隆《遂宁县志》，清乾隆五十二年刻本。
[177]（清）丁映奎纂修：乾隆《苍溪县志》，清乾隆四十八年刻本。
[178]（清）周澄修，张乃孚纂：乾隆《合州志》，清嘉庆间刻本。
[179]（清）陈元京修，范述之等纂：乾隆《江夏县志》，清乾隆五十九年刻本。
[180]（清）张坦修，成师吕等纂：乾隆《石首县志》，清乾隆元年刻本。
[181]（清）葛德新修，孙星衍纂：乾隆《三水县志》，清乾隆五十年刻本。
[182]（清）金鳌修，黄簪世续修，王又曾纂：乾隆《海宁县志》，清乾隆三十年刻本。
[183]（清）邓必安修，邓常纂：乾隆《孝义县志》，清光绪六年刻本。
[184]（清）王廷赞修，武一韩纂，王泽沛续纂修：乾隆《太谷县志》，清乾隆四年刻本。
[185]（清）郭磊纂修：乾隆《广灵县志》，清光绪七年刻本。
[186]（清）姚学瑛等修，姚学甲纂：乾隆《沁州志》，清乾隆三十六年刻本。
[187]（清）唐古特修，骆孔僎、陶澍纂：嘉庆《沅江县志》，清嘉庆十五年刻本。
[188]（清）李萚等修，章朝栻纂：嘉庆《连江县志》，清嘉庆十年刻本。
[189]（清）王启聪修，言尚炜、陈瑜纂：嘉庆《五河县志》，清嘉庆八年刻本。
[190]（清）杨宜仑修，夏之蓉、沈之本纂，冯馨续纂修，左辉春等续增纂修：嘉庆《高邮州志》，清道光二十五年刻本。
[191]（清）吴士鸿修，孙学恒纂：嘉庆《滦州志》，清嘉庆十五年刻本。
[192]（清）王好音修，张柱等纂：嘉庆《洪雅县志》，刻本，年代不详。
[193]（清）彭良弼修，吕元灏纂，杨德容续纂修：嘉庆《正阳县志》，清嘉庆元年刻本。
[194]（清）巴哈布等修，王煦等纂：嘉庆《湖南通志》，清刻本。
[195]（清）吴巩、董淳修，潘时彤等纂：嘉庆《华阳县志》，清光绪十八年刻本。
[196]（清）杨桂森修，应丹诏等纂：嘉庆《南平县志》，清同治十一年刻本。
[197]（清）唐晟纂修：嘉庆《范县志》，清光绪三十三年石印本。
[198]（清）喻春林修，朱续孜纂：嘉庆《平阴县志》，清嘉庆十三年刻本。

[199]（清）何文明纂修：嘉庆《洧川县志》，清嘉庆二十三年刻本。
[200]（清）何荇芳修，刘大观纂：嘉庆《续济源县志》，清嘉庆十八年刻本。
[201]（清）顾浩等修，吴元庆纂：嘉庆《无为州志》，清嘉庆八年刻本。
[202]（清）宋庚等修，洪宗训等纂：嘉庆《湖口县志》，清嘉庆二十三年刻本。
[203]（清）许绍宗修，邓显鹤纂：嘉庆《武冈州志》，清嘉庆二十二年刻本。
[204]（清）戚学标纂修：嘉庆《涉县志》，清嘉庆四年刻本。
[205]（清）张营堠修，周家驹等纂：嘉庆《武义县志》，清宣统二年石印本。
[206]（清）诸自谷修，程瑜、李锡龄纂：嘉庆《义乌县志》，清嘉庆七年刻本。
[207]（清）李书吉等纂修：嘉庆《澄海县志》，清嘉庆二十年刻本。
[208]（清）任衔蕙修，杨元锡纂：嘉庆《枣强县志》，清嘉庆九年刻本。
[209]（清）沈淮修，王观潮纂：道光《尉氏县志》，清道光十一年刻本。
[210]（清）茹金修，吕鸣岐等纂：道光《壶关县志》，清道光十四年刻本。
[211]（清）曾晖春修，冷玉光、查望洋纂：道光《义宁州志》，清道光四年刻本。
[212]（清）王希琮修，张锡谷等纂：道光《天门县志》，清道光元年刻本。
[213]（清）张燮修，刘承谦纂：道光《沂水县志》，清道光七年刻本。
[214]（清）周际华修，戴铭等纂：道光《辉县志》，清光绪二十一年刻本。
[215]（清）周云凤修，唐鉴等纂：道光《东平州志》，清道光五年刻本。
[216]（清）李贤书修，吴怡等纂：道光《东阿县志》，民国二十三年铅印本。
[217]（清）陈霁学修，叶芳模纂，郑安仁续纂修：道光《新津县志》，清道光十九年刻本。
[218]（清）乔有豫修，雷可升等纂：道光《清流县志》，清道光九年活字本。
[219]（清）瞿昂、刘侃修，永铭纂：道光《淮宁县志》，清道光六年刻本。
[220]（清）王德瑛纂修：道光《扶沟县志》，清道光十三年刻本。
[221]（清）袁通修，方履篯、吴育纂：道光《河内县志》，清道光五年刻本。
[222]（清）王荣陛修，方履篯纂：道光《武陟县志》，清道光九年刻本。
[223]（清）袁章华修，刘士瀛纂：道光《城武县志》，清道光十年刻本。
[224]（清）王毓芳等修，赵梅纂辑：道光《怀宁县志》，清道光五年刻本。
[225]（清）陈骧修，张琼英等纂：道光《鄱阳县志》，清道光四年刻本。
[226]（清）许夔修，谢肇涟、张伊纂：道光《信丰县志续编》，清同治六年刻本。
[227]（清）孙大焜、王庚修，徐逢盛等纂：道光《沙县志》，清同治十年刻本。
[228]（清）黄培燦、刘济宽修，陆殿邦纂：道光《英德县志》，清道光二十三年刻本。

[229]（清）王瑞庆、李澍修，徐畅达、李咸若纂：道光《南部县志》，清道光二十九年刻本。
[230]（清）阿应麟、徐清选修，彭良裔等纂：道光《南昌县志》，清道光六年刻本。
[231]（清）陈云章等纂修，李珣续修，陈世馨等续纂：道光《武宁县志》，清道光二十九年刻本。
[232]（清）周兴峄修，许锦春、严可均纂：道光《建德县志》，清道光八年刻本。
[233]（清）张铣纂修：道光《丽水县志》，清道光二十六年刻本。
[234]（清）朱煌修，郑培椿等纂：道光《遂昌县志》，清道光十五年刻本。
[235]（清）刘丙、黄永纶等修，梁栖鸾等纂：道光《宁都直隶州志》，清道光四年刻本。
[236]（清）海忠纂修，廷杰、李世寅重订：道光《承德府志》，清光绪十三年刻本。
[237]（清）李廷棨修，王振钟等纂：道光《新城县志》，清道光十八年刻本。
[238]（清）黎中辅纂修：道光《大同县志》，清道光十年刻本。
[239]（清）罗曰壁纂修：道光《重修汧阳县志》，清道光二十一年刻本。
[240]（清）王德瑛纂修：道光《扶沟县志》，清道光十三年刻本。
[241]（清）戴凤翔修，高崧纂：道光《太康县志》，清道光八年刻本。
[242]（清）舒梦龄纂修：道光《巢县志》，清抄本。
[243]（清）王椿林修，胡承珙纂：道光《旌德县续志》，民国十四年石印本。
[244]（清）周作楫修，萧琯、邹汉勋纂：道光《贵阳府志》，清咸丰二年刻本。
[245]（清）平翰等修，郑珍、莫友芝纂：道光《遵义府志》，清光绪十八年刻本。
[246]（清）陈延恩修，李兆洛等纂：道光《江阴县志》，清道光二十年刻本。
[247]（清）袁湛业修，黄体正、王维新纂：道光《桂平县志》，清道光二十三年刻本。
[248]（清）张显相修，黎士华等纂：道光《平南县志》，清道光十五年刻本。
[249]（清）侯坤元修，温训纂：道光《长乐县志》，民国间铅印本。
[250]（清）俞昌烈修，谢荚等纂：道光《黄冈县志》，清道光二十八年刻本。
[251]（清）崔登鳌、彭宗岱修，涂兰玉纂：道光《新建县志》，清道光二十九年刻本。
[252]（清）疏筤修，陈殿阶等纂：道光《武康县志》，清道光九年刻本。
[253]（清）朱煐等纂修，武蔚文续修，郭程先续纂，高继珩增补：咸丰《大名府

志》，清咸丰三年刻本。
[254]（清）李垒纂修：咸丰《金乡县志略》，清同治元年刻本。
[255]（清）王涤心修，郭程先纂：咸丰《平山县志》，清光绪间刻本。
[256]（清）范涞清修，何华元等纂：咸丰《资阳县志》，清同治元年刻本。
[257]（清）仲振履等纂修，张鹤龄续修，曾士梅续纂：咸丰《兴宁县志》，清咸丰六年刻本。
[258]（清）存禄修，刘自立纂：同治《曲周县志》，清同治八年刻本。
[259]（清）文龄等修，史策先纂：同治《随州志》，民国二十年刻本。
[260]（清）盛铨等修，黄炳奎等纂：同治《崇仁县志》，清同治十二年刻本。
[261]（清）吴若烺修，路春林、邢为翰纂：同治《中牟县志》，清同治九年刻本。
[262]（清）李炳涛修，吴保甲等纂：同治《蒙城县志》，清抄本。
[263]（清）胡复初修，黄昺杰纂：同治《大冶县志》，清同治七年刻本。
[264]（清）何庆恩修，刘宸枫、田正训纂：同治《德阳县志》，清同治十三年刻本。
[265]（清）萧玉春、陈思浩修，李炜、段梦龙纂：同治《永新县志》，清同治十三年刻本。
[266]（清）姚暹修，冯士杰等纂：同治《瑞昌县志》，清同治十年刻本。
[267]（清）沈建勋修，程景周纂：同治《德安县志》，清同治十年刻本。
[268]（清）蓝煦、徐鸣皋修，曹征甲纂：同治《星子县志》，清同治十年刻本。
[269]（清）狄学耕修，黄昌藩纂：同治《都昌县志》，清同治十一年刻本。
[270]（清）孟庆云修，杨重雅等纂：同治《德兴县志》，清同治十一年刻本。
[271]（清）周溶修，汪韵珊纂：同治《祁门县志》，清同治十二年刻本。
[272]（清）程光滢纂修：同治《磁州续志》，清同治十三年刻本。
[273]（清）韩耀光修，史梦兰纂：同治《迁安县志》，清同治十二年刻本。
[274]（清）王镛修，郭兆藩纂：同治《清河县志》，清同治十一年刻本。
[275]（清）骆敏修等修，萧玉铨等纂：同治《袁州府志》，清同治十三年刻本。
[276]（清）路青云修，李佩琳、陈瑜纂：同治《宜春县志》，清同治十年刻本。
[277]（清）李寅清、夏琮鼎修，严升伟等纂：同治《分宜县志》，清同治十年刻本。
[278]（清）徐淦等修，江普光等纂：同治《醴陵县志》，清同治九年刻本。
[279]（清）朱潼修，徐彦楠、刘兆杰纂：同治《安仁县志》，清同治十一年刻本。
[280]（清）守忠等修，许光曙等纂：同治《沅陵县志》，清光绪二十八年刻本。

[281]（清）姚念杨、吕懋恒修，赵裴哲纂：同治《益阳县志》，清同治十三年刻本。
[282]（清）刘昌绪修，徐瀛纂：同治《黄陂县志》，清同治十年刻本。
[283]（清）德廉、袁鸣珂修，林祥瑗纂：同治《汉川县志》，清同治十二年刻本。
[284]（清）朱锡授等修，张家俊、吴端委纂：同治《黄安县志》，清同治八年刻本。
[285]（清）朱荣宝修，傅如筠等纂：同治《石首县志》，清同治五年刻本。
[286]（清）赵宗耀、陈文庆修，欧阳焘等纂：同治《彭泽县志》，清同治十二年刻本。
[287]（清）项珂、陈志培修，王廷鉴等纂：同治《鄱阳县志》，清同治十年刻本。
[288]（清）方濬颐修，晏端书等纂：同治《续纂扬州府志》，清同治十三年刻本。
[289]（清）陆鼎敩、王寅清纂修：同治《霍邱县志》，清同治九年活字本。
[290]（清）都宠锡等修，李道章等纂：同治《颍上县志》，清光绪四年刻本。
[291]（清）陶寿嵩修，杨兆熊等纂：同治《竹溪县志》，清同治六年刻本。
[292]（清）杨宗时修，崔淦纂，吴耀斗续修，李士彬续纂：同治《襄阳县志》，清同治十三年刻本。
[293]（清）程启安修，张炳钟等纂：同治《宜城县志》，清光绪间刻本。
[294]（清）蒯光焕、李百龄修，罗勋等纂，黄玉柱、王鋕绅续：同治《苍梧县志》，清同治十三年刻本。
[295]（清）边其晋修，胡毓璠纂：同治《藤县志》，清光绪三十四年铅印本。
[296]（清）苏性纂修，吴沂续纂修：同治《平乡县志》，民国三十一年铅印本。
[297]（清）陈纪麟、汪世泽修，刘于浔、曾作舟纂：同治《南昌县志》，清同治九年刻本。
[298]（清）王家杰等修，周文凤、李庚纂：同治《丰城县志》，清同治十二年刻本。
[299]（清）潘懿、胡湛修，朱孙诒纂：同治《清江县志》，清同治九年刻本。
[300]（清）王肇赐、徐道昌修，陈锡麟纂：同治《新淦县志》，清同治十二年活字本。
[301]（清）陈汝桢等修，匡汝谐纂：同治《庐陵县志》，清同治十二年刻本。
[302]（清）欧阳骏修，周之镛纂：同治《万安县志》，清光绪三年刻本。
[303]（清）赵定邦等修，周学濬等纂：同治《长兴县志》，清光绪十八年刻本。
[304]（清）王大枚等修，黄正琅、黄正绂纂：同治《定南厅志》，清同治十一年

刻本。

[305]（清）徐宝符、段綎传修，李穟、陈其藻纂：同治《乐昌县志》，清同治十年刻本。

[306]（清）张超等修，曾履中、张敏行纂：同治《续汉州志》，清同治八年刻本。

[307]（清）颜寿芝等修，何戴仁等纂：同治《雩都县志》，清光绪二十九年刻本。

[308]（清）刘长景修，陈良栋、王骥纂：同治《会昌县志》，清同治十一年刻本。

[309]（清）刘昌绪修，徐瀛纂：同治《黄陂县志》，清同治十年刻本。

[310]（清）刘宗元、朱荣实修，刘燡纂：同治《广济县志》，清同治十一年活字本。

[311]（清）罗登瀛、胡昌铭修，朱美燮、乐纯青纂：同治《通山县志》，清同治七年活字本。

[312]（清）徐兆英、林瑞枝修，王柏心纂：同治《监利县志》，清同治十一年刻本。

[313]（清）查子庚修，熊文澜纂：同治《枝江县志》，清同治五年刻本。

[314]（清）王汝惺等修，邹焌杰等纂：同治《浏阳县志》，清同治十二年刻本。

[315]（清）邹景文等纂修，吴洪恩续修，陈佑启、章俊纯续纂：同治《临武县志》，清同治六年刻本。

[316]（清）江璧等修，胡景辰等纂：同治《进贤县志》，清同治十年刻本。

[317]（清）陈鬳修，吴彬纂：同治《德化县志》，清同治十一年刻本。

[318]（清）王维新修，涂家杰纂：同治《义宁州志》，清同治十二年刻本。

[319]（清）吴棠修，鲁一同纂：同治《清河县志附编》，民国八年刻本。

[320]（清）王庭桢修，彭崧毓纂：同治《江夏县志》，清同治八年刻本。

[321]（清）陈怡等修，雷以諴、陈国正纂：同治《咸宁县志》，清同治五年刻本。

[322]（清）顾际熙等修，文元音等纂：同治《蒲圻县志》，清同治五年刻本。

[323]（清）周承弼、袁鸣珂修，王慰纂：同治《公安县志》，清同治十三年刻本。

[324]（清）殷礼、张兴言修，周谟等纂：同治《湖口县志》，清同治十三年刻本。

[325]（清）李大观修，刘杰光等纂：同治《信丰县志续编》，清同治九年刻本。

[326]（清）符兆鹏修，赵继元纂：同治《太湖县志》，清同治十一年刻本。

[327]（清）王国均督修：同治《桐城县志》，抄本，年代不详。

[328]（清）严思忠修，蔡以瑺纂：同治《嵊县志》，清同治九年刻本。

[329]（清）梁葆颐等修，谭钟麟等纂：同治《茶陵州志》，民国二十二年刻本。

[330]（清）唐荣邦修，杨岳方、谭培滋纂：同治《酃县志》，清同治十二年刻本。

[331](清)刘华邦修，唐为煌纂：同治《江华县志》卷十二《灾异》。
[332](清)聂光銮修，王柏心、雷春沼纂：同治《宜昌府志》，清同治四年刻本。
[333](清)杨延烈修，郁方董、刘元栋纂：同治《房县志》，清同治五年刻本。
[334](清)盛元纂修：同治《南康府志》，清同治十一年刻本。
[335](清)俞致中修，汪炳熊等纂：同治《弋阳县志》，清同治十年刻本。
[336](清)张兴言、夏燮修，谢煌等纂：同治《宜黄县志》，清同治十年刻本。
[337](清)宋瑛等修，彭启瑞等纂，周之镛续纂修：同治《泰和县志》，清光绪五年刻本。
[338](清)黄瑞图等修，欧阳铎纂：同治《安远县志》，清同治十一年刻本。
[339](清)孙家铎等修，松之等纂：同治《高安县志》，清同治十年刻本。
[340](清)刘采邦等修，张延珂等纂：同治《长沙县志》，清同治十年刻本。
[341](清)张培仁等修，李元度纂：同治《平江县志》，清光绪元年。
[342](清)田秀栗、徐濬镛修，徐昌绪纂：同治《重修酆都县志》，清同治八年刻本。
[343](清)郑士蕙纂修：同治《静海县志》，清同治十二年刻本。
[344](清)汪荣等修，张行孚等纂：同治《安吉县志》，清同治十三年刻本。
[345](清)宗源瀚等修，陆心源等纂：同治《湖州府志》，清光绪九年刻本。
[346](清)龙汝霖纂修：同治《高平县志》，清同治六年刻本。
[347](清)贾孝彰修，赵文濂纂：光绪《正定县志》，清光绪元年刻本。
[348](清)恩联等修，王万芳纂：光绪《襄阳府志》，清光绪十一年刻本。
[349](清)蒯正昌等修，刘长谦等纂：光绪《江陵县志》，清光绪三年刻本。
[350](清)李荣和、刘钟麟修，胡仰廷等纂：光绪《永济县志》，清光绪十二年刻本。
[351](清)陈嗣良修，孟广来、贾迺延纂：光绪《曹县志》，清光绪十年刻本。
[352](清)张绍棠修，萧穆纂：光绪《续纂句容县志》卷末《祥异》。
[353](清)吴世荣修，邹伯森等纂：光绪《严州府志》，清光绪十六年刻本。
[354](清)张朝玮修，孔广海纂：光绪《莘县志》，清光绪十三年刻本。
[355](清)吴世荣修，邹伯森等纂：光绪《严州府志》，清光绪十六年刻本。
[356](清)吴兆熙等修，张先抡等纂：光绪《善化县志》，清光绪三年刻本。
[357](清)周斯亿修，董涛纂：光绪《重修曲阳县志》，清光绪三十年刻本。
[358](清)薛元钊修，张于铸纂：光绪《垣曲县志》，清光绪五年刻本。
[359](清)蒯正昌等修，刘长谦等纂：光绪《续修江陵县志》，清光绪三年刻本。

[360]（清）李瀚章等修，曾国荃等纂：光绪《湖南通志》，清光绪十一年刻本。
[361]（清）杨福鼎修，陈嘉谋纂：光绪《高淳县志》，清光绪七年刻本。
[362]（清）储家藻修，徐致靖纂：光绪《上虞县志校续》，清光绪二十五年刻本。
[363]（清）苏玉修，杜霱、李飞鸣纂：光绪《唐山县志》，清光绪七年刻本。
[364]（清）戴世文纂修：光绪《南宫县志》，清光绪三十年刻本。
[365]（清）刘溎年等修，邓抡斌等纂：光绪《惠州府志》，清光绪七年刻本。
[366]（清）王崧修，李星辉纂：光绪《揭阳县续志》，清光绪十六年刻本。
[367]（清）余修凤纂修：光绪《定远厅志》卷二十四《祥异》。
[368]（清）刘德全修，郭焱昌、姜善继纂：光绪《洵阳县志》，清光绪二十八年刻本。
[369]（清）曾秀翘修，杨德坤等纂：光绪《奉节县志》，清光绪十九年刻本。
[370]（清）黄世崇纂修：光绪《归州志》，光绪二十七年刻本。
[371]（清）荫禄修，程夑奎纂：光绪《怀安县志》，清光绪二年刻本。
[372]（清）张丙嚞修，王锷纂：光绪《续修新城县志》，清光绪二十一年刻本。
[373]（清）赵秉恒等修，刘学海等纂：光绪《祁州续志》，清光绪八年刻本。
[374]（清）李兆珍等纂修：光绪《望都县新志》，清光绪三十年刻本。
[375]（清）李瑞钟修，朱昌泰等纂：光绪《常山县志》，清光绪十二年刻本。
[376]（清）李应泰等修，章绶纂：光绪《宣城县志》，清光绪十四年木活字本。
[377]（清）邹兆麟等修，区为梁等纂：光绪《高明县志》，清光绪二十年刻本。
[378]（清）陈志喆等修，吴大猷纂：光绪《四会县志》，清光绪二十二年刻本。
[379]（清）胡寿海修，褚成允纂：光绪《遂昌县志》，清光绪二十二年刻本。
[380]（清）汪文炳等修，蒋敬时等纂：光绪《富阳县志》，清光绪三十二年刻本。
[381]（清）升允、长庚修，安维峻纂：光绪《甘肃新通志》，清宣统元年刻本。
[382]（清）邓元鏸等修，万慎纂：光绪《续修叙永永宁厅县合志》，清光绪三十四年铅印本。
[383]（清）卢思诚等修，季念诒、夏炜如纂：光绪《江阴县志》，清光绪四年刻本。
[384]（清）叶滋森修，褚翔纂：光绪《靖江县志》，清光绪五年刻本。
[385]（清）程其珏修，杨震福纂：光绪《嘉定县志》，清光绪七年刻本。
[386]（清）彭润章修，叶廉锷纂：光绪《平湖县志》，清光绪十二年刻本。
[387]（清）郑钟祥、张瀛修，庞鸿文纂：光绪《常昭合志稿》，清光绪三十年活字版本。

[388]（清）金福曾等修，张文虎纂：光绪《南汇县志》，民国十六年刻本。
[389]（清）严辰纂修：光绪《桐乡县志》，清光绪十三年刻本。
[390]（清）王其淦、吴康寿修，汤成烈纂：光绪《武进阳湖县志》，清光绪五年刻本。
[391]（清）韩佩金修，张文虎纂：光绪《重修奉贤县志》，清光绪四年刻本。
[392]（清）龚宝琦、崔廷镛修，黄厚本等纂：光绪《金山县志》，清光绪四年刻本。
[393]（清）汪祖绶等修，熊其英、邱式金纂：光绪《青浦县志》，清光绪五年刻本。
[394]（清）杨开第修，姚光发等纂：光绪《重修华亭县志》，清光绪五年刻本。
[395]（清）李昱修，陆心源等纂：光绪《归安县志》，清光绪八年刻本。
[396]（清）余丽元等纂修：光绪《石门县志》，清光绪五年刻本。
[397]（清）许瑶光修，吴仰贤纂：光绪《嘉兴府志》，清光绪五年刊本。
[398]（清）王彬修，徐用仪纂：光绪《海盐县志》，清光绪三年刻本。
[399]（清）程其珏修，杨震福纂：光绪《嘉定县志》，清光绪七年刻本。
[400]（清）郑灏等修，杨恩树纂：光绪《黎城县续志》，清光绪九年刻本。
[401]（清）高日华，（清）联丰修；（清）刘汉镇纂：清光绪《永宁州志》，民国间石印本。
[402]（清）薛元钊修，张于铸纂：光绪《垣曲县志》，清光绪五年刻本。
[403]（清）恩端等修，武达材、王舒萼纂：光绪《平遥县志》，清光绪八年刻本。
[404]（清）赖昌期修，张彬、沈晋祥纂：光绪《平定州志》，清光绪八年刻本。
[405]（清）贺澍恩修，程续等纂：光绪《浑源州续志》，清光绪七年刻本。
[406]（清）陈方瀛修，俞樾纂：光绪《川沙厅志》，清光绪五年刻本。
[407]（清）林采修，乐成等纂：康熙《沙县志》，清康熙四十年刻本。
[408]（清）佚名编：光绪《献县乡土志书》，光绪间抄本。
[409]（清）左辅纂修：嘉庆《合肥县志》，民国九年影印本。
[410]（清）李铭皖等修，冯桂芬纂：同治《苏州府志》，清光绪九年刻本。
[411]（清）龚文洵：《唐市补志》，清抄本。
[412]（清）戴体仁修，吴湘皋纂：乾隆《会昌县志稿》，乾隆十五年刻本。
[413]（清）蒋国桢修，王之骥纂：康熙《龙南县志》，康熙四十八年刻本。
[414]（清）张堉春修，陈治昌纂：道光《廉州府志》，清道光十三年刻本。
[415]（清）凌世御修，方性存等纂：乾隆《溧水县志》，清乾隆四十二年刻本。

[416]（清）锡德修，石景芬等纂：同治《饶州府志》，清同治十一年刻本。
[417]（清）王泽洪修，吴俊等纂：康熙《饶州府志》，清康熙二十二年刻本。
[418]（清）张吉安修，朱文藻纂：嘉庆《余杭县志》，民国八年铅印本。
[419]（清）周郁滨纂修：嘉庆《珠里小志》，清嘉庆二十年刻本。
[420]（清）颜希深等修，成城纂：乾隆《泰安府志》，清乾隆二十五年刻本。
[421]（清）李圭修：光绪《海宁州志稿》，清光绪七年刊本。
[422]（清）战效曾修，高瀛洲纂：乾隆《海宁州志》，清道光二十八年刻本。
[423]（清）江峰青修，顾福仁纂：光绪《重修嘉善县志》，清光绪二十年刻本。
[424]（清）卫鹓鸣修，郭大经纂：道光《万载县志》，清道光十二年。
[425]（清）黄宅中等修，邓显鹤纂：道光《宝庆府志》，清道光二十九年刻本。
[426]（清）冯德材等修，文德馨等纂：光绪《郁林州志》，清光绪二十年刻本。
[427]（清）杨梦鲤纂修：顺治《青阳县志》，清顺治十四年刻本。
[428]（清）陈懋修、张庭诗、李堉纂：光绪《续修日照县志》，清光绪十二年刻本。
[429]（清）王振录、周凤鸣修，王宝田等纂：光绪《峄县志》，清光绪三十年刻本。
[430]（清）锡德修，石景芬等纂：同治《饶州府志》，清同治十一年刻本。
[431]（清）余保纯等修，黄其勤纂：道光《直隶南雄州志》，清道光四年刻本。
[432]（清）佚名纂修：康熙《巫山县志》，民国十九年抄本。
[433]（清）沈家本等修，徐宗亮等纂：光绪《重修天津府志》，清光绪二十五年刻本。
[434]（清）宋如林修，孙星衍等纂：嘉庆《松江府志》，清嘉庆二十三年刻本。
[435]（清）戈鸣岐修，沈遇黄纂：雍正《续修嘉善县志》，清雍正十二年刻本。
[436]（清）杨受延修，马汝舟纂：嘉庆《如皋县志》，清嘉庆十三年刻本。
[437]（清）王培荀等纂修：道光《荣县志》，清光绪三年刻本。
[438]（清）马之骥修，祝雷声等纂：康熙《新修上饶县志》，清康熙二十三年刻本。
[439]（清）阮升基修，宁楷纂：嘉庆《重刊宜兴县志》，清光绪八年刻本。
[440]（清）顾名等修，吴德旋纂：道光《重刊续纂宜兴荆溪县志》，清道光二十年刊本。
[441]（清）周栻修，陈柱纂：道光《南宫县志》，清道光十一年刻本。
[442]（清）张耀璧，高廷枢修，王诵芬纂：乾隆《潍县志》，清乾隆二十五年

刻本。
[443](清)万廷树修，洪亮吉纂：乾隆《淳化县志》，清乾隆四十九年刻本。
[444](清)孙凤鸣修，王昶纂：乾隆《青浦县志》，清乾隆五十三年刻本。
[445](清)焦云龙修，贺瑞麟纂：光绪《三原县新志》，民国二十六年刻本。
[446](清)崔晓然等修，杨笃纂：光绪《潞城县志》，清光绪十年刻本。
[447](清)李月枝纂修：康熙《寻甸州志》，清康熙五十九年刻本。
[448](清)陈树芝纂修：雍正《揭阳县志》，清雍正九年刻本。
[449](清)卢蔚猷修，吴道镕等纂：光绪《海阳县志》，清光绪二十六年刻本。
[450]徐家璘等修，杨凌阁纂：民国《商水县志》，民国七年刻本。
[451]窦镇纂修：民国《锡金续识小录》，民国十四年活字本。
[452]彭作桢修，刘玉田等纂：民国《完县新志》，民国二十三年铅印本。
[453]苏毓琦等修，张震科纂：民国《宁晋县志》，民国十八年石印本。
[454]曹刚等修，邱景雍纂：民国《连江县志》，民国二十二年铅印本。
[455]张寅修，何奏簧纂：民国《临海县志稿》，民国二十四年铅印本。
[456]包文俊修，李溶等纂，曲廉本等续修，范大全等续纂：民国《梨树县志》，民国二十三年铅印本。
[457]高寿恒修，李英纂：民国《太湖县志》，民国十一年活字本。
[458]余谊密修，徐乃昌纂：民国《南陵县志》，民国十三年铅印本。
[459]王鉴清等修，施纪云等纂：民国《涪陵县续修涪州志》，民国十七年铅印本。
[460]李兴焯修，王兆元纂：民国《平谷县志》，民国间抄本。
[461]陈廷章修，霍殿鳌纂：民国《马邑县志》，民国七年铅印本。
[462]陈桢修，李兰增纂：民国《文安县志》，民国十一年铅印本。
[463]甘焘等修，王懋昭等纂：民国《遂宁县志》，民国十八年刻本。
[464]苏洪宽等修，陈品全纂：民国《中江县志》，民国十九年铅印本。
[465]胡宗虞修，吴命新纂：民国《临县志》，民国六年铅印本。
[466]金城修，陈畬纂：民国《新昌县志》，民国八年铅印本。
[467]葛韵芬等修，江峰青等纂：民国《重修婺源县志》，民国十四年刻本。
[468]沈良弼修，董凤笙纂：民国《德兴县志》，民国八年刻本。
[469]朱之英等修，舒景蘅纂：民国《怀宁县志》，民国七年铅印本。
[470]俞庆澜、刘昂修，张灿奎等纂：民国《宿松县志》，民国十年活字本。
[471]邓世芬修，黄佛颐、凌鹤书等纂：民国《英德县续志》，民国二十年铅

印本。
[472]路联逵等修，任守恭纂：民国《全县志》，民国二十三年铅印本。
[473]陈文美修，李繁滋纂：民国《灵川县志》，民国十八年石印本。
[474]罗春芳修，王昆山等纂：民国《信都县志》，民国二十五年铅印本。
[475]李树枏修，吴寿崧等纂：民国《昭平县志》，民国二十三年铅印本。
[476]翟富文纂修：民国《来宾县志》，民国二十六年铅印本。
[477]郑永禧纂修：民国《衢县志》，民国二十六年铅印本。
[478]詹宣猷修，蔡振坚等纂：民国《建瓯县志》，民国十八年铅印本。
[479]赵模等修：民国《建阳县志》，民国十八年铅印本。
[480]吴栻等修，蔡建贤纂：民国《南平县志》，民国十七年铅印本。
[481]翟文选、臧式毅修，王树枏等纂：民国《奉天通志》，民国二十三年铅印本。
[482]彭延庆修，姚莹俊纂，张宗海续修，杨士龙续纂：民国《萧山县志稿》民国二十四年铅印本。
[483]连光枢纂，何鸣宣参订：民国《松夏志》，民国二十年铅印本。
[484]干人俊编：民国《续纂浙江通志》，民国间稿本。
[485]滕绍周等修，王维贤纂：民国《迁安县志》，民国二十年铅印本。
[486]钱仲仁等修，王尚义等纂：民国《固安县志》，民国三十一年铅印本。
[487]刘玉玑、关世熙修，张其昌等纂：民国《临汾县志》，民国二十二年铅印本。
[488]张仁静、于定等修，钱崇威等纂：民国《青浦县续志》，民国二十三年刻本。
[489]吴翯皋、王任化修，程森纂：民国《德清县新志》，民国二十一年刻本。
[490]王祖畬纂修：民国《太仓州志》，民国八年刻本。
[491]方鸿铠等修，黄炎培纂：民国《川沙县志》，民国二十六年铅印本。
[492]张允高等修，钱淦纂：民国《宝山县续志》，民国十年铅印本。
[493]（民国）连德英修，李传元纂：民国《昆新两县续补合志》，民国十二年刊本。
[494]（民国）龚嘉俊修，李榕纂：民国《杭州府志》，民国十一年铅印本。
[495]（民国）河南通志馆纂修：民国《河南通志稿》，民国稿本。
[496]（民国）李钟豫修，亓因培等纂：民国《续修莱芜县志》，民国二十四年铅印本。

[497](民国)张振声修，余文凤纂：民国《续修范县志》，民国二十四年铅印本。
[498](民国)马子宽修，王蒲园纂：民国《重修滑县志》。民国二十一年铅印本。
[499](民国)古济勋修，吕浚堃，范晋藩纂：民国《陆川县志》，民国十三年刻本。
[500](民国)张镜环修，丁祖荫，徐兆玮纂：民国《重修常昭合志》，民国三十八年铅印本。
[501](民国)蓝荣熙等修，吴英华纂：民国《阳春县志》，民国三十八年铅印本。
[502](民国)仲廷机纂修：民国《盛湖志》，民国十四年刻本。
[503](民国)王镜蓉等修，储学洙纂：民国《南汇二区旧五团乡志》，民国二十五年铅印本。
[504](民国)林志茂等修，汪金相，胡忠阀纂：民国《简阳县志》，民国十六年铅印本。

三、档案资料

[1]山西巡抚阿里衮：《奏报酌议分别积贮常平仓谷事》，乾隆十三年十二月初二日，一史馆藏朱批(档号04－01－35－1145－037)。
[2]山西巡抚阿里衮：《奏报遵例减粜仓谷事》，乾隆十年八月初十日，一史馆藏朱批(档号：04－01－35－1133－030)。
[3]山西巡抚阿里衮：《奏报减粜仓谷以济民食事》，乾隆十四年三月二十二日，一史馆藏朱批(档号04－01－35－1147－003)。
[4]山西巡抚阿里衮：《奏报晋省粮价贵贱不一及照时价平粜仓粮事》，乾隆十五年六月初九日，一史馆藏朱批(档号04－01－35－1149－027)。
[5]阿里衮：《奏为查办蒲解二属被灾酌量情形分别赈济事》，乾隆十三年十一月十四日，一史馆藏朱批(档号04－01－01－0158－031)。
[6]山西巡抚明德：《奏请设厅仓以裕积贮事》，乾隆二十七年九月初三日，一史馆藏朱批(档号04－01－35－1162－033)。
[7]山西巡抚喀尔吉善：《奏请更定捐谷事宜以实仓储事》，乾隆五年九月二十六日，一史馆藏朱批(档号04－01－35－1114－031)。
[8]山西巡抚准泰：《奏陈筹办剔除借谷之痼弊事》，乾隆十二年九月十五日，一史馆藏朱批(档号04－01－35－1140－031)。
[9]山西巡抚准泰：《奏议通行义仓条例事》，乾隆十二年九月十五日，一史馆藏朱批(档号04－01－35－0620－026)。
[10]山西巡抚石麟：《奏报令州县编在保甲时询明各户家业户口为赈荒之用事》，

乾隆元年九月初二日，一史馆藏朱批(档号 04－01－35－1103－013)。

[11]山西巡抚恒福：《奏为遵旨查明灵丘县知县王心田被参任内失察飞蝗等各款应得处分恭候圣裁事》，咸丰八年三月初六日，一史馆藏朱批(档号 04－01－01－0869－044)。

[12]山西巡抚鄂弼：《奏为查看太原等府所属州县被雹情形及筹办各条事》，乾隆二十四年十二月十五日，一史馆藏朱批(档号 04－01－02－0048－029)。

[13]山西巡抚鄂弼：《奏为查看太原等府所属州县被雹灾赈情形及筹办各条事》，乾隆二十四年十二月十五日，一史馆藏朱批奏折(档号：04－01－02－0048－029)。

[14]署理山西巡抚伊都立：《奏报委员采买口外米粮摺》，雍正三年六月二十九日，《雍正朝汉文朱批奏折》第 5 册，第 440 页。

[15]署理山西巡抚初彭龄：《奏为遵旨审明隰州知州赵宜本发买仓谷致逼人命案按律定拟事》，嘉庆十四年十月二十日，一史馆藏朱批(档号 04－01－01－0516－026)。

[16]山西布政使严瑞龙：《奏报推广社仓未尽事宜事》，乾隆七年十一月初一日，一史馆藏朱批(档号 04－01－35－1121－016)。

[17]山西布政使刘慥：《奏报缓征各州县未完社义二仓谷石缘由事》，乾隆二十三年二月初九日，一史馆藏朱批(档号 04－01－35－1154－013)。

[18]山西布政使黄检：《奏为请筹变通社义二仓积谷以归实用事》，乾隆四十年八月二十五日，一史馆藏朱批(档号 04－01－35－1173－005)。

[19]山西布政使刘慥：《奏为饬令本省州府劝谕原办铜筋各商出省贩运粮米以济本地平粜并酌拟奖励事》，乾隆二十四年五月二十四日，一史馆藏朱批奏折(档号 04－01－06－0001－003)。

[20]刘于义：《奏为汇报山西各属秋禾被灾及照例赈恤情形事》，乾隆十年十二月二十六日，一史馆藏朱批(档号 04－01－01－0118－056)。

[21]孙国玺、石麟：《奏为晋俗尚俭请因地制宜银米并赈事》，乾隆二年闰九月二十二日，一史馆藏朱批(档号 04－01－01－0014－033)。

[22]孙国玺：《奏为查明山西各属本年丰欠情形事》，乾隆二年十月初一日，一史馆藏朱批(档号 04－01－22－0003－107)。

[23]孙国玺：《奏请山西银米兼赈济缘由事》，乾隆二年十月十五日，一史馆藏朱批(档号 04－01－35－1105－011)。

[24]巡察山西刑科给事中黄佑：《奏为晋省沿黄河各府薄收小麦价昂请旨驰陕西

贩易之禁速通有无以济盈虚事》，乾隆元年正月二十五日，一史馆藏朱批奏折(档号 04-01-24-0001-070)。
[25]河南巡抚雅尔图：《奏请设满营义仓事》，乾隆六年三月二十日，一史馆藏朱批(档号 04-01-01-0065-033)。
[26]河南巡抚硕色：《奏请河南毋庸另设义仓缘由事》，乾隆十二年三月初十日，一史馆藏朱批(档号 04-01-35-1138-032)。
[27]湖北巡抚晏斯盛：《奏请设立义仓以安商旅事》，乾隆十年三月三十日，一史馆藏朱批(档号 04-01-35-1132-040)。
[28]署理山东巡抚方观承：《奏报劝输义仓谷石以广积储事》，乾隆十二年正月十二日，一史馆藏朱批(档号 04-01-35-1138-005)。
[29]陕西巡抚徐杞：《奏报查明无庸另设立义仓缘由事》，乾隆十二年三月初七日，一史馆藏朱批(档号 04-01-35-138-027)。
[30]陕西巡抚塞楞额：《奏报禁止山西盐商囤积麦石等事》，乾隆八年八月二十五日，一史馆朱批奏折(档号 04-01-35-1127-006)。
[31]陕西提督路振扬：《奏为烧酒造曲框粮病民请饬部严立处分之法事》，雍正五年六月十五日，一史馆藏朱批(档号 04-01-36-0121-001)。
[32]护理陕西巡抚帅念祖：《奏报上年晋省商民贩运陕粮数目等事》，乾隆九年正月初八日，一史馆藏朱批奏折(档号 04-01-35-1128-036)。
[33]甘肃巡抚黄廷贵：《奏报甘省不宜设立义仓缘由事》，乾隆十二年四月十一日，一史馆藏朱批(档号 04-01-35-1139-008)。
[34]湖南巡抚敦福：《奏报湖南未设义仓缘由事》，乾隆三十九年十一月二十三日，一史馆藏朱批(档号 04-01-35-1172-002)。
[35]巡视河东盐政吉庆：《奏报众商人运麦石减价平粜缘由事》，乾隆八年八月二十二日，一史馆藏朱批奏折(档号 04-01-35-1127-003)。
[36]巡视河东盐政吉庆：《奏报商运麦石平粜价值民沾实惠及得雪日期事》，乾隆八年十二月初六日，一史馆朱批奏折(档号 04-01-35-1128-013)。
[37]巡视河东盐政吉庆：《奏为商人平粜亏折银两请饬部量加议叙事》，乾隆九年六月初三日，一史馆朱批奏折(档号 04-01-01-0107-026)。
[38]《清代灾赈档案专题史料》，中国第一历史档案馆藏。
[39]《申报》(1872-1912 年)(第 1-119 册)，上海书店，1982 年影印本。
[40]《时务报》，台北：文海出版社，1964 年影印本。
[41]《万国公报》，台北：华文书局，1968 年影印本。

[42]《盛京时报》(1906—1944年)。

[43]《东方杂志》(1904—1948年)。

[44]谢家福:《齐东日记》,苏州博物馆藏稿本。

四、今人论著

[1]李晶明主编:《三晋石刻大全·盂县卷》,太原:三晋出版社,2010年。

[2]王树新编:《高平金石志》,北京:中华书局,2004年。

[3]张正明、[英]科大卫主编:《明清山西碑刻资料选》,太原:山西古籍出版社,2007年。

[4]山西省地震局编:《山西省地震历史资料汇编》,北京:地震出版社,1991年。

[5]水利水电科学研究院编:《清代海河滦河洪涝档案史料》,北京:中华书局,1981年。

[6]袁祖亮主编:《中国灾害通史·清代卷》,郑州大学出版社,2008年。

[7]朱凤祥著:《中国灾害通史·清代卷》,郑州大学出版社,2009年。

[8]邓云特著:《中国救荒史》,上海书店,1984年。

[9]李文海、夏明方、朱浒主编:《中国荒政书集成》,天津古籍出版社,2010年版。

[10]王涌泉:《康熙元年(1662年)黄河特大洪水的气候与水情分析》,《历史地理》第二辑,上海人民出版社,1982年。

[11]李嘎:《水患与山西荣河、河津二城的迁移——一项长时段视野下的过程研究》,《历史地理》第三十二辑,上海人民出版社,2015年。

[12]满志敏著:《中国历史时期气候变化研究》,济南:山东教育出版社,2009年。

[13]骆承政、乐嘉祥主编:《中国大洪水:灾害性洪水述要》,北京:中国书店,1996年。

[14]高治定、李文家、李海荣等编著:《黄河流域暴雨洪水与环境变化影响研究》,郑州:黄河水利出版社,2002年。

[15]李采芹主编:《中国消防通史》,北京:群众出版社,2002年。

[16]汪绎辰著、柳玉宏校注:(乾隆)《银川小志》,北京:中国社会科学出版社,2015年。

[17]李采芹主编:《中国火灾大典》,上海科学技术出版社,1997年。

[18]李向军著:《清代荒政研究》,北京:中国农业出版社,1995年。

[19]李汾阳著:《清代仓储研究》,台北:文海出版社,2006 年。
[20]中国第一历史档案馆编译:《康熙朝满文朱批奏折全译》,北京:中国社会科学出版社,1996 年。
[21][法]魏丕信著、徐建青译:《18 世纪中国的官僚制度与荒政》,南京:江苏人民出版社,2003 年。
[22]方豪:《方豪六十自定稿》,台北:自印本,1968 年刊本。
[23]陈恒力编著、王达参校:《补农书研究》,北京:中华书局,1958 年。
[24]中国第一历史档案馆编译:《雍正朝汉文朱批奏折汇编》,南京:江苏古籍出版社,1991 年。
[25](清)董含纂、致之校点:《三冈识略》,沈阳:辽宁教育出版社,2000 年。
[26]曹洪欣主编《温病大成·第四部》,福州:福建科学技术出版社,2008 年。
[27]闵宗殿:《关于清代农业自然灾害的一些统计——以〈清实录〉记载为根据》,《古今农业》2001 年第 1 期。
[28]刘翠溶:《清代仓储制度稳定功能之检讨》,《经济论文》1980 年第 1 期。
[29]张岩:《论清代常平仓与相关类仓之关系》,《中国社会经济史研究》1998 年第 4 期。
[30]王纲:《清代禁酒政策论》,《文史杂志》1991 年第 2 期。
[31]牛贯杰、王江:《论清代烧锅政策的演变》,《历史档案》2002 年第 4 期。
[32]李辅斌:《清代前期直隶山西的土地复垦》,《中国历史地理论丛》1995 年第 3 期。
[33]徐钟渭:《中国历代之荒政制度》,《经理月刊》1936 年第 1 期。
[34]张德二主编:《中国三千年气象记录总集》,南京:江苏教育出版社,2004 年。
[35][美]张仲礼著,李荣昌译:《中国绅士——关于其在 19 世纪中国社会中作用的研究》,上海社会科学院出版社,1991 年。
[36]水利电力部科技司,水利水电科学研究院:《清代辽河、松花江、黑龙江流域洪涝档案史料》,北京:中华书局,1998 年。
[37]朱浒:《地方性流动及其超越:晚清义赈与近代中国的新陈代谢》,北京:中国人民大学出版社,2006 年。
[38]李文海、周源:《灾荒与饥馑:1840—1919》,北京:高等教育出版社,1991 年。
[39]朱寿朋纂:《光绪朝东华录》,北京:中华书局,1958 年。

[40]虞和平编：《经元善集》，武汉：华中师范大学出版社，1988 年。
[41]李文海等：《近代中国灾荒纪年》，长沙：湖南教育出版社，1990 年。
[42]何汉威：《光绪初年(1876 - 1879)华北的大旱灾》，香港中文大学出版社，1980 年。
[43]梁其姿：《施善与教化：明清的慈善组织》，石家庄：河北教育出版社，2001 年。
[44]吴滔：《清代江南社区赈济与地方社会》，《中国社会科学》2001 年第 4 期。
[45]束海燕：《清代江西的家族、乡绅与义仓——新城县广仁庄研究》，《中国社会经济史研究》2002 年第 4 期。
[46]陈春声：《清代广东社仓的组织与功能》，《学术研究》1990 年第 1 期。
[47]李文海：《晚清义赈的兴起与发展》，《清史研究》1993 年第 3 期。
[48]朱浒：《名实之境："义赈"名称源起及其实践内容之演变》，《清史研究》2015 年第 2 期。
[49]夏明方：《论 1876 至 1879 年间西方新教传教士的对华赈济事业》，《清史研究》1997 年第 2 期。
[50]夏明方：《清季"丁戊奇荒"的赈济及善后问题初探》，《近代史研究》1993 年第 2 期。
[51]吴小伦、王文君：《清代河南黄河水患中的民间自救》，《郑州航空工业管理学院学报》(社科版)2010 年第 6 期。
[52]胡卫伟、刘利平：《明前期民间赈济的初步考察》，《江西师范大学学报》(哲社版)2003 年第 6 期。
[53]吴滔：《宗族与义仓：清代宜兴荆溪社区赈济实态》，《清史研究》2001 年第 2 期。
[54]吴滔：《明清时期苏松地区的乡村救济事业》，《中国农史》1998 年第 4 期。
[55]朱浒：《晚清义赈研究》，中国人民大学博士学位论文，2002 年。
[56] Pierre - Etienne Will and R. Bin Wong. Nourish the People: The State Civilian Granary System in China, 1650 - 1850, Part Ⅲ: Spatial Patterns, Number Nine: National Patterns of Granary Activity. Center for Chinese Studies, University of Michigan, 1991.

编后记

2016年7月28日，习近平总书记在河北省唐山市调研时指出：“我国是世界上自然灾害最为严重的国家之一，灾害种类多，分布地域广，发生频率高，造成损失重，这是一个基本国情。”[①]适时地检视我国在防灾减灾方面的经验和教训，将有助于减轻自然灾害的侵袭，减少国民经济的损失，促进我国防灾减灾事业建设进一步发展。《中国灾害志》丛书的出版，可谓恰逢其时。《中国灾害志》丛书对中国历代自然灾害及防灾、救灾等方面的内容进行通志类的总结与编修，兼具历史意义及现实借鉴意义。该丛书是由国家减灾委员会办公室、中国社会出版社等单位牵头组织实施，国家出版基金管理办公室批准资助出版的国家“十二五”规划重点图书出版项目。本人有幸受邀参与并负责《中国灾害志·断代卷·清代卷》的编修工作，历时多年，终于结稿。

自承接《中国灾害志·断代卷·清代卷》的编修工作以后，本人邀请到复旦大学冯贤亮教授、云南大学周琼教授、中国政法大学白丽萍教授、山西大学张俊峰教授和周亚教授及李嘎教授等学者共同分担本志的编修工作。2015年9月，在山西大学召开了《中国灾害志·断代卷·清代卷》的编修研讨会，会议特邀中国灾害防御协会灾害史专业委员会前会长、《中国灾害志·断代卷·当代卷》主编高建国研究员，为本志编纂提供建设性思路和意见，其他与会的学者主要还有冯贤亮、周琼、张俊峰、周亚和李嘎等，此次会议就编写大纲、主要分工及注

① 《习近平在河北唐山市考察时强调全面提高国家综合防灾减灾救灾能力》，《科技日报》，2016年7月29日。

意事项等内容进行了初步讨论与协商，基本明确了《中国灾害志·断代卷·清代卷》的编写大纲及任务分工等主要事项。本书编写工作的具体分工如下：

郝平、白豆、王璋：概述、大事记、灾情编第四章、参考文献

周亚、李善靖、史汶昕：灾情编第一章、第三章

李嘎、胡存璐、白如镜：灾情编第二章、第五章、附录二

冯贤亮：灾情编第六章和第七章、防灾编第三章

周琼：救灾编第一章和第二章

白丽萍：防灾编第一章

张俊峰：防灾编第二章、附录一

全书初步编完后，由本人负责统稿和定稿工作。感谢以上各位学者能够在百忙之中投入大量时间和精力共同完成《中国灾害志·断代卷·清代卷》的编修工作。

我们还得益于众多单位和灾害史专家学者们的大力支持，《中国灾害志·断代卷·清代卷》才能得以顺利付梓。国家减灾委员会办公室、中国社会出版社等单位为本志的编修和出版提供了坚实的保障。由知名灾害史专家学者组成的《中国灾害志·断代卷》编辑委员会，对清代卷的编写大纲、编写体例及学术规范等方面提供了极具指导性和建设性的意见。中国社会出版社张铁钢副总编、李浩副社长、杨春岩主任等对本书付出了极大的耐心与心血，在此一并表示感谢！此外，学界有关清代自然灾害与荒政的研究成果对本志的编写提供了诸多借鉴，囿于体例无法在志中逐一注明，在此也深表谢意。

清代灾害史料浩如烟海，受时间和篇幅所限，无法臻于至善。加之修志经验不足及水平有限，书中难免有疏漏失当之处，不妥之处尚祈专家、读者批评指正！

郝　平

2021 年 6 月 12 日于山西大学主楼

图书在版编目（CIP）数据

中国灾害志·断代卷·清代卷／《中国灾害志》编纂委员会编；高建国，夏明方主编；郝平本卷主编．—北京：中国社会出版社，2021.12

ISBN 978-7-5087-6615-7

Ⅰ.①中… Ⅱ.①中… ②高… ③夏… ④郝… Ⅲ.①自然灾害—历史—中国—清代 Ⅳ.①X432-09

中国版本图书馆 CIP 数据核字（2021）第 214749 号

书　　名：中国灾害志·断代卷·清代卷
ZHONGGUOZAIHAIZHI DUANDAIJUAN QINGDAIJUAN
编　　者：《中国灾害志》编纂委员会
断代卷主编：高建国　夏明方
本卷主编：郝　平

出 版 人：浦善新
终 审 人：李　浩
责任编辑：杨春岩

出版发行：中国社会出版社　**邮政编码**：100032
通联方式：北京市西城区二龙路甲 33 号
电　　话：编辑室：（010）58124829
邮购部：（010）58124829
销售部：（010）58124845
传　真：（010）58124829
网　　址：shcbs.mca.gov.cn
经　　销：各地新华书店

中国社会出版社天猫旗舰店

印刷装订：河北鑫兆源印刷有限公司
开　　本：170mm×240mm　1/16
印　　张：39.25
字　　数：558 千字
版　　次：2021 年 12 月第 1 版
印　　次：2021 年 12 月第 1 次印刷
定　　价：288.00 元

中国社会出版社微信公众号